Sabine Tischew (Hrsg.)

Renaturierung nach dem Braunkohleabbau

Sabine Tischew (Hrsg.)

Renaturierung nach dem Braunkohleabbau

Teubner
Springer Fachmedien Wiesbaden GmbH

Bibliografische Information der Deutschen Bibliothek
Die Deutsche Bibliothek verzeichnet diese Publikation in der Deutschen Nationalbibliographie; detaillierte bibliografische Daten sind im Internet über <http://dnb.ddb.de> abrufbar.

1. Auflage Oktober 2004

Ursprünglich erschienen bei B. G. Teubner Verlag / GWV Fachverlage GmbH, Wiesbaden 2004

Der B. G. Teubner Verlag ist ein Unternehmen von Springer Science+Business Media.
www.teubner.de

Umschlaggestaltung: Ulrike Weigel, www.CorporateDesignGroup.de

Gedruckt auf säurefreiem und chlorfrei gebleichtem Papier.

Additional material to this book can be downloaded from http://extra.springer.com

ISBN 978-3-519-00469-1 ISBN 978-3-322-80071-8 (eBook)
DOI 10.1007/978-3-322-80071-8

Vorwort

Mit der Einstellung der Braunkohlenförderung in vielen Tagebauen der ostdeutschen Bundesländer begann ein tiefgreifender Landschafts- und Strukturwandel in den betroffenen Regionen. Über viele Jahrzehnte hinweg hatte der Braunkohlenabbau mit den tagebauübergreifenden Absenkungstrichtern, der Zerstörung oder Beeinträchtigung von ausgedehnten naturnahen Auenökosystemen, Wäldern und Elementen der Kulturlandschaft aus der Sicht des Naturschutzes vor allem negative landschaftsökologische Folgen. Andererseits bestehen nach der Auskohlung der Gebiete aufgrund von Nährstoffarmut, großer Substrat- und Reliefvielfalt sowie einer hohen geomorphologischen Dynamik im Bereich der unsanierten Kippen- und Haldenflächen einmalige Entwicklungschancen für Pflanzen- und Tiergemeinschaften sowie Biotopstrukturen, die in der umgebenden Kulturlandschaft selten sind. Es entstanden Wildnisflächen mit einem eigenen landschaftsästhetischen Reiz, die zunehmend an Bedeutung für einen sanften Naturtourismus im Zentrum industrieller und postindustrieller Ballungsräume gewinnen. Dieses Paradoxon in der Bewertung der Folgen des Braunkohlentagebaus führte in der Vergangenheit bei allen Akteuren zu zahlreichen Irritationen im Umgang mit den Entwicklungspotenzialen der Bergbaufolgelandschaft. Ein weiterer, in der Vergangenheit häufig vernachlässigter Aspekt, ist die unerwartet hohe Regenerationsfähigkeit vieler Kippenökosysteme und die daraus resultierenden Gratisleistungen der Natur bei der Begrünung der Bergbaufolgeflächen.

Mit dem Forschungsverbund „Analyse, Prognose und Bewertung der Landschaftsentwicklung in Tagebauregionen des Mitteldeutschen Braunkohlenreviers“ (FLB) wurden nach rund siebenjähriger Forschungsarbeit umfangreiche wissenschaftliche Untersuchungen zur Renaturierung von Folgelandschaften des Braunkohlentagebaus abgeschlossen. Mit diesem Buch sollen die Ergebnisse dieser langjährigen Forschungstätigkeit Praktikern, Wissenschaftlern angewandter Fachgebiete, Studenten und anderen Interessierten nahe gebracht werden und neue Sichtweisen im Umgang mit den Entwicklungspotenzialen der Bergbaufolgelandschaft eröffnen. Neben wesentlichen ökologischen Grundlagen der Renaturierung werden vor allem anwendungsorientierte Ergebnisse zur Entwicklung von Flora, Fauna und Biotopen nach dem Braunkohlentagebau vorgestellt. Anhand einer Reihe von Fallbeispielen werden konkrete Maßnahmen für eine naturnahe Beschleunigung der Besiedlungsprozesse zur Ufer- und Böschungssicherung aufgezeigt. Strategien zum Schutz und Management naturschutzfachlich wertvoller Bereiche der Bergbaufolgelandschaft stellen einen weiteren wesentlichen Schwerpunkt dar.

Wir wünschen Ihnen viel Freude beim Lesen und würden uns freuen, Ihr Interesse für die spannenden Entwicklungsprozesse in der Bergbaufolgelandschaft zu vertiefen und Ihnen neue Aspekte des faszinierenden Landschaftswandels nach dem Braunkohlenabbau vorstellen zu können.

Im Namen aller Projektbearbeiter

Prof. Dr. Sabine Tischew

Dank

Die Herausgabe des Buches und der darin vorgestellten Ergebnisse sind nur durch den Willen zur konstruktiven Zusammenarbeit und durch das Engagement zahlreicher Institutionen und Behörden möglich geworden. Das Bundesministerium für Bildung und Forschung und das Land Sachsen-Anhalt unterstützten die Arbeiten finanziell. Unseren Projektbetreuern Herrn Dr. Enders und Herrn Dr. Kutscher (Projektträger Jülich) sowie Herrn Dr. Sanftenberg (Ministerium für Landwirtschaft und Umwelt Sachsen-Anhalt) möchten wir für die beispielhafte Unterstützung unserer Arbeiten in allen Situationen herzlich danken. Frau Dr. Bock (Ministerium für Landwirtschaft und Umwelt Sachsen-Anhalt), Herr Dr. Jentzsch, Herr Dr. Thalmann (Landesverwaltung Sachsen-Anhalt, Dez. Naturschutz und Landespflege) und Herr Günther (Landesamt für Umweltschutz) haben mit einem außerordentlichen Engagement die Umsetzung der Ergebnisse in die Naturschutzpraxis unterstützt.

Von der Lausitzer und Mitteldeutschen Bergbau-Verwaltungsgesellschaft mbH standen uns mit Herrn Schlenstedt und Herrn Häfker während der gesamten Projektlaufzeit tatkräftige Akteure zur Seite.

Auch den weiteren Mitgliedern des projektbegleitenden Arbeitskreises möchten wir für die fachliche Beratung danken. Stellvertretend seien hier Herr Prof. Dr. Mahn (Emeritus Universität Halle), Frau Ammermann (Bundesamt für Naturschutz), Herr Dr. Pieplow (Bundesministerium für Umwelt, Naturschutz und Reaktorsicherheit), Herr Dr. von Bismarck (Steuerungs- und Budgetausschuss), Herr Dr. Abo-Rady (Sächsisches Landesamt für Umwelt und Geologie), Herr Straube (Staatliches Umweltfachamt Leipzig) und Herr Dr. Feldhaus (Geologisches Landesamt Sachsen-Anhalt) genannt.

Mit Frau Jürgens, Frau Löbmann und Frau Wesemann (Untere Naturschutzbehörden der Landkreise Merseburg-Querfurt und Weißenfels) fanden wir vor Ort für alle praktischen Fragen des Naturschutzes in der Bergbaufolgelandschaft eine beispielhafte und unkomplizierte Unterstützung.

Ganz besonderen Dank sei an dieser Stelle den Projektbearbeitern aller Arbeitsgruppen ausgesprochen, ohne deren Engagement und Einsatz für eine interdisziplinäre Zusammenarbeit die komplexen Zusammenhänge der Entwicklungsprozesse in der Bergbaufolgelandschaft nicht zu bearbeiten gewesen wären.

Wir möchten uns auch bei dem Teubner-Verlag, insbesondere bei Frau Laux, für die Möglichkeit bedanken, unsere Forschungsergebnisse in dieser Form veröffentlichen zu können.

Prof. Dr. Sabine Tischew

Inhaltsverzeichnis

Farbtafeln

CD-ROM

Anschriften der Autoren

Hochschule Anhalt (FH)
Fachbereich LOEL
Strenzfelder Allee 28
06406 Bernburg

Prof. Dr. Sabine Tischew
Dr. Anita Kirmer
Dipl.-Ing. (FH) Annett Baasch
Dipl.-Ing. (FH) Antje Lorenz
Dipl.-Ing. (FH) Sandra Mann
Dipl.-Ing. (FH) Sandra Benkwitz
Dipl.-Biol. Grit Striese
Dipl.-Ing. (FH) Gerd Jünger
Dipl.-Ing. (FH) Andreas Lebender
Dipl.-Biol. Antje Fliegner
Dipl.-Biol. Sabine Jakob
Dipl.-Ing. (FH) Michael Seppelt
Dipl.-Ing. (FH) Hendrik Spinn
Dipl.-Ing. (FH) Corinna Wittig

CUI Consultinggesellschaft
für Umwelt und Infrastruktur mbH
Eisenbahnstraße 10
06132 Halle/Saale

Dr. Wolfgang Besch-Frotscher
Dipl.-Phys. Holger Goj

OEKOKART GmbH
Büro für Landschaftsplanung
&Angewandte Ökosystemstudien
Georg-Cantor-Straße 31
06108 Halle/Saale

Dipl.-Biol. Jörg Huth
Dipl.-Biol. Hans-Markus Oelerich
Dipl.-Biol. Michael Reuter

Martin-Luther-Universität
Institut für Bodenkunde
und Pflanzenernährung
Weidenplan 14
06108 Halle/Saale

Dr. Hans-Werner Sonntag
Dipl.-Ing. (agr.) Matthias Stolle
Dr. Sabine Tischer

Büro für Boden- und Umweltanalysen
Hauptstraße 19
06132 Halle

Dr. Manfred Altermann
Dr. Oliver Rosche

Friedrich-Schiller-Universität Jena
Institut für Ökologie
Dornburger Str. 15
907743 Jena

Dr. Jörg Perner

1 Forschungsaktivitäten zur Renaturierung der ostdeutschen Bergbaufolgelandschaft

Sabine Tischew

1.1 Ein kurzer Überblick

Einführend kann in diesem Rahmen nur ein kurzer Überblick zu den Forschungsaktivitäten mit den Schwerpunkten Renaturierung und Naturschutz in der ostdeutschen Bergbaufolgelandschaft gegeben werden. In Bezug auf eine umfassende Darstellung wird auf KÖCK (2001) verwiesen.

Obwohl die Nutzung der Bergbaufolgeflächen für den Naturschutz in der ehemaligen DDR nicht explizit in den Zielvorstellungen zur Wiedernutzbarmachung verankert war, entstanden durch Rekultivierungsdefizite teilweise große Sukzessionsgebiete oder wenig gestörte Insellagen und Gewässerrandbereiche, auf deren naturschutzfachlichen Wert in zahlreichen Veröffentlichungen hingewiesen wurde (HEYDER 1952, ARNDT 1960, PIETSCH 1965, 1973, JENTSCH 1975, DAHLKE et al. 1978, WESTHUS 1981). Dies führte bereits vor der politischen Wende zu Forderungen, naturschutzfachliche Aspekte in die Gestaltung der Bergbaufolgelandschaften einzubeziehen (WIEDEMANN & BRIER 1983, SYKORA 1985). Für ausgewählte Artengruppen wurden trotz geringer oder fehlender staatlicher Förderung der betreffenden Forschungsarbeiten hervorragende Einzelstudien angefertigt (u.a. DORSCH & DORSCH 1979, 1988, DUNGER 1978, 1991, DONATH 1987). In der Praxis dominierten bis zur Wiedervereinigung dagegen zunehmend immer intensivere und standörtlich unangepasste land- und forstwirtschaftliche Nachnutzungen. Ökologische, naturschutzfachliche oder landschaftsästhetische Aspekte blieben sowohl in der Forschung als auch in der Wiedernutzbarmachung weitgehend unberücksichtigt (KÖCK 2001). Eine umfassende ökosystemare und sozioökonomische Betrachtung der Entwicklungsprozesse in der Bergbaufolgelandschaft war weder erwünscht noch mit den personellen und finanziellen Ressourcen leistbar. Das Forschungsinstitut für Bergbaufolgelandschaften e.V. Finsterwalde (FIB) kommt deshalb in einer 1992 vom BMBF in Auftrag gegebenen Forschungskonzeption zu dem Ergebnis, dass ein Defizit an systematisch aufgearbeiteten Grundlagendaten für eine naturschutzfachliche Bewertung der Bergbaufolgeflächen sowie an wissenschaftlich begründeten Zielkonzepten des Naturschutzes und Handlungsempfehlungen für die Sanierungsplanung besteht (WIEDEMANN et al. 1995). Das Fachwissen über die Entwicklungspotenziale, die dynamischen Veränderungen in Raum und Zeit und über ablaufende Sukzessions- und Differenzierungsprozesse der Bergbaufolgelandschaft war nur sektoral bzw. lokal auf einem Stand, der die Integration in Raumordnungs- und Naturschutzplanungen ermöglicht hätte. Aufbauend auf die Forschungskonzeption des FIB wurden im Rahmen des BMBF-Förderschwerpunktes „Sanierung und ökologische Gestaltung der Landschaften des Braunkohlenbergbaus in den neuen Bundesländern“ und über weitere Projektträger (z.B. Länder, Deutsche Bundesstiftung Umwelt, Bundesamt für Naturschutz) in den folgenden Jahren Forschungsverbünde und Einzelprojekte gefördert, die sich mit den Entwicklungspotenzialen der Bergbaufolgelandschaft und Zielkonzepten des Naturschutzes in unterschiedlichem regionalen Kontext beschäftigten. Im Forschungsverbund "Niederlausitzer Bergbaufolgelandschaft: Erarbeitung von Leitbildern und Handlungskonzepten für die verantwortliche Gestaltung und nachhaltige Entwicklung ihrer naturnahen Bereiche" (LENAB 1998, WIEGLEB et al. 2000) wurden aufbauend auf eine ökologische Inventarisierung der Bergbaufolgelandschaft wissenschaftlich begründete Handlungskonzepte für eine ökologisch und ökonomisch tragfähige Entwicklung erarbeitet. Für den Südraum Leipzig wurden mit zwei Forschungsprojekten insbesondere Fragen der Entwicklung von Algorithmen zur Auswahl von Schutzgebieten verfolgt (DURKA et al. 1997, HENLE et. al 2001).

Modelluntersuchungen für eine naturnahe Gestaltung von Bergbaufolgelandschaften wurden am Bespiel des Tagebaugebietes Goitzsche (bei Bitterfeld) von HERBST & MAHN (1998) und EPPERT et al. (2000) vorgenommen. Ziel dieser Projekte waren konkrete Planungsvorschläge und Handlungsanleitungen für die Maßnahmenumsetzung. THOMASIUS et al. (1997) analysierten die nachhaltige Entwicklung von Waldökosystemen unter verschiedenen Nutzungspräferenzen und wiesen auf die Bedeutung von Sukzessionswäldern für den Naturschutz hin. Einen Vergleich von Strategien der Sanierung und Renaturierung devastierter Braunkohlengebiete unter ökologischen und ökonomischen Gesichtspunkten nahmen ABRESCH et al. (2000) vor.

Aktuell steht vor allem die langfristige Sicherung naturschutzfachlich wertvoller Gebiete im Mittelpunkt von Forschungsprojekten. Durch das Bundesamt für Naturschutz wurde die Erarbeitung von Handreichungen für den Flächenerwerb gefördert (u.a. HENNEK & UNSELT 2002). Die Deutsche Bundesstiftung Osnabrück unterstützt Forschungen zur Integration von Wildnisgebieten in die Kulturlandschaft durch die Entwicklung von nachhaltigen Nutzungskonzepten (z.B. BUND 2003). Die Forschungsaktivitäten der Autoren dieses Buches werden im folgenden Kapitel vorgestellt.

1.2 Forschungsansatz und Untersuchungsgebiete des Verbundprojektes „Analyse, Bewertung und Prognose der Landschaftsentwicklung in Tagebauregionen des Mitteldeutschen Braunkohlenreviers" (FLB)

In diesem Buch werden unter Einbeziehung der vorliegenden Ergebnisse anderer Arbeitsgruppen vorrangig die Ergebnisse des „Forschungsverbundes Landschaftsentwicklung Mitteldeutsches Braunkohlenrevier" aufbereitet (FLB 2003). Ziel dieses Verbundes war es, naturnahe Gestaltungsstrategien weiter zu entwickeln und Algorithmen zur Bestimmung von Entwicklungspotenzialen für das Mitteldeutsche Braunkohlenrevier zu erarbeiten. Damit wurden Grundlagen für Szenarien der Landschaftsgenese unter den sich verändernden Rahmenbedingungen infolge von Sukzession und Grundwasserwiederanstieg sowie für ein System zur Überwachung und Bewertung der Entwicklungsprozesse geschaffen. Mit diesem Projekt erfolgte eine Fortschreibung der Ergebnisse des Forschungsverbundes "Konzepte für die Erhaltung, Gestaltung und Vernetzung wertvoller Biotope und Sukzessionsflächen in den Bergbaufolgelandschaften Mitteldeutschlands" (FBM 1999). Das im FBM (1999) entwickelte flächenkonkrete Schutzgebietssystem in der Bergbaufolgelandschaft konnte beispielsweise während der Projektlaufzeit in Kooperation mit engagierten Naturschutzbehörden Sachsen-Anhalts erfolgreich umgesetzt werden.

Für eine Vielzahl von Flächen wurden Dauerbeobachtungen zu den Entwicklungsprozessen auf unterschiedlichen Organisationsebenen (Populationen, Zönosen, Biotope) fortgeführt. Damit waren verlässlichere Entwicklungsprognosen möglich. In sieben repräsentativ ausgewählten Hauptuntersuchungsgebieten (Golpa-Nord, Muldenstein, Goitzsche – Sandtrockenrasen, Goitzsche-Inseln –, Kayna-Süd, Mücheln-Innenkippe, Halden im Geiseltal) arbeiteten auf verschiedenen landschaftsökologischen Organisationsniveaus Bodenkundler, Geographen, Zoologen und Vegetationskundler in einem interdisziplinären Ansatz intensiv zusammen (Abb. 1). Als Basis diente je Tagebaubereich ein mit GPS eingemessenes 100 m x 100 m Raster. Je nach vorgesehener Bearbeitungstiefe fand eine weitere Verfeinerung oder Aggregation der Rasterflächen statt. Insgesamt wurden ca. 1000 ha mit einem 100 m x 100 m Rasternetz überzogen. Weitere 1000 ha wurden weniger intensiv bearbeitet. Die Untersuchungsflächen decken ein breites Spektrum an potenziellen Entwicklungsmöglichkeiten ab, wobei sich mit Ausnahme der Geiseltal-Halden (Blösien, Klobikau, Pfännerhall) alle Flächen überwiegend über Spontansukzession begrünt haben.

Flächendeckend wurden Biotoptypenkartierungen nach dem erweiterten Biotoptypenschlüssel für die Bergbaufolgelandschaft (HEYDE et al. 1998), Boden-/Substratkartierungen, geomor-phologische Kartierungen und Vogelkartierungen vorgenommen. Für alle Flächen lagen durch ein assoziiertes Projekt der Universität Halle (Institut für Geographie) Scannerbefliegungen und Satellitenaufnahmen vor (GLÄßER et al. 2002, FLB 2003). Auf ca. 20 % der Rasterelemente erfolgten nach einer Zufallsauswahl in allen Vegetationseinheiten detailliertere Untersuchungen zu Biotoptyp, Geomorphologie, Boden/Substrat, Vegetation und Heuschrecken-Vorkommen. Punktuell bzw. zu bestimmten Fragestellungen entlang von Transekten (z.B. Grundwasseranstieg) wurden in den Untersuchungsgebieten folgende Daten erfasst:

- Amphibien, Libellen, Kleinsäuger
- Laufkäfer, Spinnen, Zikaden, Asseln (Bodenfallen)
- Bodenzoologie (Springschwänze, Regenwürmer, Milben)
- Bodenmikrobiologie, Boden- und Wasserchemie, Redoxpotenziale
- Flora und Vegetation
- oberirdische Pflanzenbiomasse.

Naturschutzfachlich wertvolle Arten wurden im Hinblick auf ihre Bestandesdynamik und ihre standortökologische Einnischung auf einer Reihe zusätzlicher Flächen in der Bergbaufolgelandschaft Sachsen-Anhalts untersucht.

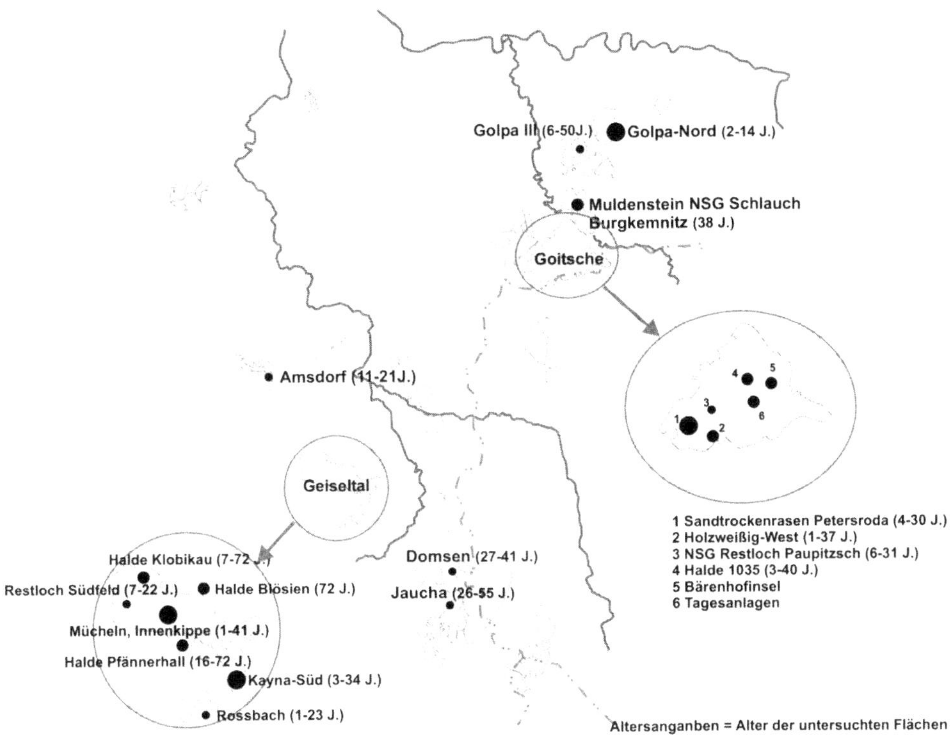

Abb. 1: Untersuchungsgebiete des FLB-Projektes

Am Beispiel der Innenkippe in Mücheln (Abb. 2) wird die Vorgehensweise auf den unterschiedlichen Hierarchie- und Maßstabsebenen dargestellt. Die einzelnen Themen sind in einem Geoinformationssystem (GIS) miteinander verknüpft. Für die Analyse der Vernetzungsbeziehungen wurden sowohl flächendeckende Rasterkartierungen der Länder, Ergebnisse der selektiven Biotopkartierungen als auch Auswertungen der Satellitendaten verwendet.

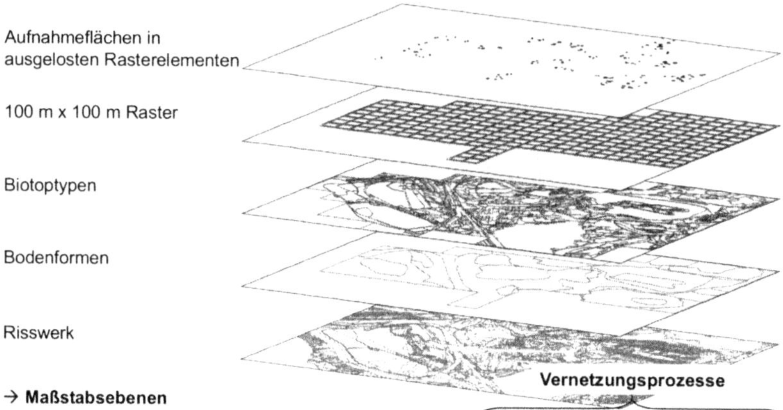

Biozönose	Biotop	Tagebau-bereich (Physiotop)	Tagebau und Umland	Tagebau-region	Landschafts-verbund
1:100 bis 1:500	1:2.000 bis 1:5.000	1:5.000 bis 1:10.000	1:25.000	1:25.000 bis 1:50.000	1:100.000 und kleiner

Abb. 2: Unterschiedliche Hierarchieebenen innerhalb des FLB-Projektes am Beispiel der Mücheln-Innenkippe: Risswerk, Bodenformen, Biotoptypen, 100 m x 100 m Raster und ausgeloste Rasterelemente mit Aufnahmeflächen

Da der Schwerpunkt der Arbeiten auf den vergleichsweise frühen Sukzessionsstadien des Sanierungstagebaus in Sachsen-Anhalt lag, war es sinnvoll, für die Prognose von Entwicklungsprozessen auch Ergebnisse eines Forschungsprojektes zur spontanen und initiierten Waldentwicklung in Bergbaufolgelandschaften zu integrieren, das parallel an der Hochschule Anhalt bearbeitet wurde (TISCHEW et al. 2004). Hier wurden in einer Überblicksstudie zur gesamten ostdeutschen Bergbaufolgelandschaft die spontane Waldentwicklung untersucht und verschiedene Methoden einer Initiierung von Besiedlungsprozessen auf der Basis der natürlichen Sukzession getestet.

Wichtige anwendungsorientierte Ergebnisse des Forschungsverbundes FLB wurden in einem internetfähigen „**I**nformations**S**ystem zur **A**nalyse, **B**ewertung und Prognose der **E**ntwicklung von Bergbaufolge**L**andschaften – **ISABEL**“ zusammengestellt. Das **ISABEL** ist dem Buch auf einer CD beigelegt (vgl. Kapitel 11). Der vollständige Abschlussbericht des Verbundes kann im Internet unter www.hs-anhalt.de eingesehen werden.

2 Rahmenbedingungen der Renaturierung von Braunkohlen-Bergbaufolgelandschaften

Wolfgang Besch-Frotscher

2.1 Kurzer historischer Abriss der Bergbauentwicklung in Mitteldeutschland

Das Mitteldeutsche Braunkohlenrevier mit Flächenanteilen in Sachsen-Anhalt, Westsachsen und Nordostthüringen kann auf eine lange Geschichte zurückblicken. Wahrscheinlich weist die bereits im Jahr 1382 erwähnte „Kolgrube" für Lieskau bei Halle (Saale) auf die früheste Braunkohlennutzung in Deutschland, zumindest aber in Mitteldeutschland hin (OELKE 2002). Weitere Einzelfunde und Hinweise reichen insbesondere in das 16. und 17. Jahrhundert. So erfolgte beispielsweise im Jahr 1671 der erste urkundlich erwähnte Nachweis für Braunkohle im westsächsischen Revier bei Meuselwitz.

Die mehr als 300jährige „jüngere" und gut belegte Bergbauentwicklung im Mitteldeutschen Braunkohlenrevier lässt sich nach BERKNER (1998) in folgende Zeitetappen einteilen:

- **1. Vorindustrielle Phase (bis etwa 1850)** – Abbau in „Bauerngruben" (Tagebaugräbereien und Tiefbaugruben)
- **2. Frühindustrielle Phase (ab etwa 1850 bis ca. 1925/30)** – vorherrschender Abbau im Tiefbau bis ca. 1910 und paralleler Abbau in kleinen Tagebauen
- **3. Großindustrielle Phase (ca. 1920/25 bis 1950)** – Aufkommen von Großtagebauen und paralleler Betrieb kleinerer und mittlerer Tief- und Tagebaue
- **4. „Radikale" Auskohlungsphase (1950 bis 1990)** – zunehmende Dominanz der Großtagebaue und Ende der Kleintagebaue und des Tiefbaus bis 1969
- **5. Phase der „kleinen Braunkohlenschiene" (nach 1990 bis ca. 2040)** – Konzentration auf wenige Großtagebaue und umfassende Sanierung.

Die im Forschungsverbundvorhaben FLB (2003) untersuchten Flächen lassen sich in ihrer historischen Entwicklung zwei Braunkohlenrevieren zuordnen (vgl. KNOCHENHAUER 1996; BITTERFELDER BERGLEUTE e.V. 1998).

Das Braunkohlenrevier Gräfenhainichen – Bitterfeld – Delitzsch

Der Braunkohlenbergbau im Bitterfelder Revier ist etwa 200 Jahre alt. Bis etwa 1905 lagen die Gruben und kleinen Tagebaue in folgenden Hauptabbaugebieten:

- Raum Bitterfeld: insbesondere bei Sandersdorf, Zscherndorf, Thalheim und Bitterfeld
- Raum Gräfenhainichen: insbesondere bei Möhlau und Zschornewitz
- Dübener Heide: bei Gniest, Naundorf und Pannewitz.

Anfang des 20. Jahrhunderts wurden in diesen Räumen auch die ersten Großtagebaue aufgeschlossen, die teilweise bis in die 50er Jahre in Betrieb waren. Dazu zählen unter anderem die Tagebaue „Leopold" und „Theodor" bei Holzweißig, „Roberts Hoffnung" bei Bergwitz (Bergwitzsee), „Golpa I bis IV" und „Barbara" bei Zschornewitz/Gräfenhainichen sowie die Tagebaue „Ludwig", „Stakendorf", „Pistor" bzw. „Freiheit" bei Bitterfeld. Mit den 50er und 60er Jahren einsetzend wurde dann die Kohlegewinnung auf wenige Hochleistungstagebaue konzentriert. In dieser Zeit wurde vor allem in den Tagebauen „Goitzsche", „Muldenstein", „Holzweißig" und „Golpa-Nord" gefördert.

Die letzte Phase von Neuaufschlüssen fand Ende der 70er Jahre und Anfang der 80er Jahre statt. Dies betraf die Tagebaue „Delitzsch-SW“, „Breitenfeld“, „Köckern“, „Gröbern“ und „Rösa“. 1993 kam der Kohleabbau im Revier vollständig zum Erliegen.

Das Geiseltalrevier

Der Kohleabbau setzte im Geiseltal im 17. und 18. Jahrhundert im Raum Mücheln und Zöbigker mit lokal begrenzten Gräbereien ein. Mitte des 19. Jahrhunderts wurden kleine Gruben und Tiefbaufelder in den Randbereichen mit oberflächennah anstehender Kohle aufgeschlossen. Zwischen 1861 und 1907 existierten vier bis sieben Gruben. Die groß-industrielle Entwicklung setzte im Geiseltal relativ spät ein. Ab 1907 bis 1915 entstanden dann jedoch in kurzer Zeit mehrere, für die damalige Zeit große Tagebaue (1907 Tagebau „Cecilie“, 1907 Tagebau „Otto“, 1911 Tagebau „Leonhardt“, 1912 Tagebau „Pfännerhall“, 1913 Tagebau „Elise II“). In dieser Phase bis in die 30er Jahre fällt auch die Verbringung der Aufschlussmassen auf insgesamt sechs Großhalden mit 15 bis 75 m Höhe, darunter die Halden Klobikau, Blösien und Pfännerhall.

Ab 1949 wurden die Tagebaue „Elisabeth“ und „Elise II“ als Tagebau Mücheln weitergeführt. Die nach 1970 gebildeten Baufelder förderten wie folgt: Westfeld 1976 bis 1990, Südfeld 1976 bis 1993 und Neumark-Nord 1979 bis 1993. Die Tagebaue „Cecilie“ (Betrieb bis 1945) und „Leonhardt“ bildeten nach 1949 den Tagebau Neumark-West, der bis 1955 aktiv war. Der Tagebau „Otto“ wurde 1949 in Neumark-Süd umbenannt. 1927 begann die Kohleförderung im Tagebau „Tannenberg“, der ab 1949 bis 1955 als Tagebau Neumark-Ost in Betrieb war. 1960 erfolgte die Bildung des Tagebaus Braunsbedra aus den Tagebauen Pfännerhall, Neumark-Süd und dem Ersatztagebau Geiselröhlitz. Die Förderung lief hier bis 1969.

Der Tagebau Kayna-Süd wurde 1948 als Nachfolgetagebau von Großkayna aufgeschlossen. Die Kohleförderung begann 1950 im Nordfeld. Es folgte ab 1960 der Abbau des Südfeldes und ab 1966 des Randfeldes, welches 1972 ausgekohlt war.

2.2 Planerische und rechtliche Möglichkeiten der Renaturierung

Die Inanspruchnahme von Flächen durch den Braunkohlenbergbau hat insbesondere mit den entscheidenden technologischen Fortschritten und Möglichkeiten ab etwa der zweiten Hälfte des 19. Jahrhunderts landschaftsverändernde Dimensionen im lokalen und spätestens seit den 1920er Jahren auch im regionalen Maßstab erreicht. In Deutschland sind insgesamt etwa 161.850 ha betroffen, im Mitteldeutschen Revier davon ungefähr 50.022 ha und im Lausitzer Revier etwa 77.557 ha (PFLUG 1998). Speziell die großräumigen Tagebaugebiete durchlaufen ausgehend von den vorbergbaulichen Verhältnissen über die Betriebsphase (vor allem Aufschluss und Gewinnung) bis hin zu den bergbaulichen Sanierungsarbeiten mehrere landschaftliche Entwicklungsphasen. Durch die enormen raum- und umweltbeanspruchenden Wirkungen des Braunkohlenabbaus kommt der Planung, Gestaltung und Entwicklung der Bergbaufolgelandschaft eine besondere Rolle zu.

Der Begriff Bergbaufolgelandschaft wird in diesem Zusammenhang in zweierlei Hinsicht verwendet (vgl. auch ABRESCH et al. 2000). Zum einen bezeichnet er eine geplante, angestrebte Ziellandschaft nach Abschluss der Sanierung. Zum anderen werden darunter aber auch bestehende Landschaftszustände, das heißt sanierte und unsanierte Landschaftsteile, in ihrer weiteren naturnahen Entwicklung hin zu einem gewissen landschaftlichen Endzustand verstanden. Die Renaturierung ist dabei eine Form der Wiedernutzbarmachung, welche die Entwicklung eines naturnäheren Zustandes durch Zulassen oder Unterstützung von ökologischen Prozessen zum Ziel hat (vgl. PFLUG 1998). Folgenutzungen können neben dem Naturschutz auch naturnaher Waldbau und sanfter Tourismus sein.Wie in Abb. 3 dargestellt, sind auf derartigen Flächen entweder keine Maßnahmen (freie Sukzession), gezielte Steuerung der biotischen Entwicklung oder Initialmaßnahmen für eine beschleunigte Entwicklung vorgesehen. Die in den vorliegenden Ausführungen vorgestellten Untersuchungen nehmen auf die Bergbaufolgelandschaft im Sinne von Renaturierungsflächen Bezug. Im Gegensatz dazu zielt die Rekultivierung auf die primär gewinnbringende, wirtschaftliche Nutzung der Flächen ab.

Auf den tatsächlichen volkswirtschaftlichen Kosten-Nutzen-Effekt der bisherigen Rekultivierungspraxis wird in Kapitel 9 eingegangen (vgl. auch ABRESCH et al. 2000).

Es bestehen eine Reihe gesetzlicher Grundlagen und planerischer Möglichkeiten, die Renaturierung als einen integralen Bestandteil in die bergbaulichen Betriebs- und Wiedernutzbarmachungsprozesse einzubinden. Grundsätzlich ist zwischen dem Sanierungstagebau der stillgelegten oder ausgelaufenen Tagebaue in den ostdeutschen Bundesländern und dem aktiven Tagebau zu unterscheiden. Während im aktiven Tagebau die Kategorie „Folgenutzung Natur und Landschaft" einen eindeutigen Bezug zur Renaturierung aufweist, ist im Sanierungstagebau in den verschiedensten bergbaulichen Planungen dieses Nutzungsziel nicht immer so definitiv und eindeutig aufgenommen. In vielen Fällen werden Renaturierungsflächen als potenzielle Naturschutzflächen innerhalb anderer Flächenkategorien integriert. Beispiele dafür sind Bezeichnungen wie „Grünflächen", „Sukzessionsflächen" (allgemein), „Flächen für den Biotopverbund" oder „sonstige Flächen". Hinzu kommt, dass auch für andere Nutzungsziele vorgesehene Bereiche, wie zum Beispiel Forst-, Wasser- und Landwirtschaftsflächen, im Rahmen naturschutzfachlich bedeutsamer Entwicklungsprozesse Funktionen übernehmen können. Das gilt entsprechend auch für den aktiven Tagebau. Erst in der Regionalplanung werden mit der Trennung der verschiedenen Vorrangnutzungen eindeutige Prioritäten gesetzt.

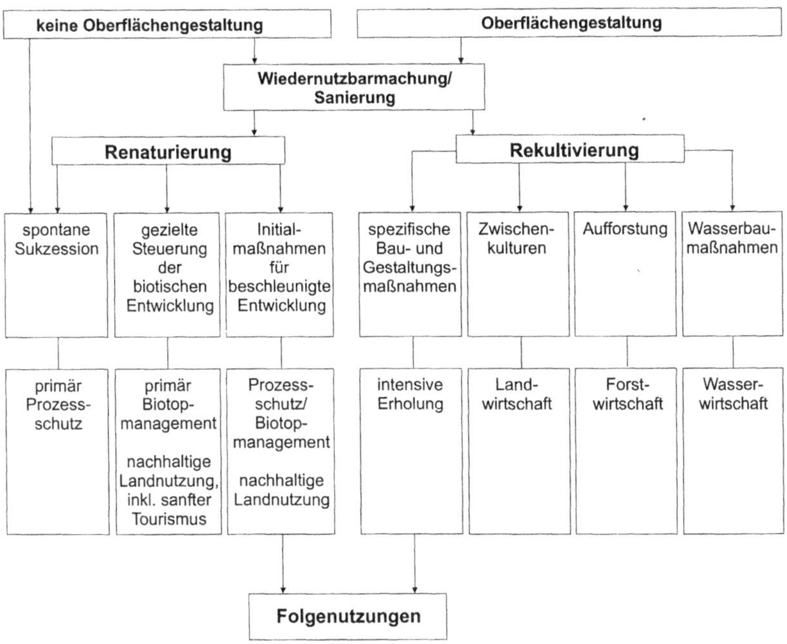

Abb. 3: Stellung der Renaturierung im Prozess der Bergbausanierung (schematisch, nach ABRESCH et al. 2000; ergänzt)

Im Folgenden wird auf einige wichtige rechtliche und planerische Möglichkeiten für die Berücksichtigung von Naturschutzinteressen und der entsprechenden Ausweisung von Renaturierungsflächen in der Bergbaufolgelandschaft hingewiesen. Die Praxis zeigt, dass zur Realisierung dieser Absichten eine enge und umfassende Abstimmung (i.d.R. Kompromissfindung) mit allen regional Beteiligten und Betroffenen erfolgen muss.

Das ***Bundesberggesetz (BBergG)*** verfolgt neben dem Aufsuchen, Gewinnen und Aufbereiten von Bodenschätzen, der Gewährleistung der Betriebssicherheit und der Gefahrenabwehr auch den Zweck, den Ausgleich unvermeidbarer Schäden zu verbessern. Für Braunkohlentagebaue mit einer Betriebsgröße von mehr als 10 ha gilt darüber hinaus die ***Verordnung über die Umweltverträglichkeitsprüfung bergbaulicher Vorhaben (UVP-V-Bergbau)***.

So sind bei UVP-pflichtigen Abbauvorhaben Rahmenbetriebspläne zu erarbeiten und zu deren Zulassung ein Planfeststellungsverfahren durchzuführen. Diesem Planungsprozess liegt unter anderem eine Bestandsaufnahme des Landschaftszustandes vor der Abgrabung sowie eine Bewertung der Veränderungen des Landschaftshaushaltes, des Landschaftsbildes und der Grundwasserabsenkung durch den Tagebaubetrieb zugrunde. Die Zielstellungen und flächenkonkreten Handlungsanweisungen für die Wiedernutzbarmachung sowie Kompensationsmaßnahmen werden im Planfeststellungsverfahren gesetzlich verankert und legen damit die Bergbaufolgelandschaft in ihren Grundzügen fest. Der Sanierungstagebau in den ostdeutschen Bundesländern nimmt diesbezüglich eine Sonderstellung ein, da der Wiedernutzbarmachungsprozess in der Regel erst nach der Auskohlung der Tagebaue geplant wird („Sanierungspläne“). Rechtsnachfolger der früheren Tagebaue ist die Lausitzer und Mitteldeutsche Bergbau-Verwaltungsgesellschaft mbH (LMBV). Sie ist als Projektträger und bundesfinanzierte Gesellschaft für die Tagebausanierung nach Bundesberggesetz und ebenso für die Verwertung der ehemaligen volkseigenen Bergbauflächen verantwortlich. Für die Zulassung der Sanierungs- und Flutungsvorhaben in den Sanierungstagebauen der ostdeutschen Braunkohlereviere muss vor dem Hintergrund der Wiederherstellung eines Gewässers ein Planfeststellungsverfahren mit integrierter UVP nach ***Wasserhaushaltsgesetz (WHG)*** und den entsprechenden ***Länderwassergesetzen*** durchgeführt werden.

Mit den gesetzlichen Grundlagen existiert vor allem für den aktiven Tagebau bereits formal die Pflicht der Bergbau- und Sanierungstreibenden, den Verlust bzw. die Beeinträchtigung von naturschutzrelevanten Bereichen durch Ausgleichs- und Ersatzmaßnahmen zu kompensieren. Im Rahmen von Beteiligungsverfahren besteht ebenso die Möglichkeit, Einfluss auf die Ausweisung von Renaturierungsflächen und auf die dort durchzuführenden bzw. zu unterlassenden Maßnahmen zu nehmen. Diese Möglichkeit besteht auch bei der Flutung von Sanierungstagebauen.

Das ***Bundesnaturschutzgesetz (BNatSchG)*** und die ***Landesnaturschutzgesetze*** sind weitere wichtige Instrumentarien zum Schutz und zur Sicherung naturschutzrelevanter Flächen. Diese Instrumentarien können auch für Renaturierungsflächen angewandt werden. Im Rahmen der Eingriffsregelung besteht durch die Festlegung von Ausgleichs- und Ersatzflächen vor allem für den aktiven Tagebau ein direkter Zusammenhang zu den bergbaulichen Vorhaben. Ein wirksames Instrument zum Schutz natürlicher Prozesse für den Sanierungstagebau ist die einstweilige Sicherstellung und Ausweisung von Schutzgebieten, wie zum Beispiel Landschaftsschutzgebiete, Naturschutzgebiete, geschützte Landschaftsbestandteile oder Flächennaturdenkmale. Dem ging in vielen Bereichen eine Ausweisung von Kerngebietsflächen des Naturschutzes durch die LMBV mbH voraus, für die durch die Forschungsaktivitäten des BMBF-Förderschwerpunktes wertvolle Grundlagen erarbeitet wurden. In den letzten Jahren spielt auch die Ausweisung von FFH- und SPA-Gebieten für das europaweite Schutzgebietssystem NATURA 2000 eine immer bedeutsamere Rolle. Dabei werden in den einzelnen Regionen ebenso Bergbauflächen berücksichtigt. Schließlich trägt die Landschaftsplanung mit den Instrumenten Landschaftsrahmenplanung, kommunale Landschaftsplanung und Biotopverbundplanung dazu bei, bergbauliche Renaturierungsflächen im Sinne einer nachhaltigen Landschaftsentwicklung zu berücksichtigen und zu integrieren (vgl. Kapitel 9.3.3).

Die ***Landes- und Regionalplanung*** setzt in den einzelnen Bundesländern raumordnerische und raumplanerische Zielsetzungen (Leitbilder, Leitziele und Leitlinien) für die zukünftige Entwicklung der Bergbaufolgelandschaften fest. Speziell für die Gebiete mit aktivem Bergbau sowie für die aktuellen Sanierungstagebaue werden gesonderte Braunkohlen- und Sanierungspläne (in den Bundesländern Sachsen – länderübergreifend mit Thüringen – und Brandenburg) sowie Teilgebietsentwicklungsprogramme (in Sachsen-Anhalt) als integrale Bestandteile der Landes- und Regionalplanung erarbeitet. In umfangreichen Erarbeitungs- und Abstimmungsprozessen werden unter anderem auch die für die Renaturierung wichtigen Gebietskategorien zur Gestaltung der Bergbaufolgelandschaften festgelegt und damit zur Rechtsgrundlage erhoben. Für den Naturschutz im engeren Sinne werden beispielsweise in Brandenburg Renaturierungsflächen und in den anderen Bundesländern Vorranggebiete für Natur und Landschaft ausgewiesen, zum Beispiel für Teilflächen in den Tagebauen Bockwitz/Westsachsen, Nochten/Ostsachen, Goitzsche/Sachsen-Anhalt, Schlabendorfer Felder/Brandenburg).

Für die konkrete Umsetzung von Maßnahmen des Naturschutzes und der Landschaftspflege sind verschiedene ***Formen der Trägerschaften von Naturschutzflächen*** ein erfolgversprechendes Mittel. Dazu zählen beispielsweise Naturschutzverbände, Stiftungen, Ökologische Stationen, Landschaftspflegeverbände und ähnliche Vereinigungen. Durch Erwerb, Pachtung oder andere Besitzformen werden dadurch Flächen in erheblicher Größenordnung sowohl für den Prozessschutz als auch für eine naturnahe Nutzung gesichert (vgl. Kapitel 9).

Durch eine umfassende ***wissenschaftliche Begleitung*** der ostdeutschen Braunkohlensanierung wurden und werden für die Renaturierung regionale und objektkonkrete Konzepte entwickelt, den Bergbau- und Sanierungsunternehmen entsprechende Vorschläge zur Umsetzung unterbreitet und ebenso konkrete Sanierungsmaßnahmen und -projekte naturschutzfachlich begleitet (vgl. Kapitel 1 und 9).

Zusammenfassend kann geschlussfolgert werden, dass Renaturierung als ein Entwicklungsziel in der Bergbaufolgelandschaft mit rechtlichen und planerischen Instrumenten bei einem konstruktiven Miteinander der verschiedenen Akteure in der Bergbaufolgelandschaft nachhaltig festgesetzt und gesichert werden kann.

2.3 Übersicht zu Betriebsabläufen und zu entstehenden Reliefformen in der Bergbaufolgelandschaft

Die Inanspruchnahme von Landschaft durch den Braunkohlenbergbau ist einerseits an die Lagerstättensituation und andererseits an die bergbaulichen Erschließungs-, Abbau- und Gewinnungsprozesse gebunden. Die tertiären Braunkohlenvorkommen im Mitteldeutschen Revier lassen sich nach EISSMANN & LITT (1994) „älteren Braunkohlenflözen“ aus der Zeit des Eozäns bis Oligozäns (z.B. Südraum Leipzig, Geiseltal) und „jüngeren Braunkohlenflözen“ aus der Zeit des Miozäns (Gebiete um Gräfenhainichen, Bitterfeld und Delitzsch) zuordnen. Es existieren in den einzelnen Tagebauen meist mehrere abbauwürdige Braunkohleflöze, die durch mehr oder weniger mächtige Zwischenmittel (meist Sande, Kiese, Tone, Schluffe) voneinander getrennt sind. Überwiegend herrschen gestörte Lagerungsverhältnisse der Kohleflöze, so dass die Lagerungsmächtigkeiten der Kohle zwischen 1 m und über 100 m (z.B. im Geiseltal) schwanken können. Über den tertiären Kohlen befinden sich weitere, bis zu mehreren Dekametern mächtige tertiäre und quartäre Deckschichten.

In der Aufschlussphase neuer Tagebaue wurden die quartären und tertiären Abraummassen häufig als Außenhalden auf gewachsenem Gelände verkippt. Mit wachsender Anzahl, Größenzunahme bzw. nach Auskohlung der Tagebaue kam es zunehmend auch zu Innen- und Fremdverkippungen der Restlöcher. Im Mitteldeutschen Braunkohlenrevier sind in Summe mehr als 6 Mrd. Tonnen Braunkohle gefördert und mindestens 15 km^3 Massen bewegt worden. Fasst man beispielsweise die Tagebaue des Geiseltalreviers und der Goitzsche zu Restlochkomplexen zusammen, so sind Flächen bis zu 20 km^2 mit einem Restlochvolumen bis zu 400 Mio. m^3 und Restlochtiefen bis zu 120 m entstanden (vgl. BERKNER 1998).

Geomorphologische Formen und Prozesse bestimmen maßgeblich das Erscheinungsbild der Bergbaufolgelandschaft. Als neue, anthropogen entstandene und die Räume prägende Landschaftsformen treten unter anderem trockene, in Flutung befindliche oder bereits wassergefüllte Restlöcher, Kippen und Halden unterschiedlichster Größe, Böschungssysteme, Spülkippen, neu geschaffene Vorflutsysteme auf. Die Entstehung verschiedener Reliefformen ist das unmittelbare Ergebnis bergbaulicher Betriebsabläufe. Folgende grundlegende Zuordnungen lassen sich treffen:

- Aufschluss- und Gewinnungsarbeiten ⇒ Randböschungssysteme, Bermen, Steilwände, Abbrüche, Restlöcher
- Verkippung (insbesondere Sturzverkippung) ⇒ Kipprippenkomplexe (Brückenkippen), Halden
- Verkippung, Verdichtung und Planierung ⇒ Kippen und Halden (Böschungen und Plateaus)
- Spülverkippung (Wasser-Abraum-Gemisch) ⇒ Spülkippen
- Erdmassenbewegungen, Planierungen ⇒ Hohl- und Vollformen verschiedenster Art und Größe
- Flutung ⇒ Restlochseen.

Nach Beendigung entsprechender Aufschluss-, Gewinnungs-, Verkippungs- und Sanierungsarbeiten setzen natürliche geomorphologische Prozesse wie beispielsweise Wasser- und Winderosion oder

Sackungen ein. Aufgrund der teilweise mehrfachen technologischen Überprägungen laufen die anthropogenen und natürlichen Reliefbildungsprozesse in den meisten Fällen zeitlich und räumlich parallel ab. Tab. 1 führt die wesentlichen Relieftypen in der Bergbaufolgelandschaft auf, fasst kennzeichnende Merkmale zusammen und ordnet ausgewählte Flächen der Bergbaufolgelandschaft in Sachsen-Anhalt zu (vgl. FLB 2003).

Tab. 1: Relieftypen (RT) in Bergbaufolgelandschaften – Begriffsbestimmung und Kennzeichnung (nach FBM 1999 und FROTSCHER 1999; ergänzt)

Begriffsbestimmung, technische Entstehung und Untersuchungsgebiete (Beispiele)	Landschaftliche Kennzeichnung und Nutzung	Naturschutzwert
	RT I – Relieftyp Kippenplateau	
meist planierte und ebene Oberfläche der Ablagerung von Abraum oder anderen Schüttgütern in verritztem Gelände Unterscheidung nach der Höhenlage zum Gewachsenen in Unterflur-, Flur- und Überflurkippen Untersuchungsgebiete: Tgb. Goitzsche – Sandtrockenrasen Petersroda Tgb. Mücheln – Teile der Innenkippe	überwiegend großräumige land- bzw. forstwirtschaftliche Nutzung meist 1 bis 2 m Kulturbodenauflage, oft melioriert fehlende bis geringe Morphodynamik, meist grundwasserferne Standorte monotones Landschaftsbild	bei rekultivierten Kippen artenarme Nutzbiotope von geringem naturschutzfachlichen Wert bei nicht rekultivierten und der Sukzession überlassenen Kippen hoher Naturschutzwert möglich (z.B. Sandtrockenrasen Petersroda, Tgb. Goitzsche)
	RT II – Relieftyp Haldenplateau	
meist ebene Oberfläche des auf unverritztem Gelände verbrachten Abraums oder von anderen abgelagerten Schüttgütern, die Halden sind i.d.R. rekultiviert Untersuchungsgebiete: Halde Klobikau, Halde Pfännerhall	s.o.	s.o. nach Einstellung einer intensiven Nutzung Entwicklung z.B. zu wertvollen Waldbiotopen möglich
	RT III – Relieftyp Kippenböschung	
geneigte Randbereiche der Ablagerungen von Abraum oder anderen Schüttgütern in verritztem Gelände Untersuchungsgebiete: Tgb. Mücheln – Teile der Innenkippe Tgb. Kayna-Süd – Westböschung Tgb. Golpa-Nord – „Bachaue"/Nordböschung	Dominierend forstwirtschaftliche Nutzung bzw. Erosionsschutzwald Kulturbodenauftrag, meist melioriert expositions- und neigungsbedingte Standortunterschiede (Rinnen-)Erosionsprozesse in unterschiedlicher Intensität und Verteilung belebendes Landschaftselement	trotz meist artenarmer Monokulturen Auftreten von wertvollen Kleinstrukturen, Kleinbiotopen sowie Sonderhabitaten Hangwasseraustritte Erosionsrinnen kleinflächig vegetationsfreie Areale bei bindigen Substratanteilen temporäres Stauwasser
	RT IV – Relieftyp Haldenböschung	
geneigte Randbereiche des auf unverritztem Gelände verbrachten Abraums oder von anderen abgelagerten Schüttgütern Untersuchungsgebiete: Halde Klobikau, Halde Pfännerhall, Halde Blösien, Halde 10/35	s.o.	s.o.
	RT V – Relieftyp Schwemmfächer	
durch Oberflächenwasser geländeabwärts abgeschwemmte, mitgeführte und selektiv abgelagerte Erdmassen bei flacher bis mittlerer Hangneigung Untersuchungsgebiete: Tgb. Mücheln – Teile der Innenkippe Tgb. Kayna-Süd – Teile der Südspitze	im jungen Stadium und bei tertiären Substraten vegetationsfreie/-arme Standorte flächenhafte Erosionsprozesse wie Auswehungen und Abspülungen deutliche Körnungsdifferenzierung der abgelagerten Schwemmsubstrate	Bedeutung als Sonderbiotop für Arten mit spezifischen Standortansprüchen wichtige Objekte für die Sukzessionsforschung meist in ungestörter Lage

Begriffsbestimmung, technische Entstehung und Untersuchungsgebiete (Beispiele)	Landschaftliche Kennzeichnung und Nutzung	Naturschutzwert
	RT VI – Relieftyp Spülkippe	
von zeitweilig stationären Kippstellen in den offenen Tagebau mit Wasser verspülter und selektiv abgelagerter Abraum bei geringen bis mittleren Hangneigungen Untersuchungsgebiete: Tgb. Kayna-Süd – Ostböschung	s.o. bei Einspülung in Restlochbereiche kleinräumiger Wechsel der hydrologischen Verhältnisse (Uferzone, Wasserwechselzone, terrestrische Bereiche)	Bedeutung als Habitat für spezialisierte Arten wichtige Objekte für die Erforschung von Besiedlungsprozessen aus dem Umland in den Tagebau und für Sukzessionsuntersuchungen
	RT VII – Relieftyp Restlochböschung	
geneigte Tagebaurandbereiche, die als Kippen- oder Kopfböschungen (Gewachsenes) ausgeprägt sind Untersuchungsgebiete: Tgb. Kayna-Süd – Süd-/Ostböschung Tgb. Mücheln – Südfeld/Westböschung Tgb. Holzweißig-West – Südböschung	häufig als Böschungs-Bermen-Komplex ausgebildet meist saniert, d.h. abgeflacht und rekultiviert durch Kulturbodenauftrag, Melioration, Ansaaten, z.T. Anpflanzungen insbesondere in jungen Böschungen hohe Entwicklungsdynamik hohe standörtliche Differenziertheit	Naturschutzwert ergibt sich aus: - Großräumigkeit - Unzerschnittenheit - Umlandbeziehungen als naturschutzfachlich bedeutende Biotop- und Habitatstrukturen treten auf: - Erosionsformen - Hangwasseraustritte/Quellbereiche - Uferzonen mit Kliffbildungen - Flachwasserbereiche - Sukzessionsareale - offene Kies- und Sandflächen
	RT VIII – Relieftyp Restloch (Restlochplanum)	
nach der Rohstoffgewinnung und Abraumbewegung verbleibender offener Tagebauraum Basis ist meist eben, es treten jedoch häufig Kleinreliefformen auf (Senken, Kippkegel usw.) Untersuchungsgebiete: Tgb. Roßbach Tgb. Mücheln – Teile der Innenkippe	unsanierte Tagebaubereiche mit extremen Standortbedingungen, wie z.B. stark saures Milieu, tertiäre Substrate mit hohen Kohleanteilen über längere Zeiträume nahezu vegetationsfrei flächenhafte Morpho-/Hydrodynamik extreme Lokalklimate befristete Wasserhaltung	Sukzessions- und Besiedlungsprozesse durch Arten mit extremster Standortanpassung ohne Äquivalent in der Kulturlandschaft temporäre Lebensräume Forschungsbedarf zur Untersuchung von "Mitwanderungsprozessen der Naturschutzpotenziale" infolge Flutung
	RT IX – Relieftyp Restlochsee	
durch Grundwasserwiederanstieg und/ oder Fremdwasserflutung gefülltes Restloch Untersuchungsgebiete: Restlochsee Paupitzsch Restlochsee Kayna-Süd	meist oligotrophe, saure Gewässer Verlandungszonen und Uferstrukturen Bildung wasserbestimmter Lokalklimate Landschaftsbildaufwertung	häufig Bedeutung als Habitat für Wasservögel, Libellen und Amphibien wissenschaftliche Untersuchungsobjekte (limnische Ökosysteme)
	RT X – Relieftyp Sonstige Hohlform	
ohne bzw. mit Wasser gefüllte Hohlformen innerhalb des Tagebaus unterschiedlicher Dimension Untersuchungsgebiete: Tgb. Mücheln – Teile der Innenkippe Tgb. Roßbach	typisch sind temporäre, durch Grundwasserzufluss entstandene Gewässer, die durch die Flutung verloren gehen meist oligotrophe, saure Gewässer (besonders im jungen Stadium) starke Wasserstandsschwankungen hohe Prozess-/Entwicklungsdynamik	Bedeutung als Habitat z.B. für Amphibien und Libellen sowie als Standort für seltene Pflanzen Forschungsbedarf zur Untersuchung von "Mitwanderungsprozessen der Naturschutzpotenziale" infolge der Flutung
	RT XI – Relieftyp Sonstige Vollformen/Hangbereiche	
Ablagerungen bzw. Umlagerungen von Erdmassen innerhalb des Tagebaus in unterschiedlicher Dimension und in unsaniertem Zustand Untersuchungsgebiete: Tgb. Mücheln – Teile der Innenkippe	große Standortheterogenität u.a. durch: - tertiäre, quartäre Mischsubstrate - hohe Kleinreliefformendichte - nahezu flächenhafte Erosionsprozesse - kleinräumig wechselndes hydrologisches Regime spontane Sukzessionen temporäre Standorte	bedeutende naturschutzfachliche Entwicklungspotenziale Spontansukzession über längere Zeiträume Sonderbiotope und Habitate für hoch spezialisierte Arten Vielfalt auf engem Raum Ungestörtheit

Begriffsbestimmung, technische Entstehung und Untersuchungsgebiete (Beispiele)	Landschaftliche Kennzeichnung und Nutzung	Naturschutzwert
RT XII – Relieftyp Baggerausfahrt/Bahntrasse		
lang gestreckte, ebene bis gering geneigte Betriebsflächen/Trassen Untersuchungsgebiete: Tgb. Mücheln – Teile der Innenkippe	ehemalige rückgebaute Betriebsflächen mit meist verdichteten Bodenstrukturen und Resten anthropogener Substrate (z.B. Schotter) bei spontaner Sukzession ruderale Brachflächenentwicklung	überwiegend geringe Bedeutung vereinzelt Auftreten von Kleinbiotopen wie temporär wassergefüllten Fahrspuren oder staunässebeeinflussten Standorten bei anstehenden bindig-tonigen Substraten
RT XIII – Relieftyp Kipprippenkomplex (Brückenkippe)/Kippkegelkomplex		
auf verritztem Gelände in Größenordnungen verstürzter und unsanierter Abraum; bei flächenhafter Verbreitung mehrere Kipprippen bzw. Kippkegel Untersuchungsgebiete: Tgb. Mücheln – Teile der Innenkippe Tgb. Kayna-Süd Tgb. Golpa-Nord – „Bachaue"	meist kulturfeindlicher Abraum mit stark verzögerter Sukzession flächendeckende Erosionsprozesse, u.a. Sackungen, Setzungen, Auswehungen, Rinnenerosion hohe Standortheterogenität „ungeordnetes" Sickerwasserregime extreme Lokalklimate	i.d.R. wertvolle Biotop- und Habitatstrukturen für seltene und gefährdete Arten Spontansukzession
RT XIV – Relieftyp (Große) Erosionsrinne/Erosionsrinnenkomplex		
durch Tiefen- und Seitenerosion sowie Materialtransport und -ablagerungen gekennzeichnete, lang gestreckte Hohlform Untersuchungsgebiete: Tgb. Mücheln – Teile der Innenkippe Tgb. Kayna-Süd	hohe Morphodynamik, die mit zunehmendem Bewuchs abnimmt durch Abbrüche und Materialumlagerungen Bildung neuer, vegetationsfreier Rohbodenflächen (tlw. tertiäre Oberflächensubstrate)	wichtige Habitatstrukturen für seltene Arten mit speziellen Standortansprüchen
RT XV – Relieftyp Berme		
Trennebene (Arbeitsebene für Tagebaugroßgeräte) innerhalb eines Böschungssystems Berme wird begrenzt von einer Böschungsunterkante und der Oberkante der tiefer liegenden Böschung Untersuchungsgebiete: Tgb. Kayna-Süd – Westböschung Tgb. Mücheln – Südfeld Tgb. Golpa-Nord – „Bachaue" Tgb. Holzweißig-West	geschobene, meist verdichtete und ebene Betriebsfläche (sehr großräumig) überwiegend vegetationsfrei während der Betriebsphase kulturfeindliche Substrate in den Tertiärschichten flächenhafte Erosionsprozesse (Auswehungen, Abspülungen, Rinnenerosion)	geringe naturschutzfachliche Bedeutung

Nachfolgende Abbildungen (Foto 1ff.) verdeutlichen die Vielfalt an geomorphologischen Strukturen und Relieftypen in der Bergbaufolgelandschaft.

Foto 1: Erosionsrinnenkomplex und Schwemmfächer (RT V und XIV) in der Ostböschung Tagebau Kayna-Süd (Foto: Grabe; September 1999)

Foto 2: Westufer des Restlochsees Kayna-Süd mit Uferbildungsprozessen (RT IX) (Foto: Grabe; September 1999)

Foto 3: Kipprippenkomplex in der Innenkippe des Tagebaus Mücheln (RT XIII) (Foto: Morche; September 2000)

Foto 4: Böschungsbereiche mit Kleinstrukturen und bindigen Substraten auf der Tonhalde 10/35 Tagebau Goitzsche (RT IV) (Foto: Kuppe; Mai 2000)

Foto 5: Schwemmfächer (RT V) und Sonstige Hohl- bzw. Vollformen (RT X, XI) im Innenkippenbereich des Tagebaus Mücheln (Foto: Morche; September 2000)

Foto 6: Ausschnitt einer Spülkippe (RT VI) mit Übergangszone zum Restlochsee im Tagebau Kayna-Süd (Foto: Grabe; September 1999)

In der Anfangsphase der nachbergbaulichen Landschaftsentwicklung wird die Herausbildung von Lebensräumen und Habitatstrukturen entscheidend von den geomorphologischen Bedingungen und geomorphodynamischen Verhältnissen bestimmt. Die Intensität und die flächenhafte Ausprägung der geomorphologischen Prozesse – dazu zählen vor allem Rutschungen, Abbrüche, Abspülungen, Auswehungen (Deflation), Rinnenerosion, aber auch Sackungen und Setzungen – stehen dabei in einem unmittelbaren Zusammenhang mit weiteren morphographischen Faktoren, wie zum Beispiel der Reliefenergie, der Hangneigung und der Hanglänge sowie mit Substrateigenschaften oder dem Grad der Vegetationsbedeckung. Ausgewählte Untersuchungen dazu werden in Kapitel 6.2) vorgestellt.

2.4 Stadien der Landschaftsentwicklung in Braunkohleabbaugebieten

Die Bergbaulandschaften – darunter sind sowohl die direkt als auch die indirekt von der bergbaulichen Tätigkeit beeinflussten Räume zu verstehen – durchlaufen vom Zeitpunkt der vorbergbaulichen Landschaft bis zu einem auf den Landschaftshaushalt bezogenen „stabilen Endzustand“ mehrere Entwicklungsstadien und -phasen (Tab. 2).

Tab. 2: Grundlegende Stadien und Phasen der bergbaulichen Landschaftsentwicklung

Landschaftliches Entwicklungsstadium	Landschaftliche Entwicklungsphase	Landschaftliche Zustände und Auswirkungen (Auswahl)
Vorbergbauliches Entwicklungsstadium	Kulturlandschaft (vgl. Foto 7)	Waldlandschaft (WL) Auenlandschaft (AU) Ackerlandschaft (AL) Siedlungen (SL)
Bergbauliches Entwicklungsstadium	Aufschlussphase (vgl. Foto 8)	Absenkung des Grundwasserspiegels ggf. Kappung und Verlegung der Vorfluter Zerstörung der Vegetationsdecke Abraumgewinnung und Verkippung (Innenkippen, Außenhalden)
	Gewinnungs- und Betriebsphase	Vergrößerung des Grundwasserabsenkungstrichters Zunahme der Flächendevastierung Zunahme des Massendefizits (Entstehung großer Hohlformen) Zunahme der Auswirkungen auf das Umfeld Entstehung von Innenkippen und Halden Entstehung von Restlöchern und Böschungssystemen
	Rekultivierungs- und Sanierungsphase (Bergbaufolgelandschaft) (vgl. Foto 9)	Böschungsabflachung Massenanstützung Planierung
		Melioration Düngung Ansaat Aufforstung
		Grundwasserwiederanstieg Flutung Vorflutanbindung
Nachbergbauliches Entwicklungsstadium (Bergbaufolgelandschaft)	frühe (junge) Entwicklung/Sukzession (etwa bis 5 Jahre) Initialphase (vgl. Foto 10)	häufig starke Morphodynamik beginnende Bodenentwicklung instabile hydrologische/limnologische Verhältnisse Dominanz von Pionierarten auf Sukzessionsflächen
	andauernde Entwicklung/Sukzession (etwa 5 bis 50/100 Jahre) Etablierungs- und Entwicklungsphase (vgl. Foto 11)	nachlassende geomorphologische Prozessdynamik deutliche bodenbildende Prozesse (z.B. Humusbildung, Verlagerungsprozesse, Entwicklung Bodenwasserhaushalt) Stabilisierung Wasserhaushalt (Abschluss Flutung, limnologische Entwicklungsprozesse) Herausbildung von Pflanzen- und Tiergemeinschaften (Biotopentwicklung) mit hoher Artenvielfalt und Besiedlungsdynamik
	fortgeschrittene Entwicklung/Sukzession (ab 50/100 Jahre) Stabilisierungs- und Gleichgewichtsphase (vgl. Foto 12)	meist geringe Morphodynamik (insbesondere an Ufern und an vereinzelten Bereichen) Fortsetzung bodenbildender Prozesse und Herausbildung von Bodenhorizonten Einstellung stabiler hydrologischer und limnologischer Verhältnisse Etablierung stabiler Populationen bei verringerter Artenvielfalt und Entwicklungsdynamik

Je nach gebietskonkreter Situation können diese Entwicklungsstadien und -phasen hinsichtlich Dauer, Dynamik, Komplexität und Ausdehnung sehr verschieden ausgeprägt sein. Nicht für jedes Gebiet sind alle Entwicklungsstadien von Bedeutung. So spielt für viele Halden (insbesondere Außenhalden) der Flutungsprozess in den Tagebaurestlöchern keine bzw. nur eine untergeordnete Rolle. Weiterhin sind verschiedene Sukzessionsareale nicht oder nicht von allen Sanierungs- und Rekultivierungsmaßnahmen betroffen. Schließlich ist zu beachten, dass sich die einzelnen Entwicklungsstadien und -phasen zeitlich und räumlich überlagern können. Nachfolgende Abbildungen (Foto 7ff.) verdeutlichen beispielhaft die landschaftliche Entwicklung bergbaulich beanspruchter Flächen im terrestrischen Bereich unter den Aspekten naturnaher und natürlicher Sukzession zum Vorwaldstadium.

Foto 7: Vorfeldsituation vor Aufschluss des Tagebaus Zwenkau, Westsachsen (2000)

Foto 8: Aufschlusssituation (Vorschnitt) des Tagebaus Zwenkau, Westsachsen (2000)

Foto 9: Sanierte und rekultivierte Böschung mit Rasenansaat im Tagebau Kayna-Süd (2002)

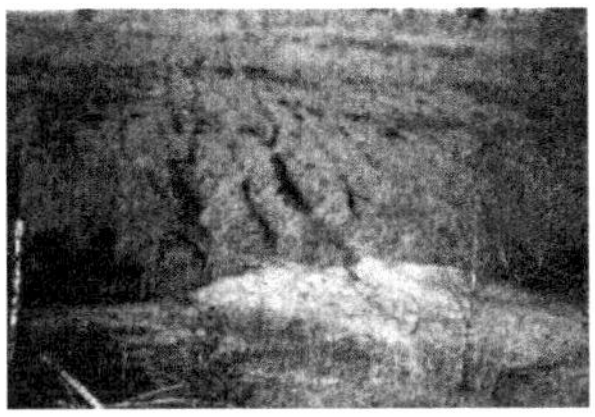

Foto 10: Erosionsrinnen im frühen Entwicklungsstadium im Tagebau Kayna-Süd (2002)

Foto 11: Offenlandstadien und beginnende Gehölzsukzession im Tagebau Kayna-Süd (2002)

Foto 12: Fortgeschrittenes Sukzessionsstadium (Vorwald) im Tagebau Kayna-Süd (2002)

Für die im Forschungsverbundvorhaben (FLB 2003) intensiv untersuchten Tagebaubereiche werden im Folgenden die bisher durchlaufenen Stadien der Landschaftsentwicklung aufgeführt.

Mücheln-Innenkippe (Tagebau Mücheln)

Der Innenkippenkomplex im Tagebau Mücheln wurde bis in die 60er Jahre des vergangenen Jahrhunderts geschaffen. Er besteht aus einer Vielzahl verschiedener sanierter und unsanierter Flächen- und Relieftypen, unter anderem abgeflachte Böschungen mit Ansaaten, Aufforstungsflächen, ehemalige Trassen, unsanierte Kipprippenkomplexe, Spülflächen. Dem Entsprechend weist das Gebiet eine hohe Biotopvielfalt und -komplexität auf. Die Sanierungsmaßnahmen waren im Jahr 2003 bis auf Restarbeiten (z.B. im Bereich der ehemaligen Wasserhaltung) abgeschlossen. Mit der 2002/03 begonnenen und etwa 6 bis 8 Jahre andauernden Flutung wird das Gebiet zukünftig den Charakter einer Halbinsel mit zahlreichen Buchten, mehreren vorgelagerten Flachwasserbereichen sowie Inseln und Inselgruppen unterschiedlichster Form und Größe erhalten. Die relativ großen Sukzessionsflächen werden sich ungestört entwickeln können. Die Bodenentwicklung ist insgesamt noch nicht sehr weit fortgeschritten und befindet sich vorwiegend im Stadium von Kipp-Rohböden (Lockersyrosemen). Flutungsbedingt wird es zu einer Änderung des Mikro- und Geländeklimas kommen. Dabei ist insbesondere in ufernahen Bereichen eine zunehmende Luftfeuchtigkeit sowie ein Temperaturausgleich zu erwarten.

Halde Klobikau (Tagebau Mücheln)

Die Halde Klobikau ist in den Jahren 1905 bis 1964 aufgeschüttet, mit kulturfähigen Substraten überdeckt und zu großen Teilen aufgeforstet worden. Größere Offenlandbiotope aus dichten Gras-Kraut-Fluren und Gebüschstrukturen befinden sich im östlichen Haldenbereich (ehemals militärische Nutzung). Die Halde ragt bis zu 70 m über die gewachsene Erdoberfläche heraus. Etwa in den Jahren 1998 bis 2002 fanden an den östlichen und südlichen Böschungsbereichen noch umfangreiche Sanierungsarbeiten in Form von Abflachungen statt. In diesen Bereichen sind für relativ kurze Zeiträume erosive Prozesse möglich. Morphodynamische Prozesse finden nur noch in geringem Umfang statt. Die Halde ist, bezogen auf den zukünftigen Geiseltalsee, grundwasserfern, die Böden weisen in der Regel keine Staunässeerscheinungen auf. Es überwiegen sehr heterogene quartäre Ausgangssubstrate für die Bodenbildung (Geschiebemergel, Löß). Immer wieder befinden sich auch tertiäre Sande und Kiese mit tonigen und kohlehaltigen Beimengungen in der bodenbildenden Zone. Unter Wald haben sich vorherrschend Pararendzinen und Regosole mit Humusmächtigkeiten zwischen 5 - 10 cm, zum Teil bis zu 30 - 40 cm entwickelt. Das großflächige, unzerschnittene und zukünftig weitgehend ungestörte Haldenareal stellt einen der bedeutendsten Wald-Biotopkomplexe und walddominierten Lebensraum in der umgebenden Agrar- sowie Tagebaulandschaft dar.

Halde Pfännerhall (Tagebau Mücheln)

In den Jahren 1911 bis 1960 wurde die Halde Pfännerhall bis 40 - 50 m Höhe aufgeschüttet und anschließend in den Böschungs- und Plateaubereichen aufgeforstet. Von entsprechenden Meliorationsmaßnahmen ist auszugehen. Die gesamte Halde befindet sich auf gewachsenem und grundwasserfernem Gelände. Sie wird auch von der Flutung im Tagebau Mücheln nicht beeinflusst werden. In den steilen Böschungsbereichen treten aufgrund des dichten Bewuchses nur lokal linienhafte Erosionsprozesse, zum Beispiel bei Starkniederschlägen, ein. Auf den überwiegend carbonatreichen, oft kohlehaltigen und kiesführenden Lehmen, Schluffen sowie Sanden haben sich bei bereits fortgeschrittener Humusakkumulation dominierend Pararendzinen entwickelt.

Halde Blösien (Tagebau Mücheln)

Die Außenhalde Blösien ragt bis zu 60 m über das gewachsene Gelände und ist etwa zwischen 1927 bis 1935 entstanden. Offensichtlich wurden nur bereichsweise Sanierungs-, Meliorations- und Aufforstungsmaßnahmen durchgeführt. Im Zuge einer fast 70jährigen Sukzessionsentwicklung konnten sich waldähnliche Strukturen herausbilden. Stellenweise sind noch unsanierte, besiedlungsfeindliche und unbewachsene Haldenareale mit hoher Morphodynamik anzutreffen. Die Reliefstrukturen, wie beispielsweise Steilböschungen, unsanierte Kipprippenbereiche sowie unterschiedliche Plateaulagen, sind im Vergleich zur Halde Pfännerhall heterogen und abwechslungsreich. Die gesamte Halde ist grundwasserfern. Die Flutung des Tagebaurestloches Mücheln hat keine direkten Auswirkungen auf die Halde Blösien. Vor allem die dem zukünftigen Restsee zugewandten Bereiche könnten jedoch lokalklimatisch eine etwas erhöhte Luftfeuchtigkeit und einen eventuell leicht erhöhten Anstieg an Nebelereignissen aufweisen. Die verkippten Substrate bestehen überwiegend aus Kippcarbonatlehm, der teilweise kiesführend ist (Geschiebemergelsubstrate). Kohlige Anteile kommen zumindest in Oberflächennähe kaum vor. Die relativ langen Liegezeiten haben bereits zu einer deutlich fortgeschrittenen Bodenbildung geführt. Absolut dominierend sind Pararendzinen.

Die Halde Blösien befindet sich in einem weit fortgeschrittenen Sukzessionsstadium (Wald, Vorwald) mit kleinflächig „eingestreuten" Offenlandbereichen (Grasfluren und Rohbodenflächen). Sie bietet damit schon über mehrere Jahrzehnte einen „inselartigen" Lebens-/(Rückzugs-)raum in der sie umgebenden Agrar-, Siedlungs- und Tagebaulandschaft, beispielsweise für verschiedene Vogelarten.

Südspitze Kayna-Süd (Tagebau Kayna-Süd)

Sehr komplexe, heterogene und kleinflächig wechselnde Standortverhältnisse kennzeichnen das Untersuchungsgebiet in Kayna-Süd. Dies drückt sich durch vielfältige Reliefstrukturen, rezent vorhandene morphodynamische Prozesse sowie einen horizontal und vertikal häufig sehr kleinräumig auftretenden Wechsel der Boden- und Substratverhältnisse ebenso aus wie durch eine hohe Biotopvielfalt (viele Biotopkomplexe) und ein entsprechend hohes Tier- und Pflanzenartenvorkommen.

Der Tagebau Kayna-Süd befand sich von 1948 bis 1972 in Betrieb. Die Verkippungen im Westen (Innenkippe) und Süden waren 1967 abgeschlossen. Bis etwa 1978 erfolgte vor allem in den östlichen Böschungsbereichen die Einspülung von Abraummassen. Die Sanierungsmaßnahmen in den oberen Böschungsbereichen (Abflachungen und Ansaaten) fanden vorwiegend 1994/95 statt. Der derzeitige Wasserstand von ca. 96 m NN wird sich in den kommenden Jahren durch natürlichen Grundwasseranstieg noch um 2 m auf den Endwasserspiegel von 98 m NN erhöhen.

Die geomorphologische Formenvielfalt wird auch in der zukünftigen Bergbaufolgelandschaft bestehen bleiben. Ebenso wird die Morphodynamik in Form von Uferbildungsprozessen, linearen und flächenhaften Erosions- sowie Akkumulationsprozessen, vor allem im Bereich der kaum bzw. gering bewachsenen Kipprippen- und Böschungsbereiche, weiterhin wirken. Auf den etwa zu zwei Dritteln im Gebiet verbreiteten carbonathaltigen Substraten, die überwiegend aus kiesführendem Lehm (Geschiebemergel) bestehen, sind bereits deutliche Humusakkumulationshorizonte mit bis zu 5 cm Mächtigkeit ausgebildet. Die Bodenentwicklung hat dabei das Stadium flachgründiger Pararendzinen mit günstigen Bodeneigenschaften erreicht. Auf den carbonatfreien, vorherrschend kies- und mehr oder weniger kohleführenden (tertiären) Sanden verläuft die Bodenentwicklung (u.a. Humusbildung) verzögert oder hat vereinzelt noch nicht eingesetzt. Dort herrschen Rohbodenstadien (Lockersyroseme) vor. In einem schmalen Streifen des zukünftigen Ufers werden Staunässeerscheinungen zu Vergleyungsprozessen führen. Allerdings wird der überwiegende Teil des terrestrischen Untersuchungsgebietes durch grundwasserferne Standorte bestimmt sein. Die Bodenentwicklung wird sowohl zeitlich als auch räumlich noch über Jahrzehnte sehr heterogen verlaufen.

Sandtrockenrasen bei Petersroda (Tagebau Goitzsche)

Die Entstehung der ebenen Kippenfläche erfolgte im Zeitraum von etwa 1970 bis 1980. Die untersuchten Flächen sind zum Großteil unmelioriert und wurden überwiegend nicht bepflanzt. Bis in die 90er Jahre fand eine militärische Nutzung der Flächen statt. Auf über 90 % des Areals herrschen carbonatfreie, kiesige und teilweise kohlehaltige Sande vor. Bei überwiegend saurem Milieu haben sich Sandtrockenrasen, schüttere Grasfluren und vereinzelte Gehölze (v.a. Kiefer) durch natürliche Sukzession etabliert. Die Pflanzendecke ist nicht geschlossen, es treten immer wieder vegetationsarme bis -freie Rohbodenflächen auf. Die Bodenentwicklung befindet sich in einem Übergangsstadium vom Lockersyrosem (< 2 cm mächtige und noch lückiger Humusakkumulation) zum Regosol (Humusakkumulationshorizont > 2 cm). Bis auf wenige Stellen mit einer Lehmdecke versickert das Wasser rasch und es treten keine Staunässeerscheinungen auf. Geomorphologische Prozesse finden insbesondere in Form von Deflation (Winderosion) statt. Bei Starkregen kann es auch zu Substratverspülungen kommen. Mittelfristig werden sich im Untersuchungsgebiet die Grundwasserverhältnisse neu einstellen (etwa bis 2015/20). Dabei können stellenweise Grundwasserabstände um 2 m unter Flur auftreten.

Halde 10/35 (Tagebau Goitzsche)

Bis etwa 1961 wurde die Halde 10/35 aus überwiegend tonigen und tonbrockig lehmigen Substraten gekippt (Tonhalde). Bis auf Böschungsabflachungen und anschließenden Rekultivierungsarbeiten (Ansaaten und Aufforstungen) in den Jahren 1997/98 in den Haldenfußbereichen fanden keine weiteren Maßnahmen statt. Bei einem endgültig erreichten Endwasserstand von 75 m NN ist die Tonhalde durch eine nahezu ungestörte Insellage gekennzeichnet. Infolge der Waldbestockung haben die teilweise intensiven Erosionsprozesse der ersten Jahre und Jahrzehnte an Stärke und flächenhafter Verbreitung nachgelassen. Vor allem in den Hangbereichen kann es jedoch bei Starkniederschlagsereignissen zu Abspülungen und zum Beispiel auch zur sporadischen Reaktivierung größerer Erosionsrinnen kommen. Die Bodenentwicklung ist auf den carbonatfreien Substraten der Hochfläche fortgeschritten. Dies zeigt sich beispielsweise in einer deutlichen Humusakkumulation. Dabei verläuft die Bodenentwicklung bei den lehmigen Substraten schneller – sie haben meist schon das Entwicklungsstadium von Regosolen erreicht – als bei den tonigen Bereichen, die sich im Übergangsstadium von Lockersyrosemen zu Regosolen befinden. An den sanierten Böschungen stehen die Bodenbildungsprozesse erst am Beginn. Im Uferbereich werden sich Stau- und Grundnässeerscheinungen bemerkbar machen. Insbesondere im Bereich der stark tonigen Substrate treten aperiodisch Staunässeerscheinungen auf.

Bärenhofinsel (Tagebau Goitzsche)

Der Großtagebau Goitzsche war von 1949 bis 1991 in Betrieb. Der Name „Goitzsche“ geht auf die sorbische Bezeichnung des ehemals ca. 760 ha großen Auenwaldes der Mulde zurück, der im Zuge der Kohlegewinnung nahezu vollständig verschwand. Über einen Zeitraum von ca. 50 Jahren blieb die sogenannte Bärenhofinsel als Biotopinsel (Auerestwaldinsel) in dem insgesamt über 60 km² großen Tagebaugebiet vom Abbau verschont. Entsprechend handelt es sich um einen anthropogen stark beeinflussten Auenwaldrest, der mehr als 80 % des Untersuchungsgebietes auf der Bärenhofinsel einnimmt. Die Restflächen bestehen aus Böschungen, die noch bis etwa 1999 saniert wurden (Abflachungen). Nach Abschluss der Flutung besitzt das Gebiet wie die Halde 10/35 eine ungestörte Insellage. Mittel- bis langfristig werden sich wieder hohe Grundwasserstände einstellen. Die hydrologischen Bedingungen werden zukünftig entscheidend für die Entwicklung der biotischen und abiotischen Faktoren sein. Auf den verkippten carbonatfreien, kiesführenden Sanden und Lehmen in den Böschungsbereichen hat eine Humusakkumulation eingesetzt. Diese Böden entwickeln sich langfristig unter Grundwassereinfluss zu semiterrestrischen Gleyböden. Aktuell sind im Bereich der ebenen Waldflächen kaum geomorphologische Prozesse zu verzeichnen. Mit Erosions- und Wellenschlagprozessen ist insbesondere an den Böschungen und an den in Hauptwindrichtung gelegenen Ufern zu rechnen.

Aufgrund der Kleinflächigkeit des Gebietes und der insgesamt zerstörten Muldeaue wird eine auentypische Landschaftsentwicklung nicht wieder eintreten. Dennoch bildet die Bärenhofinsel einen naturschutzfachlich wertvollen Restwald, der einerseits einen feuchtgeprägten Waldlebensraum für entsprechende Pflanzen- und Tierarten darstellt, und von dem aus andererseits Wanderungs- und Wiederbesiedlungsprozesse in andere Bereiche der Bergbaufolgelandschaft der Goitzsche zu erwarten sind.

Tagesanlagen IIa (Tagebau Goitzsche)

Für dieses Untersuchungsgebiet treffen vergleichbare Aussagen wie für die Bärenhofinsel zu. Hier finden die Auenrestwaldflächen ihre südliche Fortsetzung. Allerdings nehmen sie lediglich etwa $^1/_3$ des Bereiches ein und wurden noch wesentlich stärker anthropogen beeinflusst und überprägt. Der Natürlichkeitsgrad ist gegenüber dem Untersuchungsgebiet Bärenhofinsel als geringer einzuschätzen. Den größeren Anteil machen gekippte und teilweise bis etwa 1998/99 sanierte Flächen (insbesondere Böschungen) aus. Die Kipp-Substrate bestehen überwiegend aus carbonatfreien, kiesführenden Sanden und Lehmen und weisen bereits eine Humusschicht von mehr als 2 cm auf (Übergangsstadium vom Lockersyrosem zum Regosol). In den teilweise noch nicht geschlossen bewachsenen Hangbereichen treten Spül- und Rinnenerosion mit nachlassender Intensität auf.

Die Flutung des Tagebaus Goitzsche führt in diesem Bereich ebenfalls zur Inselbildung und zu hohen Grundwasserständen. Damit ist die Entwicklung zu semiterrestrischen Böden (Gley und Gley-Vega) und feuchten Lebensräumen vorgezeichnet. Im Verbund mit der Bärenhofinsel, der Halde 10/35 und weiteren Flächen in der Tagebaufolgelandschaft der Goitzsche wird das Gebiet der Tagesanlagen Baufeld IIa sowohl als Besiedlungs- als auch als Transit- und Ursprungsraum für Wanderungsprozesse mobiler Arten in Zukunft eine wichtige Rolle spielen.

„Bachaue“ – Radis-Gremminer-Graben (Tagebau Golpa-Nord)

Das Untersuchungsgebiet wurde durch einen technologisch erforderlichen Kippeneinschnitt zur Massenrückgewinnung in den Jahren 1995 bis 1998 als „Rohlandschaft“ geschaffen. Neben abgeflachten, meliorierten und aufgeforsteten Böschungen zählen ein Graben-Teich-System zur Vorflutanbindung, unsanierte Erdmassen und unmeliorierte Kippenflächen zum Flächeninventar des Gebietes. Im Osten hat das Untersuchungsgebiet Anschluss (Uferzone und Zufluss des Radis-Gremminer-Grabens) an das von 1998 bis 2001 geflutete Restloch Golpa-Nord. Im östlichen Umfeld befinden sich Wald- und Ackerflächen der Dübener Heide.

Die landschaftliche Entwicklung der „Bachaue“ steht erst am Anfang. Allerdings sind die geomorphologischen Prozesse, wie zum Beispiel Rinnenerosion und flächenhafte Abspülungen, in ihrer Intensität und Ausbreitung bereits deutlich zurückgegangen. Aufgrund der günstigen Substratbedingungen mit bereits vorhandener Humusakkumulation (überwiegend Geschiebemergelsubstrate) und begünstigt durch die Ansaaten und Aufforstungen bildet sich sehr rasch eine geschlossene Pflanzendecke. Geländeklimatisch wird es allmählich und in geringem Maße zu einem Ausgleich von Temperaturextremen kommen.

Die „Bachaue“ kann sich zu einem wichtigen „Trittsteinbiotop“ und einer „Verbindungsachse“ für Pflanzen- und Tierarten zwischen Wald-, Acker- und Gewässerlebensräumen entwickeln und hat diese Funktion zum Teil schon übernommen, zum Beispiel für Amphibien, Käfer, Heuschrecken und Libellen. Die abgeschiedene Lage der „Bachaue“ spielt insbesondere für bestimmte Arten mit hoher Störanfälligkeit eine positive Rolle.

3 Biotoptypen in der Bergbaufolgelandschaft

Jörg Huth, Hans-Markus Oelerich, Michael Reuter & Sabine Tischew

3.1 Allgemeine Bemerkungen zum Biotoptypenschlüssel

Im Rahmen des Forschungsverbundes Braunkohlentagebaulandschaften Mitteldeutschlands (FBM 1999) wurde ein spezieller Biotoptypenschlüssel für die Kartierung von Braunkohlenbergbaulandschaften entwickelt (HEYDE et al. 1998), da sich die bis dahin bestehenden Biotoptypenschlüssel der Länder Brandenburg, Sachsen, Sachsen-Anhalt und Thüringen sowie Deutschlands als ungeeignet für die Kartierung dieser speziellen Lebensräume erwiesen hatten. Mit diesem neuen Schlüssel, der im Rahmen des FLB (2003) auf Grundlage vielfältiger praktischer Erfahrungen (z.B. OEKOKART 1997a, OEKOKART 1997b, OEKOKART 1999, RANA 2002) noch einmal verändert wurde, lassen sich viele wichtige Informationen, z.B. über die Dynamik und andere Eigenheiten der Biotoptypen der BFL, besser berücksichtigen.

Im Rahmen des Biotoptypenschlüssels wurden folgende Biotoptypengruppen unterschieden:

- Quellen
- Fließende Gewässer
- Stehende Gewässer
- Waldfreie Niedermoore und Sümpfe
- Röhrichte und Seggenriede
- Binnensalzstellen
- Äcker und (junge) Ackerbrachen
- Vegetationsfreie bis -arme Rohböden
- Trocken- und Magerbiotope
- Gras- und Krautfluren
- Gebüsche und kleinflächige Gehölzbestände
- Vorwälder
- Wälder und Forste
- Biotopmosaike
- Bauwerke, Siedlungen und Verkehrsanlagen.

3.2 Quellen

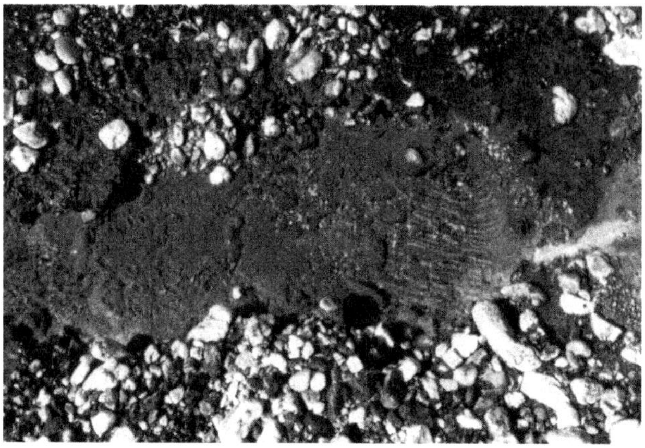

Foto 13:
Hangwasseraustritt an einer Böschung
Foto: K. Heyde 1993

Allgemeine Charakteristik

Quellen sind Austritte des Grundwassers an die Erdoberfläche einschließlich der unmittelbaren Quellabflüsse. Sie sind durch eine über das gesamte Jahr weitgehend konstante Wassertemperatur gekennzeichnet. Im Gegensatz zur gewachsenen Landschaft weisen Quellen in der BFL keine eigenständige Vegetationsdifferenzierung auf.

In der BFL sind die Quellen meistens Hangwasseraustritte der an den Böschungen der Tagebaurestlöcher angeschnittenen Grundwasserleiter. Sehr selten bilden sich im Bereich von Kippen über bindigen, stauenden Schichten Sumpf- oder Tümpelquellen. Bei ersteren kann der ± diffuse Wasseraustritt durch sich entwickelnde Niedermoor-, Sumpf- oder Röhrichtvegetation derart überprägt sein, dass der eigentliche Quellwasseraustritt nicht mehr erkennbar ist.

Eine weitere Differenzierung kann nach geochemischen Eigenschaften erfolgen (z.B. kalkarmer oder kalkreicher Quellbereich; Solquelle)

Bedeutung für den Naturschutz

Quellen weisen häufig Vorkommen gefährdeter Tierarten (insbesondere Spinnen, Libellen, Zikaden, Laufkäfer) und Pflanzenarten auf.

Ausgewählte wertbestimmende Arten

- Pflanzen: Steifblättriges Knabenkraut (*Dactylorhiza incarnata*), Sumpf-Sitter (*Epipactis palustris*), Reif-Weide (*Salix daphnoides*)
- Libellen: Südlicher Blaupfeil (*Orthetrum brunneum*), Kleiner Blaupfeil (*Orthetrum coerulescens*), Gebänderte Heidelibelle (*Sympetrum pedemontanum*)
- Laufkäfer: *Bembidion milleri, Bembidion nigricorne, Dyschirius intermedius, Dyschirius angustatus, Nebria livida*
- Brutvögel: Wiesenpieper

Wertbestimmende Habitatstrukturen/-eigenschaften

- salzhaltige Quellstandorte als Sonderstandorte
- Quellbereiche mit Vegetation der Niedermoore und Sümpfe
- Lage oberhalb der Endwasserlinie der zukünftigen Tagebaurestseen

Biotopgefährdung, Entwicklungsprognosen

Quellen, insbesondere Hangwasseraustritte, sind in der BFL vor allem durch Wasseranstieg bzw. Flutung gefährdet. Nach Erreichen vorbergbaulicher oder stabiler neu eingestellter Grundwasserverhältnisse liegen sie meist unter dem Wasserspiegel der Restgewässer. Sie stellen somit häufig einen zeitlich begrenzt vorkommenden Lebensraum dar.

Weitere Biotopgefährdungen bestehen durch Sanierungsmaßnahmen (insbesondere Böschungssanierung) sowie Sukzessionsprozesse (Verbuschung oder Verdichtung von Großröhrichten im Bereich der Quellen).

Maßnahmen zum Schutz und zur Förderung des naturschutzfachlichen Wertes

- Verzicht von Sanierungsarbeiten in Quellbereichen, die oberhalb der Endwasserlinie liegen
- gegebenenfalls Entbuschung von naturschutzfachlich bedeutenden Quellbereichen

3.3 Fließende Gewässer

Foto 14:

Naturnahes Fließgewässer in der Braunkohlen-Folgelandschaft südlich Leipzig

Foto: A. Bellmann 1997

Allgemeine Charakteristik

Fließende Gewässer können in Form von Rinnsalen, Gräben und bachähnlichen Fließgewässern auftreten. Rinnsale sind schmale, flache, nur wenige Zentimeter tiefe Fließgewässer. Sie sind oft temporär, jedoch über längere Zeiträume wasserführend (keine kurzzeitigen Regenwasserabläufe). Meist sind sie an Quellen gebunden; selten treten sie auch bei Niveauunterschieden zwischen stehenden Gewässern auf. Eine Differenzierung kann nach spezifischen hydrochemischen Eigenschaften erfolgen.

Relativ häufig gibt es in der BFL Gräben mit fließendem Wasser (meist Ableitergräben von Restgewässern oder Pumpwasser aus der Tagebauentwässerung). Dagegen sind bachähnliche Fließgewässer, die sich durch einen naturnahen, leicht bis stark mäandrierenden Verlauf und unbefestigte Ufer auszeichnen, nur sehr selten in der BFL zu finden. Die Fließgeschwindigkeit dieser Gewässer ist sehr unterschiedlich. Beide Gewässertypen weisen in der Regel nur eine geringe Breite auf (unter 1,5 m). Substratabhängig treten unterschiedliche pH-Werte auf, die abschnittsweise und/oder mit veränderter Wasserführung stark schwanken können.

Bedeutung für den Naturschutz

Rinnsale, bachähnliche Fließgewässer und einige vegetationsreiche Gräben mit guter Wasserqualität sind vor allem Lebensraum gefährdeter, zum Teil sehr seltener, spezialisierter Fließgewässer-Libellenarten.

Einige Gräben mit guter Wasserqualität weisen eine reiche Unterwasser- und Schwimmblattvegetation, mit zum Teil gefährdeten Wasserpflanzen-Arten auf.

Ausgewählte wertbestimmende Arten

- Pflanzen: in Gräben mit fließendem Wasser selten Einfacher Igelkolben (*Sparganium emersum*) und Pfeilkraut (*Sagittaria sagittifolia*)
- Libellen: Kleiner Blaupfeil (*Orthetrum coerulescens*), Gebänderte Heidelibelle (*Sympetrum pedemontanum*); nur in Rinnsalen: Südlicher Blaupfeil (*Orthetrum brunneum*); nur in Gräben und bachähnlichen Fließgewässern: Gebänderte Prachtlibelle (*Calopteryx splendens*), Blauflügel-Prachtlibelle (*Calopteryx virgo*); nur in bachähnlichen Fließgewässern (sehr selten und lokal): Zweigestreifte Quelljungfer (*Cordulegaster boltoni*)

Wertbestimmende Habitatstrukturen/-eigenschaften

- permanente Wasserführung oder über längere Perioden regelmäßig wasserführend (Rinnsale) bzw. langfristig stabile Wasserführung (Gräben, bachähnliche Fließgewässer)
- vegetationsarme Uferbereiche; keine Beschattung durch Röhrichte oder Gehölze
- Lage außerhalb der Flutungsbereiche der perspektivischen Tagebaurestseen
- salzhaltige Quellrinnsale als Sonderstandorte
- oligo- bis mesotrophe Gewässergüte, visuell klares Wasser
- Vorkommen von flutender submerser oder emerser Wasservegetation

Biotopgefährdung, Entwicklungsprognosen

Rinnsale sind stark gefährdet durch Wasseranstieg bzw. Flutung, da Hangwasseraustritte (angeschnittene Grundwasserleiter als die häufigsten Quellen der Rinnsale) meist an Tagebauaußenböschungen in Höhen unterhalb des zukünftigen Wasserspiegels liegen. Des weiteren ist dieser Biotoptyp durch Sanierungsmaßnahmen (insbesondere Böschungssanierung) und infolge der Sukzession durch Verdichtung von Großröhricht sowie aufkommende Gehölze gefährdet.

Pumpwassergespeiste Gräben gehen nach Einstellung der Wasserhaltung verloren. Langfristig sind Gräben und bachähnliche Fließgewässer durch Sukzession gefährdet.

Maßnahmen zum Schutz und zur Förderung des naturschutzfachlichen Wertes

- Verzicht von Sanierungsarbeiten in Quellbereichen, die oberhalb der Endwasserlinie liegen
- naturnahe Gestaltung von Überlaufgräben von Tagebaurestgewässern

3.4 Stehende Gewässer

Allgemeine Angaben

Die stehenden Restgewässer der BFL sind durch ihre Genese, eine bergbauspezifische Gewässermorphologie und einen die Ausbildung der Biozönose prägenden Wasserchemismus gegenüber Gewässern der gewachsenen Landschaft abgegrenzt. Im mitteldeutschen Raum sind Gewässer mit extrem besiedlungsfeindlichem Wasserchemismus selten, es überwiegen schwach saure bis alkalische Restgewässer. Den entscheidenden Einfluss auf die Ausbildung von Flora und Fauna hat hier die Gewässermorphologie, weshalb sie im Biotoptypenschlüssel als erstes Unterscheidungskriterium für die Stillgewässer gesetzt wurde.

Häufig sind Seen, Weiher, Klein- und temporäre Kleinstgewässer. Besondere, bergbautypische Gewässertypen sind die vor allem in Tagebausohlen zeitweilig bestehenden ausgedehnten Flachgewässer, sowie die Kleinseen – unter 1ha große, aber sehr tiefe Gewässer in Bergbauhohlformen.

Sehr junge Gewässer sind weitgehend vegetationsfrei. Die häufigsten Pionierbesiedler der Uferzonen sind Schilf (*Phragmites australis*), Schmalblättriger Rohrkolben (*Typha angustifolia*) und verschiedene Binsen-Arten. Häufiger Pionierbesieder der Schwimmblattvegetation ist das Schwimmende Laichkraut (*Potamogeton natans*). Im Zuge der Sukzession, insbesondere bei allmählicher Nährstoffanreicherung, siedeln sich zahlreiche weitere Arten an.

Gewässer mit extremem Wasserchemismus treten vor allem in Gebieten mit anstehenden oder verkippten tertiären Substraten auf. Dort oxidieren die in meist hohem Anteil vorhandenen sulfidischen Eisenverbindungen (Pyrit, Markasit) bei Luftzutritt zu Eisen-III-Hydroxid und freier Schwefelsäure. Dies führt zu einer pH-Wert-Absenkung des Wasserkörpers bis in einen zum Teil extrem sauren Bereich. In den Braunkohlen-Folgelandschaften der Lausitz sind Gewässer mit niedrigen pH-Werten sehr häufig (vgl. PIETSCH 1979). Im mitteldeutschen Revier finden sich solche Gewässer fast ausschließlich in den ehemaligen Tagebaubereichen im Naturraum der Dübener Heide. Mäßig bis extrem saure Gewässer sind weitgehend makrophytenfrei. Allerdings können sich am Ufer Röhrichtinitiale der offenbar sehr säuretoleranten Arten Schilf (*Phragmites australis*), Schmalblättriger Rohrkolben (*Typha angustifolia*) sowie Flatter-, Zwiebel- und Glieder-Binse (*Juncus effusus, J. bulbosus, J. articulatus*) ansiedeln.

Salzhaltige Restgewässer (z.B. Tagebau Merseburg-Ost, Sachsen-Anhalt) weisen einen ausgeprägten Salzgradienten mit höheren Konzentrationen im Tiefenwasser auf, der zu einem von jeder Zirkulation ausgeschlossenen sauerstofffreien Monimolimnion mit meist ausgeprägter Anreicherung von Schwefelwasserstoff führt (meromiktische Gewässer; KLAPPER & SCHULTZE 1998, UFZ 1996). Die Uferröhrichte dieser Gewässer sind meist durch das Vorkommen der Gemeinen Strandsimse (*Bolboschoenus maritimus*) gekennzeichnet. Dagegen ist die Salz-Teichsimse (*Schoenoplectus tabernaemontani*) eine in der Mitteldeutschen BFL allgemein weit verbreitete Art.

Einen Sonderfall stellen aktive Absetzbecken für Kraftwerksasche bzw. feste industrielle Abprodukte dar. Durch die eingespülten Kraftwerksaschen kommt es zu einer Erhöhung des Salzgehaltes, des pH-Wertes und der Wasserhärte. Außerdem bilden sich ausgedehnte Flachwasserbereiche.

Die wichtigsten und häufigsten Stillgewässertypen der BFL sind nachfolgend beschrieben.

3.4.1 Tagebaurestlochseen

Foto 15:

„Blauer See" östlich Bitterfeld

Foto: J. Huth 2000

Allgemeine Charakteristik

Seen entstehen in allen Tagebaurestlöchern nach Flutung bzw. Grundwasserwiederanstieg. Es sind überwiegend sehr große (Fläche mindestens 1 ha; z.T. bis mehrere km²) und vor allem sehr tiefe (mindestens 2 m), stark grundwasserbeeinflusste Restlochgewässer. In Altbergbaugebieten gibt es auch kleinere Restseen von wenigen ha Größe. Die Ausbildung von Schwimmblattvegetation und Uferröhrichten ist vor allem abhängig von pH-Wert, Alter und Gewässermorphologie. An sehr großen Seen ist eine Besiedlung ungeschützter Ufer aufgrund des starken Wellenschlages deutlich erschwert.

Eine weitere Differenzierung der Seen erfolgt nach dem Gewässerchemismus (insbesondere pH-Wert) und dem Nährstoffgehalt.

Bedeutung für den Naturschutz

Viele Tagebaurestseen haben Bedeutung als Rast-, Schlaf- und Nahrungsgewässer für Wasservögel. Die Bedeutung für Brutvögel ist abhängig vom Vorhandensein besonderer Habitatstrukturen (z.B. Inseln, großflächige Röhrichte, abgestorbene Bäume im Wasser). Lokal (z.B. im Bereich der Dübener Heide) gibt es Vorkommen des Bibers an Tagebaurestseen. Seen mit wellenschlaggeschützten Flachwasserbereichen und/oder gut ausgebildeter Wasser- und Verlandungsvegetation können (Teil-) Lebensräume gefährdeter Libellen- und Amphibienarten sein.

Ausgewählte wertbestimmende Arten

- Pflanzen: Armleuchteralgen (*Chara* ssp.), Ähren-Tausendblatt (*Myriophyllum spicatum*), Spiegelndes Laichkraut (*Potamogeton lucens*); lokal Tannenwedel (*Hippuris vulgaris*), Zwerg-Igelkolben (*Sparganium minimum*), Einfacher Igelkolben (*Sparganium emersum*)
- Libellen: Kleine Königslibelle (*Anax parthenope*) und Kleines Granatauge (*Erythromma viridulum*); bei Vorhandensein großflächiger Flachwasserbereiche und Röhrichte auch die wertbestimmenden Arten dieser Biotoptypen
- Amphibien: Wechselkröte (an jungen Seen mit windgeschützten, vegetationsarmen, sehr flachen Uferzonen); Seefrosch
- Brutvögel: Rothalstaucher, Zwergtaucher und alle anspruchsvollen Röhrichtbrüter (Große Rohrdommel, Zwergdommel, Rohrweihe, Wasserralle, Tüpfelralle, Kleine Ralle, Rohrschwirl, Bartmeise, Blaukehlchen, Drosselrohrsänger, Schilfrohrsänger) bei Ausbildung entsprechender Habitate

Wertbestimmende Habitatstrukturen/-eigenschaften

- strukturierte Uferlinie mit größeren Flachwasserbereichen in windgeschützten Buchten; ausgedehnte Uferröhrichte
- Inseln; aus dem Wasser ragende, abgestorbene Bäume
- vielgestaltige, durch kleinere Wasserflächen gegliederte Verlandungsvegetation mit besonderer Bedeutung von Kleinröhrichten, Seggenriedern, Binsen und lichten Typha-Röhrichten; reiche submerse Vegetation und Schwimmblattvegetation
- vegetationsarme Uferbereiche

Biotopgefährdung, Entwicklungsprognosen

Flutungsbedingt kommt es zum Verlust von Flachufern und großflächigen Röhrichten beim Wasseranstieg von Seen, die bereits längere Zeit im Bereich der Grubensohle existierten. Im Bereich des Endwasserstandes der Seen sind die Ufer in der Regel viel steiler, womit sich die Bedingungen für die Ausbildung von neuen Uferröhrichten deutlich verschlechtern.

Die Erholungsnutzung im Bereich von Ufern und Inseln durch Baden, Angeln oder Bootfahren bewirkt eine Devastierung der Ufervegetation sowie Störung empfindlicher Arten.

Bei allen Tagebaurestlochseen ist langfristig von einer Eutrophierung und (in Abhängigkeit von der Ufermorphologie und der Tiefe) von Verlandungsprozessen auszugehen. Zudem vollzieht sich mit der Zeit eine Neutralisierung saurer und basischer Seen.

Maßnahmen zum Schutz und zur Förderung des naturschutzfachlichen Wertes

- Initiierung von Kleingewässern, die vom Hauptgewässer getrennten sind sowie von flachen Buchten am zukünftigen Restsee im Rahmen der Sanierung durch Anlage von Hohlformen im Bereich der perspektivischen Uferlinie, Gestaltung von Inseln (vor allem vor wellenschlaggefährdeten Uferbereichen)
- Verminderung der Gewässereutrophierung durch Einrichtung von Pufferzonen zu landwirtschaftlich genutzten Flächen
- Verhinderung einer fischereiwirtschaftlichen Nutzung von kleinen Seen (insbesondere Fischbesatz)
- Lenkung der Erholungsnutzung in unsensible Uferbereiche oder an Gewässer mit geringer naturschutzfachlicher Bedeutung

3.4.2 Weiher

Foto 16:

Weiher mit gut ausgebildeter Makrophytenvegetation

Foto: M. Reuter 1997

Allgemeine Charakteristik

Weiher sind in der gesamten BFL im Sanierungs- und Altbergbau verbreitet. Es sind ausdauernde, mittelgroße (> 100 m², i.d.R. bis 1 ha) relativ flache Gewässer (50 cm < Tiefe < 2 m). Aufgrund der günstigen Gewässermorphologie zeichnen sich ältere Weiher häufig durch breite Uferröhrichte einschließlich Binsen-Beständen sowie durch eine gut entwickelte submerse und Schwimmblattvegetation aus.

Eine Differenzierung der Weiher erfolgt nach dem Gewässerchemismus (insbesondere pH-Wert) und dem Nährstoffgehalt.

Bedeutung für den Naturschutz

Bei gut ausgebildeter Verlandungsvegetation und hoher Wasserqualität besitzen Weiher einen großen naturschutzfachlichen Wert für Libellen (artenreichster Gewässertyp für diese Tiergruppe in der BFL). Auch für Amphibien stellen Weiher bedeutende Reproduktionsgewässer dar. Großflächige Röhrichte an Weihern können wertvolle Bruthabitate für Wasservögel darstellen.

Ausgewählte wertbestimmende Arten

- Pflanzen: Spiegelndes Laichkraut (*Potamogeton lucens*); lokal Südlicher Wasserschlauch (*Utricularia australis*), Zwerg-Igelkolben (*Sparganium minimum*), Wassernabel (*Hydrocotyle vulgaris*); Armleuchteralgen (*Chara* spec.)

- Libellen: Kleine Binsenjungfer (*Lestes virens*), Fledermaus-Azurjungfer (*Coenagrion pulchellum*), Kleines Granatauge (*Erythromma viridulum*), Keilflecklibelle (*Aeshna isosceles*), Kleine Königslibelle (*Anax parthenope*), Große Moosjungfer (*Leucorrhinia pectoralis*); lokal: Kleine Moosjungfer (*Leucorrhinia dubia*), Nördliche Moosjungfer (*Leucorrhinia rubicunda*), Speer-Azurjungfer (*Coeagrion hastulatum*)
- Amphibien: Wechselkröte, Knoblauchkröte, Laubfrosch, Kammolch
- Brutvögel: Zwergtaucher; bei Vorhandensein großflächiger Wasser-Schilfröhrichte auch wertbestimmende Arten der Röhrichte

Wertbestimmende Habitatstrukturen/-eigenschaften

- größere Flachwasserbereiche mit vielgestaltiger und durch kleinere Wasserflächen gegliederter Verlandungsvegetation mit besonderer Bedeutung von Kleinröhrichten, Seggenriedern, Binsen und lichten *Typha*-Röhrichten
- ausgedehnte Uferröhrichte
- reiche submerse Vegetation und Schwimmblattvegetation
- oligo- bis mesotrophe Gewässergüte, visuell klares Wasser
- Fischfreiheit oder -armut

Biotopgefährdung, Entwicklungsprognosen

Flutungsbedingt kann es zu Verlusten von Weihern im Bereich von Tagebaurestlochsohlen kommen.

Fischbesatz – künstlich durch Angler oder flutungsbedingt durch Anbindung isolierter Gewässerteile an Fischgewässer hervorgerufen – stellt eine Gefährdung für Libellen und Amphibien dar (Prädation des Laiches und der Larven). Gefährdend für zahlreiche Arten wirkt sich auch eine Erholungsnutzung aus (Devastierung der Ufervegetation durch Angler; Störung empfindlicher Arten).

Sukzessionsprozesse, beschleunigt durch Eutrophierung, bewirken eine Abnahme von vegetationsarmen Uferbereichen und somit Verdrängung von Pionierarten. Langfristig findet eine Entwicklung von Klein- zu Großröhrichten sowie eine Verdichtung der Großröhrichte statt. Ebenfalls im Rahmen der Sukzessionsprozesse kommt es zur Neutralisierung saurer und basischer Weiher.

Maßnahmen zum Schutz und zur Förderung des naturschutzfachlichen Wertes

- Initiierung von Weihern durch Schaffung von Hohlformen im Bereich von Innenkippen unterhalb der Endwasserlinie aber außerhalb des zukünftigen Restsees bzw. Erhalt bestehender Hohlformen in diesen Bereichen (Schüttrippen!)
- Verbot von Angelnutzung und Fischeinsatz
- Verminderung der Gewässereutrophierung durch Einrichtung von Pufferzonen zu landwirtschaftlich genutzten Flächen

3.4.3 Flachgewässer, Ausdauernde Kleingewässer und Temporäre Kleingewässer

Foto 17:

Großflächige Flachwasserbereiche im ehemaligen Tagebau Muldenstein bei Bitterfeld

Foto: J. Huth 2000

Allgemeine Charakteristik

Flachgewässer (> 100 m²; Tiefe < 50 cm) sind überwiegend im Bereich der Sohle von Tagebaurestlöchern, in denen noch Grundwasserhaltung betrieben wird, zu finden (aktiver und Sanierungsbergbau). Zu diesem Gewässertyp zugerechnet werden auch große Flachwasserzonen (> 500 m²) von Tagebaurestseen oder weiherartigen Restgewässern, die ebenfalls hauptsächlich in noch nicht (vollständig) gefluteten Tagebaurestlöchern vorkommen. In Altbergbaugebieten finden sich Flachgewässer nur bei Vernässung von weitgehend ebenen Innenkippenbereichen außerhalb des nach Flutung entstehenden Restsees, seltener als Flachwasserzone großer Tagebaurestseen. Isolierte Flachgewässer weisen im Gegensatz zu Flachwasserzonen von Seen und Weihern meist keinen Fischbesatz auf (u.a. wesentlich für Amphibien und viele Libellen!). Typisch für Flachgewässer ist die häufige Ausbildung großflächiger Röhrichte.

Ausdauernde und temporäre Kleingewässer (Fläche < 100 m²) bilden sich in diversen Geländehohlformen wie Senken, Schüttrippentälchen oder Fahrspuren, überwiegend auf bindigen bzw. stark verdichteten Böden. Gewässer dieser Typen sind häufig regenwassergespeist. Ihr Verbreitungsschwerpunkt in der BFL liegt ebenfalls im aktiven und Sanierungstagebau.

Allen diesen Gewässertypen gemeinsam sind größere Wasserstands-, Temperatur- und pH-Wert-Schwankungen. Temporäre Gewässer sind stets frei von Fischen.

Bedeutung für den Naturschutz

Im zeitweise trocken fallendem Uferbereich der Gewässer können gefährdete Pflanzenarten der Zwergbinsengesellschaften auftreten.

Flachwasserzonen größerer Gewässer mit dauerhafter Wasserführung und gut ausgebildeten Verlandungsröhrichten haben große Bedeutung für viele gefährdete Brutvögel. Separierte Flachgewässer stellen außerordentlich wertvolle Amphibienlaichgewässer dar. Flachgewässer mit differenzierter Vegetationsstruktur und gegliederten freien Wasserflächen sind sehr wertvolle Reproduktionshabitate für Libellen.

Ausdauernde und temporäre Kleingewässer besitzen ebenfalls naturschutzfachliche Bedeutung, insbesondere für gefährdete Amphibien- und Libellenarten.

Ausgewählte wertbestimmende Arten

- Pflanzen: lokal an temporär trockenfallenden Gewässern bzw. Uferbereichen Arten der Zwergbinsengesellschaften (Nanocyperion): Nadel-Sumpfsimse (*Eleocharis acicularis*), Borstige Schuppensimse (*Isolepis setacea*), Quirlige Knorpelmiere (*Illecebrum verticillatum*), Schlammling (*Limosella aquatica*); in Flach- und Ausdauernden Kleingewässern: Armleuchteralgen (*Chara spec.*)

- Libellen: Glänzende Binsenjungfer (*Lestes dryas*), Südliche Binsenjungfer (*Lestes barbarus*), Kleine Binsenjungfer (*Lestes virens*), Kleine Pechlibelle (*Ischnura pumilio*), Gefleckte Heidelibelle (*Sympetrum flaveolum*); nur an Flach- und Ausdauernden Kleingewässern: Kleine Mosaikjungfer (*Brachytron pratense*), Nördliche Moosjungfer (*Leucorrhinia rubicunda*) (lokal), Große Moosjungfer (*Leucorrhinia pectoralis*); nur an Flachgewässern: Südliche Mosaikjungfer (*Aeshna affinis*), Torf-Mosaikjungfer (*Aeshna juncea*), Keilflecklibelle (*Aeshna isosceles*), Kleiner Blaupfeil (*Orthetrum coerulescens*), Gebänderte Heidelibelle (*Sympetrum pedemontanum*) sowie lokal Gefleckte Smaragdlibelle (*Somatochlora flavomaculata*) und Kleine Moosjungfer (*Leucorrhinia dubia*)
- Laufkäfer: *Nebria livida, Omophron limbatum* (Ufer von Flachgewässern)
- Amphibien: (vor allem separierte) Flachgewässer: Wechsel-, Kreuz-, Knoblauchkröte, Laubfrosch, Moorfrosch; ausdauernde Kleingewässer: Knoblauchkröte, Kammolch; temporäre Kleingewässer: Kreuzkröte
- Brutvögel: Flachgewässer: Zwergtaucher, Große Rohrdommel, Zwergdommel, Knäkente, Krickente, Löffelente, Rohrweihe, Tüpfelralle, Wasserralle, Kleine Ralle, Kiebitz, Bekassine, Drosselrohrsänger, Schilfrohrsänger, Blaukehlchen, Rohrschwirl, Bartmeise

Wertbestimmende Habitatstrukturen/-eigenschaften

- oligo- bis mesotrophe Gewässergüte, visuell klares Wasser (Libellen)
- Vorkommen von Kleinröhrichten, Seggen- und Binsenbeständen (Libellen)

Flachgewässer und Ausdauernde Kleingewässer:

- Vorkommen von Tauch- und Schwimmrasen von Wasserpflanzen oder Armleuchteralgen (Libellen)

Flachgewässer:

- Großflächigkeit (insbesondere für Brutvögel bedeutend, aber auch für die anderen Tiergruppen in Bezug auf hohe Abundanzen)
- großflächige Schilfröhrichte (Brutvögel)
- vielgestaltige und durch kleinere Wasserflächen gegliederte Verlandungsvegetation; Vorkommen von Tauch- und Schwimmrasen von Wasserpflanzen oder Armleuchteralgen (Libellen)
- Fischfreiheit oder -armut (Libellen, Amphibien)
- geringe anthropogene Beeinflussung (Libellen, Amphibien, Vögel)

Biotopgefährdung, Entwicklungsprognosen

Flutungsbedingt kommt es häufig zum Biotopverlust im Bereich der Grubensohle. Im Rahmen von Sukzessionsprozessen (werden durch Eutrophierung gefördert) erfolgt eine Abnahme vegetationsarmer Gewässer- und Uferbereiche und somit eine Verdrängung von Pionierarten (u.a. Laufkäfer, Amphibien). Die Ausbreitung und Verdichtung von Röhrichten führt zur Verkleinerung der freien Wasserflächen und schließlich zur vollständigen Verlandung der Gewässer.

Durch Grundwasserentzug oder Entwässerung kann es zur Austrocknung der Gewässer kommen. Vor allem an Flachgewässern besteht eine Gefährdung durch wasseranstiegsbedingten Fischbesatz bei Anbindung isolierter Gewässerteile an fischreiche Gewässer (Fische sind Prädatoren von Libellen-, und Amphibien). Ausdauernde und temporäre Kleingewässer sind durch Verfüllung im Zuge der Sanierung, temporäre Kleingewässer durch Nutzungsaufgabe (z.B. auf ehemaligen Militärflächen) gefährdet.

Ohne periodische Eingriffe (z.B. durch Fahrzeuge, Wildschweine) ist bei temporären Kleingewässern von einer Verlandung in wenigen Jahren auszugehen.

Maßnahmen zum Schutz und zur Förderung des naturschutzfachlichen Wertes

- behördliche Schutzmaßnahmen (Ausweisung von Schutzgebieten) im Bereich aller bestehenden großflächigen Flachwasserbereiche der BFL außerhalb der Flutungsbereiche
- Verzicht auf Oberflächensanierung in Bereichen mit reich gegliedertem Bodenrelief außerhalb des Flutungsbereiches des zukünftigen Restsees, insbesondere Erhalt von Schüttrippenkomplexen
- Initiierung von perspektivischen Flachwasserbereichen im Rahmen der Böschungssanierung, z.B. durch Gestaltung sehr flacher Uferböschungen (flacher als 1:10) im Bereich der zukünftigen Endwasserstandshöhe oder Modellierung größerer Bereiche mit leicht welligem Relief auf dem Höhenniveau der zukünftigen Endwasserstandshöhe
- Initiierung potenzieller Kleingewässer im Rahmen der Sanierung durch Anlage von Hohlformen (auf Standorten mit bindigem Substrat oder Auskleidung mit solchen Substraten)
- Vermeidung der Anbindung von separierten Flachgewässern an fischreiche Gewässer
- Verminderung der Gewässereutrophierung durch Einrichtung von Pufferzonen zu landwirtschaftlich genutzten Flächen
- Verhinderung von Grundwasserabsenkung bzw. Entwässerung

3.5 Waldfreie oligotrophe bis mesotrophe Niedermoore und Sümpfe

Foto 18:

Niedermoorinitiale mit Schmalblättrigem Wollgras (*Eriophorum angustifolium*) im ehemaligen Tagebau Muldenstein bei Bitterfeld

Foto: J. Huth 2001

Allgemeine Charakteristik

Durch Torfbildung (Torf- oder Braunmoose) charakterisierte Biotope in der Bergbaufolgelandschaft werden als Niedermoore bezeichnet. Bei diesen liegt eine permanente Wassersättigung des Substrates unter überwiegend anaeroben Bedingungen vor.

Unter Sümpfen werden überwiegend baumfreie, teils gebüschreiche, von Sumpfpflanzen dominierte Lebensräume auf mineralischen bis torfigen Nassböden, die durch Oberflächen-, Quell- oder hochanstehendes Grundwasser geprägt sind, verstanden. Hier kommt es zu einer besonders vielfältig ausgeprägten Kombination von Pflanzenarten der Flachmoore, Röhrichte und Gras- und Krautfluren nasser bis frischer Standorte sowie standortunspezifischer Pionierarten. Die Übergänge zu den (wechsel-) feuchten Gras- und Krautfluren sind fließend.

Eine scharfe Trennung von Mooren und Sümpfen lässt sich in den Bergbaufolgelandschaften noch nicht vornehmen. Da die Standorte sehr jung sind, befinden sich Moorbildungsprozesse erst in einer dynamischen initialen Phase. Die spezifischen Standortbedingungen der BFL führen zudem öfter zu periodischem und kleinräumigen Wechsel zwischen aeroben und anaeroben Verhältnissen. Die Bildung von nassem bis torfigem Rohhumus und somit von Mooren kann oft noch nicht erkannt werden. Einige Bestände unterliegen allerdings bereits längerfristig anaeroben Verhältnissen, unter denen eine Torfbildung möglich erscheint.

Eine besondere Ausprägung der Niedermoore und Sümpfe stellen die Schachtelhalm-Sümpfe dar. Sie sind durch eine physiognomische Dominanz von Schachtelhalm-Arten auf zumeist sehr dichten Moospolstern gekennzeichnet. Im Restloch Zechau (Thüringen) entwickelten sich beispielsweise ausgeprägte Kalkflachmoore mit einer Braunmoostorfschicht, auf denen auf größeren Flächen Sumpf-Schachtelhalm (*Equisetum palustre*), Bunter Schachtelhalm (*Equisetum variegatum*), Teich-Schachtelhalm (*Equisetum fluviatile*), Winter-Schachtelhalm (*Equisetum hyemale*) und Ästiger Schachtelhalm (*Equisetum ramosissimum*) dominieren.

Niedermoore und Sümpfe kommen zumindest kleinflächig in vielen Gebieten der BFL vor. Großflächige Bestände treten nur lokal auf. Eine weitere Differenzierung erfolgt in torfmoosreiche bzw. braunmoosreiche Bestände sowie Dominanzbestände aus Helophyten, Binsen und Seggen sowie Röhrichtarten.

Bedeutung für den Naturschutz

Niedermoore und Sümpfe sind Lebensraum einer Vielzahl seltener, gefährdeter und stenöker Tierarten (u.a. Laufkäfer, Libellen, Spinnen, Vögel). Sie stellen Ersatzhabitate für zerstörte oder degradierte Moorlebensräume in der gewachsenen Landschaft dar.

Weiterhin gibt es in diesen Biotoptypen zahlreiche Vorkommen gefährdeter Pflanzenarten, von denen einige überregional bedeutsame Populationsgrößen aufweisen, wie Sumpf-Sitter (*Epipactis palustris*) und Steifblättriges Knabenkraut (*Dactylorhiza incarnata*) (HEYDE 1996).

Ausgewählte wertbestimmende Arten

- Pflanzen: Sumpf-Sitter (*Epipactis palustris*), Schmalblättriges Wollgras (*Eriophorum angustifolium*), Steifblättriges Knabenkraut (*Dactylorhiza incarnata*), Gemeine Natternzunge (*Ophioglossum vulgatum*), Zierliches Tausendgüldenkraut (*Centaurium pulchellum*), Bunter Schachtelhalm (*Equisetum varigatum*); Torfmoose (*Sphagnum spec.*)
- Libellen: (bei Vorhandensein von Temporär- oder Flachgewässern oder Lage an Gewässerufern) Torf-Mosaikjungfer (*Aeshna juncea*), Gefleckte Smaragdlibelle (*Somatochlora flavomaculata*) [lokal], Kleiner Blaupfeil (*Orthetrum coerulescens*), Gefleckte Heidelibelle (*Sympetrum flaveolum*), Gebänderte Heidelibelle (*Sympetrum pedemontanum*), Kleine Moosjungfer (*Leucorrhinia dubia*), Nördliche Moosjungfer (*Leucorrhinia rubicunda*) [lokal], Große Moosjungfer (*Leucorrhinia pectoralis*)
- Heuschrecken: Sumpfschrecke (*Stethophyma grossum*) (lokal), Große Goldschrecke (*Chrysochraon dispar*), Kurzflügelige Schwertschrecke (*Conocephalus dorsalis*)
- Laufkäfer: *Agonum lugens, Bembidion humerale, Philorhizus sigma, Pterostichus diligens*
- Amphibien: Moorfrosch (lokal)
- Brutvögel: Kranich, Bekassine

Wertbestimmende Habitatstrukturen/-eigenschaften

- Großflächigkeit; Nährstoffarmut (v.a. Stickstoff)
- komplexes Auftreten des Biotoptyps mit Flachgewässern oder Lage an Gewässerufern (essenziell für die meisten Libellen- sowie Amphibienarten)

Biotopgefährdung, Entwicklungsprognosen

Lokal besteht eine Gefährdung durch Wasseranstieg und Überflutung, insbesonder in Gebieten mit jahrzehntelang künstlich gehaltenem Wasserstand (z.B. Restloch Zechau, Thüringen), viel seltener durch Grundwasserabsenkung. Als weitere potenzielle Gefährdungen sind Sanierungsmaßnahmen sowie Nährstoffeinträge aus angrenzenden intensiv genutzten Flächen zu nennen.

Eine typische Ausprägung von Niedermooren und Sümpfen ist erst auf Standorten, die älter als 20 Jahre sind, vorhanden. In Mitteldeutschland sind die Flächen aktuell im Durchschnitt ca. 40 Jahre alt. Die weitere Entwicklung der Niedermoore und Sümpfe hängt in erster Linie von der Stabilität des Wasserstandes am jeweiligen Standort ab: Bei geringer Wasserführung oder zeitweiliger Austrocknung findet ein verstärktes Aufkommen von Gehölzen (Birke, Grauweide) statt. Die Sukzession verläuft dann in Richtung Grauweidengebüsch oder feuchte bis nasse Birken-Pionierwälder. Bei dauerhaft hoher Wasserführung besteht eine mögliche Verdrängung der Moor- und Sumpfvegetation durch Verdichtung oder Ausbreitung von Großröhrichtarten (v.a. nach Nährstoffeinträgen aus dem Umland).

Maßnahmen zum Schutz und zur Förderung des naturschutzfachlichen Wertes

- gezielte Initiierung großflächiger potenzieller Vernässungsflächen außerhalb der zukünftigen Tagebaurestseen durch Geländemodellierung im Rahmen der Sanierungsmaßnahmen
- wenn möglich Regulierung des Wasserstandes (z.B. Aufstauung von Gräben) zur Minderung von Verlandung und Gehölzsukzession
- lokal Zurückdrängung von Röhrichtbeständen

3.6 Röhrichte

Foto 19:

Großflächige strukturreiche Röhrichte im ehemaligen Tagebau Muldenstein bei Bitterfeld

Foto: J. Huth 2001

Allgemeine Charakteristik

Röhrichte sind durch Dominanzbestände von Röhrichtarten, in der BFL vor allem Schilf (*Phragmites australis*) oder Rohrkolben (*Typha* spec.) gekennzeichnet. Der Übergang zu den Niedermoorinitialen und Sümpfen sowie den Gras- und Krautfluren wechselfeuchter Standorte ist fließend. In der BFL sind Röhrichtarten häufig Erstbesiedler wasserüberstauter, nasser bis wechselfeuchter Standorte. Aufgrund effektiver Fernausbreitungsmechanismen kommt es zur sehr schnellen Etablierung lückiger und zum Teil artenreicher Röhrichte auf feuchten bis nassen Standorten mit einer weiten Substratamplitude (lediglich Substrate mit pH-Werten < 3,4 werden gemieden). Großflächige, ausgedehnte Röhrichte kommen insbesondere im Bereich der Sohle von Tagebaurestlöchern bis zum Zeitpunkt der Flutung, viel seltener in Altbergbaugebieten im Bereich von flach überstauten Innenkippenbereichen vor.

Röhrichtbestände, die in ihrem ökologischen Funktionszusammenhang an ein Gewässer gebunden sind, werden als Gewässerröhrichte bezeichnet. Hierzu gehören auch langzeitig nur sehr flach wasserüberstaute Bestände ohne offene Gewässerfläche. Eine Besonderheit der BFL stellen die zum Teil ausgedehnten Landröhrichte auf nassen bis wechselfeuchten, aber auch länger austrocknenden Standorten dar. Sie sind sowohl im landseitigen Bereich der Ufer von Gewässern als auch fernab dieser auf staunassen Standorten zu finden. Am häufigsten sind Schilf-Landröhrichte. Durch ihr besonders weitreichendes ober- und unterirdisches Rhizomwachstum können sie sich schnell ausbreiten. Gewässerröhrichte sind aus naturschutzfachlicher Sicht von höherem Wert, da die meisten wertbestimmenden Tierarten (insbesondere Brutvögel, Libellen) nur in diesen einen geeigneten Lebensraum finden.

Eine weitere Differenzierung erfolgt nach der jeweils dominanten Röhrichtart in Schilfröhrichte, Rohrkolbenröhrichte, Binsenröhrichte, sonstiges Großröhrichte und sonstige Kleinröhrichte.

Bedeutung für den Naturschutz

Von besonderer naturschutzfachlicher Bedeutung sind ausgedehnte Röhrichtzonen in Flachgewässern im Bereich von Grubensohlen oder (sehr selten) im Bereich von flach überfluteten Innenkippen. Großflächige Wasserröhrichte sind essenzieller Lebensraum naturschutzfachlich wertvoller Brutvogelarten.

Landröhrichte sind für Brutvögel weit weniger bedeutend (nur Rohrammer und Feldschwirl), können aber eine artenreiche Wirbellosenfauna, darunter eine Reihe gefährdeter Arten aufweisen (u.a. Laufkäfer, Spinnen, Zikaden). Lückige Landröhrichte weisen außerdem teilweise Vorkommen gefährdeter Pflanzenarten auf.

Ausgewählte wertbestimmende Arten

- Pflanzen: in lichten Röhrichten Sumpf-Sitter (*Epipactis palustris*), Echtes Tausendgüldenkraut (*Centaurium erythraea*), Zierliches Tausendgüldenkraut (*Centaurium pulchellum*), Fuchs-Segge (*Carex vulpina*), Großes Flohkraut (*Pulicaria dysenterica*)
- Libellen: Kleine Mosaikjungfer (*Brachytron pratense*), Keilflecklibelle (*Aeshna isosceles*); an Simsen- und Binsenröhrichten: Glänzende Binsenjungfer (*Lestes dryas*), Südliche Binsenjungfer (*Lestes barbarus*), Kleine Binsenjungfer (*Lestes virens*), Südliche Mosaikjungfer (*Aeshna affinis*), Gefleckte Heidelibelle (*Sympetrum flaveolum*)
- Heuschrecken: Kurzflügelige Schwertschrecke (*Conocephalus dorsalis*); Große Goldschrecke (*Chrysochraon dispar*)
- Laufkäfer: *Agonum lugens, Bembidion azurescens, Elaphrus uliginosus*
- Amphibien: lokal in Flachgewässern mit lichten Gewässerröhrichten (wichtige Habitatstruktur !), Knoblauchkröte, Moorfrosch
- Reptilien: Ringelnatter
- Brutvögel: Zwergtaucher, Große Rohrdommel, Zwergdommel, Rohrweihe, Tüpfelralle, Wasserralle, Kleine Ralle, Drosselrohrsänger, Blaukehlchen, Rohrschwirl, Bartmeise

Wertbestimmende Habitatstrukturen/-eigenschaften

- großflächige und hochwüchsige Schilfbestände (Brutvögel)
- lange Grenzlinie Wasserfläche-Röhricht (Brutvögel, Libellen)
- permanente oder langzeitige Wasserüberstauung (Libellen, Amphibien, Vögel)
- vielgestaltige und durch kleinere Wasserflächen gegliederte Binsen-, Simsen- und lichte Rohrkolben-Röhrichte (Libellen, Amphibien)

Biotopgefährdung, Entwicklungsprognosen

Flutungsbedingt kommt es zu großen Biotopverlusten im Bereich der Grubensohle. Sukzessionsprozesse führen zur Entwicklung von Klein- zu Großröhrichten (ungünstig für viele Libellenarten) sowie zum Zuwachsen freier Wasserflächen innerhalb der Röhrichte bis hin zur Verlandung (insbesondere bei Flachgewässern). Eine hohe Schwarzwilddichte fördert die Prozessdynamik (durch Suhlen oder Fraßplätze entstehen kleinere Freiflächen in geschlossenen Großröhrichtbeständen). Großröhrichte im Wasser sind bei gleichbleibendem Wasserstand in der Regel langfristig stabil (Wassertiefe bis 1m dichte Röhrichtbestände, bis 2m lückige Röhrichtbestände, ELLENBERG 1996, DVWK-Schriften 1996, HASLAM 1972). In landseitigen Uferröhrichten und feuchten Landröhrichten tritt relativ schnell Gehölzsukzession auf (Entwicklungstendenz zu Feuchtgebüschen).

Erholungsnutzung wie Angeln, Baden oder Bootfahren kann eine Devastierung von Röhrichtbeständen sowie eine Störung empfindlicher Arten (Vögel) bewirken.

Maßnahmen zum Schutz und zur Förderung des naturschutzfachlichen Wertes

- Ausweisung von Schutzgebieten im Bereich aller bestehenden großflächigen Röhrichte der BFL außerhalb der Flutungsbereiche sowie Sicherung perspektivischer Röhrichtzonen (z.B. zukünftige Flachwasserbereiche in windgeschützten Buchten) an entstehenden Restseen als potenzielle Schutzgebiete
- Initiierung von perspektivischen Flachwasserbereichen im Rahmen der Böschungssanierung
- Maßnahmen zur Besucherlenkung

3.7 Seggenriede

Allgemeine Charakteristik

Seggenriede sind durch die Dominanz einer oder mehrerer hochwüchsiger Seggenarten gekennzeichnet. Standorte sind niedrig wasserüberstaut, nass oder wechselfeucht sowie oligo- bis mesotroph (seltener eutroph durch nährstoffreiches Grundwasser oder Nährstoffeinträge).

In der BFL sind Seggenriede relativ selten (hauptsächlich in Altbergbaugebieten) und meist nur kleinflächig ausgebildet. Am häufigsten sind Seggenriede der Sumpf-Segge (*Carex acutiformis*); lokal treten in Sachsen-Anhalt Bestände der Zweizeiligen Segge (*Carex disticha*) auf.

Bedeutung für den Naturschutz

Seggenriede in der BFL sind meist Bestandteil naturschutzfachlich wertvoller Feuchtgebiete im Komplex mit Röhrichten, Niedermooren, Sümpfen und Feuchtgebüschen und stellen dann zumeist Lebensräume für seltene und gefährdete Insektenarten (u.a. Heuschrecken, Laufkäfer, Libellen) dar.

Ausgewählte wertbestimmende Arten

- Pflanzen: Zweizeilige Segge (*Carex disticha*), Fuchs-Segge (*Carex vulpina*)
- Libellen: Gefleckte Smaragdlibelle (*Somatochlora flavomaculata*)
- Heuschrecken: Kurzflügelige Schwertschrecke (*Conocephalus dorsalis*), Sumpfschrecke (*Stethophyma grossum*, lokal), Große Goldschrecke (*Chrysochraon dispar*)
- Laufkäfer: *Carabus granulatus*, *Pterostichus rhaeticus*

Wertbestimmende Habitatstrukturen/-eigenschaften

- Großflächigkeit
- dauerhaft oder periodisch wasserüberstaut (Libellen)
- mosaikartiges Auftreten mit Arten der Niedermoore und Sümpfe

Biotopgefährdung, Entwicklungsprognosen

Seggenrieder sind potenziell durch Veränderung des Grundwasserstandes gefährdet (vor allem Anstieg infolge von Restseeflutung). Lokal kann es zur Devastierung von Seggenrieden an Tagebaurestseen durch Erholungsnutzung wie Angeln oder Baden kommen.

Der Schwerpunkt der Ausprägung von Seggenriedern liegt bislang auf über 20 Jahre alten, basenreicheren Flächen. Ein langsamer, kontinuierlicher Wasseranstieg fördert deren Entwicklung. Bei gleichbleibendem hohen (Grund-) Wasserstand scheinen Großseggenriede in der Regel langfristig stabil zu sein.

Maßnahmen zum Schutz und zur Förderung des naturschutzfachlichen Wertes

- alle Maßnahmen zum Erhalt und zur Förderung von Flachenwasserzonen an (zukünftigen) Tagebaurestseen sowie großflächiger Feuchtgebiete in vernässten Innenkippenbereichen begünstigen auch die Entwicklung von Seggenriedern

3.8 Binnensalzstellen

Allgemeine Charakteristik

Binnensalzstellen sind im Bereich des Braunkohlentagebaus zumeist nur kleinflächig ausgebildet. Sie befinden sich auf bzw. am Rande salzhaltigen Abraums oder salzhaltiger Asche, auf Flächen freigelegter salzhaltiger Kohle sowie im Austrittsbereich salzhaltigen Wassers (dort vielfach als wechselnasse, zeitweise auch überstaute Flächen). Sie sind oft verhältnismäßig jung und unterliegen deshalb einer relativ starken Dynamik. Die Vegetationsbedeckung ist zumeist lückig, eine Abgrenzung zur Biotoptypengruppe der Rohböden ist dann v.a. durch das Vorkommen halophiler bzw. halotoleranter Arten möglich. Auf feuchteren Standorten kann es zu Salzausblühungen an der Oberfläche kommen. Die Verbreitung des Biotoptyps beschränkt sich auf Gebiete mit natürlichen Salzvorkommen (z.B. Raum Halle - Merseburg - Salziger See) und tritt daneben vereinzelt u.a. auf Aschespülflächen in der Nähe von Braunkohlenkraftwerken auf.

Bedeutung für den Naturschutz

Binnensalzstellen in der BFL zeichnen sich durch das Vorkommen seltener und gefährdeter Pflanzenarten sowie das Auftreten gefährdeter (zumeist jedoch nicht halophiler) wirbelloser Tierarten aus. Zumeist sind die Biotope relativ kurzlebig und gehen während der Sanierung bzw. der Flutung verloren.

Ausgewählte wertbestimmende Arten

- Pflanzen: Gelbe Spargelerbse (*Tetragonolobus maritimus*), Flügelsamige Schuppenmiere (*Spergularia maritima*), Zierliches Tausendgüldenkraut (*Centaurium pulchellum*), Salz-Hornklee (*Lotus tenuis*), Strand-Sode (*Suaeda maritima*)
- Zikaden: *Chloriona glaucescens, Paramesus obtusifrons*
- Laufkäfer: *Pogonus chalceus, Anisodactylus poeciloides*

Wertbestimmende Habitatstrukturen/-eigenschaften

- geringer Verbuschungsgrad
- vegetationsarme Bereiche/ Störstellen
- Quellbeeinflussung
- Lage außerhalb der perspektivischen Flutungsbereiche

Biotopgefährdung, Entwicklungsprognosen

Die zumeist kleinflächigen Binnensalzstellen in der BFL gehen häufig durch Böschungssanierung oder den Wasseranstieg in den Restlöchern verloren. Angeschnittene (salzhaltige) Quellhorizonte im Böschungsbereich gelten als rutschungsgefährdet und können trotz ihres naturschutzfachlichen Wertes zumeist nicht erhalten werden.

Aufgrund der Kleinflächigkeit sind die entsprechenden Salzstellen in ihrem Bestand relativ stark durch Sukzession (z.B. Verdichtung der Großröhrichtarten) bzw. Verbuschung (insbesondere bei geringem Salzgehalt) bedroht. Nur bei sehr hoher Salzkonzentration kann sich eine lückige, niedrige Vegetation langfristig ohne Pflege oder Störung (z.B. durch Schwarzwild) halten.

In einigen Fällen (z.B. Tagebau-Region Amsdorf westl. Halle in der Nähe zum Salzigen See) kann von einer Weiterentwicklung der Flächen zu ausdauernden Binnensalzstellen ausgegangen werden, bei der neben dem Auftreten salztoleranter Pflanzen auch die Etablierung gefährdeter halophiler Tierarten zu erwarten ist.

Maßnahmen zum Schutz und zur Förderung des naturschutzfachlichen Wertes

- Entbuschung bei zunehmender Beschattung
- Zulassen einer hohen Schwarzwilddichte zur Förderung die Prozessdynamik und der Entstehung vegetationsarmer Störstellen
- Bei zunehmender Dominanz von Großröhrichtarten (insbesondere bei dichtem Bewuchs) kann eine Biotoppflege durch Mahd sinnvoll sein.

3.9 Äcker und (junge) Ackerbrachen

Allgemeine Charakteristik

Äcker spielen in einigen Tagebauregionen flächenmäßig eine bedeutende Rolle. Nach WÜNSCHE & THUM (1990) wurden beispielsweise von 66.000 ha Kippenflächen des Braunkohlenbergbaus in Sachsen ein Drittel landwirtschaftlich genutzt. In einigen Räumen südlich von Leipzig liegen bis zu 85 % der Ackerflächen auf Kippen (TISCHEW & KLOTZ 1991). Auf sandigen Substraten, insbesondere tertiären Sanden, wie sie in den nördlichen Regionen der Mitteldeutschen Bergbaufolgelandschaft und in der Lausitzer BFL überwiegen, sind Äcker dagegen eher selten.

Der größte Teil der Äcker wird intensiv bewirtschaftet und ist weitestgehend wildkrautfrei. Bei Vorhandensein von Wildkräutern ist eine Beziehung zwischen der angebauten Frucht und den dominanten Wildkrautarten erkennbar. TISCHEW & KLOTZ (1991) konnten 25 ökologisch-soziologische Pflanzenartengruppen sowie fünf Ackerwildkrautgesellschaften herausarbeiten. In der Vegetationszusammensetzung gab es vor allem auf älteren Äckern keine grundlegenden Unterschiede zu den Äckern außerhalb der Bergbaufolgelandschaft. Durch Melioration wurde die Verbreitung kalkholder Pflanzengesellschaften gefördert. Die Ausbreitung erfolgte auch über die an Naturräume mit kalkhaltigen Substraten gebundenen Verbreitungsgrenzen hinaus.

Die ackerbaulich genutzten Flächen wurden bzw. werden überwiegend vor der Nutzung tiefenmelioriert. Sie besitzen anfänglich nur einen geringem Anteil an organischen Stoffen; Bodenbildungsprozesse werden nur allmählich wirksam. Vor allem bei hohem Anteil bindiger Substrate zeigt sich eine stärkere Tendenz zur Verdichtung und Vernässung. Die Ertragsfähigkeit der Flächen ist meist geringere als auf Ackerflächen außerhalb der Bergbaufolgelandschaft.

Gelegentlich findet man (meist zeitlich begrenzt) verbrachte Ackerflächen mit Entwicklung von kurzlebigen Gras- und Krautfluren bzw. ausdauernden Beständen bei längerer Verbrachung.

Bedeutung für den Naturschutz

Die intensiv genutzten Ackerflächen selber haben zumeist eine geringe naturschutzfachliche Bedeutung, Ackerraine und -randstreifen können jedoch artenreiche Zönosen wirbelloser Tiere beherbergen. Naturschutzfachlich wertvoll sind Vernässungsflächen oder (temporär) überstaute, vegetationsfreie oder -arme Ackerstellen als (potenzielle) Brutplätze wertbestimmender Vogelarten wie Kiebitz, Flussregenpfeifer oder Schafstelze, als (potenzielle) Laichgewässer der gefährdeten Amphibienarten Wechselkröte und Kreuzkröte sowie als Standorte gefährdeter Pflanzenarten wie Zierliches Tausendgüldenkraut - *Centaurium pulchellum* und Quirlige Knorpelmiere *Illecebrum verticillatum*).

In Abhängigkeit von Lage, Anbaukultur und Erntezeitpunkt besitzen die Ackerflächen Bedeutung als Rast- und Nahrungshabitat für Brutvögel (Greifvögel, Kranich) sowie Rastvögel (Durchzügler und Wintergäste wie nordische Gänse, Kiebitze, Möwen). Für letztere sind insbesondere die störungsarmen Ackerflächen im Umfeld von Rast- und Schlafgewässern (z.B. Tagebaurestseen) von Bedeutung.

Brachgefallene Äcker besitzen aus floristischer Sicht geringe Bedeutung. Sie können jedoch faunistisch oft arten- und sehr individuenreich sein, mit einigen naturschutzfachlich wertvollen (Wirbellosen-)Arten.

Ausgewählte wertbestimmende Arten

- Pflanzen: in vernässten Ackersenken z.T. Ansiedlung von Nanocyperion-Arten wie Zierliches Tausendgüldenkraut (*Centaurium pulchellum*); in extensiv genutzten Äckern Acker-Rittersporn (*Consolida regalis*) oder Echtes Tännelkraut (*Kickxia elatine*)
- Heuschrecken: Feldgrashüpfer (*Chorthippus apricarius*), Langflügelige Schwertschrecke (*Conocephalus fuscus*)
- Laufkäfer: *Calosoma maderae, Poecilus punctulatus, Pterostichus macer*
- Amphibien: Bei Bildung temporärer Kleinstgewässer in Ackersenken tritt lokal die Kreuzkröte, selten auch Wechselkröte und Laubfrosch auf.
- Vögel: Wachtel, Rebhuhn, Schafstelze, Grauammer

Wertbestimmende Habitatstrukturen/-eigenschaften

- Vernässungsflächen
- vegetationsarme Störstellen im Bereich von extremen Standortbedingungen
- mageres, sandiges Bodensubstrat
- breite Ackersäume, blütenreiche Brachen

Biotopgefährdung, Entwicklungsprognosen

Naturschutzfachlich wertvolle Ackerbereiche (z.B. magerer Sandäcker) können in ihrem Bestand durch Intensivierung der Bewirtschaftung (Düngung, Biozideinsatz) gefährdet werden.

Demgegenüber führt eine Nutzungsaufgabe im Bereich von regelmäßig vernässenden Ackerstellen durch Sukzession zu einem Verlust der feuchten bis nassen vegetationsfreien oder -armen Pionierstandorte.

Die Entwicklung von Ackerflächen ist von der Art und der Intensität der Bewirtschaftung abhängig. Bei einer Nutzungsaufgabe von Äckern kommt es zu einer kurz- und mittelfristigen Entwicklung von ruderalen artenarmen bis artenreichen, trockenen bis feuchten Gras- und Krautfluren (in Abhängigkeit von Standortbedingungen und Nährstoffverhältnissen) sowie langfristig zur Gehölzsukzession. Ein schnelles Aufkommen von Gehölzen ist insbesondere bei Nutzungsaufgabe feuchter bis nasser Ackerstellen zu erwarten.

Maßnahmen zum Schutz und zur Förderung des naturschutzfachlichen Wertes

- Extensivierung der Ackernutzung, vor allem magerer Sandäcker
- Einrichtung von breiten (nutzungsfreien) Ackersäumen entlang von Nutzungsgrenzen
- Einrichtung von Langzeitbrachen
- Beibehaltung der Bewirtschaftung von Vernässungsstellen zur Erhaltung vegetationsarmer (bis -freier) Lebensräume als Habitate wertbestimmender Pionierarten

- völlige Aufgabe der Ackernutzung von ertragsarmen Standorten oder im Bereich von Pufferzonen, die an naturschutzfachlich wertvolle Bereiche angrenzen (z.B. Feuchtgebiete) und Überführung in eine extensive Grünlandbewirtschaftung (ohne Ansaat) oder Biotoppflege (Mahd in großen Abständen) zur Erhaltung des Offenlandcharakters

3.10 Vegetationsfreie bis -arme Rohböden

Foto 20:

Abbruchkante und Rohbodenstandorte in der BFL südlich Leipzig

Foto: H. Krug 1995

Allgemeine Charakteristik

Großflächige vegetationsfreie bis -arme Flächen sind ein Charakteristikum der „jungen" Bergbaufolgelandschaft. Flächen mit einem Deckungsgrad der Vegetation von maximal 10 % werden laut Biotoptypenschlüssel als Rohboden eingestuft. Sie sind, im Gegensatz zu vegetationsfreien Standorten außerhalb der Bergbaufolgelandschaft, zumeist wirkliche Rohböden, das heißt sie weisen anfänglich keine Diasporenbank im Boden und keine Bodenlebewesen auf (nur selten werden diasporenhaltige Substrate verkippt). Eine Ausnahme bilden die angeschnittenen Tagebau-Außenkanten.

Ein Charakteristikum der Rohböden sind die starken Temperaturschwankungen im Tag- und Nachtwechsel aufgrund fehlender Vegetationsschichten. Insbesondere auf stark braunkohlehaltigen Rohböden kann es zu extremen Temperaturen und damit schneller Austrocknung kommen. Die Wasseraufnahme wird hier zudem durch den hydrophoben Charakter des Substrates erschwert.

Die Rohböden stellen zum Zeitpunkt der Schüttung für pflanzliche und tierische Erstbesiedler einen weitgehend konkurrenzfreien Raum dar. Bei der Besiedlung sind diese Flächen daher auf einen Diasporeneintrag von außen, v.a. durch den Wind, angewiesen (vgl. Kapitel 6.5).

Eine pflanzliche Besiedlung stellt sich in Abhängigkeit von den Standortfaktoren (Wasserhaushalt, Azidität, Nährstoffverfügbarkeit) unterschiedlich schnell ein. Zunächst überwiegen kurzlebige, meist niedrigwüchsige Pflanzenarten und Arten mit klonalem Wachstum. In Abhängigkeit von den Standortfaktoren kommt es dabei zu einer ± hohen Dynamik, wobei von einem Jahr zum anderen ein völliger Artumbau in der Vegetation möglich ist. Das Artenspektrum der Rohböden ist stark durch first-comer Effekte geprägt. Die pflanzliche Besiedlung beginnt mit einem Stadium von Einzelpflanzen und verläuft über ein ± zufälliges Mosaik von Pflanzenarten zu ersten typischen Artenkombinationen, auf die die Standortfaktoren im Laufe der Zeit mehr und mehr Einfluss ausüben (JAKOB et al. 2003). Diese ersten Pflanzengemeinschaften können in Abhängigkeit von den Standortbedingungen unterschiedlich lange bestehen bleiben. Sie leiten auf besiedlungsfreundlichen Substraten häufig zur Biotoptypengruppe der Gras- und Krautfluren sowie zu den Magerrasen über.

Die meisten Pflanzenarten auf Rohbodenstandorten sind nach FRANK et al. (1990) kurzlebige Ruderalarten aus der Klasse der Sisymbrietea officinalis und der Artemisietea vulgaris, vor allem aus der Ordnung Sisymbrietalia sowie dem Verband des Dauco-Melilotion. Auf weniger extremen und besser wasserversorgten Standorten können bei Lieferbiotopen in der unmittelbaren Umgebung (hoher Diasporendruck) bereits zu Beginn der Besiedlung Gehölze, v.a. Hänge-Birke (*Betula pendula*), Zitter-Pappel (*Populus tremula*) und Weiden-Arten (*Salix ssp.*) auftreten.

Die Artenzahlen an Pflanzen einzelner Rohbodenflächen können durchaus hoch sein, wobei die einzelnen Arten oft nur mit wenigen Individuen und geringer Deckung vertreten sind. Aber auch wenigartige bis einartige Bestände sind möglich. Im Fall der Steilwände und Abbruchkanten erschweren insbesondere geomorphologische Prozesse eine Besiedlung durch Pflanzenarten, so dass diese Biotoptypen auch längerfristig Bestand haben können.

Langfristig existierende Rohböden finden sich darüber hinaus vor allem auf Flächen mit extremen, ± vegetationsfeindlichen Standorteigenschaften (vor allem auf tertiären Substraten; vgl. Kapitel 6.7.4); wasserbeeinflusste Standorte zeigen generell eine raschere Besiedlung (u.a. mit Birken oder Röhrichtarten). Innerhalb der Biotoptypengruppe der vegetationsfreien bis -armen Rohböden werden zwei Untereinheiten unterschieden:

- Abbruchkanten und Steilwände
- Rohbodenstandorte ebener bis stark geneigter Flächen.

Eine weitere Differenzierung erfolgt nach dem überwiegendem Substrat in sandige, kiesige, lehmige, tonige oder stark braunkohlehaltige Rohböden. Eine Besonderheit sind auftretende Spülflächen mit aschereichem Substrat (Kraftwerksasche).

Steilwände finden sich in der BFL zum einen im Bereich der Tagebau-Außenkanten durch Anschnitt von natürlich anstehenden Böden, zum anderen im Inneren der Tagebaue als zum Teil steil anstehende Bereiche aus verkipptem Material. Sie unterliegen aufgrund ihrer Steilheit besonders stark der Erosion und sind überwiegend durch Trockenheit gekennzeichnet.

Bedeutung für den Naturschutz

Rohbodenflächen bestimmen maßgeblich den gegenwärtigen naturschutzfachlichen Wert der Bergbaufolgelandschaft. Sie bieten vor allem stark spezialisierten und damit häufig gefährdeten Pionierarten Lebensräume. So finden eine Reihe von Tierarten der Roten Liste (Hautflügler, Heuschrecken, Laufkäfer, Zikaden, Spinnen, Vögel) auf den ausgedehnten Rohböden und jungen Pionierfluren wertvolle Ersatzlebensräume für in der Kulturlandschaft vernichtete Habitate wie Schotterbänke an Flüssen oder Binnendünen. Einige der hier in individuenreichen Populationen auftretenden Tierarten (z.B. Ödlandschrecken) sind nach der Bundesartenschutzverordnung besonders geschützt.

Steilwände bzw. Abbruchkanten sind bzw. waren hauptsächlich in Flußauen zu finden. Wegen des zunehmenden Gewässerausbaus, Erosionsschutzmaßnahmen und der Flurbereinigung sind diese Biotoptypen stark gefährdet und daher bundesweit geschützt (RIECKEN et al. 1994).

Einige spezialisierte Tierarten, beispielsweise diverse Hymenopteren, Uferschwalbe oder Bienenfresser, welche Steilwände und Abbruchkanten besiedeln, finden diese Habitate derzeit vor allem in den Bergbaugebieten. Zudem belegen Untersuchungen im mitteldeutschen Raum (FBM 1999), dass viele Steilwände der Tagebaue sowie deren Schuttkegel und Kontaktbereiche zur angrenzenden Gras- und Krautflur einen hohen naturschutzfachlichen Wert unter anderem für Spinnen, Laufkäfer, Zikaden und Heuschrecken besitzen.

Abbruchkanten und Steilwände weisen generell eine hohe geomorphologische Dynamik auf und sind damit sehr wertvoll im Sinne des Prozessschutzes.

Ausgewählte wertbestimmende Arten

- Pflanzen: Echtes Tännelkraut (*Kickxia elatine*), Acker-Filzkraut (*Filago arvensis*), Zwerg-Filzkraut (*F. minima*), Schleier-Gipskraut (*Gypsophila paniculata*), Acker-Spatzenzunge (*Thymelaea passerina*), Sparrige Flockenblume (*Centaurea diffusa*), Sprossendes Nelkenköpfchen (*Pethroragia prolifera*), Sand-Strohblume (*Helichrysum arenarium*), Florentiner Habichtskraut (*Hieracium piloselloides*)
- Spinnen: *Arctosa cinerea*

- Heuschrecken: Blauflügelige Sandschrecke (*Sphingonotus caerulans*), Gefleckte Keulenschrecke (*Myrmeleotettix maculatus*), Blauflügelige Ödlandschrecke (*Oedipoda caerulescens*); auf Rohböden an Gewässerufern: Westliche Dornschrecke (*Tetrix ceperoi*); in Steilwänden Nachweise u.a. der Ameisengrille (*Myrmecophilus acervorum*)
- Ohrwürmer: Sandohrwurm (*Labidura riparia*)
- Laufkäfer: trockene Sand- und Kiesflächen: *Cicindela arenaria, Leistus spinibarbis, Poecilus punctulatus*; feuchte Sand- und Schlickflächen: *Nebria livida, Omophron limbatum*, Steilwände: *Bembidion nigricorne, Masoreus wetterhalii*
- Amphibien: Knoblauchkröte, Kreuzkröte, Wechselkröte (jeweils Landlebensraum)
- Vögel: Flussregenpfeifer, Brachpieper (brütet in Sachsen-Anhalt fast ausschließlich in der BFL), Steinschmätzer; Steilwände: Uferschwalbe, Bienenfresser (im Südwesten der Mitteldeutschen BFL)

Wertbestimmende Habitatstrukturen/-eigenschaften

- Niedrige pH-Werte und/oder Kohlegehalte > 10% verzögern (besonders auf trockenen Standorten) die natürliche Sukzession und tragen damit zu einem langfristigen Erhalt von Rohbodenhabitaten bei.
- Steinhaufen, Schwellenstapel und ähnliche Strukturen dienen als Brutplätze für Steinschmätzer und Hymenopteren sowie als Rückzugs- und Ruhehabitate von Reptilien.
- Die Kombination Rohboden/Gewässer ist für einige wertbestimmende Arten (z.B. Flussregenpfeifer, Kreuzkröte, *Omophron limbatum* [Laufkäfer], *Tetrix ceperoi* [Heuschrecke]) von besonderer Bedeutung.
- Das vorherrschende Substrat ist ein wesentlicher Faktor für das Auftreten spezieller wertbestimmender Arten: sandig-kiesig (u.a. für Ödlandschrecken), lehmig-tonig (u.a. für *Nebria livida* [Laufkäfer]), trockener verfestigter Sand (u.a. für *Cicindela hybrida* – Dünen-Sandlaufkäfer).
- Erosionsrinnen erhöhen die Strukturvielfalt der Rohbodenhabitate.
- Steilwände an Tagebau-Außenkanten besitzen aufgrund der natürlich gewachsenen Substrate und der zumeist höheren Stabilität (z.B. bei Lößböden) zumeist weitaus höherer Bedeutung als gekippte Steilwände innerhalb des Tagebau.
- Steilwände mit lehmig-tonigen Substraten (z.B. Lößsteilwände im Geiseltal bei Merseburg) sind als Brutwände für Uferschwalbe, Bienenfresser und Hymenopteren wertvoller als Steilwände aus sandigen oder stark kohlehaltigen Substraten.
- Sonnen- (bzw. süd-) exponierte Steilwände sind naturschutzfachlich besonders wertvoll.
- Schutt- bzw. Spülkegel unterhalb von Steilwänden sind wertvolle – wenn auch relativ kleinflächige – Rohbodenstandorte.

Biotopgefährdung, Entwicklungsprognosen

Während der Sanierung der Tagebaue kommt es zu einem Verlust von Rohbodenflächen durch Nivellierung und Rekultivierung (Nährstoffeintrag/Düngung, Ansaat oder Aufforstung). Die Mehrzahl nicht rekultivierter Rohbodenflächen liegt unterhalb des zukünftigen Wasserspiegels und geht nach Flutung der Restlöcher verloren. Somit ist in älteren Tagebauen bzw. Tagebaubereichen zumeist nur noch ein Bruchteil der ursprünglichen Rohbodenflächen vorhanden.

Dazu trägt neben der Sanierung und dem Wasseranstieg auch die natürliche Sukzession bei. Diese schreitet auf Flächen mit geringem Anteil tertiärer Substrate, hohen pH-Werten und/oder günstigem Wasserhaushalt innerhalb weniger Jahre voran. Dagegen können Rohbodenbereiche mit hohem Anteil tertiären Substrates (pH-Werte < 4) und/oder hohem Kohleanteil (> 10%) bei großer Entfernung zum Grundwasserstand bis zu mehreren Jahrzehnten vegetationsfrei bzw. -arm bleiben.

Im nördlichen Teil der BFL Sachsen-Anhalts und auf Flächen der Lausitzer Braunkohlen-Folgelandschaft gehen die dort vorherrschenden sandigen Rohbodenflächen im Laufe der natürlichen Sukzession häufig in mehr oder weniger lückige Sandtrockenrasen bzw. in Mosaike aus Rohboden,

Sandtrockenrasen und Gras-/Krautfluren über, die wertbestimmenden Rohbodenbesiedlern oft noch einen geeigneten Lebensraum bieten.

Durch Störungen, die durch Freizeitaktivitäten hervorgerufen werden (Motorcross, Mountainbiking, Reiten), können Rohbodenbereiche kleinflächig erhalten bleiben oder wieder entstehen. Es kann dabei jedoch in Abhängigkeit von der Intensität und -frequenz der Aktivitäten zu einer Beeinträchtigung störungsempfindlicher Tierarten kommen.

Besonders im Bereich der Sanierungstagebaue werden aus Gründen der Standsicherheit fast alle Abbruchkanten und Steilwände abgeflacht. Nur selten konnten bislang (zumeist durch Bemühungen von Naturschutzgruppen bzw. -behörden) einzelne Abbruchkanten in Tagebauen erhalten werden. Durch geomorphologische Prozesse (vor allen Erosion durch Wasser) sind Abbruchkanten und Steilwände einer hohen Dynamik unterworfen. Dies erschwert die Besiedlung mit Pflanzen und sichert einen langfristigen Erhalt dieser Rohbodenstandorte.

Maßnahmen zum Schutz und zur Förderung des naturschutzfachlichen Wertes

- Um im Sukzessionsverlauf zumindest Biotopmosaike mit Rohbodenhabitaten zu erhalten, sollten bei der Sanierung möglichst große (> 2.500 m²) Rohbodenflächen belassen werden (keine Düngung, keine Ansaaten).
- Auf Flächen die aufgrund des Substrates und/oder des pH-Wertes relativ lange vegetationsfrei bzw. -arm bleiben, könnte in definierten Zeitabständen (je nach Standort zwischen 10 - 40 Jahren) Oberboden abgeschoben werden (mindestens 2.000 m²), um mit vergleichsweise geringen Aufwand Rohböden zu erhalten.
- Erhalt lokal auftretender vegetationsfreier bzw.-armer Sonderstandorte wie Spülkegel unter Erosionsrinnen, Schuttkegel unter Steilwänden oder Rutschungsbereiche an Böschungen (die keine Gefahr für den Menschen darstellen); der Schutz der dort ablaufenden Prozesse ist ein prioritäres Ziel des Naturschutzes im Bereich der BFL.
- Besonders Steilwände mit bindigen Substraten an südexponierten Tagebau-Außenkanten sollten zumindest in Teilen (in sogenannten „ökologischen Fenstern“) erhalten werden.

3.11 Magerrasen auf Sand

Allgemeine Charakteristik

Der Biotoptyp ist vor allem auf sandigen (seltener kiesigen), nährstoffarmen Substraten mit meist saurem pH-Wert (< pH 5, in KCl) zu finden. Es handelt sich vorwiegend um grundwasserferne Standorte und um Böden mit einem geringen Wasserhaltevermögen.

Die niedrig- bis mäßig hochwüchsige Vegetation ist oft sehr lückig ausgebildet. Viele der vorkommenden Pflanzenarten sind konkurrenzschwache Spezialisten. Verschiedene Ausprägungen der Magerrasen treten häufig in einem Mosaik nebeneinander auf. Die Ausprägungen werden vor allem durch das Alter, Unterschiede in den lokalen Standortbedingungen und die dominant auftretenden Pflanzenarten charakterisiert (vgl. Kapitel 6.7.5). Eine Differenzierung erfolgt in annuelle bis kurzlebige Trockenrasen (Sandpionierfluren), kryptogamendominierte Trockenrasen, kräuterdominierte ausdauernde Trockenrasen sowie gräserdominierte ausdauernde Trockenrasen.

In der Lausitzer BFL ist der Biotoptyp relativ verbreitet, in der Mitteldeutschen BFL tritt er hauptsächlich in den Tagebauregionen Gräfenhainichen und Bitterfeld auf. In den südlichen Tagebauregionen der Mitteldeutschen BFL werden potenzielle Flächen teilweise nicht besiedelt, da entsprechende Pflanzenarten im Umland fehlen.

Bedeutung für den Naturschutz

Im Gegensatz zum Rückgang in der 'gewachsenen Landschaft' sind Magerrasen in der BFL oft noch großflächig ausgeprägt. Als Extremstandorte (trocken, nährstoffarm, sauer) sind sie ein konkurrenzarmer Lebensraum vieler gefährdeter Spezialisten. Trocken- und Halbtrockenrasen gehören zu den gesetzlich geschützte Biotope und gelten nach RIECKEN et al. (1994) zu den gefährdeten bis stark gefährdeten Lebensräumen.

Foto 21:

Sandtrockenrasen Petersroda im ehemaligen Tagebau Goitzsche

Foto: S. Tischew 2004

Ausgewählte wertbestimmende Arten

- Pflanzen: Acker-Filzkraut (*Filago arvense*), Sand-Strohblume (Helichrysum arenarium), Triften-Knäuel (*Scleranthus polycarpos*), viele geschützte Habichtskräuter (z.B. *Hieracium fallax, H. zizianum, H. aridum, H. brachiatum, H. piloselloides, H. cymosum, H. caespitosum*); seltener: Nelken-Haferschmiele (*Aira caryophyllea*), Gemeine Grasnelke (*Armeria maritima ssp. elongata*), Heide-Nelke (*Dianthus deltoides*)
- Heuschrecken: Gefleckte Keulenschrecke (*Myrmeleotettix maculatus*), Blauflügelige Ödlandschrecke (*Oedipoda caerulescens*), Rotleibiger Grashüpfer (*Omocestus haemorrhoidalis*); bei Vorhandensein von Rohbodenflächen: Blauflügelige Sandschrecke (*Sphingonotus caerulans*), Sandohrwurm (*Labidura riparia*)
- Laufkäfer: Dieser Biotoptyp ist durch eine überaus große Anzahl naturschutzfachlich wertvoller Arten gekennzeichnet. Dazu zählen sowohl Extremstandorte besiedelnde und dadurch schon immer seltene als auch durch Biotopverlust und andere Gefährdungen selten gewordene Arten. Hervorgehoben werden sollen: *Amara cursitans, Amara praetermissa, Amara quenseli, Cymindis humeralis, Harpalus autumnalis, Harpalus froelichi, Harpalus hirtipes, Harpalus melancholicus, Masoreus wetterhalii, Pseudoophonus griseus*.
- Vögel: Heidelerche, Brachpieper, Steinschmätzer, Raubwürger

Wertbestimmende Habitatstrukturen/-eigenschaften

- Niedrige pH-Werte in Verbindung mit sandigen Substraten verzögern auf trockenen Standorten die Sukzession und tragen damit zu einem langfristigen Erhalt von Trockenrasen bei.
- Nährstoffarmut ist ein Charakteristikum der Magerrasen. Daher erhöht eine möglichst große Entfernung von möglichen Nährstoffemittenten (Äcker, Felder) den Wert einer Fläche.
- Steinhaufen, Schwellenstapel und ähnliche Strukturen können als Brutplätze für Steinschmätzer und Hymenopteren sowie als Rückzugs- und Ruhehabitate von Reptilien genutzt werden.
- Eine stärkere Verbuschung führt zur Verminderung des naturschutzfachlichen Wertes; einzelne Bäume oder Gebüsche erhöhen jedoch (z.B. als Brutplatz für den Raubwürger) den Wert.
- Rohbodenflächen im Trockenrasenbestand ermöglichen das Auftreten seltener Insektenarten (Blauflügelige Sandschrecke, Sandohrwurm, Sandlaufkäfer).

- Die Bedeutung als Lebensraum wertbestimmender Tierarten wächst mit der Flächengröße (Mindestflächengröße ausgewählter wertbestimmender Arten: Raubwürger > 20 ha, Brachpieper > 1 ha, Steinschmätzer > 0,5 ha, Blauflügelige Ödlandschrecke > 0,2 ha).

Biotopgefährdung, Entwicklungsprognosen

Ein Großteil der Magerrasen wird während der Sanierungsarbeiten durch Abschieben, Planieren, Melioration, Nährstoffeintrag/Düngung oder Aufforstung vernichtet. Zudem gehen viele Flächen durch die Flutung der Tagebaurestlöcher verloren. Bei weniger extremen abiotischen Standortbedingungen oder kleinflächigen Beständen sind verbleibende Flächen zudem durch Sukzession (u.a. verstärktes Eindringen von *Calamagrostis epigejos* oder Gehölzen) gefährdet.

Im Rahmen der natürlichen Sukzession ist eine initiale Entwicklung von Silbergras-Pionierfluren auf quartären Sanden bei Diasporenquellen bzw. Lieferbiotopen in der Umgebung nach 2-3 Jahren möglich. In Abhängigkeit von den Lieferbiotopen ist nach 5-10 Jahren ein Übergang zu (artenreicheren) Sandtrockenrasen, ein Eindringen mehrjähriger Arten der Gras- und Krautfluren sowie das Aufkommen von Gehölzen zu erwarten. Dabei kann es zur Entstehung von Biotopmosaiken kommen. Dagegen findet auf Böden mit hohem Anteil an sandigen Tertiär-Substraten eine langsamere Etablierung von Silbergras-Pionierfluren und Sandtrockenrasen statt, die eine geringe Verbuschungstendenz aufweisen.

Maßnahmen zum Schutz und zur Förderung des naturschutzfachlichen Wertes

- prioritärer Erhalt von grundwasserfernen Sandtrockenrasen in Tagebauregionen mit niedrigen pH-Werten (aufgrund ihrer hohen Persistenz)
- Schaffung von Pufferflächen: Da Nährstoffarmut die Sukzession von Magerrasenbestände verzögert, müssen diese Habitate von landwirtschaftlichen Nutzflächen abgeschirmt werden.
- Verzicht auf Düngung in der Sanierungsphase
- Verzicht auf randliche Bepflanzungen, da Winddurchgängigkeit der Flächen erhalten bleiben muss

3.12 Spontane Gras- und Krautfluren

Foto 22:

Ausdauernde strukturreiche Gras- und Krautflur

Foto: H.-M. Oelerich 1997

Allgemeine Charakteristik

Die spontanen Gras- und Krautfluren stellen flächenmäßig eine der bedeutendsten Biotoptypengruppen der BFL dar. Sie umfassen alle Biotope des Offenlandes, die sich nicht durch spezielle Merkmale (spezifische Standort- und Vegetationsmerkmale) anderen Biotoptypengruppen zuordnen lassen. Die in sich sehr heterogene Biotoptypengruppe umfasst extrem artenarme bis sehr artenreiche Bestände mit einem Deckungsgrad der Vegetation von über 10 %. Die ausgebildeten Pflanzengesellschaften sind sehr vielfältig und vor allem abhängig vom Bodensubstrat. Großen Einfluss haben daneben auch die Diasporenquellen der Umgebung sowie der first-comer-Effekt.

Viele der in die Biotoptypengruppe der Gras- und Krautfluren einzuordnenden Vegetationseinheiten sind in der gewachsenen Kulturlandschaft infolge von Sukzessionsprozessen, Eutrophierung und/oder Herbizideinsatz im Rückgang begriffen und müssen als gefährdet angesehen werden. Sie wachsen bevorzugt auf offenen, lichtreichen, trocken-warmen, nährstoffarmen bis mäßig nährstoffreichen Standorten. Derartige Standortfaktoren prägen große Teile der Bergbaufolgelandschaft. Innerhalb der Biotoptypengruppe der spontanen Gras- und Krautfluren werden drei Untereinheiten unterschieden:

- Annuellen- und biennendominierte Gras- und Krautfluren (kurzlebige Arten)
- Gras- und Krautfluren ausdauernder Arten (außer Land-Reitgras-Fluren)
- Land-Reitgras dominierte Gras- und Krautfluren.

Die annuellen- und biennendominierte Gras- und Krautfluren werden charakterisiert durch die Dominanz kurzlebiger krautiger Arten und stellt ein Übergangsstadium in der Sukzession zwischen Rohböden und ausdauernden Gras- und Krautfluren dar. Es kommt bei diesen „Pionierfluren" zu einer starken Differenzierung der Vegetation nach Standorteigenschaften, insbesondere der Trophie und dem Wasserhaushalt.

Die ausdauernden Gras- und Krautfluren werden überwiegend durch hochwüchsige Gräser und krautige Arten des Offenlandes geprägt. Sie sind sehr heterogen in Struktur und Artenzusammensetzung (monospezifische bis sehr artenreiche Bestände). Die Bestände werden größtenteils nicht genutzt, nur sehr selten kommt es zur sporadischen Weidenutzung (v.a. Schafe).

Das Land-Reitgras (*Calamagrostis epigejos*) ist die am weitesten verbreitete Pflanzenart der BFL und hochstet in allen terrestrischen Biotoptypen anzutreffen. Es besitzt eine weite ökologische Amplitude, ist vor allem auf besiedlungsfreundlichen Substraten sehr konkurrenzstark und kann im Extremfall dort bereits vorhandene Arten oder bestehende Gesellschaften vollständig verdrängen. Die *Calamagrostis*-Dominanzgesellschaft scheint ein längerfristig stabiles Stadium der Sukzession zu sein, das vor allem durch das Aufkommen höherwüchsiger Gehölze abgebaut („ausgeschattet") werden kann. Aufgrund der Dominanz dieser Art, ihrer charakteristischen Bestandsstruktur und der häufigen Bildung einer starken, schwer abbaubaren und die Ansiedlung weiterer Arten erschwerenden Streuschicht, ist den *Calamagrostis*-Fluren innerhalb der Biotoptypengruppe der Gras- und Krautfluren eine Sonderstellung einzuräumen, und sie sind als eigener Biotoptyp aufzufassen.

Bedeutung für den Naturschutz

Aufgrund der Vielgestaltigkeit der Bestände ist auch die naturschutzfachliche Bedeutung sehr unterschiedlich. Annuellen- und biennendominierte Gras- und Krautfluren zeigen zumeist einen lückigen Bewuchs und haben daher besondere Bedeutung als Lebensraum spezialisierter und zum Teil gefährdeter bzw. geschützte Pionierarten (z.B. Heuschrecken, Laufkäfer). Sie besitzen ein hohes Etablierungspotenzial für gefährdete Pflanzenarten.

Für Wirbellose besonders wertvoll sind feuchte Gras- und Krautfluren sowie halbtrockenrasenähnliche Bestände. Blütenreiche Ausbildungen bieten daneben wertvolle Nektarquellen für Insekten. Gras- und Krautfluren mit lockeren Gehölzstrukturen sind wertvoller Lebensraum gefährdeter Vogelarten des Offenlandes, deren Schwerpunktvorkommen in Mitteldeutschland zum Teil in den Bergbaugebieten liegen (z.B. Grauammer, Schwarzkehlchen, Braunkehlchen, Raubwürger).

Trockene Gras-Krautfluren zeigen vor allem auf basenreichen Standorten (in der Geiseltal-Region südlich Halle) Ähnlichkeiten zu Kalk-Magerrasen und bieten charakteristischen Arten wie Bienen-Ragwurz (*Ophrys apifera*) oder Golddiestel (*Carlina vulgaris*) Lebensraum.

Land-Reitgras dominierte Gras- und Krautfluren besitzen nur eine geringe floristische Bedeutung. Die Fauna ist jedoch zum Teil artenreich, mit einer Reihe naturschutzfachlich relevanter Arten (z.B. Heuschrecken, Laufkäfer, Spinnen, Zikaden). Gefährdete Tierarten treten dabei vor allem in feuchten, strukturreichen sowie trockenen, lockeren Reitgrasbeständen auf.

Ausgewählte wertbestimmende Arten

- Pflanzen: Annuellen- und biennendominierte Gras- und Krautfluren: Acker-Filzkraut (*Filiago arvensis*), Nelken-Haferschmiele (*Aira caryophyllea*), lokal (Tagebauregion Geiseltal) Acker-Spatzenzunge (*Thymelaea passerina*); ausdauernden Gras- und Krautfluren: Echtes Tausendgüldenkraut (*Centaurium erythraea*); trockene Standorte: Florentiner Habichtskraut (*Hieracium piloselloides*), Sand-Strohblume (*Helichrysum arenarium*); lokal in Tagebauregion Geiseltal bei Merseburg: Stumpfkantige Hundsrauke (*Erucastrum nasturtiifolium*), Österreichischer Lein (*Linum austriacum*), Bienen-Rragwurz (*Ophrys apifera*), Golddiestel (*Carlina vulgaris*)

- Heuschrecken/Ohrwürmer: offen-warme Gras- und Krautfluren mit kleinen Rohbodenflächen: Gefleckte Keulenschrecke (*Myrmeleotettix maculatus*), Blauflügelige Ödlandschrecke (*Oedipoda caerulescens*), *Labidura riparia* (Sandohrwurm); aus Sandtrockenrasen oder Ansaaten entstandene, halbtrockenrasenähnliche Bestände: Rotleibiger Grashüpfer (*Omocestus haemorrhoidalis*), Westliche Beißschrecke (*Platycleis albopunctata*), Heidegrashüpfer (*Stenobothrus lineatus*); in frischen bis feuchten Gras- und Krautfluren: Große Goldschrecke (*Chrysochraon dispar*); in frischen bis trockenen Hochstaudenfluren: Feld-Grashüpfer (*Chorthippus apricarius*) (lokal), Langflügelige Schwertschrecke (*Conocephalus fuscus*) (lokal), Gemeine Sichelschrecke (*Phaneroptera falcata*) (vor allem im Süden der Mitteldeutschen BFL)
- Laufkäfer: *Amara eurynota, Amara municipalis, Dicheirotrichus rufithorax, Lebia chlorocephala, Philorhizus sigma, Poecilus punctulatus*
- Vögel: Rebhuhn, Wachtel, Schafstelze, Braunkehlchen, Schwarzkehlchen, Grauammer; in Kombination mit Gehölzen: Neuntöter, Raubwürger, Sperbergrasmücke; in Kombination mit Rohbodenflächen: Brachpieper, Steinschmätzer

Wertbestimmende Habitatstrukturen/-eigenschaften

- Strukturvielfalt: Mosaike mit Bereichen unterschiedlicher Gras- und Krautfluren und unterschiedlicher Vegetationsdeckung (u.a. aufgrund kleinräumig wechselnder Bodenfeuchtigkeit) sind naturschutzfachlich bedeutender als dichte homogene Bestände.
- hoher Rohbodenanteil: Trockene Gras- und Krautfluren mit vegetationsfreien Bereichen im Bestand ermöglichen das Auftreten gefährdeter xerothermophiler Insektenarten (z.B. Blauflügelige Sandschrecke, Sandohrwurm, Sandlaufkäfer).
- Nährstoffarmut, große Entfernung von möglichen Nährstoffemittenten (Äcker): Nährstoffarmut trägt zu einem langsamen Sukzessionsverlauf bei. Trockene, nährstoffarme (vor allem stickstoffarme) Bedingungen führen zur Entwicklung trockenrasenähnlicher Pflanzengesellschaften mit wertgebenden Arten.
- extreme Standortfaktoren: Ein möglichst niedriger pH-Wert und/oder ein hoher Kohleanteil verzögern die natürliche Sukzession und tragen damit zu einem längerfristigen Erhalt lückiger Gras- und Krautfluren bei.
- hoher Grundwasserstand: Die Vernässung von Gras- und Krautfluren (bis hin zu einer flachen Überstauung) wirkt sich positiv auf das Auftreten einiger naturschutzfachlich bedeutender Tierarten aus (z.B. Große Goldschrecke - *Chrysochraon dispar*, Sumpfschrecke - *Stethophyma grossum*).
- Sonderstrukturen wie Steinhaufen, Schwellenstapel, Bodenunebenheiten und ähnliche Strukturen sind wertvolle Brutplätze u.a. für Steinschmätzer und Hymenopteren sowie Rückzugs- und Ruhehabitate von Reptilien und Kleinsäugern.
- einzelne Sträucher, Bäume oder Gebüschgruppen: Insbesondere dornige Einzelgehölze können als Brutplatz für Neuntöter, Raubwürger, Sperbergrasmücke, Dorngrasmücke u.a. Vogelarten den naturschutzfachlichen Wert erhöhen. Ein stärkeres (flächiges) Aufkommen von Pioniergehölzen führt dagegen meist zur Verminderung des Wertes.
- Zaunpfähle und Zäune (z.B. Wildschutzzäune um Aufforstungen) werden von einigen wertbestimmenden Brutvogelarten des Offenlandes (Grauammer, Braunkehlchen, Schwarzkehlchen, Neuntöter) als Sitz- und Singwarten genutzt. Zumindest bei der Grauammer scheinen sie sich positiv auf die Bestandsdichte auszuwirken.
- Großflächigkeit: Die Bedeutung als Lebensraum wertbestimmender Tierarten wächst mit der Flächengröße; Mindestflächengröße ausgewählter wertbestimmender Arten: Raubwürger > 20 ha (Kombination Offenland/ Gehölzstrukturen), Grauammer > 1,3 ha, Braunkehlchen > 0,5 ha, Sperbergrasmücke > 0,5 ha, Steinschmätzer > 0,5 ha, Blauflügelige Ödlandschrecke > 0,2 ha.

Biotopgefährdung, Entwicklungsprognosen

Der Großteil der in der BFL entstandenen Gras- und Krautfluren wird durch die Flutung der Restlöcher vernichtet. Eine nur geringfügige, flache Überflutung bzw. Vernässung von Gras- und Krautfluren führt allerdings zur Entwicklung naturschutzfachlich wertvollerer Biotoptypen wie Flachgewässer, Röhrichte oder Sümpfe.

Neben der Überflutung der Flächen ist die Aufforstung häufig Ursache für den Verlust offener Gras- und Krautfluren. Daneben gefährdet auch die natürliche Sukzession (vor allem durch Gehölzsukzession, aber auch durch Zuwachsen von vegetationsarmen Bereichen) naturschutzfachlich wertvolle Bestände. Eutrophierung bzw. Düngung führt zu einer beschleunigten Sukzession und damit einem schnelleren Verschwinden von Offenlandbereichen. In einigen sanierten Tagebauabschnitten wurden bzw. werden Bereiche, die laut Planungsvorgaben der natürlichen Sukzession überlassen werden sollen, nach der Sanierung gedüngt. Damit wird das Entwicklungspotenzial dieser Flächen eingeschränkt. Die potenziell sehr heterogenen Bestände junger Gras- und Krautfluren entwickeln sich nach der Düngung im Laufe der Sukzession häufig zu Biotopen mit mehr oder weniger ausgeprägter Dominanz einzelner Pflanzenarten.

Gras- und Krautfluren können sich entlang einer weiten Standortamplitude mit entsprechender Differenzierung bereits nach wenigen Jahren etablieren. Lediglich die stark sauren, extrem tonigen oder kohlehaltigen und zu nassen Bereiche werden gemieden oder sehr zögerlich in späten Altersstadien (bis zu 80 Jahre alte Flächen!) besiedelt. Die meisten der Sukzession überlassenen Gras- und Krautfluren werden langfristig in Vorwaldbereiche übergehen; wobei die Sukzessionsgeschwindigkeit sehr unterschiedlich ist. Die hohe Vegetationsdeckung dichter Gras- und Krautfluren kann das Einwandern von Gehölzen verzögern. Ebenso werden Gras- und Krautfluren trockener Standorte mit Halbtrockenrasencharakter oder solche auf kohlehaltigen, hydrophobe Standorten nur sehr zögerlich mit Gehölzen besiedelt. Unter diesen Standortbedingungen sind auch auf 30 bis 80 jährigen Flächen in der Bergbaufolgelandschaft noch Gras- und Krautfluren zu beobachten.

Die initiale Besiedlung sich entwickelnder *Calamagrostis epigejos*-Bestände wird durch die Verfügbarkeit generativer, v.a. aber vegetativer Diasporen im Umfeld bestimmt. Zum Aufbau dichterer Bestände werden je nach Standort 3 bis 15 Jahre benötigt, der zeitliche Verbreitungsschwerpunkt liegt auf Standorten mittleren Alters (15 bis 45 Jahre). Auf älteren Flächen (> 60 Jahre) werden die Bestände zunehmend durch Gebüschstadien und Vorwälder (bzw. Aufforstungen) verdrängt. Sehr dichte Land-Reitgrasbestände können durch die geringen Etablierungschancen von Gehölzen längerfristig stabil sein. Auf nassen Standorten ist das Land-Reitgras den ebenfalls klonal wachsenden Röhrichtarten, insbesondere dem Schilf (*Phragmites australis*), deutlich unterlegen und wird somit bei zunehmendem Grundwasseranstieg von diesen verdrängt (ökologischer Grenzbereich).

Maßnahmen zum Schutz und zur Förderung des naturschutzfachlichen Wertes

- Sicherung von großflächigen Bereichen: Bei großflächigen Gras- und Krautfluren ist der Einfluss angrenzender Habitate (Nährstoffeintrag von Ackerflächen, Eindringen von Gehölzen aus angrenzenden Forstflächen) geringer.
- Verzicht auf Düngung sowie Einrichten von Pufferzonen (z.B. Gebüschbereiche) zwischen offenen Gras- und Krautfluren und gedüngten Acker- bzw. Forstflächen
- Verzicht auf Aufforstung
- Offenhalten von Gras- und Krautfluren: Der Offenlandcharakter besonders wertvoller Gras- und Krautfluren kann durch Entbuschung, Beweidung oder Mahd erhalten werden.
- Vernässung: Durch Anheben des Grundwasserstandes, aber auch durch natürlichen (Biber) oder künstlichen Anstau von Gräben können Offenlandbereiche vernässt werden. Feuchte Gras- und Krautfluren haben eine hohe faunistische Bedeutung und können im Verlaufe der Sukzession in andere naturschutzfachlich wertvolle Biotoptypen wie Röhrichte oder Sümpfe übergehen.
- Zulassen einer hohen Wilddichte: Durch eine hohe Dichte von Rehwild (lokal auch Rotwild) kann das Aufkommen von Gehölzen verzögert werden. Schwarzwild schafft durch seine Grabetätigkeit vegetationsfreie Bereiche. Damit erhöht sich die Strukturvielfalt, und es entstehen Sonderstandorte, die das Einwandern von Pionierarten und konkurrenzschwächeren Arten ermöglichen.

3.13 Initiierte Gras- und Krautfluren (Ansaaten)

Foto 23:

Initiierte Gras- und Krautflur (Ansaat)

Foto: H.-M. Oelerich 1998

Allgemeine Charakteristik

Den spontanen Gras- und Krautfluren stehen die initiierten Ansaaten gegenüber. Ansaaten dienen in der BFL meist dem Erosionsschutz (in der Regel der Böschungsstabilisierung) oder der Bodenverbesserung und werden bei Sanierungsmaßnahmen meist großflächig angelegt. Es handelt sich oft um artenarme oder sogar monospezifische Gras-Bestände, insbesondere mit Schwingel-Arten. Seltener sind Weidelgras- oder Knaulgras-Ansaaten.

In älteren Schwingel-Ansaaten finden sich auf geeigneten Standorten (u.a. nährstoffarm, trocken) zum Teil typische Pflanzenarten der Sandtrockenrasen wie Sand-Strohblume (*Helichrysum arenarium*) oder Hasen-Klee (*Trifolium arvense*). Sie stellen dann häufig ein Übergangsstadium zu den Magerbiotopen und lassen sich kaum noch von diesen unterscheiden.

Gräserfreie Ansaaten sind meist artenarme, hochwüchsige und dichte Ansaaten von Leguminosen, die vor allem zur Bodenentwicklung und -verbesserung oder zur Nutzung als Wirtschaftsgrünland eingesät werden. Häufige Arten sind Saat-Luzerne (*Medicago sativa*), Weiß-Klee (*Trifolium repens*), Rot-Klee (*Trifolium pratense*), Inkarnat-Klee (*Trifolium incarnatum*), Gemeiner Hornklee (*Lotus corniculatus*) oder Steinklee-Arten (*Melilotus spec.*). Vor allem die Luzerne-Fluren werden intensiver genutzt und könnten auch der Biotoptypengruppe der Äcker zugerechnet werden.

Kräuterreiche Ansaaten standortgerechter Arten mit autochthonem Saatgut sind ein geeignetes Mittel der Renaturierung, um naturschutzfachlich wertvolle Bestände zu erzielen (vgl. FBM 1999, Kapitel 8.1).

Bedeutung für den Naturschutz

Aufgrund der unterschiedlichen Ausprägung besitzen die Ansaaten eine sehr differenzierte Bedeutung für den Arten- und Biotopschutz. Die Möglichkeiten für die Etablierung gefährdeter Pflanzenarten sind dabei eher gering. Insbesondere lückige Ansaaten auf nährstoffarmen Standorten bieten jedoch (bei Verzicht auf eine Düngung) die Möglichkeit für einen natürlichen Artenumbau und die Etablierung gefährdeter Pflanzen- und Tierarten.

Artenreiche Ansaaten autochthoner Pflanzen können besonders auf oligotrophen Standorten sehr wertvolle Lebensräume bilden (z.B. Ausgleich eines Blütendefizits als Nahrungsquelle für Hymenopteren).

Kurzgrasige Ansaaten im Böschungsbereich sind potenzieller Lebensraum der gefährdeten Feldgrille. Besonders bei einer Entwicklungstendenz zu Halbtrockenrasen treten weitere naturschutzfachlich bedeutende Arten von Wirbellosen (u.a. Heuschrecken, Zikaden, Spinnen) auf.

Ausgewählte wertbestimmende Arten

- Heuschrecken: Schüttere Ansaaten vor allem auf sauren Rohböden: Blauflügelige Sandschrecke (*Sphingonotus caerulans*), Blauflügelige Ödlandschrecke (*Oedipoda caerulescens*); halbtrockenrasenähnliche Bestände (u.a. aus Schwingel-Ansaaten): Gefleckte Keulenschrecke (*Myrmeleotettix maculatus*), Rotleibiger Grashüpfer (*Omocestus haemorrhoidalis*), Heidegrashüpfer (*Stenobothrus lineatus*); kurzgrasige bzw. regelmäßig gemähte Ansaaten auf Böschungen: Feldgrille (*Gryllus campestris*); hochwüchsige kräuterreiche Ansaaten: Feld-Grashüpfer (*Chorthippus apricarius*), Langflügelige Schwertschrecke (*Conocephalus fuscus*) (lokal), Gemeine Sichelschrecke (*Phaneroptera falcata*)
- Laufkäfer: *Poecilus punctulatus*

Wertbestimmende Habitatstrukturen/-eigenschaften

- Ansaaten sind sehr strukturarm. Jede verbliebene Sonderstruktur (Steinhaufen, Schwellenstapel, Bodenunebenheiten) ist daher wertvoll und sollte erhalten bleiben.
- Vegetationsarme Bereiche innerhalb von Ansaaten (z.B. aufgrund extremer abiotischer Faktoren) erhöhen die Strukturvielfalt und sind Lebensraum für wertbestimmende Tierarten (z.B. Sandlaufkäfer, Ödlandschrecke).
- Sonnenexponierte Böschungsansaaten können für wertgebende (xerothermophile) Insektenarten (z.B. Feldgrille) von Bedeutung sein.
- Einzelgehölze oder Gebüschgruppen können Brutplätze naturschutzfachlich wertvoller Offenlandvogelarten (Neuntöter, Raubwürger u.a.) sein.
- Zaunpfähle und Zäune (z.B. zur Einzäunung von Aufforstungen) werden von einigen wertbestimmenden Vogelarten (z.B. Grauammer, Braunkehlchen, Schwarzkehlchen, Neuntöter) als Sitz- und Singwarten genutzt.

Biotopgefährdung, Entwicklungsprognosen

Biotopgefährdend sind alle Maßnahmen, die den Offenland-Charakter der Ansaaten beeinträchtigen (insbesondere Düngung und Aufforstung). Durch Mahd oder Beweidung kann ein Erhalt des Offenlandes gewährleistet werden. Bei extensiver Nutzung (z.B. zweischürige Mahd ohne Düngung) ist eine positive naturschutzfachliche Entwicklung wahrscheinlich (z.B. durch langfristige Erhöhung des Artenreichtums). Ohne Nutzung oder Pflegemaßnahmen werden Ansaaten im Böschungs- bzw. Uferbereich verbuschen. Sehr dichte Ansaaten werden dabei verzögert durch Gehölze besiedelt.

Maßnahmen zum Schutz und zur Förderung des naturschutzfachlichen Wertes

- Verwendung moderner Methoden zur naturnahen Etablierung von standorttypischen Gras- und Krautfluren (Verwendung autochthonen Saatgutes, Mulchdecksaat, Mahdgutauftrag)
- Verzicht auf Düngung
- Verzicht auf Aufforstung
- Verhinderung zu starker Verbuschung: Durch Entbuschung, Beweidung oder Mahd sollte im Bereich naturschutzfachlich wertvollerer Ansaatflächen (z.B. trockene, südexponierte Schwingelfluren) einer Verbuschung entgegengewirkt werden.
- Sukzession: Trotz des massiven Eingriffs durch den Menschen können vor allem auf nährstoffarmen Standorten und bei entsprechenden Diasporenquellen in der Umgebung aus Ansaatflächen im Laufe der weiteren Sukzession artenreichere Gras- und Krautfluren bzw. Biotopmosaike entstehen.

3.14 Gebüsche und kleinflächige Gehölzbestände

Foto 24:

Sanddorngebüsch

Foto: H.-M. Oelerich 1997

Allgemeine Charakteristik

Im Sukzessionsverlauf siedeln sich in der Bergbaufolgelandschaft spontan verschiedene Gehölze an. Relativ häufig und verbreitet sind markante Einzelbäume sowie Gruppen einzelner Bäume – überwiegend schnellwüchsige, nichtheimische Pappeln.

Lockere Gehölzbestände werden meist als Verbuschungsstadien verschiedener Offenland-Biotoptypen (z.B. Sandtrockenrasen oder Gras- und Krautfluren) erfasst. Dichtere, größerflächige Gehölzbestände sind den Gebüschen/Gehölzen zuzurechnen. Häufig sind Bestände junger Pionierbaumarten (Birke, Espe) mit weniger als 200 m^2 Flächenausdehnung (sonst Vorwälder) oder flächige Gebüsche einheimischer Straucharten (vor allem Weißdorn, Liguster, Rosen- und Weidenarten). Spontan entstandene Gehölze nichteinheimischer Arten werden zumeist von Pappeln oder Robinien gebildet.

Seltener, sind angepflanzte flächige oder lineare Gehölzbestände, die aufgrund ihrer geringen Ausdehnung bzw. der Dominanz von Strauchgehölzen nicht zu den Forsten zu zählen sind. Häufig wurden dabei nichteinheimische Gehölze verwendet, beispielsweise Sanddorn, Schmalblättrige Ölweide, Schneebeere oder Bastard-Indigo. Teilweise kommt es dann zur einer massiven spontanen Ausbreitungen solcher Gehölze.

Eine weitere Differenzierung dieser allgemein verbreiteten Biotoptypengruppe erfolgt nach vorherrschenden Gehölzarten und nach den Feuchteverhältnissen am Standort. Besonders herausgestellt werden Pappel- und Robiniengehölze, Weiden-(Sumpf-)gebüsche, Besenginstergebüsche und Sanddorngebüsche.

Bedeutung für den Naturschutz

Viele gefährdete Arten mehrerer Tiergruppen (z.B. Vögel, Säuger, Schmetterlinge) präferieren von Gebüschstrukturen durchsetzte Offenlandbiotope als Lebensraum. Wertbestimmende Brutvogelarten bevorzugen vor allem Gebüsche dorniger Gehölzarten (Weißdorn, Rosen, Sanddorn) als Brutplatz. Die Früchte vieler Sträucher stellen zudem eine wichtige Vogelnahrung dar. Für viele wirbellose Tierarten sind lockere Gebüsche in wärmebegünstigter Lage in Kombination mit xerothermen Gras- und Krautfluren besonders wertvoll.

Andererseits kann die Ausbreitung von Gehölzen zur Verdrängung naturschutzfachlich wertvoller Offenlandbiotope (z.B. Sandtrockenrasen) führen.

Ausgewählte wertbestimmende Arten

- Laufkäfer: Harpalus autumnalis, Philorhizus sigma
- Brutvögel: Sperbergrasmücke, Neuntöter, Raubwürger

Wertbestimmende Habitatstrukturen/-eigenschaften

- hoher Anteil dorniger Sträucher
- wärmebegünstigte Lage
- trockene Standorte im Komplex mit xerothermen Gras- und Krautfluren bzw. Trockenrasen

Biotopgefährdung, Entwicklungsprognosen

Bei Lage der Gehölze unter dem zukünftigen Wasserendspiegel (z.B. Weidengebüsche an Restseen und Flachgewässern im Bereich der Grubensohle) kommt es durch Wasseranstieg bzw. Flutung zu direktem Verlust der Biotope.

Im Zuge der Sukzession erfolgt eine Entwicklung von Offenlandlebensräumen mit einzelnen Gehölzen zu flächigen Gebüsche/Gehölzen. Diese treten vorrangig in über 20 Jahre alten Bereichen auf. Längerfristig kommt es zu einer Entwicklung von Pionierwäldern.

Eine starke Ausbreitungstendenz besteht bei Sanddorngebüschen durch Wurzelausläufer (zuerst Flächenausdehnung, dann Bestandsverdichtung). Schwerpunktmäßig kommen expansive Sanddorngebüsche auf Mischsubstraten mit pH-Werten > 4 vor. Auf stark sauren, sandigen Substraten ist eine deutlich geringere Ausbreitungstendenz zu verzeichnen. Tendenziell ist ein ähnliches Verhalten bei Robiniengehölzen zu beobachten. Lokal ist auch eine expansive Ausbreitungen der Ölweide bekannt (Samenverbreitung durch Vögel).

Insbesondere großflächige, dichte von Sträuchern dominierte Gebüsche (Sanddorngebüsche!) sind wahrscheinlich auch langfristig sehr stabil, da sich autochthone Baumarten hier nur schwer ansiedeln können.

Maßnahmen zum Schutz und zur Förderung des naturschutzfachlichen Wertes

- Biotoppflege (Entbuschung, Mahd, Beweidung) zur Erhaltung von naturschutzfachlich wertvollen Offenland/Gebüschmosaiken
- keine Neupflanzung nichtheimischer Gehölzarten

3.15 Vorwälder

Allgemeine Charakteristik

Die Pionierwälder der BFL sind durch Diasporenanflug entstandene Gehölzbestände, die ein erstes Sukzessionsstadium der Waldentwicklung darstellen. Im Gegensatz zu Vorwäldern, welche sich auf ehemaligen Waldflächen nach (katastrophalen) Ereignissen wie Windbruch, Brand, aber auch Kahlschlag zum großen Teil aus der Diasporenbank regenerieren, verfügen die Standorte der Pionierwälder der BFL zunächst über keinen Diasporenvorrat im Boden. Zu den Erstbesiedlern gehören fast immer anemochore Pioniergehölze wie Hänge-Birke (*Betula pendula*), Zitter-Pappel (*Populus tremula*) und verschiedene Weiden-Arten (*Salix spec.*). Die Hänge-Birke weist eine sehr große ökologische Amplitude auf. Selbst Standorte mit sehr niedrigen pH-Werten können durch sie besiedelt werden, sofern eine gute Wasserversorgung gewährleistet ist (vgl. HARKE 1996). Meist ist sie in allen Gehölzschichten die dominierende Baumart; anfangs überwiegen allerdings einschichtige Gehölzbestände. Durch das Vorhandensein von größeren, als Attraktoren dienenden Bäumen werden zunehmend zoochor verbreitete Gehölze wie Stiel-Eiche (*Quercus robur*), Eingriffliger Weißdorn (*Crataegus monogyna*), Roter Hartriegel (*Cornus sanguinea*) und Liguster (*Ligustrum vulgare*) eingetragen. Die Feldschicht wird weitgehend durch Arten des Offenlandes geprägt. Als erste typische Waldbegleiter treten das Gemeine Habichtskraut (*Hieracium lachenalii*), die Wald-Zwenke (*Brachypodium sylvaticum*) und die Wald-Erdbeere (*Fragaria vesca*) auf.

Vorwälder sind im Altbergbau sowie in älteren Sanierungstagebauen allgemein verbreitet. Eine Unterteilung erfolgt nach deren Alter und Strukturierung sowie weiterhin nach Feuchtestufen des Standorts. Eine weitergehende Differenzierung der Vorwälder im Bezug auf die Substratbedingungen und Lieferbiotope wird in Kapitel 6.9 vorgenommen.

Foto 25:
Strukturreicher Vorwald
Foto: H.-M. Oelerich 1997

Bedeutung für den Naturschutz

Insbesondere lückige Vorwälder zeichnen sich häufig durch Vorkommen vieler naturschutzfachlich wertvoller Pflanzen (z.B. Orchideen, Natternzungenfarne, Wintergrüngewächse) sowie – vor allem bei feuchter Ausprägung – durch arten- und individuenreiches Auftreten wirbelloser Tiergruppen (z.B. Spinnen, Asseln, Laufkäfer) aus.

Vorwälder haben große Bedeutung für die Sukzessionsforschung, da langfristig ungestörte Waldentwicklungen in Mitteleuropa sehr selten zu beobachten sind.

Ausgewählte wertbestimmende Arten

- Pflanzen: Mondraute (*Botrychium lunaria*), Natternzunge (*Ophioglossum vulgatum*), Rundblättriges Wintergrün (*Pyrola rotundifolia*), Dolden-Winterlieb (*Chimaphila umbellata*), Ästiger Rautenfarn (*Botrychium matricariifolium*, sehr selten), Braunroter Sitter (*Epipactis atrorubens*), Breitblättriger Sitter (*Epipactis heleborine*), Großes Zweiblatt (*Listera ovata*, lokal) Helm-Orchis (*Orchis militaris*) und Große Händelwurz (*Gymnadenia conopsea*)
- Laufkäfer: *Leistus rufomarginatus*, *Philorhizus sigma*
- Schmetterlinge: Kleiner Waldportier (*Hipparchia hermione*) (nach ALTMOOS 1999 in BFL Südraum Leipzig)
- Vögel: Waldohreule, Raubwürger, Neuntöter

Wertbestimmende Habitatstrukturen/-eigenschaften

- hohe Bodenfeuchtigkeit (Grundwassereinfluss; Staunässe)
- mosaikartige Ausbildung unterschiedlicher Entwicklungsstufen (aufgrund differenzierter Standortverhältnisse und Altersstruktur); Ausbildung von Saumbereichen am Rande der Pionierwälder
- Großflächigkeit

Biotopgefährdung, Entwicklungsprognosen

Lokal kann es zu flutungsbedingten Biotopverlusten kommen. Häufiger ist eine forstliche Beeinflussung von Vorwäldern, wodurch (zumindest zunächst) Strukturreichtum und naturschutzfachlicher Wert abnehmen und die große Bedeutung für den Prozessschutz verloren geht.

Eine Entwicklung von Pionierwäldern ist auf vielen Substraten nach 15 bis 30 Jahren möglich. Ausnahmen stellen sehr trockene, steile und nasse Standorte oder Substrate mit pH-Werten < 4 und/oder hohem Kohleanteil (> 10 %) dar. Auf Halden mit sehr hohem Tonanteil ist die Sukzession zu Pionierwäldern ebenfalls stark verzögert (TISCHEW et al. 2004). Die weitere Entwicklung zu Klimaxwäldern ist in Abhängigkeit von Lieferbiotopen zum Teil sehr langwierig. Auf mesophilen Standorten der BFL ist ab einem Alter von 60 Jahren ein Übergang zu Intermediärstadien zu verzeichnen (spontane Etablierung v.a. von Stiel-Eiche, Berg-Ahorn, Spitz-Ahorn, Gemeine Esche; vgl. Kapitel 6.9, TISCHEW et al. 2004). Auf Extremstandorten kann die Entwicklung dagegen bis zu 70 Jahre lang im Pionierwaldstadium mit mehreren Generationen der Birke (mehrere Birkenwaldzyklen) stagnieren.

Maßnahmen zum Schutz und zur Förderung des naturschutzfachlichen Wertes

- möglichst großflächige Unterschutzstellung von Pionierwäldern (Ausweisung von Naturwaldzellen, in denen auf jegliche forstliche Beeinflussung verzichtet wird)

3.16 Wälder und Forste

Foto 26:

Pappelforst

Foto: K. Heyde 1998

Allgemeine Charakteristik

Forste nehmen insbesondere in Altbergbaugebieten große Flächen ein. In der Vergangenheit wurden vielfach schnellwachsende, jedoch oft nicht standortgerechte und nicht-heimische Gehölze aufgeforstet. Die häufigsten aufgeforsteten Laubbaumarten in der Bergbaufolgelandschaft sind Pappel (Hybrid- und Balsampappel), Robinie und Rot-Eiche. In den letzten Jahren wurden verstärkt auch Stiel- und Trauben-Eiche sowie Winter-Linde verwendet bzw. im Rahmen des forstlichen Umbaus als Voranbau in vielen Pappelforsten gepflanzt. Letzteres gilt beispielsweise auch für Berg- und Spitz-Ahorn, Schwarz-Erle und selten Rotbuche. Vor allem in Tagebauregionen mit überwiegend sandigen Substraten finden sich großflächige Nadelforste. Meist wurde Waldkiefer, Schwarzkiefer oder Lärche und nur selten Fichte aufgeforstet. Der Charakter der Forste hängt wesentlich von der dominierenden Baumart sowie vom Alter des Bestandes ab.

Die allgemein verbreiteten Pappelforste sind durch Pappel-Hybriden, insbesondere Kanadische Pappel (*Populus x canadensis*) und Balsam-Pappel (*Populus balsamifera*) geprägt. Charakteristisch ist eine lichte Baumschicht. In älteren Forsten sind spontan aufkommende Pioniergehölze und autochthone

Straucharten (insbesondere Weißdorn) in den unteren Gehölzschichten häufig. Lokal wurden nichtheimischen Arten wie Schneebeere, Bastard-Indigo u.a. unter die Pappeln gepflanzt. Die Krautschicht in Hybrid-Pappel-Forsten ist durch viele lichtliebende (Offenland-)Arten, einschließlich Gräser, geprägt. Balsam-Pappelforste sind wegen der nur schwer abbaubaren Laubstreu deutlich artenärmer. Nicht selten wurden in Pappelforsten Leguminosen, insbesondere Lupinen, zur Stickstoffanreicherung eingesät.

Robinienforste sind im Gegensatz zu den meisten anderen Forsten relativ strukturreich. Robinien neigen zur Polykormonbildung und somit zur Entwicklung von Robinien-Dominanzbeständen aus mehreren Generationen. Pioniergehölze wie Birke und Espe spielen als Lichtkeimer in den schattigen Robinienforsten keine Rolle, dagegen erfolgt öfter eine Ansiedlung von Weißdorn, Liguster, Holunder sowie Ahorn-Arten im Verlauf der Sukzession. Die Robinie ist eine sehr standortprägende Gehölzart, mit großem Einfluss auf den Stickstoffgehalt des Bodens (Symbiose mit stickstoffbindenden Knöllchenbakterien). Die Krautschicht von Robinienforsten ist somit meist durch nitrophilen Arten geprägt. Ältere Robinienforste weisen häufig Schleiergesellschaften auf.

Roteichenforste (meist Einartbestände) sind oft durch dichten Kronenschluss und somit starke Beschattung geprägt. In der Regel fehlt eine Gehölzschichtung, die Forste sind daher sehr strukturarm. Der Boden ist meist von einer starken, schwer abbaubaren Laubschicht bedeckt. Dadurch (und aufgrund der starken Beschattung) gibt es keine oder nur eine spärlich ausgebildete Krautschicht.

Bei den meisten Nadelforsten der BFL handelt es sich um relativ junge, struktur- und artenarme Forste. Die Nadel-Streuauflage in den Forsten ist oft sehr hoch, dicht und schwer zersetzbar. Die Nadelstreu bewirkt eine Versauerung des Standortes und fördert somit azidophile Arten.

Bei den meisten Forststandorten handelt es sich um grundmeliorierte Substrate. Eine Differenzierung der Forste erfolgt anhand der dominierenden Baumarten und weiterhin nach Alter und Strukturierung.

Bedeutung für den Naturschutz

In Hybrid-Pappelforsten, vor allem auf ärmeren Standorten, gibt es häufig Vorkommen verschiedener Orchideenarten, zum Teil auch Arten der Wintergrün- und Natternzungengewächse. Auch ältere Waldkiefernforste können Vorkommen seltener und gefährdeter Pflanzenarten aufweisen.

Alte, strukturreiche Robinienforste können artenreiche Brutvogelzönosen beherbergen. Alte Pappeln stellen teilweise wertvolle Brutplätze für Greifvögel dar. Besonders bedeutend sind Waldinseln in der Agrarlandschaft (z.B. Halden des Geiseltales in Sachsen-Anhalt). Kiefern-Jungwüchse haben Bedeutung als Teillebensraum der gefährdeten Heidelerche. Alte höhlenreiche Pappeln und Robinien werden zum Teil von Fledermausarten als Sommerquartiere genutzt (insbesondere Spechthöhlen). Desweiteren wurden in lichten Pappelforsten gefährdete Arten von Wirbellosen (u.a. Spinnen, Heuschrecken und Laufkäfer) nachgewiesen.

Roteichenforste sowie Aufforstungen mit Schwarz-Kiefer, Lärche oder Fichte besitzen keine naturschutzfachliche Bedeutung.

Ausgewählte wertbestimmende Arten

- Pflanzen: in Hybrid-Pappelforsten: Braunrote Sitter (*Epipactis atrorubens*), Großes Zweiblatt (*Listera ovata*), Sand-Strohblume (*Helichrysum arenarium*), Breitblättrige Sitter (*Epipactis helleborine*); seltener: Bleiches Waldvögelein (*Cephalanthera damasonium*), Bienen-Ragwurz (*Ophrys apifera*), Mond-Rautenfarn (*Botrychium lunaria*); in alten Kiefern-Forste: Braunrote Sitter (*Epipactis atrorubens*), Breitblättrige Sitter (*Epipactis helleborine*), Grünblütiges Wintergrün (*Pyrola chlorantha*), Moosauge (*Moneses uniflora*), Sand-Strohblume (*Helichrysum arenarium*)
- Brutvögel: alte Pappel- und Robinienforste: Rotmilan, Schwarzmilan, Baumfalke, Wespenbussard, Wendehals; der naturschutzfachliche Wert dieser Forste für die Avifauna wird weniger durch das Vorkommen einzelner naturschutzfachlich bedeutender Arten als vielmehr durch die Ausbildung und Komplexität der gesamten Avizönose bestimmt; junge Kiefernforste: Heidelerche

Wertbestimmende Habitatstrukturen/-eigenschaften

- zahlreiche Altbäume, insbesondere alte, große Pappeln als potenzielle Horstbäume
- großer Anteil spontan aufgekommener, autochthoner Gehölzarten in der Strauch- bzw. unteren Baumschicht
- hoher Strukturreichtum (Gehölzschichtung; Schleiergesellschaften in Robinienforsten; hoher Laubholzanteil in Kiefernforsten; gebüschreiche Forstrandstrukturen)
- keine Ansaat von Leguminosen (insbesondere Lupine) in der Krautschicht (häufig in Pappelforsten)
- hohe Grenzlinienlänge Gehölz-Offenland

Biotopgefährdung, Entwicklungsprognosen

Lokal können Standorte seltener Pflanzenarten in Pappelforsten durch Nährstoffeintrag (angrenzende Äcker) Sukzession sowie forstliche Maßnahmen gefährdet sein.

Bei ungestörter Sukzession der Pappelforste ist in überwiegend durch sandige Substrate gekennzeichneten Bergbauregionen eine Entwicklung zu Birken-Stieleichenwäldern zu erwarten. Hingegen besteht in Regionen mit überwiegend bindigen Substraten eine Entwicklungstendenz zu Eichen-Hainbuchenwäldern. Es sind sekundär forstlich unbeeinflusste Pappelforste des Altersstadiums bekannt (>60 Jahre), die schon deutliche Anzeichen der sukzessiven Umwandlung in naturnahe Laubmischwälder zeigen.

In Balsam-Pappel-Forsten verläuft die Sukzession aufgrund der schweren Zersetzbarkeit der Laubstreu und der damit verminderten Ansiedlung autochthoner Gehölzarten generell deutlich langsamer.

In Robinienforsten kommt es langfristig zur Erhöhung der Struktur- und Artenvielfalt durch Ansiedlung autochthoner Gehölzarten. Insgesamt sind Robinienforste aufgrund der Polykormonbildung wahrscheinlich jedoch sehr stabil (starke Tendenz zur Eigenverjüngung). Eine allmähliche Umwandlung in naturnahe Waldbestände durch Sukzession ist bei diesem Forsttyp nur sehr wenig wahrscheinlich (eventuell im Verlauf sehr langer Zeiträume). Auch Roteichenforste sind wahrscheinlich ein langfristig sehr stabiler Forsttyp mit nur äußerst langsam voranschreitender Sukzession zu naturnäheren Waldökosystemen.

Kiefernforste werden sich bei ungestörter Sukzession wahrscheinlich langfristig zu Stieleichen-Birken-Kiefern-Mischwäldern entwickeln.

Maßnahmen zum Schutz und zur Förderung des naturschutzfachlichen Wertes

- keine weiteren Neuaufforstungen von nicht-heimischen Gehölzarten sowie von Nadelgehölzen
- langfristige Umwandlung von strukturarmen Laubholz-Forsten (insbesondere Balsam-Pappel-Forsten) durch Voranbau/Einsaaten geeigneter Arten (Trauben-Eiche, Stiel-Eiche, Winter-Linde, Hainbuche, Rotbuche) unter Schirm sowie von Nadelforsten durch Bestandsauflichtung und Förderung der Naturverjüngung in autochthone Waldbestände (Eichen-Mischwälder); die forstliche Umwandlung von jungen Robinienforsten sowie von Roteichenforsten in naturnahe Laubmischwälder ist wahrscheinlich nur durch zeitlich versetzte Kahlhiebe und Aufforstung bzw. Einsaaten mit autochthonen Arten möglich
- Bei allen forstlichen Maßnahmen ist auf den Erhalt von Horst- und Höhlenbäumen zu achten.
- langzeitlich unbeeinflusste, strukturreiche Pappelforste mit naturnaher Eigenentwicklung, alte strukturreiche Robinienforste (insbesondere in Böschungslage) sowie Forstflächen mit naturschutzfachlich sehr bedeutsamen Pflanzenvorkommen sind von Forstmaßnahmen auszuschließen

3.17 Biotopmosaike [kleinräumiger Wechsel von Substraten, Vegetations- und Habitatstrukturen]

Foto 27:

Schüttrippenkomplex mit kleinräumigen Wechsel unterschiedlicher Biotoptypen in Tagebau Delitzsch-Südwest

Foto: A. Schmiedeknecht 1995

Allgemeine Charakteristik

Durch die oft ungeordnete Abraumverkippung werden verschiedene geologische Schichten vermischt, außerdem kann es zur Bildung mehr oder weniger starker Reliefunterschiede auf kleinen Flächen kommen. Aufgrund des damit bestehenden kleinräumigen Wechsels von Substrat, Bodenfeuchte und Exposition bilden sich häufig sehr verschiedene Biotoptypen nebeneinander aus, wobei die einzelnen Biotope unterhalb einer sinnvoll kartierbaren Mindestfläche liegen. Um die standörtliche Vielfalt dennoch zu dokumentieren, können die verschiedenen Biotoptypen zu Biotop-Mosaiken zusammengefasst werden. Biotop-Mosaike sind vor allem in jungen (Sanierungs-)Tagebauen zu finden und weisen zumeist größere Anteile vegetationsarmer bis -freier Rohbodenflächen auf.

Schüttrippenkomplexe stellen einen Spezialfall der Biotop-Mosaike dar. Hier verläuft die Sukzession meist deutlich langsamer. Auch ältere Schüttrippenkomplexe können aufgrund der Feuchtigkeitsunterschiede zwischen Schüttrippe und Rippentälchen sehr vielgestaltig sein.

Die Differenzierung der Mosaike ist je nach Anzahl und Art der am Mosaik beteiligten Biotoptypen sehr variabel. Weitere Differenzierungen sind nach Verbuschungsgrad, Sonderstrukturen (z.B. Schüttrippenkomplexe) und vorherrschenden Bodensubstrat möglich.

Bedeutung für den Naturschutz

Aufgrund der sehr großen Standort- und Strukturvielfalt weisen Biotop-Mosaike meist artenreiche Lebensgemeinschaften, häufig auch mit gefährdeten Pflanzen- und Tierarten auf.

Ausgewählte wertbestimmende Arten

- Die Artenzusammensetzung entspricht weitgehend den am Mosaik beteiligten Biotoptypen, am häufigsten sind Rohböden, spontane Gras- und Krautfluren sowie temporäre und ausdauernde Kleingewässer.

Wertbestimmende Habitatstrukturen/-eigenschaften

- Großflächigkeit
- hohe Reliefenergie, besonders ausgeprägt bei Schüttrippenkomplexen
- hoher Rohbodenanteil (insbesondere mit sandig-kiesigen Substraten)
- geringer Verbuschungsgrad

Biotopgefährdung, Entwicklungsprognosen

Biotop-Mosaike sind sehr stark durch Sanierungsmaßnahmen (Geländeeinebnung, Substrathomogenisierung, Auflagerung von Kulturboden, Melioration, Aufforstung), lokal auch durch Flutung gefährdet.

Durch Sukzession kommt es mittel- bis langfristig zu einer Homogenisierung der Flächen. Es entwickeln sich in der Regel ausdauernde Gras- und Krautfluren oder Vorwälder.

Maßnahmen zum Schutz und zur Förderung des naturschutzfachlichen Wertes

- Verzicht auf Sanierungsmaßnahmen im Bereich von naturschutzfachlich wertvollen Biotop-Mosaiken
- Ausweisung alle Schüttrippenkomplexe außerhalb der Flutungsbereiche als Prozessschutzgebiete

3.18 Bauwerke, Siedlungen und Verkehrsanlagen

Foto 28:
Großgeräte (Förderbandumsetzer)
Foto: K. Heyde 1993

Allgemeine Charakteristik

Unter dieser, in der Bergbaufolgelandschaft allgemein verbreitete Biotoptypengruppe, werden zahlreiche urbane Strukturen, die in ihrer Ausbildung sehr heterogen sein können, zusammengefasst. Unterschieden wird in Großgeräte (Bagger, Absetzer, Förderbrücken etc.), Fabrikanlagen/-gebäude, Wohnsiedlungen/-gebäude, Gartensiedlungen/-anlagen, Lagerflächen, Straßen und Wege, Gleisanlagen, Brückenbauwerke sowie Tunnel und Bunker (in ehemals militärisch genutzten Tagebaugebieten).

Bedeutung für den Naturschutz

Die verschiedenen Biotoptypen dieser Biotoptypengruppe besitzen eine sehr spezifische Bedeutung als Teillebensraum oder Habitatstruktur für Tiere, wenn sie in geeignete Biotope eingebettet sind. Großgeräte, Gittermasten, Schwellenstapel und Gebäudenischen können Brutplatzstrukturen für Vögel darstellen, darunter auch für naturschutzfachlich wertvolle Arten wie Sturmmöwe, Fischadler, Steinschmätzer oder Raubwürger. Auch Lagerflächen können Bruthabitate naturschutzfachlich wertvoller Vogelarten wie Haubenlerche oder Steinschmätzer aufweisen.

Bunkeranlagen u.a. Bauwerke können Bedeutung als Fledermausquartiere besitzen.

Schotterflächen oder unbefestigte Wege sind zum Teil Lebensraum xerothermophiler wirbelloser Tiere (Heuschrecken, Laufkäfer u.a.).

Ausgewählte wertbestimmende Arten

- Vögel: Sturmmöwe, Haubenlerche, Steinschmätzer; lokal in Kunsthorsten: Fischadler
- Heuschrecken: Blauflügelige Ödlandschrecke (*Oedipoda caerulescens*), Blauflügelige Sandschrecke (*Sphingonotus caerulans*)

Wertbestimmende Habitatstrukturen/ -eigenschaften

- sandig-kiesige Wege und Lagerflächen
- inselartige Sonderstrukturen in Restseen (Pontons, Pumpen)
- Gittermasten in der Umgebung von Restseen
- ehemalige Militärbunker
- Schwellenstapel

Biotopgefährdung, Entwicklungsprognosen

Die größte Gefährdung wertvoller Habitatstrukturen mit bekannter oder potenzieller Bedeutung für den Artenschutz stellt der Abriss oder die Entsorgung (meist im Zuge der Sanierung) bzw. der altersbedingte Zerfall von nicht mehr genutzten Gebäuden und Anlagen dar. Vegetationsarme Flächen (Wege, Lagerflächen, Gleisbetten) sind nach Nutzungsaufgabe durch Sukzession gefährdet.

Maßnahmen zum Schutz und zur Förderung des naturschutzfachlichen Wertes

- Erhaltung, Sicherung (Unfallvermeidung) und gegebenenfalls Unterhaltung von ausgewählten Gebäuden, Bunkern, technischer Anlagen und anderer Sonderstrukturen mit bekannter oder potenzieller Bedeutung für den Artenschutz; Regelung der rechtlichen Zuständigkeit
- Installation von Kunsthorsten für Fischadler (Nutzung auch durch andere Arten!) auf geeigneten Gittermasten in der Umgebung größerer Restseen

4 Naturschutzfachlich wertvolle Arten in der Bergbaufolgelandschaft Mitteldeutschlands

4.1 Überblick über die naturschutzfachlich wertvollen Pflanzenarten

Sandra Mann

Während der Untersuchungen in den Mitteldeutschen Bergbaufolgelandschaften des sachsen-anhaltinischen und sächsischen Raumes wurden insgesamt 150 naturschutzfachlich wertvolle Arten erfasst (FBM 1999, FLB 2003). Diese schließen sowohl Arten mit gesetzlichem Schutzstatus (BArtSchV 1999) als auch seltene oder gefährdete Arten der Roten Listen Sachsen-Anhalts (FRANK et al. 1992), Sachsens (SCHULZ 1999) und Deutschlands (KORNECK et al. 1996) ein. Untersucht wurde eine repräsentative Auswahl verschiedener Biotoptypen der Bergbaufolgelandschaft unterschiedlicher Altersstadien. Dabei erfolgte auch eine Unterscheidung zwischen den Strategien „Rekultivierung“ und „Sukzession“. Einen Überblick über alle erfassten naturschutzfachlich wertvollen Arten gibt Tab. 3.

Erstaunlich ist insbesondere das Vorkommen von Arten, deren bekannte Standorte und typische Vergesellschaftungen außerhalb der Bergbaufolgelandschaft eine erfolgreiche Ansiedlung durch spontane Besiedlungsprozesse nach dem Braunkohleabbau nicht ohne Weiteres erwarten lassen. Beispiele hierfür sind *Ophioglossum vulgatum* (Gemeine Natternzunge) und *Epipactis palustris* (Sumpf-Sitter), die sich in vielen Regionen mit spontaner Vegetationsentwicklung sehr erfolgreich etablieren konnten (vgl. Kapitel 4.2 und 4.3). Selbst Arten, die auf den gewachsenen Standorten bereits als ausgestorben galten, fanden hier neue Lebensräume. In der Region Bitterfeld siedelten sich beispielsweise *Botrychium matricariifolium* (Ästiger Rautenfarn) in lichten Birken-Pionierwäldern (vgl. Kapitel 4.3) und *Polycnemum verrucosum* (Warziges Knorpelkraut) auf offenen Standorten an. Erstere Art galt in Sachsen-Anhalt und letztere deutschlandweit bereits als ausgestorben. Bemerkenswert sind außerdem die Vorkommen von *Thymelaea passerina* (Acker-Spatzenzunge) und *Erucastrum nasturtiifolium* (Echte Hundsrauke) mit großen Populationen in der Tagebauregion Geiseltal.

Tab. 3: Naturschutzfachlich wertvolle Arten in den Tagebauregionen Sachsen-Anhalts und Sachsens mit Vorkommen in mehr als einer Tagebauregion

Naturschutzfachlich wertvolle Arten	RL LSA	RL SN	RL D	BArtSchV	TR Bitterfeld	TR Geiseltal	TR Gräfenhainichen	TR Zeitz-Weißenfels-Hohenmölsen	TR Halle	TR Amsdorf	TR Merseburg-Ost	TR Nachterstedt-Schadeleben	TR Wulfersdorf	TR Borna	TR Makranstädt
Arctium nemorosum		3			x	x	x	x	x	x					x
Armeria maritima agg.				§	x	x									
Armeria maritima ssp. elongata			3	§		x	x								
Botrychium lunaria	3	2	3	§	x	x	x		x						
Carex muricata agg.		3			x	x	x							x	
Carex vulpina agg.		2	3		x	x	x	x	x	x	x				
Centaurea diffusa	3					x				x					
Centaurium erythraea		3		§	x	x	x	x	x	x				x	
Centaurium pulchellum	3	3		§	x	x		x	x						
Consolida regalis		2	3		x	x	x								

Naturschutzfachlich wertvolle Arten	RL LSA	RL SN	RL D	BArtSchV	TR Bitterfeld	TR Geiseltal	TR Gräfenhainichen	TR Zeitz-Weißenfels-Hohenmölsen	TR Halle	TR Amsdorf	TR Merseburg-Ost	TR Nachterstedt-Schadeleben	TR Wulfersdorf	TR Borna	TR Makranstädt
Cornus mas	3					x	x	x							
Dactylorhiza fuchsii	3	3		§	x	x									
Dactylorhiza incarnata agg.	2	1	2	§		x		x						x	
Dactylorhiza maculata	3	3	3	§	x	x	x								
Dianthus carthusianorum		3		§		x	x	x							
Dianthus deltoides				§	x	x	x							x	
Epipactis atrorubens				§	x	x	x	x	x				x	x	x
Epipactis helleborine agg.				§	x		x	x					x		
Epipactis palustris	2	2	3	§		x	x	x	x					x	
Eriophorum angustifolium	3	3			x		x	x	x					x	
Filago arvensis	2	1	3		x	x	x								
Galium mollugo agg.		3			x	x	x	x	x	x		x	x	x	x
Gymnadenia conopsea	3	2		§				x	x						
Helichrysum arenarium		3	3	§	x	x	x			x		x			
Hieracium bauhini	3	3			x	x		x						x	x
Hieracium brachiatum		3	G		x	x									
Hieracium cymosum	3	3	3		x					x					
Hieracium fallax		R	3		x	x									
Hieracium floribundum		3	G			x		x	x	x					
Hieracium piloselloides	3	3			x	x	x	x	x	x	x	x	x	x	
Hieracium zizianum	3	R	G		x	x									
Iris pseudacorus				§			x	x							
Juncus inflexus		3			x	x		x	x	x	x		x	x	
Lathyrus heterophyllus	1						x		x						
Lathyrus tuberosus		3				x	x	x	x	x	x				x
Leontodon taraxacoides		3			x	x		x						x	
Limosella aquatica	3	3			x									x	
Linum catharticum		3			x	x	x	x	x	x				x	
Listera ovata		3		§	x	x	x	x							x
Malus sylvestris		3			x						x			x	
Myriophyllum spicatum	3				x	x	x		x						
Ophioglossum vulgatum	2	2	3		x	x		x						x	
Ophrys apifera	3	R	2	§	x	x		x							x
Orchis militaris	3	1	3	§				x						x	
Peucedanum oreoselinum	3	3					x					x			
Peucedanum palustre	3						x	x							
Picea abies	2					x								x	
Picris hieracioides		3			x	x	x	x	x	x	x	x	x	x	x
Populus nigra	1	1	3		x			x						x	
Potamogeton berchtoldii	3				x		x								
Potamogeton lucens	3						x	x							
Potentilla anglica agg.	3						x					x			
Pulicaria dysenterica	3	R				x	x		x						
Pyrola rotundifolia	3		3			x		x						x	x
Rhinanthus minor	3					x	x								
Salix myrsinifolia	0		3					x						x	
Salix repens	2	3			x	x		x						x	
Sanguisorba minor		3			x	x	x	x		x				x	
Sanguisorba officinalis	3				x	x	x							x	
Scleranthus polycarpos	3				x		x								
Scorzonera laciniata	3		2			x			x	x					
Silaum silaus	3	3			x		x								
Sparganium emersum	3						x	x							
Spergularia maritima	2									x	x				

Naturschutzfachlich wertvolle Arten	RL LSA	RL SN	RL D	BArtSchV	TR Bitterfeld	TR Geiseltal	TR Gräfenhainichen	TR Zeitz-Weißenfels-Hohenmölsen	TR Halle	TR Amsdorf	TR Merseburg-Ost	TR Nachterstedt-Schadeleben	TR Wulfersdorf	TR Borna	TR Makranstädt
Stachys arvensis	2	2	3						x		x				
Tetragonolobus maritimus	3	1	3			x		x		x					
Thelypteris palustris	3		3		x		x								
Trifolium aureum	3					x	x								
Ulmus minor			3			x		x							

Gefährdungskategorien der Roten Listen in den Bundesländern Sachsen-Anhalt (LSA, FRANK et al. 1992) und Sachsen (SN, SCHULZ 1999) sowie Deutschlands (D, KORNECK et al. 1996): 0 – ausgestorben oder verschollen, 1 – vom Aussterben bedroht, 2 – stark gefährdet, 3 – gefährdet, G – Gefährdung anzunehmen, R – extrem selten; § Art nach Bundesartenschutzverordnung (BArtSchV 1999) geschützt

Weitere naturschutzfachlich wertvolle Arten mit Vorkommen in nur einer Tagebauregion: TR Bitterfeld: *Botrychium matricariifolium* (LSA 0, D 2, §), *Chimaphila umbellata* (LSA 1, D 2, §), *Crepis foetida agg.* (LSA 2), *Dianthus armeria* (LSA 3, §), *Digitaria ischaemum* (LSA 3), *Eleocharis acicularis* (LSA 3, D 3), *Glyceria declinata* (LSA 2), *Gypsophila muralis* (LSA 2, D 3), *Hypochoeris glabra* (LSA 2, D 2), *Isolepis setacea* (LSA 3), *Juncus ranarius* (LSA 3), *Juncus subnodulosus* (LSA 3, D 3), *Lilium martagon* (§), *Malva pupilla* (LSA 2, D 3), *Melampyrum nemorosum* (LSA 3), *Melilotus altissima* (LSA 3), *Myriophyllum verticillatum* (LSA 3), *Peplis portula* (LSA 3), *Polycnemum verrucosum* (D 0), *Potentilla alba* (LSA 3, D 3), *Potentilla norvegica* (LSA 2), *Rumex patientia* (LSA 3), *Salvia officinalis* (LSA 3), *Saxifraga granulata* (§), *Selinum carvifolia* (LSA 3), *Taxus baccata* (LSA 2, D 3, §), *Torilis arvensis* (LSA 1), *Trifolium fragiferum* (LSA 3), *Utricularia australis* (LSA 2, D 3), – **TR Geiseltal**: *Achillea nobilis* (LSA 3), *Anagallis foemina* (LSA 3), *Astragalus cicer* (D 3), *Cephalanthera longifolia* (LSA 3, §), *Diplotaxis muralis* (LSA 3), *Erucastrum nasturtiifolium* (LSA 0), *Euphorbia seguieriana* (LSA 3, D 3), *Gypsophila paniculata* (LSA 3), *Hieracium caespitosum* (LSA 3, D 3), *Hieracium calodon* (D G), *Hieracium echioides* (LSA R, D 3), *Linum austriacum* (§), *Lotus glaber* (D 3), *Muscari neglectum* (D 3, §), *Platanthera bifolia* (LSA 3, §), *Platanthera chlorantha* (LSA 3, D 3, §), *Suaeda maritima* (LSA 2), *Thymelaea passerina* (LSA 0, D 2), *Verbena officinalis* (LSA 3), *Veronica verna* (LSA 3) – **TR Gräfenhainichen**: *Betonica officinalis* (LSA 3), *Campanula glomerata* (LSA 3), *Carex praecox agg.* (D 3), *Carex viridula* (LSA 3), *Carum carvi* (LSA 3), *Cucubalus baccifer* (LSA 3), *Dipsacus pilosus* (LSA 3), *Equisetum variegatum* (LSA 0, D 2), *Genista germanica* (LSA 3), *Hydrocotyle vulgaris* (LSA 3), *Illecebrum verticillatum* (LSA 2, D 3), *Lathyrus linifolius* (§), *Linum usitatissimum* (§), *Liparis loeselii* (LSA 1, D 2, §), *Moneses uniflora* (LSA 2), *Parnassia palustris* (LSA 2, D 3, §), *Pyrola chlorantha* (LSA 2, D 3), *Scabiosa canescens* (LSA 3, D 3), *Sherardia arvensis* (LSA 3), *Sparganium natans* (LSA 3, D 2) – **TR Zeitz-Weißenfels-Hohenmölsen**: *Coronopus squamatus* (D 3), *Potentilla supina* (LSA 3), *Senecio aquaticus agg.* (LSA 3) – **TR Halle**: *Carex distans* (LSA 3, D 3), *Triglochin palustre* (LSA 3, D 3) – **TR Merseburg-Ost**: *Veronica catenata* (LSA 3) – **TR Wulfersdorf**: *Aira caryophyllea* (LSA 3) – **TR Borna**: *Aquilegia vulgaris* (§), *Helianthemum nummularium* (SN G), *Neottia nidus-avis* (SN 2, §), *Pimpinella major* (SN 3) – **TR Markranstedt**: *Cephalanthera damasonium* (SN 2, §)

Wie unterscheidet sich das Vorkommen naturschutzfachlich wertvoller Pflanzenarten auf Sukzessions- und Rekultivierungsflächen?

Auf der Basis von 2.254 Vegetationsaufnahmen erfolgten Analysen hinsichtlich der Vorkommen naturschutzfachlich wertvoller Pflanzenarten auf rekultivierten sowie auf spontan entwickelte Kippenflächen. Dabei wurde zwischen Offenland- und Waldstadien unterschieden. In die Analysen sind ausschließlich Flächen eingegangen, denen die Entwicklungsstrategien „Rekultivierung" und „Sukzession" flächenscharf zuzuordnen waren.

Über Spontansukzession entstandene Wälder wiesen generell häufiger naturschutzfachlich wertvolle Arten auf als forstlich begründete Bestände (Abb. 4). Während in 58 % der spontan entwickelten Wälder naturschutzfachlich wertvolle Arten nachgewiesen wurden (insges. 40 Arten), lag der Anteil für die Forstbestände bei nur 30 % (insges. 25 Arten). Ein ähnlicher Trend ist auch für die Offenlandbiotope festzustellen. Demnach wiesen 56 % (insges. 85 Arten) der spontan entstandenen und 37 % (insges. 16 Arten) der rekultivierten Offenlandstadien geschützte und gefährdete Pflanzenarten auf.

Auch detaillierte Analysen am Beispiel der ehemaligen Tagebaue Golpa-Nord und Kayna-Süd bestätigen diesen Trend (Abb. 5). Der unterschiedlich hohe Flächenanteil mit naturschutzfachlich wertvollen Arten in beiden Tagebauen ist überwiegend auf das unterschiedliche Flächenalter zurückzuführen. Während es sich bei den Rekultivierungs- und Sukzessionsflächen in Golpa-Nord um relativ junge, ca. 10 Jahre alte Kippenflächen handelt, sind insbesondere die Sukzessionsflächen in Kayna-Süd bis zu 30 Jahre alt. Die hohe Artenzahl auf den älteren Flächen in Kayna-Süd ist somit maßgeblich auf Akkumulationsprozesse durch Einwanderungen aus dem regionalen Artenpool zurückzuführen (vgl. Kapitel 6.5.1, TISCHEW & KIRMER 2003). Hervorzuheben ist weiterhin, dass gerade in Kernbereichen von Kayna-Süd einige der untersuchten Rekultivierungsflächen bei ihrer Anlage nur wenig gedüngt und sehr lückig angesät wurden, da bereits zu Sanierungsbeginn eine Folgenutzung durch den Naturschutz vorgesehen war. Naturschutzfachlich wertvolle Arten auf rekultivierten Flächen kommen auch in sehr lückigen Ansaaten mit Schwingel (*Festuca ssp.*) und Luzerne (*Medicago x varia*) vor. Auf dichten, stärker gedüngten oder generell nährstoffreicheren Substraten waren dagegen die Etablierungsmöglichkeiten für diese Arten deutlich schlechter ausgeprägt.

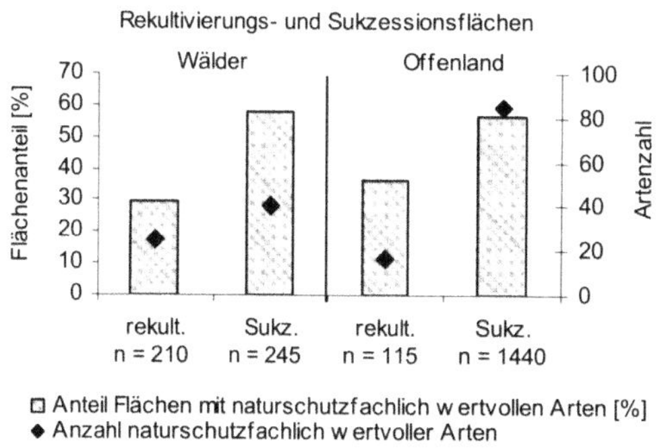

Abb. 4: Prozentualer Flächenanteil sowie Artenzahlen von Bergbaufolgeflächen mit Vorkommen naturschutzfachlich wertvoller Arten, differenziert nach Offenland- und Waldbiotopen auf Rekultivierungs- und Sukzessionsflächen

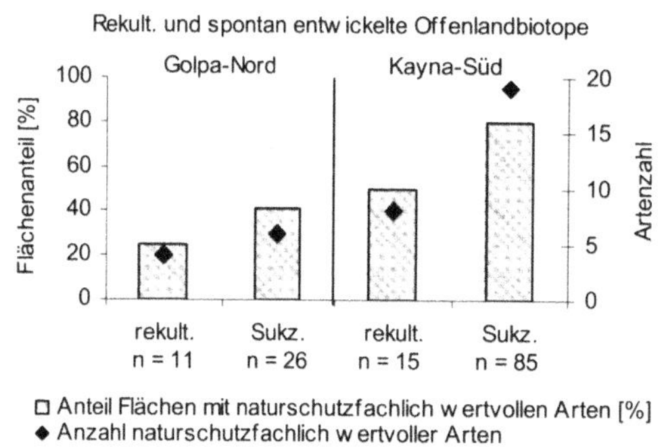

Abb. 5: Prozentualer Flächenanteil sowie Artenzahlen naturschutzfachlich wertvoller Arten auf rekultivierten und über Spontansukzession entwickelten Offenlandbiotopen in der Bergbaufolgelandschaft von Golpa-Nord und Kayna-Süd

Eine Analyse der tatsächlichen Anzahl naturschutzfachlich wertvoller Arten in den Sukzessions- und Rekultivierungsflächen bestätigt ebenfalls den hohen naturschutzfachlichen Wert der Sukzessionsflächen (Abb. 6).

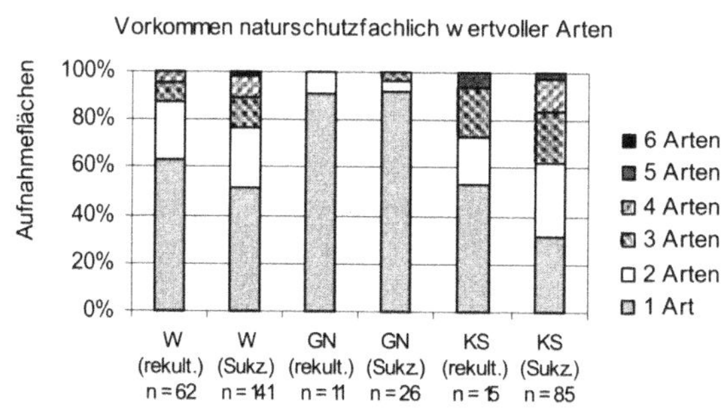

Abb. 6: Anzahl von naturschutzfachlich wertvollen Arten in den Sukzessions- und Rekultivierungsflächen (Sukz/rekult) am Beispiel der Wälder sowie der Offenlandbiotope in den Tagebauen Kayna-Süd (KS) und Golpa-Nord (GN)

Neben dem bereits nachgewiesenen allgemein häufigeren Vorkommen geschützter und gefährdeter Arten auf Sukzessionsflächen zeigt sich weiterhin, dass auch der Anteil an Flächen mit einer höheren Anzahl wertbestimmender Arten hier deutlich höher liegt. Dies wird insbesondere für die Offenlandbiotope Kayna-Süds deutlich. In dieser Tagebauregion ist der Anteil an Flächen mit mehr als einer naturschutzfachlich wertvollen Art in den Sukzessionsflächen mit 68 % wesentlich höher als in den rekultivierten Flächen (47 %) (Abb. 6). Der leicht höhere Anteil an Flächen mit mehr als vier naturschutzfachlich wertvollen Arten auf den rekultivierten Flächen ist auf die relativ geringe Stichprobenzahl zurückzuführen. Dies resultiert aus einem geringeren Vorkommen entsprechender Flächen im untersuchten Südteil des Tagebaugebietes.

Ein ähnliches Ergebnis zeigt sich in den Wäldern. Auch hier ist der Anteil von Flächen mit mehr als einer geschützten oder gefährdeten Art in den Sukzessionsbereichen höher als in den rekultivierten Wäldern. Der enorm hohe Anteil an Flächen mit nur einer naturschutzfachlich wertvollen Art des Tagebaus Golpa-Nord – sowohl in Rekultivierungs- als auch Sukzessionsflächen – ist maßgeblich auf das junge Altersstadium zurückzuführen. Mit fortschreitender Entwicklungsdauer wird auch hier ein stärkerer Akkumulationsprozess stattfinden.

Bewirkt eine fortschreitende Sukzession den Rückgang naturschutzfachlich wertvoller Arten?

Oft wird diskutiert, ob bei Fortschreiten der Sukzession auf Bergbaufolgeflächen der Anteil naturschutzfachlich wertvoller Arten stark zurückgeht und somit der naturschutzfachliche Wert der Bergbaufolgeflächen deutlich sinkt oder verloren geht. Dieser Fragestellung wird deshalb im Folgenden nachgegangen. In die Analysen wurden alle Untersuchungsflächen einbezogen, für die gesicherte Altersangaben vorlagen. Dabei wurden folgende Altersstadien unterschieden: 0 - 15 Jahre, 16 - 30 Jahre, 31 - 45 Jahre, 46 - 60 Jahre sowie > 60 Jahre.

Für die Entwicklung des Anteils naturschutzfachlich wertvoller Arten in den einzelnen Altersstadien liegen für die Sukzessions- und Rekultivierungsflächen gegenläufige Trends vor. Während in den rekultivierten Wäldern die ohnehin geringeren Vorkommen naturschutzfachlich wertvoller Arten mit zunehmendem Flächenalter deutlich zurückgehen, nehmen sie in den Sukzessionswäldern bis zu einem Alter von ca. 60 Jahren weiter zu (Abb. 7 und Abb. 8). Zwar ändert sich langfristig mit fortschreitender Sukzession das Artenspektrum (vgl. FLB 2003, TISCHEW et al. 2004), dennoch fördern natürliche Entwicklungsprozesse auf Bergbaufolgeflächen eine wesentlich stärkere Etablierung naturschutzfachlich wertvoller Arten.

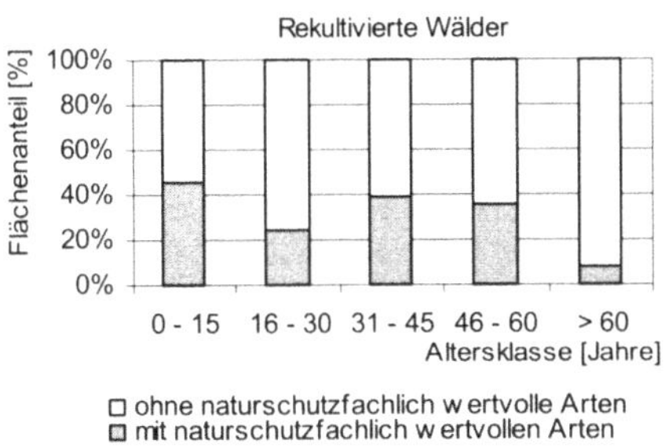

Abb. 7: Vorkommen naturschutzfachlich wertvoller Arten in rekultivierten Wäldern verschiedener Altersstadien in der Bergbaufolgelandschaft Sachsen-Anhalts und Sachsens (n = 169)

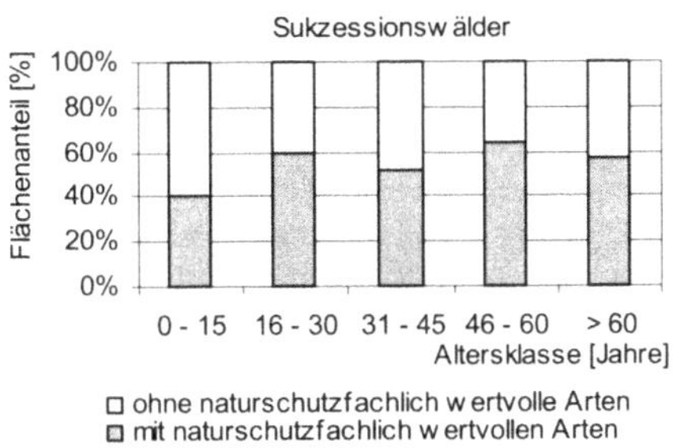

Abb. 8: Vorkommen naturschutzfachlich wertvoller Arten in Sukzessionswäldern verschiedener Altersstadien in der Bergbaufolgelandschaft Sachsen-Anhalts und Sachsens (n = 214)

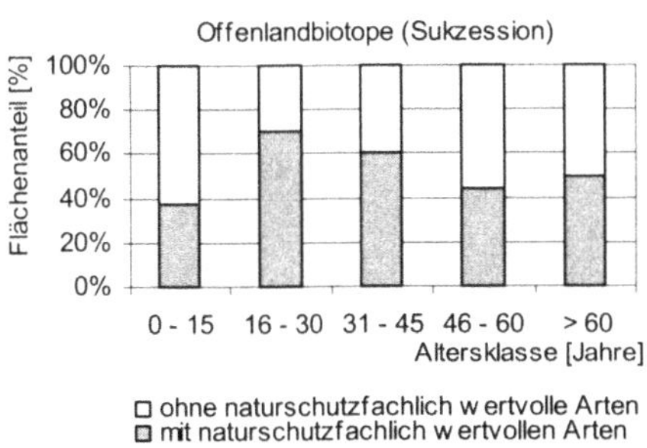

Abb. 9: Vorkommen naturschutzfachlich wertvoller Arten in spontan entstandenen Offenlandbiotopen verschiedener Altersklassen in der Bergbaufolgelandschaft Sachsens und Sachsen-Anhalts (n = 1239)

Aufgrund der relativ geringen Stichprobenanzahl für Rekultivierungsflächen mit einem Flächenalter > 15 Jahre beschränken sich die Auswertungen für die Offenlandbiotope lediglich auf Sukzessionsflächen. Ältere Rekultivierungsflächen sind vor allem deshalb unterrepräsentiert, weil in den Untersuchungsgebieten die Gestaltung von Offenlandbiotopen (z.B. Ansaaten auf Böschungen) verstärkt nach der politischen Wende im Jahr 1989 durchgeführt wurden. Wie Abb. 9 zeigt, variiert der Anteil an Flächen mit naturschutzfachlich wertvollen Arten in Abhängigkeit vom Alter. Insbesondere in den mittleren Altersklassen 16 - 30 Jahre und 31 - 45 Jahre liegen die Werte mit 60 % bis 70 % sehr hoch. Das ist insbesondere auch auf den Übergangscharakter dieser Altersstadien zurückzuführen, da hier sowohl noch Arten früher Sukzessionsstadien, als auch bereits die ersten Arten später Stadien gleichzeitig vorkommen können. Zwar sinkt der Flächenanteil mit zunehmender Entwicklung und Flächenalter leicht, jedoch stabilisiert er sich wieder und liegt auch auf den bereits über 60 Jahre alten Flächen bei ca. 50% und damit höher als auf den jüngsten Flächen. Zusammenfassend kann festgestellt werden, dass das Vorkommen naturschutzfachlich wertvoller Arten auf keinen Fall auf die jungen Sukzessionsstadien beschränkt ist und auch ältere Sukzessionsflächen ein beachtliches Potenzial für den Naturschutz darstellen.

In den folgenden Kapiteln werden exemplarisch für die naturschutzfachlich wertvollen Orchideen- und Natternzungenfarnarten die standortökologischen Amplituden, das Vorkommen in den Entwicklungsstadien der Bergbaufolgelandschaft sowie Vorschläge zum Management aufgezeigt. Generelle Strategien für eine naturnahe Entwicklung von Bergbaufolgelandschaften, die eine Etablierung und Entwicklung von naturschutzfachlich wertvollen Arten unterstützen, sind im Kapitel Schutz und Management von Biotopen (Kapitel 9) zusammengefasst.

4.2 Orchideen (Orchidaceae)

Annett Baasch & Michael Seppelt

4.2.1 Allgemeiner Überblick

Weltweit kommen etwa 20.000 bis 25.000 Orchideenarten vor, 215 Arten sind in Europa heimisch. In den letzten Jahrzehnten ist eine deutliche Abnahme vieler Orchideenarten in Deutschland wie auch im gesamten Mitteleuropäischen Raum zu verzeichnen (HAMEL 1981, SMRECIN & CURRAH 1989, KÖCK 1991). Dieser anthropogen bedingte Prozess hat sich in den letzten Jahrzehnten in besorgniserregendem Maße vervielfacht (KÖCK 1991).

Foto 29: *Dactylorhiza incarnata*, Pirkau

Foto: A. Schmiedeknecht 1996

Foto 30: *Ophris apifera*, Kayna-Süd

Foto: S. Mann 2000

In Sachsen-Anhalt gelten von ehemals 44 Arten 4 als verschollen, 10 als vom Aussterben bedroht, weitere 8 als stark gefährdet und 13 als gefährdet. In den Freistaaten Sachsen und Thüringen sieht die Bestandsentwicklung ähnlich aus. Die wichtigsten Gründe für den Rückgang sind der Verlust von Lebensräumen, die Umnutzung und Veränderung der Standorte, die Verinselung der verbleibenden Restpopulationen und die schleichende Verschlechterung der Habitatqualität (vgl. HEYDE 1996, AMLER et al. 1999).

Neben dem Verlust der natürlichen Lebensräume konnten vermehrt Orchideen-Populationen auf Sekundärstandorten nachgewiesen werden. Insbesondere die großflächigen Bergbaufolgelandschaften stellen heute wertvolle Rückzugs- und Wiederausbreitungsgebiete für viele bestandsgefährdete Orchideenarten dar.

Verbreitung der Orchideen in der Bergbaufolgelandschaft

Einige Arten, wie beispielsweise der Sumpf-Sitter (*Epipactis palustris*) erreichen in der Mitteldeutschen Bergbaufolgelandschaft überregional bedeutsame Populationsgrößen und -dichten. Aktuell ist ihr Vorkommen in den entsprechenden Naturräumen nahezu ausschließlich auf Standorte ehemaliger Tagebaue beschränkt.

Im Rahmen der Forschungsprojekte (FBM 1999, FLB 2003) wurden in neun Tagebauregionen insgesamt 14 verschiedene Orchideenarten nachgewiesen. Hierzu gehören die Regionen Wulfersdorf, Gräfenhainichen, Bitterfeld, Halle-Ost, Markranstädt, Borna, Meuselwitz sowie die als besonders artenreich hervorzuhebenden Regionen Geiseltal und Zeitz/Weißenfels/Hohenmölsen (vgl. Tab. 4). Weitere Vorkommen werden von HEYDE & KRUG (2000) für die Regionen Delitzsch, Amsdorf, Zwenkau/Espenhain und Schleenhain angegeben. Verbreitungsschwerpunkte stellen somit die südlichen Tagebauregionen dar. Hingegen finden sich in den nördlichen Regionen aufgrund vorwiegend trockener Standortverhältnisse, zu basenarmer Substrate oder zu geringem Flächenalter nur wenige Orchideenvorkommen. In der Bergbaufolgelandschaft werden vorrangig Offenlandbiotope feuchter Standorte wie Sümpfe, Niedermoorinitiale, Röhrichte und feuchte Gras- und Krautfluren sowie Birkenpionierwälder, Pappel- und Kiefernforste besiedelt (HEYDE & KRUG 2000, FLB 2003).

Tab. 4: Vorkommen von Orchideenarten in den Tagebauregionen, ihre Gefährdung (Rote Listen) in Deutschland (RL-D, KORNECK et al. 1996), Sachsen-Anhalt (RL-ST, FRANK et al. 1992) und Sachsen (RL-SN, SCHULZ 1999) sowie Schutzstatus (BartSchV 1999)

Art/Region	BArtSchV	RL-D	RL-ST	RL-SN	Wulfersdorf	Gräfenhainichen	Bitterfeld	Halle-Ost	Geiseltal	Zeitz/Weißenfels/ Hohenmölsen	Markranstädt	Borna	Meuselwitz
Cephalanthera damasonium	§	-	-	2							x		
Cephalanthera longifolia	§	-	3	1					x				
Dactylorhiza fuchsii	§	-	3	3			x		x	x			
Dactylorhiza incarnata agg.	§	2	2	1					x	x		x	
Dactylorhiza maculata	§	3	3	2		x	x		x				
Epipactis atrorubens	§	-	-	-	x	x	x	x	x	x	x	x	x
Epipactis helleborine agg.	§	-	-	-	x	x	x			x			
Epipactis palustris	§	3	2	2		x		x	x	x		x	x
Gymnadenia conopsea	§	-	3	2				x		x			x
Liparis loeselii	§	2	1	0		x							
Listera ovata	§	-	-	3		x	x		x	x	x		
Neottia nidus-avis	§	-	-	2					x			x	
Ophrys apifera	§	2	3	R			x		x	x	x		
Orchis militaris	§	3	3	1						x		x	
Platanthera bifolia	§	-	3	1					x				
Platanthera chlorantha	§	3	3	2					x	x			

Übersicht über Gefährdung und bestandsschützende Maßnahmen in der BFL

Aufgrund der herrschenden Standortfaktoren wie Nährstoffarmut und verringertem Konkurrenzdruck zu Beginn der Sukzession haben Bergbaufolgelandschaften eine herausragende Bedeutung als Rückzugs- und potenzielle Wiederausbreitungsgebiete für viele seltene Orchideenarten. Nährstoffeinträge aus der Umgebung und eine fortschreitende Sukzession führen langfristig zu einer Angleichung der Standortbedingungen an jene außerhalb der Bergbaufolgelandschaft. Ohne vorausschauende Sanierungs- und Rekultivierungsplanungen des derzeit aktiven Braunkohlenbergbaus sowie Standortmanagement werden viele Orchideenarten langfristig wieder verdrängt werden.

Gefährdung	Maßnahmen
• Verschlechterung der Standortbedingungen durch nivellierende Sanierungsmaßnahmen wie Böschungsgestaltung, Düngung und Einsaat, Verfüllung potenzieller Feuchtgebiete (Landschaftssenken)	• Ausweisung von Sukzessionsflächen, Unterlassung bzw. Minimierung von Sanierungsarbeiten im Bereich von Orchideenvorkommen oder potenzieller Besiedlungsgebiete
• Nähr- und Schadstoffeintrag aus der Umgebung	• Minimierung des Eintrags durch ausreichend große Pufferflächen, Bereitstellung potenzieller Rückzugs- und Wiederansiedlungsgebiete im Zuge künftiger Sanierungs- und Rekultivierungsplanungen des derzeit aktiven Braunkohlenbergbaus
• Überflutung bereits etablierter Orchideen-Populationen infolge des Grundwasserwiederanstiegs	• Erfassung und Erhalt potenzieller Rückzugs- und Wiederansiedlungsflächen in der Umgebung, nach Möglichkeit langsamer Grundwasserwiederanstieg, um „Mitwandern" der Arten zu ermöglichen (FLB 2003 – Bsp. Kayna-Süd)
• Fortschreitende Sukzession für Arten der Offenlandbiotope	• Standortmanagement, Offenhaltung naturschutzfachlich wertvoller Flächen durch Entbuschung
• Waldumbau, Unterbau von Forstkulturen	• Unterlassung im Bereich überregional bedeutender Orchideenvorkommen
• Erholungsnutzung (Trittschäden, Bodenverdichtung)	• Besucherlenkung
• Hohe Wildbestände (Verbiss, starke Störung der Flächen durch Wildschweine)	• lokale Wildbestandslenkung im Bereich überregional bedeutsamer Orchideenvorkommen

4.2.2 Fallstudie Sumpf-Sitter (*Epipactis palustris*) – Überblick zur Biologie, Verbreitung und Gefährdung

Epipactis palustris ist auf gewachsenen Standorten eine typische Art intakter Kalkflachmoore, besiedelt aber auch sickerfeuchte bis wechselnasse Wiesen, Dünentäler, sickernasse Hänge, Ufer stehender Gewässer und wechselfeuchte Mulden über Kies- und Flussauen (PRESSER 2000, ROTHMALER 2002).

Die Art besitzt die Fähigkeit, sich sowohl generativ als auch vegetativ fortzupflanzen. Die generative Reproduktion erfolgt über eine befruchtete Blüte mittels Insekten- oder Selbstbestäubung (FÜLLER 1974, HEYDE 1996, PRESSER 2000). Die extrem leichten (unter 0,05 mg) Diasporen besitzen hinsichtlich der Ausbreitungsdistanz optimale Anpassungen an die Anemochorie (BONN & POSCHLOD 1998). Durch die geringe Größe enthalten die Samen fast keine Reservestoffe und nur einen reduzierten, wenigzelligen Embryo (SMRECIV & CURRAH 1989). Die Diasporen müssen nach der Ausbreitung schnell keimen und benötigen eine Versorgung des Keimlings mit organischen Stoffen durch den Pilzsymbionten (RABOTNOV 1995). Die vegetative Fortpflanzungs- und Ausbreitungsstrategie über die Etablierung neuer Klone ermöglicht dem Sumpf-Sitter, die einmal etablierten Populationen in relativ kurzen Zeiträumen zu vergrößern. Auf geeigneten Standorten neigt die Art zur Bildung sehr großer Bestände mit zahlreichen Trieben. Durch eine Bevorzugung lichtreicher Standorte unterliegt der Sumpf-Sitter jedoch in der zunehmend eutrophierten Kulturlandschaft dem steigenden Konkurrenzdruck durch nährstoffliebende und konkurrenzstarke Arten, was zu einem deutlichen Rückgang der Art innerhalb der letzten Jahrzehnte führte.

Wie eine Auswertung von Fundortangaben der floristischen Kartierung Sachsen-Anhalts zeigt, zeichnet sich dieser generelle Trend auch für das Untersuchungsgebiet in drastischer Weise ab. Abb. 10 stellt die ehemalige Verbreitung des Sumpf-Sitters in Sachsen-Anhalt im Vergleich zu den aktuellen Vorkommen dar. Im Norden Sachsen-Anhalts sind fast alle ehemaligen Vorkommen der Art erloschen. Im Westteil des Landes sind sie stark zurückgegangen, wobei die aktuell noch vorkommenden Populationen infolge von Verinselung weiterhin zunehmend in ihrem Bestand gefährdet sind. Im Süden und Osten Sachsen-Anhalts – den ursprünglichen Verbreitungsschwerpunkten von *Epipactis palustris* auf natürlichen Standorten – kommt die Art heute ausschließlich auf Folgeflächen des Braunkohlenbergbaus vor.

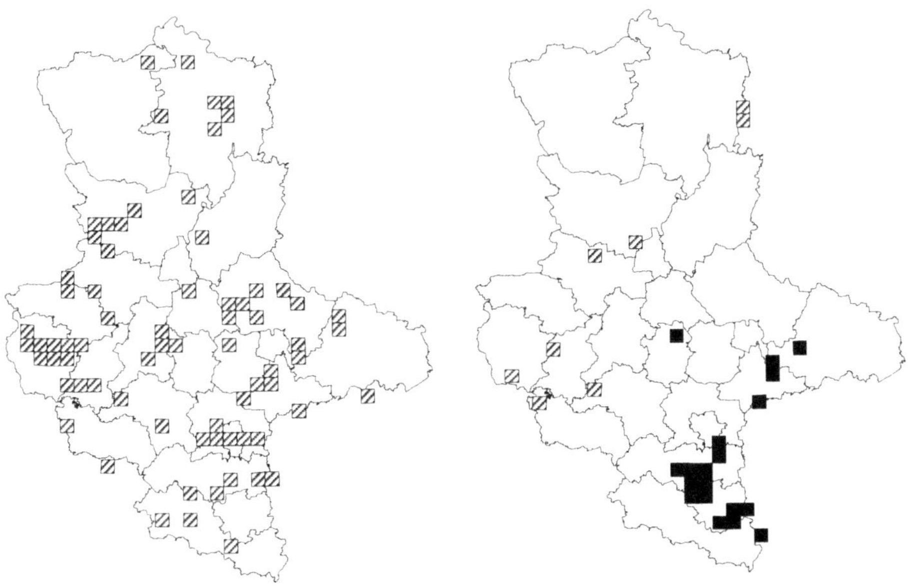

Abb. 10: Vorkommen von *Epipactis palustris* in Sachsen-Anhalt (Messtischblattviertelquadranten), links: vor 1949 und rechts: aktuelle Verbreitung (schraffierte Quadranten: natürliche Standorte, schwarze Quadranten: Sekundärstandorte)

Insgesamt konnten vor 1949 Sumpf-Sitter-Populationen in 72 Messtischblattquadranten nachgewiesen werden. Nur noch für 27 Quadranten ist ein aktuelles Vorkommen der Art bestätigt, davon befinden sich 19 auf Sekundärstandorten infolge von Abbautätigkeit. In lediglich 8 Messtischblattquadranten kommt die Art heute noch auf natürlichen Standorten vor! Demnach sind bezogen auf die Rasterflächen aktuell fast 90 % aller natürlichen Vorkommen erloschen.

Aktuelle Verbreitungsschwerpunkte stellen somit die südlichen Tagebauregionen dar. Der Sumpf-Sitter erreicht heute im Südraum der Mitteldeutschen Bergbaufolgelandschaft überregional bedeutsame Populationsgrößen und -dichten. Die Populationsgrößen der aktuell untersuchten *Epipactis*-Bestände sind in Tab. 5 ersichtlich. Der hohe Verlust an natürlichen Lebensräumen und die weite Verbreitung der Art in der Tagebaufolgelandschaft zeigen, welche essenzielle Bedeutung diese Vorkommen für den Erhalt der Art in Sachsen-Anhalt erlangt haben.

Tab. 5: Untersuchte Standorte und Populationsgrößen (Anzahl von Trieben) von *Epipactis palustris* in der Mitteldeutschen Tagebaufolgelandschaft

Tagebau	Anzahl der Bestände	Geschätzte Populationsgröße
Tagebauregion Geiseltal		
Tgb. Kayna-Süd	10	5000 bis 7000 Triebe
Tgb. Roßbach	2	5000 bis 6000 Triebe
Tgb. Mücheln-Innenkippe	vereinzelte Vorkommen	
Tagebauregion Zeitz/Weißenfels/Hohenmölsen		
Tgb. Pirkau	1 sehr großflächiger Bestand	> 1 Million Triebe
Tgb. Domsen	4	10.000 bis 12.000 Triebe
Tagebauregion Borna		
Tgb. Witznitz	2 kleinflächige Bestände	30 bis 50 Triebe

Zeitliche und standörtliche Einnischung

Der Sumpf-Sitter ist in der Braunkohlen-Folgelandschaft eine typische Art der mittleren Sukzessionsstadien. Wie Abb. 11 zeigt, werden sehr junge Flächen (bis 15 Jahre) mit meist extremen Standortbedingungen (z.B. starkes Austrocknen, Erosion, hohe Strahlungsintensität, ungenügend fortgeschrittene Bodengenese) noch nicht besiedelt.

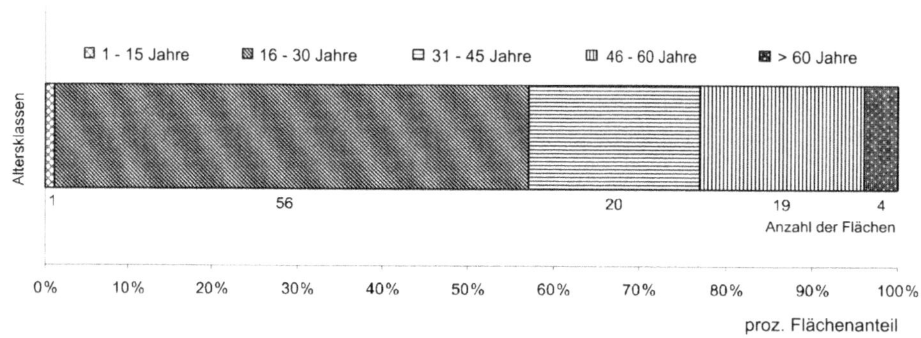

Abb. 11: Zeitliche Einnischung: Verteilung der Vorkommen von *Epipactis palustris* entlang des Altersgradienten der Bergbaufolgeflächen

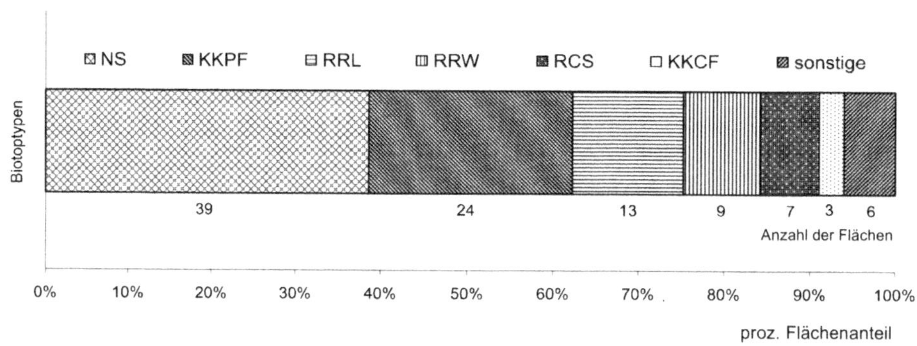

Abb. 12: Standörtliche Einnischung: Verteilung der Vorkommen von *Epipactis palustris* auf die Biotoptypen der Bergbaufolgelandschaft, Abkürzungen nach Biotoptypenschlüssel (HEYDE et al. 1998)

Über 75 % der Vorkommen von *Epipactis palustris* befinden sich auf Flächen mit einem Alter von 16 bis 45 Jahren. Dabei etabliert sich die Art vorrangig auf nährstoffärmeren Standorten, die einerseits ganzjährig ein feuchtes bis nasses oder auch wechselfeuchtes Wasserregime und andererseits eine fehlende bis lückige Baum- und Strauchschicht aufweisen. Insbesondere Niedermoorinitiale und Sümpfe (NS), feuchte Gras- und Krautfluren (KKPF) sowie Röhrichte und Seggenrieder (R) stellen Verbreitungszentren der Art dar (Abb. 12).

Die besiedelten Biotoptypen verdeutlichen die standortökologischen Ansprüche von *Epipactis palustris* bezüglich Wasserhaushalt und Lichtgenuss, welche für eine erfolgreiche Etablierung und das mittel- bis langfristige Überdauern der Art notwendig sind. Hinsichtlich der Bodenreaktion zeigt *Epipactis palustris* einen Verbreitungsschwerpunkt auf Standorten im schwach sauren bis leicht basischen Bereich (Abb. 13).

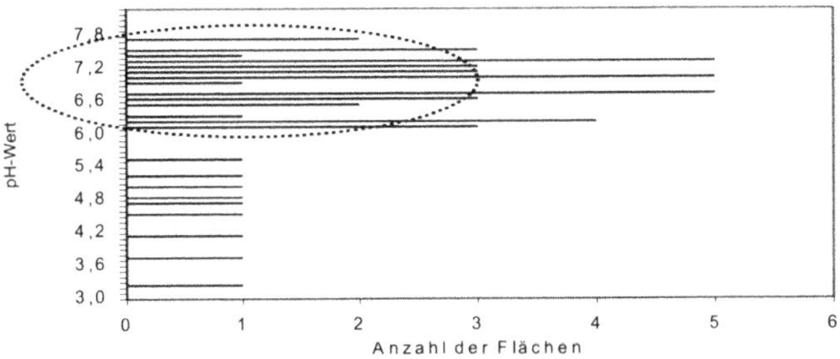

Abb. 13: Einnischung von *Epipactis palustris* hinsichtlich der Bodenazidität der Bergbaufolge-Flächen

Infolge der voranschreitenden Sukzession verändern sich die Standorteigenschaften hinsichtlich der Vegetationsschichtung und -deckung, Artenzusammensetzung und Bodenverhältnisse. Als wichtigster Faktor für den starken Rückgang der Vorkommen von *Epipactis palustris* auf älteren Flächen (>45 Jahre) ist die abnehmende Lichtintensität durch zunehmende Verbuschung und die Entwicklung von Pionierwäldern zu nennen. Infolge dessen verringern sich Triebzahlen und Fertilität von *Epipactis palustris* auf derartigen Standorten.

Populationsentwicklung, Gefährdungsanalyse und Entwicklungsprognose auf ausgewählten Standorten

A) Kayna-Süd – Einfluss des Grundwasseranstiegs

Der südöstliche Teil des Restloches Kayna-Süd ist durch eine hohe Strukturvielfalt und Substratdynamik gekennzeichnet. Hier etablierten sich in der Vergangenheit auf lichten, feuchten bis nassen oder wechselfeuchten Standorten hauptsächlich entlang der Uferlinie mehrere Sumpf-Sitter-Bestände.

Durch den Wiederanstieg des Grundwassers sind diese Populationen jedoch zunehmend gefährdet. Bei Erreichen des prognostizierten Endwasserstandes von 98 m NN wird der Großteil der aktuellen *Epipactis palustris*-Vorkommen in Kayna-Süd überflutet sein. Andererseits werden an der zukünftigen Uferlinie neue Standorte, die dem Sumpf-Sitter aufgrund ihrer Standortfaktoren günstige Etablierungsmöglichkeiten bieten, entstehen.

Der Fortbestand dieser Orchideenart in Kayna-Süd wird somit im Wesentlichen von den folgenden zwei Faktoren abhängen:

(1) Werden der Art nach Erreichen des Endwasserstandes ausreichend große Areale zur Verfügung stehen, die Etablierungsmöglichkeiten bieten?

(2) Wird die Art in der Lage sein, durch generative und vegetative Ausbreitung neue Standorte zu besiedeln und so die Defizite infolge der Flutung bereits etablierter Populationen auszugleichen?

Durch eine Verschneidung der Ergebnisse aus boden- und vegetationskundlichen Untersuchungen sowie aus der Biotopkartierung konnten potenziell geeignete Standorte für Neuetablierungen des Sumpf-Sitters sowie zur Ausbreitung bereits vorhandener Populationen prognostiziert werden.

In Abb. 15 sind die aktuellen *Epipactis palustris*-Vorkommen sowie potenzielle Besiedlungsflächen nach Erreichen des Endwasserstandes dargestellt. Eine Gesamtfläche von ca. 2,3 ha weist demzufolge nach Ende der Flutung Bedingungen auf, die eine Etablierung der Art prinzipiell ermöglichen. Hierzu gehören Röhrichte, spontane Gras-Krautfluren und Rohböden bzw. Rohbodenmosaike. Die flächenanteilig größten Bereiche, welche geeignete Standortbedingungen aufweisen, befinden sich an der künftigen Uferlinie des Restlochsees.

Aus der Lage der aktuellen Vorkommen zu den potenziell geeigneten Habitaten können zwei Rückzugs- bzw. Wiederausbreitungszentren abgeleitet werden. Die individuenreichsten Bestände (bis 650 Triebe/25m²) befanden sich bisher am südlichen Zipfel des Seeufers. In diesem Bereich wurden im Zeitraum von 2000 bis 2002 vier Flächen mit einer Größe von 25 m² populationsbiologisch untersucht. Die Ergebnisse werden in Abb. 14 dargestellt. Fläche 1 (Abb. 14, o.l.) befand sich zu Beginn der Untersuchungen direkt an der Uferlinie und war 2001 schon bis zu 50% mit Wasser bedeckt. Durch den Grundwasseranstieg verringerte sich die Populationsdichte um ca. 75 % (644 → 166). Im Jahr 2000 wurde mit Ausnahme der sterilen Triebe mit bis zu drei Laubblättern eine annähernd gleiche Verteilung der Größenklassen festgestellt. Bis zum Jahr 2002 stiegen die prozentualen Anteile der blühenden Triebe auf 50 % an, hingegen nahm der Anteil steriler Größenklassen ab. Es ist wahrscheinlich, dass der erhöhte Wasserstand am Standort eine Stresssituation erzeugt, die bei den zumeist kräftigen, noch persistierenden Trieben eine erhöhte Blüten- und Samenbildung zur Kompensation der Verluste hervorruft. Eine erhöhte Reproduktion durch generative oder vegetative Diasporen wurde bereits für andere Pflanzenarten als Reaktion auf Stressfaktoren beschrieben (z.B. URBANSKA 1992).

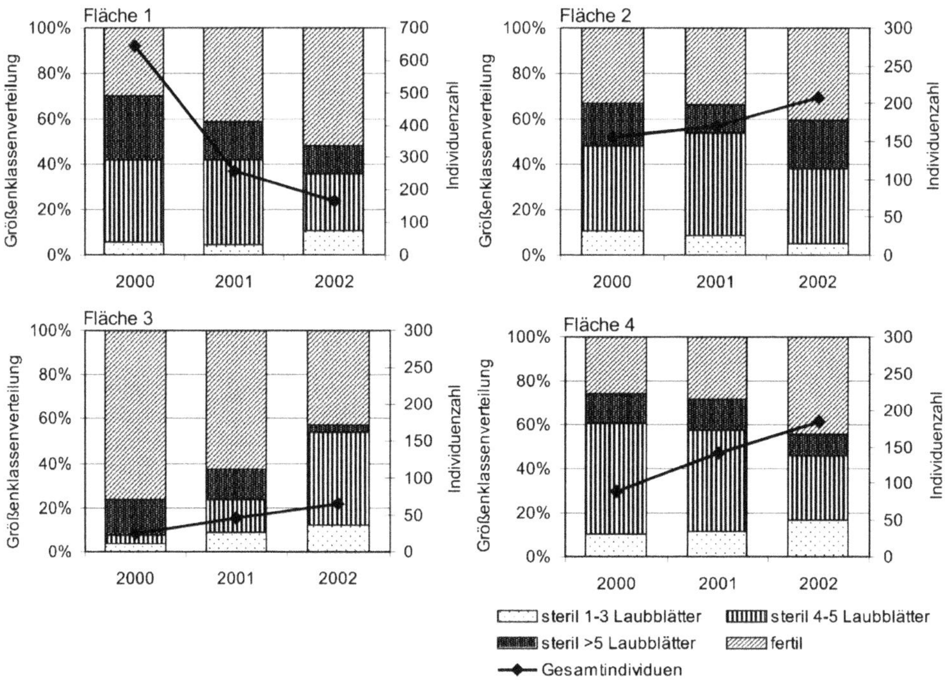

Abb. 14: Populationsentwicklung von *Epipactis palustris* auf vier 25 m²-Flächen in Kayna-Süd von 2000 bis 2002

Die anderen Untersuchungsflächen lagen zum Zeitpunkt der Untersuchungen noch außerhalb des direkten Einflussbereiches des ansteigenden Wasserspiegels. Auf allen drei Flächen konnte ein deutliches Populationswachstum bis zum Jahr 2002 festgestellt werden. Insbesondere auf den am weitesten von der Uferlinie entfernten Standorten (Abb. 14, unten) erhöhte sich die Anzahl der Triebe, wahrscheinlich durch verstärkte vegetative Ausbreitung, rapide auf etwa das Doppelte im Vergleich zum Ausgangsjahr 2000.

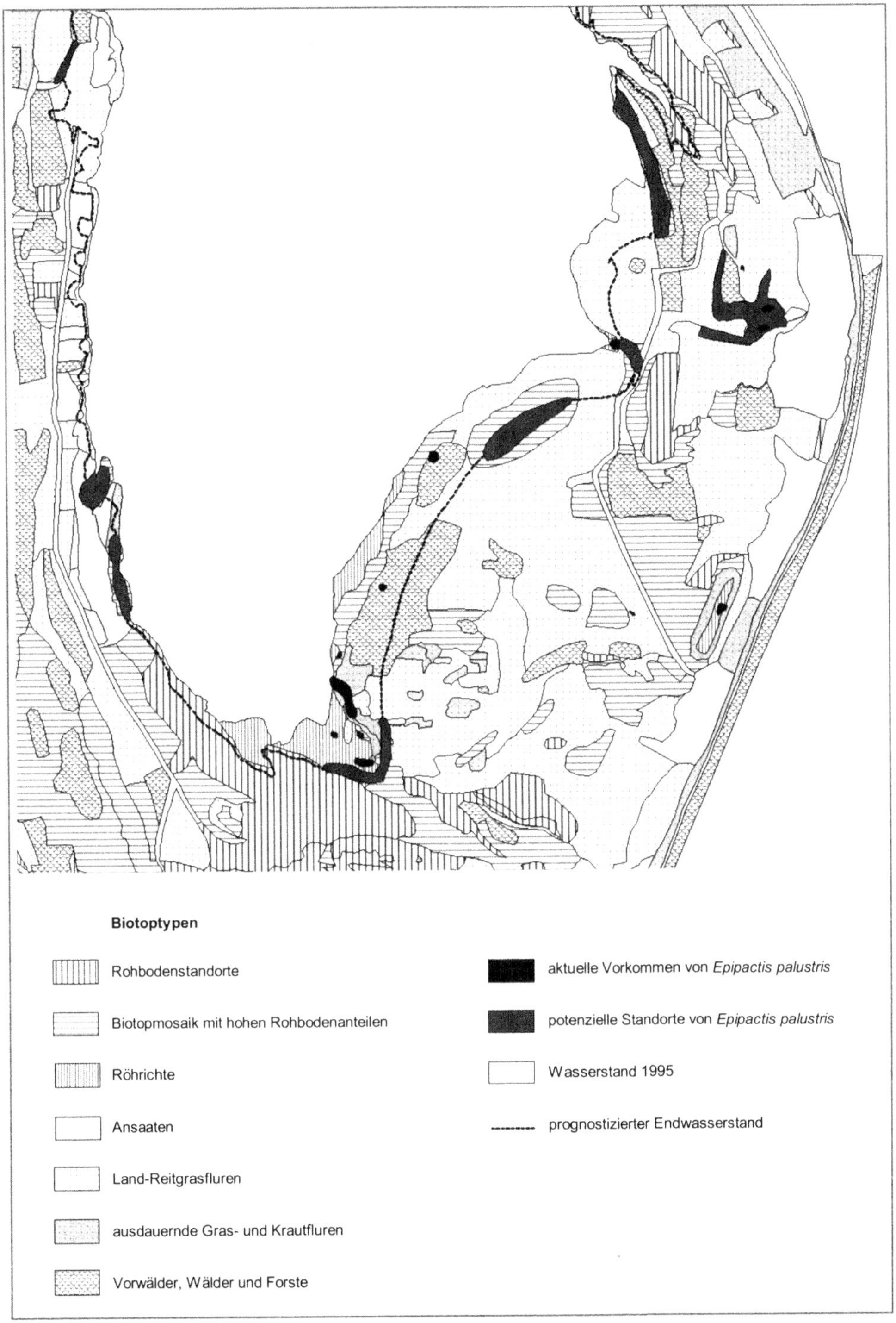

Abb. 15: Aktuelle Vorkommen von *Epipactis palustris* (Stand 2002) und potenzielle Standorte für eine Neubesiedlung

Es kann davon ausgegangen werden, dass *Epipactis palustris* zunächst von der zunehmenden Vernässung profitiert, was zur Vergrößerung der Bestände auf vormals noch trockenen, vielleicht auch suboptimalen Standorten führt und somit das „Wandern" mit der Uferlinie bei nicht zu schneller Flutung möglich macht.

Aufgrund der verstärkten Blütenbildung der Art bei einsetzender Standortflutung sowie der Möglichkeit, durch vegetative Ausbreitung ihre Populationen vor der Uferlinie zu vergrößern, ist es als wahrscheinlich anzusehen, dass die Art, die potenziell geeigneten Wiederansiedlungsgebiete am Südzipfel des Sees erreicht. Dabei ist zunächst mit vergleichsweise geringer Populationsgröße zu rechnen. Dem Erhalt der potenziell geeigneten Sukzessionsflächen in diesem Bereich kommt daher eine essenzielle Bedeutung zur mittelfristigen Sicherung der Sumpf-Sitter-Vorkommen in Kayna-Süd zu.

Prognostisch interessant sind weiterhin Erosionsrinnen und Senken an der östlich gelegenen Böschung, welche außerhalb des Flutungsbereiches liegen. Bisher etablierten sich hier nur relativ individuenarme Bestände, die sich aber aufgrund der Standorteignung durchaus vergrößern und als Diasporenquellen für weitere Besiedlungsprozesse umliegender Flächen dienen können.

B) Bestandsentwicklung in Pirkau, Roßbach und Domsen

Die Ausprägung der Populationen hinsichtlich Abundanz und Areal wird neben vielfältigen Faktoren, wie Bodenart, Nährstoffgehalt, pH-Wert und Feuchtigkeit insbesondere durch die Lichtintensität und somit dem Konkurrenzdruck durch aufkommende Gehölze beeinflusst. Die populationsbiologischen Untersuchungen in Sumpf-Sitter-Vorkommen der Tagebaue Pirkau, Roßbach und Domsen orientierten sich insbesondere an der Stellung der Standorte innerhalb des Sukzessionsprozesses. Im Folgenden wird die Bestandesentwicklung von 1996 bis 2002 kurz charakterisiert.

- Pirkau – Offenlandphase

In der Tagebauregion Zeitz/Weißenfels/Hohenmölsen im Restschlauch Pirkau befindet sich mit über eine Millionen geschätzten Trieben einer der individuenreichsten Standorte in der Bergbaufolgelandschaft, welcher darüber hinaus auch überregional von größter Bedeutung ist. Aufgrund des permanent hoch anstehenden Grundwassers, der hohen Lichtintensität – nur punktuell kommen Gehölze auf – und der neutralen Bodenreaktion findet *Epipactis palustris* aktuell optimale Standortbedingungen, was sich auch in der positiven Bestandsentwicklung abzeichnet (vgl. Abb. 16). Aufgrund der nur langsam voranschreitenden Gehölzsukzession ist auch mittelfristig eine stabile Population zu erwarten.

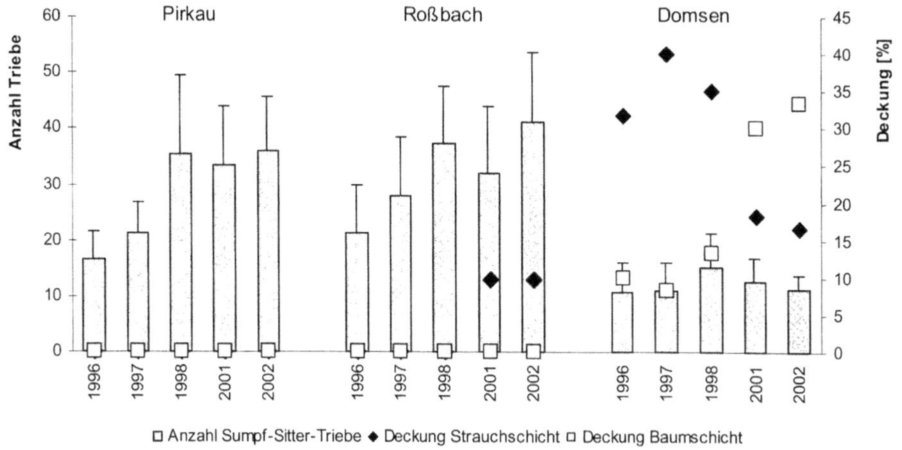

Abb. 16: Entwicklung der Triebanzahlen von *Epipactis palustris* auf Untersuchungsflächen [25 m², n = 3] in den Tagebauen Pirkau, Roßbach und Domsen

- Roßbach – Verbuschungsstadium

Die populationsbiologischen Untersuchungen zu *Epipactis palustris* fanden auf Flächen an einem Böschungsfuß, in einer langgestreckten Senke, im südlichen Teil des Restloches statt. Die Senke ist nur temporär mit Wasser gefüllt und bietet vor allem Feuchtarten (*Phragmites australis, Eleocharis palustris*) Lebensraum. Der Standort ist durch voranschreitende Sukzession geprägt. In den letzten Jahren ist insbesondere ein verstärkter Aufwuchs von Pioniergehölzen wie *Betula pendula, Populus tremula* und *Salix caprea* zu verzeichnen. Bisher konnten keine negativen Auswirkungen auf die Bestandesentwicklung von *Epipactis palustris* festgestellt werden, langfristig ist infolge der weiteren Gehölzentwicklung jedoch mit einem Rückgang der Population zu rechnen.

- Domsen – Pionierwaldphase

Die Untersuchungsflächen im Tagebau Domsen sind bereits ca. 30 Jahre alt. Während dieser Zeit fand eine weitgehend ungestörte Gehölzsukzession statt. Der sich auf diesen Standorten entwickelte Pionierwald wird durch das verstärkte Auftreten von Pioniergehölzen wie *Betula pendula, Popuplus tremula* und *Salix caprea* charakterisiert. Die durchschnittliche Deckung der Baumschicht beträgt aktuell ca. 35 %. Infolge der geringeren Lichteinstrahlung ist dieser Standort weniger dicht besiedelt als die Untersuchungsflächen in den Tagebauen Pirkau und Roßbach. Das Populationswachstum von *Epipactis palustris* im Tagebau Domsen stagniert. Bei einem weiteren Anstieg der Gehölzbedeckung kann für diese Population ein Absinken der Fertilität prognostiziert werden. Infolge des Lichtmangels, in dichteren Beständen, kommt es zu einem Vergeilungseffekt, das heißt die Triebe werden höher und mehr Energie in das Blatt- und Sprosswachstum, als in die Blütenausbildung investiert. Auch Untersuchungen von HEYDE (1996) in einem dichten Pionierwald (Deckung 50 - 60 %) ergaben, dass der Sumpf-Sitter auf diesen Standorten fast ausschließlich steril auftrat. Aufgrund der möglichen vegetativen Ausbreitung durch das unterirdische Rhizomgeflecht ist *Epipactis palustris* nach einer erfolgreichen Etablierung zwar prinzipiell in der Lage, auch in lückigen Pionierwaldstadien einige Zeit zu überdauern, mittelfristig muss jedoch bei anhaltender Gehölzentwicklung und ohne Standortmanagement (Entnahme von Gehölzen) von dem Verlust der Populationen ausgegangen werden.

Wird, wie in diesem Fall, durch ein Monitoring deutlich, dass eine Gefahr für den Fortbestand der Population besteht, sollten analog zum Beispiel Kayna-Süd zunächst potenzielle Rückzugs- und Wiederausbreitungsgebiete in der näheren Umgebung erfasst werden, bevor über ein mögliches Standortmanagement entschieden wird (siehe dazu auch Abb. 17). Wirksame Managementstrategien zum Erhalt der Populationen vor Ort sind die Vermeidung von Nährstoffeinträgen bzw. Aushagerung sowie die Optimierung des Wasserhaushaltes (Vernässung). In beiden Fällen wird das Konkurrenzgefüge zu Gunsten von *Epipactis palustris* gegenüber aufkommenden Gehölzen und konkurrenzkräftigen krautigen Arten (Land-Reitgras, Hochstauden) verändert. Wohingegen eine Entnahme von Gehölzen unter bestimmten Rahmenbedingungen (nährstoffreichere Standortbedingungen) auch zur Förderung konkurrenzkräftiger Arten der Krautschicht führen kann. Die Auswirkungen der geplanten Maßnahmen auf den zönotische Kontext müssen deshalb im Vorfeld geklärt werden.

Schlussfolgerungen zur Bedeutung und zum Erhalt von Sumpf-Sitter-Populationen in der Bergbaufolgelandschaft

Die Tagebaufolgelandschaften besitzen für den Erhalt von *Epipactis palustris*-Populationen im Mitteldeutschen Raum eine große Bedeutung, da sie Ersatzlebensräume für Biotope der Natur- und Kulturlandschaft darstellen, die durch eine intensive Landnutzung verändert werden oder zunehmend verschwinden (TISCHEW & KIRMER 2003). Durch Substratheterogenität und stark wechselnde Wasserverhältnisse konnte sich in der Bergbaufolgelandschaft großflächig ein Biotopmosaik entwickeln, welches *Epipactis palustris* gute standortökologische Voraussetzungen für Keimung und Etablierung bietet.

Durch Nähr- und Schadstoffakkumulation aus Emissionen der Umgebung sowie durch fortschreitende Sukzession erfolgt langfristig eine Angleichung an die Standortbedingungen außerhalb der Bergbaufolgelandschaft. Zudem wurden und werden im Zuge der Sanierung die Restlöcher einer raschen Flutung unterzogen, feucht-nasse Senken verfüllt, die Böschungen und Abbruchkanten abgeschoben und Flächen mit natürlicher Vegetation durch Begrünung verändert. Demzufolge werden eine Reihe von bestehenden und potenziellen Standorten durch die Sanierungsarbeiten zerstört.

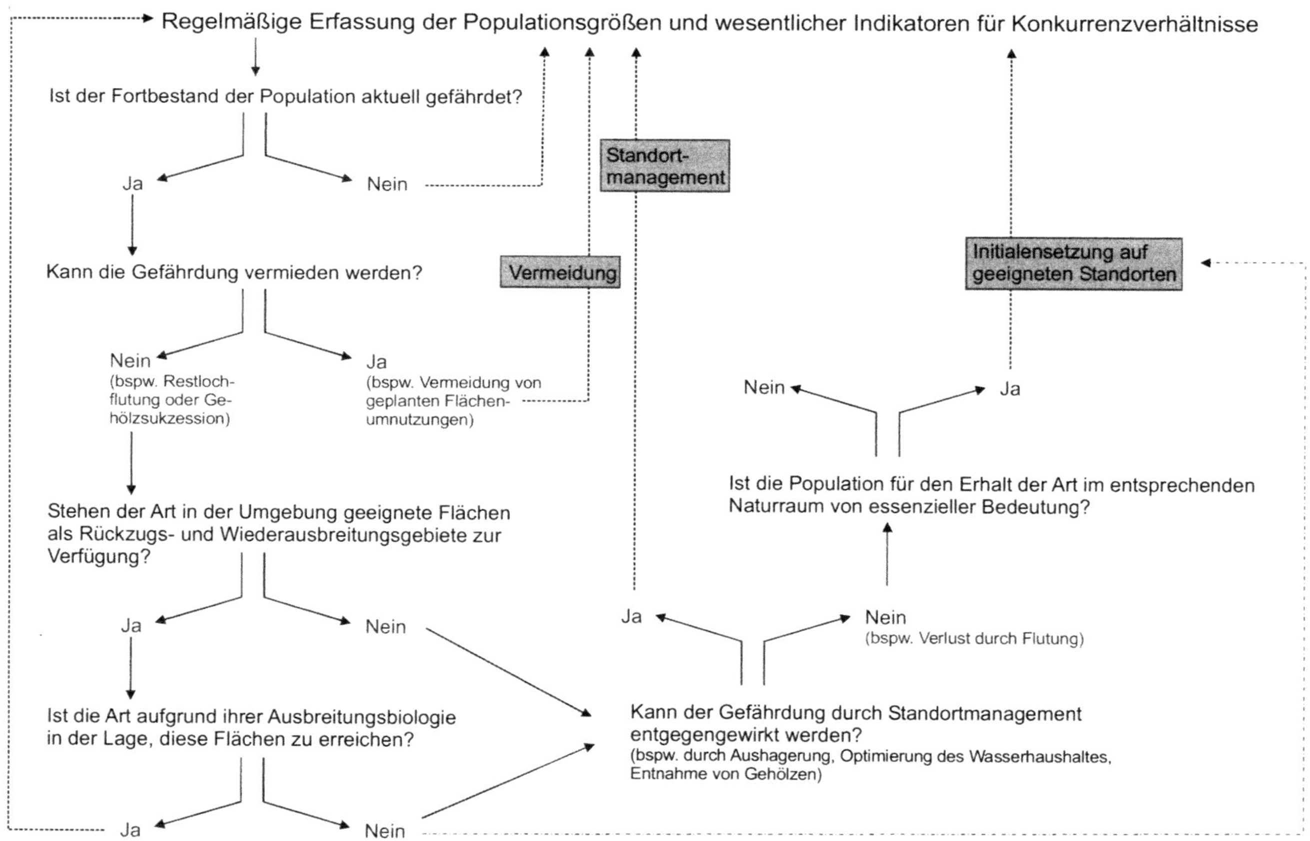

Abb. 17: Management von schützenswerten Pflanzenarten in der Bergbaufolgelandschaft

Obwohl langfristig gesehen nicht alle aktuell großflächig verbreiteten und überaus individuenreichen Populationen gesichert werden können, muss auf den Erhalt überlebensfähiger Populationen in der Bergbaufolgelandschaft größter Wert gelegt werden, da die Art hier in ihrem ursprünglichen Verbreitungsschwerpunkt in Sachsen-Anhalt heute ausschließlich auf Folgeflächen des Braunkohlenbergbaus vorkommt.

Um den Erhalt von *Epipactis palustris* in der Tagebaufolgelandschaft mittelfristig zu sichern, sind im Sinne eines dynamischen Naturschutzes (Prozessschutz) unbedingt Maßnahmen zum Erhalt von potenziell geeigneten jungen Sukzessionsflächen notwendig. Durch die Ausweisung und den Schutz von Sukzessionsflächen können auf aktuell jungen Kippenflächen (z.B. Mücheln-Innenkippe, Tagebau Roßbach, Aktivbergbau MIBRAG mbH) wieder neue Lebensräume für den Sumpf-Sitter entstehen, die in den kommenden Jahren die Verluste kompensieren können. Besonders in Bereichen dauerhaft nasser Standorte werden dem Sumpf-Sitter durch die Entwicklung von Niedermoorgesellschaften (Kleinseggengesellschaften) längerfristig günstige Bedingungen geboten. Dabei sollte auf den Erhalt zwar basenreicher aber stickstoffarmer Bodenverhältnisse (Vermeidung von Nährstoffeinträgen, Düngungsmaßnahmen oder Einsaaten) orientiert werden, um eine erfolgreiche spontane Ansiedlung der Art auf neuen Standorten über Windausbreitung zu unterstützen.

Für den Wiederbesiedlungsprozess auf Bergbaufolgeflächen sowie natürlicher Standorte sind vitale Populationen mit einer hohen Samenproduktion essenziell. Der Vorteil der effektiven Windausbreitung lässt, ausgehend von den Tagebaupopulationen, auf eine weitere mögliche und erfolgreiche Etablierung der Art auf renaturierten Standorten im gewachsenen Umland (z.B. Feuchtwiesen- und Niedermoor-Renaturierung) hoffen.

4.3 Natternzungengewächse (Ophioglossaceae): standortökologische Bindung, Verbreitung und Stellung im Sukzessionsverlauf

Sabine Tischew & Andreas Lebender

Überblick zur Biologie, Verbreitung und Gefährdung

Natternzungengewächse sind ausdauernde, kleine bis mittelgroße Pflanzen und bilden unter den heute lebenden Farnen die ursprünglichste Gruppe. In jeder Vegetationsperiode wird nur ein gestieltes Blatt entwickelt, das in einen sterilen und einen fertilen Abschnitt gegliedert ist. Die Arten der Gattung sind ab Mai im Gelände nachzuweisen und sterben nach der Sporenreife Mitte Juni wieder ab (Foto 31).

Foto 31: (von links) a: *Ophioglossum vulgatum* (Gemeine Natternzunge), b: *Botrychium matricariifolium* (Ästige Mondraute) und c: *Botrychium lunaria* (Mond-Rautenfarn)

In den letzten Jahrzehnten konnten im mitteleuropäischen Raum viele Fundorte der Ophioglossaceen nicht mehr nachgewiesen werden. Hauptgrund der stetigen Abnahme dieser Pflanzengruppe und der steigenden Gefährdung ist nach Meinung verschiedener Autoren (BENKERT 1982, BENNERT 1976) die Veränderung der Umweltbedingungen durch anthropogene Eingriffe, vor allem durch die fast flächendeckende Melioration nährstoffärmerer Standorte. Bedingt durch die geringe Größe dieser Artengruppe und der Bevorzugung lichtreicher Wuchsplätze, unterliegen Ophioglossaceen schnell dem steigenden Konkurrenzdruck auf nährstoffreicheren Standorten. Dieser generelle Trend kann auch für den Untersuchungsraum im Südosten Sachsen-Anhalts und Teilbereiche Sachsens bestätigt werden. Um Aussagen hinsichtlich der ehemaligen bzw. aktuellen Verbreitung der Ophioglossaceen im Untersuchungsraum treffen zu können, wurden Fundortangaben der Floristischen Kartierung Sachsen-Anhalts (unterteilt in Artnachweise vor 1949, 1950 - 1992 sowie nach 1992) sowie alle bekannten aktuellen Fundorte ausgewertet (TISCHEW & LEBENDER 2003). Waren im Kartierzeitraum zwischen 1950 bis 1992 in Sachsen-Anhalt noch über 50 Messtischblattquadranten von den Vertretern der Ophioglossaceen (*Ophioglossum vulgatum*, *Botrychium matricariifolium* oder *Botrychium lunaria*) besiedelt, sind es heute nur noch 28 Messtischblattquadranten (siehe Abb. 18 bis Abb. 20). Diesem Trend steht die Anzahl an Neuetablierungen auf Sekundärstandorten entgegen. Von den aktuell besiedelten Messtischblattquadranten entfallen 12 Flächen auf Sekundärstandorte in Abgrabungsgebieten. Neben Neubesiedlungen auf Halden der Kali-Industrie sind viele Etablierungen in der Folgelandschaft des Braunkohlenbergbaus zu verzeichnen. Die Fundortangaben vor 1949 geben sicherlich nicht die vollständige Verbreitung der Arten wider, zeigen aber dennoch die ehemaligen Verbreitungszentren.

Die Populationsgrößen der aktuell untersuchten Bestände von *Ophioglossum vulgatum*, *Botrychium matricariifolium* und *Botrychium lunaria* sind aus Tab. 6 ersichtlich. Durch den Rückgang der Ophioglossaceen auf natürlichen Standorten sind einige Vorkommen in der Tagebaufolgelandschaft mehr als 50 km von den nächstgelegenen Fundorten entfernt. Die großräumigen Tagebauflächen können damit als überdimensionale „Diasporenfallen" mit sehr gut geeigneten Konkurrenz- und Standortbedingungen für die Ophioglossaceen wirken (TISCHEW & KIRMER 2003).

Nach erfolgreicher Etablierung kann *Ophioglossum vulgatum* durch die Fähigkeit der ungeschlechtlichen Vermehrung mittels Adventivsprossen schneller und häufiger Bestände mit zahlreichen Trieben aufbauen als die Arten der Gattung *Botrychium*, denen die Möglichkeit der ungeschlechtlichen Vermehrung fehlt. Folglich genügt bei *Ophioglossum vulgatum* die Keimung einer oder nur weniger Sporen zur Gründung einer Population (GÜRGENS 1966/67, WOLFF 1969). Die *Ophioglossum vulgatum*-Populationen der Tagebaufolgelandschaft entsprechen mit durchschnittlich mehreren hundert Trieben den Populationsgrößen auf gewachsenen Standorten (Tab. 6). Nach BENNERT (1999) weisen über die Hälfte der Vorkommen im mitteleuropäischen Raum zwischen 100 und 1.000 Wedel auf.

Tab. 6: Untersuchte Standorte und Populationsgrößen (Anzahl von Individuen bzw. Trieben) der Ophioglossaceen in der Tagebaufolgelandschaft Sachsen-Anhalts (Stand 2001)

Tagebau	*Botrychium lunaria*	*Botrychium matricariifolium*	*Ophioglossum vulgatum*
Tagebauregion Bitterfeld			
Halde 10/35	bis 10 (verstreut)	628 (2 Standorte)	> 2.000 (5 Standorte)
Tagebau Muldenstein	ca. 10 (1 Standort)		
Tagebauregion Gräfenhainichen			
Tagebau Golpa III	ca. 10 (1 Standort)		
Tagebauregion Halle-Ost			
Tagebau Lochau	ca. 10		ca. 1.000 (mehrere Standorte)
Tagebauregion Geiseltal			
Halde Blösien	ca. 50 (1 Standort)		> 50 (1 Standort)
Mücheln-Innenkippe	ca. 100 (1 Standort)		ca. 200 (1 Standort)
Tagebau Kayna-Süd	ca. 70		
Tagebau Roßbach	> 1.000 (verstreut)		> 100 (1 Standort)
Tagebauregion Zeitz/Weißenfels/Hohenmölsen			
Tagebau Jaucha	vereinzelt		ca. 500 (3 Standorte)
Alt-Tagebau Vollert			ca. 300 (1 Standort)
Tagebau Domsen			vereinzelt
Tagebauregion Südraum Leipzig (Sachsen)			
Tagebau Witznitz			ca. 600 (4 Standorte)

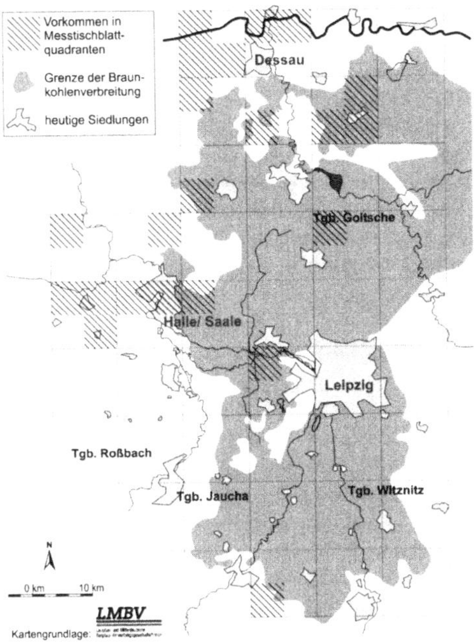

Abb. 18: Vorkommen von Arten der Ophioglossaceen in Messtischblattquadranten vor 1949

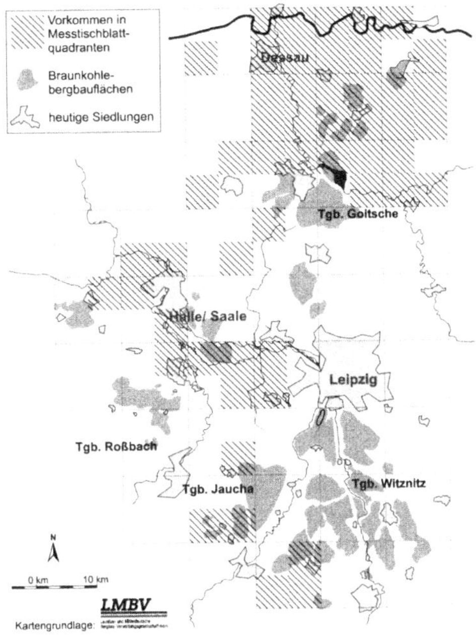

Abb. 19: Vorkommen von Arten der Ophioglossaceen in Messtischblattquadranten zwischen 1950 und 1992

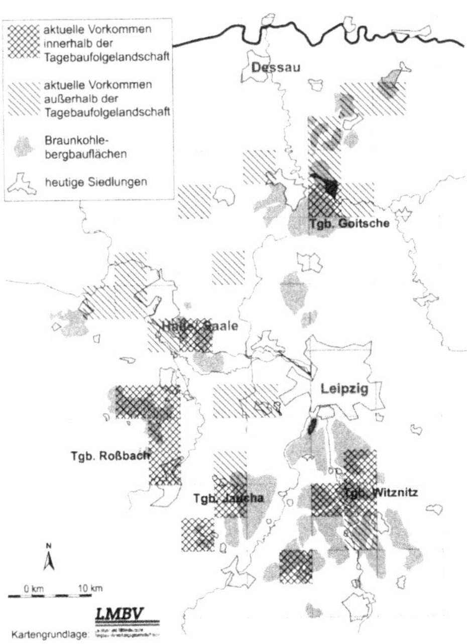

Abb. 20: Aktuelle Vorkommen (nach 1992) von Arten der Ophioglossaceen in Messtischblattquadranten

Foto 32: Wuchsort von Natternzungenfarnen (Birken-Pionierwald im NSG Nordfeld Jaucha; Foto: K. Heyde 1996)

Zwei Drittel der Populationen von *Botrychium lunaria* bestehen dagegen auf den gewachsenen Standorten nur aus ca. 50 Individuen. Noch individuenärmer sind die wenigen bisher bekannten Fundorte von *Botrychium matricariifolium* (BENNERT 1999). Die Populationen von *Botrychium lunaria* im Tagebau Roßbach mit weit über 1.000 Individuen und von *Botrychium matricariifolium* in der Goitzsche mit ca. 630 Individuen im Jahre 2001 gehören somit zu den wenigen individuenreichen Populationen im mitteleuropäischen Raum und weisen auf den hohen Stellenwert der Tagebaufolgelandschaft als Ersatzlebensraum für diese Artengruppe hin. Individuenreiche Populationen dieser konkurrenzschwachen Arten gehen häufig auch auf relativ stabile Habitatbedingungen zurück. Nur auf Flächen mit sehr langsam fortschreitender oder vorwiegend stagnierender Entwicklung in mittleren Sukzessionsstadien können sich diese Arten über längere Zeit behaupten und überdurchschnittlich große Populationen aufbauen. Derartige Bedingungen sind vor allem in den unsanierten Tagebaubereichen mit den unentwickelten und nährstoffarmen Böden gegeben.

Zeitliche und standortökologische Einnischung der Ophioglossaceen

Eine Besiedlung der Tagebauflächen erfolgt erst auf 20- bis 30jährigen Standorten. Bevorzugt werden nährstoffarme, lichtreiche Kippenflächen mit einer geringen Deckung der Kraut- und Strauchschicht (LEBENDER et al. 1999, TISCHEW & LEBENDER 2003). Sie sind damit in der Bergbaufolgelandschaft typische Arten mittlerer Sukzessionsstadien. Offensichtlich müssen erst bestimmte Bodenentwicklungen, vor allem die Besiedlung mit geeigneten Mykorrhizapilzen abgeschlossen sein, damit sich diese Arten etablieren können. Die Prothallien (Vorkeime) der Ophioglossaceen sind im Gegensatz zu anderen Farnen heterotroph und können sich ohne symbiontische Pilze nicht entwickeln (BENNERT 1999).

Auf den Standorten der Bergbaufolgelandschaft mit Vorkommen von *Ophioglossum vulgatum* wurde während der Vegetationsperioden 1999 - 2001 mit LiCor-Photosensoren der Anteil photosynthetisch aktiver Strahlung (% PhAR), der in der Krautschicht von den Natternzungenfarnen genutzt werden kann, gemessen (Abb. 21).

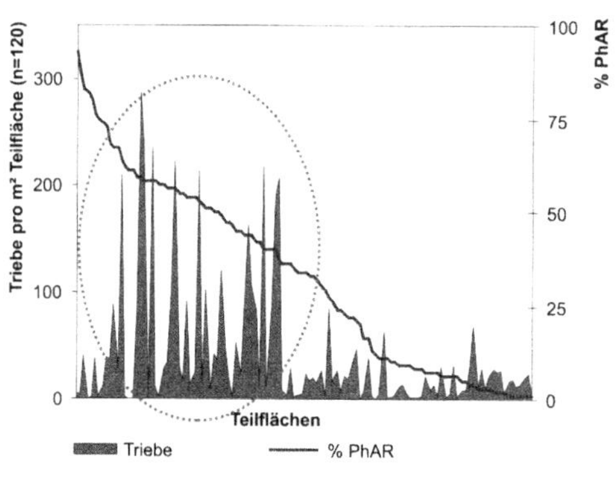

Abb. 21: Anzahl von Trieben von *Ophioglossum vulgatum* in Abhängigkeit von der photosynthetisch aktiven Strahlung im Bestand (% PhAR) der Vorkommen in der Bergbaufolgelandschaft

Im Bereich von 36 - 64 % PhAR im Bestand sind die höchsten Triebzahlen zu erkennen. Wird dieser Bereich der photosynthetisch aktiven Strahlung über- oder unterschritten, nehmen die Triebzahlen deutlich ab. Diese Ergebnisse unterstreichen die Bindung der Art an lichte Pionierwälder der Bergbaufolgelandschaft. In der unverritzten Kulturlandschaft ist die Art dagegen häufiger in Offenlandbiotopen (z.B. Feuchtwiesen) zu finden (BENNERT 1999).

Ophioglossum vulgatum besiedelt als feuchteliebende Art bevorzugt grundwassernahe Bereiche bzw. Substrate mit ausgeglichenem Wasserhaushalt. Die beiden *Botrychium*-Arten sind allgemein auf trockeneren Standorten zu finden und meiden stark gehölzbestandene Bereiche. Hinsichtlich des pH-Wertes wird von den Ophioglossaceen ein breites Spektrum von stark sauer bis schwach alkalisch besiedelt (Abb. 22). In Übereinstimmung mit Untersuchungen in anderen Regionen (HUCK 1999,

WOLFF 1987, BREMER 1988) konnten eine Bindung von *Botrychium matricariifolium* an saure, sandige Substrate festgestellt und der durchschnittlich höhere pH-Wert an den Standorten von *Botrychium lunaria* und *Ophiglossum vulgatum* bestätigt werden. Die extrem sauren Tertiär-Substrate werden aber von allen Arten gemieden. Mit einem Gehalt von 0,05 - 0,1 % N_t waren die Kipp-Substrate aller Wuchsorte sehr stickstoffarm (Elementaranaylse mit Atomabsorptionsspektrometer, AG BODEN 1994). *Botrychium matricariifolium* ist auf der Halde 10/35 im Tagebau Goitzsche vorzugsweise auf trockenen, sandigen Substraten zu finden; unmittelbar angrenzende Bereiche mit stark tonigen und damit wasserspeichernden Substraten wurden von dieser Art nicht besiedelt.

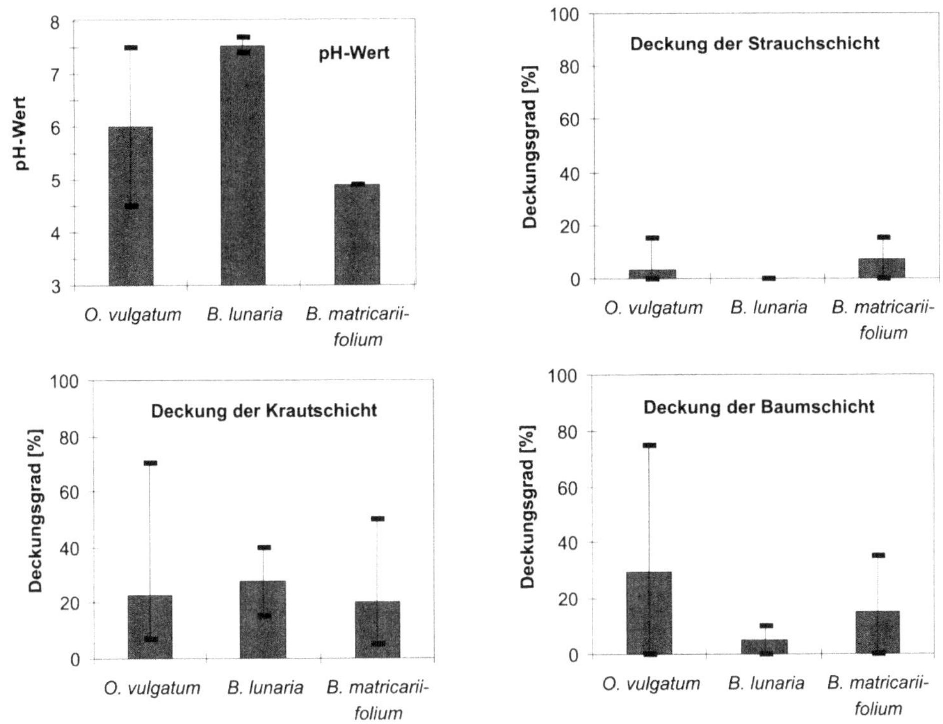

Abb. 22: Standortökologische Parameter der Ophioglossaceen-Populationen in der Tagebaufolgelandschaft (*O. vulgatum* L.: n = 54; *B. lunaria* (L.) SW.: n = 18; *B. matricariifolium* (RETZ.) KOCH: n = 7); pH-Wert in 0,01 mol $CaCl_2$-Lösung (VDLUFA 1991)

Populationsentwicklung von *Ophioglossum vulgatum* auf ausgewählten Standorten

Die Population im ca. 30 Jahre alten lichten Pionierwald im Nordfeld Jaucha zeigte während des Untersuchungszeitraumes eine stabile Entwicklung (Abb. 23). Trotz geringer Deckung der Baum- und Strauchschicht blieb die Krautschicht so lückig, dass die lichtbedürftigen *Ophioglossum vulgatum* – Triebe optimale Standortbedingungen vorfanden. Dazu trug sicherlich, neben den nährstoffarmen Bedingungen (niedrige N_t-Gehalte von 0,1 %; pH-Wert 5,3 - 5,4), auch das hoch anstehende Grundwasser bei, so dass die geringen Niederschläge in den Vegetationsperioden 1996, 1997 und 1999 (Abb. 25) kaum eine Auswirkung auf die Bestandsgröße und -struktur hatten. Die hohe Standardabweichung bei den Gesamt-Triebzahlen ist sicherlich durch die ein- bis gelegentlich mehrjährigen Ruhephasen bedingt, die *Ophioglossum vulgatum* ohne Ausbildung oberirdischer Organe einlegen kann (BENNERT 1999). Für diese insgesamt sehr individuenreiche Population wird auch für die nächsten Jahre eine stabile Bestandsentwicklung prognostiziert.

Außer der oben besprochenen Population in lichten Pionierwäldern wurde eine weitere Population in einem dichteren Pionierwald des Nordfeldes Jaucha untersucht. Diese Population weist aufgrund der im Vergleich zu Fläche J4 höheren Baumschichtdeckung eine wesentlich geringere Triebdichte/m² auf. Einer Veränderung der Konkurrenzsituation in der Krautschicht (Zunahme von *Eupatorium cannabinum*) in Kombination mit einer weiteren Zunahme der Baumschichtdeckung führte hier zu einem Zusammenbruch der Population (Abb. 24). Die mittlere Triebzahl von *O. vulgatum* betrug 2001 nur noch weniger als 3 Triebe/m². Es konnten kaum noch fertile Wedel ausgebildet werden. Ebenso wie die Population im lichten Pionierwald ist der grundwassernahe Standort durch einen stickstoffarmen, lehmig-schluffigen Sand gekennzeichnet. Lediglich der pH-Wert ist mit 6,5 - 7,5 höher und könnte eine Ursache für die raschere Sukzession sein, in deren weiterem Verlauf mit einer vollständigen Verdrängung der *Ophioglossum vulgatum*-Population zu rechnen ist.

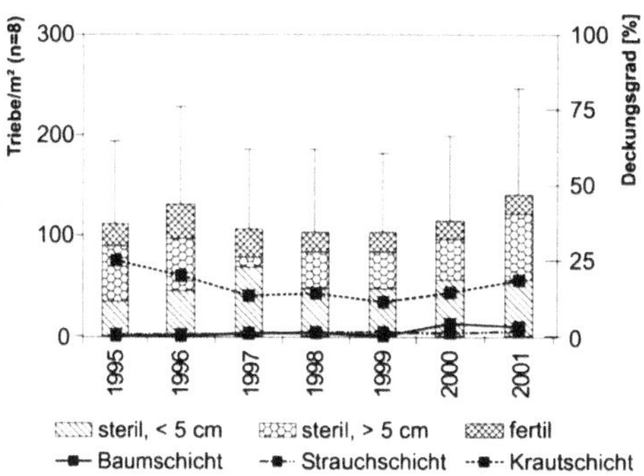

Abb. 23: Entwicklung der *Ophioglossum vulgatum*-Population im lichten Pionierwald im Nordfeld Jaucha (J4) im Untersuchungszeitraum 1995 bis 2001 (Flächengröße: 1 m²). Die Standardabweichungen wurden für die Gesamt-Triebzahlen angegeben.

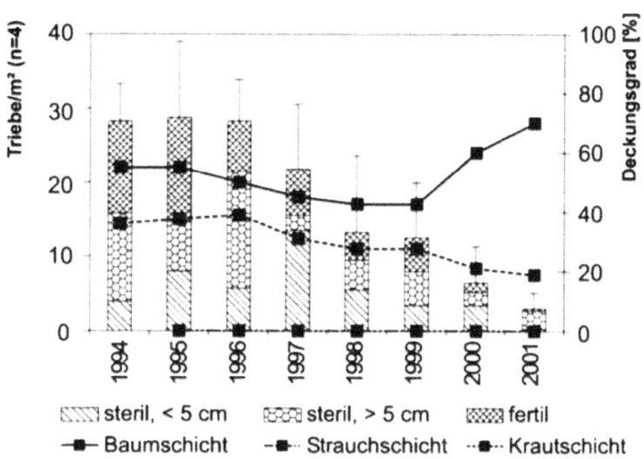

Abb. 24: Entwicklung der *Ophioglossum vulgatum*-Population im dichten Pionierwald im Nordfeld Jaucha (J1) im Untersuchungszeitraum 1994 bis 2001 (Flächengröße: 1 m²). Die Standardabweichungen wurden für die Gesamt-Triebzahlen angegeben.

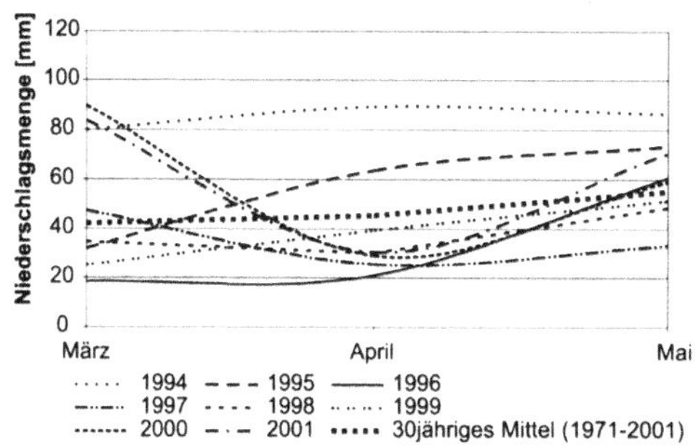

Abb. 25: Niederschlagsverteilung im Untersuchungszeitraum (Klimastation Doebris-Pirkau, Referenzstation für Nordfeld Jaucha)

Die Populationsentwicklung auf der Halde 10/35 im Tagebau Goitzsche (Alter ca. 30 Jahre, toniges Substrat, pH-Wert 4,3 - 5,0) ist durch eine deutliche Abnahme der *Ophioglossum vulgatum*-Triebe im Untersuchungszeitraum zwischen 1995 und 2001 gekennzeichnet, die hauptsächlich auf Einbrüche in den Triebzahlen in den Jahren 1997 und 2000 zurückgeht (Abb. 26). Ähnliche Entwicklungen sind auch in der Krautschicht zu verzeichnen, während die Baum- und Strauchschicht relativ konstante Werte aufweist. Damit kann nicht prinzipiell von einer Verschlechterung der Konkurrenzbedingungen für *Ophioglossum vulgatum* ausgegangen werden.

Vielmehr reagierte die Art auf dem grundwasserfernen Standort auf den Witterungsverlauf. Diese Hypothese wird durch den ähnlich starken Rückgang einiger Feuchte- und Nässezeiger unterstützt. Vor allem in den Untersuchungsjahren 1996, 1997 und 2000 wurden in den Monaten März, April und Mai unterdurchschnittliche Niederschlagsmengen gemessen, in deren Folge *Ophioglossum vulgatum* frühzeitig vertrocknete (Abb. 27). Die individuenstarke Gesamt-Population auf der Halde 10/35 wird jedoch zukünftig, zumindest mittelfristig, von der Flutung des Tagebaus und der damit gekoppelten Verbesserung des Wasserhaushaltes profitieren. Es ist davon auszugehen, dass das wahrscheinlich noch vorhandene Rhizomgeflecht in feuchteren Jahren wieder vermehrt austreiben kann und eine Neubesiedlung von den verbliebenen Teilpopulationen aus stattfinden wird.

Zu einem der ältesten Standorte mit einer Population von *Ophioglossum vulgatum* gehört der Tagebau Witznitz bei Borna (Alter: 60 Jahre; pH-Wert: 4,8 - 5,0; schluffiger Sand mit hohem Kohlenanteil). Auf dem ehemals grundwassernahen und inzwischen einer Grundwasserabsenkung unterliegenden Standort ging die Populationsdichte auf den Untersuchungsflächen immer mehr zurück (Abb. 28). Die außerhalb der Dauerbeobachtungsflächen beobachtete Zunahme von Trieben weist eventuell auf eine bessere Wasserversorgung der betreffenden Bereiche hin und zeigt auch ein Problem fest vermarkter Dauerbeobachtungsflächen bei der Bewertung der Gesamt-Populationsentwicklung auf. Eine Korrelation zu den Witterungsbedingungen ist nicht offensichtlich.

Die weitere Bestandsentwicklung wird einerseits von der weiteren Verfügbarkeit von Waldlichtungen und andererseits von der Entwicklung des Gebietswasserhaushaltes abhängen und ist deshalb, vor allem im Hinblick auf den Wasserhaushalt, schwer zu prognostizieren.

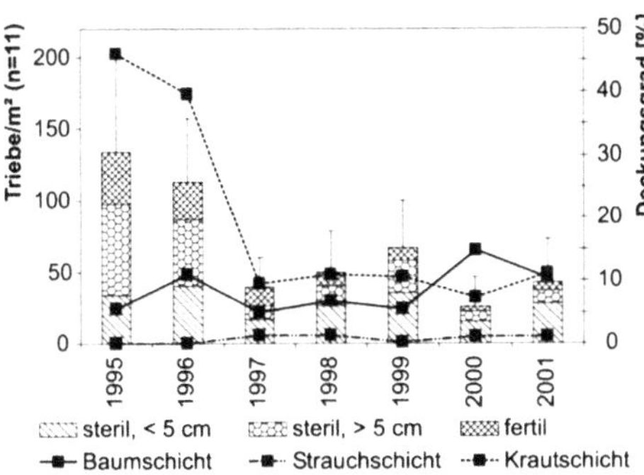

Abb. 26: Entwicklung der *Ophioglossum vulgatum*-Population im lichten Pionierwald Halde 10/35 (G) im Untersuchungszeitraum 1995 bis 2001 (Flächengröße: 1 m²). Die Standardabweichungen wurden für die Gesamt-Triebzahlen angegeben.

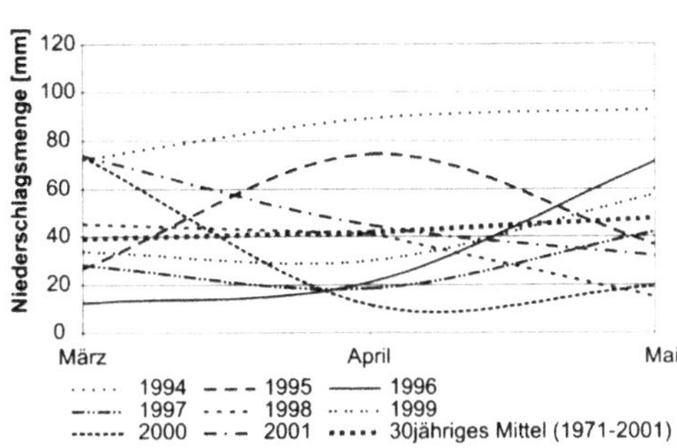

Abb. 27: Niederschlagsmengenverteilung im Untersuchungszeitraum (Klimastation Schönwölkau, Referenzstation zu Halde 10/35)

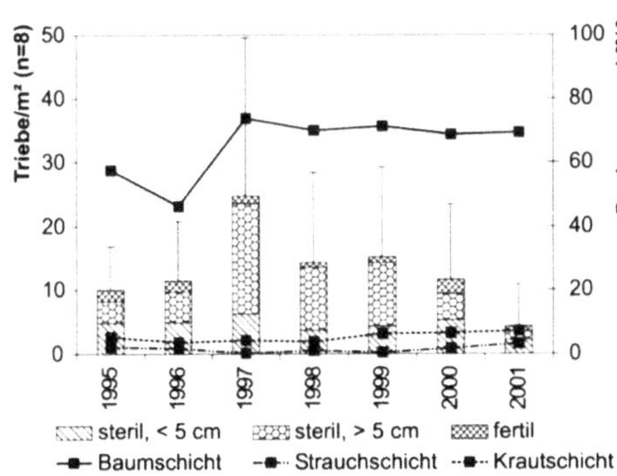

Abb. 28: Entwicklung der *Ophioglossum vulgatum*-Population im Pionierwald des Bruchwaldes Witznitz (Wi1) im Untersuchungszeitraum 1995 bis 2001 (Flächengröße: 1 m²). Die Standardabweichungen wurden für die Gesamt-Triebzahlen angegeben.

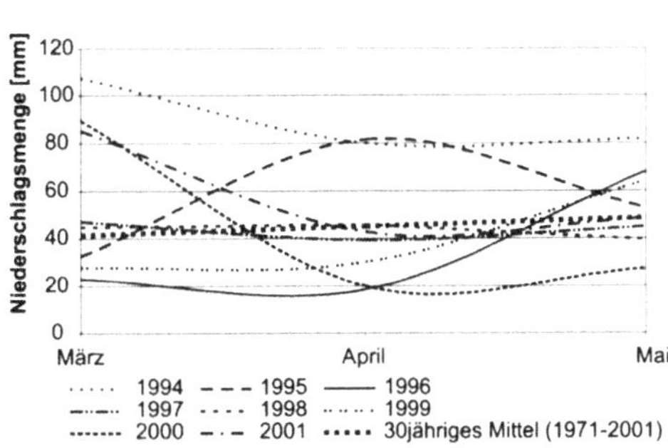

Abb. 29: Niederschlagsmengenverteilung im Untersuchungszeitraum (Klimastation Rötha, Referenzstation zu Tagebau Witznitz)

Populationsentwicklung von *Botrychium lunaria* auf ausgewählten Standorten

Die individuenstarke Population von *Botrychium lunaria* im Tagebau Roßbach (Alter ca. 30 Jahre; pH-Wert 7,7; sandiges Substrat) wurde mit einer weiteren Population auf einem Sekundärstandort (Halde Latdorf; Gipssubstrat aus dem Kaliabbau; Alter ca. 50 Jahre; pH-Wert 7,8) verglichen. Beide Populationen sind in lichten Grasfluren auf trockenen Standorten zu finden.

Im Untersuchungszeitraum konnten keine signifikanten Veränderungen der Populationsdichten festgestellt werden (Abb. 30). Im Gegensatz zu den langjährigen Untersuchungen an *Ophioglossum vulgatum* können aufgrund der kurzen Zeitreihen noch keine Prognosen gestellt werden. Die relativ stabilen Biotopstrukturen (Stagnation der Sukzession in lichten Grasfluren mit Einzelgehölzen) werden aber zumindest mittelfristig den Bestand der Populationen sicherstellen.

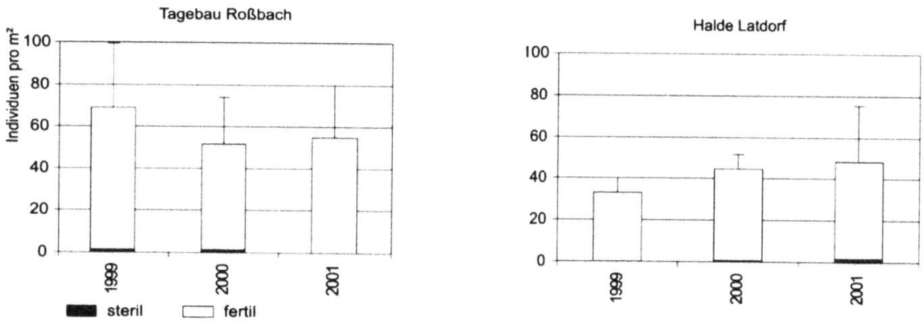

Abb. 30: Entwicklung der *Botrychium lunaria*-Populationen im Tagebau Roßbach und auf der Halde Latdorf im Untersuchungszeitraum 1999 bis 2001 (Flächengröße: 1 m²), Angabe der Standardabweichungen für die Gesamt-Individuenzahlen

***Botrychium matricariifolium* in der Tagebaufolgelandschaft der Goitzsche – Populationsdynamik, Vergesellschaftung und Entwicklungsprognose**

Die Besiedlung der Halde 10/35 in der Goitzsche ging eventuell von einer Population nahe Bitterfeld aus (VOIGT 1993), die aber derzeit als verschollen gilt. Alle anderen Populationen in Sachsen-Anhalt, zum Beispiel im ehemaligen Verbreitungsschwerpunkt im Harz, sind bereits vor mehr als 50 Jahren erloschen.

Durch die mosaikartige, kleinräumige Verkippung der unterschiedlichen Substrate verläuft die Sukzession auf der Halde sehr heterogen. Neben Altersphasen der Pionierwälder sind kleinräumige Bereiche mit jüngeren Vorwaldstadien oder sogar mit weitgehend offenen Magerrasenkomplexen zu finden. In diesen Bereichen mit verzögerter Sukzession konnte sich *Botrychium matricariifolium* etablieren und durch die relativ stabilen Bedingungen die derzeitige Bestandesgröße erreichen (Abb. 31). Die Population zeigt ein deutliche räumliche Differenzierung in eine Kernpopulation mit sehr dichter Besiedlung und vereinzelten Neuetablierungen außerhalb dieses Bereiches. Diese Neuetablierungen sind ausschließlich westlich der Kernpopulation zu finden und können mit dem Einfluss der Hauptwindrichtung Süd-West in Beziehung gebracht werden. Diese Tatsache ist ein Hinweis auf den Einfluss der Windbewegungen für die lokale Ausbreitung nach der erstmaligen Etablierung über Fernausbreitung.

Auch die Vegetationsstruktur der Krautschicht scheint großen Einfluss auf die Etablierungsprozesse dieser Farnart zu haben. Auffallend ist die hohe Dichte von *Botrychium matricariifolium* in den Dominanzbeständen von *Hieracium pilosella*. Durch seinen niedrigen Wuchs von wenigen Zentimetern scheint *Hieracium pilosella* für die konkurrenzschwache Art *Botrychium matricariifolium* ein idealer Partner zu sein. Die Rosetten bedecken stellenweise bis zu 60 % des Bodens und begünstigen somit ausgeglichenere Feuchteverhältnisse der sandigen Substrate. *Botrychium matricariifolium* erreicht dort Dichten von bis zu 30 Individuen pro m². In den weniger stark besonnten Bereichen wird *Hieracium pilosella* durch Dominanzbestände von *Fragaria vesca* (ebenfalls eine ausläuferbildende Rosettenpflanze) abgelöst. Auch die *Fragaria*-Bestände werden von *Botrychium matricariifolium* mit hohen Individuendichten von bis zu 10 Individuen pro m² besiedelt.

Eher sporadisch sind Einzelindividuen des Rautenfarns in den übrigen, meist höherwüchsigen, konkurrenzstärkeren Pflanzenbeständen zu verzeichnen. Vor allem die dichten *Calamagrostis epigejos*-Dominanzbestände, mit den typischen, bis 20 cm starken Streumatten, sind für *Botrychium matricariifolium* schwer besiedelbar.

Im Jahr 1995 wurde die Art von Projektmitarbeitern bei Geländearbeiten entdeckt. Zu diesem Zeitpunkt wurde die Populationsgröße mit ca. 50 Individuen angegeben. Von 1997 bis 2001 wurden jährlich im Mai Individuenzählungen der Gesamtpopulation durchgeführt (Abb. 32). Bis heute ist die Population stetig gewachsen und erreichte in der Vegetationsperiode 2001 ca. 630 Individuen. Auf den sieben Dauerbeobachtungsflächen nahm die durchschnittliche Individuenzahl von 14,4/m² im Jahr 2000 auf 19,9/m² im Jahr 2001 zu. Nach aktuellen Angaben von BENNERT (1999) sind ¾ aller bekannten Populationen von *Botrychium matricariifolium* sehr individuenarm (bis 10 Individuen).

Nur ein beschriebener Standort in Deutschland umfasst derzeit mehr als 1.000 Individuen (BENNERT 1999). Die Population bei Bitterfeld ist mit ca. 630 Individuen demnach die zweitgrößte bekannte Population dieser Art in Deutschland.

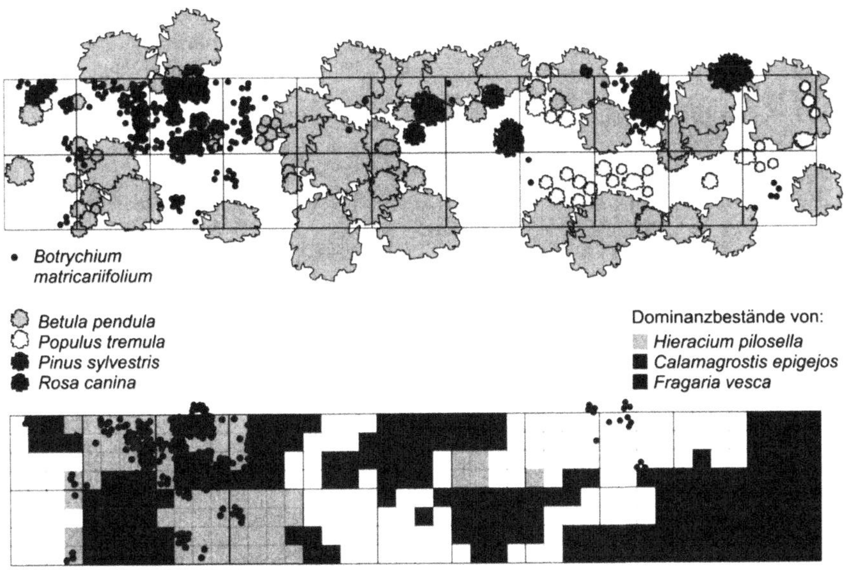

Abb. 31: Vergesellschaftung von *Botrychium matricariifolium* am Standort Halde 10/35 (Goitzsche bei Bitterfeld)

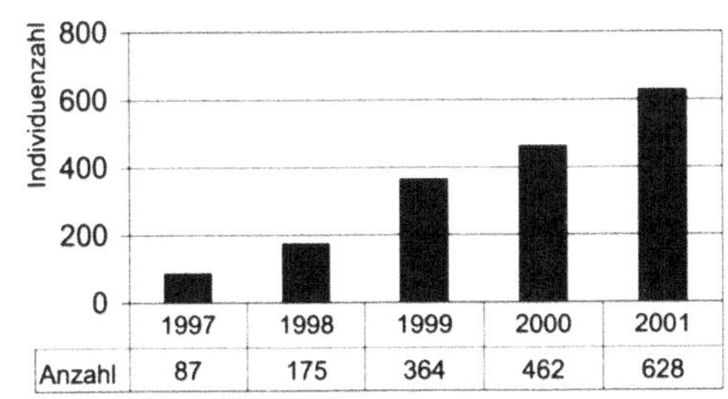

Abb. 32: Bestandsentwicklung von *Botrychium matricariifolium* zwischen 1997 und 2001

Im Zuge neuer und engmaschigerer floristischer Kartierungen sind in letzter Zeit einige neue Fundortmeldungen zu Ophioglossaceen, insbesondere von *Botrychium matricariifolium* zu verzeichnen. Diese Art wurde deshalb in der bundesweiten Roten Liste von Kategorie 1 in Kategorie 2 überführt. Auch im Tagebaugebiet Spreetal bei Hoyerswerda konnte die Art nachgewiesen werden (HORN & SCHMID 1999). Zum Großteil befinden sich die Neufunde auf Sekundärstandorten, wie

Leitungstrassen, Waldwegen oder Sandgruben (BENNERT 1999). Die häufige Vergesellschaftung mit Arten der frühen Entwicklungsstadien von Magerrasen (z.B. *Hieracium pilosella*, *Helichrysum arenarium*, *Hypochoeris radicata*) unterstreicht den Pioniercharakter dieser Art. *Botrychium matricariifolium* nutzt demnach auch deutschlandweit konkurrenzarme Standorte zur Etablierung und wird im Zuge der Sukzession von konkurrenzkräftigeren Arten wieder verdrängt. Voraussichtlich ist die Zeitspanne der möglichen Besiedelbarkeit bis zum Verschwinden von *Botrychium matricariifolium* auf Standorten außerhalb der Braunkohlentagebaue wesentlich kürzer als innerhalb. Durch den großflächigen Abbau und die oberflächliche Ablagerung unterschiedlichster, sowohl steriler als auch besiedlungsfeindlicher Substratschichten im Zuge des Braunkohleabbaus, müssen in Extremfällen langjährige Phasen der Bodengenese durchlaufen werden, damit Pflanzen diese Standorte besiedeln können. Das führt zum Nebeneinander unterschiedlichster Entwicklungsstadien, in denen auch für *Botrychium matricariifolium* geeignete, konkurrenzarme Standorte entstehen.

Schlussfolgerungen zum Erhalt der Ophioglossaceen in der Bergbaufolgelandschaft

Die wohl einfachste und zugleich effektivste Möglichkeit zur Erhaltung der Ophioglossaceen ist das Zulassen einer ungestörten Sukzession auf möglichst vielen Standorten der Bergbaufolgelandschaft; kostenintensive Pflegemaßnahmen werden hierbei überflüssig. Voraussetzung ist der konsequente Verzicht auf weitere Maßnahmen zur Bodenverbesserung und zur Aufforstung in den Sukzessionsbereichen. Leider ist im Zuge von Gestaltungs- und Sanierungsmaßnahmen bereits ein deutlicher Rückgang potenzieller Standorte der Natternzungenfarne zu verzeichnen. Die verbliebenen Sukzessionsflächen in verschiedenen Bereichen der Bergbaufolgelandschaft können jedoch bei entsprechender Sicherung den Erhalt gewährleisten. Da die Standorte zur Zeit nur wenigen anthropogenen und natürlichen Störfaktoren ausgesetzt sind, ist wegen der relativ hohen Populationsgrößen mit zumeist mehr als 100 Individuen bzw. Trieben vor allem für *Ophioglossum vulgatum* das Auslöschungsrisiko gegenwärtig als gering einzuschätzen. Für alle drei Arten ist aufgrund der Fähigkeit zur Fernausbreitung auch die Möglichkeit von Neubesiedlungen nach Erlöschen einzelner Teilpopulationen gegeben, da weitere Biotope in der Bergbaufolgelandschaft während der nächsten 30 Jahre ein geeignetes Entwicklungsstadium erreicht haben werden (aktuell Rohbodenstadium analoger Standorte) und durch Flächenkäufe (z.B. durch den BUND) gesichert sind. Damit kann sicherlich die Verdrängung aufgrund fortschreitender Sukzessionsprozesse auf bereits besiedelten Flächen kompensiert und die Besiedlung neuer Standorte nach dem Durchlaufen entsprechender Bodengenese-Stadien gefördert werden (vgl. Abb. 33).

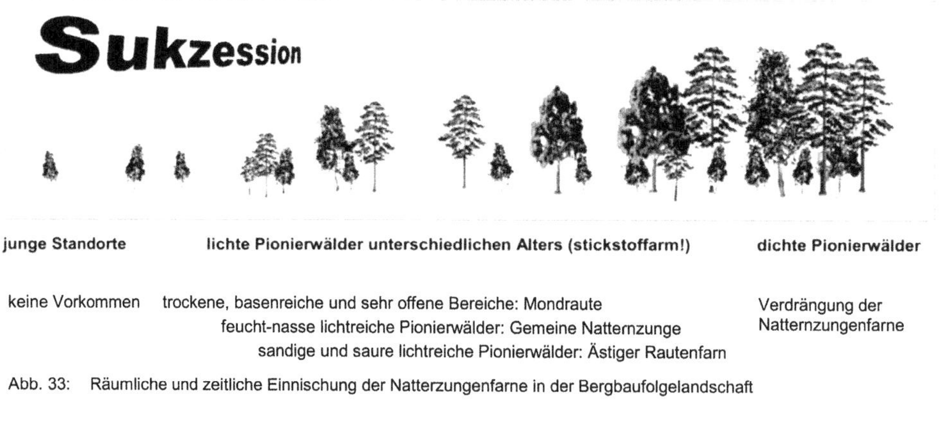

Abb. 33: Räumliche und zeitliche Einnischung der Natterzungenfarne in der Bergbaufolgelandschaft

Es wird bezweifelt, dass durch die Entnahme von Gehölzen in Beständen, in denen die Baum- und/oder Strauchschicht aufgrund fortgeschrittener Sukzession zu dicht wird, tatsächlich über längere Zeiträume geeignete Wuchsorte für die Natternzungenfarne erhalten werden können. Vielmehr ist zu befürchten, dass durch derartige Maßnahmen andere, konkurrenzkräftigere Krautschichtarten von dem erhöhten Lichtgenuss stärker profitieren, da die Bodengenese auf diesen Standorten ein entsprechendes Stadium erreicht hat. Der lichte Pionierwaldcharakter würde sich eventuell durch aufwändige weitere Maßnahmen wie Oberbodenentnahme oder extensive Beweidung erhalten lassen. Auf sehr nährstoffarmen Standorten mit *Ophioglossum vulgatum*-Populationen kann durch eine Steuerung des Wasserhaushaltes (Vernässung) ein Gehölzaufkommen bei gleichzeitigem Erhalt einer lichten Krautschicht erfolgreich sein. *Botrychium lunaria*-Populationen werden dagegen vor allem auf extrem trockenen und sehr nährstoffarmen, aber durchaus karbonatreichen Standorten von der verminderten Konkurrenzkraft der Gehölze und anderer Krautschichtarten profitieren.

Insbesondere der Population von *Botrychium matricariifolium* auf der Halde 10/35 in der Goitzsche muss trotz der positiven Populationsentwicklung und der erreichten Individuenzahl besondere Aufmerksamkeit gewidmet werden, da sie die einzige in Sachsen-Anhalt ist und unvorhersehbare flächenhaft stochastische Ereignisse fatale Folgen hätten. Mit der weiteren Entwicklung von lichten Birkenpionierwäldern in der Goitzsche ist die Hoffnung auf eine Ausbreitung der Art verbunden.

Bei einem Monitoring der Populationen muss beachtet werden, dass die komplizierte und langwierige Reproduktionsphase der Ophioglossaceen, die kaum sichtbaren Prothallien und ein- bis gelegentlich mehrjährigen Ruhephasen ohne Ausbildung oberirdischer Organe (BENNERT 1999) oft Schwankungen in der (oberirdisch sichtbaren) Populationsdichte nach sich ziehen und damit Angaben zu den tatsächlichen Gesamt-Populationsgrößen nur im Rahmen von Langzeitbeobachtungen leistbar sind.

Zusammenfassend kann festgestellt werden, dass anthropogene Sekundärstandorte zunehmend wichtige Ersatzlebensräume für das Vorkommen von Ophioglossaceen darstellen. Die Natternzungengewächse stellen typische Beispiele für naturschutzrelevante Arten dar, die nach dem Durchlaufen der Pionierphase auf den Kippenflächen in mittleren Sukzessionsstadien auftreten. Sie bevorzugen nährstoffarme, lichte Pionierwälder in Kombination mit krautschichtarmen Offenlandmosaiken. Infolge der relativ langsam verlaufenden Sukzessionsprozesse besteht vor allem auf Extremstandorten die Möglichkeit, ohne Pflegeaufwand langfristig geeignete Lebensräume für diese Arten zu erhalten. Die Ergebnisse von Untersuchungen auf Dauerbeobachtungsflächen zeigen, dass insbesondere die Populationen der Gemeinen Natternzunge starken Schwankungen in der Populationsdichte unterliegen. Auf den grundwasserfernen Standorten reagiert die Art sehr sensibel auf den Witterungsverlauf und bildet unterirdische Ruhestadien aus. Insgesamt sind die Konkurrenzsituation und das Entwicklungspotenzial für die Arten der Ophioglossaceen auf den meisten Standorten positiv zu bewerten. Eine wesentliche Grundlage für den Erhalt der Arten in der Bergbaufolgelandschaft im Sinne des Prozessschutzes sind die Ausweisung und der Schutz von möglichst ausgedehnten Sukzessionsflächen mit unterschiedlichen Entwicklungsstadien.

4.4 Allgemeiner Überblick über die Fauna

Hans-Markus Oelerich

So vielgestaltig sich die Biotoptypen der Bergbaufolgelandschaft darstellen (Kapitel 3), so artenreich ist auch ihre Fauna. Im Rahmen zurückliegender Forschungsverbundprojekte konnte diese enorme Artenfülle und der hohe Anteil gefährdeter Tierarten herausgestellt und durch beeindruckende Zahlen belegt werden. In Tab. 7 werden die Artenzahlen einiger ausgewählter Tiergruppen der BFL Sachsen-Anhalts aufgeführt. Bei der Mehrzahl der untersuchten Tiergruppen wurde über die Hälfte der im Bundesland vertretenen Arten auch in der Bergbaufolgelandschaft erfasst. Unter diesen befinden sich eine Reihe gefährdeter Arten, wobei hier vor allem die naturschutzfachlich besonders bedeutenden Pionierarten Brachpieper, Kreuzkröte und Blauflügelige Sandschrecke zu nennen sind.

Aber auch Altbergbaubereiche (> 30 Jahre) können eine sehr wertvolle Fauna besitzen, wobei hier zum Beispiel Arten der Moore, ausgedehnter Röhrichte oder strukturreicher Wälder auftreten. In den folgenden Kapiteln werden am Beispiel der Brutvögel, Amphibien, Heuschrecken und Libellen Arteninventar, Habitatpräferenzen sowie Entwicklungsprognosen naturschutzfachlich besonders bedeutender Arten dargestellt.

Tab. 7: Artenzahlen ausgewählter Tiergruppen in der Braunkohlen-Bergbaufolgelandschaft (BFL) Sachsen-Anhalts

Tiergruppe	Artenzahl in der BFL Sachsen-Anhalts	Anteil an der Gesamtartenzahl Sachsen-Anhalts	Artenzahl landesweiter Roter-Liste-Arten in der BFL Sachsen-Anhalts
Reptilien	5	83 %	3
Amphibien	11	61 %	6
(Sand-)Laufkäfer[1]	216	65 %	48
Heuschrecken	35	58 %	13
Zikaden[2]	164	42 %	57
Libellen	47	75 %	23
Webspinnen[1]	301	ca. 60 %	54
Landasseln[3]	7	14 %	0

[1] nach AL HUSSEIN et al. (1999), [2] nach FUNKE & WITSACK (2002), [3] nach BERGMANN & WITSACK (2002)

4.5 Vögel

Jörg Huth & Hans-Markus Oelerich

4.5.1 Bedeutung der Bergbaufolgelandschaft Mitteldeutschlands für Vögel

Vögel stellen aufgrund der historisch gewachsenen Popularität die bestuntersuchte Tiergruppe der Bergbaufolgelandschaft Mitteldeutschlands dar. Von der umfangreichen Literatur sollen für den mitteldeutschen Raum insbesondere DORSCH & DORSCH (1979, 1988), EPPERT (1985, 1989) und SCHULZE (1997) Erwähnung finden. Als Beispiel für den Artenreichtum der BFL sei die Tagebauregion Geiseltal südlich von Halle (Saale) angeführt, wo bislang insgesamt über 210 Vogelarten festgestellt wurden. Davon sind 104 Arten Brutvögel, darunter 35 Arten der Roten Liste Deutschlands oder Sachsen-Anhalts (SCHULZE 1998).

Herausragend ist die große Bedeutung der Bergbaurestgewässer als Lebensraum für Vögel. Einige große Restseen haben sich in den letzten Jahren zu Schlafplätzen für eine hohe Individuenzahl nordischer Saat- und Blässgänse entwickelt. Im ehemaligen Tagebau Goitzsche bei Bitterfeld rasten beispielsweise bis zu 50.000 Gänse. Lach-, Sturm-, Silber- und Weißkopfmöwen nutzen die Restseen in großer Zahl als Schlafplatz. Des Weiteren ziehen die großen Wasserflächen zahlreiche andere Wasservögel, insbesondere Taucher und Entenvögel, während der Zugzeit und im Winter an. Den großen Wasservogelansammlungen folgend überwintern in mehreren Gebieten einzelne Seeadler. Ausgedehnte Flachuferbereiche von Spülkippen und jüngeren Restseen sind ein geeignetes Rasthabitat für durchziehende Watvogelarten.

Die naturschutzfachliche Bedeutung der Restgewässer als Brutvogelhabitat ist in entscheidendem Maße vom Vorhandensein flacher Gewässerbereiche mit Verlandungsröhrichten abhängig. In großflächigen und strukturreichen Schilfgebieten brüten Rohrdommel, Tüpfelralle, Blaukehlchen, Drosselrohrsänger, Bartmeise und Rohrschwirl. Rohrweihe, Wasserralle und Teichrohrsänger erreichen lokal hohe Siedlungsdichten. Sporadisch und lokal wurden sehr seltene Röhrichtbrüter mit hohem Gefährdungsstatus nachgewiesen, so zum Beispiel Zwergrohrdommel und Kleinralle. Die meisten der gegenwärtig bedeutenden Röhrichtgebiete befinden sich in Sanierungstagebauen oder Altbergbaugebieten mit künstlicher Wasserhaltung. Sie sind teilweise in den nächsten Jahren oder auch erst langfristig durch Wasseranstieg im Zuge der Flutung der Restlöcher gefährdet (vgl. Kapitel 7.4).

Eine Besonderheit der Bergbaurestgewässer Mitteldeutschlands ist die Besiedlung durch die Sturmmöwe in den letzten Jahrzehnten. Die größte mitteleuropäische Binnenlandkolonie mit zeitweilig über 200 Brutpaaren befindet sich auf einer Insel im Muldestausee (ehemaliger Tagebau) bei Bitterfeld. Neben der Sturmmöwe sind auch andere Küstenarten wie Schwarzkopfmöwe, Silbermöwe, Weißkopfmöwe und Flussseeschwalbe sporadische Brutvögel der Restseen.

Die Bergbaufolgelandschaft der frühen Sukzessionsstadien ist durch großflächige Bereiche mit überwiegend offenen und vegetationsarmen Rohbodenflächen gekennzeichnet. Charakterarten dieser Habitate sind Brachpieper und Steinschmätzer. Die Vorkommen des Brachpiepers beschränken sich im südlichen Sachsen-Anhalt fast ausschließlich auf die Bergbaufolgelandschaft. In den nächsten Jahren ist durch die voranschreitende Sukzession und fortlaufende Sanierungstätigkeit mit einem deutlichen Bestandsrückgang beider Arten zu rechnen. Weitere naturschutzfachlich wertvolle Offenlandarten wie Braunkehlchen, Schwarzkehlchen, Raubwürger und Grauammer, deren Bestände in der Kulturlandschaft durch Habitatverluste und Intensivierung der Landwirtschaft rückläufig waren oder sind, finden geeignete Ersatzhabitate in den ausgedehnten offenen und halboffenen Lebensräumen der Bergbaufolgelandschaft. Überregional bedeutend ist die lokal hohe Konzentration des Raubwürgers und des sich gegenwärtig in Mitteldeutschland von Westen her ausbreitenden Schwarzkehlchens. Die Grauammer erreicht an Tagebaurändern zur Ackerlandschaft und im Bereich junger, eingezäunter Gehölzanpflanzungen höchste Siedlungsdichten.

Als besondere Brutstandorte sind Steilwände und -abbrüche für erdhöhlen- oder nischenbrütende Vogelarten von Bedeutung. Bemerkenswert ist das Brutvorkommen des Bienenfressers in einigen Tagebaurestlöchern im westlichen Teil der Tagebaufolgelandschaft Mitteldeutschlands. Als lokale Besonderheit brütet der Uhu in einem großen Steilwand-System der Bergbauregion Geiseltal.

Die jungen bis mittelalten Forste und die Pionierwälder der Bergbaufolgelandschaft werden fast ausschließlich von euryöken Gehölzarten besiedelt und sind deshalb von nur geringer naturschutzfachlicher Bedeutung. Alte Pappel-Robinienforste können jedoch artenreiche Brutvogellebensräume darstellen (vgl. Kapitel 4.5.3).

Naturräumlich regionale Charakterarten der Bergbaufolgelandschaft im Kontakt zu den sandigen Kiefernheiden (Dübener Heide, Lausitz) sind Heidelerche und Wiedehopf. Das lokale Brutvorkommen von Kranich und Bekassine in einem großen und strukturreichen Feuchtgebiet im Bereich einer vernässenden Innenkippe bei Bitterfeld ist ebenso als Besonderheit dieses Naturraumes zu werten.

4.5.2 Beziehungen zwischen der Biotopausstattung und dem Auftreten naturschutzfachlich bedeutender Arten – Ergebnisse von Brutvogel-Feinrasterkartierungen

Im Forschungsverbund Landschaftsentwicklung Mitteldeutsches Braunkohlenrevier (FLB 2003) wurden im Land Sachsen-Anhalt in vier Untersuchungsgebieten der Bergbaufolgelandschaft Brutvogel-Feinrasterkartierungen durchgeführt. Die Größe der Rasterfelder für die Kartierung naturschutzfachlich bedeutender Arten betrug 100 m x 100 m. In Tab. 8 werden die aus den Ergebnissen ermittelten Abundanzen der häufigsten und der naturschutzfachlich wertbestimmenden Brutvogelarten des Offen- und Halboffenlandes aufgeführt.

Tab. 8: Abundanzen ausgewählter häufiger sowie naturschutzfachlich wertbestimmender Brutvogelarten auf der Grundlage von Feinrasterkartierungen in vier Tagebaubereichen Sachsen-Anhalts

	Kayna-Süd	Mücheln-Innenkippe	Golpa-Nord, „Bachaue"	Goitzsche, Sandtrockenrasen	durchschnittliche Abundanz
Lage	südl. Halle/Saale	südl. Halle/Saale	Gräfenhainichen	Bitterfeld	
Untersuchungsfläche	228 ha	384 ha	143 ha	113 ha	
Untersuchungsjahr	2000	2000	2001	2001	
Abundanzen der häufigsten Arten des Offen- und Halboffenlandes (Brutpaare/10 ha)					
Feldlerche	2,2	1,8	9,3	8,1	5,4
Baumpieper	3,7	1,5	0,5	0,2	1,5
Fitis	2,1	0,8	0,7	0,6	1,1
Goldammer	0,8	0,9	0,7	0,4	0,7
Dorngrasmücke	2,0	0,2	0,4	0,1	0,7
Abundanzen naturschutzfachlich wertbestimmender Offenlandarten (Brutpaare/10 ha)					
Grauammer	0,9	0,4	1,4	-	0,7
Neuntöter	0,4	0,5	0,6	0,3	0,5
Brachpieper	0,1	0,2	0,6	0,4	0,3
Steinschmätzer	0,3	0,4	0,2	0,4	0,3
Braunkehlchen	0,1	0,1	0,8	-	0,3
Raubwürger	0,1	0,1	-	0,2	0,1

Die Untersuchungsgebiete umfassen frühe bis mittlere Entwicklungsstadien der Sanierungstagebaue. Sie sind auf großen Flächen gehölzfrei und teilweise mit initialen Gehölzen (Anpflanzungen, Pionierwald) bestanden. Die Feldlerche ist in drei der vier Tagebaubereiche die häufigste Brutvogelart. Sie erreicht die höchsten Abundanzen in niedrigwüchsigen Gras-Kraut-Fluren wie Sandmagerrasen und Schwingelansaaten (Golpa-Nord, Goitzsche). Hohe Abundanzen von Baumpieper und Fitis dokumentieren die im Vergleich zu den übrigen Gebieten fortgeschrittene Entwicklung von Gehölzen im ehemaligen Tagebau Kayna-Süd. Abb. 34 zeigt die Verbreitung der häufigen Arten Feldlerche und Baumpieper in den untersuchten Rastern dieses Tagebaus.

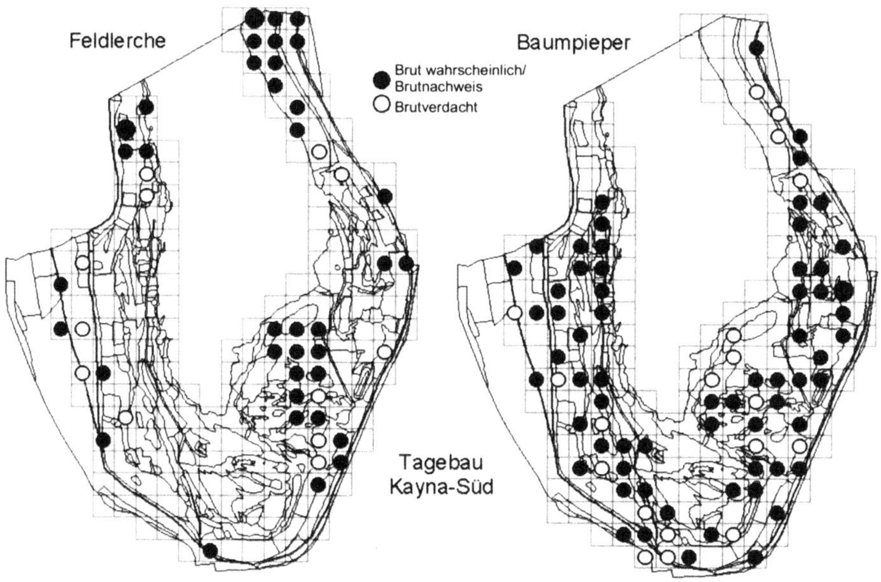

Abb. 34: Verbreitung von Feldlerche und Baumpieper im Tagebau Kayna-Süd im Jahr 2000

Die Charakterarten der vegetationsarmen Habitate Brachpieper und Steinschmätzer konnten in allen Untersuchungsgebieten erfasst werden. Sie besiedeln sowohl frühe Entwicklungsstadien, die von großen Rohbodenflächen dominiert werden (Innenkippe Mücheln, Golpa-Nord), als auch ältere Standorte, die aufgrund extremer Substratbedingungen langfristig vegetationsarm bleiben (Kayna-Süd, Goitzsche).

Mit Hilfe der ermittelten Rasterdaten wurden Beziehungen zwischen den ebenfalls im Bereich der Rasterflächen kartierten Biotoptypen und naturschutzfachlich bedeutenden Vogelarten analysiert. Dabei konnten mit Hilfe eines Geoinformationssystems (GIS) in einem Radius von 150 Metern um den Mittelpunkt der von einer Vogelart besetzten Rasterfelder die Biotoptypen „ausgeschnitten" und die prozentuale Verteilung auf unterschiedliche Biotoptypengruppen ermittelt werden. Der Vergleich dieser Zahlen mit den Anteilen der einzelnen Biotoptypen an der gesamten Untersuchungsfläche macht Habitatpräferenzen einzelner Arten deutlich.

Abb. 35 und Abb. 36 verdeutlichen beispielhaft Habitatpräferenzen naturschutzfachlich bedeutender Offenlandarten. Solche Präferenzen ergeben sich dann, wenn die Biotoptypenanteile innerhalb der Artreviere (Säulen in den Abbildungen) die durchschnittlichen Biotoptypenanteile (Karosymbole) überragen. Wird die Gesamtheit der erfassten Biotoptypen betrachtet, so nehmen in den untersuchten Tagebaubereichen mit etwa einem Drittel der Gesamtfläche die leicht verbuschten (bis 5 % Gehölzdeckung) Gras-Kraut-Fluren (GKF) den mit Abstand höchsten Flächenanteil ein. Danach folgen mit Anteilen von jeweils ca. 9 - 14 % Rohböden und unverbuschte Gras-Kraut-Fluren, 5 bis 30 % verbuschte Gras-Kraut-Fluren sowie junge Gehölzanpflanzungen (GKF/Pfl.).

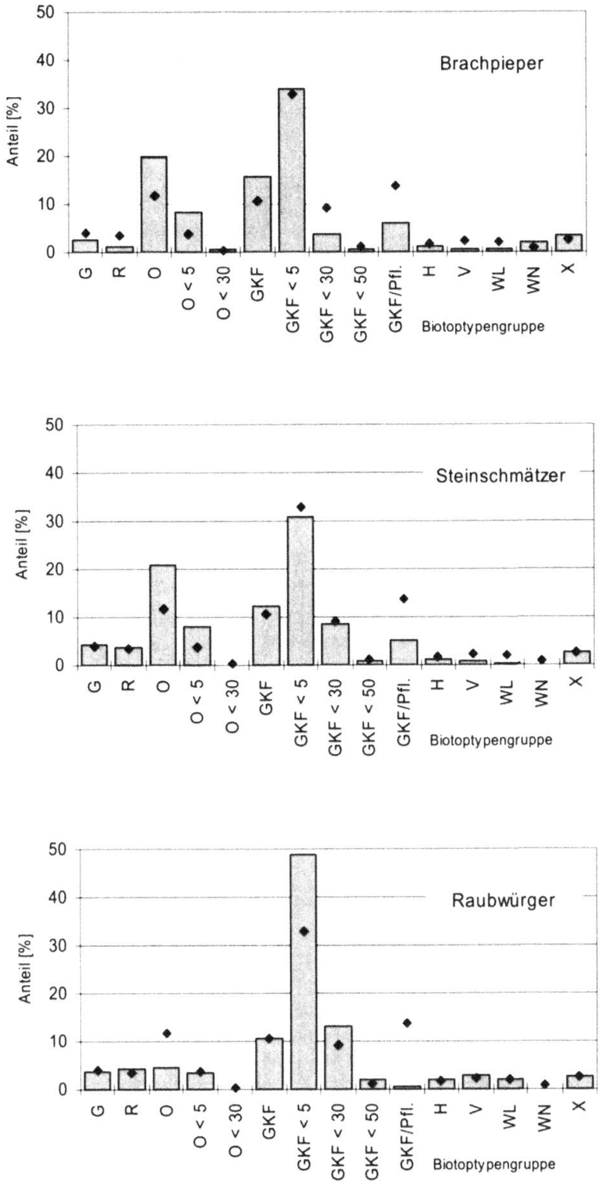

Abb. 35: Biotoptypenanteile im Umfeld besetzter Raster (150 m Radius) der Vogelarten Brachpieper (22 Raster), Steinschmätzer (29 Raster) und Raubwürger (10 Raster); Ergebnisse einer Rasterkartierung in der Innenkippe Mücheln sowie in den Tagebauen Kayna-Süd, Golpa-Nord („Bachaue") und Goitzsche (Sandtrockenrasen Petersroda)

Legende: G = Gewässer, R = Röhricht, O = Rohboden, GKF = Gras-Kraut-Flur, < 5 = bis 5 % verbuscht, < 30 = 5 - 30 % verbuscht, < 50 = 30 - 50 % verbuscht, Pfl. = mit Gehölzanpflanzungen, H = Gebüsche, V = Vorwälder, WL = Laubwälder, WN = Nadelwälder, X = Gebäude, Wege. ♦ = durchschnittliche Verteilung der Biotoptypengruppe auf der Gesamtfläche der Rasterkartierung

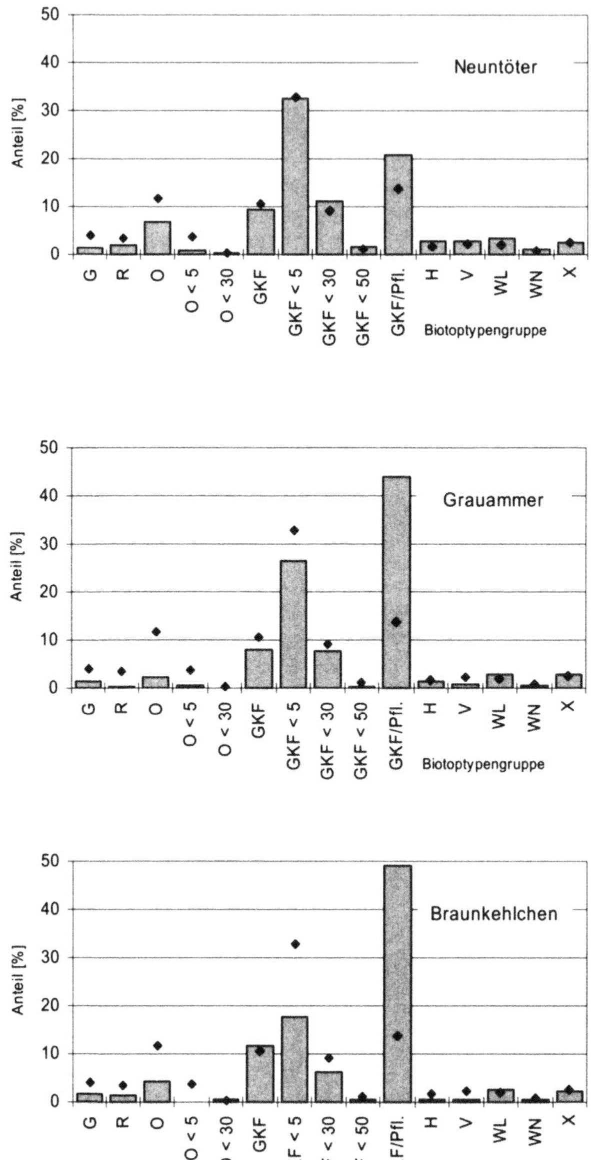

Abb. 36: Biotoptypenanteile im Umfeld (150 m Radius) besetzter Raster der Vogelarten Neuntöter (41 Raster), Braunkehlchen (17 Raster) und Grauammer (58 Raster); Ergebnisse einer Rasterkartierung in der Innenkippe Mücheln sowie in den Tagebauen Kayna-Süd, Golpa-Nord („Bachaue") und Goitzsche (Sandtrockenrasen Petersroda)

Legende: G = Gewässer, R = Röhricht, O = Rohboden, GKF = Gras-Kraut-Flur, < 5 = bis 5 % verbuscht, < 30 = 5 - 30 % verbuscht, < 50 = 30 - 50 % verbuscht, Pfl. = mit Gehölzanpflanzungen, H = Gebüsche, V = Vorwälder, WL = Laubwälder, WN = Nadelwälder, X = Gebäude, Wege. ♦ = durchschnittliche Verteilung der Biotoptypengruppe auf der Gesamtfläche der Rasterkartierung

Erwartungsgemäß ist im Bereich der Brachpieper- und Steinschmätzer-Reviere der Rohbodenanteil deutlich höher (etwa doppelt so hoch) als im Durchschnitt der untersuchten Tagebaubereiche (Abb. 35). Gemieden werden von diesen Arten Anpflanzungen sowie geschlossene Gehölzflächen. Der Raubwürger zeigt eine starke Präferenz zu leicht verbuschten (bis 5 %) Gras-Kraut-Fluren. Fast die Hälfte der engeren Revierfläche kann diesem Biotoptyp zugeordnet werden. Anpflanzungen scheint er im Gegensatz zum Neuntöter ebenso zu meiden wie Rohbodenflächen.

Drei Arten, die eine Affinität zu Gras-Kraut-Fluren mit Gehölzanpflanzungen (GKF/Pfl.) zeigen, sind Neuntöter, Grauammer und Braunkehlchen (Abb. 36). Während das Umfeld der „Neuntöter-Raster" noch zum Großteil (> 30 %) aus leicht verbuschten Gras-Kraut-Fluren und zu etwa 20 % aus Gehölzanpflanzungen besteht, zeigt sich bei den beiden anderen Arten eine klare Dominanz der Anpflanzungen. Junge, zumeist eingezäunte Gehölzpflanzungen bieten den Arten Sitzwarten (Zaunpfähle), Brutplätze, Nahrung und einen gewissen Schutz vor Feinden. Gehen die jungen Anpflanzungen in dichtere Gehölzbestände über, so verlieren sie für diese naturschutzfachlich interessanten Arten an Bedeutung.

Die meisten der analysierten wertgebenden Offenland-Arten wurden als Zielarten in das dynamische Zielartenkonzept für ein geplantes naturschutzfachliches Monitoring der Bergbaufolgelandschaft integriert (vgl. Kapitel 10). Sie repräsentieren in ihrem Auftreten aufgrund ihrer Habitatpräferenz die initialen bis mittleren Stadien der Tagebauentwicklung.

4.5.3 Siedlungsdichte-Untersuchungen von Brutvogelzönosen in Haldengehölzen

Die durch den Braunkohleabbau entstandenen Hochhalden außerhalb der eigentlichen Tagebaue sind neben den großen Restlöchern ein Charakteristikum der Bergbaufolgelandschaft. Im Forschungsverbund Landschaftsentwicklung Mitteldeutsches Braunkohlenrevier (FLB) wurden daher Siedlungsdichte-Untersuchungen der Brutvögel auf zwei gehölzbestandenen Halden der Tagebauregion Geiseltal südlich Halle/Saale durchgeführt.

Tab. 9: Abundanzen der Brutvögel von Haldengehölzen der Bergbauregion Geiseltal (Untersuchungsjahre 2000/2001, Angaben in Brutpaare/10 ha)

Art	Halde Blösien (75,5 ha)	Halde Pfännerhall (40,3 ha)	Art	Halde Blösien (75,5 ha)	Halde Pfännerhall (40,3 ha)
Amsel	3,4 - 4,5	4,0 - 6-0	Kohlmeise	4,6 - 7,8	10,2 - 11,7
Bachstelze	0,3 - 0,4		Kolkrabe	0 - 0,1	
Baumpieper	3,2 - 3,4	2,5 - 3,7	Kuckuck	0 - 2 Rufer	0 - 2 Rufer
Blaumeise	2,4 - 3,4	4,5 - 6,5	Mäusebussard	0,4 - 0,5	0,2
Buchfink	4,9 - 5,0	7,2 - 9,2	Mönchsgrasmücke	7,0 - 8,2	8,2 - 10,2
Buntspecht	0,5 - 0,7	1,2 - 1,5	Nachtigall	3,8 - 4,4	2,2 - 2,5
Dorngrasmücke	0,4 - 1,2		Neuntöter	2,4 - 3,4	0 - 1,5
Eichelhäher	0,4 - 0,7	0,7 - 1,7	Pirol	0,5 - 0,8	0,7 - 1,2
Elster	0 - 0,1	0 - 0,2	Rabenkrähe	0,3 - 0,5	0 - 0,5
Fasan	0,8 - 0,9		Raubwürger	0 - 0,1	
Feldschwirl	0,3		Ringeltaube	1,7 - 2,5	3,2 - 3,7
Feldsperling	1,2 - 1,5	0 - 0,5	Rotkehlchen	2,5 4,6	2,5 - 3,7
Fitis	3,0 - 3,4	2,7 - 4,5	Rotmilan	0,4	0,2
Gartenbaumläufer	0,1 - 0,3	0,5 - 1,5	Schwanzmeise	0,4 - 0,5	0,2
Gartengrasmücke	3,4 - 4,4	4,5 - 5,2	Schwarzmilan	0,1 - 0,3	0 - 0,2
Gartenrotschwanz	0,5	0,7 -1,0	Singdrossel	1,2	1,0 - 1,7

Art	Halde Blösien (75,5 ha)	Halde Pfännerhall (40,3 ha)	Art	Halde Blösien (75,5 ha)	Halde Pfännerhall (40,3 ha)
Gelbspötter	1,9 - 3,3	0,7 - 1,7	Sperbergrasmücke	0,3 - 0,5	
Girlitz	0 - 0,3	0,5 - 1,2	Star	3,6 - 6,6	7,2 - 10,2
Goldammer	5,0 - 6,1	0,7 - 1,0	Stieglitz	0,9 - 1,6	0,7 - 2,0
Grauammer	0 - 0,5		Sumpfrohrsänger	0 - 0,1	
Grauschnäpper	0,7 - 1,5	1,7 - 2,0	Trauerschnäpper	0 - 0,1	0 - 0,2
Grauspecht	0 - 0,1	0,2	Türkentaube	0 - 0,3	
Grünfink	1,9 - 2,3	1,7	Turmfalke	0 - 0,1	
Grünspecht	0,1 - 0,3	0 - 0,2	Turteltaube	0,5 - 1,2	0,7 - 1,5
Hänfling	0 - 0,3		Waldlaubsänger		0 - 0,2
Hausrotschwanz	0,3 - 0,4		Waldkauz		0 - 0,2
Heckenbraunelle	2,0 - 2,6	1,2	Weidenmeise		0 - 0,2
Kernbeißer	0,7 - 1,3	0,7	Wendehals	0,5	0,7
Klappergrasmücke	0,8 - 1,2		Zaunkönig	0,5 - 1,1	1,7 - 2,7
Kleiber	0,1 - 0,8	0,7	Zilpzalp	3,4 - 4,4	5,2 - 6,7
			Artenzahl	**57**	**46**
			Gesamtabundanz	**84,4 - 94,7**	**86,6 - 110,9**

Die Haldengehölze der Region Geiseltal werden überwiegend durch alte Robinien-Pappelforste dominiert (z.T. > 60 Jahre), die vor allem an den Böschungen schon seit Jahrzehnten keiner forstlichen Beeinflussung unterliegen. In den Forstflächen der Plateaus wurden teilweise standortgerechte Laubhölzer unter Schirm vorangebaut. Bereichsweise haben sich auf ehemaligen Offenlandstandorten (militärische Nutzung, Brandflächen) dichte Pionierwälder aus Birken und Zitter-Pappeln entwickelt. Große Bereiche der Haldenplateaus werden von strukturreichem Offen- und Halboffenland aus Gras-Kraut-Fluren und Gebüschen eingenommen.

Die Zusammensetzung der Avizönose von Pappel- und Robinienforsten wird durch Alter und Struktur des Bestandes bestimmt. In der Regel sind reine Pappelforste deutlich struktur- und damit artenärmer als Robinien- und Pappel-Robinien-Mischforste. Struktur- und Artenreichtum nehmen mit dem Alter der Bestände zu. Charakteristisch für dichte, junge Robinienbestände (vgl. EPPERT 1989) und junge bis mittelalte Pionierwälder ist eine hohe Dominanz des Fitislaubsängers. Ansonsten sind die jungen (geschlossenen) Pionierwälder äußerst arten- und individuenarm und im Hinblick auf Brutvögel naturschutzfachlich von nur geringer Bedeutung. Wechseln sich Pionierwälder mosaikartig mit Offenlandbereichen ab, kommen Goldammer und Baumpieper als weitere häufige Arten hinzu. Zusätzlich können wertbestimmende Brutvogelarten des Offenlandes wie beispielsweise Neuntöter und Raubwürger auftreten. In jungen bis alten, mehr oder weniger strukturarmen Pappel- und Robinienforsten kommen Amsel, Baumpieper, Blaumeise, Buchfink, Eichelhäher, Fitis, Gartengrasmücke, Goldammer, Kohlmeise, Mönchsgrasmücke, Pirol, Ringeltaube und Zilpzalp regelmäßig vor. Für mittelalte bis alte Pappelforste ist das hochstete Auftreten des Pirols besonders charakteristisch. FLADE (1994) gibt als mögliche Leitarten für Pappelforste Pirol, Heckenbraunelle und Nachtigall an. Diese drei Arten weisen auf den Halden des Geiseltales zahlenstarke Brutbestände auf. Gebüschreiche Forstränder sowie Bereiche mit dichter Strauchschicht, die entweder gepflanzt oder in alten unbeeinflussten Forsten durch Sukzession entstanden sind, werden von Gartengrasmücke, Gelbspötter, Grünfink, Heckenbraunelle, Klappergrasmücke, Mönchsgrasmücke, Nachtigall und Turteltaube bevorzugt. Von diesen Arten können Mönchsgrasmücke und Nachtigall in strauchreichen Halden-Mischforsten extrem hohe Abundanzen erreichen (z.B. Halde Blösien, siehe Tab. 9). Vogelarten mit Präferenz zu Gebüschstrukturen können auch in dichten Robinienjungwüchsen in größerer Siedlungsdichte vorkommen (EPPERT 1989).

Brutvogelarten, die späte Altersstadien von Pappel- und Robinien-(Misch)forsten kennzeichnen, sind Feldsperling, Gartenbaumläufer, Gartenrotschwanz, Grauschnäpper, Kernbeißer, Kleiber, Schwanzmeise, Star und Zaunkönig. Auch Heckenbraunelle, Rotkehlchen und Singdrossel bevorzugen alte Forste, kommen aber auch in jüngeren vor. Alte, höhlenreiche Bestände stellen Lebensräume mehrerer Spechtarten dar, von denen Buntspecht, Grünspecht und Wendehals für die Forste der Bergbaufolgelandschaft besonders charakteristisch sind. Daneben treten lokal auch Grauspecht und Schwarzspecht auf. Der gefährdete Wendehals bevorzugt Gehölze am Rande strukturreicher Offen- und Halboffenlandbereiche und kommt auf den untersuchten Halden des Geiseltales zum Teil in relativ hoher Dichte vor.

Alte, strukturreiche und sekundär forstlich unbeeinflusste Haldenforste können sehr arten- und individuenreich sein und Gesamtabundanzen erreichen, die noch über der mittleren Gesamtdichte von den als Waldtyp vogelreichsten Hartholzauenwäldern liegen. Dies spricht für den hohen avifaunistischen Wert solcher Bestände.

Die als Waldinseln mit altem Baumbestand in der waldarmen Agrarlandschaft gelegenen Halden des Geiseltales stellen bedeutende Greifvogelbrutplätze dar. Charakteristische Arten sind Rotmilan, Schwarzmilan, Mäusebussard und Turmfalke sowie als weitere Großvogelarten Kolkrabe und Waldohreule. Bevorzugte Horstbäume der Greifvögel sind alte Pappeln.

Wertvolle Vogellebensräume bieten auch die durch ehemalige militärische Nutzung langfristig offen und halboffen gehaltene Plateauflächen der Halden, insbesondere Bereiche mit Einzelgebüschen oder Gebüschkomplexen von Dornsträuchern. Hohe Siedlungsdichten erreichen hier Grauammer, Braunkehlchen und Neuntöter. Diese Arten zeigen eine starke Bindung an Sitzwarten. So erreicht beispielsweise die Grauammer entlang des Zaunes eines ehemaligen Militärgeländes auf der Halde Klobikau (Geiseltal) extrem hohe Abundanzen. Komplexe wärmeexponierte Gebüsche werden von der Sperbergrasmücke besiedelt. Vereinzelt tritt der Raubwürger als Brutvogel auf.

Folgende Grundsätze zur naturschutzfachlichen Bewertung von Gehölzbeständen in der Bergbaufolgelandschaft können formuliert werden:

- Der naturschutzfachliche Wert von Forsten und Wäldern auf Kippen und Halden wird weniger durch das Vorkommen einzelner naturschutzfachlich bedeutender Arten als vielmehr durch die Ausbildung und Komplexität der gesamten Avizönose bestimmt. Wertbestimmend ist eine hohe Artenzahl und eine hohe Gesamtabundanz.
- Naturschutzfachlich bedeutend ist des Weiteren eine hohe Greifvogel- bzw. Horstdichte, insbesondere gefährdeter Arten (Rotmilan, Schwarzmilan, sporadisch Baumfalke und Wespenbussard).
- Wendehals, Grünspecht und Grauspecht treten als wertbestimmende Arten komplexer Lebensräume aus altem Baumbestand und strukturreichem Offenland auf.
- Typische Arten älterer Forst-Sukzessionsstadien, insbesondere Gartenbaumläufer, Gartenrotschwanz, Grauschnäpper, Kleiber, Schwanzmeise, oder eine hohe Abundanz solcher Arten (Kernbeißer, Star, Zaunkönig) kennzeichnen eine artenreiche Laubwaldavizönose und eine strukturreiche Bestandsausbildung.
- Bei gut ausgebildeter Strauchschicht und/oder bei Vorhandensein waldmantelartiger Forstränder erreichen Gebüschbrüter wie Gartengrasmücke, Mönchsgrasmücke, Gelbspötter, Heckenbraunelle und Nachtigall hohe Abundanzen.
- Gebüschreiche (insbesondere dornstrauchreiche), brachliegende Offen- und Halboffenländer der Haldenplateaus sind Konzentrationsbereiche wertbestimmender Offenland-Brutvogelarten, wie beispielsweise Neuntöter, Grauammer, Braunkehlchen, Schwarzkehlchen, Sperbergrasmücke und Raubwürger.

Unter Berücksichtigung der aufgeführten naturschutzfachlich wertbestimmenden Aspekte haben sich bei den untersuchten Haldengehölzen des mitteldeutschen Raumes insbesondere die lange Zeit forstlich unbeeinflussten und ausgesprochen strukturreichen Gehölzbestände an Böschungen als vogelartenreiche und naturschutzfachlich wertvolle Brutvogel-Lebensräume herausgestellt die zum Teil eine Unterschutzstellung allein aus avifaunistischer Sicht rechtfertigen. Die durch forstliche Maßnahmen aufgelichteten und unterpflanzten Forste sind im Vergleich deutlich arten- und individuenärmer. Gleichfalls in hohem Maße schutzwürdig sind die gebüschreichen Offenlandstadien der untersuchten Haldenplateaus.

4.6 Lurche (Amphibia)

Michael Reuter

4.6.1 Überblick über das Gesamtartenspektrum

In der Bergbaufolgelandschaft Mitteldeutschlands und der Lausitz wurden bisher 15 Amphibienarten nachgewiesen (Tab. 10). Für einige Arten (Wechsel-, Kreuz- und Knoblauchkröte sowie Seefrosch) besitzt dieser Landschaftsraum (zeitweise) eine überdurchschnittlich hohe Bedeutung während es von anderen Arten nur einzelne Nachweise gibt und die Besiedlung der Bergbaufolgelandschaft hier eher als zufällige Ausnahme zu werten ist.

Tab. 10: Übersicht über die in der Bergbaufolgelandschaft Mitteldeutschlands und der Lausitz nachgewiesenen Amphibienarten

Art	Bevorzugte Laichgewässer und Altersstadien in der BFL	Verbreitung/Häufigkeit
Bergmolch *(Triturus alpestris)*	keine auswertbaren Angaben	nur Einzelnachweise aus der Lausitz und aus Thüringen (BLASCHKE & WIEDEMANN 1996, SYKORA 1985)
Kammolch *(Triturus cristatus)*	Weiher Altbergbaugebiete	insgesamt selten in der BFL und zumeist Einzelnachweise; lokal allerdings einzelne sehr individuenreiche, naturschutzfachlich bedeutsame Vorkommen (über 100 Adulti) in der BFL Sachsen-Anhalts relative Häufung von Nachweisen im Bereich der Dübener Heide und der Tagebau-Region Zeitz/Weißenfels/Hohenmölsen (FBM 1999)
Teichmolch *(Triturus vulgaris)*	temporäre und ausdauernde Klein- und Flachgewässer, Weiher, Gräben Sanierungstagebau und Altbergbau	in der BFL verbreitet und lokal häufig aufgrund des geringeren Gewässerangebotes in Altbergbaugebieten seltener
Rotbauchunke (*Bombina bombina*)	keine auswertbaren Angaben	nur Einzelnachweise aus der Lausitz und dem Südraum Leipzig (BLASCHKE & WIEDEMANN 1996)
Knoblauchkröte *(Pelobates fuscus)*	Flachgewässer, Weiher, ausdauernde Kleingewässer Sanierungstagebau und Altbergbau	eine der häufigsten und verbreitetsten Amphibienarten der BFL Mitteldeutschlands in der BFL Sachsen-Anhalts weist die Art im Vergleich aller Naturräume des Bundeslandes eine weit überdurchschnittlich hohe Präsenz auf; mit nur einer Ausnahme kommt die Knoblauchkröte in allen Tagebauregionen des Bundeslandes vor (FBM 1999)
Erdkröte *(Bufo bufo)*	Weiher, Kleinseen, Seen überwiegend Altbergbau	in Altbergbaugebieten weit verbreitet und häufig tendenziell positive Bestandsentwicklung
Kreuzkröte *(Bufo calamita)*	temporäre Kleingewässer, Flachgewässer (im Altbergbau vor allem in vernässten Ackersenken) überwiegend Aktiv- und Sanierungstagebau	typische Pionierart junger Tagebaue, die in der BFL zeitweise sehr individuenreiche Populationen (> 100 Adulti) aufbauen kann; in der BFL Sachsen-Anhalts weist die Kreuzkröte auf im Vergleich aller Naturräume des Bundeslandes eine überdurchschnittlich hohe Präsenz, regional gibt es allerdings trotz geeigneter Lebensräume große Verbreitungslücken (FBM 1999)
Wechselkröte *(Bufo viridis)*	Flachgewässer und ausgedehnte Flachwasserzonen von jungen Seen und Weihern überwiegend Sanierungstagebau	in Sanierungstagebauen weit verbreitet in Sachsen-Anhalt mit nur einer Ausnahme in allen Tagebauregionen des Landes vorkommend (FBM 1999); für keine andere Amphibienart des Bundeslandes besitzt die BFL eine ähnlich große Bedeutung; 12 % aller aktuellen Wechselkröten-Nachweise aus Sachsen-Anhalt stammen aus Bergbaufolgelandschaften, die nur ca. 1,3 % der Landesfläche ausmachen! (MEYER et al. 2004) individuenreiche Vorkommen mit weit über 100 adulten Tieren sind die Ausnahme, aber aus einzelnen Tagebauen in Sachsen bekannt (ZÖPHEL & STEFFENS 2002)

Art	Bevorzugte Laichgewässer und Altersstadien in der BFL	Verbreitung/Häufigkeit
Laubfrosch *(Hyla arborea)*	(temporäre) Klein- und Flachgewässer (im Altbergbau vor allem in vernässten Ackersenken) Sanierungstagebau und Altbergbau	lokal (z.B. Südraum Leipzig, Sachsen) bedeutende Vorkommen; insgesamt jedoch in der BFL eher selten
Moorfrosch *(Rana arvalis)*	Flachgewässer Altbergbaugebiete	nur regional vorkommend in Sachsen-Anhalt vor allem in Tagebauen in der Nähe von Flussauen oder am Rand der Dübener Heide (FBM 1999)
Springfrosch *(Rana dalmatina)*	keine auswertbaren Angaben	einige Nachweise aus Sanierungstagebauen im Südraum Leipzig (Sachsen) (FBM 1999)
Grasfrosch *(Rana temporaria)*	Weiher, Flachgewässer, Kleinseen Altbergbaugebiete	in Altbergbaugebieten relativ verbreitet, jedoch meist nur in geringen Individuenzahlen auftretend
Seefrosch *(Rana ridibunda)*	Seen, Weiher, Flachgewässer Sanierungstagebau und Altbergbau	in der BFL relativ verbreitet, meidet aber große geschlossene Waldgebiete langfristig wahrscheinlich deutliche Bestandszunahme in Seen der BFL
Kleiner Wasserfrosch *(Rana lessonae)*	keine auswertbaren Angaben	nur Einzelnachweise aus der BFL Sachsens (ZÖPHEL & STEFFENS 2002)
Teichfrosch *(Rana esculenta)*	in ausdauernden Gewässern unterschiedlicher Größe Sanierungstagebau und Altbergbau	verbreitetste Amphibienart der BFL

Die Eignung der verschiedenen Gewässertypen der Bergbaufolgelandschaft als Laichgewässer für Amphibienarten ist sehr unterschiedlich. In Gewässern mit mäßig bis stark sauren pH-Werten, wie sie besonders in Braunkohlentagebauen der Lausitz mit vorherrschenden tertiären Substraten verbreitet sind, ist keine erfolgreiche Reproduktion von Amphibien möglich. Solche Gewässer werden allenfalls vom Teichfrosch als Sommerlebensraum genutzt. Auch stark basische Gewässer (sehr selten; z.B. zeitweise einige Aschespülseen) sind für Amphibien ungeeignet.

In der Bergbaufolgelandschaft Mitteldeutschlands sind Gewässer mit extremem Wasserchemismus eher selten. Entscheidend für deren Eignung als Amphibienlaichgewässer sind vor allem:

- Gewässer-Biotoptyp und damit verbunden Wasserführung, Gewässergröße und -morphologie
- Vorhandensein bestimmter Habitatstrukturen am eigentlichen Laichplatz, einschließlich der Vegetationsstrukturen (abhängig vom Sukzessionsstadium)
- der Anteil an Prädatoren (Fischbesatz!).

4.6.2 Vorkommen und Ansprüche ausgewählter, naturschutzfachlich bedeutsamer Amphibienarten

Arten mit Verbreitungsschwerpunkt in den jüngsten Sukzessionsstadien – Beispiel Kreuzkröte

Gewässer jüngster Sukzessionsstadien sind vor allem in aktiven bzw. sehr jungen Tagebauen zu finden. Es handelt sich hauptsächlich um Klein- und Flachgewässer sowie Weiher im Bereich der Restlochsohle, seltener auch auf Innenkippen. Temporäre Kleingewässer bilden sich häufig auf Bermenflächen der Restlochböschung. Die Gewässer weisen meist vegetationslose bzw. vegetationsarme Uferbereiche auf. Der Landlebensraum ist durch großflächige Rohböden bzw. lichte Gras- und Krautfluren charakterisiert.

Die Kreuzkröte als typische Pionierart bevorzugt in der Bergbaufolgelandschaft temporäre Kleinstgewässer, zum Beispiel in kleinen Senken, Fahrspuren u.ä. auf zumeist bindigen bzw. stark verdichteten Böden, sowie Flachgewässer, die sich durch leichte Erwärmbarkeit und vor allem Prädatorenfreiheit auszeichnen (FBM 1999). Eine Besonderheit der Bergbaufolgelandschaft ist, dass auch Weiher jüngster Sukzessionsstadien – die zu diesem Zeitpunkt ebenfalls noch frei von Fischen sind! – als Laichgewässer genutzt werden und dann auch sehr individuenreiche Kreuzkröten-Populationen aufweisen. Die eigentlichen Laichplätze an den Gewässern sind überwiegend durch folgende Habitatstrukturen charakterisiert (Untersuchung an 244 Gewässerstellen; FLB 2003):

- keine Beschattung
- Wassertiefen < 10 cm, geringe Uferneigung (< 10 %)
- fehlende oder gering deckende (bis ca. 10 % Deckungsgrad) submerse Vegetation, vereinzelt sind deutliche Abweichungen davon möglich (FLB 2003)
- pH-Wert-Optimum zwischen 7,0 und 7,4 (bei einer Spanne von 6,7 bis 8,7 der untersuchten Laichplätze).

Entwicklungsprognose: Aufgrund der großräumigen Einstellung der aktiven Abbautätigkeit, insbesondere im Mitteldeutschen Braunkohlerevier, sind deutliche Bestandsrückgänge der Kreuzkröte in der Bergbaufolgelandschaft zu erwarten. Die Flutung bzw. der Grundwasserwiederanstieg führt zum Verlust von Laichgewässern im Sohlenbereich von Tagebaurestlöchern sowie auf Innenkippen. Im Kippen- und Böschungsbereich oberhalb des Grundwasserendspiegels gehen Laichgewässer durch völlige oder teilweise Verlandung sowie Sanierungsmaßnahmen wie der Einebnung von Geländehohlformen unterschiedlichster Größe verloren. Eine weitere Gefährdung besteht durch Einschleppung bzw. Besatz von Fischen in ausdauernden Gewässern.

Im Altbergbau gibt es nur noch selten und meist auch nur individuenarme Vorkommen der Kreuzkröte. Als Laichgewässer dienen dort vor allem vernässte Ackersenken auf Kippengelände, seltener Temporärgewässer auf Wegen in Form von größeren Pfützen in verdichteten Fahrspuren. Individuenreiche Kreuzkröten-Vorkommen können sich längerfristig in der Bergbaufolgelandschaft nur in aktiven Abbaugebieten halten.

Arten mit Verbreitungsschwerpunkt in jungen bis mittleren Sukzessionsstadien – Beispiel Wechselkröte

Gewässer dieser Sukzessionsstadien sind überwiegend in Sanierungstagebauen bzw. in jungen Tagebauen mit abgeschlossener Sanierung, jedoch noch nicht vollständiger Flutung vorzufinden. Im Bereich der Restlochsohle dieser Tagebaue gibt es meist sehr große Flachgewässer bzw. Weiher oder junge Seen mit ausgedehnten Flachwasserzonen. Oft sind großflächige Röhrichtbestände entwickelt sowie Initialen submerser Vegetation. Temporärgewässer auf Innenkippen oder Bermenflächen sind teilweise bereits verlandet. Der Landlebensraum wird überwiegend durch lichte bis dichte Gras- und Krautfluren mit Gebüschen sowie erste Pionierwälder geprägt. Verstreut bestehen noch Rohbodenflächen.

Die Wechselkröte ist eine weniger typische Pionierart als die Kreuzkröte; temporäre Kleinstgewässer sowie völlig vegetationslose, sehr junge Gewässer werden eher selten als Laichgewässer angenommen (FLB 2003). Bevorzugt werden vielmehr vegetationsarme, ausdauernde Flachgewässer bzw. ausgedehnte Flachwasserzonen junger Seen im Anfangsstadium der Flutung (FBM 1999). Der überwiegende Teil aller Wechselkröten-Laichgewässer in der Bergbaufolgelandschaft Sachsen-Anhalts befindet sich in nicht bzw. noch nicht vollständig gefluteten Tagebaurestlöchern! Sehr häufig werden Spülseen als Laichgewässer genutzt. Die eigentlichen Laichplätze zeichnen sich überwiegend durch folgende Habitatstrukturen aus (Untersuchungen an 381 Gewässerstellen; FLB 2003):

- keine oder geringe Beschattung (< 20 %)
- Wassertiefen zwischen 5 und 15 cm; geringe Uferneigung (< 10 %)
- geringe submerse Vegetationsbedeckung bis ca. 20 %, völlig vegetationslose Bereiche werden eher gemieden
- pH-Wert-Optimum zwischen 7,5 und 8,9 (bei einer Spanne von 6,8 bis 9,2 aller untersuchten Laichplätze).

Laichplätze an größeren Seen liegen hauptsächlich in wind- und somit wellenschlaggeschützten Buchten. Gewässer mit Fischvorkommen werden auch angenommen, fischfreie aber deutlich bevorzugt.

Entwicklungsprognose: Auch bei der Wechselkröte sind in den nächsten Jahren durch zahlreiche Restlochflutungen deutliche Bestandsrückgänge zu erwarten. Die neu entstehenden großen Restseen stellen nach Erreichen des Endwasserstandes nur in wenigen Fällen einen ausreichenden Ersatzlebensraum dar (fehlende Flachwasserzonen). Mittelfristig sind alle geeigneten Laichplätze der Art durch starke Röhricht- bzw. Gehölzentwicklung (Sukzession) und somit Beschattung im Uferbereich gefährdet. Längerfristig ungefährdet ist die Wechselkröte lediglich in Tagebauen mit fortgeführter, zum Teil auch sekundärer, bergbaulicher Nutzung bei fortwährender Grundwasserhaltung (z.B. Tonabbau).

Arten mit Verbreitungsschwerpunkt in mittleren (bis älteren) Sukzessionsstadien – Beispiel Knoblauchkröte

In diesen Sukzessionsstadien – vor allem in sanierten Tagebauen nach Abschluss der Flutung – weisen die Gewässer überwiegend submerse Vegetation und dichte Röhrichtsäume auf. Die Breite der Säume ist dabei abhängig von der Gewässermorphologie. Häufig sind sie abschnittsweise durch Ufergehölze beschattet. Der Landlebensraum ist durch dichte, zum Teil verbuschte, Gras- und Krautfluren sowie Gehölzbestände unterschiedlicher Größe charakterisiert. Rohböden fehlen oder sind nur noch vereinzelt vorhanden.

Zum Laichen bevorzugt die Knoblauchkröte kleinere bis mittelgroße ausdauernde Gewässer. Mit höchster Stetigkeit und den höchsten Individuenzahlen werden in der Bergbaufolgelandschaft Flachgewässer zur Reproduktion bevorzugt (FBM 1999), die häufig größere Wasserstandsschwankungen aufweisen, jedoch nicht vollkommen austrocknen (FLB 2003). Große Tagebaurestseen dienen nur ausnahmsweise als Laichgewässer. Die Knoblauchkröte ist hier hauptsächlich im Bereich von röhrichtbestandenen Flachwasserzonen in windgeschützter Lage (Buchten) vorzufinden. Vor allem in Altbergbaugebieten, in denen Flachgewässer sehr selten sind, werden auch tiefe Gewässer wie Weiher, Kleinseen oder stehende Gräben angenommen. Diese zeichnen sich häufig durch vergleichsweise steile Ufer sowie Fischbesatz aus. Temporäre Kleingewässer werden dagegen nur selten genutzt und sind für diese Art als Lebensraum infolge des häufigen Austrocknens vor Abschluss der Metamorphose vergleichsweise bedeutungslos.

Die Laichplätze zeichnen sich überwiegend durch folgende Habitatmerkmale aus (Untersuchungen an 381 Gewässerstellen; FLB 2003):

- Wassertiefe überwiegend zwischen 20 und 100 cm
- reich entwickelte submerse Vegetationsstrukturen (Deckungsgrad 40 bis 80 %)*
- pH-Wert-Optimum zwischen 7,5 und 8,9 (bei einer Spanne von 6,6 bis 9,1 der untersuchten Laichplätze).

* Diese Strukturen werden "ersatzweise" häufig ausschließlich von im Wasser stehenden Röhrichten gebildet. Die Laichplätze befinden sich deshalb sehr oft innerhalb lichter Röhrichtbestände, insbesondere *Typha*-Röhrichten. Eine dadurch bedingte mäßige Beschattung des Laichplatzes von bis zu 60 % wird toleriert.

Entwicklungsprognose: Durch den Verlust von Laichgewässern, insbesondere im Sohlenbereich von Tagebaurestlöchern im Zuge der Flutung bzw. des Grundwasserwiederanstiegs sowie durch Verlandung von Flachgewässern außerhalb des Restloches, sind Bestandsrückgänge der Knoblauchkröte, lokal auch das Erlöschen einzelner Populationen zu erwarten. Insgesamt ist die Art in der Bergbaufolgelandschaft jedoch deutlich weniger gefährdet als Kreuz- oder Wechselkröte, da tiefere Gewässer außerhalb der Seen (Weiher, Kleinseen, Gräben) meist ebenfalls geeignete Laichgewässer darstellen und die Knoblauchkröte dort durch Sukzessionsprozesse nur sehr langsam verdrängt wird.

4.7 Heuschrecken (Saltatoria)

Hans-Markus Oelerich

4.7.1 Überblick über das Gesamtartenspektrum

In Forschungsprojekten FBM (1999) und FLB (2003) wurden Untersuchungen zur Heuschreckenfauna der sachsen-anhaltinischen Bergbaufolgelandschaft durchgeführt. Insgesamt konnten für über 500 Flächen Artenlisten erstellt bzw. von anderen Autoren übernommen werden. Eine erste detaillierte biotoptypenbezogene Auswertung wurde von OELERICH (2000) dargestellt. Der folgenden Tabelle sind die Arten zu entnehmen, die in der Bergbaufolgelandschaft Sachsen-Anhalts bislang nachgewiesen werden konnten. Es handelt sich um 10 Laubheuschrecken-, 5 Grillen-, 3 Dornschrecken- und 17 Feldheuschreckenarten (Tab. 11).

Tab. 11: Heuschreckenarten in der Braunkohlen-Bergbaufolgelandschaft (BFL) Sachsen-Anhalts

Wissenschaftlicher Name	Deutscher Name	§	RL LSA	RL D	Nachweise in der BFL Sachsen-Anhalts (n = 554)
Tettigoniidae	**Laubheuschrecken**				
Leptophyes punctatissima	Punktierte Zartschrecke				2
Phaneroptera falcata	Gemeine Sichelschrecke				75
Meconema thalassinum	Eichenschrecke				3
Conocephalus fuscus	Langflügelige Schwertschrecke				135
Conocephalus dorsalis	Kurzflügelige Schwertschrecke		3	V	24
Tettigonia viridissima	Grünes Heupferd				101
Platycleis albopunctata	Westliche Beißschrecke			V	61
Metrioptera roeselii	Roesels Beißschrecke				135
Metrioptera brachyptera	Kurzflügelige Beißschrecke		3		5
Pholidoptera griseoaptera	Gemeine Strauchschrecke				31
Gryllidae	**Grillen**				
Acheta domesticus	Heimchen				2
Gryllus campestris	Feldgrille		3	3	7
Nemobius sylvestris	Waldgrille				7
Myrmecophilus acervorum	Ameisengrille		3	D	7
Gryllotalpa gryllotalpa	Maulwurfsgrille		3	2	2
Tetrigidae	**Dornschrecken**				
Tetrix ceperoi	Westliche Dornschrecke		3	D	17
Tertix subutata	Säbeldornschrecke				32
Tetrix undulata	Gemeine Dornschrecke				12
Tetrix tenuicornis	Langfühler-Dornschrecke				67
Acrididae	**Feldheuschrecken**				
Oedipoda caerulescens	Blauflügelige Ödlandschrecke	bg	V	3	183
Sphingonotus caerulans	Blauflügelige Sandschrecke	bg	2	2	148
Stethophyma grossum	Sumpfschrecke		3		4
Chrysochraon dispar	Große Goldschrecke				33
Euthystira brachyptera	Kleine Goldschrecke		3		5
Omocestus haemorrhoidalis	Rotleibiger Grashüpfer		V	V	31

Wissenschaftlicher Name	Deutscher Name	§	RL LSA	RL D	Nachweise in der BFL Sachsen-Anhalts (n = 554)
Acrididae	**Feldheuschrecken**				
Stenobothrus lineatus	Heidegrashüpfer			V	5
Stenobothrus stigmaticus	Kleiner Heidegrashüpfer		2	2	1
Myrmeleotettix maculatus	Gefleckte Keulenschrecke				195
Chorthippus apricarius	Feld-Grashüpfer			V	49
Chorthippus albomarginatus	Weißrandiger Grashüpfer				59
Chorthippus biguttulus	Nachtigall-Grashüpfer				199
Chorthippus brunneus	Brauner Grashüpfer				302
Chorthippus dorsatus	Wiesengrashüpfer				30
Chorthippus montanus	Sumpfgrashüpfer		3	V	1
Chorthippus mollis	Verkannter Grashüpfer			V	253
Chorthippus parallelus	Gewöhnlicher Grashüpfer				47

Legende: § = Bundesartenschutzverordnung (BArtSchV 1999), bg = nach Bundesartenschutzverordnung besonders geschützt, RL LSA = Rote Liste des Landes Sachsen-Anhalt (WALLASCHEK im Druck), RL D = Rote Liste Deutschlands (MAAS et al. 2002), 2 = stark gefährdet, 3 = gefährdet, V = Vorwarnliste, D = Datenlage defizitär; Anzahl der ausgewerteten Untersuchungsflächen: FBM (1999): insgesamt 235 Flächen, davon 123 Bodenfallenstandorte; FLB: insgesamt 319 Flächen.

Bei den in Sachsen-Anhalt ermittelten Häufigkeiten und Bindungen an bestimmte Biotoptypen (vgl. OELERICH 2000 und FLB 2003) zeigen sich große Übereinstimmungen mit den Verhältnissen in der Niederlausitzer Bergbaufolgelandschaft (LANDECK & WIEDEMANN 1998), wobei dort vor allem tertiäre Sande als Substrate auftreten und dementsprechend häufiger Trockenrasen und Heiden mit ihren charakteristischen Heuschrecken zu finden sind. Neben einzelnen Arten, die in der Niederlausitzer Bergbaufolgelandschaft fehlen (vgl. OELERICH 2000), traten dort mit dem Warzenbeißer (*Decticus verrucivorus*) und dem Bunten Grashüpfer (*Omocestus viridulus*) zwei Heuschreckenarten auf, die in der Mitteldeutschen Folgelandschaft bislang nicht nachgewiesen werden konnten.

Für einige der erfassten gefährdeten Arten besitzt die Bergbaufolgelandschaft eine besondere naturschutzfachliche Bedeutung, da sie hier großflächig (Sekundär-)Lebensräume besiedeln, die in der unverritzten Landschaft selten geworden sind oder immer seltener, kleinflächiger und isolierter werden. In Tab. 12 werden diese Arten aufgelistet und ihr Auftreten in den unterschiedlichen Entwicklungsstadien der Tagebaue dargestellt. Neben den Heuschreckenarten wird auch der Sandohrwurm (*Labidura riparia*) als ein typischer und gefährdeter Geradflügler der Rohbodenflächen aufgeführt. Das Auftreten des Sandohrwurms und der Blauflügeligen Sandschrecke (*Sphingonotus caerulans*) kennzeichnet orthopterologisch den besonderen naturschutzfachlichen Wert der vegetationsarmen Bereiche. Die Sandschrecke zählt zwar auch auf Magerrasen (Silbergrasfluren) zu den Arten mit einer hohen Stetigkeit, dies ist jedoch vor allem auf den zumeist relativ hohen Rohbodenanteil dieser Flächen und/oder ihre Wechselwirkung mit angrenzenden Rohbodenflächen zurückzuführen.

Die Blauflügelige Ödlandschrecke (*Oedipoda caerulescens*) tritt zwar häufig zusammen mit der Blauflügeligen Sandschrecke auf, sie gehört jedoch u.a. zusammen mit der Gefleckte Keulenschrecke (*Myrmeleotettix maculatus*) zu den charakteristischen Arten der Magerrasen.

Die Westliche Dornschrecke (*Tetrix ceperoi*) bevorzugt dagegen feuchte Biotope. Diese findet sie in der Bergbaufolgelandschaft unter anderem auf Rohbodenflächen von Spülkippen oder von vegetationsfreien bzw. -armen Ufern junger Tagebaugewässer. Ihre natürlichen Lebensräume sind vermutlich offene, wechselfeuchte Sanddünen der Küsten sowie die Ufer größerer Flüsse und Seen (DETZEL 1998). Bei aktuellen Funden im Binnenland (z.B. Baden-Württemberg, DETZEL 1998) handelt es sich jedoch zumeist um anthropogen geschaffene Lebensräume wie Kiesgruben, abgebaute Binnendünen, Tongruben mit meist wechselfeuchtem Substrat. Da die Bergbaufolgelandschaft gegenwärtig (noch) eine Vielzahl solcher Lebensräume aufweist, konnte die bisher in Ostdeutschland selten festgestellte Art zumindest in der Bergbaufolgelandschaft Sachsen-Anhalts erfreulich häufig nachgewiesen werden. Sie kann naturschutzfachlich als eine Besonderheit der BFL angesehen werden.

Tab. 12: Auftreten naturschutzfachlich besonders bedeutender Heuschrecken- und Ohrwurmarten der Braunkohlen-Folgelandschaft in den unterschiedlichen Entwicklungsstadien der Tagebaue

Legende: ● = Art hat in diesen Entwicklungsstadien ihren Verbreitungsschwerpunkt, O = Art kann bei entsprechender Ausprägung in diesem Entwicklungsstadium auftreten, * neben charakteristischen Wald- bzw. Pionierwaldflächen kommt es auch zur Ausbildung von Röhrichten und Niedermoorbereichen sowie vegetationsarmen Bereichen auf Extremstandorten; ! = die gefährdete Art findet in der BFL z.T. großflächig geeignete Habitate; !! = die gefährdete Art findet in der BFL z.T. großflächig geeignete Habitate und zeigt hier höhere Stetigkeiten als in der unverritzten Landschaft; !!! = die BFL ist landesweit einer von wenigen Konzentrationspunkten dieser stark gefährdeten Art

Deutscher Name	Wissenschaftlicher Name	Habitat	Initialstadium (Rohbodenstadium)	Pionierflur-/Offenlandstadium	Offenland-Pionierwald-Mosaik	Pionierwaldstadium*	Waldstadium*	Bedeutung der BFL für diese Art
			0 - 5	5 - 15	15 - 45	45 - 100	> 100	
			Alter in Jahren (ca.)					
Sandohrwurm	*Labidura riparia*	vegetationsarme bis -freie Habitate, Pionierfluren, Dünen, Ufer	●	●	O	?		!!!
Blauflügelige Sandschrecke	*Sphingonotus caerulans*	vegetationsarme bis -freie Habitate, Pionierfluren	●	●	O	?		!!!
Westliche Dornschrecke	*Tetrix ceperoi*	offene, wechselfeuchte Habitate; u.a. vegetationsarme Ufer von Tagebaurestseen		●	O	?		!!
Blauflügelige Ödlandschrecke	*Oedipoda caerulescens*	vegetationsarme Flächen, Pionierfluren, Trockenrasen		O	●	O		!
Feldgrille	*Gryllus campestris*	trockene Habitate mit grabbaren Substraten, u.a. an Böschungen		O	●	O	?	!
Ameisengrille	*Myrmecophilus acervorum*	unterschiedliche Lebensraumtypen, von Abbruchkanten bis Pionierwälder			O	O	?	!
Sumpfschrecke	*Stethophyma grossum*	zeitweise überstaute Feuchtwiesen, Seggenrieder u. lockere Röhrichte			O	●	?	!
Kurzflügelige Schwertschrecke	*Conocephalus dorsalis*	Röhrichte und Seggenrieder			O	●	?	!

Von den sechs Nachweisen der Feldgrille (*Gryllus campestris*) in der Folgelandschaft Sachsen-Anhalts treten fünf auf Böschungsbereichen auf. Hierbei wurden sowohl eine frische Standardansaat, ein Mosaik aus trockener Gras-Krautflur und Birkenpionierwald, als auch eine xerotherme Land-Reitgras-Heidekraut-Flur besiedelt. Unter Umständen können die Böschungen der zukünftigen Restseen dieser bundesweit als gefährdet geltenden Art geeignete Lebensräume bieten.

Die Ameisengrille (*Myrmecophilus acervorum*) wurde in der sachsen-anhaltinischen Folgelandschaft insgesamt an 7 (Bodenfallen-)Standorten festgestellt. Es handelte sich dabei um verschiedene Biotoptypen unterschiedlichster Bergbauregionen. Dabei dominierten relativ offene, trocken-warme Bereiche (Abbruchkanten, Rohboden-Gras- und Krautflur-Mosaik, halbtrockenrasen-ähnliche Ansaat an einer Böschung, Weißdorn-Gebüsch mit Gras- und Krautflur). Sie wurden aber auch in zwei strukturreichen, mittelalten Birkenpionierwäldern nachgewiesen. Dies unterstreicht die Aussage von BELLMANN (in DETZEL 1998), wonach *Myrmecophilus acervorum* keine eng umrissenen Lebensraumansprüche zu besitzen scheint. Die Bergbaufolgelandschaft vermag dieser Art, die sowohl in Sachsen-Anhalt, als auch in Brandenburg auf der Roten Liste geführt wird, aufgrund der Biotopvielfalt (besonders trocken-warmer Habitate), der Großräumigkeit und der relativen Störungsarmut, wohl auch langfristig geeignete Habitate zu bieten.

Feuchte, gehölzlose Biotope stellen Lebensräume weiterer gefährdeter Heuschreckenarten, wie der Kurzflügeligen Schwertschrecke (*Conocephalus dorsalis*) oder der Sumpfschrecke (*Stethophyma grossum*) dar. Diese Arten könnten von dem zu erwartenden (Grund-)Wasseranstieg und dem damit potenziell verbundenen Entstehen neuer Feuchtgebiete profitieren. Naturschutzfachlich besonders wertvoll sind dabei Mosaike aus lockeren Röhrichten, feuchten Gras- und Krautfluren und eingestreuten Seggen- bzw. Binsenriedern, die sich insbesondere im Bereich von Flachwasserzonen entwickeln.

4.7.2 Zielart Blauflügelige Sandschrecke (*Sphingonotus caerulans*)

Die beiden blauflügeligen, charakteristischen Heuschreckenarten der Bergbaufolgelandschaft Blauflügelige Sandschrecke (*Sphingonotus caerulans*) und Blauflügelige Ödlandschrecke (*Oedipoda caerulescens*) gehören nach der Bundesartenschutzverordnung (BArtSchV 1999) zu den in Deutschland besonders geschützten Tieren und werden unter anderem in den Roten Listen des Landes Sachsen-Anhalt und Deutschlands geführt (Tab. 11). Die Blauflügelige Ödlandschrecke ist jedoch landes- und bundesweit nicht derart gefährdet und in ihrem Auftreten nicht in dem Maße auf Tagebaubereiche konzentriert wie die Blauflügelige Sandschrecke. Letztere zeigt bundesweit nur wenige Konzentrationspunkte (MAAS et al. 2002). Neben Landstrichen (mit Truppenübungsplätzen) südlich von Berlin, dem Rheintal südlich Mannheim und dem Verlauf der Regnitz nördlich und südlich von Fürth besitzen vor allem die Lausitzer und die Mitteldeutsche Braunkohlen-Folgelandschaft eine herausragende Bedeutung. Die überregionale Gefährdung sowie die Konzentration der Bestände in den Tagebaubereichen stellt besonders die Blauflügelige Sandschrecke als bedeutende Zielart für die Bergbaufolgelandschaft heraus. Als weitere Grundvoraussetzung für eine Zielart trifft zu, dass *Sphingonotus caerulans* eine mittel- bis langfristige Überlebenschance in der Bergbaufolgelandschaft besitzt. Während der Untersuchungen in den Verbundprojekten FBM (1999) und FLB (2003) konnte diese Art in Sachsen-Anhalt in vielen Tagebauen bzw. Tagebaubereichen in zum Teil sehr hohen Individuenzahlen nachgewiesen werden. Ähnliches wird für die Lausitzer BFL gelten. Es ist jedoch mittelfristig mit einem drastischen Rückgang der Populationen bzw. der Individuenzahlen zu rechnen. Die zwei wesentlichen Faktoren, die diesen Bestandsrückgang bzw. den Rückgang geeigneter Habitate bedingen, sind der Wasseranstieg in den Tagebaurestlöchern sowie die fortschreitende Sukzession und die damit verbundene Zunahme der Vegetationsdeckung in den Habitaten.

Der Einfluss des Wasseranstiegs auf die Lebensräume der Blauflügeligen Sandschrecke soll am Beispiel einiger mitteldeutscher Tagebaue dargestellt werden. Da *Sphingonotus caerulans* vor allem Rohböden und vegetationsarme Bereiche besiedelt, wird in Abb. 37 der aktuelle Rohbodenanteil (Vegetationsdeckung < 10 %) an den terrestrischen Biotoptypen einiger Untersuchungsgebiete herausgestellt. Aus diesen Flächen ist in der Abbildung der Anteil „herausgeschnitten", der durch den prognostizierten Wasseranstieg verloren gehen wird. Drei der betrachteten Tagebaubereiche (Golpa-Nord, Goitzsche und Kayna-Süd) zeigen dabei ähnliche Verhältnisse: unter den derzeit (2000/2001) 12 bis 15 % vegetationsarmen Habitaten bzw. Rohböden befinden sich 1 bis 4 %, die durch den prognostizierten Wasseranstieg überflutet werden. Deutlich andere Voraussetzungen bestehen auf der Innenkippe in Mücheln. Hier haben aktuell noch über ein Drittel der Biotoptypen Vegetationsdeckungen von unter 10 %. Die Hälfte davon wird jedoch durch die etwa 2010 abgeschlossene Flutung des Geiseltalsees verloren gehen. Nach diesem enormen Flächenverlust im Bereich der Innenkippe sind in den vier betrachteten Tagebaubereichen mit 10 % bis 17 % Rohboden etwa gleiche „Startbedingungen" für die sich anschließende Sukzessionsentwicklung gegeben.

Natürliche Voraussetzung für einen langfristigen Bestand der Blauflügeligen Sandschrecke (*Sphingonotus caerulans)* auf den vegetationsarmen Bereichen ist eine möglichst verzögerte Sukzession, die in den Tagebauen vor allem durch folgende Faktoren bedingt wird: (1) kohlereiche Substrate, (2) saure Boden-pH-Werte, (3) hohe Grundwasserflurabstände sowie (4) steile Hangneigungen und die damit verbundene höhere geomorphologische Prozessdynamik. Da die Sandschrecke jedoch nach eigenen Beobachtungen steile Rohböden meidet, sind als potenziell langfristig vegetationsarme Habitate vor allem trockene Bereiche mit sauren pH-Werten und/oder hohem Kohleanteil von Bedeutung. Mit Hilfe von Korrelationsanalysen konnte im Rahmen des Forschungsverbundes Landschaftsentwicklung Mitteldeutsches Braunkohlenrevier (FLB 2003) geklärt werden, ob diese Standorte trotz der relativ extremen abiotischen Faktoren als Lebensräume von der Blauflügeligen Sandschrecke angenommen werden. Im Gegensatz zu Angaben aus der Literatur, nach der *Sphingonotus caerulans* vor allem sandig-kiesige Böden bevorzugt (DETZEL 1998), konnten für die Bergbaufolgelandschaft keine signifikanten Präferenzen für entsprechende Substrate festgestellt werden (FLB 2003). Es zeigte sich sogar eine gewisse Meidung sandiger Böden, dagegen jedoch eine Präferenz für Substrate mit einem möglichst hohen Kohleanteil. Nach DETZEL (1998) bevorzugt *Sphingonotus caerulans* warme und trockene Böden mit geringem Wasserspeichervermögen. Ein hoher Kohleanteil führt zum einen zu einer schnelleren Erwärmung des Bodens, zum anderen verringert er das Wasserspeichervermögen des Substrates. Beides mag die Präferenz der Art für Standorte mit einem höheren Kohleanteil erklären. ALTMOOS (1999) führt als eine Randbedingung für geeignete Habitate der Arten *Sphingonotus caerulans* und *Oedipoda caerulescens* einen pH-Wert von über 5 an. Bei den Untersuchungen im Rahmen des FLB (2003) konnten die Arten jedoch auch auf einer Reihe von Flächen mit pH-Werten von 3 bis 4 nachgewiesen werden. Der ermittelte Präferenzbereich der Blauflügelige Sandschrecke lag sogar bei pH-Werten von 3 bis 6.

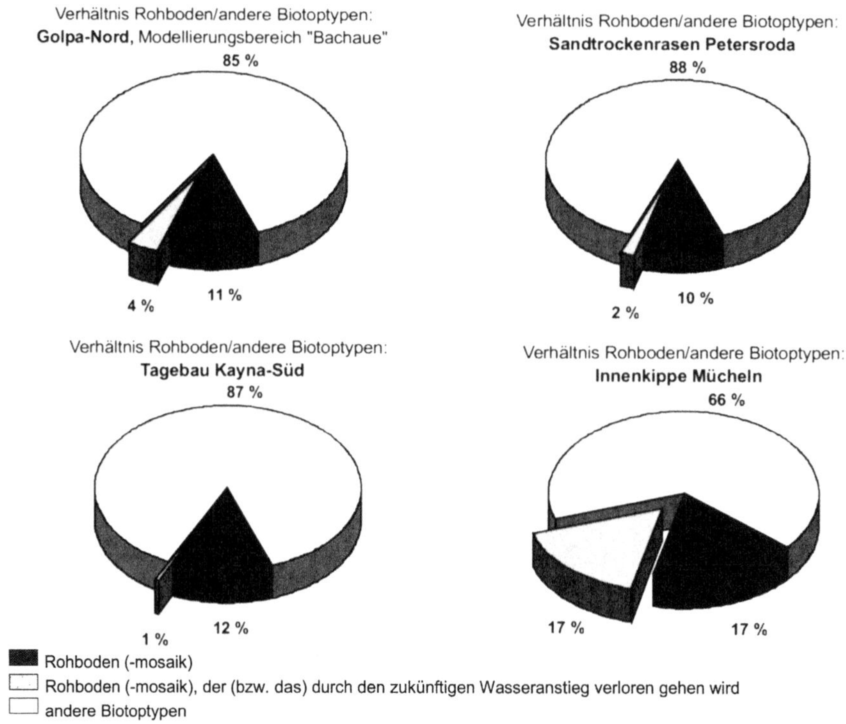

Abb. 37: Prozentualer Flächenanteil von Rohboden bzw. Rohbodenmosaiken an den terrestrischen Biotoptypen einiger untersuchter Tagebaubereiche in Sachsen-Anhalt sowie voraussichtlicher Verlust dieser Lebensräume durch Wasseranstieg
(Infolge der Flutung des Tagebaus Goitzsche durch das Muldehochwasser 2002 und der damit veränderten Grundwasserverhältnisse wird der Verlust vegetationsarmer Lebensräume im Bereich des Sandtrockenrasens Petersroda vermutlich etwas stärker ausfallen als hier prognostiziert.)

Die aktuellen Untersuchungen machen demzufolge deutlich, dass diese naturschutzfachlich bedeutende Zielart auch an Standorten auftritt, die aufgrund extremer Substratparameter voraussichtlich über einen langen Zeitpunkt vegetationsarm bleiben. Im Folgenden werden für drei in Mitteldeutschland untersuchte Tagebaubereiche Entwicklungsprognosen dargestellt, die auf den genannten Untersuchungsergebnissen gründen.

Im Untersuchungsgebiet des Tagebaus Golpa-Nord nördlich von Gräfenhainichen sind weder besonders saure, noch besonders kohlehaltige Substrate vorhanden (Abb. 38). Zudem wurde dieser Tagebaubereich im Zuge von Rekultivierungsarbeiten intensiv gedüngt. Es ist daher damit zu rechnen, dass die noch verbliebenen vegetationsarmen Lebensräume in etwa 10 bis 20 Jahren nicht mehr den Habitatansprüchen der Blauflügeligen Sandschrecke entsprechen werden.

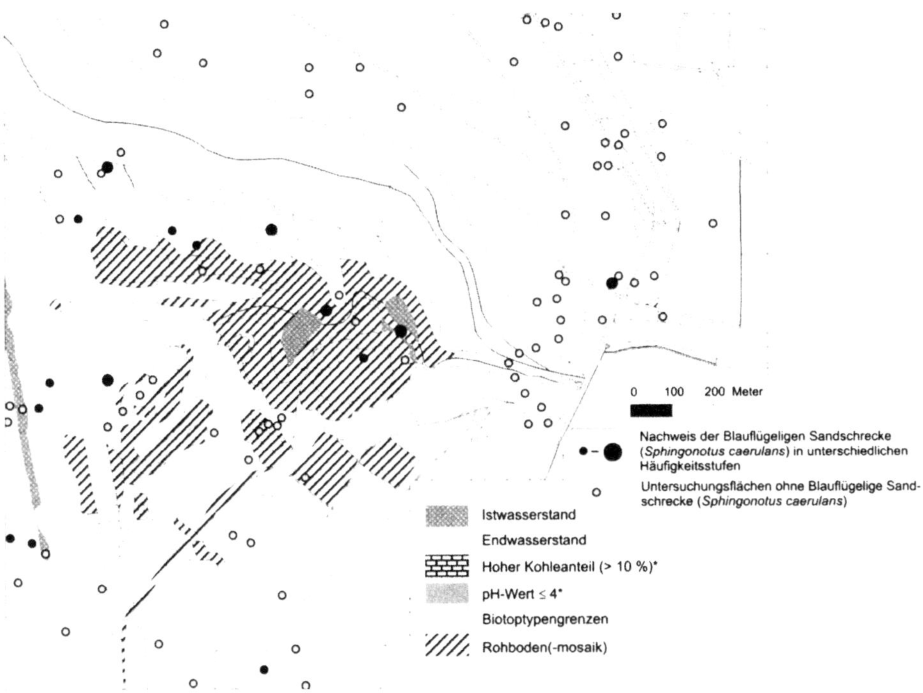

Abb. 38: Nachweise der Blauflügeligen Sandschrecke (*Sphingonotus caerulans*) in neun Häufigkeitsstufen (von einem bis über 400 Ind./400m²) sowie präferierte Biotoptypen [Rohboden(-mosaik)] im Untersuchungsgebiet „Bachaue" des Tagebaus Golpa-Nord
* Flächen mit voraussichtlich verzögerter Sukzession (niedriger pH-Wert und/oder hoher Kohleanteil) sind im Gegensatz zu anderen Untersuchungsgebieten (vgl. Abb. 39 und Abb. 40) hier nicht vorhanden.

Abb. 39 stellt das Untersuchungsgebiet Mücheln-Innenkippe (Geiseltal) nach der Flutung dar. Auf einem relativ großen Anteil der vegetationsarmen Bereiche wird die natürliche Sukzession aufgrund niedriger pH-Werte oder hoher Kohleanteile verzögert ablaufen. Daher werden hier auch für die Sandschrecke vermutlich noch über 30 - 50 Jahre geeignete Habitate zu finden sein. Da für das zukünftige Schutzgebiet im Bereich der Innenkippe Prozessschutz als Schutzziel vorgesehen ist (OEKOKART 2002) und somit keine Maßnahmen wie Mahd, Beweidung oder Abschieben von Oberboden durchgeführt werden sollen, werden sich langfristig die meisten dieser Flächen – mit Ausnahme vegetationsfreier Bereiche in Erosionsrinnen und an Steilabbrüchen – zu geschlossenen, mehr oder weniger verbuschten Gras-Kraut-Fluren bzw. (Pionier-)Wäldern entwickeln. Damit wird sich *Sphingonotus caerulans* hier mittelfristig „zurückziehen" und andere Arten des dynamischen Zielartenkonzeptes ihren Platz einnehmen.

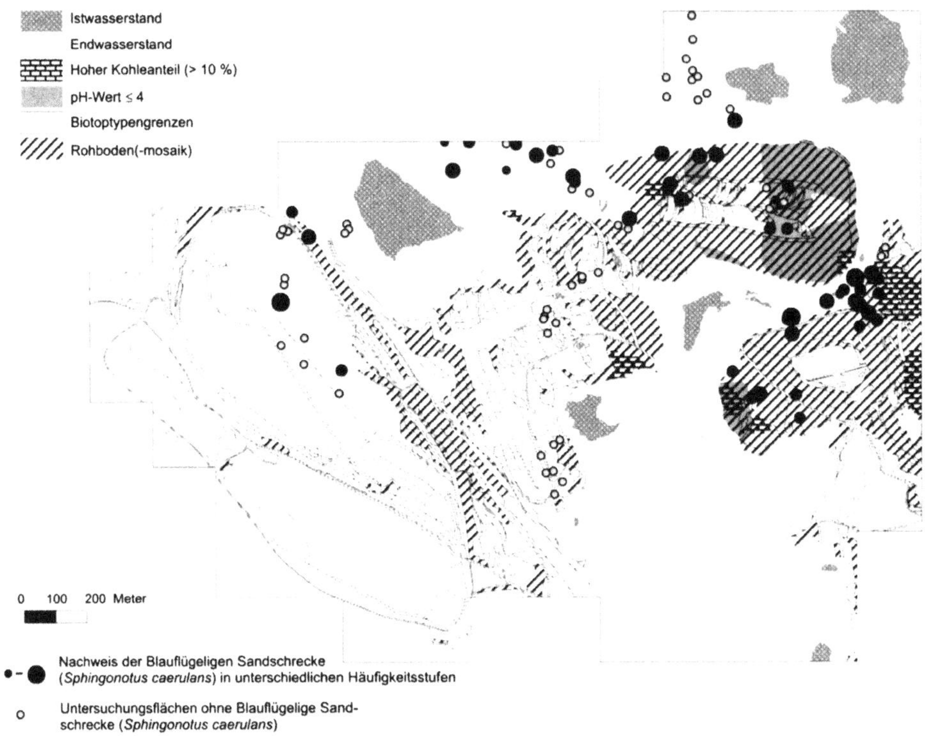

Abb. 39: Nachweise der Blauflügeligen Sandschrecke (*Sphingonotus caerulans*) in neun Häufigkeitsstufen (von einem bis über 400 Ind./400m²) und präferierte Biotoptypen [Rohboden(-mosaik)] sowie Flächen mit voraussichtlich verzögerter Sukzession (niedriger pH-Wert und/oder hoher Kohleanteil) im Untersuchungsgebiet Mücheln-Innenkippe

Eine ähnliche Situation wie auf der Mücheln-Innenkippe zeigt sich im ehemaligen Tagebau Kayna-Süd (Geiseltal) (Abb. 40). Hier befinden sich im Süden des Tagebaus vegetationsarme Habitate auf Substraten, die sowohl sauer sind, als auch hohe Kohleanteile aufweisen. Diese Bereiche werden ebenfalls noch relativ lange geringe Vegetationsdeckungen aufweisen und damit das Auftreten der Sandschrecke ermöglichen. Vermutlich wird aber auch hier in ca. 50 Jahren *Sphingonotus caerulans* nur noch wenig geeignete Fläche verbleiben. Sollten langfristig in diesem Bereich Sachsen-Anhalts nicht weitere Ersatzlebensräume (z.B. Kiesabbaugebiete) für diese stark gefährdete Art entstehen, so wird es sinnvoll sein, in diesem Bereich des Tagebaus Kayna-Süd (in Zeiträumen von ca. 20 - 30 Jahren durch Abschieben von Oberboden geeignete Habitate zu erhalten.

Abb. 40: Nachweise der Blauflügeligen Sandschrecke (*Sphingonotus caerulans*) in neun Häufigkeitsstufen (von einem bis über 400 Ind./400m²) und präferierte Biotoptypen [Rohboden(-mosaik)] sowie Flächen mit voraussichtlich verzögerter Sukzession (niedriger pH-Wert und/oder hoher Kohleanteil) im ehemaligen Tagebau Kayna-Süd

4.8 Libellen (Odonata)

Jörg Huth

4.8.1 Überblick über das Gesamtartenspektrum

In der Bergbaufolgelandschaft (BFL) des Landes Sachsen-Anhalt wurden von 1996 bis 2001 an 135 Gewässern in 20 Untersuchungsgebieten insgesamt 47 Libellenarten (= 75 % der Landesfauna) nachgewiesen (FBM 1999, FLB 2003, vgl. Tab. 13). Eine erste Übersicht der Erfassungsergebnisse bis 1998 gibt HUTH (2000).

Die BFL Sachsen-Anhalts beherbergt bedeutende Vorkommen naturschutzfachlich wertvoller Libellenarten. Es kommen 21 Arten der Gefährdungskategorien 1 bis 3 der Landesliste (MÜLLER 1993, 1996) vor (= 57 %), von denen 12 Arten aktuell (2000/01) mehrere stabile und individuenreiche Reproduktionsvorkommen besitzen. Bei sechs weiteren Rote-Liste-Arten des Landes gibt es gegenwärtig nur ein bedeutendes Vorkommen. Eine Art (*Orthetrum brunneum*) hatte 1996 bis 1998 mehrere bedeutende Vorkommen, die in den letzten Jahren durch Habitatverlust erloschen sind. Von den Arten der Roten Liste Deutschlands (OTT & PIPER 1998) reproduzieren 22 der Gefährdungskategorien 1 bis 3 und G (= 50 %) in der BFL Sachsen-Anhalts.

Der für die Bergbaurestgewässer Sachsen-Anhalts festgestellte hohe Artenreichtum und die besondere Bedeutung für naturschutzfachlich wertvolle Libellenarten ist auch aus der Lausitzer BFL bekannt. Erwähnt seien BEUTLER & BEUTLER (1981), DONATH (1987), HEYM & HIEKEL (1988), BEUTLER (1989) und XYLANDER & STEPHAN (1998, 1999).

Einen Überblick über die in der BFL Sachsen-Anhalts nachgewiesenen Libellenarten in Abhängigkeit von der Altersstufe der Gewässer gibt Tab. 13. Die Erstbesiedlung der Bergbaurestgewässer durch Libellen hängt in entscheidendem Maße von der Vegetationsentwicklung ab. In sehr sauren Gewässern verläuft die Sukzession langsam. Sie sind typisch für die Lausitzer BFL und in Sachsen-Anhalt für die Bergbauregionen des Naturraumes Dübener Heide (Gräfenhainichen, Bitterfeld). Als Erstbesiedler der sauren Bergbaurestseen der Lausitz gibt DONATH (1987) nur wenige ubiquistische Arten an. Für viele Bergbaurestgewässer Sachsen-Anhalts ist dagegen charakteristisch, dass sie bereits im Initialstadium eine annähernd neutrale Wasserreaktion aufweisen. Damit verläuft die Vegetationsentwicklung am Gewässer deutlich schneller als an den stark sauren Gewässern der Lausitz. Bei entsprechender Gewässermorphologie (Flachgewässer) sind teilweise bereits nach ein bis drei Jahren flächige Röhrichte und Wasserpflanzenbestände entwickelt. Zu diesem Zeitpunkt können die Gewässer schon von zahlreichen Libellenarten zur Reproduktion genutzt werden.

Tab. 13: Häufigkeit, Verbreitung und Gefährdung der Libellenarten der BFL Sachsen-Anhalts

Wissenschaftlicher Name	Deutscher Name	Gewässer (n = 135)	Gebiete (n = 20)	Verbreitung	Altersstufe	RL LSA	RL D
Zygoptera	**Kleinlibellen**						
Calopteryx splendens	Gebänderte Prachtlibelle	25	13	+++	Ü	3	V
Calopteryx virgo	Blauflügel-Prachtlibelle	1	1	+	A	1	3
Lestes sponsa	Gemeine Binsenjungfer	72	19	+++	F		
Lestes dryas	Glänzende Binsenjungfer	9	5	+	F	3	3
Lestes virens	Kleine Binsenjungfer	44	12	++	Ü	2	2
Lestes viridis	Weidenjungfer	19	9	+	A		
Lestes barbarus	Südliche Binsenjungfer	3	3	+	F	3	2
Sympecma fusca	Gemeine Winterlibelle	76	19	+++	F		3
Platycnemis pennipes	Gemeine Federlibelle	19	5	+	A		
Pyrrhosoma nymphula	Frühe Adonislibelle	28	7	+	A		
Ischnura elegans	Große Pechlibelle	117	20	+++	I		
Ischnura pumilio	Kleine Pechlibelle	32	12	++	I	2	3

Wissenschaftlicher Name	Deutscher Name	Gewässer (n = 135)	Gebiete (n = 20)	Verbreitung	Altersstufe	RL LSA	RL D
Enallagma cyathigerum	Becher-Azurjungfer	98	20	+++	I		
Coenagrion puella	Hufeisen-Azurjungfer	103	20	+++	F		
Coenagrion pulchellum	Fledermaus-Azurjungfer	18	6	+	A		3
Coenagrion hastulatum	Speer-Azurjungfer	5	5	+	A	3	3
Erythromma najas	Großes Granatauge	14	6	+	A		V
Erythromma viridulum	Kleines Granatauge	35	14	++	F	2	
Anisoptera	**Großlibellen**						
Brachytron pratense	Kleine Mosaikjungfer	36	13	++	Ü		3
Aeshna mixta	Herbst-Mosaikjungfer	81	18	+++	F		
Aeshna affinis	Südliche Mosaikjungfer	6	4	+	F	VG	D
Aeshna juncea	Torf-Mosaikjungfer	5	4	+	A	2	3
Aeshna cyanea	Blaugrüne Mosaikjungfer	26	11	++	Ü		
Aeshna grandis	Braune Mosaikjungfer	18	12	++	A		V
Aeshna isosceles	Keilflecklibelle	37	14	++	F	2	2
Anax imperator	Große Königslibelle	83	20	+++	I		
Anax parthenope	Kleine Königslibelle	61	17	+++	F	3	G
Cordulegaster boltoni	Zweigestreifte Quelljungfer	1	1	+	A	1	3
Cordulia aenea	Gemeine Smaragdlibelle	38	13	++	A		V
Somatochlora metallica	Glänzende Smaragdlibelle	9	5	+	A		
Somatochlora flavomaculata	Gefleckte Smaragdlibelle	4	1	+	A	3	2
Libellula quadrimaculata	Vierfleck	96	20	+++	F		
Libellula depressa	Plattbauch	13	9	++	I		
Orthetrum coerulescens	Kleiner Blaupfeil	38	16	++	F	2	2
Orthetrum brunneum	Südlicher Blaupfeil	9	7	+	I	1	3
Orthetrum cancellatum	Großer Blaupfeil	78	19	+++	I		
Sympetrum vulgatum	Gemeine Heidelibelle	106	20	+++	I		
Sympetrum striolatum	Große Heidelibelle	91	19	+++	I	3	
Sympetrum fonscolombei	Frühe Heidelibelle	10	7	+	I	IG	
Sympetrum flaveolum	Gefleckte Heidelibelle	22	11	++	Ü		3
Sympetrum sanguineum	Blutrote Heidelibelle	102	20	+++	F		
Sympetrum depressiusculum	Sumpf-Heidelibelle	1	1	+	A	2	2
Sympetrum pedemontanum	Gebänderte Heidelibelle	22	10	++	F	3	3
Sympetrum danae	Schwarze Heidelibelle	50	15	+++	F		
Leucorrhinia dubia	Kleine Moosjungfer	9	7	+	A	3	2
Leucorrhinia rubicunda	Nordische Moosjungfer	3	2	+	A	3	2
Leucorrhinia pectoralis	Große Moosjungfer	10	5	+	A	2	2

Legende: Gewässer = Anzahl der Untersuchungsgewässer mit Nachweisen der Art (116 Stillgewässer und 19 Fließgewässer), Gebiete = Anzahl der Untersuchungsgebiete mit Vorkommen der Art; Verbreitung = Verbreitung der Art in der BFL Sachsen-Anhalts: +++ = gesamte BFL; ++ = gesamte BFL, nur regional fehlend; + = nur regional oder lokal vorkommend; Altersstufe = Gewässeralter der Erstbesiedlung: I = Initialstufe (Besiedlung neu entstandener Gewässer im ersten Jahr), F = Frühstufe (Besiedlung nach zwei bis wenigen Jahren der Gewässerentwicklung), Ü = Übergangsstufe (Besiedlung nach einigen Jahren [> 5 - 10] der Gewässerentwicklung), A = Altersstufe (Arten mit [fast] ausschließlichem Vorkommen an Gewässern des Altbergbaus mit einem Alter > 30 Jahre); RL LSA = Rote Liste des Landes Sachsen-Anhalts (MÜLLER 1993, 1996), RL D = Rote Liste Deutschlands (OTT & PIPER 1998); Gefährdung: 1 = vom Aussterben bedroht, 2 = stark gefährdet, 3 = gefährdet, G = Gefährdung anzunehmen, aber Status unbekannt, V = Arten der Vorwarnliste, D = Daten defizitär, VG = Vermehrungsgast, IG = Irrgast

Die Erstbesiedlung angelegter weiherartiger Gewässer mit neutraler Wasserreaktion konnte beispielsweise in der modellierten, sogenannten „Bachaue" des ehemaligen Tagebaus Golpa-Nord (Region Gräfenhainichen) untersucht werden. Im ersten Jahr nach der Entstehung wurden an den durch vegetationsarme Flachufer und Röhrichtinitiale geprägten Gewässern 11 Arten nachgewiesen, von denen 6 nachweislich reproduzierten. Im zweiten Jahr, in dem sich bereits ein lichter Röhrichtsaum,

Schwimmblattvegetation und mehrere Arten schwebender Wasserpflanzen entwickelt hatten, wurden bereits 19 Arten erfasst, von denen 15 zur Reproduktion kamen (davon 5 Rote-Liste-Arten!). Damit hatten die Gewässer bereits im zweiten Jahr einen hohen naturschutzfachlichen Wert für Libellen.

Eine große Gruppe von Libellenarten wurde fast ausschließlich an Gewässern des Altbergbaus der BFL Sachsen-Anhalts festgestellt (> 30 Jahre). Diese Gruppe der Spätbesiedler stimmt im Vergleich zur Lausitz (DONATH 1987) in den meisten Arten überein.

4.8.2 Habitatpräferenz ausgewählter Libellenarten

Eine erste detaillierte Auswertung zur odonatologischen Charakterisierung der Gewässertypen der BFL Sachsen-Anhalts wurde durch HUTH (2000) dargestellt. Im FLB (2003) erfolgte eine Überarbeitung und Präzisierung auf der Grundlage weiterer Untersuchungen. Für die bearbeiteten Gewässer wurden relevante Habitatparameter oder Habitatstrukturen in Klassen aufgenommen. In der Auswertung wurde die Stetigkeit des Auftretens von Libellenarten in Abhängigkeit vom Vorhandensein oder der Ausbildung dieser Habitatmerkmale ermittelt. Tab. 14 gibt einen Überblick über Habitatpräferenzen ausgewählter, naturschutzfachlich wertvoller Libellenarten.

Tab. 14: Habitatbindung ausgewählter Libellenarten der BFL Sachsen-Anhalts

Habitatparameter Art	Gewässertyp	Freie Wasserfläche	Temporärgewässer	Klares Wasser	Strömung/ Quelleinfluss	Röhricht	Schwimm-/ Tauchvegetation	Moor-/ Sumpfinitiale	vegetat.-arme Flachufer	Umgebung
Glänzende Binsenjungfer (*Lestes dryas*)	FW		+			++				
Kleine Binsenjungfer (*Lestes virens*)	FW	K	+	+		++				
Gemeine Winterlibelle (*Sympecma fusca*)	F					++	+			
Kleine Pechlibelle (*Ischnura pumilio*)	K, Ri, gS	K	+	+	+				+	O
Fledermaus-Azurjungfer (*Coenagr. pulchellum*)						++				W
Speer-Azurjungfer (*Coenagrion hastulatum*)				+						W
Kleines Granatauge (*Erythromma viridulum*)	kS	G					++			O
Kleine Mosaikjungfer (*Brachytron pratense*)	FWS	M				++	++			W
Südliche Mosaikjungfer (*Aeshna affinis*)	FW		+	+		++				
Torf-Mosaikjungfer (*Aeshna juncea*)	FW							+		W
Keilflecklibelle (*Aeshna isosceles*)	FWS					++	+			
Kleine Königslibelle (*Anax parthenope*)	gS, kS	G					++			
Kleiner Blaupfeil (*Orthetrum coerulescens*)	Ri, FW	K			+			+		
Südlicher Blaupfeil (*Orthetrum brunneum*)	Ri				+				+	
Gefleckte Heidelibelle (*Sympetrum flaveolum*)	FW	K	+	+		++		+		
Gebänderte Heidelibelle (*Sym. pedemontanum*)	Ri, FW	K	+		+	+		+		
Kleine Moosjungfer (*Leucorrhinia dubia*)	FW	M		+		+				W
Große Moosjungfer (*Leucorrhinia pectoralis*)	FW	M				++	+			W

Legende: Gewässertyp: gS = großer See (> 10 ha), kS = kleiner See (> 1 ha - 10 ha), W = Weiher (< 1 ha, < 2 m tief), Ri = Rinnsale, F = Flachwasserbereiche (> 0,25 ha, < 0,5 m tief) an allen Stillgewässertypen, FW = Flachwasserbereiche an Gewässern bis Weihergröße/größere Flachgewässer (> 0,25 ha, < 0,5 m tief), FWS = Flachwasserbereiche an Weihern und kleinen Seen; Freie Wasserfläche: K = höchste Stetigkeit bei kleinsten freien Wasserflächen (bis wenige m²), M = beansprucht mindestens kleine freie Wasserflächen von 10 bis 100 m², G = beansprucht größere freie Wasserflächen von 100 m² bis 1 ha; Umgebung (Landschaftsalter): W = Tendenz zu bewaldeter Umgebung (Bevorzugung alter Sukzessionsstadien), O = Tendenz zu offener Umgebung; übrige Parameter: + = Präferenz, ++ = Präferenz/deutliche Erhöhung der Stetigkeit bei Verbesserung der Ausprägung

Der naturschutzfachliche Wert eines Gewässers für Libellen wird am stärksten durch den Gewässertyp sowie die Ausbildung der Röhricht- und Wasservegetation bestimmt. Aus naturschutzfachlicher Sicht ist die besondere Bedeutung des Gewässertyps "Weiher mit großen Flachwasserbereichen/große Flachgewässer" herauszustellen, in dem die meisten gefährdeten Libellenarten Stetigkeiten erreichen, die deutlich über denen der anderen Gewässertypen liegen. Der Gewässertyp beherbergt zudem die mit Abstand meisten Libellenarten (Abb. 41). Wertvolle Lebensräume können in Abhängigkeit von der Wasserqualität und der Vegetationsausbildung auch Weiher und kleine Seen bieten. (Quell-) Rinnsale und sehr selten vorkommende bachartige Fließgewässer bieten einen Lebensraum für einzelne stenöke Fließgewässer-Arten mit hohem Gefährdungsstatus. Große Seen und Kleingewässer weisen dagegen in der Regel eine unterdurchschnittliche Artenausstattung auf.

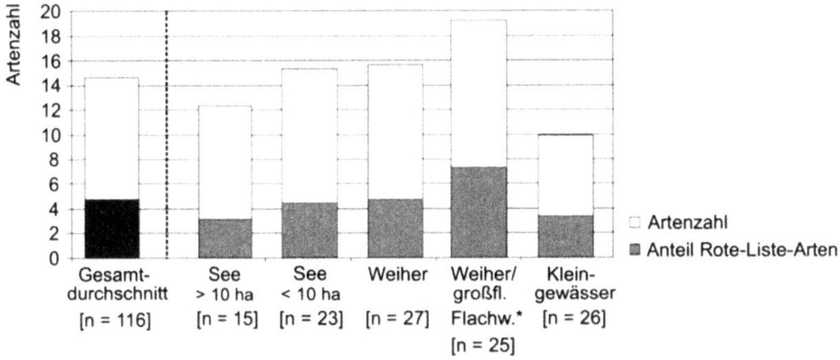

Abb. 41: Durchschnittliche Artenzahlen der untersuchten Stillgewässer pro Gewässertyp
* Weiher mit großen Flachwasserbereichen/großflächige Flachgewässer

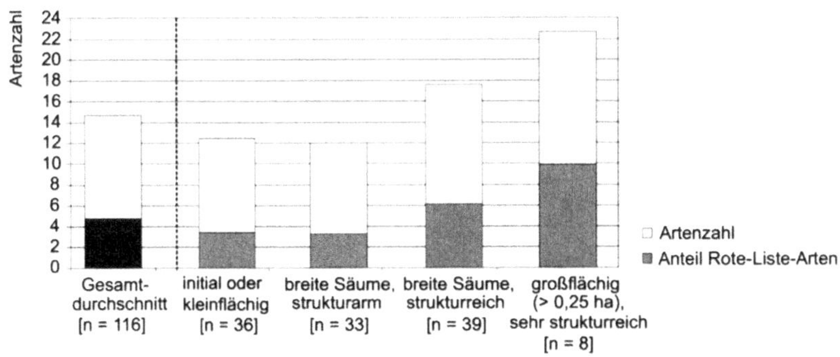

Abb. 42: Durchschnittliche Artenzahlen der untersuchten Stillgewässer in Bezug auf die Röhrichtausbildung

Die Ausbildung der Schwimm- und Tauchvegetation wirkt einerseits direkt als strukturell bedeutendes Habitatelement (Eiablage, Larvenlebensraum) und ist andererseits Indikator für die Gesamthabitatqualität des Gewässers für Libellen, beispielsweise im Hinblick auf die Kriterien Wasserqualität, Strukturvielfalt und Sukzessionsfortschritt. Gewässer mit großflächigem Vorkommen einer artenreichen Schwimm- und Tauchvegetation höherer Wasserpflanzen liegen in Bezug auf Gesamtartenzahl und Anzahl der Rote-Liste-Arten deutlich über dem Durchschnitt. Damit kann von einer reichen Wasservegetation auf eine hohe naturschutzfachliche Bedeutung für Libellen geschlossen werden (Indikatorwert).

Weitere wertbestimmende Habitatmerkmale für Libellen-Reproduktionsgewässer sind überwiegende Besonnung, windgeschützte Lage, visuell klares Wasser, Fischfreiheit oder -armut, Vorkommen von *Chara*-Rasen (Armleuchteralgen) sowie von Moor- und Sumpfinitialen.

Die Bedeutung der Habitatmerkmale „klares Wasser“, „*Chara*-Rasen“ sowie „Moor- und Sumpfinitiale“ als Indikatoren eines hohen Habitatwertes für Libellen konnte durch Untersuchungen belegt werden (vgl. FLB 2003).

Die Stetigkeit des Auftretens von Libellenarten erhöht sich, je besser die strukturelle Ausbildung des Gewässerröhrichts ist (Abb. 42). Großflächige strukturarme Röhrichte (i.d.R. homogene Bestände von Schilf oder Rohrkolben) bewirken im Vergleich zu initialen oder kleinflächigen Röhrichten keinen erhöhten naturschutzfachlichen Wert des Gewässers für Libellen. Durch einen deutlichen Anstieg der Stetigkeiten charakteristischer Röhrichtarten sowie der Gesamtartenzahlen und der Anzahlen von Rote-Liste-Arten zeigen erst jene Gewässer einen erhöhten naturschutzfachlichen Wert, an denen großflächige und strukturreiche Röhrichte ausgebildet sind. Insbesondere durch Binsen- und Simsenröhrichte, lückige Rohrkolbenröhrichte, Seggenriede und eine hohe Grenzlinienlänge (Gliederung des Röhrichts durch kleine Wasserflächen) erhöht sich die Habitatqualität für Libellen.

4.8.3 Vorkommen, Habitatbindung und Entwicklungsprognose ausgewählter Zielarten

Nachfolgend werden Vorkommen, Habitatbindung und Entwicklungsprognose ausgewählter Zielarten der BFL des Landes Sachsen-Anhalt zusammenfassend dargestellt.

Die **Kleine Binsenjungfer (*Lestes virens*)** ist in der BFL Sachsen-Anhalts gegenwärtig weit verbreitet und hat mehrere bedeutende Vorkommensgebiete. Sie bevorzugt vegetationsreiche Weiher, Flachgewässer sowie Flachwasserbereiche und meidet Seen fast völlig. Eine Bestandsabnahme durch flutungsbedingten Verlust von Vorkommen hat bereits begonnen und wird in den nächsten Jahren voraussichtlich weitere Bergbaugebiete betreffen. Da mehrere bedeutende Vorkommen an flutungsunbeeinflussten etablierten Gewässern fortgeschrittener Sukzession liegen, wird eine regional hohe Bedeutung der BFL für die Art erhalten bleiben.

Die **Kleine Pechlibelle (*Ischnura pumilio*)** ist die charakteristische Art der Pioniergewässer. Sie kommt gegenwärtig in vielen Gebieten der BFL Sachsen-Anhalts in geringer Zahl an einzelnen vegetationsarmen Klein(st)gewässern und Quellbereichen vor, die durch Sukzession schnell ihren Habitatwert für die Art verlieren. Größere Bestände sind gegenwärtig lediglich an einzelnen in Flutung befindlichen Seen (z.B. Goitzsche bei Bitterfeld) zu finden. In geringer Zahl reproduziert *Ischnura pumilio* auch an anderen Seen mit vegetationsarmen Flachufern, Spülwassertümpeln und Schwemmtrichtern. Durch Einstellung der Abbau- und Sanierungstätigkeit in den meisten Gebieten und infolge Kleingewässerverlandung verliert die Art gegenwärtig typische Habitate, profitiert jedoch durch die Besiedlung vegetationsarmer Seeufer von den laufenden und geplanten Restlochflutungen. Durch Sukzession der Verlandungsvegetation an Kleingewässern, Quellstandorten und an Seeufern nach Einstellung des Endwasserspiegels ist jedoch langfristig eine deutliche Bestandsabnahme in der BFL zu erwarten. In den noch aktiven Abbaugebieten und vereinzelt auch an Sonderstandorten (wassergefüllte Wildschweinsuhlen, Schwemmtrichter) ist jedoch mit dem längerfristigen Erhalt oder der Neuentstehung von Habitaten zu rechnen, so dass die BFL in den nächsten Jahrzehnten trotz der Bestandsabnahme noch von hoher Bedeutung für die Art sein wird.

Das **Kleine Granatauge (*Erythromma viridulum*)** ist in der BFL weit verbreitet. Wahrscheinlich hat die gegenwärtige Tendenz der Klimaentwicklung eine deutliche Arealerweiterung der thermophilen Art mit mediterranem Verbreitungsschwerpunkt bewirkt. Sie kommt in allen Bergbauregionen Sachsen-Anhalts vor, bevorzugt aber eine offene bis halboffene Gewässerumgebung, wodurch die Art möglicherweise in den geschlossenen Waldgebieten fehlt. *Erythromma viridulum* besiedelt vor allem kleine Seen (< 10 ha) mit Schwimmblattbereichen oder Algenwatten. In mehreren Gebieten kommt sie an einzelnen Gewässern in größerer Zahl vor. Eine deutliche Bestandsveränderung ist aus gegenwärtiger Sicht nicht abzusehen. Die meisten bedeutenden Vorkommen befinden sich an Gewässern des Altbergbaus, die keinen gravierenden habitatstrukturellen Veränderungen unterliegen. Gewässereutrophierung scheidet als Gefährdung aus, da in eutrophierten Gewässern die Bildung von Algenwatten begünstigt ist, die die Art in Ermangelung von Schwimmblattvegetation gern annimmt. Teilweise werden Weiher und kleine Seen der Grubensohle besiedelt, die durch Flutung in eine große Seefläche aufgehen. Können sich nach der Flutung in windgeschützten Buchten Schwimmrasen entwickeln, findet *Erythromma viridulum* auch an den großen Restseen geeignete Habitate.

Die **Keilflecklibelle (*Aeshna isosceles*)** ist eine charakteristische und weit verbreitete Libellenart der BFL Sachsen-Anhalts. Sie kommt gegenwärtig in allen Bergbauregionen vor. Möglicherweise hat die Art nach 1990 eine positive Bestandsentwicklung und Ausbreitung gerade in der BFL erfahren (vgl. HUTH 2000). Sie besiedelt insbesondere Weiher, kleine Seen und große Flachgewässer mit ausgedehnten Wasserrieden und -röhrichten. Die Röhrichtausbildung hat den größten habitatstrukturellen Einfluss auf die Art. Die Bestände scheinen regional erheblich zu schwanken. Die Keilflecklibelle ging im Kontrollzeitraum der Forschungsprojekte FBM (1999) und FLB (2003) in manchen Gebieten ohne merkliche habitatstrukturelle Veränderungen zurück. Im NSG „Schlauch Burgkemnitz" (ehemaliger Tagebau Muldenstein bei Bitterfeld) dagegen reproduzierte die Art von 1997 bis 2001 durchgehend in hoher Zahl. Hier kam es zur deutlichen Flächenvergrößerung der besiedelten Habitate durch Anstieg des Wasserspiegels um 0,5 bis 1 Meter. Die beschriebenen (habitatstrukturell nicht erklärbaren) Bestandsschwankungen erschweren eine Bestandsprognose. In einigen Vorkommensgebieten kam und kommt es durch Restlochflutungen zum Verlust von Flachgewässern mit großflächigen Röhrichten im Bereich der Grubensohlen, die in Abhängigkeit von der Ausbildung von Flachufern an den zukünftigen Restseen nach der Flutung neu entstehen können. Die Mehrzahl der besiedelten Gewässer ist langfristig stabil. Deshalb ist zu erwarten, dass die hohe Bedeutung der BFL für die Art auch in Zukunft erhalten bleiben wird – wenn es nicht zu einem allgemeinen negativen Bestandstrend der Art im mitteldeutschen Raum kommt.

Die **Kleine Königslibelle (*Anax parthenope*)** ist die charakteristische Art der Bergbaurestseen, die sie in hoher Stetigkeit (große See 87 %, kleine Seen 91 %) in allen Alterstufen besiedelt. Höchste Abundanzen werden an mesotrophen Seen mit reicher Schwimm- und Tauchvegetation erreicht. Die mediterrane Art zeigt gegenwärtig in der BFL Mitteldeutschlands eine weite Verbreitung mit mehreren individuenstarken Vorkommen. Ursache dafür ist die Vielzahl habitatstrukturell geeigneter Seen im Vergleich zum Umland und wahrscheinlich die klimatische Begünstigung der Bergbaurestgewässer. Durch die gegenwärtige flutungsbedingte Neuentstehung mehrerer Restseen und dadurch, dass viele Bergbaurestseen auch nach Jahrzehnten noch mesotroph und pflanzenreich sind, bleibt die BFL wahrscheinlich langfristig der Vorkommensschwerpunkt der Art in Mitteldeutschland.

Der **Kleine Blaupfeil (*Orthetrum coerulescens*)** ist gegenwärtig in der BFL Sachsen-Anhalts weit verbreitet. Er kommt in allen Regionen vor und fehlt nur in wenigen Gebieten. Wahrscheinlich ist die Art in der gewachsenen Landschaft des südlichen Sachsen-Anhalts ausgesprochen selten oder fehlt völlig. Nur für den Naturraum der Dübener Heide ist eine zerstreute Verbreitung anzunehmen. Die in der BFL besiedelten Habitate sind meist kleine, lückig bis dicht bewachsene Fließgewässer wie Quellrinnsale und Entwässerungsgräben, gelegentlich auch schmale Verbindungsgräben zwischen stehenden Gewässern unterschiedlicher Geländehöhe. *Orthetrum coerulescens* besiedelt regelmäßig auch stehende vegetationsreiche Klein- und Flachgewässer mit schwankenden Wasserständen, insbesondere verwachsene Sumpfbereiche mit kleinsten Temporärgewässern, die oft von Quellaustritten gespeist werden. Er bewohnt sowohl relativ kurzlebige Habitate in jüngeren Tagebaugebieten, vor allem quellbeeinflusste Rinnsale im Bereich der Grubensohle, als auch bereits langjährig bestehende Sümpfe oder Gräben in den Altbergbaugebieten. Die meisten Habitate von *Orthetrum coerulescens* sind kurz- oder langfristig von der Vernichtung bedroht. Viele Vorkommen innerhalb von Restlöchern sind bereits durch Flutung verloren gegangen oder werden demnächst verloren gehen. Andere Habitate sind durch Sukzession, zum Beispiel Zuwachsen der Rinnsale mit dichtem Großröhricht oder durch Austrocknung, gefährdet. Lediglich im NSG „Schlauch Burgkemnitz" (ehemaliger Tagebau Muldenstein bei Bitterfeld) wird längerfristig ein individuenreiches Vorkommen existieren können. Lokal können außerdem kleinere Vorkommen in flutungsunbeeinflussten Quellbereichen langfristig Bestand haben. Möglicherweise werden auch habitatstrukturell geeignete Überlaufgräben zur Wasserstandsregulierung von Tagebaurestseen von der Art besiedelt werden oder es springen sehr lokal neue Quellbereiche im Zuge des flutungsbedingten Grundwasseranstiegs wieder an. Insgesamt ist mit einem deutlichen Bestandsrückgang der Art in der BFL in den nächsten Jahren zu rechnen. Die lokal verbleibenden oder eventuell entstehenden Vorkommen sind aufgrund der Seltenheit in der gewachsenen Landschaft von hoher naturschutzfachlicher Bedeutung.

Der **Südliche Blaupfeil (*Orthetrum brunneum*)** ist in der BFL Sachsen-Anhalts nur lokal verbreitet. Als Art mit südlicher Verbreitungstendenz ist sie stärker als der Kleine Blaupfeil (*Orthetrum coerulescens*) an thermisch begünstigte Lebensräume gebunden und besiedelt als Pionierart ausschließlich jüngere vegetationsarme Gewässer. In den untersuchten Gebieten zeigt *Orthetrum* *brunneum* eine enge Bindung an Quellbereiche und kleine Rinnsale (Quellabflüsse) mit fehlender oder spärlicher Vegetation. Die Gewässer sind stets nur wenige Zentimeter tief und von sonnenexponierten und windgeschützten Rohbodenflächen umgeben. Eiablagen wurden an Algenwatten beobachtet, die von einem dünnen Wasserfilm überströmt werden. Neben den bevorzugten Quellrinnsalen werden offensichtlich auch stehende vegetationsarme Flachgewässer besiedelt, wobei eindeutige Reproduktionsnachweise an den stehenden Gewässern noch nicht vorliegen. Unter bestimmten Bedingungen, beispielsweise in großflächigen vegetationsarmen Wildschweinsuhlen, kann die Pionierart auch in Habitaten fortgeschrittener Sukzession vorkommen. Aufgrund der spezifischen Habitatansprüche im Gebiet sind sämtliche Vorkommen in der BFL Sachsen-Anhalts auf längere Sicht gefährdet. Ein deutlicher Bestandsrückgang hat bereits begonnen. Ehemals individuenstarke Vorkommen sind durch Flutung oder Böschungssanierung verloren gegangen. Die übrigen flutungsunbeeinflussten Vorkommen werden durch Sukzession verschwinden. Lokal könnten sich möglicherweise zumindest mittelfristig Reproduktionsvorkommen in den wenigen noch aktiven Abbaugebieten halten oder entwickeln. Die Besiedlung ist vom Vorhandensein oder der Entstehung potenzieller Habitate, insbesondere vegetationsarmer Quellbereiche abhängig.

Verbreitungsschwerpunkte der nach europäischem Recht (Anhang II der FFH-Richtlinie) schutzwürdigen **Großen Moosjungfer (*Leucorrhinia pectoralis*)** in der BFL sind die Altbergbaugebiete der nördlichen (Bitterfeld, Gräfenhainichen) und südlichen (Zeitz/Weißenfels/Hohenmölsen) Tagebauregionen Sachsen-Anhalts. *Leucorrhinia pectoralis* besiedelt klare Flachgewässer und Weiher mit struktur- und artenreicher Wasser- und Ufervegetation. Im Gegensatz zur Kleinen Moosjungfer (*Leucorrhinia dubia*) ist sie in der Lage, auch nährstoffreichere Flachgewässer mit stellenweise dichten Rohrkolben-Röhrichten und Algenwatten zu besiedeln. Mehrfach wurde *Leucorrhinia pectoralis* an Gewässern mit üppigen submersen *Chara*-Rasen (Armleuchteralgen) angetroffen. Das NSG „Schlauch Burgkemnitz" im ehemaligen Tagebau Muldenstein bei Bitterfeld beherbergt das gegenwärtig bedeutendste Vorkommen in der BFL Sachsen-Anhalts. Die von der Art besiedelten strukturreichen Flachgewässer stellen wahrscheinlich ein gegenwärtig optimales, aber langfristig nicht stabiles Übergangsstadium dar, welches durch eine großflächige flache Überflutung (Wasseranstieg um 0,5 bis 1 Meter) in den letzten Jahren und eine intensive Wühltätigkeit der Wildschweine im Wasserwechselbereich initiiert wurde. Bei Einpegelung des Wasserstandes ist langfristig damit zu rechnen, dass die Flachwasserbereiche immer mehr mit dichtem Großröhricht zuwachsen und damit an Habitatwert für die Art verlieren. Die Wühltätigkeit der Wildschweine ist entscheidend für die möglichst langfristige Erhaltung essenzieller Habitatstrukturen, insbesondere durch die Initiierung von kleinen freien Wasserflächen und Bestandslücken im Röhricht sowie von Kleinröhrichten und Sumpfinitialen, die sich auf den Rohbodenflächen entwickeln. Die übrigen bekannten individuenarmen Vorkommen liegen an flutungsunbeeinflussten weiherartigen Gewässern des Altbergbaus mit relativ stabiler Vegetationsstruktur. Für die sporadischen Nachweisorte außerhalb der benannten Verbreitungsschwerpunkte sind die Entwicklungschancen aufgrund fehlender Umlandvorkommen (Besiedlungsquellen!) wahrscheinlich schlecht. Die Entstehung neuer großflächiger Habitate in der BFL Sachsen-Anhalts ist aus gegenwärtiger Sicht nur wenig wahrscheinlich.

5 Naturschutzfachlich problematische Arten: Möglichkeiten und Grenzen des Managements am Beispiel des Land-Reitgrases

Annett Baasch, Sabine Tischew & Sabine Jakob

Land-Reitgras – *Calamagrostis epigejos* (L.) ROTH – ist in der Lage, innerhalb kurzer Zeit große Gebiete über neu etablierte Klone zu besiedeln, sich auszubreiten und in andere Vegetationstypen einzudringen (REBELE & LEHMANN 2001). In der Forstwirtschaft wird die Art schon lange aufgrund ihrer verjüngungshemmenden Wirkung bekämpft (vgl. z.B. HILF & SEEGERTS 1928, BERGMANN 1993). Aus naturschutzfachlicher Sicht wird in ihrer enormen Ausbreitungsfähigkeit oftmals eine Gefahr für seltene und schützenswerte Vegetationsbestände gesehen (z.B. KORNECK & PRETSCHER 1984, JAKOB et al. 1996, DORMANN 1997). Im östlichen Mitteleuropa ist Land-Reitgras heute in den anthropogen geschaffenen oder geprägten Habitaten eine der häufigsten Pflanzenarten überhaupt (REBELE 1996a).

Unter Naturschutzaspekten ist es nicht nur wichtig, sich mit der Ökologie seltener und gefährdeter Arten zu beschäftigen. Ebenso notwendig ist es, expansiven Arten, als deren potenziellen Konkurrenten, wissenschaftliches Interesse entgegenzubringen. Mit dem Land-Reitgras wurde eine der erfolgreichsten Arten der Bergbaufolgelandschaft unter verschiedenen ökologischen Aspekten (Verbreitung, Standortbindung, Bedeutung im Sukzessionsverlauf) und unter naturschutzfachlichen Gesichtspunkten (Monitoring und Management) exemplarisch untersucht.

Verbreitung, Standortbindung und Bedeutung der Art im Sukzessionsverlauf

Wie aus Abb. 43 hervorgeht, besitzt die Art eine sehr breite physiologisch-ökologische Amplitude, die es ihr ermöglicht, fast das gesamte in der Bergbaufolgelandschaft vorkommende Standortspektrum zu besiedeln. Land-Reitgras wurde auf sandigen, lehmigen und tonigen Böden unterschiedlichster Wasser- und Nährstoffversorgung vorgefunden. Es toleriert pH-Werte von 2,3 bis 8,0 und kommt in allen weit verbreiteten Biotoptypen, auf jungen Rohböden wie auch in den späteren Vorwaldstadien, in Trocken- und Magerbiotopen, aber auch in Röhrichten und Seggenriedern vor.

Das Land-Reitgras besiedelt 80 % der 1235 vegetations- und standortkundlich analysierten, in unterschiedlichen Tagebauregionen gelegenen Untersuchungsflächen und ist damit die häufigste höhere Pflanzenart der Mitteldeutschen Bergbaufolgelandschaft. Bemerkenswert ist jedoch, dass die Art zwar außerordentlich weit verbreitet ist, aber auf nur wenigen Standorten tatsächlich zur Dominanz gelangt. Etwa 10 % aller Flächen wurden als Land-Reitgras-Flur (KKC, HEYDE et al. 1998) kartiert und nur 25 der 1235 Aufnahmeflächen, das entspricht überraschenden 2 %, zeigten sehr hohe Land-Reitgras-Deckungen von mehr als 60% (FLB 2003, vgl. auch Abb. 44). Somit kommt Land-Reitgras-Fluren insgesamt, insbesondere aber dichten Land-Reitgras-Monodominanzbeständen in der Mitteldeutschen Bergbaufolgelandschaft eine geringere Bedeutung zu als bisher angenommen.

Durch eine Analyse von Bodenparametern und der indirekt standortbeschreibenden Zeigerwerte (ELLENBERG et al. 1992) konnten physiologisch-ökologische Grenzbereiche für die Art herausgearbeitet werden (Abb. 43). Besiedlungsfrequenz und Deckungsausprägung der Art nehmen auf Extremstandorten (stark trocken, sehr niedrige pH-Werte < 3, stark kohlehaltig oder nass) ab.

Im mittleren ökologischen Bereich hingegen lässt sich die gesamte Varianz der Land-Reitgras-Vorkommen nur unzureichend durch abiotische Standortparameter erklären und ist als Resultat eines vielschichtigen Faktorenkomplexes anzusehen (siehe Abb. 47). Insbesondere die Zeit und in diesem Zusammenhang die Verfügbarkeit generativer, v.a. aber vegetativer Diasporen in der Umgebung dürften von wesentlicher Bedeutung sein. Zur prinzipiellen Bedeutung der sexuellen Reproduktion für den Erfolg der Art wird an dieser Stelle explizit auf die Arbeiten von LEHMANN & REBELE (1994), GRÜTTNER (1996) und GRÜTTNER & HEINZE (2003a) hingewiesen.

Analysen von Chronosequenzen ergaben, dass die Art zum Aufbau dichterer Bestände eine gewisse Zeit benötigt. Auf jungen Flächen (< 15 Jahre), welche durch das verstärkte Vorkommen von Rohböden und Magerbiotopen charakterisiert sind, bilden sich wesentlich seltener von der Art dominierte Biotope aus. Auf älteren Flächen (> 45 Jahre) werden die Bestände zunehmend durch Gebüschstadien und Vorwälder verdrängt (vgl. Abb. 44).

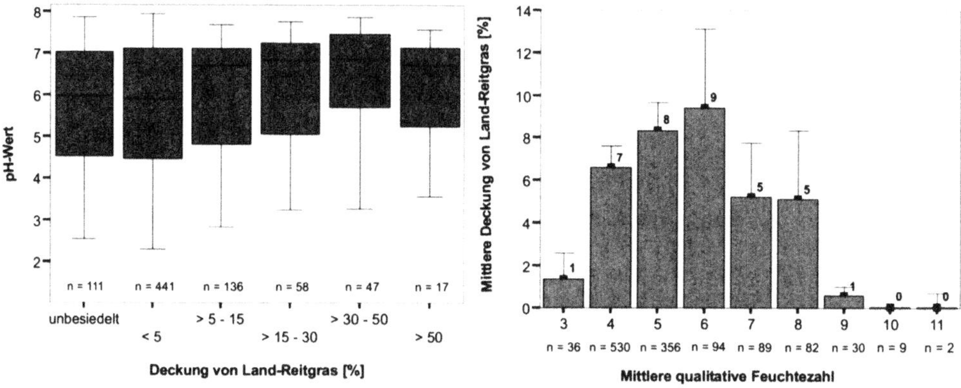

Abb. 43: Standortbindung von Land-Reitgras, links: Deckungsklassen von Land-Reitgras und pH-Wert der Flächen, rechts: Feuchtezahl der Begleitvegetation und Deckung von Land-Reitgras, Angabe des 95% Konfidenzintervalls

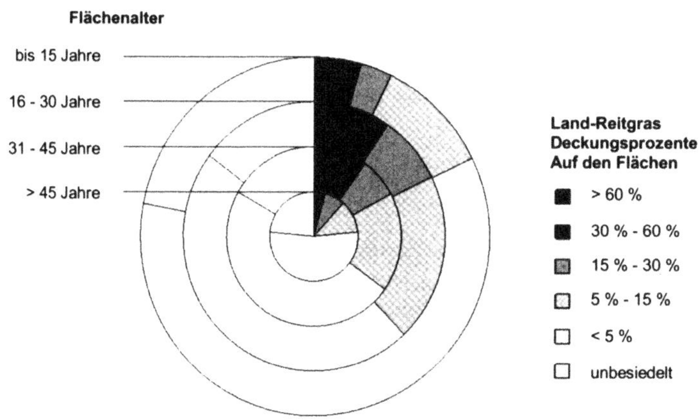

Abb. 44: Land-Reitgras Deckung entlang des Altersgradienten der Standorte, Flächen bis 15 Jahre: n = 304, Flächen 16 - 30 Jahre: n = 414, Flächen 31 - 45 Jahre: n = 317, Flächen > 45 Jahre: n = 200

Als Mechanismen, die zu verschiedenen Zeitpunkten während eines Sukzessionsverlaufs von Bedeutung sein können, sind nach PICKETT et al. (1987) die von CONNEL & SLATYER (1977) eingeführten drei Sukzessionsmodelle »Facilitation«, »Inhibition« und »Tolerance« anzusehen. Daneben nehmen stochastische Effekte sowie Störungen im Sinne von JAX (1999) Einfluss auf den Sukzessionsverlauf. FELINKS (2000) geht aufgrund ihrer Sukzessionsstudien im Niederlausitzer Braunkohlenrevier davon aus, dass die Sukzessionsmechanismen Facilitation, Inhibition und Toleranz nicht unabhängig voneinander den Sukzessionsverlauf dominieren, sondern alle drei Mechanismen wirken können. Dabei kann die gleiche Art auf verschiedenen Flächen einen unterschiedlichen Einfluss auf den weiteren Sukzessionsverlauf nehmen. Explizit an *Calamagrostis*-Beständen zeigt sie auf, dass eine eindeutige Abgrenzung von Facilitation und Inhibition nicht immer möglich ist. Dieser Auffassung wird sich für die Rolle von Land-Reitgras innerhalb des Sukzessionsprozesses im Mitteldeutschen Braunkohlenrevier prinzipiell angeschlossen.

Eine Analyse der Vegetationsaufnahmen auf Zusammenhänge zwischen der Ausprägung von Land-Reitgras und dem Auftreten junger Gehölze in der Krautschicht ergab (vgl. BAASCH 2003), dass lediglich eine kleine Anzahl sehr dichter und streureicher Land-Reitgras-Bestände ein Aufkommen von Gehölzen zu hemmen bzw. zu verzögern scheint (Inhibition). Dieser Mechanismus kann aber nicht a priori für die Rolle von Land-Reitgras und seinen Beständen angenommen werden. Der Großteil der Land-Reitgras-Fluren wies junge Gehölze in der Krautschicht auf, was auf ein mögliches Fortschreiten des Sukzessionsprozesses schließen lässt (Tolerance). Insbesondere auf Extremstandorten, wie Rohböden oder Sandtrockenrasen, wo abiotische Einflussfaktoren eine außerordentlich große Rolle spielen, ist selbst eine Förderung neu ankommender Arten durch Land-Reitgras denkbar (Facilitation). Wirksame Prozesse könnten beispielsweise die Verbesserung mikroklimatischer Standortbedingungen (Reduzierung der Oberflächentemperatur, Schutz vor Austrocknung), Initialisierung von Bodenbildungsprozessen infolge der Anreicherung von organischer Substanz (vgl. JAKOB et al. 1996, FELINKS 2000) oder die Gewährleistung von Verbissschutz darstellen.

Management von Land-Reitgras-Beständen

Insgesamt lassen die Ergebnisse nicht auf ein langlebiges Dauerstadium (vgl. PRACH 1987), sondern lediglich auf ein temporäres Dominanzstadium durch Land-Reitgras schließen. Doch auch ein „nur" temporäres Land-Reitgras-Stadium kann, je nach vorgesehener Folgenutzung, naturschutzfachlichen Entwicklungszielen oder forstwirtschaftlichen Zielen durchaus entgegenstehen. Der Frage, ob und auf welchen Standorten ein Management der Art über Mahd sinnvoll und erfolgversprechend ist, wurde mittels experimenteller Untersuchungen nachgegangen.

Dabei wurden an Land-Reitgras-Beständen auf drei unterschiedlichen Standorten im Tagebau Goitzsche (Sandtrockenrasen bei Petersroda, Extremstandort, sehr trocken, sauer), Tagebau Kayna-Süd (trocken, basenreich) und Tagebau Roßbach (frisch, basenreich) die Möglichkeiten zur Zurückdrängung der Art durch Mahd analysiert. Ausgehend von den Standortbedingungen und dem Arteninventar der Flächen wurden unterschiedliche Zielartengruppen unter der Fragestellung, ob eine Förderung durch Pflegeeingriffe erreicht werden kann, betrachtet. Tab. 15 gibt einen Überblick über die Standorte, Untersuchungszeiträume und angewandten Methoden im Rahmen der experimentellen Untersuchungen.

Tab. 15: Übersicht über die Untersuchungsstandorte, -zeiträume und -methoden der experimentellen Untersuchungen zum Mahderfolg an Land-Reitgras-Beständen

	TB Goitzsche	TB Kayna-Süd	TB Roßbach
Bodenart	Sand	Lehm	Lehm (Löß)
Wasserversorgung	trocken	mäßig trocken	frisch
Mittlerer pH-Wert	4,2	7,3	7,6
Untersuchungszeitraum	1995 - 2002	2000 - 2002	2000 - 2002
Kontrollflächen	25 m², n = 3; 1 m², n = 9	25 m², n = 5; 1 m², n = 5	25 m², n = 3; 1 m², n = 3
Anzahl gemähter Flächen	25 m², n = 3; 1 m², n = 9	25 m², n = 5; 1 m², n = 5	25 m², n = 4; 1 m², n = 4
Mahdereignisse	7/96, 7/97, 7/98	6/00, 8/00; 6/01	8/00, 6/01
Produktivität der Land-Reitgras-Bestände zu Beginn	mäßig	mäßig	hoch
Zielartengruppe	Sandtrockenrasen	Halbtrockenrasen	Frischwiesen
Erfassungsmethoden	Prozentgenaue Vegetationsaufnahme (25 m²) Triebzählung (1 m²)	Prozentgenaue Vegetationsaufnahme (25 m²) Triebzählung (1 m²)	Prozentgenaue Vegetationsaufnahme (25 m²) Triebzählung (1 m²)

Die Boxplots der Abb. 45 stellen die Differenz der Deckungswerte nach jeweils zwei Mahdjahren für alle Untersuchungsstandorte vergleichend dar. Für die Tagebaue Kayna-Süd und Roßbach werden die Veränderungen der vegetationskundlichen Parameter ausgehend vom Jahr 2000 (vor der 1. Mahd) zum Jahr 2002 (nach Schnitten 2000 und 2001) aufgezeigt. Für den Tagebau Goitzsche wurde der zeitliche Ausschnitt von 1996 (vor der 1. Mahd) bis 1998 (nach Schnitten 1996 und 1997) gewählt.

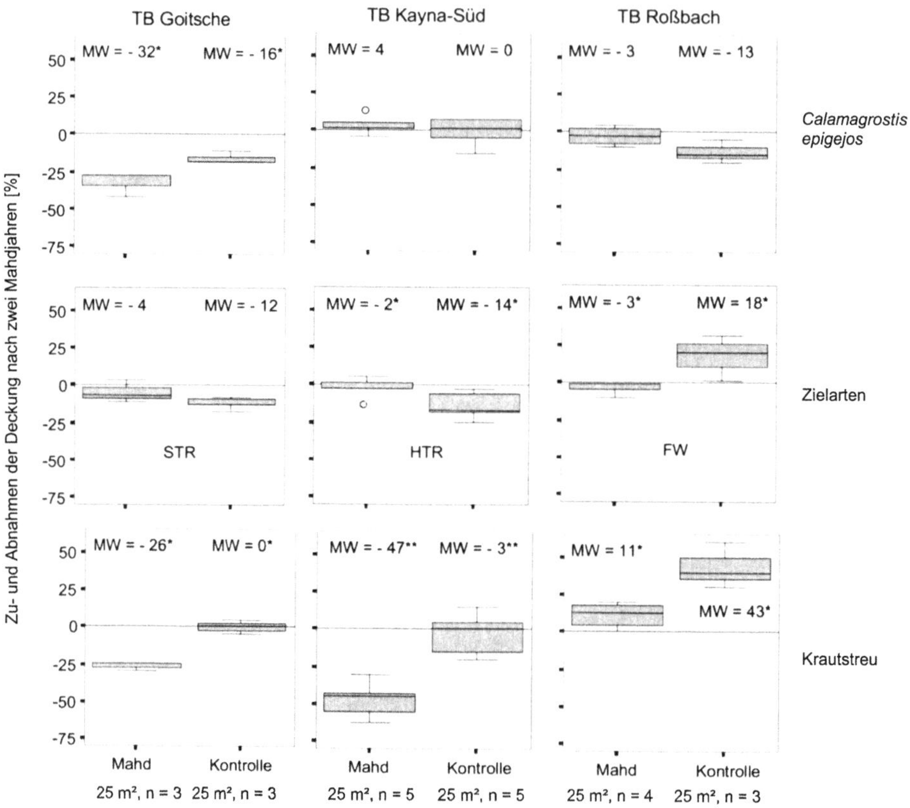

Abb. 45: Deckungsänderung bei Land-Reitgras, Zielartengruppe (Arten der STR = Sandtrockenrasen, HTR = Halbtrockenrasen, FW = Frischwiesen) und Streu nach zwei Mahdjahren auf den Untersuchungsflächen in den Tagebauen Goitzsche, Kayna-Süd und Roßbach

Die Ergebnisse der Studie legen nahe, dass ein erfolgreiches Mahdmanagement maßgeblich von den herrschenden Standortfaktoren und somit der Produktivität der etablierten Land-Reitgras-Bestände abhängig ist. So konnte eine signifikante Verringerung der Land-Reitgras-Deckung nur unter den extremen abiotischen Faktoren auf dem Sandtrockenrasen der Goitzsche erzielt werden. Bereits die erstmalige Mahd führte im Folgejahr zu einem erheblichen Einbruch der Deckungswerte, von dem sich die Art bis zum Ende der Untersuchungszeit nicht erholte. JAKOB et al. (1996) stellten in ihrer Arbeit zur Rolle von *Calamagrostis epigejos* in den Sandtrockenrasen des Braunkohlentagebaues Goitzsche fest, „...dass *Calamagrostis epigejos* diese Standorte auf der Suche nach günstigeren Umweltbedingungen nur „durchwandert“, ohne sich dort dauerhaft zu etablieren ... (»foraging plants«: SUTHERLAND & STILLMANN 1988)“. Diese These kann infolge neuer Erkenntnisse aus Auswertungen einer sigmasoziologischen Rasterkartierung (Kartierung von Vegetationskomplexen, Raster: 480 Flächen a 100 m²) auf dem Sandtrockenrasen durchaus bekräftigt werden. Über den Untersuchungszeitraum von 1995 bis 2001 war eine deutliche Verschiebung des Dispersions- bzw. Dominanzmusters der Land-Reitgras-Bestände zu beobachten (Abb. 46). Eine Ausbreitung erfolgte in Bereichen mit höheren pH-Werten, wodurch insbesondere ruderale Trockenrasen verdrängt bzw. durchsetzt wurden. Andererseits zogen sich die Bestände aus stark sauren und somit extrem nährstoffarmen Bereichen des Sandtrockenrasens zurück, woraufhin kryptogamenreiche Silbergraspionierfluren wieder zur Dominanz gelangten. Das heißt, Land-Reitgras ist zwar in der Lage, auch auf sehr sauren Extremstandorten Bestände auszubilden, diese sind jedoch äußerst instabil.

Es kann hinsichtlich eines Managements davon ausgegangen werden, dass die Art auf den sauren, nährstoffarmen Sandböden der Goitzsche durch eine Mahd nachhaltig an Konkurrenzkraft einbüßt und sich nach dem Verlust von Biomasse nicht vollständig zu regenerieren vermag.

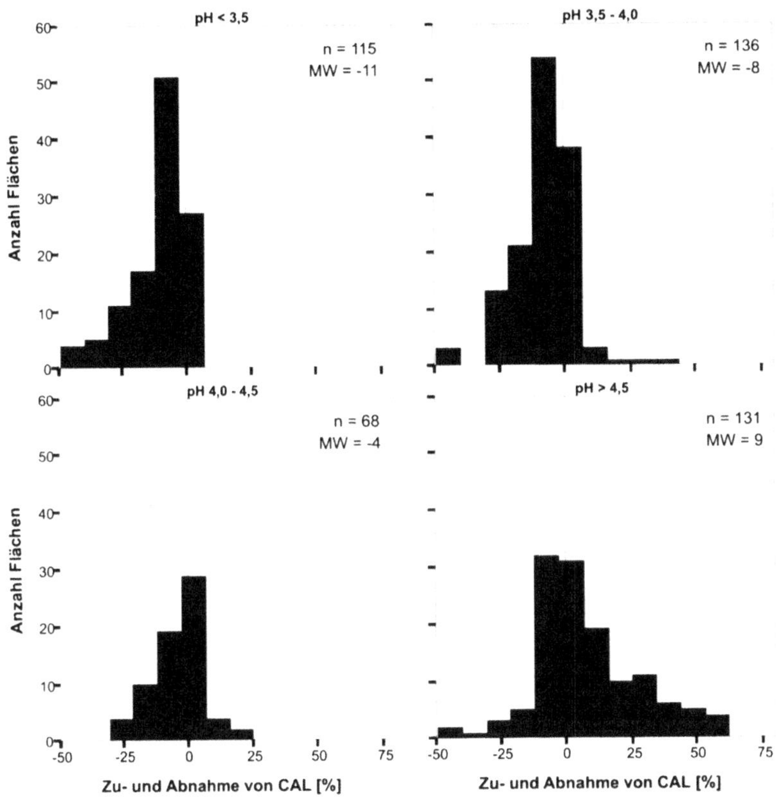

Abb. 46: Wachstumsbilanz für landreitgrasreiche Sandtrockenrasen (CAL) in Abhängigkeit von der Bodenreaktion der Flächen auf dem Sandtrockenrasen bei Petersroda von 1995 bis 2001 (sigmasoziologische Rasterkartierung, n = 480, 100 m²)

Weitere Beispiele für eine erfolgreiche Kontrolle der Art auf Extremstandorten bzw. für *Calamagrostis epigejos* weniger optimalen Standorten finden sich in der Literatur. In einer fünfjährigen Studie über die Renaturierung einer Baustoffdeponie durch spontane und gelenkte Sukzession konnten LEHMANN & REBELE (2002) eine erfolgreiche Bekämpfung von *Calamagrostis epigejos* durch zweischürige Mahd auf sandigem, nährstoffarmen Substrat bewirken. Infolge kontinuierlicher Eingriffe wurden Höhe und Triebdichte reduziert und somit eine geringere Deckung und oberirdische Biomasse gebildet. In dieser Studie wurde aber auch festgestellt, dass trotz kontinuierlicher Mahd eine relativ hohe Anzahl an Land-Reitgras-Sprossen im Frühjahr austreiben, unregelmäßiges Mähen wird daher für langfristig nicht erfolgreich gehalten.

Die populationsbiologischen Untersuchungen an *Calamagrostis epigejos* auf den Sandtrockenrasen der Goitzsche verdeutlichen diesen Aspekt gleichfalls (vgl. BAASCH 2003). Nach der dritten Mahd tendierte die Land-Reitgras-Deckung im Jahr 1999 nahezu gegen Null und obwohl seit 1998 auch die Triebzahl bereits signifikant gesunken war, lag die Triebdichte immerhin noch bei fast 50 Halmen pro Quadratmeter. Land-Reitgras wird vermutlich auch auf Extremstandorten durch Mahd nicht vollständig von der Fläche entfernt werden können (vgl. auch LEHMANN & REBELE 2002), eine beträchtliche Reduktion der oberirdischen Biomasse und somit der Deckung ist jedoch möglich. Unter günstigeren Bedingungen wird die Art aber durchaus in der Lage sein, ihre Produktivität wieder zu steigern.

DORMANN (1997) gibt an, dass eine einschürige Mahd die Deckung von Land-Reitgras auf Trockenrasen des Biosphärenreservats Schorfheide-Chorin bereits verringert und die Deckung der Begleitarten stabilisiert habe. Eine signifikante Zunahme anderer Pflanzenarten oder eine Veränderung der Artenzusammensetzung konnte er jedoch nicht feststellen. Die Ergebnisse unserer Untersuchungen lassen einen ähnlichen Schluss zu. Trotz des enormen Rückgangs von Land-Reitgras auf Deckungswerte kleiner 2 % blieb die Deckung und Anzahl der Sandtrockenrasenarten relativ stabil. Die Entlastung vom Konkurrenzdruck sowie die Schaffung von neuen Etablierungsmöglichkeiten durch eine beträchtliche Streureduktion hatte also lediglich eine stabilisierende, jedoch keine fördernde Wirkung auf die Arten der Sandtrockenrasen. Grundsätzlich erschweren allerdings auch die dichten Moos- und Flechtendecken die Ansiedlung neuer Arten, da durch sie das Eindringen von Samen in den Boden verhindert oder ein Verlust der Keimfähigkeit verursacht wird (vgl. RABOTNOV 1995).

Auf Standorten ohne erheblichen abiotischen Stress nimmt hingegen die Toleranz der Art gegenüber Mahd zu. So zeigte die Entfernung der oberirdischen Biomasse auf den Flächen in Kayna-Süd und insbesondere in Roßbach keinen signifikanten Effekt auf Dichte und Deckung von *Calamagrostis epigejos*. Aufgrund der tiefgründigen Lehmböden und schwach alkalischer Bodenreaktion ist auf diesen Standorten mit einer höheren Nährstoffverfügbarkeit zu rechnen. In der Literatur wurde vielfach der Zusammenhang zwischen Standortgüte bzw. Nährstoffgehalt des Substrates und Produktivität der Art diskutiert (z.B. HEINSDORF 1984, BERGMANN 1993, BRÜNN et al. 1996, REBELE 1996b, SEIDLING 1996, GRÜTTNER & HEINZE 2003b). Mit zunehmendem Nährstoffgehalt des Bodens nimmt die Gesamtbiomasse der Land-Reitgras-Bestände in der Regel bis zu einem bestimmten Schwellenwert zu (REBELE 1996a). Daraus resultierend kann möglicherweise auch ein höheres Maß an Störung kompensiert werden.

Mit über 50 % Deckung und mehr als 250 Halmen pro Quadratmeter waren die Land-Reitgras-Bestände im Tagebau Roßbach die produktivsten Standorte innerhalb dieser Untersuchung. Trotz der zwei Mahdtermine in den Jahren 2000 und 2001 hatten sich Deckung, Dichte und Streuproduktion des Bestandes am Ende der Untersuchungen nicht verringert. Ob der zwischenzeitliche Deckungseinbruch im Jahr 2001 auf die Mahd zurückgeführt werden kann, ist äußerst zweifelhaft, da auch die ungestörten Kontrollflächen derart reagierten. Trotz des enormen Einschnittes, den eine Mahd natürlich auch für Land-Reitgras darstellt – nach KLIMES & KLIMESOVA (2002) verliert *Calamagrostis epigejos* 79 % seiner oberirdischen Biomasse bei einer Mahd 10 cm über dem Boden –, konnte auf den Standorten im mesophilen Bereich eine erfolgreiche Kompensation der Verluste stattfinden. Denkbar ist, dass auf reichhaltigeren Standorten eine optimale Speicherung von Assimilaten und Nährstoffen durch unterirdische Pflanzenteile (insbesondere Rhizome) erfolgen kann, welche dann für eine schnelle Regeneration zur Verfügung stehen. Aus der forstwirtschaftlichen Literatur sind hinreichend Hinweise zur Wider-standsfähigkeit der Art gegenüber mechanischen Bekämpfungsmaßnahmen bekannt (z.B. HILF & SEEGERTS 1928, BERGMANN 1993; EBERHARDT 1995; SEIDLING 1998). So hält BERGMANN (1993) das Mähen für die uneffektivste Art der Bekämpfung. In seinem Forschungsbericht stellt er fest: „[...] Die Möglichkeiten der mechanischen Bekämpfung des Sandrohrs sind sehr begrenzt. Bedingt durch das Wurzelsystem gelingt es nicht, die Pflanze durch wiederholtes Mähen oder Hacken zu erschöpfen. Im Gegenteil, beides regt die Stolonen zu einem verstärkten Austrieb an, so dass der oberirdische Grasfilz immer dichter wird (Prinzip englischer Rasen). [...]".

Die wesentlichen Ergebnisse zur Rolle von *Calamagrostis epigejos* in der Mitteldeutschen Bergbaufolgelandschaft wurden abschließend in Form eines Schemas zusammengestellt (Abb. 47).

Zusammenfassend kann festgestellt werden, dass Land-Reitgras aufgrund seiner breiten physiologisch-ökologischen Amplitude in der Lage ist, fast das gesamte in der Braunkohlen-Bergbaufolgelandschaft vorkommende Standortspektrum zu besiedeln. Der Erfolg eines Managements hängt insbesondere von der Regenerationsfähigkeit der Art unter den jeweils herrschenden Standortfaktoren ab. Lediglich in den Extrembereichen nimmt die Konkurrenzkraft der Art ab (vgl. Abb. 47). So werden ausgesprochen trockene, saure oder stark kohlehaltige Flächen gemieden oder auf der Suche nach besseren Standortbedingungen lediglich »durchwandert«. Ein Mahdmanagement dieser, häufig naturschutzfachlich sehr wertvollen Flächen (bspw. Sandtrockenrasen), führt schon kurzfristig zum deutlichen Rückgang des Land-Reitgrases.

Das langjährige Monitoring der Bestände auf dem Sandtrockenrasen bei Petersroda lässt jedoch den Schluss zu, dass auf derartigen Extremstandorten keine akute Gefahr schützenswerter Vegetation durch Land-Reitgras gegeben ist. Die Notwendigkeit eines solchen Pflegeregimes ist daher als gering einzustufen.

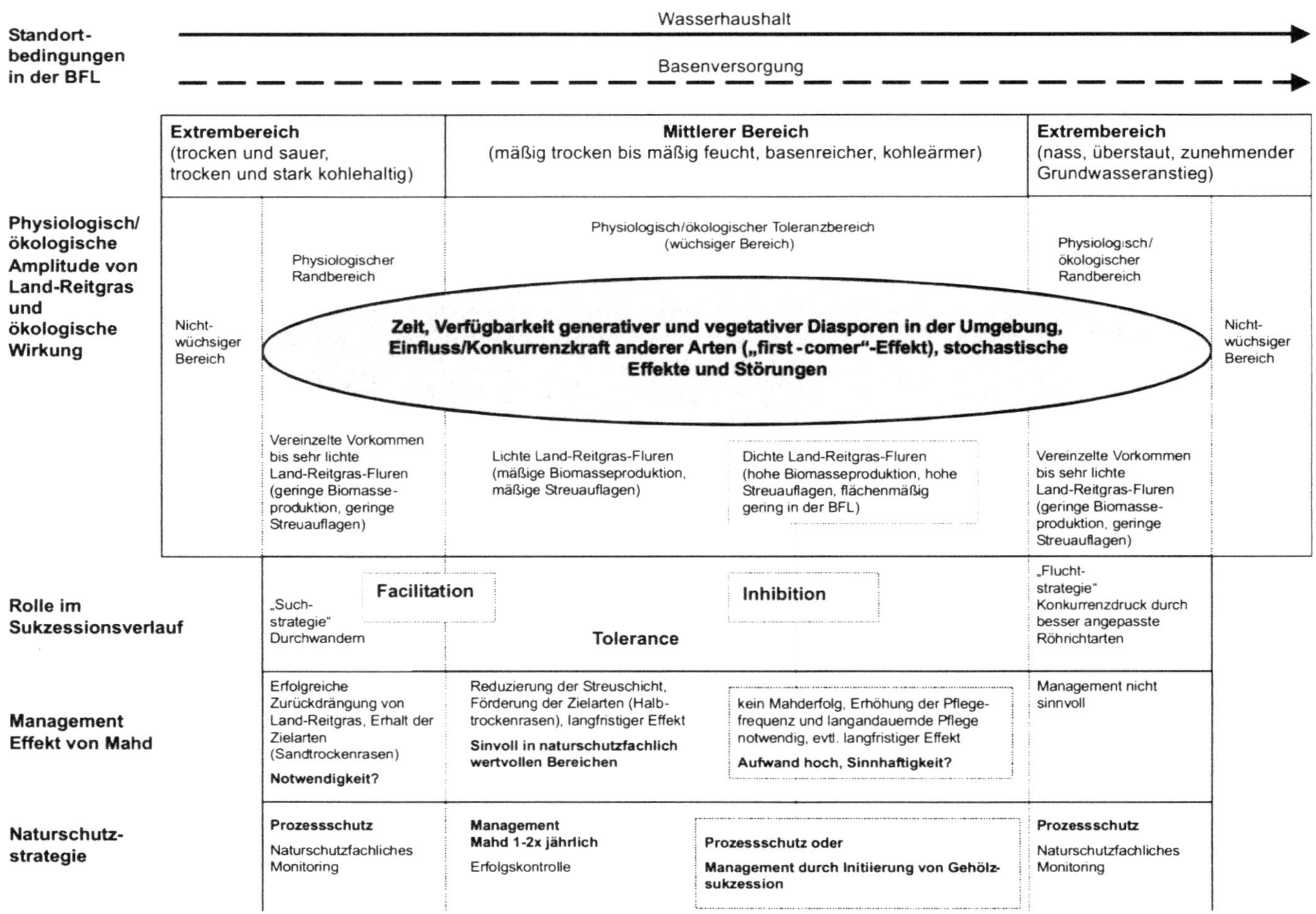

Abb. 47: Rolle des Land-Reitgrases in der Mitteldeutschen Bergbaufolgelandschaft und Möglichkeiten zum Managements der Art

Mit steigender Bodenfruchtbarkeit nimmt die Produktivität von Land-Reitgras und damit die Toleranz gegenüber Pflegemaßnahmen zu. Kurzfristig lässt sich auf Standorten im mittleren ökologischen Bereich kein Zurückdrängen von *Calamagrostis epigejos* bewirken.

Auf sehr produktiven Standorten ist ein Pflegemanagement der Art durch Mahd wenig erfolgversprechend. Nur mittels sehr hohem Pflegeaufwand (Mahd 2 - 3 x jährlich, kontinuierlich, lang andauernd) könnte eventuell auf lange Sicht ein Rückgang von *Calamagrostis epigejos* erzielt werden. Die relativ niedrigen Erfolgschancen und nicht zuletzt die flächenmäßig unerwartet geringe Bedeutung sehr dichter Land-Reitgras-Fluren rechtfertigen einen hohen Pflegeaufwand jedoch kaum. Wird dennoch ein Management für notwendig erachtet, ist weiterer Forschungsbedarf, zum Beispiel zur Initiierung von Gehölzsukzession durch Einsaat, Pflanzung etc. gegeben (vgl. dazu TISCHEW et al. 2004).

Wesentlich häufiger als dichte Land-Reitgras-Bestände sind lichte Fluren in der Bergbaufolgelandschaft. Diese Bestände sind weniger produktiv, ein Mahdmanagement in naturschutzfachlich wertvollen Bereichen (bspw. Halbtrockenrasen) könnte daher langfristig erfolgreich sein. In kurzen Zeiträumen (< 3 Jahre) ist eine beträchtliche Reduktion der Streuschicht und der Erhalt bzw. die Stabilisierung der Zielarten, nicht aber ein Rückgang von Land-Reitgras zu erwarten. Aufwand und naturschutzfachlicher Nutzen müssen daher bei der Konzeption eines Pflegeplanes sorgfältig abgewogen werden (vgl. Abb. 47).

6 Analyse und Prognose spontaner Entwicklungsprozesse in Bergbaufolgelandschaften

6.1 Übersicht zu den Einflussfaktoren

Sabine Tischew

Die Entwicklungspotenziale der Bergbaufolgelandschaft können erst dann optimal in die Sanierungs- und Wiedernutzbarmachungsplanung sowie Landschafts- und Naturschutzplanung integriert werden, wenn die Einflussgrößen auf die Differenzierungs- und Entwicklungsprozesse bekannt sind und die ungefähre zeitliche Abfolge der Entwicklungsstadien bestimmt werden kann. Neben dem Vorkommen von Arten in der Umgebung sind vor allem die Ausbreitungspotenziale dieser Arten sowie Vektoren und Landschaftsstrukturen, die eine Ausbreitung unterstützen oder – im Sinne von Barrieren behindern – als entscheidende Einflussgrößen initialer Besiedlungsprozesse zu analysieren (Abb. 48). Das Vorkommen älterer Tagebaue oder Abgrabungen in der Umgebung ist im Hinblick auf ihre Funktion als Lieferbiotop für Arten, die an vergleichbare Standorte angepasst sind, ebenfalls zu prüfen. Als wesentliche Filter im Einwanderungsprozess können zusätzlich extreme abiotische Standortfaktoren wirken, die lediglich angepassten Arten eine erfolgreiche Etablierung ermöglichen. Infolge fortschreitender Bodengenese, der Veränderung mikroklimatischer Bedingungen und mit der Entstehung neuer Biotopstrukturen (Vorwälder, Seen) ist mit einer Verschiebung des Artenspektrums und veränderten Konkurrenzbeziehungen zu rechnen. Besiedlungsprozesse werden damit auch in Abhängigkeit vom erreichten Entwicklungsstadium (Alter) durch unterschiedliche Attraktoren (z.B. Wälder für Vögel) und Vektoren (z.B. Wasservögel für Pflanzensamen) beeinflusst. Neben diesen Fragestellungen soll in den folgenden Kapiteln letztlich auch geklärt werden, durch welche Standortfaktoren die Entwicklung der verschiedenen Biotop- und Vegetationsstrukturen wesentlich beeinflusst wird.

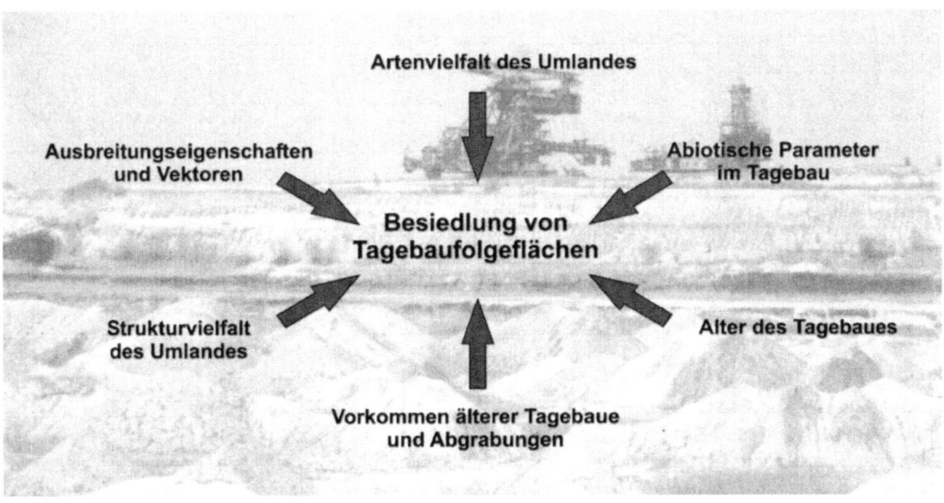

Abb. 48: Übersicht zu den Einflussgrößen bei natürlicher Sukzession

6.2 Geomorphologische Prozesse

Wolfgang Besch-Frotscher

Die geomorphologischen Bedingungen, insbesondere die Geländeformen und die reliefbildenden Prozesse, sind wichtige Größen des abiotischen Standortfaktorenkomplexes. Aufgrund der hohen Morphodynamik in Bergbaufolgelandschaften, die sowohl anthropogen beeinflusst wird (z.B. durch Sanierungsmaßnahmen) als auch natürlich abläuft (spontane oder initiierte Sukzession), ändern sich die entsprechenden geomorphologischen Verhältnisse meist in sehr kurzen Zeiträumen und oft grundlegend (FROTSCHER 1999, FLB 2003). Damit verbunden sind direkte Auswirkungen, beispielsweise auf die Bodenentwicklung, auf die Habitat- und Biotopausbildung, aber auch auf die Ansiedlungsbedingungen für Pflanzen- und Tierarten. Kleinräumig bedeutet das ebenso Veränderungen im lokalen Klima- und Wasserregime.

In sanierten und gefluteten Tagebauen nehmen die geomorphologischen Veränderungen an Intensität und in ihrer flächenhaften Ausdehnung innerhalb weniger Jahre deutlich ab. Dagegen spielen sie als Standortfaktor in unsanierten Bereichen, an bestimmten Extremstandorten (z.B. Brückenkippen) und in den Anfangsstadien der nachbergbaulichen Sukzession (ca. die ersten 5 bis 10 Jahre) eine entscheidende Rolle.

Geomorphologische Verhältnisse zu erfassen, um sie beispielsweise in komplexe Auswertungen zur Prognose der Landschaftsentwicklung einzubeziehen, ist sehr aufwändig. Aus diesem Grund sind Realkartierungen auf größeren Flächen kaum durchführbar. Als methodischer Lösungsansatz können ausgewählte geomorphologische Parameter auf Rasterbasis (100 m x 100 m) dienen. In Tab. 16 sind Parameter und Größenklassen zusammengestellt, wie sie im FLB-Forschungsverbundprojekt erfasst wurden, um geomorphologische Daten verfügbar zu machen.

Tab. 16: Ausgewählte geomorphologische Parameter und Größenklassen für Rasterkartierungen (FLB 2003)

				Reliefenergie[1]				
Klasse	1	2	3	4	5	6	7	
max. Höhe [m]	0 - 2	> 2 - 5	> 5 - 10	> 10 - 15	> 15 - 20	> 20 - 25	> 25	
				Kleinreliefformen[2] und geomorphologische Prozesse[3]				
Klasse	1	2	3	4	5	6		
Flächenanteil [%]	0	> 0 - 10	> 10 - 25	> 25 - 50	> 50 - 75	> 75 - 100		
Anzahl (verbal)	keine	vereinzelt	gering	mittel	hoch	prägend		
				Hangneigung				
Klasse	1	2	3	4	5	6	7	8
Neigung [°]	0 - 0,5	> 0,5 - 2	> 2 - 4	> 4 - 7	> 7 - 15	> 15 - 30	> 30	
Beschreibung	eben	flach geneigt	leicht geneigt	mittel geneigt	steil geneigt	sehr steil geneigt	wandartig, Abbrüche	wechselnd
				Exposition				
Richtungsangaben	N, NO, O, SO, S, SW, W, NW, kleinräumig wechselnd, eben							

[1] - Reliefenergie [m]: größter Höhenunterschied in einem Rasterelement ($H_{max} - H_{min}$)
[2] - Flächenanteil an Kleinreliefformen [%]: z.B. Erosionsrinnen, Senken, Abbrüche, Fahrspuren, Erdhaufen, Schwemmfächer
[3] - Flächenanteil an geomorphologischen Prozessen [%]: z.B. Auswehungen, Abspülungen, Rutschungen, Rinnenerosion, Akkumulation

Im Bereich der südlichen Innenkippe des Tagebaus Mücheln wurden beispielsweise im Rahmen des FLB-Forschungsverbundvorhabens (2003) insgesamt 141 Rasterflächen zu zwei Terminen geomorphologisch erfasst und die multitemporalen Daten ausgewertet. Grundsätzlich handelt es sich um einen sehr heterogen aufgebauten Bereich der Bergbaufolgelandschaft mit ebenen Kippenflächen, abgeflachten Böschungen, Spülkippen, aber auch unsanierten Kipprippenkomplexen und Rutschungsbereichen sowie größeren in Sanierung befindlichen Arealen.

Die geomorphologischen Veränderungen im südlichen Innenkippenbereich des Tagebaus Mücheln sind durch mehrere, teilweise gegenläufige und sich zeitlich überlagernde Prozesse gekennzeichnet. Bezogen auf den Zeitraum von September 2000 bis April 2002 lassen sich folgende tendenzielle Aussagen zur Morphodynamik und zur Landschaftsentwicklung treffen: Im Betrachtungszeitraum gingen, bezogen auf die gesamte Untersuchungsfläche südliche Innenkippe, sowohl die Anteile an Flächen mit geomorphologischen Prozessen (vor allem bei den sehr hohen Anteilen) als auch an Kleinreliefformen leicht zurück (vgl. Abb. 49, Abb. 50). Die Abnahme in den westlichen und zentralen Bereichen ist vor allem auf die erosionsmindernde Wirkung der dichter werdenden Vegetationsdecke zurückzuführen. Das betrifft sowohl die Rasenansaaten und Aufforstungen als auch die sich spontan entwickelnden Sukzessionsflächen. Die Zunahme geomorphologischer Prozesse im östlichen Teil der Innenkippe resultiert dagegen aus zum Teil intensiven Sanierungsarbeiten (Erdarbeiten).

Insgesamt ist die Innenkippe durch eine mittlere bis hohe Reliefformendichte und Morphodynamik charakterisiert. Es treten nahezu alle Relieftypen der Bergbaufolgelandschaft auf (vgl. Tab. 1, Kapitel 2.3). Die Prozesse reichen von Sackungen und Setzungen in den Kipprippenkomplexen über Rutschungen und Abbrüche an den unsanierten Steilböschungen der Brückenkippe bis hin zu großflächigen Abspülungen, Auswehungen und Arealen mit intensiver Rinnenerosion. Vor allem in den unsanierten Gebieten finden derzeit sowohl reliefausgleichende Prozesse wie Abtragung und Akkumulation als auch die Morphodynamik erhaltende bzw. stets von neuem auslösende Prozesse wie Abbrüche oder Rutschungen statt.

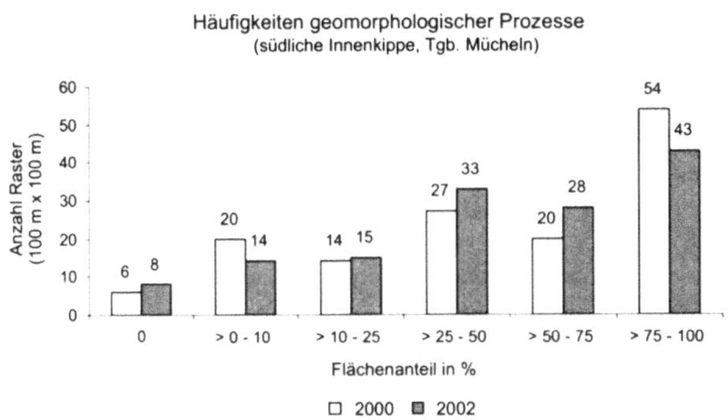

Abb. 49: Ergebnisse geomorphologischer Prozesskartierung auf Rasterbasis (100 m x 100 m) in der südlichen Innenkippe des Tagebaus Mücheln in den Jahren 2000 und 2002

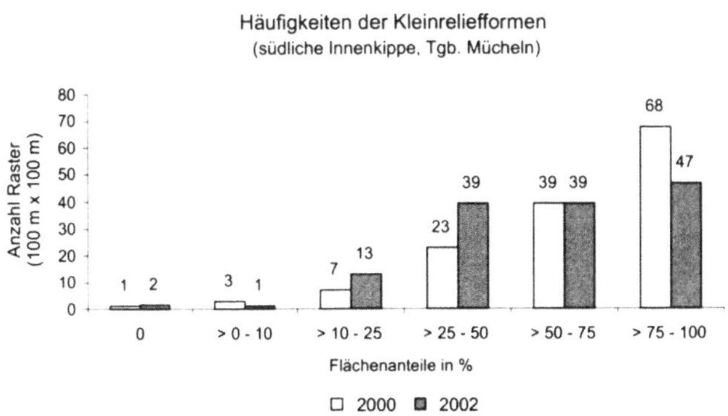

Abb. 50: Ergebnisse der Kleinreliefformenkartierung auf Rasterbasis (100 m x 100 m) in der südlichen Innenkippe des Tagebaus Mücheln in den Jahren 2000 und 2002

Die etwa im Zentrum des Untersuchungsgebietes gelegenen Kipprippen wurden in den 60er Jahren des 20. Jahrhunderts aufgeschüttet. In diesen Bereichen sind noch Sackungen und Setzungen im Zentimeter-Bereich möglich, jedoch haben sie auf den Landschaftscharakter keine weiteren Auswirkungen. Für die mittel- bis langfristige landschaftliche Entwicklung der Innenkippe ist von folgenden Prognosen auszugehen: Die Morphodynamik wird weiter abnehmen und insbesondere in den rekultivierten Böschungs- und Kippenbereichen ein „niedriges" Niveau erreichen bzw. vollständig zum Erliegen kommen. Die abschließenden Sanierungsarbeiten (bis etwa 2004) werden in Teilbereichen nochmals kurzzeitig „Initiale" für eine Intensivierung geomorphologischer Prozesse setzen. Mittelfristig wird allerdings die oben genannte Entwicklung stattfinden. Die unsanierten Bereiche mit hoher Reliefenergie und vegetationsfeindlichen Substraten (insbesondere zentrales Innenkippenmassiv) werden über längere Zeiträume durch die Vielfalt an Reliefformen und an geomorphologischen Prozessen bestimmt. Infolge der Sanierung und späteren Flutung nimmt die Flächengröße dieser Areale weiter ab. Mit der Flutung (Flutungszeitraum: 2002/03 bis ca. 2008/09) und einsetzenden Seenbildung kommt es in den nächsten Jahren zu neuen morphodynamischen Prozessen wie Flachwasserdynamik, Ufer- und Kliffbildung. Einen visuellen Eindruck des Landschaftswandels im Innenkippenbereich des Tagebaus Mücheln vermitteln die nachfolgenden Abbildungen (Foto 33ff.).

Foto 33: Unsanierte Böschung mit hoher Morphodynamik – Rutschung, Rinnenerosion, Abspülung, Akkumulation – und spontaner Sukzession im September 2000 (links, Foto: D. Morche) und im März 2002 (rechts, Foto: M. Heckner)

Foto 34: Unsanierter Innenkippenbereich mit Feuchtgebiet und erodiertem Schwemmfächer im September 2000 (links, Foto: D. Morche) und im März 2002 (rechts, Foto: M. Heckner)

Aus den multitemporalen Untersuchungen zu geomorphologischen Veränderungen lassen sich Schlussfolgerungen im Hinblick auf die generelle Landschaftsentwicklung in den untersuchten Gebieten ziehen: Die geomorphologische Formen- und Prozessvielfalt ist in unsanierten Tagebaubereichen am größten. Geomorphologische Prozesse finden besonders in der Anfangsphase der nachbergbaulichen Entwicklung sehr intensiv und großflächig statt. Andererseits können zum Beispiel Sackungen und Setzungen in Kippenkörpern längerfristig wirken und sind teilweise auch nach 50 – 60 Jahren Liegezeiten der Kippen im Zentimeter- bis Dezimeter-Bereich nachweisbar.

Foto 35: Sanierte Böschung im Innenkippenbereich mit zunehmender Vegetationsbedeckung und nachlassender Morphodynamik im September 2000 (links, Foto: D. Morche) und im März 2002 (rechts, Foto: M. Heckner)

Durch einsetzende Sukzession, durch Rekultivierungsmaßnahmen (z.B. Rasenansaaten, Aufforstungen) auf besiedlungsfreundlichen Substraten und durch natürlich ablaufende, reliefausgleichende Prozesse nimmt die Morphodynamik bereits innerhalb kurzer Zeiträume (1 bis 3 Jahre) deutlich ab. Nachweisbar wird dies unter anderem durch den Rückgang der Reliefenergie ebenso wie durch die Abnahme der Flächenanteile an Kleinreliefformen und an geomorphologischen Prozessen. Wenige Extremstandorte, wie beispielsweise unbewachsene sandig-kiesige Bereiche, Brückenkippen mit kulturfeindlichen tertiären Substraten oder Steilböschungen, bleiben für geomorphologische Prozessabläufe über längere Zeiträume bedeutsam.

Zukünftig werden flutungsbedingte Prozesse eine wachsende Bedeutung erlangen, insbesondere Wellenschlag, Kliffbildungen und andere uferbildende Vorgänge sowie Fließgewässerdynamik der Vorfluter.

Wiederholte sanierungsbedingte „Eingriffe“ in die Bergbaufolgelandschaft (z.B. Massenumlagerungen, Anstützungen, Böschungsabflachungen) können zu plötzlichen Geländeveränderungen und damit zur Neuschaffung geomorphodynamischer Ausgangsbedingungen führen, die kurz- bis mittelfristig eine „Wiederbelebung“ der Morphodynamik bewirken. Diese Eingriffe verlieren in der Mitteldeutschen Bergbaufolgelandschaft mit dem in den kommenden Jahren erreichten Sanierungsabschluss an Bedeutung. Durch die Flutung der Restlöcher werden großräumig die derzeit morphodynamisch noch aktiven und „trockenen“ Tagebaubereiche einer zukünftig aquatischen Seedynamik unterliegen.

6.3 Charakterisierung der Kipp-Böden

Oliver Rosche & Manfred Altermann

Die Ansprache, Kennzeichnung und Ausgrenzung der Böden in den Bodenkarten für die untersuchten Kippenflächen (z.B. Bodenkarte für Kayna Süd, siehe Farbtafel C 10) erfolgte mit Hilfe der Bodenform, welche sowohl vom Ausgangsgestein abhängige (Substrat-)Eigenschaften als auch bodengenetische Aspekte berücksichtigt (AG BODEN 1994). In der Bodennomenklatur sind neben der Substratansprache, das heißt der Festsubstanz des Bodens (Korngrößenzusammensetzung), in Abhängigkeit vom systematischen Niveau auch Angaben zur Substratgenese und zum vertikalen Substratwechsel (Schichtaufbau innerhalb der Pedosphäre) bis 12 bzw. 20 dm unter Flur enthalten. Das Substrat wird mit Hilfe des Substrattyps (bzw. Substratsubtyps) zusammenfassend ausgedrückt. Für die Beurteilung und die Eigenschaften der Kipp-Böden ist die Substratzusammensetzung entscheidend, da bei sehr jungen Standorten nach der Verkippung nur initiale bodenbildende Prozesse (Humusakkumulation, Vernässung) abgelaufen sind. Durch die Nennung eines Bodentyps bzw. Bodensubtyps wird der bodengenetische Entwicklungszustand verdeutlicht, der sich im Wesentlichen auf Humusakkumulation, Vernässung (= Hydromorphie), abgelaufene Verlagerungs-, Akkumulations- und Umbildungsprozesse bezieht.

In der Natur wechseln die Böden meist auf kleinstem Raum. Das trifft auch für die anthropogen entstandenen Kipp-Böden zu. Deshalb sind auf den Bodenkarten Boden(formen)gesellschaften ausgewiesen. Für die Darstellung, Benennung und Kennzeichnung der Kartiereinheiten wurden die nach dem Dominanzprinzip ermittelten Leitbodenformen herangezogen. Die Leitbodenformen ergeben sich aus der Kombination des/der dominierenden Bodentypen mit den dominierenden Substrattypen. Das für die Kartiereinheit vergebene Symbol auf den Karten und in der Tab. 17 zur Kennzeichnung der Bodengesellschaften ist als Kurzsymbol ausgewiesen, das sich aus dem Symbol für Leitbodentyp(en) [dominierender Bodentyp(en)] und für die vorherrschende Substratabfolge zusammensetzt. Die verwandten Symbole sind in der Tab. 17 erläutert. Die Begleitböden (Begleitbodenformen) – neben den Leitbodenformen in wesentlich geringerem Flächenanteil innerhalb der Kartierungseinheit vertreten – sind nicht einzeln aufgeführt, um die Lesbarkeit und Nutzbarkeit der Bodenkarten zu erleichtern.

Charakterisierung der Kipp-Substrate

Die in Tab. 17 enthaltenen Angaben zu den dominierenden Kipp-Substraten der Kartiereinheiten innerhalb der Untersuchungsgebiete lassen sich wie folgt zusammenfassen:

- Kayna-Süd

Im Untersuchungsgebiet der Kippe Kayna Süd bilden etwa zwei Drittel der Fläche carbonathaltige Substrate. Das übrige Drittel der Fläche ist carbonatfrei. Die carbonathaltigen Substrate bestehen vorwiegend aus kiesführendem Lehm (verkippter Geschiebemergel), während der Hauptteil der sandigen Substrate aus (tertiären) kiesführenden, mehr oder weniger kohlehaltigen Sanden besteht.

Die Humusakkumulation ist auf den lehmigen Substraten der Kippe im Allgemeinen weiter fortgeschritten als auf den sandigen Substraten. Humus-Akkumulationshorizonte von mehr als 2 cm (bis ca. 5 cm) Mächtigkeit, die im Untersuchungsgebiet insgesamt rund 40 % der Fläche einnehmen, sind fast ausschließlich auf lehmigen Substraten verbreitet. Dem gegenüber kommen Kipp-Substrate ohne Humusakkumulation ausschließlich auf sandigen Substraten mit höheren Kohlegehalten vor.

- Mücheln – Innenkippe

Die kartierte Fläche der Innenkippe Mücheln setzt sich jeweils etwa zur Hälfte aus carbonatfreien und carbonathaltigen Substraten zusammen. Den Hauptteil der Fläche (über 80 %) bilden kiesführende, lehmige Substrate (verkippter Geschiebelehm bzw. Geschiebemergel) mit unterschiedlichen Kohlegehalten. Die daneben auftretenden sandigen Substrate (ca. 10 – 15 % Flächenanteil) sind wie im Gebiet Kayna Süd überwiegend carbonatfrei.

Die Humusakkumulation im Boden ist auf den lehmigen Substraten wiederum weiter fortgeschritten als auf den sandigen Substraten, jedoch sind die Humusakkumulationshorizonte mit überwiegend 1 bis 2 cm Mächtigkeit insgesamt geringmächtiger als im Gebiet Kayna Süd.

- Goitzsche – Bärenhofinsel

Das Gebiet der Bärenhofinsel wird vorwiegend von anthropogen überprägten reliktischen Auenböden der ehemaligen Muldeaue eingenommen. Gekippte bzw. planierte Böden nehmen nur einen Anteil von ca. 15 % der Fläche ein. Die Substrate dieser Böden bestehen aus carbonatfreien, kiesführenden Sanden bis Lehmen. Die autochthone Humusakkumulation der Kipp-Böden ist bis in eine Tiefe von über 2 cm fortgeschritten.

- Goitzsche – Tagesanlagen

Im Gebiet der ehemaligen Tagesanlagen finden die Reliktauenböden der Bärenhofinsel ihre südliche Fortsetzung. Allerdings nehmen diese Böden mit ca. einem Drittel der kartierten Fläche einen geringeren Anteil ein als im Gebiet der Bärenhofinsel. Die Substrate der Kipp-Böden bestehen vorwiegend aus carbonatfreien, kiesführenden Sanden und carbonatfreien, kiesführenden Lehmen. Carbonathaltige, kiesführende, lehmige Substrate treten nur vereinzelt auf.

Tab. 17: Flächenanteile, dominierende Substrat- und Bodentypen der Kartiereinheiten in den Karten der Bodenformengesellschaften für die Untersuchungsgebiete der Bergbaufolgelandschaft Sachsen-Anhalts

Tagebau-gebiet	Kartier-einheit	Flächen-anteil [%]	Dominierende Substrattypen (Bezeichnung)	Dominierende Substrattypen (nach KA4, AG Boden 1994)	Dominierende Bodentypen (nach KA4, AG Boden 1994)
Kayna-Süd	1	5,1	kiesführender Kipp-Kohlesand	oj-(k)xs	Kipp-Substrat (Kp)*
	2	2,2	kiesführende Kipp-Sandkohle	oj-(k)sx	Kipp-Substrat (Kp)
	3	1,1	kiesführender Kipp-Sand über Kipp-Kohlesand und kiesführender Kipp-Kohlesand	oj-(k)s/oj-xs; oj-(k)xs	Lockersyrosem (OLn); Kipp-Substrat (Kp)
	4	4,2	kiesführender Kipp-Kohlesand mit kiesführendem Kipp-Kohlesand über Kipp-Kohle	oj-(k)xs; oj-(k)xs/oj-x	Lockersyrosem (OLn); Kipp-Substrat (Kp)
	5	2,3	Kipp-Kohle mit kiesführendem Kipp-Kohlesand über Kipp-Kohle	oj-x; oj-(k)xs/oj-x	Lockersyrosem (OLn); Kipp-Substrat (Kp)
	6	4,2	kiesführender Kipp-Sand	oj-(k)s	Lockersyrosem (OLn)
	7	2,4	kiesführender Kipp-Schluff über Kipp-Sandkohle	oj-(k)u/oj-sx	Lockersyrosem (OLn)
	8	5,2	kiesführender Kipp-Kohlesand	oj-(k)xs	Lockersyrosem-Regosol (OL-RQ); Lockersyrosem (OLn)
	9	4,3	kiesführender Kipp-Sand über kiesführendem Kipp-Kohlesand	oj-(k)s/oj-(k)xs	Lockersyrosem (OLn)
	10	0,4	kiesführender Kipp-Sand	oj-(k)s	Regosol (RQn)
	11	0,2	kiesführender Kipp-Schluff über Kipp-Ton	oj-(k)u/oj-t	Regosol (RQn)
	12	0,8	kiesführender Kipp-Carbonatsand	oj-(k)es	Lockersyrosem (OLn)
	13	0,9	kiesführender Kipp-Carbonatsand über kiesführendem Kipp-Kohlesand	oj-(k)es/oj-(k)xs	Lockersyrosem (OLn)
	14	2,6	kiesführender Kipp-Kohlecarbonatsand über Kipp-Carbonatton	oj-(k)xes/oj-et	Lockersyrosem (OLn)
	15	2,2	Kipp-Carbonatschluff	oj-eu	Lockersyrosem (OLn)
	16	2,6	kiesführender Kipp-Carbonatsand	oj-(k)es	Lockersyrosem-Pararendzina (OL-RZ); Lockersyrosem (OLn)
	17	2,4	kiesführender Kipp-Carbonatlehm mit kiesführendem Kipp-Kohlecarbonatlehm	oj-(k)el; oj-(k)xel	Lockersyrosem-Pararendzina (OL-RZ); Lockersyrosem (OLn)
	18	11,0	kiesführender Kipp-Carbonatlehm mit Kipp-Carbonatschluff	oj-(k)el; oj-eu	Lockersyrosem-Pararendzina (OL-RZ); Pararendzina (RZn); Lockersyrosem (OLn)
	19	1,6	Kipp-Kohlecarbonatton mit kiesführendem Kipp-Kohlecarbonatlehm	oj-xet; oj-(k)xel	Lockersyrosem-Pararendzina (OL-RZ); Lockersyrosem (OLn)
	20	5,0	kiesführender Kipp-Carbonatsand	oj-(k)es	Pararendzina (RZn)
	21	5,7	kiesführender Kipp-Carbonatsand mit kiesführendem Kipp-Carbonatsand über Kipp-Carbonatlehm	oj-(k)es; oj-(k)es/oj-el	Pararendzina (RZn)
	22	3,2	kiesführender Kipp-Carbonatsand über Kipp-Carbonatlehm	oj-(k)es/oj-el	Pararendzina (RZn)
	23	15,4	kiesführender Kipp-Carbonatlehm	oj-(k)el	Pararendzina (RZn)
	24	4,2	kiesführender Kipp-Carbonatlehm über Kipp-Carbonatton	oj-(k)el/oj-et	Pararendzina (RZn)
	25	3,8	kiesführender Kipp-Kohlecarbonatlehm	oj-(k)xel	Pararendzina (RZn)
	26	4,3	kiesführender Kipp-Sand	oj-(k)s	Bleichgley (GGi); Nassgley (GN); Gley-Regosol (GG-RQ)
	27	0,7	Kipp-Kohlecarbonatsand über Kipp-Ton	oj-xes/oj-t	Gley-Pararendzina (GG-RZ)
	28	1,0	Kipp-Kohlelehm über Kipp-Kohle	oj-xl/oj-x	Bleichgley (GGi)

Tagebau-gebiet	Kartier-einheit	Flächen-anteil [%]	Dominierende Substrattypen (Bezeichnung)	Dominierende Substrattypen (nach KA4, AG BODEN 1994)	Dominierende Bodentypen (nach KA4, AG BODEN 1994)
	29	0,8	natürliche Substrate außerhalb des Kippengeländes		Schwarzerde (TTn)
Mücheln-Innenkippe	1	9,6	kiesführender Kipp-Kohlelehm	oj-(k)xl	Kipp-Substrat (Kp)
	2	1,9	Kipp-Schluffkohle	oj-ux	Kipp-Substrat (Kp)
	3	4,3	kiesführender Kipp-Sand über kiesführendem Kipp-Kohlecarbonatlehm	oj-(k)s/oj-(k)xel	Kipp-Substrat (Kp); Lockersyrosem (OLn); Lockersyrosem-Regosol (OL-RQ)
	4	3,2	Kipp-Kohlelehm	oj-xl	Kipp-Substrat (Kp); Lockersyrosem (OLn)
	5	29,4	kiesführender Kipp-Lehm über kiesführendem Fluvisand bis Fluvilehm	oj-(k)l/f-(k)s,f-(k)l	Regosol (RQn); Pararendzina (RZn)
	6	1,1	kiesführender Kipp-Kohlelehm	oj-(k)xl	Kipp-Substrat (Kp); Lockersyrosem (OLn); Lockersyrosem-Regosol (OL-RQ); Regosol (RQn)
	7	2,0	Kipp-Kohleschluff	oj-xu	Kipp-Substrat (Kp); Lockersyrosem (OLn)
	8	1,7	Kipp-Kohle	oj-x	Kipp-Substrat (Kp); Lockersyrosem (OLn)
	9	1,4	kiesführender Kipp-Sand	oj-(k)s	Regosol (RQn); Lockersyrosem-Regosol (OL-RQ)
	10	1,8	kiesführender Kipp-Sand mit kiesführendem Kipp-Sand über Kipp-Lehm	oj-(k)s; oj-(k)s/oj-l	Regosol (RQn); Lockersyrosem-Regosol (OL-RQ); Lockersyrosem (OLn); Kipp-Substrat (Kp)
	11	0,9	kiesführender Kipp-Kohlesand und Kipp-Kohlelehm	oj-(k)xs; oj-xl	Regosol (RQn); Lockersyrosem-Regosol (OL-RQ)
	12	6,7	Kipp-Kohlelehm	oj-xl	Regosol (RQn); Lockersyrosem-Regosol (OL-RQ); Lockersyrosem (OLn); Kipp-Substrat (Kp)
	13	3,1	Kipp-Kohlelehm über Kipp-Kohle mit kiesführendem Kipp-Kohlelehm	oj-xl/oj-x; oj-(k)xl	Regosol (RQn); Lockersyrosem-Regosol (OL-RQ)
	14	4,9	Kipp-Kohlelehm über Kipp-Kohle mit kiesführender Kipp-Schluffkohle	oj-xl/oj-x; oj-(k)ux	Regosol (RQn); Lockersyrosem-Regosol (OL-RQ); Lockersyrosem (OLn); Kipp-Substrat (Kp)
	15	8,0	kiesführender Kipp-Carbonatlehm	oj-(k)el	Kipp-Substrat (Kp); Lockersyrosem (OLn); Lockersyrosem-Pararendzina (OL-RZ)
	16	2,0	kiesführender Kipp-Carbonatsand über Kipp-Kohlecarbonatlehm und	oj-(k)es/oj-xel; oj-(k)el	Pararendzina (RZn); Lockersyrosem-Pararendzina (OL-RZ)
	17	3,6	Kipp-Carbonatlehm	oj-el	Pararendzina (RZn); Lockersyrosem-Pararendzina (OL-RZ)
	18	12,1	kiesführender Kipp-Carbonatlehm	oj-(k)el	Pararendzina (RZn); Lockersyrosem-Pararendzina (OL-RZ)
	19	2,0	kiesführender Kipp-Kohlecarbonatlehm	oj-(k)xel	Pararendzina (RZn); Lockersyrosem-Pararendzina (OL-RZ)
	20	22,0	kiesführender Kipp-Kohlecarbonatlehm mit kiesführendem Kipp-Carbonatlehm	oj-(k)xel; oj-(k)el	Pararendzina (RZn); Lockersyrosem-Pararendzina (OL-RZ)
Goitzsche, Bärenhofinsel	1	16,3	kiesführender Kipp-Sand bis kiesführender Kipp-Lehm	oj-(k)s,(k)l	Regosol (RQn)
	2	13,9	natürliche Substrate außerhalb des Kippengeländes		Acker-Gley-Vega (GG-ABnp); Acker-Vega (ABnp)
	3	69,8	natürliche Substrate außerhalb des Kippengeländes		Reliktische Gley-Vega (rGG-AB) Reliktische Vega (rABn)
	4	4,2	kiesführender Kipp-Sand bis Kipp-Lehm über kiesführendem Fluvisand	oj-(k)s,(k)l/f-(k)s	Regosol (RQn)
Goitzsche, Tagesanlagen	5	29,4	kiesführender Kipp-Lehm über kiesführendem Fluvisand bis Fluvilehm	oj-(k)l/f-(k)s,f-(k)l	Regosol (RQn); Pararendzina (RZn)
	6	34,8	natürliche Substrate außerhalb des Kippengeländes		Reliktische Gley-Vega (rGG-AB), Reliktische Gley-Braunerde (rGG-BB)

Tagebau-gebiet	Kartier-einheit	Flächen-anteil [%]	Dominierende Substrattypen (Bezeichnung)	Dominierende Substrattypen (nach KA4, AG BODEN 1994)	Dominierende Bodentypen (nach KA4, AG BODEN 1994)
Goitzsche, Halde 10/35	1	7,7	kiesführender Kipp-Sand	oj-(k)s	Lockersyrosem (OLn); Kipp-Substrat (Kp)
	2	0,8	kiesführender Kipp-Kohlesand	oj-(k)xs	Kipp-Substrat (Kp)
	3	10,5	tonbrockiger, kiesführender Kipp-Kohlelehm	oj-(t)(k)l	Lockersyrosem (OLn); Kipp-Substrat (Kp)
	4	12,0	Kipp-Ton	oj-t	Lockersyrosem (OLn); Kipp-Substrat (Kp)
	5	4,7	Kipp-Lehm über kiesführendem Kipp-Sand	oj-l/oj-(k)s	Lockersyrosem (OLn)
	6	6,0	tonbrockiger Kipp-Lehm über Kipp-Ton	oj-(t)l/oj-t	Lockersyrosem (OLn)
	7	10,9	Kipp-Lehm	oj-l	Regosol (RQn); Lockersyrosem-Regosol (OL-RQ); Lockersyrosem (OLn)
	8	4,7	kiesführender Kipp-Sand	oj-(k)s	Lockersyrosem-Regosol (OL-RQ); Regosol (RQn)
	9	2,4	tonbrockiger, kiesführender Kipp-Lehm über kiesführendem Kipp-Sand	oj-(t)(k)l/oj-(k)s	Lockersyrosem-Regosol (OL-RQ); Regosol (RQn)
	10	19,3	Kipp-Ton	oj-t	Lockersyrosem-Regosol (OL-RQ); Regosol (RQn)
	11	20,9	kiesführender Kipp-Carbonatlehm über tonbrocki-gem, kiesführenden Kipp-Sand	oj-(k)el/oj-(t)(k)s	Lockersyrosem (OLn); Kipp-Substrat (Kp)
Goitzsche, Petersroda	1	2,4	Kipp-Sand	oj-s	Lockersyrosem (OLn)
	2	6,3	kiesführender Kipp-Sand bis Kipp-Lehm mit Kipp-Lehm bis Kipp-Ton	oj-(k)s,(k)l; oj-l,t	Lockersyrosem (OLn); Regosol (RQn)
	3	66,8	kiesführender Kipp-Sand	oj-(k)s	Regosol (RQn); Lockersyrosem-Regosol (OL-RQ)
	4	14,8	kiesführender Kipp-Kohlesand	oj-(k)xs	Regosol (RQn); Lockersyrosem-Regosol (OL-RQ)
	5	1,9	kiesführender Kipp-Sand über Kipp-Lehm	oj-(k)s/oj-l	Regosol (RQn)
	6	6,7	Kipp-Lehm über kiesführendem Kipp-Sand	oj-l/oj-(k)s	Regosol (RQn); Lockersyrosem-Regosol (OL-RQ)
	7	1,1	Kipp-Carbonatsand Sand bis Kipp-Carbonatlehm	oj-es,el	Pararendzina (RZn)
Golpa-Nord	1	7,9	kiesführender Kipp-Sand	oj-(k)s	OLn; Lockersyrosem (OLn); Regosol (RQn)
	2	25,0	kiesführender Kipp-Carbonatsand bis Kipp-Carbonatlehm	oj-(k)es,(k)el	Lockersyrosem (OLn)
	3	51,5	kiesführender Kipp-Carbonatsand bis Kipp-Carbonatlehm	oj-(k)es,(k)el	Pararendzina (RZn); Lockersyrosem-Pararendzina (OL-RZ)
	4	12,9	natürliche Substrate außerhalb des Kippengeländes		Braunerde-Podsol (BB-PP)
	5	2,7	natürliche Substrate außerhalb des Kippengeländes		Braunerde-Pseudogley (BB-SS); Pseudogley-Braunerde (SS-BB)

* Kipp-Substrat ohne Bodenbildung (ist in der KA4 der AG BODEN 1994 nicht ausgewiesen)

- Goitzsche – Halde 10/35

Tonige und tonbrockige lehmige Substrate bilden den Hauptteil der Haldenfläche. Daneben kommen tonbrockige Sande vor. Die Hochfläche ist carbonatfrei und weist überwiegend Humusakkumulation bis in Tiefen von über 2 cm auf. Carbonathaltige Substrate kommen nur im Oberboden des südwestlichen Böschungsrandes der Halde vor. Böschungen und Böschungsränder der Halde bestehen aus Kipp-Substraten ohne Humusakkumulation bzw. aus Kipp-Rohböden.

- Goitzsche – Sandtrockenrasen bei Petersroda

Im kartierten Gebiet dominieren carbonatfreie, kiesige und zum Teil kohlehaltige Sande. Auf weniger als 10 % der Fläche ist eine überwiegend carbonatfreie Lehmdecke vorhanden. Die Humusakkumulation reicht auf über zwei Drittel der Fläche tiefer als 2 cm, auf der restlichen Fläche hat sie eine Mächtigkeit zwischen 1 und 2 cm.

- Golpa-Nord

Die Substrate des Kippengeländes sind überwiegend carbonathaltige, kiesführende Lehme aus verkipptem Geschiebemergel. Nur etwa 5 % der Fläche nehmen carbonatfreie Substrate (kiesführende, z.T. tonbrockige tertiäre Sande) ein. In den Kipp-Lehmen reicht die Humusakkumulation in der Regel tiefer als 2 cm (bis ca. 10 cm), in den Kipp-Sanden schwankt sie überwiegend zwischen 1 und 2 cm Mächtigkeit.

Charakterisierung der Bodengenese

Die Kippenböden des Mitteldeutschen Braunkohlereviers stehen – verglichen mit den sie umgebenden natürlichen Böden – erst am Anfang ihrer Entwicklung. Die Bodenbildung der terrestrischen Kipp-Böden kann anhand der Humusbildung bzw. Humusakkumulation an der Bodenoberfläche verfolgt werden. Aus dem Ausgangssubstrat (Kipp-Substrat) entsteht durch Verwitterung und beginnende Humusakkumulation zunächst ein Lockersyrosem (Kipp-Rohboden). Dieser liegt vor, wenn ein noch lückiger, < 2 cm mächtiger Horizont mit geringer Akkumulation organischer Substanz (A_i-Horizont) vorhanden ist. Im weiteren Verlauf der Bodenentwicklung folgt ein Übergangsstadium mit einem geschlossenen, ca. 2 cm mächtigen Humus-Akkumulationshorizont (A_{ih}-Horizont). Durch weitere Humusakkumulation (Bildung eines Humusakkumulationshorizontes > 2 cm: A_h-Horizont) entstehen in Abhängigkeit vom Carbonatgehalt des Kipp-Substrats die Bodentypen Regosol (auf carbonatfreien Substraten) oder Pararendzina (auf carbonathaltigen Substraten).

Die Dynamik dieser Entwicklung ist abhängig von Ausgangssubstrat, Klima, Relief, Wasser (Grund- bzw. Stauwasser), von der Fauna und Flora sowie vom Einwirken des Menschen. Für forstlich rekultivierte Kippenstandorte des Braunkohlenbergbaus in Sachsen wird für die Herausbildung von Regosolen bzw. Pararendzinen eine Dauer von ca. 20 bis 40 Jahren angegeben (THOMASIUS et al. 1999). Gleichzeitig wird darauf hingewiesen, dass bei ungünstigen Substrateigenschaften das Lockersyrosem-Stadium noch nach 40 Jahren vorhanden sein kann.

Nach Ergebnissen von KNAUF (in STRING et al. 1999) haben die frisch geschütteten Kippen Sachsen-Anhalts zur Zeit der bodengeologischen Erstbegutachtung unterschiedliche Kohlenstoffgehalte.

Dabei kann die organische Substanz in Kipp-Böden verschiedener Herkunft sein:

- Neubildung von organischer Substanz nach der Verkippung
- allochthone organische Substanz bei verkipptem humosen Substrat, z.B. verkippte humose Horizonte devastierter Böden, verkippte Auensedimente
- Kohleanteile.

Die jeweiligen organischen Komponenten sind meist nicht sicher von einander zu trennen. Nach den genannten Autoren haben die als kohlefrei angesprochen Kippenböden (verschiedene Bodenformen der Kipp-Rohböden) im Mittel alle < 0,4 % C_{org}, die kohlehaltigen Kipp-Böden haben mindestens 0,8 % C_{org}, meistens jedoch deutlich über 1 % C_{org} und maximal 7,5 % C_{org}. Der Kohleanteil unterliegt demzufolge in den Kippenböden deutlichen Schwankungen. SCHRÖDER et al. (1999) untersuchten den Kohlenstoffanteil von Jung- und Altkippen des Mitteldeutschen Braunkohlereviers. Auch sie stellten fest, dass die Jungkippen (frisch geschüttete Kippen) lediglich einen Kohlenstoffanteil von 0,3 - 0,5 % aufweisen, was mit den o.g. Ergebnissen übereinstimmt und auch dem Niveau der Ausgangssubstrate entspricht (WÜNSCHE & THUM 1990). Höhere Kohlenstoffgehalte in Jungkippen sind meistens substratbedingt. Die Altkippen weisen bei SCHRÖDER et al. (1999) hingegen einen Kohlenstoffanteil von 0,8 - 1,2 % auf, die kohlehaltigen Kippenstandorte übersteigen den genannten Wert. Nach den Untersuchungen von SCHRÖDER et al. (1999) besteht ein enger signifikanter Zusammenhang (r = 0,788) zwischen Kippenalter und Humusgehalt. Über einen Zeitraum von etwa 30 Jahren entspricht das einem Zuwachs von 0,026 Gew.-% Humus pro Jahr. LAVES et al. (1998) stellten fest, dass die Versorgung der Kippenböden mit reproduktionswirksamer organischer Bodensubstanz bis zum 15. Rekultivierungsjahr in den Kippenböden aus quartären Kipp-Substraten deutlich zunimmt.

Günstige Substrateigenschaften für eine schnell fortschreitende Bodenentwicklung besitzen vor allem Kipp-Lehmsande und Kipp-Lehme aufgrund ihres günstigen Gefüges, hohen Mineral- und Nährstoffvorrates, hoher nutzbarer Feldkapazität, hoher Sorptionskapazität, Basensättigung und Pufferkapazität sowie einer schwach sauren bis schwach alkalischen Bodenreaktion (THOMASIUS et al. 1999). Durch diese Eigenschaften sind günstige Voraussetzungen für Humusakkumulation und die Entwicklung des Edaphons (Bodenlebewesen) gegeben. Ungünstiger schneiden im Hinblick auf die angegebenen Substrateigenschaften Kipp-Sande und Kipp-Tone ab. Sowohl Kipp-Sande als auch Kipp-Tone besitzen im Vergleich zu Kipp-Lehmsanden und Kipp-Lehmen ein ungünstigeres Gefüge, einen geringeren Mineral- und Nährstoffvorrat, eine geringere nutzbare Feldkapazität, Basensättigung und Bodenreaktion. Nachteile der Kipp-Sande sind des Weiteren die niedrige Sorptions- und Pufferkapazität. Bei Kipp-Tonen besteht eine starke Verschlämmungsneigung.

Aufgrund der günstigen Eigenschaften ist die Bodenentwicklung auf den lehmigen Substraten der untersuchten Kippenstandorte im Vergleich zu den sandigen und tonigen Substraten gleichen Alters am weitesten fortgeschritten. Aus Tab. 17 wird am Beispiel der Kippe Kayna-Süd deutlich, dass auf den sandigen Substraten Lockersyroseme (OLn) überwiegen. Daneben kommen in geringerem Umfang, insbesondere auf stark kohlehaltigen Sanden, Kipp-Substrate ohne Humusakkumulation vor. Den flächenmäßig geringsten Anteil bilden Regosole (RQn) bzw. Übergänge von Lockersyrosemen zu Regosolen (OL-RQ). Auf den lehmigen (carbonathaltigen) Substraten hat die Bodenentwicklung dagegen das Lockersyrosem-Stadium größtenteils bereits überschritten. Es dominieren (flachgründige) Pararendzinen (RZn). Lockersyroseme spielen auf den lehmigen Substraten eine untergeordnete Rolle, während Kipp-Substrate ohne Bodenbildung in nennenswertem Umfang nicht auftreten.

Ein Vergleich der Bodenentwicklung auf lehmigen und tonigen Substraten lässt sich in Tab. 17 anhand der Untersuchungsergebnisse zur Halde 10/35 (Goitzsche) vornehmen. Hierbei ist allerdings zu beachten, dass sich für den Vergleich nur Kartiereinheiten der Hochfläche eignen, da es am Böschungsrand infolge von Sanierungsmaßnahmen in jüngerer Zeit zu Umlagerungen kam. Bei dem Vergleich zeigt sich, dass in der Kartiereinheit 7 auf Lehm bereits Regosole dominieren, während sich die Böden der vergleichbaren Einheit 10 auf Ton noch weitgehend im Übergangsstadium vom Lockersyrosem zum Regosol befinden.

Das Beispiel der Kippe Mücheln in Tab. 17 verdeutlicht, dass auch der Kohlegehalt einen entscheidenden Einfluss auf die Dynamik der Bodenentwicklung ausübt. So gehen bei Substraten gleicher Körnung (z.B. Lehm) hohe Kohlegehalte mit jüngeren Stadien der Bodenbildung einher, während bei niedrigen Kohlegehalten bzw. fehlender Kohle die Bodenentwicklung weiter fortgeschritten ist.

Zusammenfassend lässt sich für die untersuchten terrestrischen Kippenstandorte feststellen:

- Gegenwärtig vollzieht sich auf einem Großteil der Flächen der Übergang von Kipp-Rohböden (Lockersyrosemen) zu flachgründigen Kipp-Böden (Regosolen bzw. Pararendzinen). In Abhängigkeit vom Alter der Standorte und von den dominierenden Substraten ist diese Entwicklung mehr oder weniger weit fortgeschritten bzw. der Übergang bereits erreicht.
- Bei unterschiedlichen Substraten gleichen Alters weisen innerhalb eines Kippenstandortes Flächen aus lehmigen Substraten im Allgemeinen eine weiter fortgeschrittene Bodenentwicklung auf als Flächen aus sandigen oder tonigen Substraten.
- Hohe Kohlegehalte in den Kipp-Substraten gehen meist mit einer verzögerten Bodenentwicklung einher.

Neben den bisher betrachteten terrestrischen Kippenböden sind in der Nähe wassergefüllter Tagebaurestlöcher auch grundwasserbeeinflusste Böden vorhanden. Zum Zeitpunkt der Untersuchungen traten diese im kartierten Gebiet jedoch nur in der Kippe Kayna Süd mit einem Flächenanteil von 6 % in nennenswerter Größenordnung auf. Hier haben sich auf unterschiedlichen Kippensubstraten semiterrestrische Böden (Gleye und deren Übergänge zu terrestrischen Böden) entwickelt. Im Zuge der Flutungen und dem damit verbundenen Anstieg des Grundwassers wird sich in den betroffenen Tagebaurestlöchern der Flächenanteil der semiterrestrischen Böden erhöhen. Im Gebiet der Bärenhofinsel werden die reliktischen Auenböden wieder unter Grundwassereinfluss geraten und damit langfristig zur typischen Oxidations- und Reduktionsdynamik zurückkehren.

6.4 Regenwürmer (Lumbriciden) als Indikatoren der Bodengenese

Matthias Stolle & Sabine Tischer

Arbeiten zur bodenfaunistischen Besiedlung von Kippenböden haben in der Regel land- und forstwirtschaftlich rekultivierte Flächen zum Gegenstand (PIZL 1999, SCULLION 2000, DUNGER 2001, EMMERLING 2001, TOPP et al. 2001). Neben der aufgeforsteten Halde Klobikau wurden erstmalig für den Mitteldeutschen Raum Flächen initiierter und natürlicher Sukzession in die Untersuchungen einbezogen.

Die sukzessive Bodenentwicklung in der Bergbaufolgelandschaft hängt wesentlich vom Ein- und Umbau organischer Substanz in den Mineralboden ab. Diesbezüglich sind die Regenwürmer (Lumbriciden) die effektivste Gruppe der Bodenmakrofauna. Sie wurden daher als ein Marker für den Entwicklungsstand der Bodenbildung gewählt. Die Tiere wurden in vierfacher Wiederholung je Standort auf einer Fläche von 0,125 m² mit 0,6 %iger Formalinlösung ausgetrieben und abgesammelt (DIN ISO 11268-3). Streubewohnende Arten wurden zuvor ausgelesen. Folgende Parameter wurden ermittelt: Gattung/Art, Anzahl je m², Biomasse mit/ohne juvenile Tiere [g/m²], Individuengewicht mit/ohne juvenile Tiere [g] sowie der prozentuale Anteil der adulten Tiere an der Gesamtpopulation. Die Fangtermine lagen dabei im Frühjahr und Herbst 2000 sowie Frühjahr 2001. Insgesamt wurden 17 Standorte (Tab. 18) in den Tagebaugebieten Goitzsche und Geiseltal bearbeitet.

Tab. 18: Übersicht der Untersuchungsstandorte mit bodenzoologischen Erhebungen

Untersuchungsstandort	Biotoptyp	pH - Bereich
Mücheln Südfeld (Mischsubstrat, kohle- und tonreich)		
B01	initiierte Gras- und Krautflur, kräuterreiche Ansaat	5,2 - 6,4
B08	Birkenvorwald, mittleren Alters	4,9 - 6,0
Mücheln Klobikau (quartäre Geschiebe und Löß)		
E01	Pappelforst	7,2 - 7,8
E02	Pappelforst	7,0 - 7,6
E03	Pappelforst	7,0 - 7,8
E04	Staudensaum auf ehem. Ackerfläche	7,3
E05	Pappelforst	7,3
E06	Robinienforst	7,3
E07	Robinienforst	7,3
E08	Robinienforst	7,3
Kayna Süd (quartäre Geschiebe und Löß)		
F07	krautreiche Land-Reitgras-Flur (*Calamagrostis epigejos*)	5,0 - 7,0
Goitzsche Holzweißig West (quartäre Sande und Kiese, kohlefrei)		
C04	initiierte Gras- und Krautflur, kräuterreiche Ansaat	4,0 - 5,4
C05	initiierte Gras- und Krautflur, konventionelle Ansaat	3,6 - 4,7
C08	initiierte Gras- und Krautflur, konventionelle Ansaat (Abdeckung mit Rindenmulch)	6,4 - 6,8
C09	Sandtrockenrasen	4,0 - 4,9
C10	Mischwald	4,0 - 4,8
C11	Robinien-Vorwald	3,6 - 5,4

In den Untersuchungsgebieten konnten insgesamt 11 Lumbricidenarten nachgewiesen werden. Deren Vorkommen war wesentlich von der Umlandanbindung (potenzielle Einwanderungsmöglichkeiten) sowie von Alter, Substrat und Bewuchs der Standorte bestimmt. Die höchsten Artenzahlen und die höchsten Biomassen wurden auf Pionierwaldstandorten mittleren Alters (30 – 60 Jahre) festgestellt (Tab. 19). Am häufigsten waren Arten mit einer hohen Toleranz bezüglich der Lebensbedingungen, wie beispielsweise *Aporrectodea caliginosa* und *Lumbricus rubellus*. Standorte mittleren Alters ohne Umlandanbindung zeigten noch keine Besiedlung mit Regenwürmern.

Die Effektivität der Tiere bei der Einarbeitung organischen Materials in den Boden wird wesentlich von der artspezifischen Lebensweise und der Abbaubarkeit der anfallenden Pflanzensubstanz bestimmt. Pflanzenbestände, die artenreiches Material mit einem engen C/N-Verhältnis liefern, sind dabei am günstigsten zu bewerten.

Tab. 19: Lumbriciden-Vorkommen auf Standorten der Tagebaugebiete Goitzsche und Geiseltal

	Gras-Kraut-Fluren und Trockenrasen						Pionierwälder/Wälder				
	Ansaaten		initiierte Sukzession		natürliche Sukzession		natürliche Sukzession		Aufforstung		
Untersuchungsstandort	C05	C08	C04	B01	C09	F07	B08	C10	E1-3	E05-08	C11
Alter (Jahre)	5	5	6	9	> 30	ca. 25	36	> 100	> 30	60	ca. 20
vorwiegend Streubewohner (epigäisch):											
Dendrobaena octaedra	x				x				x		x
Dendrodrillus rubida									x		
Lumbricus castaneus					x					x	x
Allolobophora chlorotica										x	
vorwiegend Mineralbodenbewohner (endogäisch):											
Aporrectodea caliginosa	x		x		x	x	x			x	x
Aporrectodea rosea						x				x	x
Octolasion cyaneum						x	x				
Octolasion tyrtaeum						x				x	
vorwiegend Tiefgräber (anözisch):											
Aporrectodea longa					x		x	x			
Lumbricus rubellus	x	x	x	x	x		x			x	
Lumbricus terrestris			x			x	x	x			x
Artenzahl	3	1	3	1	5	5	5	2	2	6	5
mittlere Biomasse g/m²	1,55	0,96	5,7	5,65	5,78	26,3	12,6	3,41	0,57	14,9	12,4

6.4.1 Spezifisches Vorkommen einzelner Arten

Lumbricus terrestris war stets auf älteren Standorten (> 20 - 30 Jahre) oder im unmittelbaren Tagebaurandbereich (0 - 10 m) nachzuweisen. Eine wesentliche Ursache dürfte die anözische Lebensweise (Tab. 20), verbunden mit der geringen aktiven Ausbreitungstendenz der Tiere sein. Da die Art das niedrigste Temperaturoptimum besitzt (ca. 10° C), bleibt ihr Vorkommen auf gut beschattete Böden der Waldstandorte sowie der hochwüchsigen Gras-Kraut-Fluren begrenzt.

Epigäische Arten wie *Dendrodrillus rubida*, *Dendrobaena octaedra* sowie *Lumbricus rubellus* als Übergangsform zählen neben *Aporrectodea caliginosa* zu den Pionierarten. Durch ihre überwiegend horizontal gerichtete Ausbreitung können sie aktiv (SCHÖPKE 1999) oder passiv (Vermehrungskokons können leicht verweht oder verspült werden) neue Lebensräume schnell erschließen. Sie sind zudem in der Lage, schwer abbaubare Streu oder Streuinhaltsstoffe, wie zum Beispiel Eichen- und Pappellaub sowie Nadelstreu (DUNGER 1999), zu verarbeiten.

Octolasion cyaneum, *O. tyrtaeum* sowie *Aporrectodea rosea* werden als Arten mit höherem pH-Wert-Anspruch beschrieben (EHRMANN 1996, TISCHER & TANNEBERG 2003). Im Untersuchungsgebiet blieben die Vorkommen daher auf Löß und Geschiebelehmsubstrate mit pH-Werten im Neutralbereich begrenzt.

Sandig-kiesige Substrate wurden im Untersuchungsgebiet bevorzugt von *Aporrectodea caliginosa* besiedelt. Die Art gilt, ähnlich wie *Lumbricus rubellus*, als robust und anpassungsfähig. Ihr Vorkommen in frühen und mittleren Phasen der Lumbriciden-Sukzession wird auch von DUNGER & WANNER (1999) beschrieben.

Tab. 20: Ökologische Gruppen der Lumbriciden im Untersuchungsgebiet, unter Verwendung von Angaben nach DUNGER (1983) und SCHÖPKE (1999)

Lebensform	Streuform (epigäisch)	Mineralbodenform (endogäisch)	Tiefgräber (anözisch)
Lebensraum	Streu-Humusauflage, Rinden-phloem, Mist	Mineralboden bis 30 cm, vor allem im intensiv durchwurzelten Bereich	gesamtes Bodenprofil 3 - 6 m
Lebensdauer	kurz	mittel	lang
Lichtempfindlichkeit	gering	hoch	mittel
Säuretoleranz	hoch	gering	mittel
Vermehrungszyklus	kurz	mittel	lang
Nahrungsaufnahme	Streuteile an der Oberfläche	organische Teilchen im Boden/ Mineralboden	Streuteile, die in die Wohnröhre gezogen werden
Nahrung*	kleine vorzersetzte Streu	organische Feinsubstanz des Mineralbodens	vorzersetzte Streu
Röhrenart**	keine oder temporäre Röhre	temporäre Röhre	dauerhafte Wohnröhre
Beweglichkeit	hoch Pionierarten	gering Pionier-und Intermediärarten	mäßig bis hoch spätsukzessionale Arten
überwiegende Ausbreitungsform	passiv über Wind und Wasser	aktiv, horizontal	aktiv, überwiegend vertikal
Entfernung/Zeiteinheit	weit	mittel	kurz
typische Arten	*Lumbricidus castaneus*, *Dendrodrillus rubida*, *Dendrobaena octaedra*	*Aporrectodea rosea* ***, *Octolasion tyrtaeum*, *Octolasion cyaneum*	*Lumbricidus terrestris*
weniger typische Arten (Übergang zu anderen Lebensformen)	*Lumbricidus rubellus* (anözisch)	*Aporrectodea calinginosa* (epigäisch, anözisch) *Allolobophora chlorotica* (epigäisch) ***	*Aporrectodea longa* (endogäisch) ***

* inhaltlich verändert nach JUDAS (1992) ** aufgrund eigener Beobachtungen ergänzt *** aufgrund eigener Beobachtungen eine Veränderung der Einstufung vorgenommen

Anspruchsvolle Arten konnten nur sporadisch nachgewiesen werden. So wurde *Allolobophora chlorotica* nach 40 Jahren lediglich ca. 80 m entfernt vom Auswanderungsgebiet einer ehemaligen Ackerfläche mit Löß/Schwarzerde nachgewiesen, während der überwiegende Teil der anderen, weniger anspruchsvolleren Arten ca. 300 m zurücklegte.

Anhand der Besiedlung der Halde Klobikau werden im Folgenden spezielle Ergebnisse vorgestellt.

6.4.2 Einwanderung von Regenwürmern am Beispiel der Halde Klobikau

Artenspektrum und ökologische Gruppen

Die Besiedlung der Halde Klobikau durch Lumbriciden nach Abschluss der Aufhaldung und anschließender Aufforstung während der letzten 40 Jahre wurde anhand eines Transektes vom nordöstlich angrenzenden Umland, über die zentralen Teile der Halde bis zum Tagebaurand untersucht. Das Artenspektrum an den einzelnen Fangplätzen spiegelt dabei sowohl die artspezifischen Verbreitungsmechanismen (Tab. 20) als auch die Ansprüche der Arten hinsichtlich der Bodenentwicklung wider. *Allolobophora chlorotica*, der als Indikator für eine fortgeschrittene Bodenentwicklung gilt, trat beispielsweise lediglich an den stickstoffangereicherten Standorten in unmittelbarer Umlandnähe auf.

Tiefgräber, wie beispielsweise *Lumbricus terrestris,* sind bereits bis zum Standort E08, der einen Abstand von 300 m zum Umland aufweist, vorgedrungen (Abb. 51). Diese Ergebnisse bestätigen Literaturangaben über Wanderbewegungen von Lumbriciden-Populationen, die von durchschnittlich 10 m/Jahr ausgehen (EHRMANN 1996).

Auf den zum Tagebaurand entferntesten Standorten mit einer Distanz zwischen 700 m und 800 m wurden lediglich Streubewohner, wie beispielsweise *Dendrobaena octaedra* sowie einzelne Exemplare von *Aporrectodea caliginosa* (Mineralbodenbewohner) nachgewiesen.

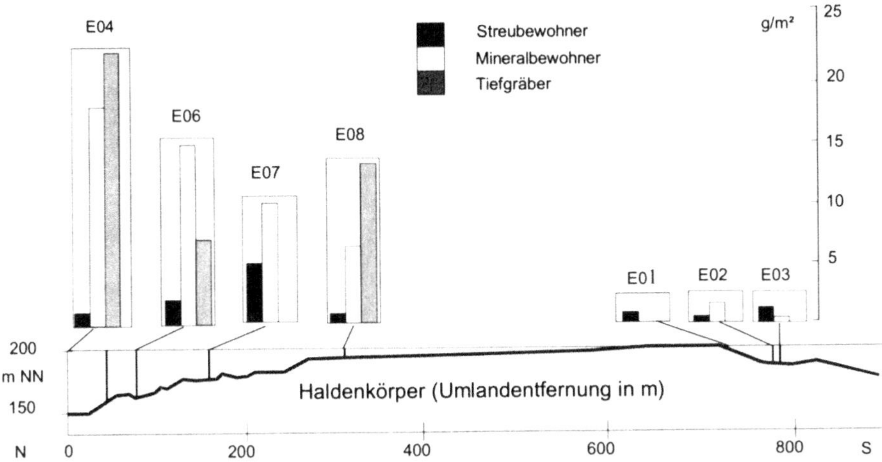

Abb. 51: Gesamtbiomasse in g/m² der ökologischen Gruppen auf verschiedenen Standorten der Halde Klobikau im Frühjahr 2001

Vegetationsstruktur und Nährstoffversorgung

Am Beispiel der Besiedlung der Halde Klobikau werden zudem Zusammenhänge zwischen der Vegetationsstruktur, der Nährstoffversorgung im Boden und der Lumbriciden-Biomasse deutlich. Während die Produktivität der Pflanzenbestände auf allen Fangplätzen in ähnlicher Größenordnung lag, sind jedoch deutliche Unterschiede der Lumbriciden-Biomasse bezüglich der Höhe der Stickstoffvorräte im Boden (Abb. 52) und der Mächtigkeit der Streuauflage (Abb. 53) zu konstatieren. Eine wesentliche Ursache dafür dürfte in der unterschiedlichen Effektivität der Einarbeitung der Streu durch Bioturbation auf den einzelnen Standorten begründet liegen. Tiefgräber mit diesbezüglich hoher Leistungsfähigkeit haben nach 40 Jahren erst das Zentrum des Haldenkörpers erreicht. Schneller wandernde Arten (Streubewohner) legen zwar weite Distanzen vom Ausbreitungszentrum zurück, arbeiten die Streu aber mit deutlich geringerer Effektivität in den Kippenboden ein. Demzufolge weisen vom Tagebauumland weit entfernte Standorte eine erhöhte Streumächtigkeit und geringere Stickstoffgehalte im Boden auf.

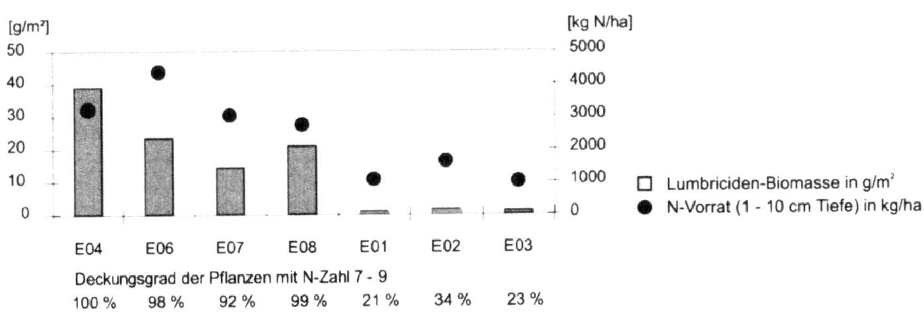

Abb. 52: Lumbriciden-Biomasse in g/m² und Stickstoff-Vorrat (N kg/ha) in 0 - 10 cm Tiefe im Kippenboden auf unterschiedlichen Standorten der Halde Klobikau während des Frühjahrs 2001, Stickstoff(N)-Zahl nach ELLENBERG et al. (1992)

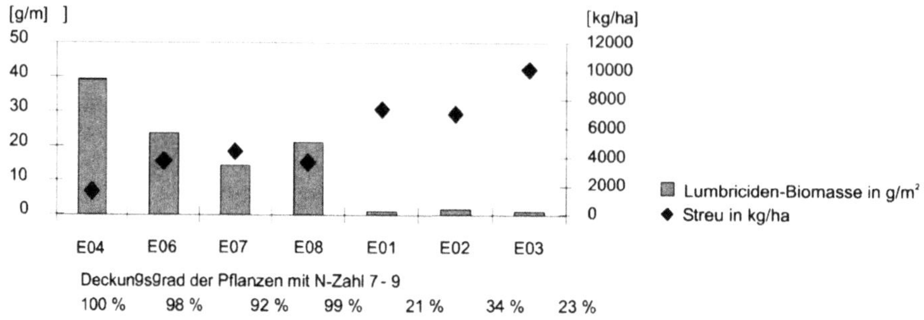

Abb. 53: Lumbriciden-Biomasse in g/m² und Streuvorrat in kg/ha auf unterschiedlichen Standorten der Halde Klobikau im Frühjahr 2001, Stickstoff(N)-Zahl nach ELLENBERG et al. (1992)

Prognose (50 - 100 Jahre)

Die gegenüber dem Südteil hohe Lumbricidenaktivität im Nordteil der Halde Klobikau hat eine intensive Einarbeitung der Streu in den Boden zur Folge. Die daraus resultierenden autoeutrophen Prozesse führen zu einer höheren Nährstoffverfügbarkeit, die unter den gegebenen kleinklimatischen Bedingungen die Ansiedlung anspruchsvoller Laubwaldarten begünstigen. Prognostiziert wird die Entwicklung feucht-kühler Ahorn- und Eschenwälder.

Im Südteil verhindert die hohe Akkumulation von Rohhumus an der Bodenoberfläche und die fehlende Einarbeitung eine rasche Nährstoffanreicherung im Boden. Oligotrophe Bedingungen werden auch längerfristig erhalten bleiben. Prognostiziert wird die Entwicklung sommertrockener, eichendominierter Laubwaldtypen.

Zusammenfassung

Nach DUNGER (2001) kann das Niveau der bodenbiologischen Aktivität natürlicher Standorte in aufgeforsteten Laubwaldbeständen schon nach 10 bis 20 Jahren erreicht werden. Zumindest für den kurzen Untersuchungszeitraum und die Artengruppe der Lumbriciden kann dies nicht bestätigt werden. Das festgestellte Artenspektrum ist wohl vergleichbar und entspricht weitgehend typischen Zersetzergesellschaften gestörter Standorte. Die Biomasse der Tiere liegt jedoch weit unter den Werten, die DUNGER (2001) für Standorte in der Lausitz ermittelte.

Die sandig/kiesigen Standorte der Goitzsche zeigten deutlich geringere Biomassen als die Geschiebelehmflächen im Geiseltalbereich. Auch wenn nicht alle Arten deutliche Präferenzen für bestimmte Nahrungspflanzen haben (NEILSON 2002), waren die artenreichen Pflanzenbestände mit leicht abbaubarer Streu den "Monokulturen" und Beständen mit schwer zersetzbaren Laubarten hinsichtlich Artenspektrum und Biomasse der Lumbriciden überlegen.

6.5 Besiedlungsprozesse durch Pflanzen

Sabine Tischew, Anita Kirmer & Sandra Benkwitz

Die Kipp-Substrate des Braunkohlentagebaus sind zu Beginn dieses Prozesses nahezu diasporenfrei (PRACH 1984). Daher müssen alle Arten aus der umgebenden Landschaft einwandern. Der Artenpool der Umgebung muss bis zur erfolgreichen Besiedlung der Tagebaufolgeflächen verschiedene Filter passieren, so dass eine Etablierung artenreicher Phytozönosen eher unwahrscheinlich erscheint. Als wirksamster Filter in Regenerationsprozessen gilt die eingeschränkte Ausbreitungsfähigkeit der Arten (u.a. BAKKER et al. 1996, WOOD & DEL MORAL 2000, JACQUEMYN et al. 2001, VERHAGEN et al. 2001). Zahlreiche Untersuchungen zur Spontansukzession auf den Bergbaufolgeflächen belegen jedoch die Entwicklung artenreicher und zum Teil seltener Pflanzengemeinschaften (u.a. MAHN & TISCHEW 1995, PIETSCH 1998, FROMM et al. 1998, DURKA et al. 1999a, b, FBM 1999). Zur Klärung dieses Paradoxons wurden zahlreiche Analysen des regionalen Artenpools und der Artengemeinschaften der Tagebaue vorgenommen, Einwanderungsdistanzen bestimmt und die Rolle von Lieferbiotopen (z.B. Altwaldreste) untersucht.

6.5.1 Regionaler Artenpool und Entfernung der Lieferbiotope

Zur Analyse der Tagebau-Umland-Beziehungen wurden Flächen in zehn verschiedenen Tagebaubereichen in Sachsen-Anhalt ausgewählt. Ein wesentliches Auswahlkriterium war ein hoher Anteil an Sukzessionsflächen unterschiedlichen Alters (Tab. 21). Die Angaben zum Alter beziehen sich auf das Ende der Gestaltungsmaßnahmen, die zu Substratumlagerungen der jeweiligen Teilflächen der Untersuchungsgebiete geführt haben.

Tab. 21: Untersuchungsgebiete zur Analyse der Tagebau-Umlandbeziehungen

Bitterfelder/Gräfenhainicher Revier (Nordraum)	Geiseltal/Profener Revier (Südraum)
Golpa-Nord („Bachaue"): ca. 2 - 14 Jahre, ca. 1 km²	Kayna-Süd (Südteil): ca. 3 - 34 Jahre, ca. 1,8 km²
Goitzsche (Holzweißig-West): ca. 4 - 30 Jahre, ca. 1,8 km²	Roßbach: ca. 1 - 23 Jahre, ca. 2,3 km²
Goitzsche (Halde 10/35): ca. 3 - 40 Jahre, ca. 0,6 km²	Mücheln-Innenkippe: ca. 1 - 41 Jahre, ca. 2,6 km²
Muldenstein (NSG Schlauch Burgkemnitz): ca. 38 Jahre, ca. 0,8 km²	Nordfeld Jaucha: ca. 26 - 55 Jahre, ca. 1 km²
Golpa III: 6 - 50 Jahre, ca. 2,5 km²	Domsen (Nordostteil): ca. 27 - 41 Jahre, ca. 1 km²

Auf der Gesamtfläche der ausgewählten zehn Tagebaubereiche wurde in mehrmaligen Begehungen zu unterschiedlichen Jahreszeiten das Arteninventar erfasst. Zusätzlich konnte auf ca. 1.100 Vegetationsaufnahmen aus verschiedenen Projekten (HERBST & MAHN 1998, FBM 1999, FLB 2003) zurückgegriffen werden. Für die Bestimmung des regionalen Artenpools wurden die Daten der floristischen Kartierungen der Länder Sachsen-Anhalt und Sachsen verwendet (Datenbank Blütenpflanzen Sachsen-Anhalt, Arbeitsstand 1998; Datenbank Flora Sachsen des Sächsischen Landesamtes für Umwelt und Geologie Dresden, Arbeitsstand 2000). Ergänzt wurden diese Daten durch die Artenlisten der selektiven Biotopkartierung aus der Datenbank des Landesamtes für Umweltschutz Sachsen-Anhalts (Arbeitsstand 2000). Abb. 54 zeigt die vorgenommene Unterteilung der analysierten Umkreise der untersuchten Tagebaubereiche in vier Abstandsklassen.

Die Tagebaubereiche weisen im Vergleich zu den umgebenden Flächen bei wesentlich kleineren Flächengrößen bereits eine beachtliche Artenvielfalt auf (Tab. 22). Auf den Tagebauflächen des Südraums sind durchschnittlich fast ebenso viele Arten wie im 15mal größeren 3 km-Umkreis zu finden. Im Nordraum sind etwa 50 % der Arten des 3 km-Umkreises in den untersuchten Tagebaubereichen vertreten. Die Tagebaubereiche sind damit im Vergleich zum Umland überdurchschnittlich artenreich, da nach MACARTHUR & WILSON (1967) eine Verzehnfachung der Fläche zur Verdopplung der Artenzahlen führen sollte. Die Verhältnisse stellen sich für die Tagebaue deutlich günstiger dar, die Artenzahl-Flächengrößen-Beziehung nach MACARTHUR & WILSON (1967) wird damit positiv durchbrochen.

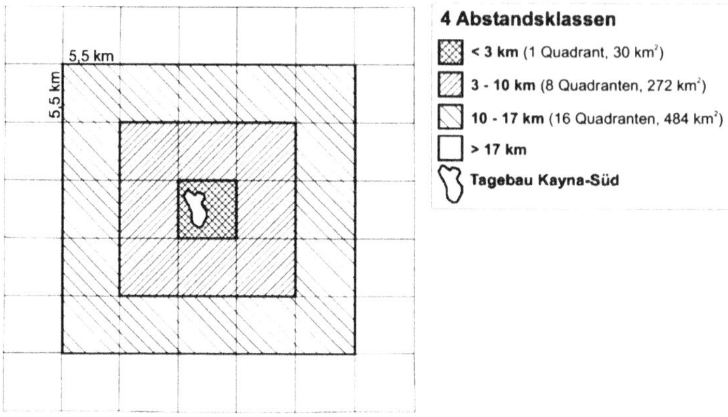

Abb. 54: Abstandsklassen des regionalen Artenpools der nicht vom Tagebau beeinflussten Umgebung (Messtischblatt-Quadranten der floristischen Kartierung)

Tab. 22: Vergleich des regionalen Artenpools mit der Artenvielfalt der Tagebaubereiche (Sukzessionsflächen)

	Gesamtartenzahl Tagebaubereiche (mittlere Flächengröße 1,9 km²)	Gesamtartenzahl im 30 km²-Umkreis (0-3 km)	Eingewanderte Arten aus 30 km²-Umkreis (0-3 km)	Gesamtartenzahl im 272 km²-Umkreis (0-10 km)	Eingewanderte Arten aus 272 km²-Umkreis (0-10 km)
Nord (n = 5)	296,8	642,2	263,4	1064,0	289,4
+/- SD	56,5	69,7	56	38,3	55,1
Süd (n = 5)	253,0	264,6	152,4	931,4	235,4
+/- SD	38,0	34,9	24,7	120,1	29,2
U-Test	ns	***	**	ns	ns

Legende: SD = Standardabweichung; ns = nicht signifikant; [**] = 0.01 > p > 0.001; [***] = p < 0.001

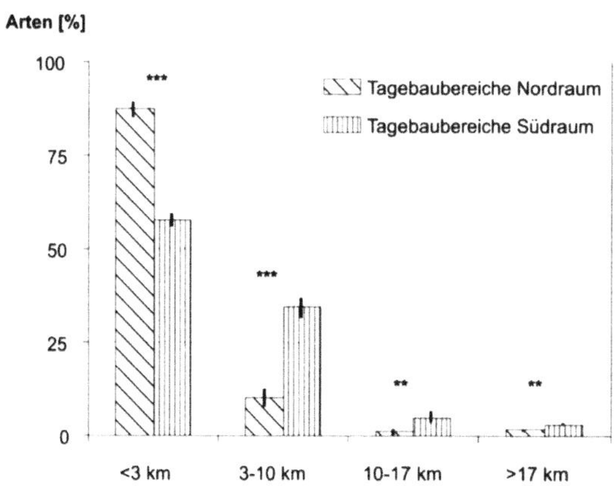

Abb. 55: Nächste Vorkommen im angrenzenden Umland für die in die Tagebaubereiche eingewanderten Arten (in %), Signifikanzniveaus nach U-Test ([*] = 0.05 > p > 0.01; [**] = 0.01 > p > 0.001; [***] = p < 0.001)

Mehr als ein Viertel der Arten des regionalen Artenpools des 272 km² großen Umkreises sind bereits in die Tagebaue eingewandert. Dabei zeichnen sich die unmittelbar angrenzenden, nicht durch den Tagebau gestörten Flächen des Südraums im Gegensatz zu denen des Nordraums durch eine sehr geringe Artenvielfalt aus. Als Ursache ist die intensive ackerbauliche Nutzung und der hohe Anteil an Siedlungs- und Industrieflächen im Südraum anzusehen (GLÄßER et al. 2002). In Hauptwindrichtung (SW) besteht aber dank der offenen Ackerlandschaft eine gute Durchgängigkeit bis zum arten- und strukturreichen Saale-Unstrut-Triasland, das aufgrund der vielen Hanglagen zusätzlich günstige thermische Verhältnisse für die Verwirbelung von Samen in höhere Luftschichten bietet.

Der Nordraum ist dagegen durch einen sehr viel höheren Wald-, Sandtrockenrasen- und Grünlandanteil im Umkreis der Tagebaue gekennzeichnet (GLÄßER et al. 2002). Entsprechend dieser unterschiedlichen Landschaftsstrukturen des Umlandes sind zwischen dem Nord- und dem Südraum unterschiedliche Trends in den Einwanderungsprozessen zu verzeichnen (Abb. 55). Im arten- und strukturarmen Südraum haben 40 % der Tagebauarten ihre nächsten Vorkommen in mehr als 3 km Entfernung. Für die Tagebaue im Nordraum waren für viele Arten die Lieferbiotope bereits in der unmittelbaren strukturreicheren Umgebung vorhanden.

Arten in den Tagebauen: Ubiquisten, Neophyten oder gefährdete Arten?

Mit der folgenden Auswertung sollen die in die Tagebauflächen eingewanderten Arten einem Vergleich mit dem Artenpool des Umlandes unterzogen und die Bedeutung der Tagebaufolgeflächen für die Biodiversität des Landschaftsraumes bewertet werden. Dazu wurden 10 Messtischblatt-Quadranten (MTBQ) der floristischen Kartierung Sachsen-Anhalts, die keine Tagebauanteile aufweisen, zufällig ausgelost und mit den Artenlisten der zehn untersuchten Tagebaubereiche mit hohen Anteilen an Sukzessionsflächen verglichen. Damit sollte geklärt werden, ob sich das Arteninventar der Tagebauflächen lediglich aus den im Naturraum häufigen und weit verbreiteten Arten rekrutiert und im Naturraum geschützte und gefährdete Arten eher eine Ausnahme darstellen, bzw. inwieweit sich eventuell vorrangig Neophyten etabliert haben, wie dies für viele Industriebrachen im direkten urbanen Umfeld beschrieben wird (DETTMAR 1995, KOWARIK 1995).

Im Durchschnitt sind fünf bis zehn Prozent der Tagebauarten geschützt oder in den Roten Listen enthalten (Tab. 23). Sukzessionsbereiche können damit auch im Hinblick auf seltene Arten zur Erhöhung der Biodiversität beitragen. Der etwas geringere Anteil im Vergleich zu den untersuchten Umlandquadranten ist sicherlich auf die größere Fläche der Umlandquadranten zurückzuführen, da seltene Arten sich mit zunehmender Flächengröße in Artenlisten stärker „akkumulieren" als häufige Arten.

Tab. 23: Arten in den Tagebauen – Ubiquisten, Neophyten oder gefährdete Arten?

Tagebaue	Vergleich der Tagebauflächen mit gewachsenen Flächen des Naturraumes			
	Artenzahl gesamt	% RL-Arten*	% Neophyten	ungefähre Flächengröße (km²)
Domsen (Nordostteil)	208	7,2	6,7	1,0
Goitzsche (Halde 10/35)	243	7,0	8,2	0,6
Goitzsche (Holzweißig-West)	226	4,9	9,7	1,8
Golpa III	325	5,8	9,8	2,5
Golpa-Nord ("Bachaue")	381	5,2	9,2	1,0
Nordfeld Jaucha	258	10,9	7,0	1,0
Kayna-Süd (Südteil)	312	9,9	11,5	1,8
Mücheln-Innenkippe	291	7,9	10,7	2,6
Muldenstein (NSG Schlauch Burgkemnitz)	317	6,9	8,5	0,8
Roßbach	226	8,4	11,1	2,3
Mittelwert Tagebaue	**278,7**	**7,4**	**9,2**	**1,5**
*± SD ***	*52,5*	*1,8*	*1,6*	*0,7*
10 MTBQ* ohne Tagebauanteile (Mittelwert)**	**626,5**	**11,4**	**9,2**	**30,25**
± SD	*223,7*	*4,5*	*1,8*	*0*

* gefährdete und geschützte Arten ** SD: Standardabweichung *** MTBQ: Messtischblatt-Quadranten

Der Anteil an neophytischen Arten ist in den untersuchten Tagebaubereichen nicht signifikant höher als in den ausgewählten Umlandquadranten. Vor allem auf Flächen mit spontaner Sukzession konnte bisher kein verstärktes Eindringen neophytischer Arten beobachtet werden. Damit sind im Gegensatz zu den Untersuchungen auf Industriebrachen von DETTMAR (1995) und KOWARIK (1995) die Kippen und Halden der Bergbaufolgelandschaft weniger stark in ihrer spontanen Besiedlung durch Neophyten geprägt. Die von den genannten Autoren untersuchten Industriebrachen waren dabei einerseits im direkten urbanen Umfeld einem wesentlich höheren Diasporendruck durch Neophyten in der Umgebung ausgesetzt. Andererseits bieten die nährstoffarmen und zum Teil besiedlungsfeindlichen Standorte der Tagebaue vielen Neophyten keinen geeigneten Lebensraum. Da in den Sukzessionsbereichen nach Stilllegung des Tagebaubetriebes keine weiteren menschlichen Störungen erfolgten, kann damit nach KOWARIK (1988) im Hinblick auf den Hemerobiegrad von ahemeroben Verhältnissen ausgegangen werden (vgl. FELINKS 2000).

Langfristig gesehen können besonders auf rekultivierten Flächen die durch die konventionelle Rekultivierung eingebrachten Arten problematisch werden. Vor allem die zwar standortgerechten, aber gebietsfremden Gehölze (z.B. *Quercus rubra*, *Hippophaë rhamnoides*, *Elaeagnus angustifolia*) und Regelansaatmischungen (z.B. *Festuca ssp.*, *Poa supina*, *Sanguisorba muricata*) stellen ein Problem dar, dessen Folgen, wie beispielsweise Einengung der genetischen Diversität oder Auskreuzungseffekte, bisher kaum untersucht wurden (FBM 1999, KOWARIK & SEITZ 2001). Es ist anzuraten, die Populationsentwicklung von besonders aggressiven Arten, wie beispielsweise Rot-Eiche (*Quercus rubra)*, Sanddorn (*Hippophaë rhamnoides)* oder Ölweide (*Elaeagnus angustifolia)*, zu beobachten, um gegebenenfalls rechtzeitig eingreifen zu können. In zukünftigen Rekultivierungsplanungen sollte auf den Einsatz von neophytischen und gebietsfremden Problemarten verzichtet werden.

6.5.2 Ausbreitungseigenschaften der Arten und Einwanderungsverhalten seltener Pflanzenarten

Ein Vergleich der Ausbreitungsspektren von bereits in die Tagebaue eingewanderten Arten und bisher nicht aus der näheren Umgebung einwanderten Arten macht sowohl für den Nordraum als auch für den Südraum deutlich, dass unter den bereits zugewanderten Arten ein signifikant höherer Anteil des anemochoren Ausbreitungstypes zu verzeichnen ist (Abb. 56). Ein Großteil der Folgeflächen des Tagebaus sind infolge ihres Massendefizites Geländemulden, die in der Landschaft wie riesige Diasporenfallen wirken. Außergewöhnliche Witterungsbedingungen, zum Beispiel günstige thermische Verhältnisse und starke Stürme, können dazu führen, dass auch aus größeren Entfernungen Arten akkumuliert werden. Dieser Effekt wird vor allem im Südraum deutlich. Es ist jedoch nicht auszuschließen, dass auch nicht speziell an Windausbreitung angepasste Arten über solche außergewöhnlichen Witterungsereignisse in die Tagebaue eingetragen werden können.

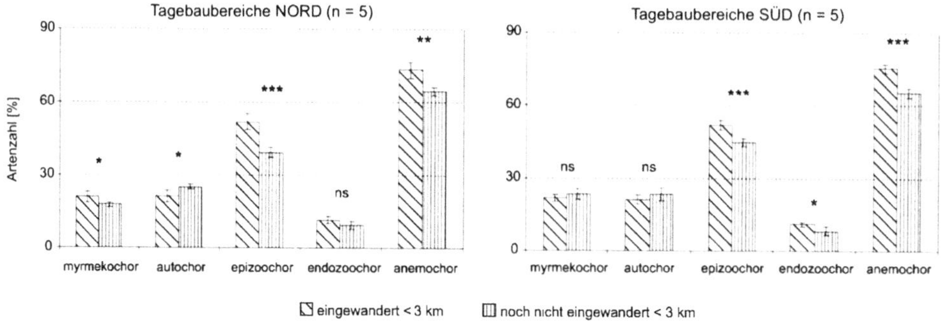

Abb. 56: Ausbreitungsspektren der aus dem 3 km-Umkreis eingewanderten Arten im Vergleich zu den nicht eingewanderten Arten des 3 km-Umkreises. Zur Auswertung der Ausbreitungsstrategien der Pflanzenarten wurden die Haupt- und Nebenausbreitungstypen nach FRANK et al. (1990) mit Ergänzungen aus MÜLLER-SCHNEIDER (1986) herangezogen. Die Auswertungen zum Schutzstatus der Pflanzenarten erfolgten anhand der BArtSchV (1999), der Roten Liste Deutschlands (KORNECK et al. 1996) sowie der Roten Liste Sachsen-Anhalts (FRANK et al. 1992).

Legende: Signifikanzniveaus nach U-Test (ns = nicht signifikant; [*] = 0.05 > p >0.01; [**] = 0.01 > p > 0.001; [***] = p < 0.001); Mehrfachzuordnungen von Arten zu Ausbreitungstypen bedingen eine Summe von > 100 %.

Der prozentuale Anteil zoochorer Arten, die aus dem Umland in die Tagebaue einwandern konnten, ist im strukturreichen Nordraum deutlich höher als im strukturarmen Südraum. Im Südraum fehlen offensichtlich wesentliche Trittsteine und Wanderbahnen für diasporenausbreitende Tierarten.

Der Anteil autochorer Arten, die durch langsame Ausbreitungsraten gekennzeichnet sind, ist in beiden Räumen auf den Tagebauflächen geringfügig niedriger. Für viele dieser Arten sind, ebenso wie für die myrmekochoren Arten, mehrere Ausbreitungstypen angegeben, so dass ein Eintrag auch über effizientere Ausbreitungstypen wie Anemochorie oder Epizoochorie vonstatten gegangen sein kann.

Unter den Arten, die über weitere Distanzen in den Tagebau eingewandert sind, ist ein hoher Anteil an gefährdeten und geschützten Arten zu verzeichnen, die aufgrund der anfänglichen Konkurrenzarmut der Tagebaustandorte oft sehr individuenreiche Populationen aufbauen können. Die Population von *Botrychium matricariifolium* (Ästiger Rautenfarn) auf der Halde 10/35 im Tagebau Goitzsche zählt beispielsweise mit mehr als 600 Individuen inzwischen zu den größten Populationen Deutschlands (LEBENDER et al. 1999, TISCHEW & LEBENDER 2003).

Tab. 24 zeigt die Frequenz und die mittlere Entfernung zu den nächsten Vorkommen der gefährdeten und geschützten Arten, die in mindestens zwei der zehn Tagebauen auftreten.

Tab. 24: Vorkommen ausgewählter gefährdeter und geschützter Arten in der Bergbaufolgelandschaft Sachsen-Anhalts und Entfernung zur nächsten Diasporenquelle in km

Art	RL D	BArtSchV	RL LSA	Frequenz Tagebaue Nord	mittlere Entfernung nächste Vorkommen	Frequenz Tagebaue Süd	mittlere Entfernung nächste Vorkommen	Ausbreitungstypen
Eriophorum angustifolium			3	1	0,8	1	10,4	w
Hieracium fallax	3			1	4,4	1	21,2	w
Hieracium zizianum	G		3	1	30,5	1	13,9	w
Pulicaria dysenterica			3	1	4,2	1	8,4	w, e, a
Rhinanthus minor			3	1	4,9	1	6,2	w
Trifolium aureum			3	1	1,6	1	10,6	w, e
Cornus mas			3	1	21,4	2	8,3 (+/. 2,3)	v
Dactylorhiza fuchsii		§	3	1	34,7	2	23,1 (+/. 2,3)	w
Dactylorhiza maculata	3	§	3	1	0,8	2	4,3 (+/. 0,8)	w
Dianthus carthusianorum		§		1	1,6	2	4,6 (+/. 0,6)	w
Hieracium bracchiatum	G			1	27,6	2	27,3 (+/. 3,1)	w
Consolida regalis	3			1	2,5	3	2,3 (+/. 1,2)	s
Centaurium pulchellum		§	3	1	0,8	4	4,9 (+/. 0,4)	s, w
Ophioglossum vulgatum	3		2	1	2,2	4	7,9 (+/. 2,3)	w
Epipactis palustris	3	§	2	1	1,6	5	2,1 (+/. 0,8)	w
Listera ovata		§		1	1,6	5	2,1 (+/. 0,8)	w
Dianthus deltoids		§		2	1,9 (+/. 0,5)	1	8,4	w
Epipactis atrorubens		§		2	2,0 (+/. 0,4)	5	2,1 (+/. 0,8)	w
Sanguisorba officinalis			3	3	1,8 (+/. 0,7)	1	11,4	w
Botrychium lunaria	3	§	3	3	1,9 (+/. 1,1)	4	8,8 (+/. 2,2)	w
Filago arvensis	3		2	5	5,8 (+/. 2,0)	2	13,9 (+/. 2,3)	w, e, a
Helichrysum arenarium	3	§		5	1,7 (+/. 0,6)	2	4,8 (+/. 0,3)	w, e, a
Centaurium erythraea		§		5	1,7 (+/. 0,6)	5	3,4 (+/. 1,4)	s
Hieracium piloselloides			3	5	1,7 (+/. 0,6)	5	3,0 (+/. 1,3)	w, e, a
Potamogeton berchtoldii			3	2	1,2 (+/. 0,4)			w
Scleranthus polycarpos			3	2	3,2 (+/. 1,8)			e
Carex vulpina agg.	3			3	2,2 (+/. 1,2)			w, e, s
Erucastrum nasturtiifolium			0			2	23,6 (+/. 0,4)	w
Gymnadenia conopsea		§	3			2	3,0 (+/. 0,9)	w
Salix repens			2			2	9,7 (+/. 1,9)	w
Hieracium bauhinii			3			3	7,9 (+/. 0,6)	w, e, a
Linum austriacum		§				3	3,4 (+/. 1,8)	s
Platanthera chlorantha	3	§	3			3	9,7 (+/. 6,5)	w
Centaurea diffusa			3			4	4,1 (+/. 2,5)	w, e
Ophrys apifera	2	§	3			4	6,5 (+/. 3,3)	w
Verbena officinalis			3			4	2,6 (+/. 1,4)	w
Dactylorhiza incarnata	2	§	2			5	3,3 (+/. 2,1)	w
Mittelwert					**6,2 (+/. 9,4)**		**7,9 (+/. 6,2)**	

Legende: Standardabweichungen in Klammern; w - anemochor, e - epizoochor, h - hydrochor, s - autochor, v - endozoochor, a - myrmekochor; RL D – Rote Liste Deutschland (KORNECK et al. 1996), BArtSchV – Bundesartenschutzverordnung (1999), RL LSA – Rote Liste Sachsen-Anhalt (FRANK et al. 1992)

Nicht in der Tabelle dargestellt sind weitere 40 Arten, die nur in einen Tagebau einwandern konnten. Unter diesen Arten sind *Chimaphila umbellata*, *Thymelaea passerina* und *Scorzonera laciniata*, die in Sachsen-Anhalt nur noch wenige Vorkommen aufweisen bzw. ausgestorben sind.

Die in der Tab. 24 aufgeführten Arten sind überwiegend anemochor und zeichnen sich durch Samen oder Sporen mit sehr geringem spezifischen Gewicht (z.B. Orchidaceae, Ophioglossaceae) aus. Der Vorteil in Bezug auf die Möglichkeiten einer Fernausbreitung ist gekoppelt mit dem Nachteil des fehlenden Nährstoffvorrates für die Keimungsphase. Diese Arten haben deshalb in sehr dichten Vegetationseinheiten, die in vielen Bereichen der großflächig eutrophierten Landschaft Sachsen-Anhalts bestimmend sind, nur geringe Etablierungschancen. Dagegen bieten die lichtreichen und konkurrenzarmen Vegetationsbestände der Bergbaufolgelandschaft wesentlich günstigere Etablierungsbedingungen. Vor allem in den südlichen Tagebaubereichen liegen die nächsten Vorkommen außerhalb des betrachteten Tagebaus deutlich weiter entfernt als im Nordraum. Auch die Anzahl und die Frequenz von gefährdeten und geschützten Arten ist im Südraum höher. Ein breiteres Substratspektrum und ein höherer Karbonatgehalt (Löß, Geschiebelehm, Geschiebemergel) bieten in den südlichen Tagebauen vielfältigere Nischen für die Ansiedlung gefährdeter Arten. Für die erfolgreiche Etablierung einiger Arten (z.B. Ophioglossaceae, *Epipactis palustris*) wurde ein Mindestalter der Kippenflächen festgestellt (vgl. Kapitel 4), obwohl Diasporenquellen teilweise in unmittelbarer Umgebung vorhanden waren. Es wird vermutet, dass die Boden- und Standortgenese erst einen gewissen Entwicklungsstand erreicht haben muss. Diese Verzögerung in der Einwanderung sollte jedoch nicht vorrangig mit einer eventuell fehlenden Besiedlung der Böden mit Mykorrhizapilzen in Verbindung gebracht werden. Diese Arten weisen zwar eine obligate Symbiose mit Mykorrhizapilzen auf, ohne die keine erfolgreiche Keimung bzw. Entwicklung dieser Arten möglich ist. Die Pilze gelten aber als allgemein weit verbreitet (SALKOWSKI 2000, SEITZ 2002) und können die Kippenflächen schnell besiedeln (STRUMPF & SYKORA 1995, WEBER et al. 1995).

6.5.3 Bedeutung von älteren Tagebaugebieten als Lieferbiotope

Bergbaufolgelandschaften stellen zumeist Mosaike aus unterschiedlich alten Bergbaufolgeflächen und aktiv betriebenen Abbauflächen dar. Es ist zu vermuten, dass an die besonderen Bedingungen der Bergbaufolgelandschaft angepasste Arten seit Beginn des Tagebaubetriebes im Landschaftsraum zwischen den unterschiedlich alten Kippenflächen „gewandert" sind. In Abb. 57 wurde deshalb die Beziehung zwischen der Entfernung und der Artenähnlichkeit der Artenpoole „Tagebau" und „Umland" in den verschiedenen Entfernungskategorien dargestellt. Als Grundlage dienten die Artenlisten der zehn ausgewählten Tagebaue sowie die Daten der floristischen Kartierung Sachsen-Anhalts und Sachsens.

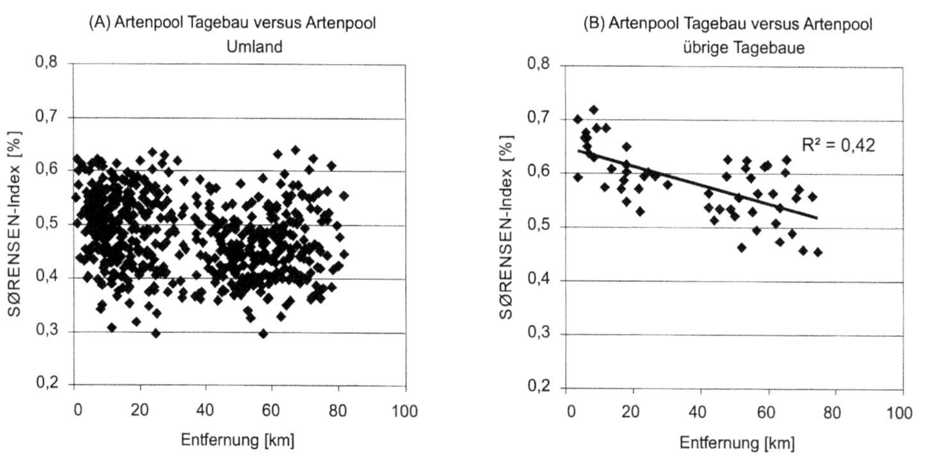

Abb. 57: Beziehung zwischen der Entfernung und der Artenähnlichkeit (SØRENSEN-Index): (A) Artenpool Tagebau gegen Artenpool Umland, (B) Artenpool Tagebau gegen Artenpool der übrigen Tagebaue

Bei Auswertung (A) wurden alle Artenpoole der Tagebaue gegen alle Artenpoole der Umlandquadranten einzeln und bei Auswertung (B) alle Artenpoole der Tagebaue gegeneinander getestet. Dabei zeigte sich, dass bei der Betrachtung der Artenpoole der einzelnen Tagebaue und der Artenpoole der Umgebung keine Beziehung zwischen der Entfernung und der Ähnlichkeit existiert. Dagegen konnte eine Beziehung zwischen der Ähnlichkeit und der Entfernung der Artenpoole der Tagebaue untereinander festgestellt werden. Je geringer die räumliche Distanz, umso größer ist die Ähnlichkeit des Artenpools des betrachteten Tagebaus mit dem Artenpool der benachbarten Tagebaue. Erst mit zunehmender Entfernung wird die Ähnlichkeit deutlich geringer. Vor allem im Hinblick auf die besonderen bodenchemischen, bodenphysikalischen und bodenbiologischen Parameter der Rohbodenstandorte weisen Tagebaue in etwa ähnliche Standortbedingungen auf. Diese „Umweltfilter" sorgen neben den "Ausbreitungsfiltern" (Distanzeffekte) dafür, dass die Artenzusammensetzung der nah zueinander liegenden Tagebaue ähnlicher ist als die Artenzusammensetzung zwischen den Tagebauen und der unverritzten Umgebung. Tagebaue sind damit wichtige Lieferbiotope und Trittsteine für die initialen Besiedlungsprozesse weiterer Abgrabungsstätten.

Detaillierte Untersuchungen zu Tagebau-Umland-Beziehungen hinsichtlich der Einwanderung von Pflanzenarten erfolgten auch von SCHEIBLER (2003). Da offensichtlich viele Lieferbiotope der Umlandbezirke in Tagebauen lagen, wurde von SCHEIBLER (2003) eine Zuordnung der Umlandarten nach ihrer Herkunft vorgenommen. Dabei wurden Arten aus Lieferbiotopen in Tagebauen („regionalen Artenpool Tagebauarten"), Arten aus Lieferbiotopen von Störstandorten („regionalen Artenpool Störstandorte") und Arten der übrigen Lieferbiotope („regionaler Artenpool gewachsenes Umland") unterschieden. Umfangreiche Analysen dieser Artenpools ergaben, dass der Anteil und die Anzahl der eingewanderten Arten, die ausschließlich aus dem gewachsenen Umland stammen, sehr gering ist und diese Arten vor allem zu den über weite Entfernungen aus dem Saale-Unstruttal eingetragenen Arten mit effektiven Ausbreitungsmechanismen gehören (vgl. Kapitel 6.5.1 und 6.5.2). Im Gegenzug konnte ein hoher Anteil an eingewanderten Arten festgestellt werden, die ausschließlich aus dem „regionalen Artenpool Tagebauarten" stammen. Als Fazit ihrer Untersuchungen wird von SCHEIBLER (2003) konstatiert, dass im Vergleich zum Artenpool des gewachsenen Umlandes die Arten des Artenpools Tagebauarten bei der Besiedlung des Untersuchungsgebietes Kayna-Süd in den Entfernungskategorien bis 10 km eindeutig erfolgreicher sind.

6.5.4 Bedeutung von Altwaldresten als Lieferbiotope für die Waldentwicklung

Allgemeine Tendenzen der Besiedlung von Bergbaufolgeflächen mit Waldarten

Viele Pioniergehölze und einige Intermediärbaumarten (z.B. Hänge-Birke, Weidenarten, Stiel-Eiche, Gemeine Esche) können durchaus bemerkenswerte Distanzen bei der Besiedlung von Kippenflächen überwinden (BEER 1955/56, KLEMM 1966, WOLF 1985, KLEINKNECHT 2001). Die Analyse der Entfernung von Lieferbiotopen für Arten, die in die ehemaligen Tagebaue einwandern konnten, ergab, dass immerhin 15 - 18 % der Arten, deren Lieferbiotope mehr als 3 km entfernt lagen, Gehölze waren (Tab. 25, zur Methodik der Auswertung vgl. auch Kapitel 6.5.1).

Tab. 25: Mittlere Anzahl eingewanderter Gehölz-, Waldboden- und Offenlandarten auf Tagebaustandorten in Sachsen-Anhalt mit mehr als 3 km entfernten Lieferbiotopen (Standardabweichungen in Klammern)

	eingewanderte Gehölze aus > 3 km Entfernung	eingewanderte Waldbodenarten aus > 3 km Entfernung	eingewanderte Offenlandarten aus > 3 km Entfernung
Nordraum (n = 5)	6,4 (+/- SD 1,8)	2,6 (+/- SD 2,9)	26,4 (+/- SD 4,7)
Südraum (n = 5)	16,0 (+/- SD 6,7)	7,8 (+/- SD 2,2)	80,6 (+/- SD 18,7)

Dagegen sind bei den meisten Intermediär- und Klimaxbaumarten (z.B. Hainbuche, Rotbuche) deutliche Verzögerungen in der Einwanderung zu verzeichnen, selbst dann, wenn das Entwicklungsstadium von Pionierwäldern für eine Etablierung geeignet erscheint. Da sich nach einer experimentellen Einsaat die meisten dieser Intermediär- und Klimaxbaumarten durchaus etablieren können, sind ausbreitungsbiologische Faktoren als Ursachen für eine verzögerte Besiedlung anzunehmen (Kapitel 6.9 und 8.4, TISCHEW 1996, TISCHEW et al. 2004).

Noch deutlicher ist eine Verzögerung der Besiedlung bei den Waldbodenarten zu verzeichnen. Nur wenige Arten konnten über größere Distanzen in die Tagebaue einwandern. Überwiegend gehören sie zur Familie der Korbblütengewächse (z.B. Habichtskrautarten oder Kreuzkrautarten), für die eine effektivere Ausbreitung über Wind angenommen werden kann. Typische Waldbodenarten verfügen dagegen zumeist nur über eine geringe Ausbreitungsfähigkeit (BONN & POSCHLOD 1998). Die Sterberate von Keimlingen und Jungpflanzen ist darüber hinaus bei Waldbodenpflanzen meist außerordentlich hoch (FALIŃSKA 1979, INGHE & TAMM 1985). Zudem haben viele Waldarten eine geringe Samenproduktion, den Diasporen fehlen oft effektive Einrichtungen zur Fernausbreitung und diese Arten benötigen spezielle Keimbedingungen (WULF & KELM 1994). Das Ausbreitungspotenzial ist damit für die meisten Waldbodenpflanzen als gering einzuschätzen (DZWONKO 1993, PETERKEN 1994, VERHEYEN et al. 2003).

Auf vier nahezu gleich alten Kippen in Sachsen-Anhalt mit ähnlichen Standortbedingungen wurde die Beziehung der Entfernung von Lieferbiotopen zum Vorkommen von Waldbodenarten in den Kippenwäldern im Detail analysiert (Abb. 58). Sind die Lieferbiotope unmittelbar angrenzend vorhanden (A – „Goitzsche-Tagesanlagen"), können mehr als doppelt so viele Arten in die Flächen einwandern als im Falle weiter entfernter Lieferbiotope (Flächen B-D). Vor allem die mittlere Anzahl an Arten mit Tier- und Selbstausbreitung ist wesentlich höher, während die mittlere Anzahl anemochor ausgebreiteter Arten der Krautschicht nahezu gleich hoch ist.

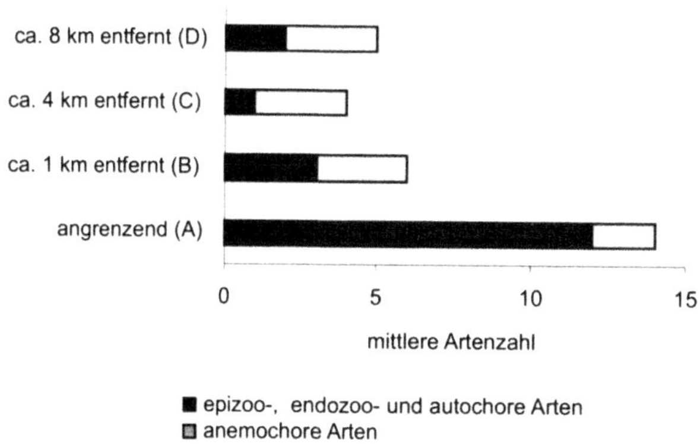

Abb. 58: Einfluss der Entfernung von Lieferbiotopen auf das Vorkommen von Waldbodenarten in Birken-Pionierwäldern (Flächengröße 400 m² - 525 m²)

A – Goitzsche-Tagesanlagen
B – Goitzsche Halde 10/35
C – Roßbach
D – Kayna-Süd

Auf der Grundlage des Datensatzes aller Untersuchungsflächen mit Birken-Pionierwäldern in den ostdeutschen Bergbaufolgeflächen wurden weiterhin detailliertere Untersuchungen zur zeitabhängigen Besiedlung mit Waldbodenarten vorgenommen (LORENZ 2004). Tab. 26 zeigt eine relativ große Anzahl von Arten, die bereits auf jungen Kippenflächen auftreten können. Die Samen dieser Arten werden effektiv über weite Entfernungen durch Wind oder Tiere ausgebreitet („long-distance-dispersal").

Arten mit weniger effektiven Fernausbreitungsmechanismen (Selbstausbreitung oder Ameisenausbreitung) sind jedoch vorrangig erst auf Kippen des Altbergbaus vertreten. Indikatorarten für die so genannten „alten Wälder" („ancient woods", PETERKEN 1994, WULF 1995) haben generell eine niedrige Frequenz. Lediglich in Birken-Pionierwäldern, die unmittelbar an alte Wälder angrenzen oder auf den so genannten Handkippen mit humosen Mutterbodenauftrag, in dem eventuell auch Diasporen von Waldbodenarten enthalten waren, sind sie bereits vertreten. Es wird voraussichtlich lange Zeiträume in Anspruch nehmen, bis Arten älterer Wälder auch isoliert liegende Standorte besiedeln können. Der Erhalt von alten Wäldern in der Umgebung von Kippenflächen ist auch deshalb eine wichtige Grundlage für die Entwicklung artenreicher Wälder in Bergbaufolgelandschaften.

Tab. 26: Übersicht über die krautigen Waldbodenarten auf 104 untersuchten Pionierwald-Standorten in der ostdeutschen Bergbaufolgelandschaft und deren Auftreten in den initialen/frühen sowie reifen Pionierwaldstadien, unter Angabe der Anzahl der Funde (Frequenzen), der Ausbreitungsstrategien und -potenziale sowie der Zugehörigkeit zu Zeigerarten historisch alter und rezenter Wälder (aus: LORENZ 2004, verändert)

Krautige Waldarten	Funde in 10 - 60 Jahre alten Stadien (n = 86)	Funde in > 60 - 100 Jahre alten Stadien (n = 18)	Ausbreitungs-strategie[1)]	Ausbreitungs-potenziale[2)]	Literaturauswertung nach WULF (1995, 2003)	
					Zeiger junger Wälder	Zeiger alter Wälder
Waldarten überwiegend früher und mittlerer Pionierwaldstadien der BFL						
Hieracium sabaudum	74,4 %	66,7 %	A	fern		
Hieracium lachenalii	55,8 %	33,3 %	A	fern		x
Hieracium laevigatum	39,5 %	33,3 %	A	fern		
Fragaria vesca	29,1 %	66,7 %	Zendo	fern		
Avenella flexuosa	26,7 %	22,2 %	A, Zepi	fern	x	
Poa nemoralis	25,6 %	27,8 %	A, Zepi	fern		x
Hieracium murorum	19,8 %	16,7 %	A	fern		
Epipactis atrorubens	18,6 %	33,3 %	A	fern		
Calluna vulgaris	18,6 %	11,1 %	A	fern	x	
Pyrola minor	15,1 %	27,8 %	A	fern		
Orthilia secunda	12,8 %	27,8 %	A	fern		
Carex pilulifera	10,5 %	5,6 %	Zepi, M	nah u. fern		x
Solidago virgaurea	10,5 %	5,6 %	A, Zepi	fern		
Listera ovata	7,0 %	0 %	A	fern		
Dactylis polygama	5,8 %	5,6 %	A, Zepi	fern		
Epilobium montanum	4,7 %	5,6 %	A	fern		
Monotropa hypophegea	2,3 %	5,6 %	?	?		
Carex brizoides	1,2 %	5,6 %	A, Zepi	fern		
Calamagrostis arundinacea	1,2 %	0 %	A, Zepi	fern		
Hieracium umbellatum	1,2 %	0 %	A	fern		
Holcus mollis	1,2 %	0 %	A, Zepi	fern		
Pyrola chlorantha	1,2 %	0 %	A	fern		
Carex ericetorum	1,2 %	0 %	Zepi, M	nah u. fern		
Waldarten überwiegend reifer Pionierwaldstadien der BFL (Stadien im Übergang zu Intermediärwäldern)						
Pyrola rotundifolia	0 %	5,6 %	A	fern		
Milium effusum	0 %	5,6 %	M, Zepi	nah u. fern.		x
Polygonatum multiflorum	0 %	5,6 %	Zepi	nah		x
Scrophularia nodosa	0 %	5,6 %	S	nah		
Stachys sylvatica	0 %	5,6 %	Zepi	fern		x
Anemone nemorosa	0 %	5,6 %	S, M	nah		x
Festuca heterophylla	0 %	5,6 %	A, Zepi	fern		
Aegopodium podagraria	1,2 %	5,6 %	S	nah	x	
Dryopteris carthusiana	2,3 %	5,6 %	A	fern		x
Geranium robertianum	0 %	11,1 %	S, Zepi	nah u. fern	x	
Campanula trachelium	0 %	11,1 %	S	nah		x
Circaea lutetiana	0 %	11,1 %	Zepi	fern		x
Luzula pilosa	0 %	11,1 %	M	nah		x
Melica nutans	0 %	11,1 %	M	nah		x
Sanicula europaea	0 %	11,1 %	Zepi	fern		x
Stellaria holostea	0 %	11,1 %	Zepi	nah?		x
Hedera helix	1,2 %	11,1 %	Zendo	fern		
Dryopteris filix-mas	2,3 %	11,1 %	A	fern		
Carex montana	3,5 %	11,1 %	A, Zepi, M	nah u. fern		

Krautige Waldarten	Funde in 10 - 60 Jahre alten Stadien (n = 86)	Funde in > 60 - 100 Jahre alten Stadien (n = 18)	Ausbreitungs-strategie[1]	Ausbreitungs-potenziale[2]	Literaturauswertung nach WULF (1995, 2003)	
					Zeiger junger Wälder	Zeiger alter Wälder
Melampyrum pratense	8,1 %	11,1 %	M	nah		x
Maianthemum bifolium	0 %	16,7 %	Zdyso	nah		x
Convallaria majalis	1,2 %	16,7 %	S, Zendo	nah u. fern.		x
Clematis vitalba	2,3 %	16,7 %	A, Zepi	fern		
Festuca gigantea	0 %	22,2 %	A, Zepi	fern		x
Moerhingia trinervia	0 %	22,2 %	M	nah		x
Vaccinium vitis-idea	3,5 %	22,2 %	Zendo	nah u. fern		
Vaccinium myrtillus	5,8 %	27,8 %	Zendo	nah u. fern		x
Viola riviniana/ V. reichenbachiana	7,0 %	50,0 %	S, M	nah		x
Brachypodium sylvaticum	12,8 %	83,3 %	A, Zepi	fern		x

[1] Ausbreitungsstrategien zusammengefasst nach MÜLLER-SCHNEIDER (1986), BONN & POSCHLOD (1998), ROTHMALER (2002); A: Anemochorie (Ausbreitung durch Wind); Zepi: Epizoochorie (Ausbreitung durch Anhaftung an Tiere); Zendo: Ausbreitung über die Verdauungstätigkeit von Tieren); Zdyso: Dysochorie (Ausbreitung durch Verschleppung von Tieren); M: Myrmekochorie (Ausbreitung durch Ameisen); S: Autochorie (Selbstausbreitung); ?: Ausbreitungsstrategie unbekannt

[2] Ausbreitungspotenziale nach FREY & LÖSCH (1998) und VERHEYEN et al. (2003): nah – Nahausbreitung; fern – Fernausbreitung

Bedeutung von Altwaldresten für die Wiederbesiedlungsprozesse und die Waldentwicklung nach dem Braunkohlentagebau: Fallbeispiel „Goitzsche-Inseln"

Der Erhalt von Resten der Kultur- oder der Naturlandschaft bei Abbauprozessen bzw. in unmittelbarer Umgebung der Abbaufelder als wesentliche Lieferbiotope für Renaturierungsprozesse wird zwar vielfach gefordert (u.a. BAIRLEIN et al. 1989, BROZIO 1998, BAIRLEIN 1998, MÖCKEL 1998), konkrete Fallbeispiele sind aber bislang kaum untersucht worden. Das betrifft sowohl

- das Persistenzvermögen von naturnahen Strukturen unter den Randeinflüssen des Abbaus
- als auch die Regenerationsprozesse nach dem Abbau und
- die Wirkung als Lieferbiotop für Besiedlungsprozesse auf den Folgeflächen des Abbaus.

Am Beispiel der Altwaldreste im Tagebaugebiet Goitzsche sowie angrenzenden Kippenflächen soll diesen drei Fragestellungen nachgegangen werden (vgl. BENKWITZ et al. 2002). Die Altwaldreste sind über einen Zeitraum von ca. 50 Jahren in dem 60 km² großen Braunkohlentagebaugebiet als Biotopinseln vom Abbau verschont geblieben.

Bei den Untersuchungsgebieten handelt es sich um die Bärenhofinsel (25 ha), die Halbinsel Tagesanlagen IIa (66 ha) sowie die Insel Halde 10/35 (28 ha) am südlichen Rand des Restloches Bärenhof (Abb. 59). Das Kohlevorkommen in diesem Gebiet wurde 1949 aufgeschlossen und bis 1991 ausgekohlt. Auf der Bärenhofinsel und auf den Tagesanlagen IIa stocken Reste des ehemals am alten Muldelauf vorhandenen Waldes, dem sogenannten „Bärenholz". Die Waldreste sind aktuell stark fragmentiert. Die Teilstücke umfassen auf der Bärenhofinsel eine Fläche von insgesamt 5 ha, auf den Tagesanlagen IIa von 7 ha. Auch nach Abbaubeginn fand eine forstliche Nutzung statt. Vor allem auf den Tagesanlagen IIa wurden stellenweise Gehölze gepflanzt. Ein Teil des Waldrestes der Bärenhofinsel wurde als Niederwald bewirtschaftet. Die nahegelegene Halde 10/35, auch Tonberg genannt, entstand vor ca. 40 Jahren durch Verkippung stark tonhaltigen, quartären Substrates. Durch Spontansukzession entwickelte sich auf einer Fläche von ca. 12 ha ein Birken-Pionierwald.

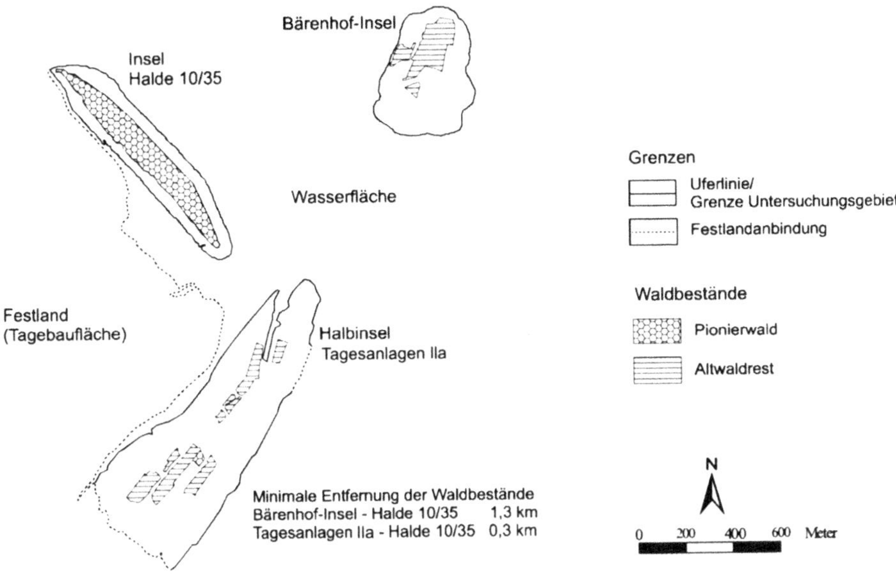

Abb. 59: Lage der Untersuchungsgebiete im Restloch Bärenhof und Verteilung der Waldbestände

Die Waldflächen auf der Bärenhofinsel und der Halde 10/35 bestehen schwerpunktmäßig aus Lehmboden mit unterschiedlich hohen Schluff- und Sandanteilen. Die pH-Werte liegen überwiegend im mäßig bis sehr stark sauren Bereich. Die Böden beider Waldstandorte weisen ein ausgeglichenes und relativ enges C/N-Verhältnis auf (Tab. 27). Während sich die Stickstoffwerte an der oberen Wertgrenze orientieren, treten Defizite bei der Kaliumversorgung sowie teilweise extrem niedrige Phosphat-Werte auf. Die Kippenböden der Halde 10/35 unterscheiden sich vor allem in der Versorgung mit Phosphor und Stickstoff von den natürlichen Böden der gewachsenen Waldstandorte. Das Kipp-Substrat ist relativ homogen, fast alle Proben können der Bodenart lehmiger Ton zugeordnet werden. Kleinflächig sind höhere Sandanteile, selten fossile Kohleeinsprengungen zu verzeichnen. Die Bodenazidität bewegt sich im sehr stark bis stark sauren Bereich (pH 3,0 bis 5,0). Der Wasserhaushalt ist vorrangig als trocken zu bezeichnen, wobei infolge stauender Schichten auch wechselfeuchte Bereiche vorhanden sind.

Tab. 27: Ergebnisse (Mittelwerte) der Bodenuntersuchungen für die Bodentiefen 0 - 10 cm und 10 - 20 cm auf den Untersuchungsflächen der Bärenhofinsel, den Tagesanlagen IIa und der Halde 10/35 im Tagebaugebiet Goitzsche

	Stickstoff [%]*		Kohlenstoff [%]*		Kalium [mg/100g]**		Phosphor [mg/100g]**	
Tiefe in cm	0 - 10	10 - 20	0 - 10	10 - 20	0 - 10	10 - 20	0 - 10	10 - 20
Bärenhofinsel	0,52	0,2	8,23	2,75	21,1	8,8	3,3	2,5
Tagesanlagen IIa	0,46	0,24	7,09	3,25	13,4	4,7	0,8	0,4
Halde 10/35	0,12	0,04	2,78	0,99	16	10,3	0,5	0,9

* organischer Stickstoff und Kohlenstoff [Verbrennungsanalyse nach DUMAS (VDLUFA 1991)] ** Kalium und Phosphor (Doppellaktat-Methode nach EGNER & RIEHM (VDLUFA 1991)

Bei Geländebegehungen in den Jahren 1999 und 2000 wurden in jeweils zwei Geländegängen vollständige Artenlisten für die Untersuchungsgebiete erstellt sowie zwei Transekte (Einzelflächen 50 m x 50 m) und insgesamt 47 Dauerbeobachtungsflächen zur Aufnahme der Vegetation bearbeitet (Größe jeweils 100 m² - 400 m²).

Die floristisch-vegetationskundlichen Auswertungen zum **Arten- und Regenerationspotenzial der Altwaldreste** ergaben folgende Ergebnisse: Für die Bärenhofinsel konnten insgesamt 246 Gefäßpflanzenarten nachgewiesen werden. Davon waren 96 Arten im Bestand des Altwaldrestes vorhanden. Auf der Halbinsel Tagesanlagen IIa konnte mit 279 Pflanzenarten eine ähnlich hohe Artenzahl erfasst werden. Für das Gebiet des eigentlichen Altwaldrestes erfolgte der Nachweis von 135 Arten. Insgesamt acht Arten werden in den Roten Listen des Landes Sachsen-Anhalts (FRANK et al. 1992) und Deutschlands geführt (KORNECK et al. 1996).

Trotz der lang andauernden Grundwasserabsenkung und der forstlichen Beeinflussung kann für die Laubwaldreste noch immer eine Zuordnung zu einem Sternmieren-Stieleichen-Hainbuchenwald (Stellario holosteae - Carpinetum betuli, SCHUBERT et al. 2001) erfolgen. Die namensgebenden Arten *Carpinus betulus* und *Stellaria holostea* waren auf beiden Untersuchungsflächen vertreten. Ferner kamen fast alle Charakterarten der Assoziation vor, darunter *Carpinus betulus*, *Quercus robur*, *Tilia cordata*, *Fraxinus excelsior*, *Corylus avellana*, *Stellaria holostea*, *Aegopodium podagraria*, *Deschampsia cespitosa*, *Stachys sylvatica* und *Ranunculus ficaria*. Im Frühjahr sind die Waldreste durch eine sehr dichte und geophytenreiche Krautschicht gekennzeichnet. Eine Einwanderung von Pionierwald- und Offenlandarten in die Altwaldreste war vereinzelt nur für die Tagesanlagen IIa infolge wesentlich stärker wirkender Grenzlinieneffekte zu beobachten.

Für beide Laubwaldreste wurde eine Zustandsanalyse über ökologische Gruppen (nach HOFMEISTER 1990) und Zeigerwertspektren (nach ELLENBERG et al. 1992) durchgeführt (siehe Tab. 28, Tab. 29).

Tab. 28: Ökologische Gruppen in den Altwaldresten Bärenhofinsel und Tagesanlagen IIa in der Goitzsche (bei Bitterfeld)

Ökologische Gruppe	Altwaldrest Bärenhofinsel	Altwaldrest Tagesanlagen IIa
Convallaria majalis-Gruppe Buchen-, Eichenmischwälder, Gebüsche, mäßig sauer bis schwach alkalisch, trocken bis mäßig trocken	*Convallaria majalis*	*Convallaria majalis*, *Astragalus glycyphyllos*
Anemone nemorosa-Gruppe Laub- und Nadelmischwälder, auf nicht zu sauren Böden regelmäßig, weite ökologische Amplitude	*Milium effusum*, *Anemone nemorosa*, *Stellaria holostea*, *Dactylis polygama*, *Poa nemoralis*, *Galeopsis tetrahit*	*Milium effusum*, *Anemone nemorosa*, *Stellaria holostea*, *Dactylis polygama*, *Poa nemoralis*, *Phyteuma spicatum*
Lamiastrum galeobdolon-Gruppe Laub- und Nadelmischwälder, nährstoffreich, schwach sauer bis alkalisch, trocken bis mäßig feucht	*Galeobdolon luteum*, *Brachypodium sylvaticum*, *Viola reichenbachiana*, *Polygonatum multiflorum*	*Galeobdolon luteum*, *Brachypodium sylvaticum*, *Polygonatum multiflorum*
Mercurialis perennis-Gruppe Laub- und Nadelmischwälder, nährstoff- und basenreiche, mäßig trockene bis mäßig feuchte Böden	*Melica nutans*	*Mercurialis perennis*, *Melica nutans*, *Campanula trachelium*, *Lilium martagon*, *Lathyrus vernus*, *Hepatica nobilis*
Athyrium filix-femina-Gruppe Laub- und Nadelmischwälder, frische bis feuchte Böden, meidet extrem saure Standorte	*Deschampsia cespitosa*, *Geum urbanum*, *Ajuga reptans*, *Geranium robertianum*	*Deschampsia cespitosa*, *Geum urbanum*, *Ajuga reptans*
Circaea lutetiana-Gruppe Laub- und Nadelmischwälder, nährstoffreich, schwach sauer bis alkalisch, frisch bis feucht	*Scrophularia nodosa*, *Ranunculus ficaria*, *Adoxa moschatellina*, *Arum maculatum*	*Scrophularia nodosa*, *Ranunculus ficaria*, *Arum maculatum*
Corydalis cava-Gruppe Laub- und Nadelmischwälder, nährstoff- und basenreich, frisch bis feucht, gut durchlüfteter Boden		*Allium ursinum*
Carex remota-Gruppe Auenwälder, feuchte Mischwälder, nährstoffreich, basenarm, sickerfeucht bis nass	*Stellaria nemorum*, *Carex brizoides*	*Stellaria nemorum*
Stachys sylvatica-Gruppe Edellaubmischwälder, Mischwälder feuchter Ausprägung, nährstoff- und basenreich, feucht bis nass	*Stachys sylvatica*	*Stachys sylvatica*
Urtica dioica-Gruppe Waldgesellschaften nährstoffreicher Ausbildung, mäßig sauer bis alkalisch, frisch bis feucht	*Urtica dioica*, *Galium aparine*, *Alliaria petiolata*, *Glechoma hederacea*, *Chaerophyllum temulum*	*Urtica dioica*, *Galium aparine*, *Alliaria petiolata*, *Glechoma hederacea*
Aegopodium podagraria-Gruppe Auenwälder, nährstoffreiche Eichen-Hainbuchenwälder, schwach sauer bis basenreich, frisch bis feucht	*Rubus caesius*, *Veronica hederifolia*	*Rubus caesius*, *Veronica hederifolia*, *Aegopodium podagraria*
Epilobium angustifolium-Gruppe v.a. Schlagfluren, basenreiche und bodensaure Standorte		*Calamgrostis epigejos*, *Torilis japonica*, *Fragaria vesca*

In beiden Waldresten dominieren Halbschatten- und Halblichtpflanzen (L4 - L7). Etwa 65 % der Arten sind den Frischezeigern (F4, F5) zuzuordnen (Tab. 29). Hinsichtlich der Bodenreaktion waren Schwachsäure- bis Schwachbasenzeiger kennzeichnend (R5 - R8). Den Waldrest der Bärenhofinsel prägten Arten mäßig bis sehr stickstoffreicher Standorte (N6 - N9), auf den Tagesanlagen waren Arten stickstoffärmerer wie auch stickstoffreicher Standorte zu gleichen Teilen vertreten.

Tab. 29: Mittlere Zeigerwerte nach ELLENBERG et al. (1992) des Artenspektrums in den Waldresten Bärenhofinsel und Tagesanlagen IIa im Tagebaugebiet Goitzsche (bei Bitterfeld)

Altwaldrest	Lichtzahl	Feuchtezahl	Reaktionszahl	Nährstoffzahl
Bärenhofinsel	5,1	4,8	3,3	5,3
Tagesanlagen IIa	5,4	4,6	4,5	4,7

Die Vegetation der Altwaldreste unterlag in den letzten Jahrzehnten infolge der Abbautätigkeit zweifellos einer Veränderung. Aufgrund der Zustandsanalyse über ökologische Gruppen und des ökologischen Verhaltens kann jedoch herausgestellt werden, dass sich in der hohen Schattenverträglichkeit der Arten die Geschlossenheit und das reife Sukzessionsstadium der Laubwaldreste noch immer widerspiegelt. Einen Hinweis auf eine Devastierung gibt das Vorkommen von Lichtarten (ca. 8 %) im Waldrest der Tagesanlagen IIa, das aber vor allem auf Randeffekte des stark fragmentierten Waldstückes zurückzuführen ist. Der hohe Anteil an Frischezeigern in beiden Altwaldresten weist darauf hin, dass die Niederschläge in Kombination mit stauenden Schichten ausreichend waren, um insgesamt günstige Bedingungen für die Dauer der Grundwasserabsenkung zu gewährleisten.

Während die Krautschicht aufgrund der Vielzahl und Dominanz von Geophyten und anderen Waldbodenpflanzen als wenig geschädigt bezeichnet werden kann, machen eingeschränkte Vitalitätszustände untersuchter Eichen Beeinträchtigungen der Gehölze durch Trockenstressperioden deutlich (BENKWITZ 2001). Rasterkartierungen zum Vorkommen und zur Vitalität der Gehölzarten zeigten neben einer Schädigung der Altbäume durch Trockenstress (vorrangig Stiel-Eiche), dass trotz Aufkommen von Keimlingen aller Baumarten kaum eine erfolgreiche Verjüngung stattfand (BENKWITZ et al. 2002). Häufig war zu beobachten, dass Gehölze der mittleren Höhenklasse (0,5 m - 3 m) deutlich verbissen waren und teilweise Krüppelwuchs aufwiesen.

Langfristig ist im Rahmen des Grundwasserwiederanstiegs infolge des hohen Arten- und Diasporenpotenzials jedoch auf jeden Fall von einer Regeneration der Waldreste auszugehen. Das offensichtliche Problem der fehlenden Verjüngung assoziationstypischer Baumarten innerhalb der Waldreste muss weiter beobachtet und gegebenenfalls eine Regulierung des Wildbestandes vorgenommen werden.

Um die Wirkung der Altwaldreste als Lieferbiotope für Besiedlungsprozesse auf den Folgeflächen des Abbaus herauszustellen, wurde die **Ausbreitung von Waldbodenpflanzen und Gehölzen**

A) in unmittelbar angrenzenden Vorwald- und Offenlandstadien auf verkippten und angeschnittenen Standorten sowie

B) in weiter entfernt liegenden Tagebaubereichen analysiert.

Zur Analyse der Einwanderung von Waldarten in unmittelbar angrenzende Pionierwald- und Offenlandstadien wurde auf der Halbinsel Tagesanlagen IIa ein 600 m langes Transekt mit 25 m x 25 m großen Teilflächen angelegt (Abb. 60). In den Altwaldbeständen konnten auf den einzelnen Rasterteilflächen zwischen 13 und 28 Waldbodenarten gefunden werden. In dem lichten angrenzenden Pionierwaldbestand wurden bereits bis zu 15 Waldbodenpflanzen nachgewiesen. In der angrenzenden, offenen Krautflur hingegen war die Abundanz der Waldbodenarten erwartungsgemäß sehr gering.

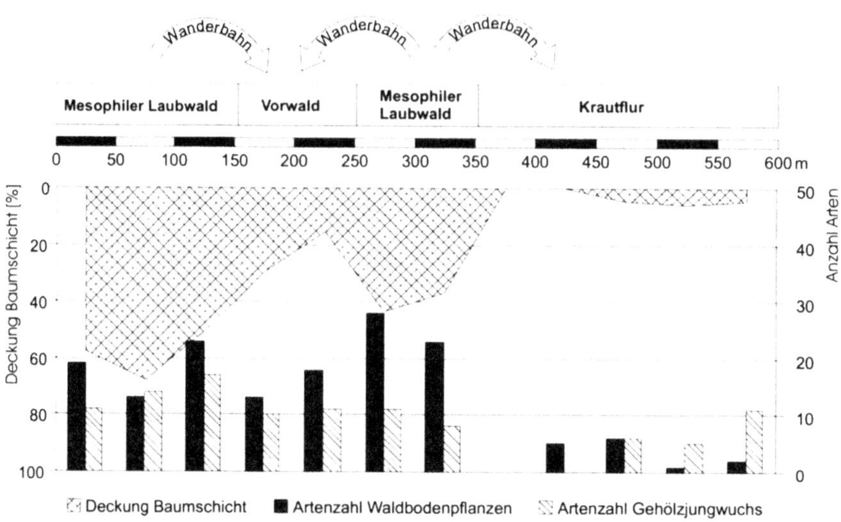

Abb. 60: Anzahl an Waldbodenarten und Gehölzjungwuchs auf den jeweiligen Teilflächen des Transektes (25 m x 25 m) in Abhängigkeit von der Deckung der Baumschicht (Insel Tagesanlagen IIa)

Von insgesamt 19 in den Waldresten vorkommenden Gehölzarten waren bereits 12 mit relativ hohen Deckungsgraden im Vorwald wiederzufinden. In der offenen Krautflur siedelten sich zwar weniger Arten an, aber vor allem die Pionierbaumarten Hänge-Birke, Zitter-Pappel, Hunds-Rose und verschiedene Weiden- sowie vereinzelt Intermediärbaumarten mit geflügelten Samen (Gemeine Esche und teilweise Hainbuche) waren bereits zu finden. Die Vorwaldbestände bieten dagegen vor allem Intermediärbaumarten gute Etablierungsbedingungen, da die schattenverträglichen Jungpflanzen dieser Baumarten im Schutz von Pionierwäldern Extrembedingungen wie Trockenheit und starke Bestrahlung besser überstehen können (vgl. KRUMMSDORF 1998, PREUßNER 1998) und als Attraktoren für diasporenausbreitende Tierarten (z.B. Vögel) wirken (vgl. WOLF 1985, DREßEL 1998). Zusätzlich entstehen in Vorwäldern durch die abnehmende Deckung der Krautschicht günstigere Konkurrenz- und somit Etablierungsverhältnisse für diese Arten.

Um Ausbreitungsprozesse in weiter entfernt liegende Bereiche zu untersuchen, wurde der Anteil an Waldbodenpflanzen und Gehölzen bestimmt, der bereits im Pionierwald der Halde 10/35 wieder zu finden war. Die im Durchschnitt etwa 1 km entfernten Altwaldreste besitzen einen großen Einfluss auf die Besiedlung des Pionierwaldstandortes. Es konnten bereits 19 % bzw. 21 % der Waldbodenarten, die in den Altwaldresten vorkommen, im Pionierwald nachgewiesen werden (Abb. 61). Für die Gehölzarten der Altwaldreste lag der Anteil noch wesentlich höher. Bereits 76 % bzw. 53 % der Gehölzarten waren im Pionierwald vorhanden, wobei jedoch nicht auszuschließen ist, dass vor allem die Strauchartigen auch von anderen Standorten innerhalb der Goitzsche eingewandert sein können. Oft verzögert sich jedoch aufgrund einer noch nicht ausreichend fortgeschrittenen Boden- und Standortgenese bei vielen Gehölzarten der Übergang über das juvenile Stadium hinaus (vgl. PRACH 1987, REBELE 1995, TISCHEW 1996).

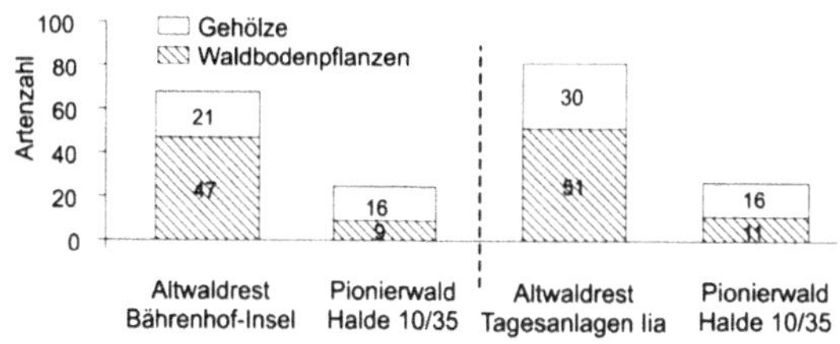

Abb. 61: Anzahl an Gehölzen und Waldbodenpflanzen der Altwaldreste und davon bereits im Pionierwald der Halde 10/35 vorhandene Arten

Als **Fazit** zur Bedeutung der Altwaldreste im Abbau- und Besiedlungsprozess kann festgestellt werden: Die Waldreste erfüllen in einem hohen Maße die Funktion eines Erhaltungsraumes für die Arten der ehemals im Untersuchungsraum vorhandenen Vegetation. Nach der Abgrabung großer Teile des früher grundwasserbeeinflussten Wald- und Wiesengebietes stellen die Waldreste der Inseln ein Relikt der ehemaligen Auenlandschaft dar. Innerhalb dieser haben sich vor allem zahlreiche Waldbodenpflanzen ein letztes Refugium erhalten. Als Lieferbiotop von Arten eines spätsukzessionalen Stadiums der potenziell natürlichen Vegetation des Landschaftsraumes verfügen die Inseln über eine außerordentlich wichtige Funktion bei der Wiederbesiedlung der Kippenflächen. Da auf den umgebenden Kippenflächen in Zukunft wieder Wälder entstehen, ist durch die Altwaldreste ein hohes Besiedlungspotenzial zur Entwicklung einer für feuchte Eichen-Hainbuchenwälder typischen Vegetation (vgl. SCHUBERT 1972) gegeben.

Die Untersuchungen haben gezeigt, dass bei Vorhandensein unmittelbar angrenzender Diasporenquellen die Besiedlung von Vorwald- und Offenlandstrukturen auf Kippenflächen innerhalb sehr kurzer Zeitperioden möglich ist. Bedingungen, wie sie auf der Insel Tagesanlagen IIa vorliegen, sind relativ selten vorzufinden. Weitaus häufiger sind die Diasporenquellen räumlich von den zu besiedelnden Bereichen getrennt. Vor allem Diasporen von Waldbodenarten gelangen dann erst über sehr lange Zeiträume auf die Flächen. Viele Gehölzarten können dagegen schneller größere Distanzen überwinden. Insgesamt wurden auf der Halde 10/35 jedoch 243 Gefäßpflanzen nachgewiesen, darunter 14 Gefäßpflanzenarten, die in Kategorien der Roten Liste des Landes Sachsen-Anhalt (FRANK et al. 1992) bzw. der Bundesrepublik Deutschland (KORNECK et al. 1996) eingestuft sind. Diese oft konkurrenzschwachen Arten (z.B. der Ophioglossaceaen) bevorzugen lichte Stadien in der Pionierwaldentwicklung. Das zeigt ein wichtiges Potenzial von Kippenwäldern auf. Sie stellen auch bei einer verzögerten Einwanderung von typischen Waldarten ein wertvolles Zwischenstadium in der Primärsukzession dar.

Die Inseln in der Goitzsche bieten darüber hinaus infolge ihrer isolierten Lage ideale Studienmöglichkeiten für die Sukzessionsforschung, insbesondere im Hinblick auf Besiedlungsprozesse. Ein wissenschaftliches Monitoring könnte beispielsweise folgende Aufgaben umfassen: weitere Dokumentation von Besiedlungsprozessen und des Diasporeneintrages im Bereich des Pionierwaldes der Halde 10/35, Dokumentation von Sukzessionsvorgängen, insbesondere hinsichtlich der zu erwartenden strukturellen Veränderungen der Altwaldreste im Zuge des Grundwasserwiederanstiegs und weitergehende Vitalitätsuntersuchungen an den Gehölzen im Zuge des Regenerationsprozesses sowie Beobachtung der Entwicklung der an die Altwaldreste angrenzenden, aufgeforsteten Bereiche bezüglich der Ausbreitungsprozesse von Waldbodenpflanzen.

6.6 Einwanderungsverhalten von Tieren: Ein Exkurs über Libellen und Amphibien

Jörg Huth, Hans-Markus Oelerich, Michael Reuter

Bei der Besiedlung aktiver oder sanierter, vegetationsloser Tagebaustandorte wandern Tierarten zielgerichtet oder zufällig aus dem unverritzten Umland oder aus anderen Tagebaubereichen in die Flächen ein. Kleinere Wirbellose werden auch passiv und zufällig, vor allem durch Wind, seltener durch Wasser (Restlochflutung) oder Vögel in Tagebaugebiete eingetragen. Häufigkeit und Intensität der Besiedlung hängen von der Mobilität der Arten (insbesondere vom Flugvermögen) und deren Populationsstärken im Umland ab. Die durch die offene Bergbaufolgelandschaft verstärkten Luftbewegungen und Turbulenzen sind insbesondere bei der passiven Windverbreitung von Wirbellosen von großer Bedeutung. Hierbei sind Tiergröße, Ausbildung von Flügeln oder Nutzung von Flughilfsmitteln (z.B. Fadenflöße bei Spinnen) ganz entscheidend (LANDECK 1996).

Pflanzenfressende Tiere finden zunächst auf den vegetationsarmen Flächen kaum Nahrungsgrundlagen. Sie dienen – eingewandert oder eingedriftet – carnivoren Arten als Nahrung (z.B. Spinnen, Sandohrwurm, Steinschmätzer). Das Ökosystem ist in diesem Zustand noch auf den permanenten Input von außen abhängig und in seiner Artenzusammensetzung spielen Zufallsereignisse eine große Rolle. Mit zunehmender Ausprägung der Vegetation wird auch die Zoozönose stabiler, komplexer und autarker vom Umland. Die Zeitdauer dieser Entwicklung ist stark von den abiotischen Bedingungen im Tagebau bzw. der Tagebauregion abhängig, da die Sukzession in Abhängigkeit von Substrat, Bodenfeuchtigkeit und dem Relief unterschiedlich schnell verläuft. Insbesondere bei wenig mobilen Tiergruppen zeigen die Tagebaue mittelfristig häufig ein Teilartenspektrum der umgebenden unverritzten Landschaft. In Sachsen-Anhalt kommen beispielsweise Laub- und Moorfrosch sowie der Kammolch überwiegend in Tagebauen im Bereich von Flussauen und der Dübener Heide vor, also Naturräumen, in denen die genannten Arten einen Verbreitungsschwerpunkt innerhalb des Landes besitzen. Tagebaue innerhalb großflächiger Ackergebiete werden dagegen nur ausnahmsweise von den genannten Arten besiedelt und sind damit vergleichsweise artenärmer. Das Fehlen anspruchsvoller Arten ist oftmals weniger auf den Mangel an notwendigen Habitatstrukturen in den Tagebauen zurückzuführen, sondern vielmehr auf die zu großen Entfernungen zu den nächsten Vorkommen im Umland.

Nachfolgend wird die faunistische Besiedlung der Tagebaulandschaft und deren Beziehung zum Umland anhand einer wenig mobilen Tiergruppe (Amphibien) und einer vergleichsweise mobilen Tiergruppe (Libellen) auf der Grundlage von Untersuchungen in Sachsen-Anhalt (FBM 1999, FLB 2003, HUTH 2000) beispielhaft dargestellt.

Eine Tagebaubesiedlung durch **Amphibien** erfolgt in der Regel durch aktive Einwanderung. Bei den Molchen sind nur geringe Wanderungsdistanzen von wenigen hundert Metern (bis ca. 1 km) zwischen Laichhabitat und Sommerlebensraum bekannt. Für viele Froschlurche, insbesondere Jungtiere, wurden Wanderungen von bis zu 2 km nachgewiesen – in Ausnahmefällen, wie beispielsweise bei der Wechselkröte, auch deutlich darüber (GÜNTHER & PODLOUCKY 1996). Bei der langfristigen Besiedlung neuer Lebensräume durch Amphibien spielen deshalb Trittsteinbiotope oder Ausbreitungskorridore (z.B. Bachauen, Gräben, linienhafte Säume innerhalb von Ackerflächen) eine große Rolle, weil durch sie auch größere Entfernungen aktiv überwunden werden können (REH & SEITZ 1993).

Denkbar scheint auch eine passive Besiedlung neuer Laichgewässer, zum Beispiel bei Verschleppung von Laich durch Wasservögel. GÜNTHER (1996) hält diese Möglichkeit allerdings für eher unwahrscheinlich. Bekannt wurden außerdem einzelne Ansiedlungen von Amphibien in der Bergbaufolgelandschaft, die durch Menschen verursacht wurden. Solche Fälle sind jedoch als Ausnahme zu werten und können bei Prognosen über die mögliche zukünftige Besiedlung von Tagebaugebieten praktisch nicht berücksichtigt werden.

Zu den Amphibienarten, die in der Bergbaufolgelandschaft Sachsen-Anhalts sehr weit verbreitet sind, zählen neben den Ubiquisten Teichmolch, Erdkröte, Grasfrosch und Teichfrosch auch die Deutschland weit stark gefährdeten Arten Knoblauchkröte und Wechselkröte, die in fast allen Tagebauregionen des Bundeslandes nachgewiesen wurden (FBM 1999). Das Eindringen dieser Arten in bisher noch nicht besiedelte Tagebaue hängt in Sachsen-Anhalt hauptsächlich vom Vorhandensein geeigneter Laichgewässer und Landlebensräume ab, da es nur wenige Tagebaue gibt, bei denen die nächsten Vorkommen im Umland über 2 km entfernt sind. Wanderungsdistanzen von bis zu 2 km sind für beide Arten belegt (KÖNIG 1989). GÜNTHER & PODLOUCKY (1996) zählen die Wechselkröte zu den wanderfreudigsten einheimischen Amphibienarten und nennen sogar Ausnahmefälle mit nachgewiesenen Aktionsradien der Art von 8 bis 10 km. Vegetationslose oder -arme Rohbodenflächen, trockene Gras-Kraut-Fluren sowie ausgedehnte Äcker stellen für die ursprünglichen Steppenarten kein Ausbreitungshemmnis dar (BLAB et al. 1991). Dies spielt bei der Besiedlung vieler Tagebaue eine große Rolle, da mehrere Tagebauregionen Sachsen-Anhalts innerhalb ausgedehnter Ackerebenen liegen. Zahlreiche Nachweise aus Tagebauen inmitten von Siedlungs- und Industriebereichen (z.B. in Sachsen-Anhalt im Gebiet Bitterfeld/Wolfen) zeigen, dass auch diese keine unüberwindbaren Ausbreitungsbarrieren für die beiden Arten darstellen.

Die Kreuzkröte ist eine typische Pionierart, die sehr schnell neue Lebensräume besiedelt. Sie fehlt aber trotz scheinbar optimaler Habitatausstattung in großflächigen Tagebauregionen Sachsen-Anhalts wie Geiseltal, Halle-Ost und Merseburg-Ost (FBM 1999). Die nächsten bekannten Vorkommen der Kreuzkröte zu diesen Gebieten liegen mindestens 7 km entfernt, so dass es unwahrscheinlich scheint, dass die Kreuzkröte die genannten Tagebauregionen noch aktiv besiedeln wird, zumal sich dort mittelfristig die Bedingungen für die Art durch Sukzessionsprozesse (insbesondere durch Verlandung von Kleingewässern) deutlich verschlechtern werden.

Bemerkenswert ist, dass zum Teil einige mobile Arten in bestimmten Tagebaue vorkommen, obwohl es im unverritzten Umland keine Nachweise von Populationen (mehr) gibt, von denen aus eine

Besiedlung der Tagebaue hätte erfolgen können. Bei solchen isolierten 'Reliktvorkommen' liegt die eigentliche Besiedlung wahrscheinlich Jahrzehnte zurück – ausgehend von Vorkommen, die anschließend erloschen sind. Insbesondere Kreuz- und Wechselkröte haben sicher schon in den ersten Jahren des aktiven Abbaubetriebs viele Tagebaue besiedelt und sich dann aufgrund optimaler Lebensbedingungen viele Jahrzehnte in diesen Gebieten halten können, während sich zugleich die Bedingungen im Umland verschlechterten. Auch die Vorkommen des Laubfrosches in den ehemaligen Tagebauen Muldenstein und Goitzsche bei Bitterfeld (Sachsen-Anhalt) könnten auf alte Vorkommen der Art in der Muldeaue zurückzuführen sein, wo die Art möglicherweise durch die massiven abbaubedingten Eingriffe in die Flussaue (Flusslaufverlegung) ihre ursprünglichen Habitate verloren hat.

Die **Libellen** gelten im Vergleich zu anderen flugfähigen Insektengruppen als sehr mobil. Die Mobilität ist jedoch von Art zu Art verschieden. Gute Flieger sind vor allem Großlibellen, insbesondere Edellibellen (Aeshnidae) und Falkenlibellen (Corduliidae). Weniger flugtüchtig sind dagegen Kleinlibellen (Zygoptera) und Segellibellen (Libellulidae). Insbesondere Großlibellen können durch gerichtete und ungerichtete Wanderungen in großen Höhen sowie visuelle Habitatsuche (STERNBERG & BUCHWALD 1999) auch isoliert liegende Lebensräume erreichen und besiedeln. Bei Kleinlibellen ist vor allem über eine passive Verbreitung (z.B. über Windströmungen) die Überwindung großer Distanzen möglich. Durch die Mobilität der Tiergruppe ist die Besiedlung der Bergbaurestgewässer vergleichsweise wenig vom Umland abhängig. Neu entstehende Gewässer können bei schneller Vegetationsentwicklung binnen kürzester Zeit durch eine Vielzahl von Arten besiedelt werden. Dennoch hat die offensichtlich regionale Verbreitung einiger Libellenarten im Umland der Tagebaulandschaft einen Einfluss auf die Besiedlung der Restgewässer. In der Bergbaufolgelandschaft Sachsen-Anhalts ist die Wirkung der regionalen Spezifik des Naturraumes der Dübener Heide besonders stark. Einige Libellenarten kommen im südlichen Sachsen-Anhalt wahrscheinlich nur hier vor und bleiben damit auch auf die an den Naturraum angrenzenden Bergbauregionen Bitterfeld und Gräfenhainichen beschränkt, wie zum Beispiel die Moorarten Speer-Azurjungfer (*Coenagrion hastulatum*) und Nordische Moosjungfer (*Leucorrhinia rubicunda*). Torf-Mosaikjungfer (*Aeshna juncea)* sowie Kleine und Große Moosjungfer (*Leucorrhinia dubia, Leucorrhinia pectoralis*) haben als weitere Arten mit besonderer Bindung an moorgewässerähnliche Habitate neben dem Vorkommensschwerpunkt im Naturraum Dübener Heide einen weiteren in den Altbergbaugebieten der südlichsten Bergbauregion des Landes (Zeitz-Weißenfels-Hohenmölsen). Insgesamt bleibt nur bei 9 (= 19 %) der 47 in der Bergbaufolgelandschaft Sachsen-Anhalts nachgewiesenen Libellenarten das Besiedlungspotenzial aufgrund ihrer lokalen Verbreitung auf bestimmte Bergbauregionen begrenzt. Für die übrigen Arten ist anzunehmen, dass sie bei Vorhandensein oder nach Entwicklung essenzieller Habitatstrukturen (in Abhängigkeit vom Gewässeralter) potenziell alle Bergbaugebiete in Mitteldeutschland relativ schnell besiedeln können.

Bei einigen der regional verbreiteten Arten (z.B. *Leucorrhinia dubia, Leucorrhinia pectoralis*) gelangen sporadische Nachweise revierbesetzender Männchen an habitatstrukturell geeigneten Gewässern auch außerhalb der wahrscheinlichen Verbreitungsgebiete, die in Folgejahren nicht wieder bestätigt werden konnten. Diese Nachweise zeigen, dass auch entfernte Tagebaugebiete von regional verbreiteten Arten erreicht werden. Aber gerade in suboptimalen Habitaten hängt die Etablierung eines reproduzierenden Vorkommens in starkem Maße davon ab, ob sich reproduzierende Spenderhabitate mit ausreichender Zahl abwandernder Individuen im Umland befinden.

Für bodennahe Wanderungen von Libellen ist das Vorhandensein von Leitlinien in Form von linearen Landschaftselementen ganz entscheidend. Von besonderer Bedeutung sind Fließgewässerläufe und ihre Saumstrukturen sowie Wald- und Gehölzkanten (STERNBERG & BUCHWALD 1999). Insbesondere die weniger flugtüchtigen Arten sind auf strukturelle Leitlinien angewiesen. Daraus schlussfolgernd haben die Tagebauregionen innerhalb der Flussauen (z.B. Merseburg-Ost, Halle-Ost) und am Rande der von Bachniederungen durchsetzten Waldgebiete (Gräfenhainichen, Bitterfeld) eine gute strukturelle Einbindung in das Umland und sind deshalb besonders gut durch Libellen besiedelbar bzw. haben gute Voraussetzungen für Wechselbeziehungen mit Libellen-Lebensräumen im Umland. Denen gegenüber stehen Tagebauregionen, die durch ihre Lage inmitten von strukturarmen Agrarlandschaften eine schlechte strukturelle Umlandeinbindung aufweisen. Dies betrifft in Sachsen-Anhalt vor allem die Tagebauregionen Amsdorf und Geiseltal. Bei diesen sind die wenigen tangierenden Fließgewässerläufe als strukturelle Leitlinien von besonderer Bedeutung.

6.7 Diasporenquellen, Standortselektion und Stochastik – Vegetationsentwicklung in frühen Sukzessionsstadien von Bergbaufolgelandschaften

6.7.1 Statistische Ableitung eines Sukzessionsmodells

Sabine Tischew, Jörg Perner & Anita Kirmer

In den voran gegangenen Kapiteln wurde gezeigt, dass der umgebende Naturraum mit seinen spezifischen Landschaftsstrukturen und Lieferbiotopen einen maßgeblichen Einfluss auf die Vegetationsentwicklung der Tagebaue ausübt. Zusätzlich wirken oft sehr komplexe und zum Teil regionaltypische Faktorenkombinationen bezüglich der Zusammensetzung des verkippten Substrates, der Reliefausprägung sowie des Wasserhaushaltes. In diesem Kapitel soll deshalb der Frage nachgegangen werden, inwieweit initiale Besiedlungsprozesse dennoch durch bestimmte Standortfaktoren gesteuert werden, oder ob die oben beschriebene Individualität der verschiedenen Standorte die Vorhersagbarkeit stark einschränkt („Chaos", vgl. auch WIEGLEB & FELINKS 2001b). Ziel war es daher, für die frühen Sukzessionsstadien der Mitteldeutschen Folgelandschaft des Braunkohlenbergbaus ein konzeptionelles Sukzessionsmodell zu erarbeiten. Dazu sollten Parameter abgeleitet werden, die als „Schaltstellen" im Sukzessionsverlauf wirken und zu einer deutlichen Trennung von Entwicklungswegen und damit zur Ausprägung unterschiedlicher Vegetationstypen führen.

Die dafür notwendigen Parameter wurden aus einem multivariaten statistischen Modell abgeleitet, das durch den Forschungsverbund FLB (2003) auf der Grundlage von 355 Bestandsaufnahmen früher Sukzessionsstadien der Bergbaufolgelandschaft Sachsen-Anhalts erarbeitet wurde. In einem ersten Schritt erfolgte dabei unter Verwendung des Programms PC-ORD, Multivariate Analysis of Ecological Data (Version 4.0) eine „Indicator-Species-Analysis" (ISA: DUFRENE & LEGENDRE 1997, MCCUNE & MEFFORD 1999), auf deren Grundlage eine objektive Ableitung von Vegetationstypen möglich war. Bei diesem Verfahren handelt es sich um eine Methode zur Ermittlung von Indikatorarten bzw. -artengruppen, die für bestimmte Flächen mit ähnlichen Standortbedingungen charakteristisch (indikativ) sind. Hierbei werden in einem Algorithmus die relative Abundanz (prozentuale Deckung) und die Frequenz der Arten in den Flächen berücksichtigt. Der Indikatorwert (IndVal) einer Art ist dann besonders hoch, wenn die Individuen dieser Art vorrangig in einer Gruppe von Flächen vorkommen. Sowohl die Summe der signifikanten Indikatorwerte (IndVal) als auch die Anzahl der signifikanten Indikatorarten liefern dabei einen objektiven Anhaltspunkt für eine Datenaggregation, das heißt der Anzahl sinnvoller Flächen-Cluster. In unserem Fall entspricht das der Anzahl an Vegetationstypen. Die Ergebnisse der Indikatorarten-Analyse legen nahe, dass die Pflanzengemeinschaften der 355 Flächen zu 9 Clustern aggregiert werden können (Abb. 62), da mit einer weiteren Clusterung nur noch unwesentlich höhere Summen der signifikanten Indikatorwerte erreicht werden können und bereits eine hohe Anzahl signifikanter Indikatorarten zu verzeichnen war.

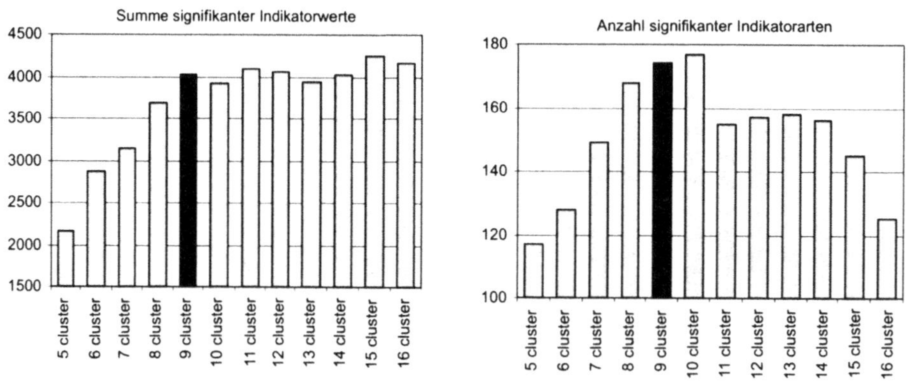

Abb. 62: Indicator-Species-Analysis von 355 Vegetationsaufnahmen früher Sukzessionsstadien in der Bergbaufolgelandschaft Sachsen-Anhalts, links: Summe signifikanter Indikatorwerte und rechts: Anzahl signifikanter Indikatorarten eines k-means clustering (PC-ORD)

Um die Transparenz zu erhöhen, wurden die Flächen-Cluster anschließend entsprechend der im Cluster dominierenden Vegetationsgesellschaften benannt (Tab. 30).

Die für die einzelnen Cluster signifikanten Indikatorarten werden beispielhaft in Tab. 30 aufgeführt. Für die Vorwälder ist erwartungsgemäß *Betula pendula* ein sehr guter Indikator. Einen unerwartet hohen Indikatorwert weist außerdem *Quercus robur* auf. Damit wird die große Bedeutung dieser Art im Prozess der Waldentwicklung auf den Kippenflächen unterstrichen. Neben *Populus tremula* sind die Waldbodenarten *Fragaria vesca*, *Hieracium murorum* und *Hieracium lachenalii* weitere gute Indikatoren für die Vorwälder.

Land-Reitgras-Fluren werden vor allem durch die namensgebende Art gekennzeichnet. Der relativ geringe Indikatorwert ist darauf zurückzuführen, dass *Calamagrostis epigejos* zwar hier den Verbreitungsschwerpunkt besitzt, aber mit geringen Abundanzen auch in anderen Clustern vorkommt. Lediglich *Hypericum perforatum* ist eine weitere Art mit hohem Indikatorwert in diesem Cluster. In den verbuschten Gras-Kraut-Fluren sind trotz des Übergangscharakters relativ viele Arten mit einem hohen Indikatorwert zu finden. Neben *Betula pendula* haben vor allem basenholde Arten wie *Linum catharticum* und *Carlina vulgaris* hohe Indikatorwerte. Damit werden in diesem Cluster vor allem die Verbuschungsstadien auf basenhaltigen, quartären Substraten zusammengefasst. Auch die trockenen Gras-Kraut-Fluren weisen sehr viele Arten mit hohen Indikatorwerten auf. Im Gegensatz dazu sind die Schilfröhrichte vorrangig durch *Phragmites australis* charakterisiert. Die Rohboden-Gesellschaften bilden einen Cluster mit relativ vielen Arten, die einen signifikanten Indikatorwert aufweisen. Die Zusammensetzung ist aber in Bezug auf die Ökologie der Arten sehr inhomogen. Neben typischen r-Strategen, die vor allem die jungen Rohbodenstandorte besiedeln, sind auch Arten der längerfristig im Rohbodenstadium stagnierenden Extremstandorte wie *Gypsophila perfoliata* und *Polygonum aviculare* vertreten.

Tab. 30: Signifikante Indikatorarten für Vegetationstypen junger Sukzessionsstadien in der Bergbaufolgelandschaft Sachsen-Anhalts (Auswahl), Ergebnisse einer Indicator-Species-Analysis

Cluster 1: Vorwälder
Cluster 2: Land-Reitgras-Fluren
Cluster 3: verbuschte Gras-Kraut-Fluren
Cluster 4: trockene Gras-Kraut-Fluren
Cluster 5: Schilfröhrichte
Cluster 6: Rohboden-Gesellschaften (Pionierfluren)
Cluster 7: diverse Gras-Kraut-Übergangsgesellschaften
Cluster 8: Silbergras-Pionierfluren und Sandtrockenrasen
Cluster 9: Kleinröhrichte und feuchte Gras-Kraut-Fluren

Cluster (Vegetationstypen)	Indikatorarten	Indikatorwert	Cluster (Vegetationstypen)	Indikatorarten	Indikatorwert
1	*Betula pendula*	55,8	5	*Phragmites australis*	64,5
	Quercus robur	33,9	6	*Polygonum aviculare*	69,8
	Populus tremula	33,2		*Diplotaxis tenuifolia*	38,6
	Fragaria vesca	27,6		*Gypsophila perfoliata*	28,7
	Hieracium murorum	27,3	7	*Picris hieracioides*	24,8
	Hieracium lachenalii	24,6		*Centaurea diffusa*	18,9
2	*Calamagrostis epigejos*	32,0		*Populus canadensis*	16,7
	Hypericum perforatum	24,0		*Dactylis glomerata*	14,1
3	*Betula pendula*	49,3	8	*Corynephorus canescens*	76,4
	Linum catharticum	38,9		*Helichrysum arenarium*	51,2
	Carlina vulgaris	33,0		*Hieracium pilosella*	48,2
	Sanguisorba minor	37,4		*Hypochoeris radicata*	42,0
	Rubus caesius	27,6	9	*Juncus articulatus*	79,1
4	*Hordeum jubatum*	54,8		*Typha angustifolia*	61,9
	Bromus tectorum	53,4		*Epilobium parviflorum*	61,1
	Melilotus alba	50,4		*Carex pseudocyperus*	44,4
	Artemisia vulgaris	49,9			

Cluster 7 fasst Übergangsgesellschaften zusammen, die kaum Arten mit hohen Indikatorwerten aufweisen. Dagegen sind die Silbergras-Pionierfluren und Sandtrockenrasen (Cluster 8) durch typische Arten, wie beispielsweise *Corynephorus canescens*, *Helichrysum arenarium*, *Hieracium pilosella*, *Hypochoeris radicata*, mit hohen bis sehr hohen Indikatorwerten gekennzeichnet. Auch die Kleinröhrichte und feuchten Gras-Kraut-Fluren (Cluster 9) weisen viele Arten mit ausgesprochen hohen Indikatorwerten auf. *Juncus articulatus* beispielsweise stellt mit einem Wert von 79,1 eine sehr gute Indikatorart für diesen Biotoptyp dar.

Die Ergebnisse einer Korrespondenzanalyse (Correspondence Analysis = CA, TER BRAAK & ŠMILAUER 2002) verdeutlichen die Ähnlichkeitsbeziehungen der Cluster zueinander (Abb. 63). Dem Ordinationsplot kann außerdem entnommen werden, dass entlang der zweiten Ordinationsachse ein wesentlicher Teil der Varianz innerhalb des Datensatzes durch die Flächen der Cluster 5 (Schilfröhrichte), Cluster 7 (diverse Gras-Kraut-Übergangsfluren) und Cluster 9 (Kleinröhrichte und feuchte Grasfluren) hervorgerufen wird. Als Schlüsselparameter für die Etablierung von Röhrichtgesellschaften ist zweifellos der Grundwasserstand anzusehen. Da jedoch keine verwertbaren Daten zu den Grundwasserflurabständen der 355 Flächen vorhanden waren und demzufolge dieser Zusammenhang statistisch nicht belegt werden konnte, wurde dieser Parameter *a priori* in das Modell aufgenommen. Um die Datenvariabilität etwas einzuengen und dadurch die Trennschärfe der folgenden Analyse zu erhöhen, wurden vor dem nächsten Analyseschritt die Flächen der Cluster 5 (Schilfröhrichte) und Cluster 9 (Kleinröhrichte und feuchte Gras-Kraut-Fluren) eliminiert. Außerdem wurden die Flächen des Clusters 7 (diverse Gras-Kraut-Übergangsfluren) aufgrund ihrer Heterogenität von den anschließenden Analysen ausgeschlossen.

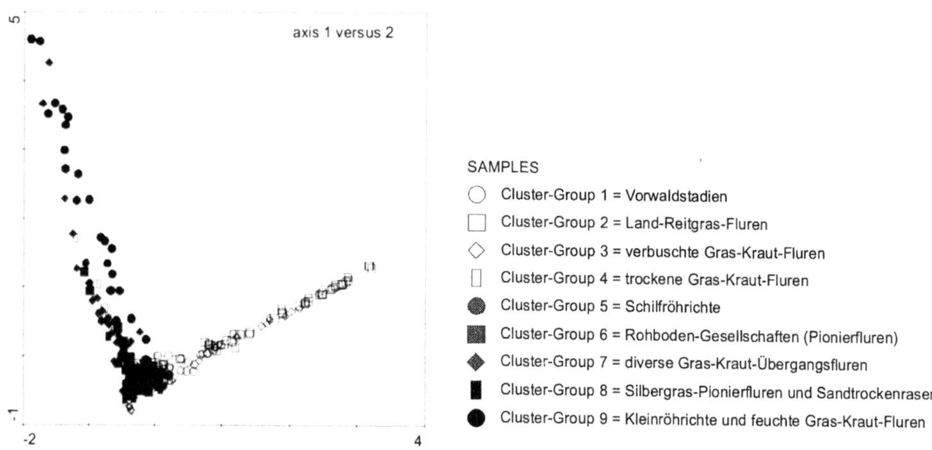

Abb. 63: Ordinationsplot einer Korrespondenzanalyse von Vegetationsaufnahmen früher Sukzessionsstadien der Bergbaufolgelandschaft Sachsen-Anhalts, getrennt nach Cluster 1 - 9, 355 Flächen und 343 Arten, Daten wurzeltransformiert, „downweighting of rare species", kumulative erklärte Varianz (%) von Achse 1 - 4: 7,5/ 13,6/ 18,3/ 22,8

Im Folgenden wurde der Datensatz mit einer Kanonischen Korrespondenzanalyse (Canonical Correspondence Analysis = CCA; TER BRAAK & ŠMILAUER 2002) untersucht. Dieses Verfahren erlaubt eine simultane Analyse von Vegetationsdaten und Standortangaben (Substratparameter, Flächenalter). Es kann somit Anhaltspunkte dafür liefern, welche Parameter für die unterschiedlichen Vegetations- und Biotopausprägungen verantwortlich sein könnten. Die Analysen zeigten, dass dem Alter der Flächen, dem pH-Wert sowie den Sand-, Ton- und Kiesanteilen bei der Ausbildung der frühen Sukzessionsstadien eine besondere Bedeutung zukommt. Obwohl diese Parameter zusammen nur 10 % der Varianz erklären, liefern sie einen signifikanten Beitrag zur Mustererklärung (Monte Carlo Permutationstest; TER BRAAK & ŠMILAUER 2002). Sie werden deshalb als Modellparameter für das Sukzessionsmodell herausgestellt. Abb. 64 visualisiert die Korrelationen der jeweiligen Vegetationstypen mit den entsprechenden signifikanten Umweltparametern.

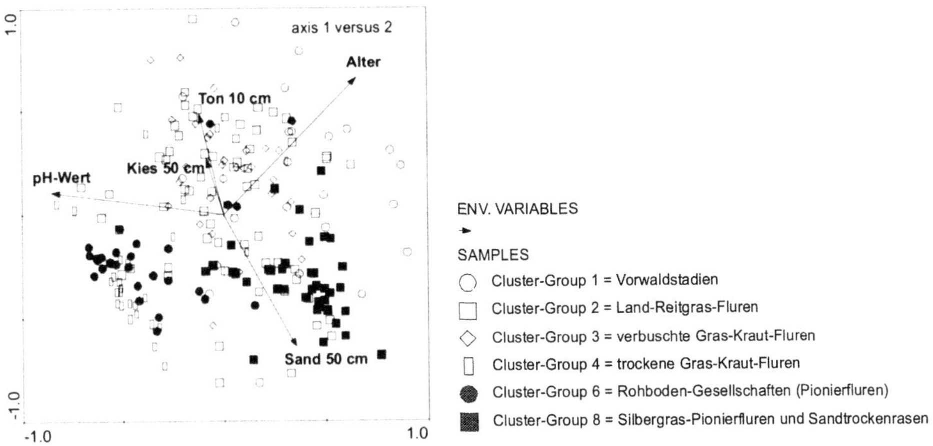

Abb. 64: Kanonische Korrespondenzanalyse von Vegetationsaufnahmen früher Sukzessionsstadien der Bergbaufolgelandschaft Sachsen-Anhalts unter Ausschluss der Cluster 5, 7 und 9, kumulative erklärte Varianz (%) von Achse 1 - 4: 4,8/ 8,5/ 9,8/ 10,6 (Umweltparameter: Alter der Flächen, pH-Wert, prozentualer Anteil Sand bzw. Kies in 50 cm Tiefe und prozentualer Anteil Ton in 10 cm Tiefe)

Um die Unterschiede zwischen den neun Clustern (Vegetationstypen) hinsichtlich der vorherrschenden Substratparameter zu verdeutlichen, wurden jeweils die mittleren pH-Werte (Abb. 65) und mittleren Korngrößenanteile (Abb. 66) gegenüber gestellt. Dabei fällt insbesondere auf, dass Silbergras-Pionierfluren und Sandtrockenrasen (Cluster 8) höhere Sandanteile und deutlich niedrigere pH-Werte aufweisen. Überraschend gering ist der mittlere pH-Wert der jungen Vorwälder (Cluster 1). Dies ist hauptsächlich darauf zurückzuführen, dass bei geringem Diasporendruck von Gehölzen auf den besiedlungsfreundlicheren Substraten konkurrenzkräftige Stauden und Gräser (z.B. Land-Reitgras) zur Dominanz gelangen und eine Gehölzbesiedlung in der ersten Phase verzögern können. In den ersten Sukzessionsphasen entwickeln sich Gehölze unter diesen Bedingungen vor allem im Grenzbereich zu den Extremstandorten (vgl. Kapitel 6.9).

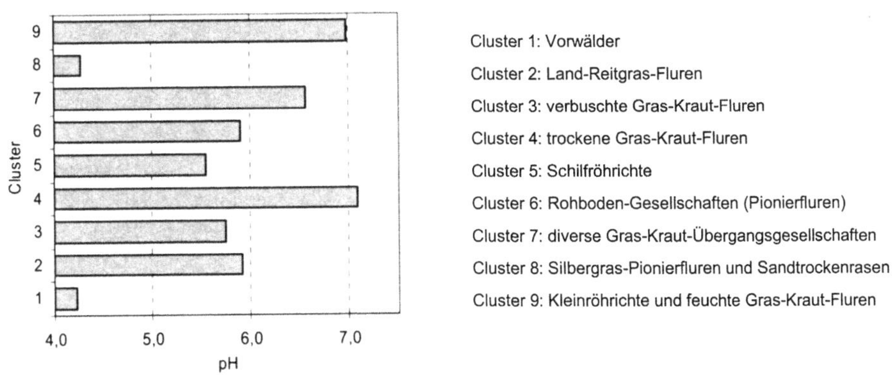

Abb. 65: Mittlere pH-Werte für die Cluster 1 - 9 der 355 untersuchten Standorte junger Sukzessionsstadien in der Bergbaufolgelandschaft Sachsen-Anhalts

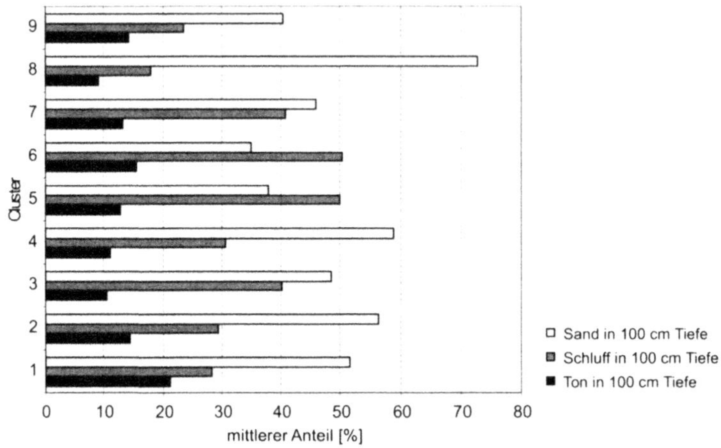

Abb. 66: Mittelwerte der Korngrößenanteile für die Cluster 1 - 9 der 355 untersuchten Standorte junger Sukzessionsstadien in der Bergbaufolgelandschaft Sachsen-Anhalts

Abschließend wurden die aus der statistischen Modellbildung abgeleiteten Parameter „pH-Wert", „Korngrößenanteile" und „Vorkommen der Biotoptypen in den Altersklassen" sowie der *a priori* eingesetzte Parameter „Grundwasserflurabstand" in ein erstes konzeptionelles Sukzessionsmodell integriert (Abb. 67). Obwohl zweifellos stochastische Prozesse in dieser Phase der Besiedlung hohe Bedeutung haben, was letztlich auch in dem hohen unerklärten Varianzanteil des statistischen Modells sichtbar wird, weist dieses Sukzessionsmodell auf die Vielzahl der möglichen Entwicklungswege in der initialen Besiedlungsphase von Bergbaufolgelandschaften hin.

Für konkrete Entwicklungsprognosen ist dieses Modell aber noch zu unspezifisch. Es müssen daher weitere Auswertungen und Versuchsansätze integriert werden, um folgende Probleme zu lösen:

- Der hohe Anteil unerklärter Varianz im multivariaten statistischen Modell ist einerseits auf die undifferenzierte Betrachtung der beiden Tagebauregionen Nord- und Südraum Sachsen-Anhalts zurückzuführen. Wie bereits im Kapitel 6.5.1 dargestellt, unterscheiden sich die beiden Regionen in ihren Rahmenbedingungen ganz erheblich, insbesondere hinsichtlich des Vorkommens und der Artenausstattung der Lieferbiotope im Tagebauumland, der Landschaftsstrukturen in der Umgebung sowie bezüglich der regionalspezifischen Substratbedingungen. Die daraus resultierenden Modifizierungen des Sukzessionsmodells sollen deshalb detaillierter betrachtet werden (Kapitel 6.7.2 und 6.7.4).
- Ein weiteres Problem ist andererseits die zeitliche Varianz der Bindung von Vegetationstypen an Standortfaktoren. Pionierfluren können in frühen Sukzessionsstadien prinzipiell auf allen Substraten vorkommen, daraus erklärt sich auch der relativ hohe mittlere pH-Wert dieses Vegetationstyps. Lediglich auf den besiedlungsfeindlichen Substraten können im Verlauf der Sukzession Pionierfluren langfristig erhalten bleiben („Dauerpionierstadien", vgl. Kapitel 6.7.4). Auch Verbuschungstendenzen unterliegen substratabhängig und regionalspezifisch einer unterschiedlichen zeitlichen Dynamik. Diese Differenzierungsprozesse sind mit vorliegendem Modell noch nicht detailliert genug darstellbar. Deshalb müssen für die beiden Tagebauregionen getrennte Auswertungen zum Vorkommen der verschiedenen Vegetations-/ Biotoptypen in den Altersklassen vorgenommen werden. Außerdem bezogen sich die bisherigen Auswertungen ausschließlich auf Vegetationsaufnahmen, zu denen auch umfangreiche Standortanalysen vorlagen. Daher sind einige Vegetationstypen der Mitteldeutschen Bergbaufolgelandschaft nicht oder nur unterrepräsentiert. Um die Vegetationstypen möglichst vollständig hinsichtlich ihrer zeitlichen Dynamik analysieren zu können, müssen daher zusätzlich Datensätze aus anderen Forschungsprojekten integriert werden (z.B. FBM 1999, vgl. Kapitel 6.7.3).

- Insbesondere für die Besiedlungsprozesse in Offenlandbiotopen konnten durch die Ergebnisse der Untersuchung von Dauerbeobachtungsflächen aus den Forschungsprojekten FBM (1999) und FLB (2003) substratspezifische und zeitliche Differenzierungsprozesse wesentlich genauer bestimmt werden, als es durch die Methode der Chronosequenzanalysen möglich war (vgl. Kapitel 6.7.4 und 6.7.5).

Die Integration dieser Auswertungen und Ergebnisse in komplexere Prognosemodelle für regional spezifische Entwicklungsprozesse (s. Prognosekarten Abb. 79, S. 186 und Abb. 80, S. 187) sowie in ein überregionales Sukzessionsmodell für die ostdeutsche Bergbaufolgelandschaft (Kapitel 6.10) wird in den folgenden Kapiteln dargestellt.

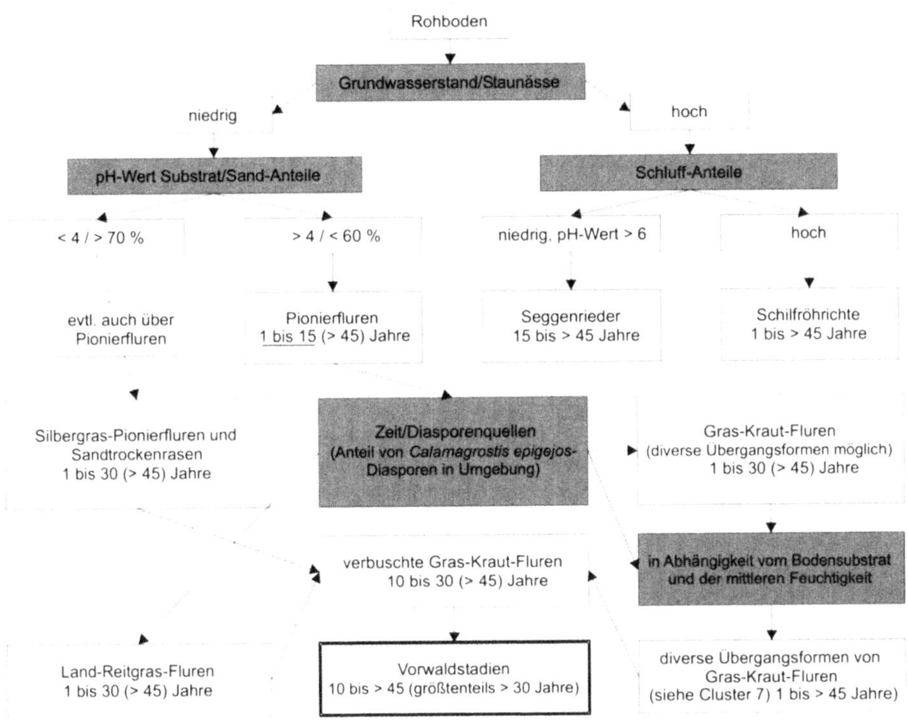

Abb. 67: Generelles Sukzessionsnetz für spontane Besiedlungsprozesse in frühen Sukzessionsstadien der sachsen-anhaltinischen Bergbaufolgelandschaft

6.7.2 Regionale Prozesse der Vegetationsdifferenzierung: Fallbeispiel Geiseltal

Anita Kirmer & Sabine Tischew

Für die folgenden Auswertungen wurde aufgrund der oben aufgeführten regionalen Besonderheiten beispielhaft lediglich der Teildatensatz „Südraum" mit 186 Vegetationsaufnahmen und den entsprechenden Standortparametern einer detaillierten Analyse unterzogen. Generelle Sukzessionstrends werden durch das Ordinationsdiagramm einer Hauptkomponenten-Analyse veranschaulicht (Abb. 68). Während entlang der II. Achse ein deutlicher Verbuschungsgradient zu erkennen ist, trennt die III. Achse die Landröhrichte von den Offenland- und Vorwaldbiotoptypen. Die verschiedenen Offenlandtypen (Pionierfluren, lückige und dichte Gras-Kraut- und Land-Reitgras-Fluren) ordnen sich entlang der I. Achse an. Pionierfluren sind erwartungsgemäß mit durchschnittlich 12 Jahren am jüngsten, wobei es auf Extremflächen mit stark kohle- und schluffhaltigem, verdichtetem Tertiär-Substrat mit pH-Werten zwischen 3 und 4 auch 33 Jahre alte Flächen gibt.

Die Gras-/Krautfluren sowie die Land-Reitgras-Fluren zeigen mit 18 - 26 Jahren ein ähnliches mittleres Alter. Bei allen Typen treten sowohl sehr junge (1 - 6 Jahre) als auch sehr alte (34 - 41 Jahre) Flächen auf. Die Verbuschungsstadien sind mit durchschnittlich 27 - 29 Jahren etwas älter. Die Vorwälder weisen mit 29 - 33 Jahren die ältesten Stadien auf. Sowohl bei den Verbuschungsstadien als auch bei den Vorwäldern sind die Spannweiten des minimalen und maximalen Alters wesentlich geringer als bei den Offenlandbiotopen. Obwohl im Ordinationsplot deutliche Übergänge der Offenlandstadien zu den Vorwäldern vorhanden sind (z.B. Land-Reitgras-Flur → verbuschte Land-Reitgras-Flur → landreitgrasreicher Vorwald), muss eine solche Abfolge nicht zwingend in jedem Offenlandbiotop stattfinden. Die extremen Standortverhältnisse sowie die hohe Konkurrenz in dichten Beständen krautiger Arten (*»first comer«* - Effekte) führen zur Ausbildung von Mosaiken aus gleich alten Pionierfluren, Gras-Kraut-Fluren, Land-Reitgras-Fluren und Vorwäldern. Erst nach Störungen, nach dem Zusammenbruch dominanter Populationen krautiger Arten (Entwicklungszyklen) und/oder durch massiven Diasporendruck infolge Gehölzentwicklung auf benachbarten Flächen kann es zur Etablierung von Gehölzen kommen. Unter besiedlungsfreundlicheren Bedingungen haben aber bereits 26 % der untersuchten Flächen nach 30 Jahren ein Verbuschungs- oder Vorwaldstadium erreicht. Durch die Eingrenzung des Datensatzes auf eine Tagebauregion können damit die generellen Trends im Sukzessionsmodell der Abb. 67 durch detailliertere Sukzessionsfolgen modifiziert werden.

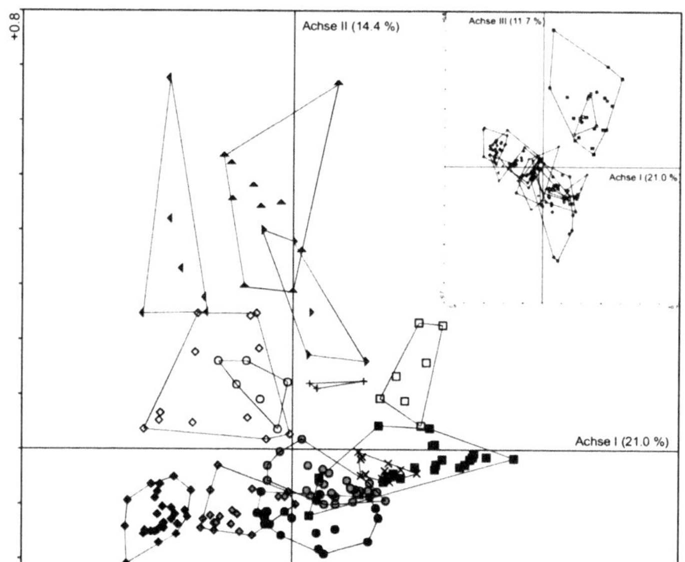

	Alter (J.)	Stabwn	Min	Max	n
▲ Birkenpionierwald	31,4	3,7	24	34	10
◀ Birkenpionierwald mit Land-Reitgras	28,8	4,5	24	34	6
▶ Birkenpionierwald ohne Krautschicht	33,0	0,0	33	33	5
+ Pionierflur, verbuscht	33,0	0,0	33	33	3
○ Gras-Kraut-Flur, verbuscht	28,8	4,2	24	33	6
◇ Land-Reitgras-Flur, verbuscht	27,0	7,1	10	33	12
□ Landröhricht, verbuscht	27,8	4,6	22	33	6
× Pionierflur	12,9	14,9	1	33	20
● lückige Gras-Kraut-Flur	19,7	13,7	1	41	26
● dichte Gras-Kraut-Flur	18,0	10,7	2	34	19
◆ lückige Land-Reitgras-Flur	25,6	9,9	6	41	20
◆ dichte Land-Reitgras-Flur	22,9	10,5	5	34	28
■ Landröhricht	21,2	10,9	1	41	21

Abb. 68: Hauptkomponentenanalyse der Vegetationsaufnahmen früher Sukzessionsstadien im Geiseltal (Tagebau Kayna-Süd und Mücheln-Innenkippe) der Jahre 2000/2001, wurzeltransformierte Daten.

Gleiche Biotoptypen wurden mit gleichen Symbolen gekennzeichnet und mit einer dünnen Linie umrandet. Die Gesamtvarianz aller vier Achsen beträgt 53,8 %.

In einem nächsten Schritt wurde der Teildatensatz „Südraum“ unter Einbeziehung der Umweltparameter analog zum Gesamtdatensatz einer multivariaten Analyse unterzogen (Abb. 69). Ausgeschlossen wurden lediglich Übergangsgesellschaften (Verbuschungsstadien) sowie Flächen, die jünger als 15 Jahre sind, um so stochastische Besiedlungseffekte sowie Übergangsstadien zu Beginn der Sukzession nicht über zu bewerten.

Röhrichte weisen erwartungsgemäß erneut eine Präferenz zu Standorten mit hohen Feuchtezahlen auf. Außerdem zeigen sie eine hohe Bindung an Standorte mit niedrigeren Kiesgehalten, da unter diesen Bedingungen auch außerhalb der unmittelbaren Ufernähe staunasse Bereiche auftreten. Die Entwicklung von Vorwäldern ist analog zu den Ergebnissen in Abb. 68 vor allem auf Standorten mit weniger bindigen und verdichtungsgefährdeten Mischsubstraten schwach saurer pH-Werte fortgeschritten.

Dichte Land-Reitgras-Fluren sind deutlicher als bei der Auswertung des Gesamtdatensatzes auf Standorte mit den höchsten pH-Werten konzentriert. Auf Flächen mit geringeren pH-Werten bilden sich entlang des pH-Wert-Gradienten zuerst lichte Land-Reitgras-Fluren, dann Gras-Kraut-Fluren aus. Standorte mit Rohbodengesellschaften (Pionierfluren) weisen deutlich höhere Kohlegehalte in den Substraten auf. Sie sind weitgehend vegetationsfrei und zeigen niedrigere pH-Werte. Damit gewinnt mit dem Kohlegehalt ein weiterer Parameter für die Vegetationsdifferenzierung an Bedeutung.

Insgesamt kann durch die Einengung des Datensatzes auf Flächen mit ähnlichen Rahmenbedingungen im Hinblick auf Substratbedingungen und Lieferbiotope in der Umgebung eine bessere Varianzerklärung erzielt werden.

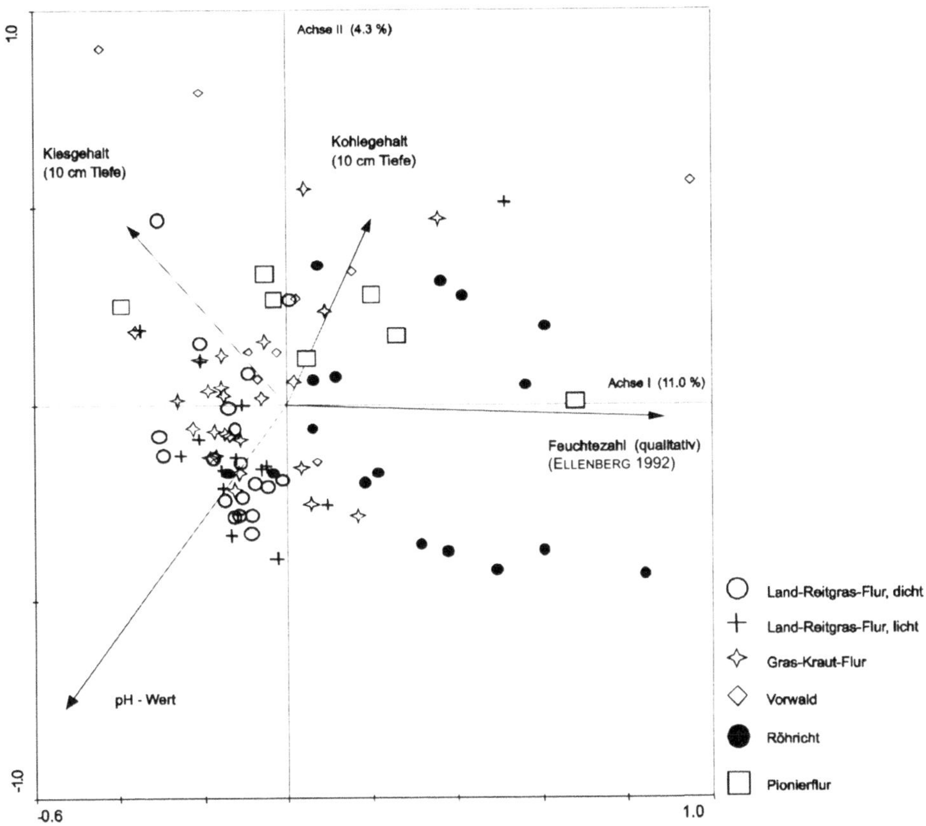

Axes:	1	2	3	4
Eigenvalues:	0.110	0.043	0.014	0.007
Species-environment correlations:	0.679	0.546	0.502	0.476
Cumulative percentage variance of species data:	11.0	15.3	16.6	17.3
of species-environment relation:	63.4	88.1	96.1	100.0

Abb. 69: Hauptkomponentenanalyse (RDA) der Vegetationsaufnahmen früher Sukzessionsstadien in den Tagebaugebieten Kayna-Süd (Südteil) und Mücheln-Innenkippe der Jahre 2000/2001 (wurzeltransformierte Daten)

6.7.3 Vorkommen der Vegetations- und Biotoptypen in der nördlichen und der südlichen Tagebauregion Sachsen-Anhalts im Zeitgradienten

Sabine Tischew & Gerd Jünger

Für eine weitere Konkretisierung der zeitlichen Entwicklungsprozesse einer möglichst großen Anzahl der vorkommenden Vegetations- und Biotoptypen wurden alle verfügbaren Datensätze mit Altersangaben (v.a. FBM 1999 und FLB 2003) für den nördlichen und südlichen Tagebauraum Sachsen-Anhalts getrennt ausgewertet. Ergänzend kann für die Interpretation der Daten der pH-Wert der Substrate und eine allgemeine Ansprache der Bodenform im Gelände herangezogen werden, da diese Parameter für alle Flächen zur Verfügung standen (vgl. FLB 2003). Bei der Interpretation der Daten ist zu beachten, dass vorrangig die frühen Sukzessionsstadien in die Untersuchungen einbezogen wurden und die höheren Altersklassen unterrepräsentiert sind. Für die Waldentwicklung von Kippenflächen wird deshalb explizit auf Kapitel 6.9 verwiesen.

Die Alterklasse 0 - 15 Jahre wird sowohl im Nord- als auch im Südraum von den Offenlandbiotopen dominiert (Tab. 31). Bemerkenswert ist jedoch, dass diese Offenlandbiotope nicht auf die jüngste Altersklasse beschränkt bleiben, sondern auch in den höheren Altersklassen mit beachtlichen Anteilen vorkommen. Dies ist auf eine Stagnation der Sukzessionsprozesse, insbesondere der Gehölzbesiedlung, unter extremen Standortbedingungen zurückzuführen (vgl. Kapitel 6.7.4 und 6.7.5). Rohboden- und andere Offenlandbiotope in den höheren Altersklassen weisen vor allem im Nordraum prinzipiell niedrigere mittlere pH-Werte als die jüngsten Standorte auf (vgl. FLB 2003, Kapitel 6.7.5). Hier wird der Prozess der zunehmenden Vegetationsdifferenzierung entlang der Standortgradienten deutlich. Auf besiedlungsfreundlicheren Standorten mit höheren pH-Werten werden die Offenlandarten schneller von konkurrenzkräftigeren Arten (meist Gehölze, z.T. Land-Reitgras) verdrängt. Sandmagerrasen haben ihren eindeutigen Verbreitungsschwerpunkt im Nordraum und kommen hier mit hohen Anteilen auf 16 - 30 Jahre alten Flächen vor. Zwergstrauchheiden sind lediglich im Nordraum auf bis zu 30 Jahre alten Flächen vertreten. Dagegen bleiben Binnensalzstellen aufgrund geologischer Besonderheiten in ihrer Verbreitung nur auf den Südraum begrenzt und besiedeln hier Flächen der ersten beiden Altersklassen.

Land-Reitgras-Fluren besitzen ihren Verbreitungsschwerpunkt in der Altersklasse 16 - 30 (45) Jahre (zeitliches Optimum). Auf jungen Flächen können sich nur selten schon landreitgrasdominierte Biotope ausprägen (vgl. Kapitel 5). Auf älteren Flächen wird die Art offensichtlich durch Gebüschstadien und Vorwälder verdrängt. Im Nordraum sind weniger als 10 % der untersuchten Bereiche durch Land-Reitgras dominiert. Im Südraum haben landreitgrasdominierte Biotope dagegen eine größere Bedeutung (ca. 20 %) und der Verbreitungsschwerpunkt weitet sich auf die Altersklasse 31 - 45 Jahre aus.

Tab. 31: Prozentuales Vorkommen der Hauptbiotoptypen der Mitteldeutschen BFL in vier Altersklassen

Hauptbiotoptypen	Flächenzahl Nordraum	Verteilung [%] entlang des Altersgradienten der Flächen				Flächenzahl Südraum	Verteilung [%] entlang des Altersgradienten der Flächen			
		0 - 15 Jahre	16 - 30 Jahre	31 - 45 Jahre	> 46 Jahre		0 - 15 Jahre	16 - 30 Jahre	31 - 45 Jahre	> 46 Jahre
Rohböden (OR)	39	82,1	10,3	0,0	7,7	76	56,6	11,8	30,3	1,3
kurzlebige Gras-Kraut-Fluren (KKA)	13	15,4	84,6	0,0	0,0	6	83,3	0,0	0,0	16,7
ausdauernde Gras-Kraut-Fluren (KKP)	171	33,3	37,4	10,5	18,7	201	27,4	33,8	19,4	19,4
Sandmagerrasen (MMS)	94	27,7	54,3	11,7	6,4	3	66,7	33,3	0,0	0,0
Zwergstrauchheiden (MZ)	6	50,0	33,3	16,7	0,0	-	0,0	0,0	0,0	0,0
Binnensalzstellen (B)	-	0,0	0,0	0,0	0,0	4	25,0	25,0	0,0	50,0
Land-Reitgras-Fluren (KKC)	45	6,7	60,0	22,2	11,1	92	18,5	37,0	35,9	8,7
Röhrichte (RR)	42	19,0	26,2	45,2	9,5	103	23,3	52,4	7,8	16,5
Seggenrieder (RC)	8	0,0	12,5	62,5	25,0	6	0,0	100,0	0,0	0,0
Niedermoorinitiale (N)	19	0,0	21,1	47,4	31,6	19	0,0	0,0	68,4	31,6
Gebüsche, heimische Arten (HGH)	4	0,0	75,0	25,0	0,0	4	0,0	25,0	75,0	0,0
Pionierwälder (VP)	15	6,7	0,0	80,0	13,3	21	0,0	33,3	47,6	19,0

Zwergstrauchheiden befinden sich im Mitteldeutschen Raum am Rande ihres deutlich atlantisch geprägten Verbreitungsschwerpunktes (SCHUBERT 1960). In der Bergbaufolgelandschaft kommen sie lediglich im Nordraum vor. Eine weitere Ausbreitung wird von einer gewissen Rohhumusakkumulation abhängig sein. Fehlende Diasporenquellen sind offensichtlich nicht die entscheidende Ursache, da sich Heidekrautbestände von Sodenschüttungen und -versetzungen in der Goitzsche aktuell nur sehr langsam ausbreiten.

Sukzessionswälder sind in der nördlichen Tagebauregion bislang unterrepräsentiert. Neben den zeitlich verzögerten Besiedlungsprozessen auf den sandigen und trockenen Standorten (z.B. Tagebaugebiet Goitzsche) ist dafür auch der dynamische Prozess des Grundwasseranstieges und der Verlust von bisher etablierten Vorwäldern durch Überstauung bzw. starke Vernässung zu beachten. Die existierenden Vorwälder konnten sich vor allem auf Standorten mit höheren Tongehalten mit zumeist niedrigen pH-Werten etablieren. Im Südraum, der insgesamt durch nährstoffreichere Substrate gekennzeichnet ist, scheint die Gehölzbesiedlung vor allem durch die Nähe zu Diasporenquellen beeinflusst zu werden. Bei fehlenden Lieferbiotopen werden hier die nährstoffreicheren bindigeren Substrate aufgrund der Konkurrenz durch die Krautschicht eher verzögert besiedelt. Aber auch stark kohlehaltige, sehr trockene und extrem saure Standorte werden prinzipiell langsam besiedelt. Aktuell befindet sich der größte Anteil der untersuchten Vorwälder in der Altersklasse 30 - 45 Jahre. Im Hinblick auf die weitere Waldentwicklung wird auf Kapitel 6.9 verwiesen.

Im durch Grund- oder Oberflächenwasser beeinflussten Bereich ist im Gegensatz zu den Erfahrungen aus dem Lausitzer Braunkohlenrevier (PIETSCH 1979) eine relativ schnelle Besiedlung mit Röhrichten zu verzeichnen. Viele der Röhrichtarten verfügen über effektive Fernausbreitungsmechanismen. Die Ausbildung typischer Röhrichtstrukturen erreicht in den Altersklassen 16 - 30 und 31 - 45 Jahre ihren Höhepunkt. Bemerkenswert ist, dass sowohl im Nord- als auch im Südraum Röhrichte vorrangig auf schwach sauren bis neutralen Standorten erfasst wurden. Die auf den Lausitzer Bergbaufolgeflächen häufigen Zwiebelbinsen-Rasen konnten sich nur selten etablieren. Seggenrieder benötigen für ihre Entwicklung offensichtlich längere Zeiträume. Ihre typischen Arten werden, im Gegensatz zu den meisten Röhrichtarten, nicht mittels des Vektors Wind ausgebreitet. Seggenrieder wurden bislang nur auf basenhaltigen Standorten kartiert.

Erwartungsgemäß traten Niedermoorinitiale vorrangig auf den ältesten Standorten auf, da zur Ausprägung der typischen Biotopstruktur mit entsprechenden Torfschichten relativ lange Zeiträume benötigt werden. Im Nordraum setzt dieser Prozess bereits in der zweiten Altersklasse ein, im Südraum verstärkt erst auf 31 - 45 Jahre alten Flächen. Bei günstigem Wasserhaushalt entwickeln sie sich sowohl auf sauren, sandigen als auch auf basenreichen Substraten.

6.7.4 Substratabhängige zeitliche und räumliche Differenzierung der Entwicklung von Rohboden-Pioniergesellschaften

Sabine Tischew & Sandra Mann

In dem allgemeinen Sukzessionsmodell in Abb. 67 konnten vor allem die standörtlichen und zeitlichen Differenzierungen der Offenlandbiotope noch nicht detailliert dargestellt werden. Langfristig stabile Offenland-Ökosystemen (z.B. Sandtrockenrasen) sind durch extreme Standortbedingungen geprägt. Unter diesen Bedingungen findet eine stärkere Selektion in Richtung derjenigen Arten statt, die an Extremstandorte angepasst sind oder einen weiten physiologischen Toleranzbereich besitzen. Anspruchsvolle Arten haben, selbst wenn sie in der unmittelbaren Umgebung vorkommen, keine Chance sich auf diesen Flächen zu etablieren. Folglich wird eine Besiedlung relativ unabhängig von den Diasporenquellen der Umgebung und nur durch „Spezialisten" erfolgen, die gegebenenfalls über größere Distanzen einwandern und sich auf den konkurrenzarmen Standorten auch dauerhaft etablieren können. Im Folgenden sollen deshalb Standortfaktoren und Grenzwerte ermittelt werden, die als Filter in diesen Besiedlungsprozessen wirken und für eine Entwicklungsprognose von solchen potenziell stabilen Offenlandsystemen in jungen Tagebaugebieten geeignet sind. Durch die Fortführung von Dauerbeobachtungsflächen aus dem Forschungsprojekt FBM (1999) war hier für ausgewählte Standorte eine direkte Analyse von Sukzessionsprozessen auf Extremstandorten und besiedlungsfreundlichen Standorten möglich.

Da Rohbodenstandorte für viele Pionierarten der Fauna wertvolle Lebensräume darstellen (ALTMOOS 1999, OELERICH 2000), sind die Zeiträume, die für eine pflanzliche Besiedlung der Bergbaufolgeflächen benötigt werden und damit den Verlust dieser Lebensräume bedingen, von besonderem naturschutzfachlichen Interesse.

Langfristig bestehende Rohbodenbiotope in den nördlichen Tagebaugebieten Sachsen-Anhalts sind vorrangig auf sehr sauren und sandigen Substraten zu finden. Exemplarisch wurde die Entwicklung von Rohbodenstandorten mittels Dauerbeobachtungsflächen auf dem ca. 35 Jahre alten Sandtrockenrasenkomplex bei Petersroda im Tagebau Goitzsche untersucht (vgl. Kapitel 6.7.5). Bei einem pH-Wert unter 3,0 steigt der Anteil phytotoxisch wirksamer, pflanzenverfügbarer Al^{3+}-Ionen sprunghaft an und verzögert unter diesen Bedingungen eine pflanzliche Besiedlung sehr stark (Abb. 71). Flächen mit einem pH-Wert < 3 waren zu ca. 60 % vegetationsfrei. Bis zum Jahr 2001 fanden auf diesen Standorten kaum Besiedlungsprozesse statt (Abb. 70). Während Flächen mit einem pH-Wert zwischen 3 und 3,5 noch relativ hohe Anteile vegetationsfreier Bereiche aufwiesen, sank der Anteil vegetationsfreier Fläche bei pH-Werten > 3,5 auf ca. 5 % und bei pH-Werten > 4 auf weniger als 3 %.

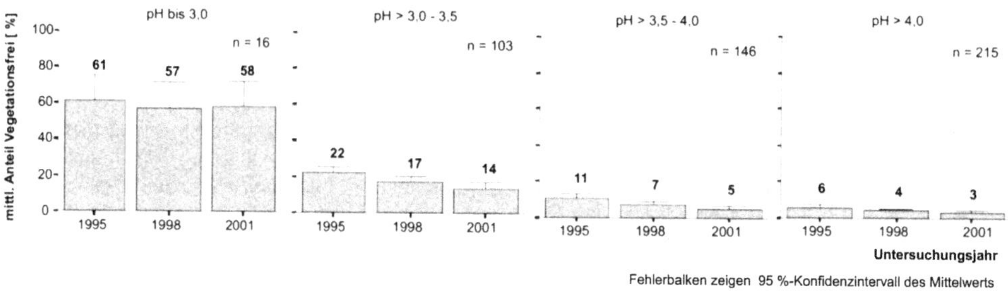

Abb. 70: Veränderung der Deckungsgradanteile vegetationsfreier Flächen in verschiedenen pH-Wert-Klassen

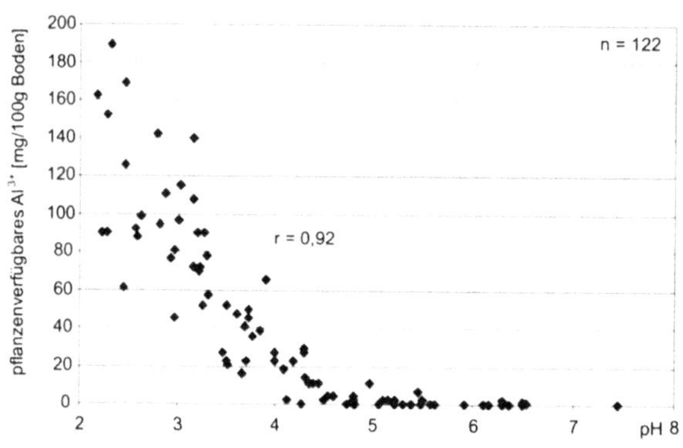

Abb. 71: Abhängigkeit des pflanzenverfügbaren Gehaltes an Al^{3+}-Ionen vom pH-Wert (KCl)

Langfristig erhalten bleibende Rohbodenstandorte im Südraum sind im Gegensatz zu denen im Nordraum neben niedrigen pH-Werten auch durch sehr hohe Kohlegehalte gekennzeichnet (vgl. Kapitel 6.7.2). Dieses Ergebnis der multivariaten Auswertungen sollte durch Dauerbeobachtungsflächen in den Tagebauen Kayna-Süd und Mücheln-Innenkippe überprüft werden. Hier wurde von Mai 2000 bis September 2002 auf insgesamt fünf Rohbodenstandorten mit je drei 5 m x 5 m großen Dauerbeobachtungsflächen die Vegetationsentwicklung untersucht. Gleichzeitig wurde der Eintrag und die Etablierungsrate neuer Arten aus dem Diasporenfall mittels Diasporenfallen analysiert, um zu klären, ob ein stagnierender Sukzessionsprozess auf fehlende Lieferbiotope zurück zu führen ist. Dazu erfolgte je Rohbodenstandort die Einrichtung eines Fallenkomplexes mit je fünf Trockentrichterfallen mit einem Innendurchmesser von 24,1 cm und einer Fangfläche von je 456 cm² (nach FISCHER 1987). Diese wurden während der Vegetationsperiode in vierwöchigen Abständen geleert.

Die Flächen Kayna-Süd 1 und 3 (KS 1, KS 3) sowie Mücheln-Innenkippe 1 und 2 (MI 1, MI 2) zeichnen sich im Gegensatz zur Fläche MI 3 durch einen Kohlegehalt von mindestens 10 % aus (Abb. 72). Während die Flächen KS 1 und KS 3 im Jahr 2000 ca. 30 Jahre und die Fläche MI 1 ca. 3 Jahre alt waren, erfuhren die Flächen MI 2 und MI 3 offensichtlich kurz vor Anlage der Dauerbeobachtungsflächen durch Sanierungsarbeiten eine Störung.

Die Vegetationsentwicklung verlief mit Ausnahme der Flächen des Versuchskomplexes MI 3 auf allen Standorten stark verzögert (Abb. 72). Der Gesamtdeckungsgrad der Vegetation erhöhte sich nur unwesentlich.

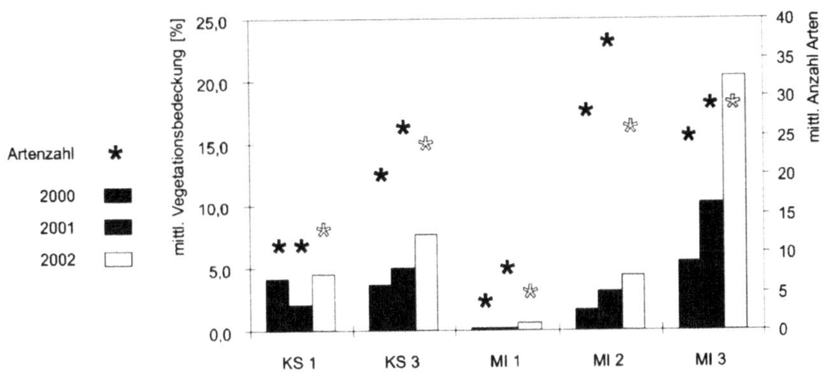

	KS 1	KS 3	MI 1	MI 2	MI 3
Alter (Stand 2000)	> 30 Jahre	> 30 Jahre	3 Jahre	1 Jahr	1 Jahr
mittlere pH-Werte (Kcl)	5,4	5,2	5,3	7,4	7,1
mittlerer Kohlegehalt (%, in 0 - 1 m Tiefe)	22,8	10,5	11,4	11,4	0,9
mittlerer Schluffgehalt (%, in 0 - 1 m Tiefe)	56,9	42,1	40,0	23,8	36,0
mittlerer Sandgehalt (%, in 0 - 1 m Tiefe)	40,0	45,8	43,4	58,5	43,6

Abb. 72: Entwicklung der Vegetationsdecke und der Artenzahl auf Rohbodenflächen in Kayna-Süd (KS) und Mücheln-Innenkippe (MI)

Neben anspruchslosen und trockenheitsertragenden Arten nährstoffarmer Standorte wie *Gypsophila perfoliata*, *Oenothera biennis*, *Erigeron acris* und *Hypochoeris radicata* trägt eine Vielzahl weiterer Arten mit geringen Deckungswerten zu einer relativ hohen Artendiversität auf den Flächen bei (Ausnahme MI 1). Diese Arten sind auf gewachsenen Standorten, teilweise auch auf nährstoffreicheren Böden vertreten (*Cirsium arvense*, *Taraxacum officinale*, *Sonchus asper*, *Rumex crispus*, *Conyza canadensis)* und bilden auf den untersuchten Standorten regelrechte „Hungerformen" aus. *Calamagrostis epigejos* war auf allen Flächen vorhanden, erreichte jedoch nur geringe Deckungswerte.

Tab. 32: Vergleich von Diasporeneintrag und Etablierungsereignissen auf den Dauerbeobachtungsflächen Kayna-Süd (KS) und Mücheln-Innenkippe (MI)

Kayna-Süd (KS 1)			Kayna-Süd 3 (KS 3)			Mücheln-Innenkippe 1 (MI 1)			Mücheln-Innenkippe 2 (MI-2)			Mücheln-Innenkippe 3 (MI-3)		
5/00 - 7/00	8/00 - 5/01	7/01 - 12/01	5/00 - 7/00	8/00 - 5/01	7/01 - 12/01	5/00 - 7/00	8/00 - 5/01	7/01 - 12/01	5/00 - 7/00	8/00 - 5/01	7/01 - 12/01	5/00 - 7/00	8/00 - 5/01	7/01 - 12/01
mittlere Anzahl Arten im Diasporeneintrag ohne Etablierung														
4	2	6	1	2	2	3	8	15	2	3	7	5	5	10
mittlere Anzahl etablierter Arten aus Diasporeneintrag														
0	0	2	0	0	0	0	1	0	1	3	1	1	1	0
mittlere Anzahl Diasporen der unmittelbaren Umgebungsvegetation/5 Fallen = 456 cm²														
40,6	97,2	347,4	14,4	102,8	376,0	0,2	0,2	12,6	1,0	49,0	97,4	6,6	16,2	31,6
mittlere Gesamtzahl eingetragener Diasporen/5 Fallen = 456 cm²														
2,0	2,6	6,6	0,2	4,0	1,0	0,8	9,0	58,6	3,4	4,2	6,4	1,4	6,8	63,0

Die Artenzusammensetzung blieb auf den vier Standorten relativ konstant, obwohl in den Diasporenfallen eine vergleichsweise hohe Anzahl neuer Arten nachgewiesen werden konnte. Diese eingetragenen Diasporen sind überwiegend Einzelereignisse, da jeweils nur wenige Diasporen einer Art in den Fallen gefunden wurden (Tab. 32). Nur in Ausnahmenfällen konnten sich über die (nachgewiesenen) eingetragenen Diasporen auch neue Arten etablieren, zum Beispiel *Conyza canadensis*, *Betula pendula*, *Medicago lupulina*, *Calamagrostis epigejos*, *Lepidium campestre*, *Polygonum aviculare*. Vor allem auf der Fläche mit dem geringsten Besiedlungsgrad und kaum nachweisbaren Veränderungen der Vegetationsdecke und der Artenzahlen (MI 1) wurden relativ viele Arten eingetragen. Infolgedessen lässt sich schlussfolgern, dass die Standortbedingungen ein Filter für die Etablierung neuer Arten darstellen und die Diasporenquellen in der Umgebung nicht als Ursache für die Stagnation des Besiedlungsprozesses in Frage kommen. Die weitere Ausbreitung bereits etablierter Arten verläuft auf den meisten Flächen ebenfalls stark verzögert, obwohl einige dieser Arten bereits auf der Fläche fruktifizieren.

Im Gegensatz dazu konnten sich auf den Flächen des Standortes MI 3 vor allem die bereits auf der Fläche vorkommenden Arten weiter ausbreiten (u.a. *Lotus corniculatus, Calamagrostis epigejos, Picris hieracioides*), so dass im Jahr 2002 bereits durchschnittlich 20 % der Flächen mit Vegetation bedeckt waren. Dieser Unterschied wird hauptsächlich auf den geringeren Kohlegehalt der Flächen des Standortes MI 3 zurückgeführt, da sich alle anderen Parameter nicht wesentlich von denen der übrigen Flächen unterscheiden.

Dadurch werden die Ergebnisse der multivariaten Analysen der Vegetationsaufnahmen des Geiseltales durch die Dauerbeobachtungsflächen bestätigt (siehe Kapitel 6.7.2) und das Modell in Abb. 67 um den Faktor „Kohlegehalt" erweitert. Als ein wesentlicher Faktor für die Verzögerung der Vegetationsentwicklung im Südraum kann aus beiden Untersuchungen ein Kohlegehalt von > 10 % abgeleitet werden. Es wird dabei ein Zusammenhang zwischen den stark hydrophoben Eigenschaften der kohlehaltigen Substrate (schlechte Wasseraufnahme durch hohe Schluffanteile und feinkörnige Kohlebestandteile – die Bodenform war oft ein Kipp-Kohleschluff) und der starken Erwärmung und Austrocknung infolge der dunklen Farbe angenommen, da auf ähnlichen Standorten im Einflussbereich des Grundwassers die Vegetationsbesiedlung wesentlich schneller vonstatten gehen kann.

6.7.5 Substratabhängige zeitliche und räumliche Differenzierung der Entwicklung von Silbergras-Pionierfluren und Sandtrockenrasen

Sabine Tischew, Annett Baasch & Anita Kirmer

Durch die Verkippung von Mischsubstraten (Tertiär- und Quartärsand-Gemenge) entstanden in Teilen der Bergbaufolgelandschaft offene Sandstandorte mit kleinräumiger Substratheterogenität. Diese Standorte boten wärme- und trockenheitsertragenden, lichtbedürftigen und konkurrenzschwachen Pflanzenarten, die sonst in der eutrophierten Kulturlandschaft zunehmend in ihrem Bestand gefährdet sind, gute Etablierungsmöglichkeiten. Besonders in Bereichen, die durch ein ausgeprägtes Substratmosaik geprägt sind, ist heute ein Nebeneinander von Pflanzengemeinschaften der Silbergraspionierfluren und Sandtrockenrasen zu beobachten. Bei der Besiedlung offener Sandstandorte, beispielsweise Binnendünen, werden diese Pflanzengemeinschaften als zeitlich nacheinander folgende Sukzessionsstadien beschrieben (PASSARGE 1957, FUKAREK 1961, BERGER-LANDEFELDT & SUKOPP 1964, ELLENBERG 1996).

Als ausgesprochene Pionierart gut an Extrembedingungen wie niedrige pH-Werte, geringe Nährstoffverfügbarkeit und Sandüberwehungen angepasst, besiedelt das Silbergras (*Corynephorus canescens*) als erste Pflanzenart die offenen Sande und bildet zunächst das artenarme Spergulo-Corynephoretum canescenti typicum Tx. (1928) 1955.

Wie die Untersuchungen zur initialen Entwicklung von Silbergras-Pionierfluren und Sandtrockenrasen auf drei unterschiedlichen Böschungssystemen im Tagebaugebiet Goitzsche zeigten, sind Verlauf und Geschwindigkeit der weiteren Sukzession dabei maßgeblich von den herrschenden Standortbedingungen abhängig (Tab. 33). Auf den Quartär-Substraten werden die Pionierstadien durch die Einwanderung von anspruchsvolleren krautigen Arten sowie der frühen Etablierung von Gehölzen relativ schnell durchlaufen. Unter den extremen Standortverhältnissen auf der Tertiärsand-Böschung fand hingegen bisher nur eine sehr spärliche Pflanzenbesiedlung statt. Silbergras-Pionierfluren sind demnach nicht nur auf den jüngsten Standorten zu finden, sondern können bei sehr niedrigen pH-Werten in Verbindung mit Aluminium-Konzentrationen im phytotoxischen Bereich über sehr lange Zeiträume stabil bleiben (vgl. TÜXEN 1975, TISCHEW & MAHN 1998). Die langjährigen Sukzessionsstudien auf dem Sandtrockenrasen bei Petersroda (vgl. dazu MAHN & TISCHEW 1995, TISCHEW & MAHN 1998, FROMM et al. 2002, TISCHEW & KIRMER 2003) belegen ebenfalls die Ausbildung von Dauerpioniergesellschaften in Abhängigkeit von den herrschenden Standortfaktoren. In einer stratifizierten Zufallsauswahl wurden dabei in physiognomisch ähnlichen Beständen jeweils sechs 1 m² große Dauerbeobachtungsflächen eingerichtet. Mittels prozentgenauer Deckungswertschätzung der Arten wurde über einen Zeitraum von sieben Jahren die Vegetationsentwicklung verfolgt. Tab. 34 gibt einen Überblick über die wesentlichen Vegetationseinheiten mit ihrem Standortbezug. Die zeitliche Entwicklung dieser Vegetationseinheiten wurde mittels einer Hauptkomponentenanalyse (TER BRAAK & ŠMILAUER 1998) dargestellt (Abb. 73).

Auf den ca. 35jährigen Standorten können in Teilbereichen trotz des fortgeschrittenen Alters artenarme Silbergras-Pionierfluren (COR) persistieren, obwohl seit Beendigung des aktiven Braunkohlenbergbaus keine permanente Störung vorliegt. Zwischenzeitlich wurde der Standort von der NVA lediglich als Schießplatz ohne Panzereinsatz genutzt. Auf vollständig festgelegten Substraten kommt es zur Ausbildung des Spergulo-Corynephoretum canescenti cladonietosum Tx. (1928) 1955 (CORM). Dieses Abbaustadium der artenarmen Silbergras-Pioniergesellschaft ist durch eine dichte Kryptogamenschicht gekennzeichnet, die sich überwiegend aus den Moosarten *Ceratodon purpureus*, *Polytrichum piliferum* sowie verschiedenen Flechtenarten der Gattung *Cladonia* zusammensetzt. Flächig ausgebildete Moose und Flechten erschweren während der Keimung höherer Pflanzen das Eindringen der Radikula in den Boden und verzögern so einen weiteren Sukzessionsfortschritt. Auf Sanden mit einem etwas höheren pH-Wert, bei gleichzeitig verminderter Freisetzung phytotoxisch wirksamer Al^{3+}-Ionen, entwickelt sich aus dem Spergulo-Corynephoretum typicum eine kryptogamenreiche, von *Helichrysum arenarium* dominierte Gesellschaft (HELI), die zu den Schwingel-Mauerpfefferfluren (Festuco-Sedetalia Tx. 1951) überleitet.

Die Silbergras-Pionierfluren (Spergulo-Corynephoretum canescenti typicum und Spergulo-Corynephoretum canescenti cladonietosum) sowie die kryptogamenreiche, von *Helichrysum arenarium* dominierte Sandtrockenrasen-Gesellschaft zeigten im Beobachtungszeitraum keine deutlichen Veränderungen in ihrer Entwicklung. Deutlich wird dies im Ordinationsplot aus der wenig veränderten Lage der Untersuchungsflächen zueinander (Abb. 73). Die extremen Standortfaktoren (COR) und die zum Teil zusätzlich sehr dichte Kryptogamenschicht (CORM, HELI) verhindern weitgehend eine Einwanderung neuer Arten, auch wenn diese in der unmittelbaren Umgebung der Flächen infolge des Substratmosaikes vorkommen.

Tab. 33: Initiale Entwicklungsprozesse von Silbergras-Pionierfluren auf Böschungssystemen im Tagebaugebiet Goitzsche, Holzweißig-West (1 m²-Flächen, n = 4)

	Böschung I			Böschung II			Böschung III		
geologische Herkunft	Quartär			Mischsubstrat			Tertiär		
pH [KCl], 0 - 10 cm Tiefe	4,4			3,3			2,5		
Al^{3+} [mg/100 g], 0 - 10 cm Tiefe	8,3			60,4			86,6		
Nt [%], 0 - 10 cm Tiefe	0,05			0,19			0,17		
P [mg/100 g], 0 - 10 cm Tiefe	0,20			0,19			0,16		
	1994	1998	2001	1994	1998	2001	1994	1998	2001
mittlere Deckung [%]									
Krautschicht	0	12,7	39,0	0	3,5	5,0	0	0	0,2
Kryptogamen	0	22,2	50,0	0	0,1	3,8	0	0,3	0,8
ausgewählte Arten:									
Corynephorus canescens	-	11,8	14,3	-	3,4	4,0	-	-	0,2
Hieracium pilosella	-	0,03	0,1	-	-	-	-	-	-
Jasione montana	-	-	0,1	-	-	-	-	-	-
Trifolium arvense	-	-	1,3	-	-	-	-	-	-
Vulpia myuros	-	0,01	-	-	-	0,1	-	-	-
Calamagrostis epigejos	-	-	-	-	-	0,1	-	-	-
Sarothamnus scoparius	-	0,03	17,5	-	-	-	-	-	-
mittlere Artenzahl der Krautschicht	0	9,5	8,5	0	2,5	3,8	0	0	0,5

Auf infolge der Kalkung weniger sauren, zum Teil mechanisch gestörten Standorten entlang von Wegen entwickelt sich durch einen Grundstock an annuellen Sedo-Scleranthetea-Arten eine Feld- und Hasenklee-Sandtrockenrasen-Gesellschaft (*Trifolium campestre* et *arvense* dominierte Festuco-Sedetalia-Gesellschaft, TRIF). Diese Gesellschaft weist starke Schwankungen auf, die durch Fluktuationen der Populationen der namensgebenden *Trifolium*-Arten bzw. anderer einjähriger Arten (z.B. *Vulpia myuros*) bestimmt werden. Vor Anlage der Dauerbeobachtungsflächen wurden diese Bestände durch Befahrung mit Fahrzeugen gestört. Diese Störung wirkte sich offensichtlich sehr nachhaltig auf die zönotischen Strukturen der Bestände aus und führte über längere Zeiträume zu einer erhöhten Dynamik. Auf phosphatreicheren Standorten kommt es zur Ausbildung einer von *Artemisia campestris* dominierten Festuco-Sedetalia-Gesellschaft, die zu den lückigen xerothermen Ruderalgesellschaften überleitet. Eine Sonderstellung innerhalb des Sukzessionsverlaufes stellt die von *Calamagrostis epigejos* dominierte Festuco-Sedetalia-Gesellschaft (CAL) dar. Durch vegetative Ausbreitung kann das Land-Reitgras in die Sandtrockenrasen-Gesellschaften einwandern und auch auf sehr sauren Standorten lückige Bestände bilden. Diese sind jedoch äußerst instabil (vgl. auch Kapitel 10).

Lediglich die beiden letztgenannten Gesellschaften (ART, CAL) zeigten im Beobachtungszeitraum eine gerichtete Entwicklung, die vor allem auf Deckungsveränderungen von *Calamagrostis epigejos* zurückzuführen ist. Die von *Artemisia campestris* dominierten Flächen entwickelten sich in Richtung einer *Calamagrostis epigejos* dominierten Festuco-Sedetalia-Gesellschaft, während auf den CAL-Flächen ein starker Rückgang des namensgebenden Land-Reitgrases zu verzeichnen ist. Die Entwicklung ist mit der in JAKOB et al. (1996) beschriebenen und auch auf anderen Dauerflächen auf dem Sandtrockenrasen bei Petersroda beobachteten "Suchstrategie" (SUTHERLAND & STILLMANN 1988) von *Calamagrostis epigejos* zu erklären. Der Rückgang des Deckungsgrades des Land-Reitgrases auf den CAL-Flächen kann eventuell mit einer Verschlechterung der Nährstoffverfügbarkeit durch Auswaschungsprozesse in Verbindung gebracht werden. Die Standorte der ART-Flächen, in die das Land-Reitgras hingegen verstärkt einwanderte, zeichnen sich durch den höchsten mittleren pH-Wert und stark erhöhte Phosphorwerte aus. Diese sind auf eine Kalkung von Teilbereichen nach der Schüttung und Planierung der Substrate zurückzuführen.

Tab. 34: Silbergras-Pionierfluren und Sandtrockenrasen auf Gemengesubstraten aus Tertiärsand-Quartärsand auf dem Sandtrockenrasen bei Petersroda im Tagebaugebiet Goitzsche, Alter ca. 35 Jahre, je Vegetationsgesellschaft n = 6

Vegetationseinheit	COR			CORM			HELI			TRIF			CAL			ART		
pH [KCl], 0 – 10cm Tiefe	3,5			3,8			4,0			4,4			4,4			5,2		
Al^{3+} [mg/100g], 0 - 10cm Tiefe	77			61			37			11			25			3,0		
Nt [%], 0 - 10cm Tiefe	< 0.1			< 0.1			< 0.1			< 0.1			< 0.1			< 0.1		
P [mg/100g], 0 - 10cm Tiefe	0,9			3,1			1,0			2,3			1,1			47		
K [mg/100g], 0 - 10cm Tiefe	1,1			2,7			3,1			7,2			2,0			3,8		
	1994	1998	2001	1994	1998	2001	1994	1998	2001	1994	1998	2001	1994	1998	2001	1994	1998	2001
mittlere Deckung [%]																		
Krautschicht	5,9	10	13	7,0	13	16	25,0	34	51	78	39	48	37,0	24	37	35,0	48	55
Kryptogamen	0,9	18	46	80	87	70	30,0	60	30	37	24	40	9,8	62	64,0	27	33	30
ausgewählte Arten																		
Corynephorus canescens	5,7	9,7	14,6	6,5	11,3	10,7	3,0	21,0	13,8	2,5	3,2	4,9	0,1	2,4	7,5	1,2	5,1	5,5
Hieracium pilosella	0,2	1,0	1,4	0,2	1,7	2,8	4,3	8,3	20,0	15,0	30,0	23,7	1,1	8,8	13,7	5,5	10,0	5,5
Helichrysum arenarium	0,01	-	-	0,1	0,6	1,5	15,0	5,0	7,2	4,3	2,4	5,9	1,5	4,7	4,2	2,9	3,8	3,1
Filago minima	-	-	-	-	-	0,02	0,03	0,1	0,1	-	0,01	-	-	-	0,01	-	0,01	0,03
Jasione montana	-	-	-	-	-	-	-	-	0,3	-	-	-	-	-	-	-	0,03	0,5
Trifolium arvense	-	-	-	-	-	-	-	-	0,02	35,0	2,8	7,8	0,03	0,6	1,5	0,9	1,4	0,7
Trifolium campestre	-	-	-	-	-	-	-	-	-	4,5	8,8	3,2	0,4	0,2	0,7	1,4	0,3	0,4
Vulpia myuros	-	-	-	-	-	-	-	-	0,3	-	0,9	2,9	-	0,01	0,7	0,02	0,3	3,7
Artemisia campestris	-	-	-	-	-	-	-	0,3	0,4	0,1	1,7	2,8	0,3	0,9	0,2	13,3	9,2	8,5
Calamagrostis epigejos	0,01	0,4	2,7	-	-	-	0,1	0,04	0,5	-	-	-	31,7	5,7	7,0	0,02	9,2	21,0
mittlere Artenzahl der Krautschicht	1,7	2,0	2,0	3,3	4,0	5,0	6,0	7,0	8,0	11,3	10,0	15,0	6,5	7,0	8,0	11,5	15,0	23,0
Sukzessionsdynamik 1994 - 2001	Stagnation/langsame Progression						starke Fluktuation						gerichtete Entwicklung					

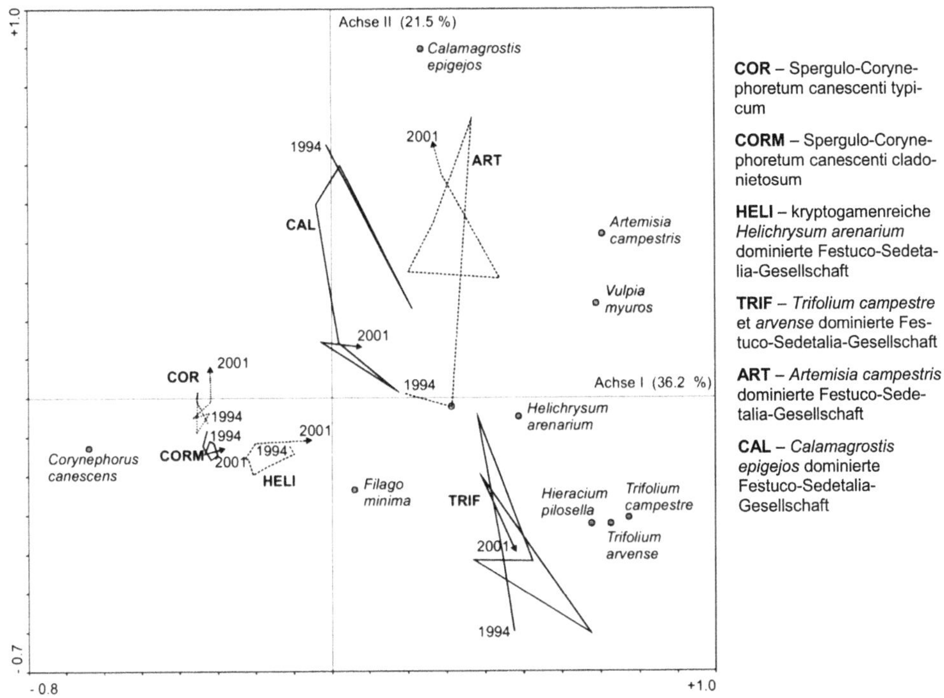

Abb. 73: Hauptkomponentenanalyse von Vegetationsaufnahmen der Vegetationseinheiten auf dem Sandtrockenrasen bei Petersroda im Tagebaugebiet Goitzsche vom Sommer 1994 bis 2001 (wurzeltransformierte Daten)
Für jedes Beobachtungsjahr wurde ein Mittelwert berechnet; die Aufnahmejahre sind mit Linien verbunden. Zusätzlich wurden im Diagramm relevante Arten der Vegetationseinheiten dargestellt. Die Gesamtvarianz aller vier Achsen beträgt 80,2 %.

Die deutliche Standortbindung von Spezialistengesellschaften in den extremen Standortbereichen wird auch bei einer großflächigeren Betrachtung der Vegetationsdifferenzierung auf 100 m² großen Rasterflächen sichtbar (Abb. 74). Ausgewertet wurden hier die Deckungsgradanteile der Vegetationseinheiten.

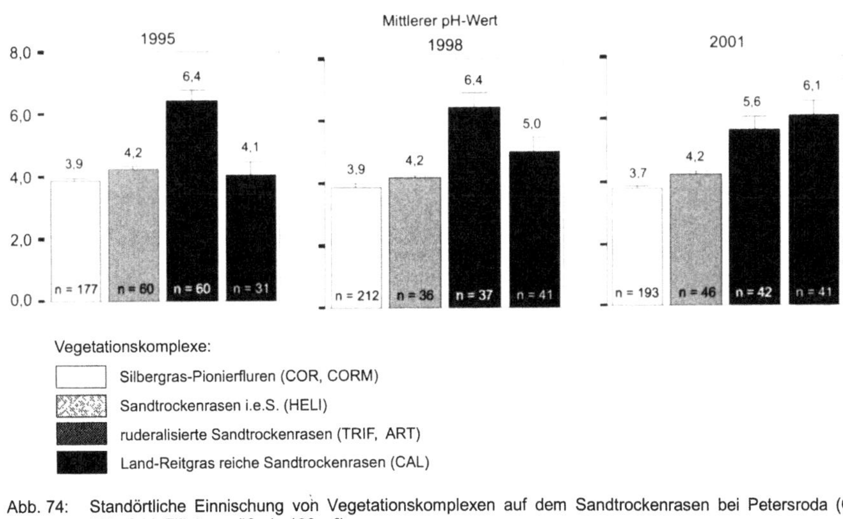

Abb. 74: Standörtliche Einnischung von Vegetationskomplexen auf dem Sandtrockenrasen bei Petersroda (Goitzsche bei Bitterfeld, Flächengröße je 100 m²)

Standorte mit Extremfaktoren (hier niedrige pH-Werte) werden dauerhaft mit Silbergras-Pionierfluren und Sandtrockenrasen i.e.S. besiedelt, wobei im Fall der Silbergras-Pionierfluren sogar eine zunehmende Konzentration auf stark saure Standorte nachgewiesen werden konnte. Im Gegensatz dazu ist eine deutliche standortspezifische Differenzierung der ruderalen Sandtrockenrasen und der landreitgrasreichen Sandtrockenrasen zu verzeichnen, Letztere bevorzugen jedoch die besiedlungsfreundlicheren Standorte mit höheren pH-Werten. Die Untersuchungen bestätigen, dass auf Extremstandorten die Wirkung stochastischer Ereignisse durch die Selektion von Arten eingeschränkt wird. Damit kann gleichzeitig eine Prognose von Sukzessionsverläufen mit größerer Sicherheit erfolgen.

Um die Gehölzentwicklung zu dokumentieren, wurden während des sechsjährigen Monitorings auf einem 4,8 ha großen Untersuchungsraster auf dem Sandtrockenrasen bei Petersroda im Sommer 1995, 1998 und 2001 alle aufkommenden Gehölze auf den Rasterflächen (480 x 100 m²-Flächen) vermessen und in Größenklassen erfasst. Zum Vergleich von Entwicklungstendenzen auf unterschiedlichen Substraten (Mischsubstrat Tertiär-Quartär, Quartär-Sand) wurden auf einer noch relativ jungen Quartärsand-Böschung östlich der Schwedenschanze im Jahr 2000 ebenfalls Gehölzvermessungen auf einer Rasterfläche mit insgesamt 39 x 100 m²-Flächen durchgeführt. Wie Abb. 75 zeigt, konnten sich auf den bereits ca. 35 Jahre alten Mischsubstraten des Sandtrockenrasens bei Petersroda bisher nur vereinzelt Gehölze etablieren. Trotz des Alters der Substrate und der nunmehr seit ca. 35 Jahren ablaufenden ungestörten Sukzession sind auf den Flächen nur wenige Gehölze, die eine Größe von 3 m überschreiten, zu finden.

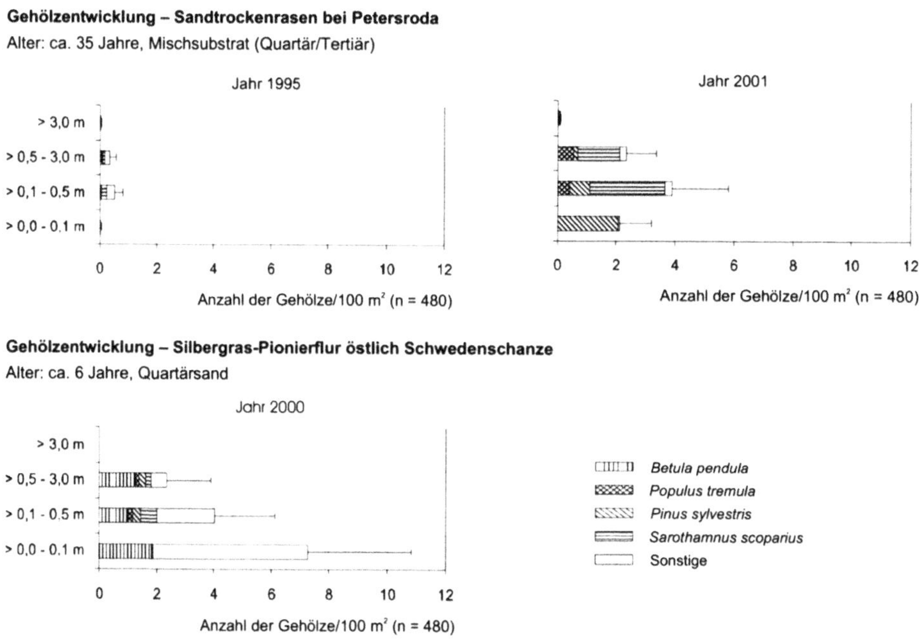

Abb. 75: Spontanes Gehölzaufkommen nach Größenklassen auf dem Sandtrockenrasen bei Petersroda in den Jahren 1995 und 2001 im Vergleich zur 6 Jahre alten Quartärsand-Böschung östlich der Schwedenschanze: Anzahl der Gehölze je 100 m² mit Angabe des 95 %-Konfidenzintervalls für die Gesamtindividuenzahl

Die Gehölzentwicklung schreitet infolge der geringen Nährstoffverfügbarkeit sowie der teilweise extrem sauren und sehr trockenen Standortverhältnisse zwar stetig, aber sehr langsam voran. Vor allem nach dem Eintritt einiger Wald-Kiefern (*Pinus sylvestris*) in die Phase der Samenbildung ist das vermehrte Aufkommen junger Kiefern in der kleinsten Größenklasse (> 0 - 0,1 m) zu beobachten. Die wenigen fruchtenden Altbäume auf dem Sandtrockenrasen stellen somit eine ausreichende Samenquelle dar. Des Weiteren ist in den mittleren Größenklassen (0,1 - 3,0 m) ein verstärktes Aufkommen der sich klonal ausbreitenden Zitter-Pappel (*Populus tremula*) zu verzeichnen, wobei der Jungwuchs fast ausschließlich aus Stockausschlägen hervorgegangen ist. Hänge-Birken (*Betula pendula*) etablierten sich hingegen trotz fruchtender Mutterbäume auf der Fläche kaum, was in der Empfindlichkeit der Art gegenüber Austrocknung in der Keimungs- und Etablierungsphase (vgl. KINNAIRD 1968, PERALA & ALM 1990, ENDTMANN 2000) begründet liegen dürfte. Dichte Moosteppiche, wie sie auf dem Sandtrockenrasen großflächig vorkommen, neigen zur periodischen Austrocknung und bedingen somit ein ungünstiges Keimbett (GIMINGHAM 1984). Wie den Abbildungen zu entnehmen ist, wird die Verbuschung auf diesem Standort im Wesentlichen über ein Ginster-Stadium (*Sarothamnus scoparius*) eingeleitet, während sich Vorwaldarten nur langsam ausbreiten. Die verzögerte Sukzession auf diesem Extremstandort wird besonders im Vergleich zu den Entwicklungen auf Quartärsand-Substraten deutlich (Abb. 75). Auf der nur ca. 6 Jahre alten Böschung östlich der Schwedenschanze konnten sich in den Größenklassen 0,1 - 0,5 m sowie 0,5 - 3,0 m bereits etwa ebenso viele Gehölze wie während des 35jährigen Sukzessionsprozesses auf dem Sandtrockenrasen bei Petersroda ansiedeln. Insbesondere Birken erreichen bereits die Größenklasse 0,5 - 3,0 m. Die höhere Anzahl an Gehölzen in der kleinsten Größenklasse (> 0 - 0,1 m) auf der nur mäßig sauren Quartärsand-Böschung (pH 4-5) weisen ebenfalls deutlich auf die günstigeren Keimbedingungen auf diesen Substraten hin.

Sowohl die Untersuchungen zur Gehölzentwicklung als auch zur initialen Entwicklung von Silbergras-Pionierfluren und Sandtrockenrasen (Tab. 33) zeigen, dass die Geschwindigkeit der Vegetationsentwicklung stark von den Standortverhältnissen abhängig ist (siehe Farbtafel C1). Auf Quartär-Substraten ist eine wesentlich schnellere Verbuschung und Entwicklung von Vorwäldern zu verzeichnen als auf Mischsubstraten mit teilweise erheblichen Anteilen tertiärer Materialien. Für die Bestände auf quartären Sanden ist somit ein eigenständiger Entwicklungsweg zu verzeichnen. Sie werden der von SYMONIDES (1985) beschriebenen Sukzession über Verbuschungsstadien zu Vorwäldern folgen und tragen zu einer vielfältigeren Landschaftsstruktur bei. Auch aus dem Lausitzer Braunkohlenrevier wird für diesen Standortkomplex eine schnelle Entwicklung zu Vorwaldstadien beschrieben (PIETSCH & SCHÖTZ 1999).

Auf den untersuchten sehr sauren und trockenen, bereits 35 Jahre alten Sand-Standorten im Nordraum sind vorrangig spezialisierte Arten der Silbergras-Pionierfluren (Corynephorion) und Sandtrockenrasen (Festuco-Sedetalia) am Sukzessionsprozess beteiligt. Obwohl Diasporenquellen einer großen Anzahl von weiteren Arten in der näheren und weiteren Umgebung der Flächen vorhanden sind und entsprechende Samen auch in Diasporenfallen nachgewiesen wurden (MAHN et al. 1995), unter anderem Pionierwälder mit *Betula pendula*, *Pinus sylvestris* und *Populus tremula* sowie Arten der Artemisietea und des Arrhenatherion, können sich kaum neue Arten auf den Flächen etablieren. Auch Einsaaten mit Arten, die in der weiteren Sukzessionsfolge erwartet werden könnten, führten zum derzeitigen Zeitpunkt nicht zu einer Etablierung (TISCHEW 1996, TISCHEW & MAHN 1998). Eine vergleichbare, vorrangig durch extreme Standortfaktoren geprägte Sukzessionsserie beschreiben FORT & RICHARDS (1998) für die Sanddünen an den Rändern ausgetrockneter, flacher Seen in Kalifornien. Obwohl in Fallen ausreichend Diasporen gefunden wurden, setzte eine Besiedlung aufgrund des Fehlens von Schutzstellen auf den stark salzhaltigen und durch Überwehung gekennzeichneten Standorten nur verzögert ein. Auch die Primärsukzession auf Vulkanstandorten ist in der initialen Besiedlungsphase auf eine begrenzte Zahl von Stressstrategen begrenzt. Viele der an Windausbreitung adaptierten Pionierarten, die in der Umgebung auf älteren Ausbruchflächen vorkamen, konnten sich erst später etablieren (WOOD & DEL MORAL 2000).

Unter den extremen Standortbedingungen riefen Störungen, wie sie auf einem Flächentyp vor Anlage der Dauerbeobachtungsflächen stattfanden, keine gerichtete Entwicklung hervor, beispielsweise im Sinne einer Förderung von Gehölzetablierungen. Das System reagierte lediglich durch stärkere Fluktuationen in der Dominanz der Arten. Für gewachsene Binnenstandorte wird unter ungestörten Bedingungen eine mehr oder weniger regelhafte Sukzessionsfolge von Silbergras-Pionierfluren über Sandtrockenrasen zu Gehölzstadien (u.a. SYMONIDES 1985) oder auf gestörten Standorten der Abbau zu ruderalisierten Ausprägungen (BERGER-LANDEFELDT & SUKOPP 1965) beschrieben. Für die in dieser Arbeit untersuchten Bestände auf dem Sandtrockenrasen bei Petersroda kann zum gegenwärtigen Zeitpunkt dagegen von einer ausgeprägten Stagnationsphase ausgegangen werden. Im Gegensatz zu den bei TÜXEN (1975) beschriebenen Dauer-Pioniergesellschaften ist diese Stagnation nicht auf eine kontinuierliche Substratumlagerung zurückzuführen, sondern vielmehr durch die Säurenachlieferung der Tertiär-Substrate in Verbindung mit der sommerlichen Austrocknung der sandigen Substrate zu erklären. Selbst die gerichtete Entwicklung auf den gekalkten Standorten führt lediglich zu einer verstärkten Einwanderung von Land-Reitgras und nicht zu einer beschleunigten Verbuschung.

Für die mittelfristige Entwicklung der Sandrockenrasen im Nordraum ist der Einfluss des Grundwasserwiederanstiegs in den entsprechenden Bereichen von entscheidender Bedeutung. Bei mehr oder weniger gleich bleibenden abiotischen Umweltfaktoren kann von der Erhaltung der wesentlichen Vegetationseinheiten und Arten ausgegangen werden. Solange der Grundwasserstand < 2 m unter Flur liegen wird, kann aufgrund der schlechten Kapillarwirkung der anstehenden sandigen Substrate auch bei dem bevorstehenden Grundwasseranstieg für großflächige Bereiche ein Bestehen bleiben der naturschutzfachlich wertvollen Vegetationsstrukturen prognostiziert werden. In Bereichen mit höher anstehendem Grundwasser werden sich dagegen tief wurzelnde Arten wie *Calamagrostis epigejos* sowie Gehölze wie *Betula pendula* und *Pinus sylvestris* ausbreiten können. Besonders benachbarte Rot-Eichen-Forste (*Quercus rubra*) stellen mittelfristig ein Problem dar. Mit dem Eintritt in die Fruchtreife muss mit einer massiven Einwanderung in die Trockenrasenbestände gerechnet werden.

Langfristig können sich die noch nicht konkret quantifizierbaren Veränderungen des Mesoklimas durch die enorme Zunahme der Wasserflächen im Bitterfelder Raum auf die Entwicklung der Silbergrasfluren und Sandtrockenrasen auswirken.

6.8 Prognosen der Vegetations- und Biotopentwicklung in ausgewählten Tagebaugebieten Sachsen-Anhalts

Sabine Tischew, Anita Kirmer, Annett Baasch, Gerd Jünger und Holger Goj

Für die intensiver untersuchten Tagebaue wurden auf der Grundlage des statistisch abgeleiteten Sukzessionsmodells und der Ergänzungen durch die Ergebnisse der Dauerbeobachtungsflächen Algorithmen für regionalspezifische Entwicklungsszenarien erstellt (FLB 2003). In Bezug auf die langfristige Prognose der Waldentwicklung gingen dabei Ergebnisse von Literaturauswertungen (THOMASIUS et al. 1997, SELENT et al. 1999) sowie eigene Untersuchungen in spontan entwickelten Kippenwäldern (TISCHEW et al. 2004, vgl. auch Kapitel 6.9) ein.

Für die südlichen Untersuchungsgebiete Sachsen-Anhalts (Südraum) wurden Algorithmen für eine Prognose auf der Grundlage der Untersuchungen in den Tagebauen Kayna-Süd und Mücheln-Innenkippe erarbeitet (Abb. 77). Für die nördlichen Untersuchungsgebiete (Nordraum) gelten die Algorithmen für die Tagebaue Goitzsche (Sandtrockenrasen Petersroda, Bärenhof, Tagesanlagen, Halde 10/35) und Golpa-Nord (Abb. 76). Die Prognosen beziehen sich dabei auf Entwicklungen, die in den nächsten 20 - 30 Jahren stattfinden werden. Für die entstehenden Wälder beziehen sich die Angaben des Klimaxstadiums (Schlussgesellschaft) entsprechend der langen Entwicklungszeiten auf die generelle Entwicklungsrichtung.

Im Folgenden werden beispielhaft die Entwicklungsprognosen für die Tagebaubereiche Mücheln-Innenkippe (Südraum) und Sandtrockenrasen bei Petersroda (Nordraum) vorgestellt. Dabei war es für die konkreten Entwicklungsprognosen der einzelnen Gebiete notwendig, neben dem Sukzessionsfortschritt auch Veränderungen, die durch den zukünftigen Grundwasseranstieg bedingt werden, zu integrieren. Dazu wurden Angaben aus den hydrologischen Modellen der LMBV mbH verwandt.

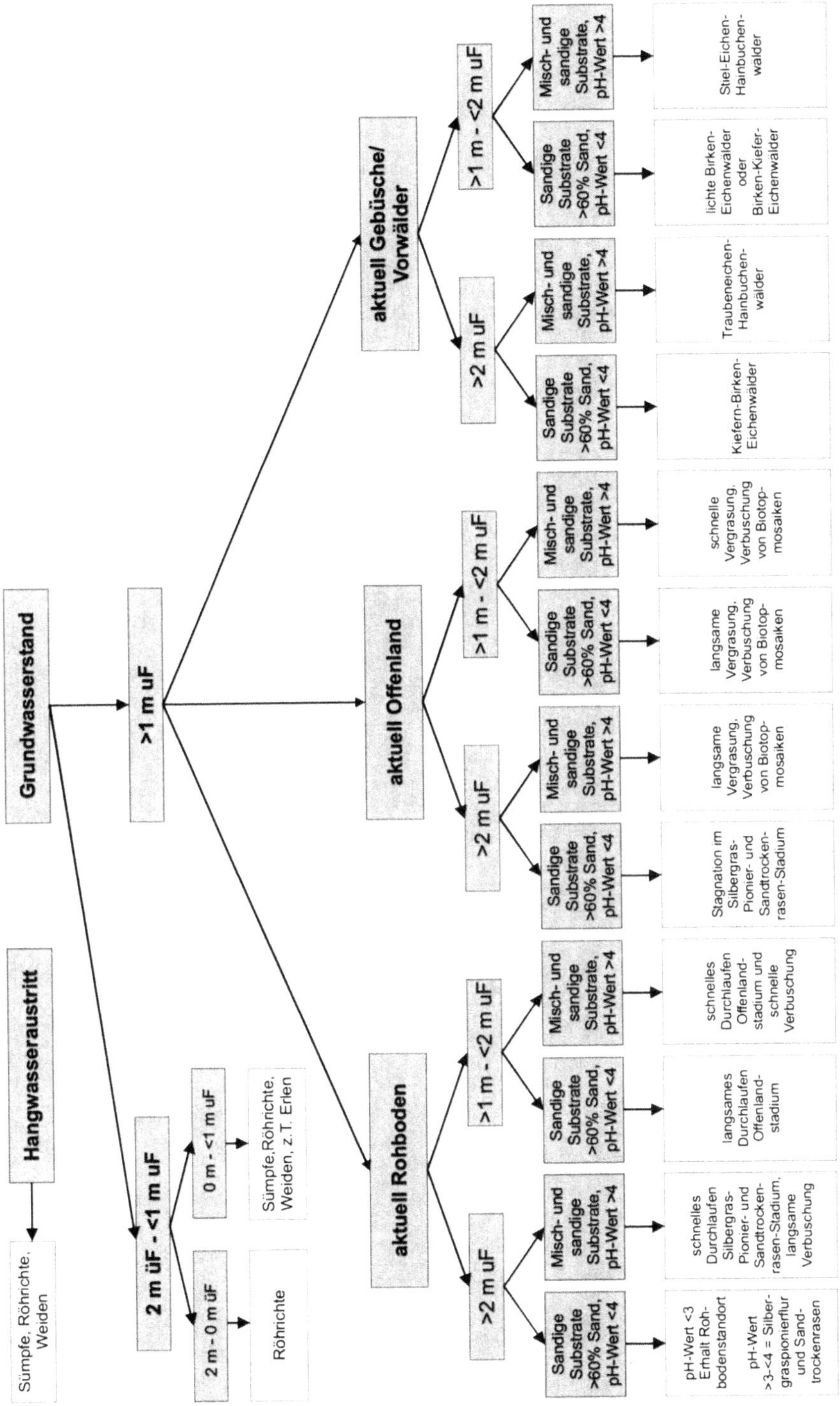

Abb. 76: Entwicklungsszenarien bei Grundwasseranstieg und Sukzession für den Nordraum Sachsen-Anhalts, üF = Grundwasserstand über Flur, uF = Grundwasserstand unter Flur

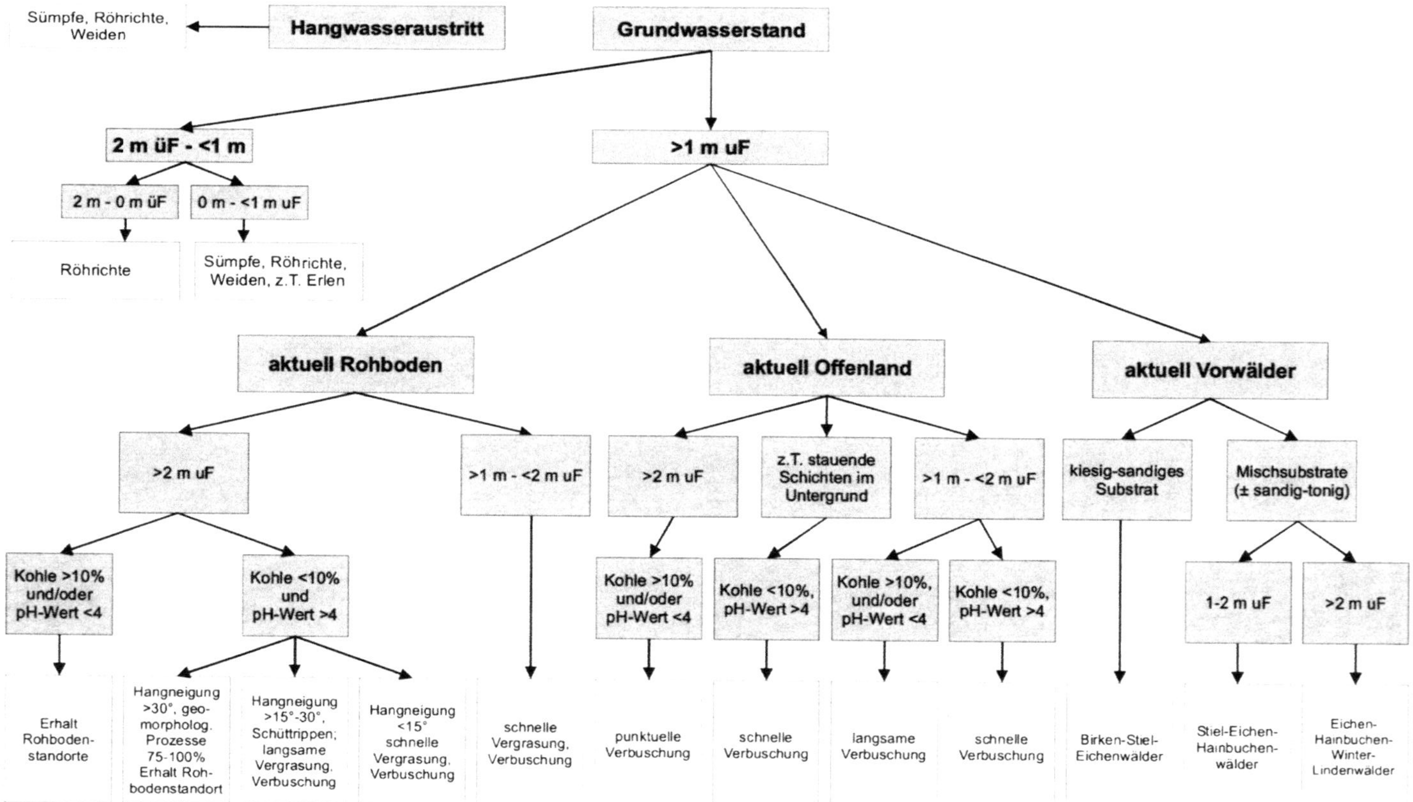

Abb. 77: Entwicklungsszenarien bei Grundwasseranstieg und Sukzession für den Südraum Sachsen-Anhalts, üF = Grundwasserstand über Flur, uF = Grundwasserstand unter Flur

Entwicklungsprognose für den Sandtrockenrasen bei Petersroda (Goitzsche)

Das Untersuchungsgebiet östlich der Ortschaft Petersroda im Tagebaugebiet Goitzsche ist ein ca. 35 Jahre alter und 1,4 km² großer Silbergras-Pionierflur-/Sandtrockenrasen-Komplex auf einem Substratmosaik grundwasserferner, sehr nährstoffarmer Tertiär-/Quartärsand-Gemenge.

Durch die Oxidation der in tertiären Substraten enthaltenen Schwefelverbindungen zu freier Schwefelsäure unterliegt dieser Standort in weiten Bereichen einer lang anhaltenden Versauerung. Überdies sind diese Substrate sehr arm an pflanzenverfügbaren Nährstoffen und infolge des geringen Wasserspeichervermögens der Sande außerordentlich trocken. Die Bodengenese stagniert derzeit im Übergangsstadium vom Lockersyrosem zum Regosol (vgl. Kapitel 6.3). Seit ca. 35 Jahren findet im Gebiet eine weitgehend ungestörte Vegetationsentwicklung statt. Lediglich kleinere Teilbereiche wurden nach Schüttung und Planierung Anfang der 70er Jahre einer Meliorationsmaßnahme (Kalkung) unterzogen. Wegen der extremen abiotischen Standortbedingungen schreitet der Sukzessionsprozess nur sehr langsam voran. Aktuell wird das Gebiet durch eine großflächige Offenlandschaft, welche sich mosaikartig aus noch immer vorhandenen Rohböden, Silbergraspionierfluren und Sandtrockenrasen zusammensetzt, geprägt. Bislang konnten sich unter diesen Bedingungen nur vereinzelt Gehölze etablieren. Aufgrund der anvisierten Naturschutzstrategie im Sinne eines dynamischen Prozessschutzes kann für das Gebiet, mit Ausnahme einiger kleinerer, forstwirtschaftlich genutzter Bereiche, auch zukünftig eine spontane Entwicklung angenommen werden.

Aus Sicht des Naturschutzes besteht das Wertpotenzial des Gebietes insbesondere in der dynamischen Entwicklung eines Biotopmosaiks mit hohen Anteilen an Offenlandbereichen. Die hier vorgestellten Prognosen beziehen sich auf die hydrologischen Modelle der LMBV mbH, die aufgrund der spontanen Flutung durch die Hochwasserereignisse im Jahr 2002 und der schwer prognostizierbaren Entwicklung der tatsächlichen Grundwasserstände im Untersuchungsgebiet lediglich Trends aufzeigen können.

Demnach würden auf etwa 75 % der Gesamtfläche infolge der gehemmten bzw. stark verzögerten Gehölzentwicklung auch zukünftig Offenlandstadien vorherrschen (Abb. 78, Abb. 79). Die punktuell bereits erfolgte bzw. einsetzende Verbuschung in Form von Ginsterfluren und Pioniergehölzen mit *Populus tremula*, *Pinus sylvestris* und *Betula pendula* wird in den kommenden Jahrzehnten zu einer Erhöhung der Strukturvielfalt führen. Der naturschutzfachliche Wert des Gebietes, insbesondere als Lebensraum für die aktuell vorkommenden Ödlandschrecken oder aus avifaunistischer Sicht für gefährdete Vogelarten, wie beispielsweise Heidelerche, Brachpieper und Steinschmätzer, ist somit mittelfristig gesichert. Die Entwicklungsrichtung der entstehenden Verbuschungs- und Vorwaldstadien wird die standorttypische Schlussgesellschaft der Birken-Kiefern- oder Birken-Eichenwälder sein.

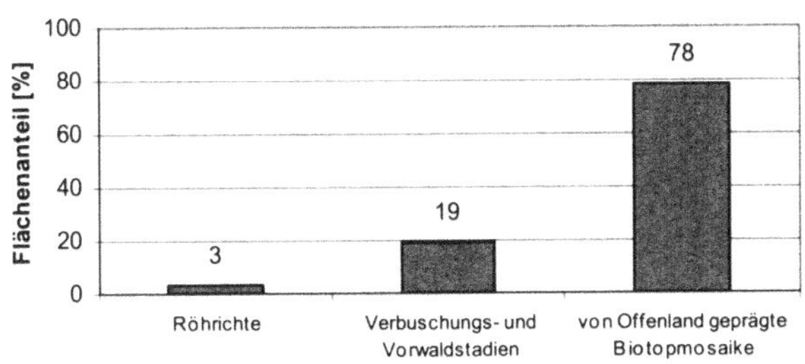

Abb. 78: Prozentuale Flächenanteile der für den Sandtrockenrasen bei Petersroda prognostizierten Biotoptypen

Der flächenmäßig größte Teil des Gebietes, mit Ausnahme der grundwasserbeeinflussten Geländemulden, wird – unter der Voraussetzung eines nicht über die Prognosen hinaus ansteigenden Grundwasserstandes – somit auch zukünftig von Trocken- und Magerbiotopen geprägt sein. Vor allem im Uferbereich des in den Sandtrockenrasen-Komplex hineinragenden Restloches Holzweißig-West im östlichen Teil des Gebietes kann sich zukünftig Röhricht- und Sumpfvegetation als uferbegleitender Saum ausbilden. Daran anschließend wird auf den Standorten mit besserer Wasserversorgung kleinflächig die Entwicklung von Birken-Stieleichen-Beständen prognostiziert.

In die Gruppe der Verbuschungs- und Vorwaldstadien sind auch forstwirtschaftliche Nutzflächen integriert, die mit Rot-Eichen (*Quercus rubra*) und Schwarz-Kiefern (*Pinus nigra*) bestanden sind und als Neophyten bzw. allochthone Gehölze einen geringen naturschutzfachlichen Wert besitzen. Während die Schwarz-Kiefer kaum zu einer spontanen Ausbreitung neigt, ist für die Rot-Eiche eine Einwanderung in die Offenlandbereiche zu befürchten.

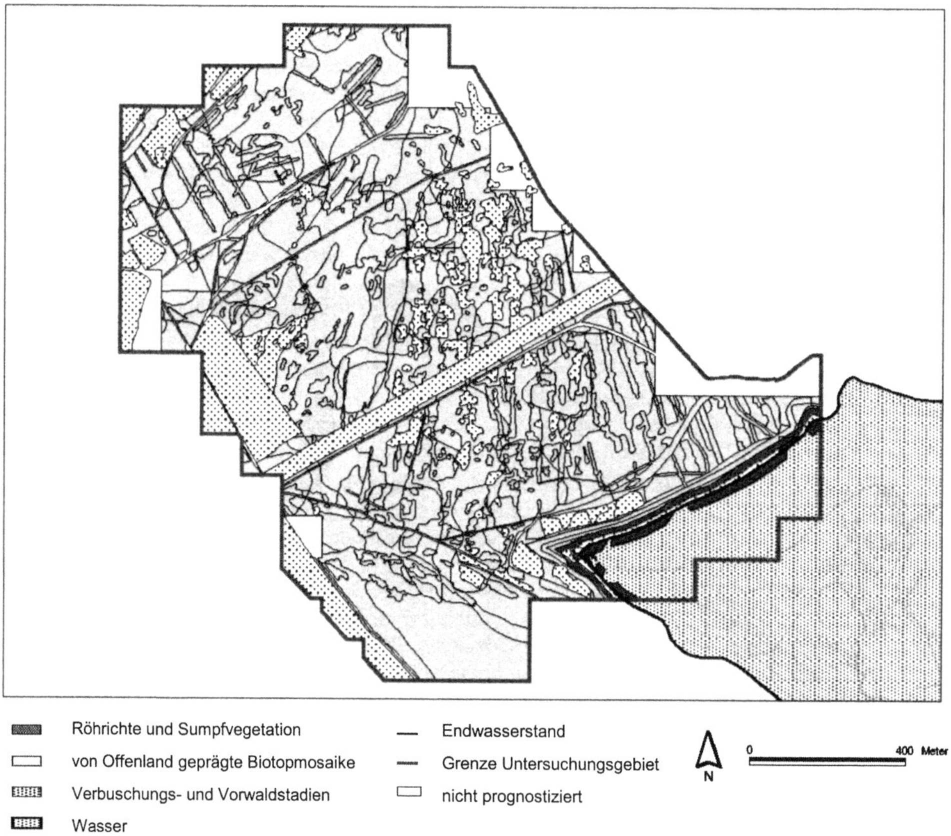

Abb. 79: Entwicklungsprognose für den Sandtrockenrasen bei Petersroda (Goitzsche), Endwasserstand 78 m NN

Entgegen den hydrologischen Modellen der LMBV mbH muss jedoch nach Abschluss der Arbeiten an dieser Fragestellung und nach Geländebegehungen im Herbst 2003 von einer weitaus stärkeren Vernässung in Teilbereichen des Untersuchungsgebietes ausgegangen werden. Nur bei Maßnahmen zur Regulation des Grundwasserstandes in Richtung der ursprünglich geplanten Werte können die oben aufgeführten Prognosen aufrecht erhalten werden.

Entwicklungsprognose für den Bereich Mücheln-Innenkippe

Die hydrologischen Modelle der LMBV mbH geben für das Untersuchungsgebiet einen Endwasserstand von 98 m NN an. Das Gebiet zeichnet sich durch ausgesprochen lange und mehr oder weniger strukturreiche Uferlinien aus (Abb. 80). Infolge der Flutung werden alle unterhalb von 96 m NN etablierten Röhrichte verloren gehen, was nahezu den gesamten, zur Zeit vorhandenen Röhrichtbestand betrifft. Langfristig kann der flächenmäßige Verlust jedoch durch die Neubildung von bandartigen Röhrichtbeständen an flachen, bis mäßig steilen Ufern (< 10 % Neigung) kompensiert werden.

Großflächige Röhrichte werden jedoch kaum entstehen. Die vergleichsweise schmalen Röhrichtsäume müssen im Hinblick auf die Eignung als Habitat für Vogelarten (v.a. Röhrichtbrüter) kritisch bewertet werden (siehe Kapitel 7.4). Den prognostizierten Röhrichtgürteln nachgelagert kann sich in grundwasserbeeinflussten Bereichen eine differenzierte Feuchtvegetation wie Sümpfe, Weidengebüsche oder teilweise Erlen-Bestände (*Alnus glutinosa*) entwickeln. Daneben werden, insbesondere im Norden des Gebietes, in Geländemulden vereinzelt Klein- und Kleinstgewässer mit entsprechender Feuchtvegetation entstehen können, welche auch Niedermoorarten Entwicklungsmöglichkeiten bieten. In den Uferzonen und grundwasserbeeinflussten Bereichen wird eine Entwicklung zu sekundären semiterrestrischen Böden (Gleye) einsetzen. Auf den nicht grundwasserbeinflussten Standorten geht in den nächsten Jahrzehnten überwiegend eine Entwicklung von Kipp-Rohböden (Lockersyrosemen) zu flachgründigen Kipp-Böden (Regosolen bzw. Pararendzinen) vonstatten (Kapitel 6.3). Diese Bereiche werden in Abhängigkeit von den lokalen Substratbedingungen in unterschiedlicher Geschwindigkeit von Gehölzen besiedelt. Im Westen und Süden der Innenkippe befinden sich gegenwärtig schon großflächige Gehölzbestände und junge Anpflanzungen, welche forstwirtschaftlich genutzt werden.

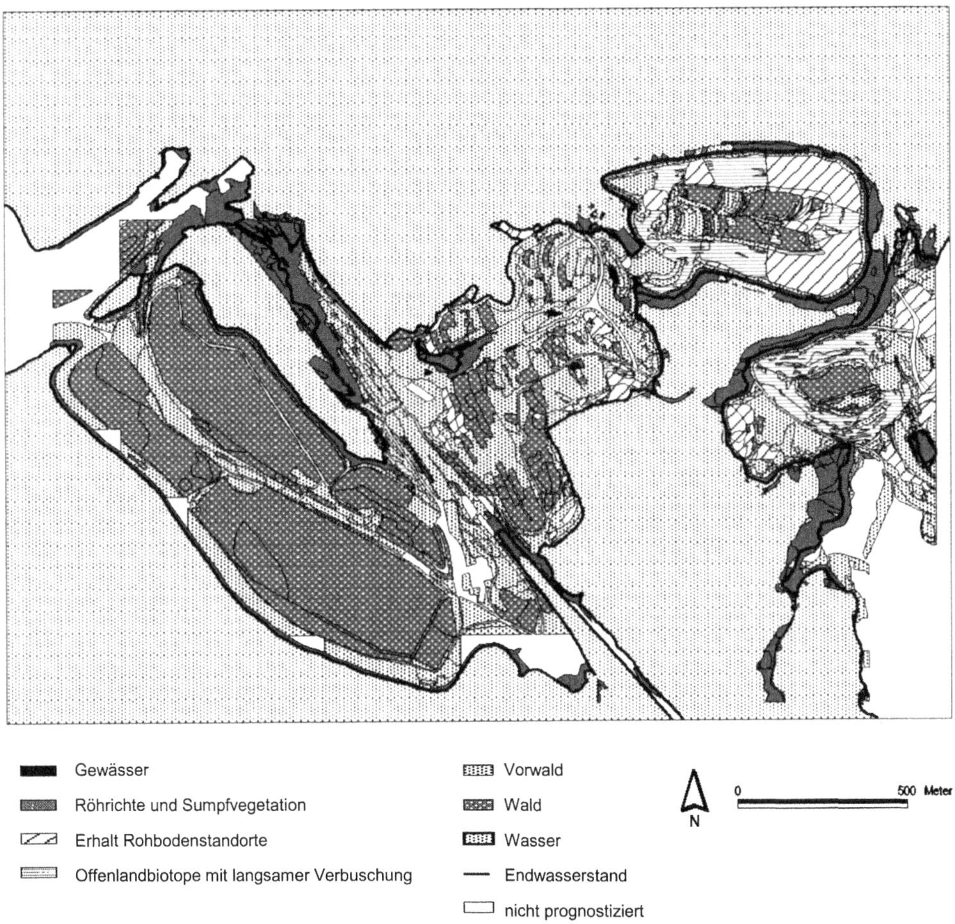

Abb. 80: Entwicklungsprognose für den Tagebaubereich Mücheln-Innenkippe, Endwasserstand 98 m NN

Für den Großteil der aktuell existierenden Vorwälder kann die sukzessive Entwicklung in Richtung der für das Mitteldeutsche Trockengebiet typischen Trauben-Eichen-Hainbuchenwälder (Carpinion betuli Issler 1931 emend. Oberd. 1957) prognostiziert werden. Nur punktuell, insbesondere auf sandig-kiesigen, basen- und nährstoffarmen Standorten mit geringem Wasserhaltevermögen werden sich Birken-Stieleichen-Wälder (Quercion robori-petraeae Br.-Bl. 1932) entwickeln.

Derzeit werden die nördlich und östlich gelegenen Halbinseln durch großflächige Rohböden geprägt. Auf diesen Standorten schreiten allgemeine Besiedlungsprozesse, vor allem aber die Gehölzetablierung aufgrund der extremen abiotischen Standortbedingungen (hohe Kohleanteile > 10 % und/oder niedrige pH-Werte < 4) nur stark verzögert voran. Ein Teil dieser Rohböden in grundwassernäheren Bereichen (1 m - 2 m uF) wird dennoch, wenn auch langsam und teilweise nur punktuell, langfristig einer Vergrasung und/oder Verbuschung unterliegen. In diesen Bereichen werden über mehrere Jahrzehnte Biotopmosaike vorherrschen, in denen Offenlandarten gute Entwicklungsmöglichkeiten vorfinden.

Auf grundwasserfernen Standorten (> 2 m uF) oder in Bereichen mit hoher Dynamik werden auch langfristig Offenlandbiotope als Lebensraum für Pionier- und Magerrasenarten erhalten bleiben. In Teilbereichen kann unter diesen extremen abiotischen Bedingungen auch der mittel- bis langfristige Erhalt mehr oder weniger großflächiger Rohböden prognostiziert werden.

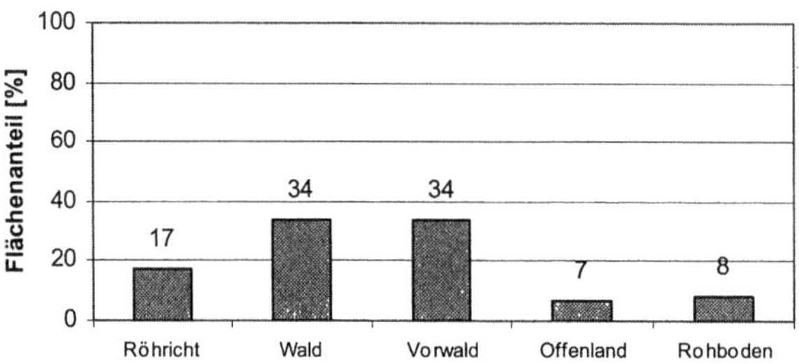

Abb. 81: Prozentuale Flächenanteile der für die Mücheln-Innenkippe prognostizierten Biotoptypen

Auch für die weiteren, durch das FLB-Projekt (2003) detailliert untersuchten Tagebaugebiete Bärenhofinsel, Tagesanlagen IIa und Halde10/35 (Goitzsche) sowie Golpa-Nord und Kayna-Süd wurden Entwicklungsprognosen erarbeitet. Diese können dem Abschlussbericht (www.hs-anhalt.de, FLB 2003) entnommen werden.

6.9 Waldentwicklung auf Kippenflächen: Ein Überblick über das gesamte ostdeutsche Braunkohlenrevier

Antje Lorenz

Der Kenntnisstand zur spontanen Waldentwicklung in der ostdeutschen Bergbaufolgelandschaft in Bezug zu den Faktoren Standort und Zeit war bislang sehr lückenhaft. Ein Ziel des Forschungsprojektes „Analyse, Prognose und Lenkung der Waldentwicklung auf Sukzessionsflächen der Mitteldeutschen und Lausitzer Braunkohlenreviere“ war deshalb die Klassifikation standörtlich und zeitlich differenzierter Waldstadien sowie die Analyse von Sukzessionsverlauf und Sukzessionsdynamik der Kippenwälder (s. TISCHEW et al. 2004).

Neben der einmaligen Chance, primäre Sukzessionsprozesse wissenschaftlich zu begleiten, besteht gegenwärtig ein verstärktes Interesse der Sanierungs- und Wiedernutzbarmachungsgesellschaften, das Wissen über die spontane Waldentwicklung in der Bergbaufolgelandschaft zu erweitern, um natürliche Regenerationspotenziale gezielt in die Rekultivierungspraxis einbinden zu können. Die Analyse der spontanen Waldentwicklung bietet hierbei wertvolle Orientierungshilfen für die Planung, Gestaltung und weitere Entwicklung von Bergbaufolgelandschaften.

Basierend auf der Methode der Chronosequenzanalyse (»space for time substitution«, PICKETT 1989) wurden deshalb in 40 Tagebaugebieten auf 104 Referenzflächen vegetationskundliche, dendrochronologische, dendrometrische sowie bodenkundliche Erhebungen durchgeführt (s. TISCHEW et al. 2004). Die Altersspanne der Untersuchungsflächen lag dabei zwischen 10 und 100 Jahren. Das Standortspektrum reichte von besiedlungsfeindlichen tertiären bis zu nährstoffreichen quartären Kipp-Substraten. Es wurden lediglich Wälder einbezogen, die nicht im unmittelbaren Einfluss des Grundwassers standen. Dabei wurden bezüglich des Grundwasserflurabstandes zwei Gruppen (2 - 5 m, > 5 m) unterschieden.

6.9.1 Überblick über die zeitliche und standörtliche Differenzierung der Waldstadien

Die Klassifikation zeitlich und standörtlich differenzierter Waldstadien (= Sukzessionsstadien) erfolgte mit Hilfe von Clusteranalysen sowie mittels multivariater Ordinationsverfahren mit den Programmen SPSS for Windows 10, PC-ORD 4 (MCCUNE & MEFFORD 1999) und CANOCO for Windows 4.5 (TER BRAAK & ŠMILAUER 1998). Hierbei sind für jede Referenzfläche die bioindikativen Parameter prozentualer Deckungswert der Vegetationsschichten, prozentualer gewichteter Anteil ökologischer Artengruppen (z.B. Sandtrockenrasen-, Wiesen-, Waldarten), die Bestandsdichte je Hektar der Pionier- sowie Intermediär-/Klimaxbaumarten mit einem Brusthöhendurchmesser ≥ 1 cm sowie die Bestandsgrundfläche aller Bäume je Hektar eingegangen. Der Datensatz wurde getrennt nach drei Altersstadien (10 bis 30 Jahre, 30 bis 60 Jahre und 60 bis 100 Jahre) analysiert (s. dazu TISCHEW et al. 2004).

Im Ergebnis der Chronosequenzanalysen konnten für drei Standortgruppen verschiedene Sukzessionsserien klassifiziert werden (s. Farbtafel C2). Dabei wurden die Waldstadien unterschiedlichen Alters auf Extremstandorten zur Serie A, auf mesophilen Standorten zur Serie B und auf mesophilen bis reichen Standorten zur Serie C zusammengefasst. Aufgrund der nur gering fortgeschrittenen Differenzierungsprozesse konnten für den Entwicklungszeitraum 10 bis 30 Jahre lediglich zwei signifikant von einander zu unterscheidende Waldstadien klassifiziert werden: die Offenland-Gebüsch-Stadien auf Extremstandorten und die initialen Pionierwälder auf mesophilen Standorten. Dennoch war es möglich, für die Standortgruppe B/C Untergruppen zu unterscheiden. Diese können auch als initiale Entwicklungsstadien der Serien B und C gelten (vgl. Abb. 82). Für die Altersstadien 30 bis 60 Jahre sowie 60 bis 100 Jahre konnten dagegen mit statistischen Methoden je drei Waldstadien differenziert werden.

Aufgrund des variierenden Grades der Besiedlungsfreundlichkeit der Kipp-Substrate zeichnen sich die Waldstadien der Serien A, B und C durch eine unterschiedlich starke Sukzessionsdynamik bzw. -geschwindigkeit aus. So verharren die Wälder der Extremstandorte (Serie A) auch nach einer Entwicklungsdauer von mehr als 60 Jahren noch immer im Pionierstadium. Extremstandorte sind aufgrund der zumeist anstehenden tertiären Substrate durch stark saure pH-Werte, hydrophobe Standortbedingungen, hohe bis sehr hohe Kohlegehalte (durchschnittlich 25 %) und eine sehr geringe Nährstoffverfügbarkeit gekennzeichnet. Bestandsprägend ist die Pionierbaumart Birke (*Betula pendula*), in der Lausitz auch verstärkt die Kiefer (*Pinus sylvestris*). Eine Akkumulation von Intermediär-/Klimaxbaumarten in der Strauch- und Baumschicht war noch nicht zu verzeichnen. Anspruchsvolle Waldbodenarten reifer Waldstadien fehlten ebenso. Je nach Fortschritt der Bodenentwicklung werden mehrere Pionierwaldzyklen durchlaufen, bis eine Entwicklung zu reiferen Waldstadien möglich ist (vgl. TISCHEW 1996, Abb. 92, S. 207).

Die Wälder der mesophilen Standorte der Serie B zeichnen sich dagegen durch einen schnelleren Sukzessionsfortschritt aus. Sie nehmen eine Intermediärstellung zwischen den Wäldern der Extremstandorte (Serie A) und denen der mesophilen bis reichen Standorte (Serie C) ein. Auch hier ist die Birke (*Betula pendula*) bestandsprägend. Aufgrund der zumeist anstehenden Mischsubstrate aus tertiären und quartären Materialien zeichnen sich die Standorte durch niedrige bis mittlere pH-Werte sowie durch eine niedrige bis mittlere Nährstoffverfügbarkeit aus. Im Altersstadium 60 bis 100 Jahre weisen diese Wälder bereits eine initiale Akkumulation von Intermediär-/Klimaxbaumarten in der Strauch- und Baumschicht sowie erste anspruchsvollere Waldbodenarten in der Krautschicht auf.

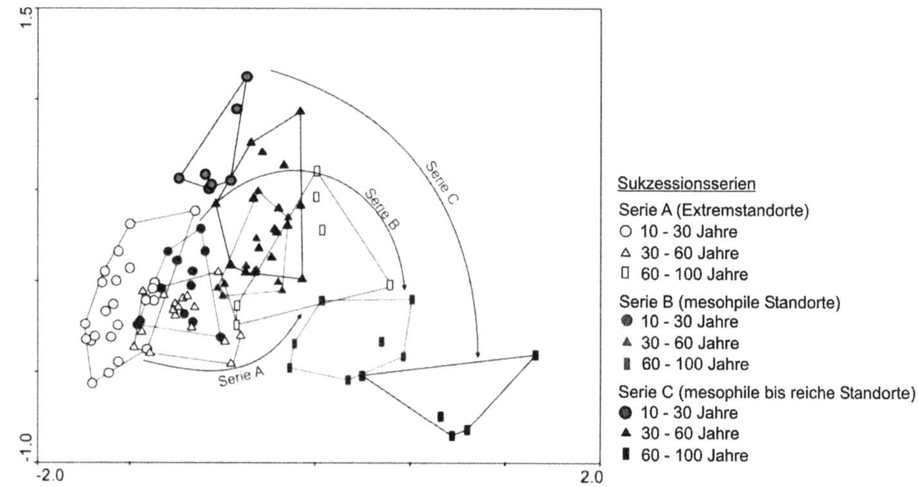

Abb. 82: Ordinationsplot einer Hauptkomponentenanalyse (PCA) repräsentativ untersuchter Waldstandorte in der ostdeutschen Bergbaufolgelandschaft auf der Basis ökologisch-struktureller Parameter (z-transformierte Daten) unter Berücksichtigung der Faktoren Zeit und Standort. Dargestellt sind die erste und zweite Achse. Die Flächen eines Sukzessionsstadiums werden über »envelopes« (Verbindungslinien) und die Flächen einer Sukzessionsserie (= Standortgruppe) in gleicher Graustufe gekennzeichnet. Ausreißerflächen wurden ausgeblendet. Kumulative erklärte Varianz (%) von Achse 1 - 4: 23,5/37,7/45,6/52,5 (aus LORENZ & BENKER 2004).

Der schnellste Sukzessionsfortschritt war für die Wälder der mesophilen bis reichen Standorte (Serie C) zu verzeichnen. Die zumeist anstehenden Quartär-Substrate oder überwiegend quartären Mischsubstrate wiesen mittlere bis hohe pH-Werte sowie eine mittlere bis hohe Nährstoffverfügbarkeit auf. Bestandsprägend war auf diesen Standorten ebenfalls die Birke (*Betula pendula*). Je nach Vorkommen von Lieferbiotopen in der Umgebung wurden für einige Waldstandorte bereits im Altersstadium 30 bis 60 Jahre erste Stiel-Eichen (*Quercus robur*) in der Strauchschicht beobachtet. Im dritten Altersstadium konnte gegenüber der Serie B eine noch stärkere Akkumulation von Intermediär- und Klimaxbaumarten sowie anspruchsvollen Waldbodenarten verzeichnet werden (vgl. Kapitel 6.9.3).

Da die Sukzessionsgeschwindigkeit auch von der Verfügbarkeit der Lieferbiotope in der Umgebung und von substratmodifizierenden Einflussfaktoren (z.B. Flugascheauflagen) abhängt, sind entsprechend der individuellen Rahmenbedingungen auch nichtlineare Entwicklungswege möglich. Das bedeutet, dass Sukzessionsstadien auch schneller oder langsamer durchlaufen werden können.

6.9.2 Standörtliche Differenzierungsprozesse

Nach der Klassifizierung der Waldstadien über Bioindikation wurde im zweiten Schritt überprüft, welche konkreten Standortbedingungen zum unterschiedlich schnellen Sukzessionsfortschritt der Wälder führen. Für die drei Altersstadien 10 bis 30 Jahre, 30 bis 60 Jahre und 60 bis 100 Jahre wurden daher multivariate Analysen zur Ermittlung des Einflusses determinierender Standortfaktoren durchgeführt. Dabei sind die in Kapitel 6.9.1 aufgeführten ökologisch-strukturellen Parameter und die Standortparameter pH-Wert, Gehalt an pflanzenverfügbarem Phosphor, Kalium und Magnesium, Gesamtkohlenstoff, -stickstoff und -schwefel, Kationenaustauschkapazität, Calciumcarbonat verschiedener Entnahmetiefen sowie die Bodenart des Kipp-Substrates, der Kohle- und Skelettgehalt, die Höhe der Flugasche- und Humusauflage eingegangen (vgl. dazu Methoden in TISCHEW et al. 2004). Da direkte Einflussgrößen zur Abschätzung des pflanzenverfügbaren Bodenwassers nicht gemessen werden konnten, wurde der quantitative Feuchtezeigerwert (nach FRANK et al. 1990) als „Ersatzparameter" verwendet. Im Folgenden werden für jedes Altersstadium die determinierenden Standortfaktoren vorgestellt, die sich mittels Monte-Carlo-Permutationstest als signifikant erwiesen haben.

Erstes Altersstadium: 10 bis 30 Jahre

Abb. 83 (links) zeigt das Ergebnis einer Korrespondenzanalyse für die 10- bis 30jährigen Untersuchungsflächen auf der Basis bioindikativer Parameter. Die Offenland-Gebüsch-Stadien der Extremstandorte mit stark verzögerter Sukzession (Serie A) trennen sich im Ordinationsdiagramm deutlich von den übrigen, initialen Pionierwaldstadien mit fortgeschrittener Sukzession (Serien B/C). Die Vektoren verdeutlichen, durch welche strukturell-ökologischen Parameter die Waldstadien jeweils gekennzeichnet sind. Sie weisen in Richtung der maximalen Variation im Datensatz, das heißt lange Vektoren besitzen die höchsten Bedeutungswerte (z.B. HAKES 1996).

In Abb. 83 (rechts) wird das Ergebnis der Korrespondenzanalyse nach Integration der Standortparameter dargestellt. Signifikanten Einfluss auf die ökologisch-strukturelle Ausprägung der 10- bis 30jährigen Waldstadien weisen die Parameter Gesamtstickstoffgehalt, pH-Wert sowie Mächtigkeit der Humusauflage auf. Es wird jedoch deutlich, dass es hinsichtlich dieser Standortparameter zu einer Durchmischung der Referenzflächen kommt, was eine starke Auflösung der Standortgruppen bedingt.

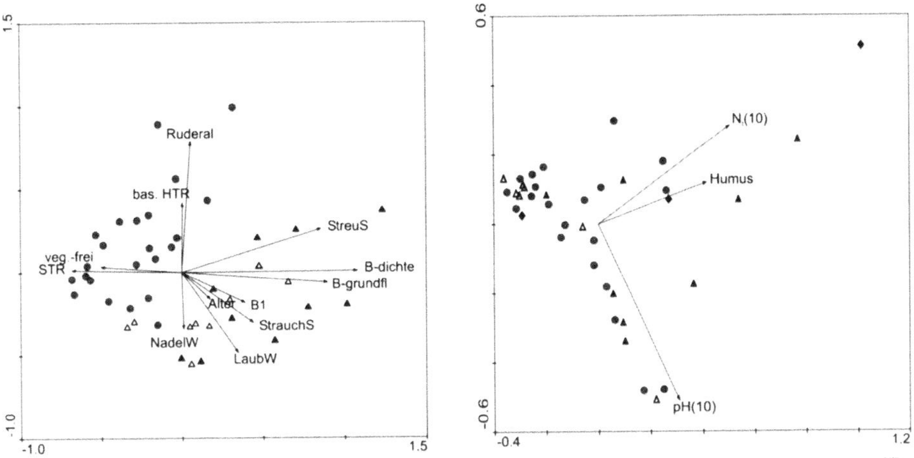

● Serie A, 10 - 30 Jahre: Initiale Offenland-Gebüsch-Stadien mit Birke/Kiefer
△ Serie B/C, 10 - 30 Jahre, Untergruppe 1: Initiale Birken-Pionierwälder, Überspringen oder schnelles Durchlaufen des Gras-Kraut-Stadiums
▲ Serie B/C, 10 - 30 Jahre, Untergruppe 2: Initiale Birken-Pionierwälder mit paralleler Entwicklung der Krautschicht

signifikante bioindikative Parameter (links) oder Standortparameter (rechts)

Alter:	Flächenalter
STR:	Sandtrockenrasenarten [%]
bas. HTR:	Arten basiphiler Trocken- und Halbtrockenrasen [%]
Ruderal:	Ruderalarten [%]
NadelW:	Arten bodensaurer Kiefernwälder [%]
LaubW:	Arten schwach saurer bis schwach basischer Standorte [%]
veg.-frei:	vegetationsfreie Rohbodenbereiche [%]
B1:	obere Baumschicht [%]
StreuS:	Streuschicht [%]
StrauchS:	Strauchschicht [%]
B-grundfl:	Bestandsgrundfläche [m^2/ha, alle Gehölze >1 cm BHD]
B-dichte:	Bestandsdichte [n/ha, alle Gehölze > 1 cm BHD]
N_t(10):	Gesamtstickstoffgehalt, in 0-10 cm Tiefe [%]
pH(10):	pH-Wert, in 0-10 cm Tiefe [$CaCl_2$]
Humus:	Humusauflage [cm]

Abb. 83: *Links:* Ordinationsplot einer Korrespondenzanalyse (RDA – Redundancy Analysis) entlang der ersten und zweiten Achse für die Referenzflächen des Altersstadiums 10 bis 30 Jahre auf der Basis ökologisch-struktureller Parameter, signifikante bioindikative Parameter (U-Test) werden durch die Vektoren erklärt. Kumulative erklärte Varianz (%) von Achse 1 - 4: 20,6/32,1/41,1/42,0. – *Rechts*: Ordinationsplot einer Korrespondenzanalyse (RDA) entlang der ersten und zweiten Achse für die Referenzflächen des Altersstadiums 10 bis 30 Jahre auf der Basis ökologisch-struktureller Parameter und den mittels Monte-Carlo-Permutationstest berechneten, signifikanten Substratparametern. Kumulative erklärte Varianz (%) von Achse 1 - 4: 53,8/79,8/100,0/0,0.

Es wird davon ausgegangen, dass die wichtigsten bodenchemischen und -physikalischen Parameter erfasst wurden. Nicht erhoben wurden dagegen bodenbiologische Parameter sowie direkte Einflussgrößen zur Abschätzung des pflanzenverfügbaren Bodenwassers. Da der überwiegende Teil der Referenzflächen bezüglich des Wasserhaushaltes ähnliche Bedingungen (grundwasserfern, Grundwasserflurabstand > 5 m) aufwies und dieser Faktor sowie die bodenbiologischen Bedingungen indirekt über die Verfügbarkeit pflanzlicher Nährstoffe berücksichtigt werden, werden folgende Erklärungsansätze angenommen:

(a) In den ersten 30 Jahren der Waldentwicklung muss stochastischen Ereignissen ein generell stärkeres Gewicht beigemessen werden als der differenzierenden Wirkung von Standortfaktoren (vgl. auch WIEGLEB & FELINKS 2001a, JAKOB et al. 2003).

(b) Für die Ausprägung verschiedener, standörtlich differenzierter Waldstadien spielen nicht nur einzelne, isolierte Standortparameter eine Rolle. Es besteht vielmehr ein Zusammenwirken unterschiedlicher bodenchemischer, -physikalischer und -biologischer Parameter. Verschiedene Faktorenkomplexe können dabei aber zu ähnlichen ökologisch-strukturellen Eigenschaften der Wälder führen (s. TISCHEW et al. 2004). So wurden beispielsweise Pionierwälder auf sandigem Kipp-Substrat mit niedrigem pH-Wert (3,7), aber geringem Grundwasserflurabstand (2 m) aufgrund ihrer ökologisch-strukturellen Eigenschaften ebenso zur Serie C gestellt wie die Pionierwälder eines grundwasserfernen Standortes mit überwiegend quartären Substratmassen aus schwach tonigem Lehm und einem pH-Wert von 5,0. Demzufolge führten unterschiedliche Standortfaktoren zu einer vergleichbaren Nährstoffverfügbarkeit auf beiden Standorten.

Weitere relevante Einflussfaktoren wie beispielsweise die Nähe zu Diasporenquellen, kleinräumige Schutzstellen zur Keimung und Etablierung von Gehölzen oder der Einfluss geomorphologischer Prozesse konnten aufgrund des dafür notwendigen hohen Zeitaufwandes nicht erfasst werden.

Zweites Altersstadium: 30 bis 60 Jahre

Bei der Analyse determinierender Standortfaktoren für die standörtlich differenzierten Waldstadien der 30- bis 60jährigen Untersuchungsflächen zeigten die Parameter pH-Wert und Gesamtstickstoffgehalt wieder einen signifikanten Einfluss auf die ökologisch-strukturellen Eigenschaften der Wälder (Abb. 84). Zusätzlich erwies sich der quantitative Feuchtezeigerwert nach FRANK et al. (1990) als signifikant. Die Vektoren für die Parameter pH-Wert und Gesamtstickstoffgehalt werden eindeutig den Wäldern der Serie C zugewiesen. Demnach traten die höchsten pH-Werte und Gesamtstickstoffgehalte auf den mesophilen bis reichen Standorten auf und waren damit für den beschleunigten Sukzessionsfortschritt verantwortlich (s. Tab. 35).

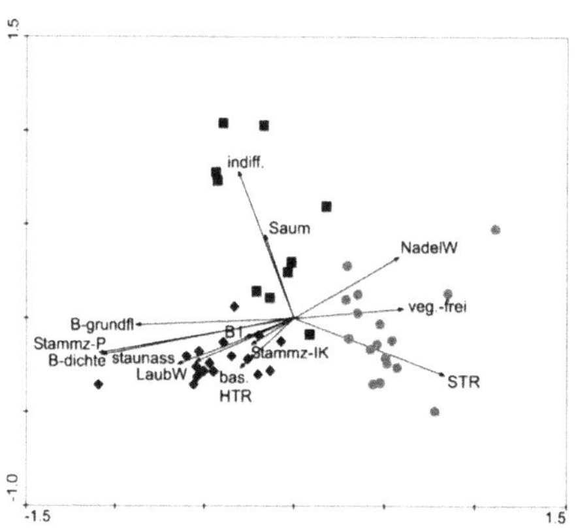

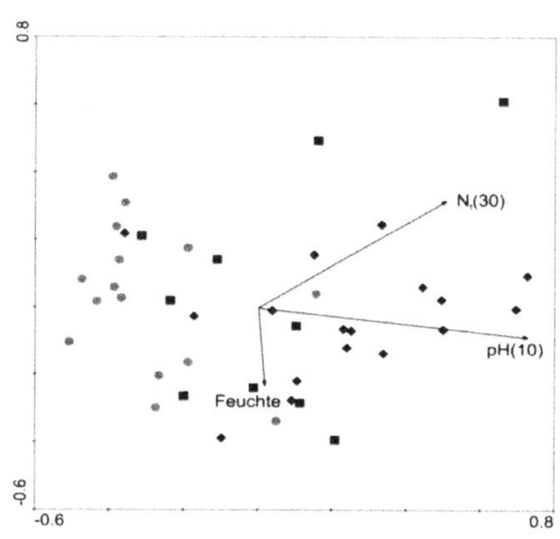

- Serie A, 30 - 60 Jahre: Sehr lückige Pionierwälder mit Birke u./o. Kiefer
- Serie B, 30 - 60 Jahre: Birken-Pionierwälder ohne Akkumulation von Intermediär-/Klimaxbaumarten
- Serie C, 30 - 60 Jahre: Birken-Pionierwälder mit initialer Akkumulation von Waldbodenarten und Intermediär-/Klimaxbaumarten in der Strauchschicht

signifikante bioindikative Parameter (links) oder Standortparameter (rechts)

STR:	Sandtrockenrasenarten
bas. HTR:	Arten basiphiler Trocken und Halbtrockenrasen
Saum:	Arten mesophiler, waldnaher Säume und Gebüsche
indiff.:	indifferente Arten
NadelW:	Arten bodensaurer Kiefernwälder
LaubW:	Laubwaldarten schwach saurer bis schwach basisch. Standorte
veg.-frei:	vegetationsfr. Rohbodenbereiche
B1:	obere Baumschicht
B-grundfl:	Stammfläche aller Bäume mit BHD > 1cm [m^2/ha]
B-dichte:	Stammzahl aller Bäume mit BHD > 1cm [n/ha]
Stammz-P:	Stammzahl aller Pionierbaumarten mit BHD >1 cm [n/ha]
Stammz-IK:	Stammzahl aller Intermediär und Klimaxbaumarten mit BHD > 1 cm [n/ha]
staunass:	Arten staunasser Wiesen, Säume und Röhrichte
$N_t(10)$:	Gesamtstickstoffgehalt, in 0-10 cm Tiefe [%]
pH(10):	pH-Wert, in 0-10 cm Tiefe [$CaCl_2$]
Feuchte:	quantitativer Feuchtezeigerwert (nach FRANK et al. 1990)

Abb. 84: *Links*: Ordinationsplot einer Korrespondenzanalyse (RDA – Redundancy Analysis) entlang der ersten und zweiten Achse für die Referenzflächen des Altersstadiums 30 bis 60 Jahre auf der Basis ökologisch-struktureller Parameter, signifikante bioindikative Parameter (H-Test) werden durch die Vektoren erklärt. Kumulative erklärte Varianz (%) von Achse 1 - 4: 22,3/35,6/46,1/55,7. – *Rechts*: Ordinationsplot einer RDA-Analyse entlang der ersten und zweiten Achse für die Referenzflächen des Altersstadiums 30 bis 60 Jahre auf der Basis ökologisch-struktureller Parameter und den mittels Monte-Carlo-Permutationstest berechneten, signifikanten Substratparametern. Kumulative erklärte Varianz (%) von Achse 1 - 4: 57,5/83,2/100,0/0,0.

Tab. 35: Mittelwerte ausgewählter Standortparameter der 30- bis 60jährigen Waldstadien auf Extremstandorten (A), mesophilen standorten (B) und mesophilen bis reichen Standorten (C)

Substratparameter	Extremstandorte (A) (95 % - Konfidenzintervall)	Mesophile Standorte (B) (95 % - Konfidenzintervall)	Mesophile bis reiche Standorte (C) (95 % - Konfidenzintervall)
pH-Wert (0 - 10 cm Tiefe)*	3,9 (0,4)	5,1 (0,6)	5,8 (0,5)
pH-Wert (10 - 30 cm Tiefe)	3,7 (0,4)	5,0 (0,8)	5,5 (0,6)
pH-Wert (30 - 60 cm Tiefe)	3,6 (0,4)	4,7 (0,9)	5,3 (0,7)
N_t in % (0 - 10 cm Tiefe)	0,06 (0,01)	0,13 (0,07)	0,15 (0,03)
N_t in % (10 - 30 cm Tiefe)*	0,03 (0,01)	0,05 (0,02)	0,06 (0,01)

* signifikant nach Monte Carlo Permutationstest (Irrtumswahrscheinlichkeit $p < 0,05$)

Eine Auflösung der Gruppen nach Integration der Standortparameter in die statistischen Analysen fällt deutlich geringer aus als für das erste Altersstadium (Abb. 84, rechts).

Drittes Altersstadium: 60 bis 100 Jahre

Für die Wälder des dritten Altersstadiums zeigte sich eine noch deutlichere standörtliche Differenzierung. So nahmen einerseits die Parameter mit signifikantem Einfluss auf die ökologisch-strukturellen Eigenschaften der Wälder zu und andererseits lag nach Integration der Standortparameter in die statistischen Analysen eine noch geringere Auflösung der Gruppen (= Waldstadien) vor (Abb. 85).

Der Korrespondenzanalyse zufolge resultiert die Sukzessionsverzögerung der Pionierwälder auf Extremstandorten vor allem aus den hohen Kohlegehalten. Diese liegen für die untersuchten Standorte im Mittel bei 25 Vol.-%, im Extremfall sogar bei ca. 40 Vol.-%. Damit verbunden sind hohe Gesamtkohlenstoffgehalte in den tieferen Substratschichten (s. Tab. 36). Die hohen Werte für die Kationenaustauschkapazität (KAK_{pot}) ergeben sich aus dem erhöhten Sorptionsvermögen, da Substrate mit kohligen Beimengungen über reaktionsfähige Substanzen wie Huminsäurevorstufen und Huminsäuren verfügen (LAVES et al. 1998, WÜNSCHE et al. 1998). Kohlige Beimengungen sind auch in der Lage, Stickstoffverbindungen zu sorbieren. Sie binden sie aber teilweise irreversibel. Hierdurch erklärt sich unter anderem die extrem schlechte Nährstoffverfügbarkeit tertiärer kohlehaltiger Kippenböden. Darüber hinaus besitzen Kohlebeimengungen die Fähigkeit, 20 bis 50 % des Bodenwassers nicht pflanzenverfügbar zu binden. Stark kohlehaltige Substrate können daher trotz hoher Mengen an gebundenem Wasser physiologisch als sehr trocken gelten (KOPP 1960, THUM 1975).

Tab. 36: Mittelwerte ausgewählter Standortparameter der 60- bis 100jährigen Waldstadien auf Extremstandorten (A), mesophilen Standorten (B) und mesophilen bis reichen Standorten (C)

Substratparameter	Extremstandorte (A) (95 % - Konfidenzintervall)	Mesophile Standorte (B) (95 % - Konfidenzintervall)	Mesophile bis reiche Standorte (C) (95 % - Konfidenzintervall)
N_t in % (0 - 10 cm Tiefe)	0,3 (0,1)	0,3 (0,2)	0,4 (0,1)
N_t in % (10 - 30 cm Tiefe)*	0,3 (0,2)	0,1 (0,05)	0,1 (0,03)
P_2O_5 in mg/100 g Boden (0 - 10 cm Tiefe)*	0,3 (0,2)	0,8 (0,7)	0,8 (0,7)
P_2O_5 in mg/100 g Boden (10 - 30 cm Tiefe)*	0,3 (0,2)	0,4 (0,2)	0,6 (0,4)
KAK_{pot} (10 - 30 cm Tiefe)*	30,3 (8,8)	9,2 (5,9)	7,0 (3,1)
Kohlegehalt in Vol.-%*	24,6 (14,8)	4,0 (2,8)	0,3 (0,4)
C_t in % (10 - 30 cm Tiefe)*	11,2 (4,1)	2,7 (1,6)	2,1 (0,3)
C/N-Verhältnis (10 - 30 cm Tiefe)	53,8 (19,9)	37,3 (8,4)	21,3 (6,0)
Mg (10 - 30 cm Tiefe)	20,2 (6,8)	16,2 (3,4)	10,4 (2,4)
Flugascheauflage in cm*	3,2 (2,8)	6,9 (2,8)	10,6 (3,9)
Humusauflage in cm*	1,3 (1,6)	2,6 (1,0)	2,6 (1,0)

* signifikant nach Monte Carlo Permutationstest (Irrtumswahrscheinlichkeit $p < 0,05$)

Der Sukzessionsfortschritt der Waldstadien auf mesophilen bis reichen Standorten der Serie C – und weniger schnell auch auf den mesophilen Standorten der Serie B – resultiert aus den generell sehr besiedlungsfreundlichen, quartären Substraten und wird insbesondere durch signifikant niedrigere Kohlegehalte sowie signifikant höhere Auflagen basischer Flugstäube der braunkohleverarbeitenden Industrie aus der Vorwendezeit gefördert. Über die Flugascheauflagen erfolgt eine Erhöhung des C/P-Verhältnisses, der basischen Ionen, wie beispielsweise der Magnesium-Ionen, sowie eine generelle Erhöhung des Nährstoffangebotes (vgl. THOMASIUS et al. 1997, SELENT et al. 1999).

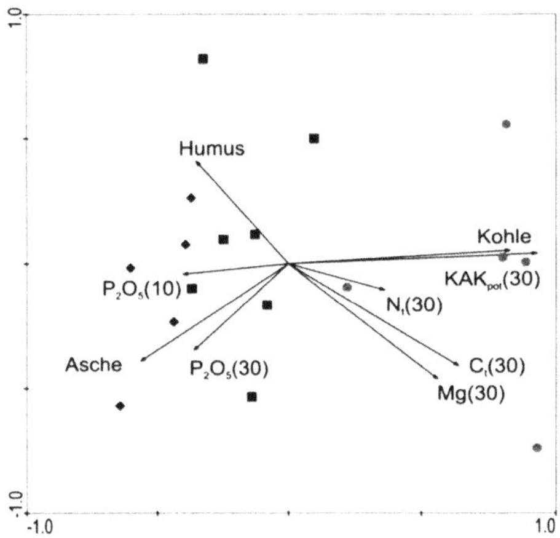

- Serie A, 60 - 100 Jahre: Langfristig lückige Pionierwälder mit Birke und/oder Kiefer
- Serie B, 60 - 100 Jahre: Birken-Pionierwälder mit einigen Waldbodenarten und initialer Akkumulation von Intermediär-/Klimaxbaumarten in der Strauch- und Baumschicht
- Serie C, 60 - 100 Jahre: Birken-Pionierwälder mit Akkumulation von Waldbodenarten und Intermediär-/Klimaxbaumarten in der Strauch- und Baumschicht

signifikante Standortparameter

Humus:	Humusauflage [cm]
Asche:	Flugascheauflage [cm]
Kohle:	Kohlegehalt [Vol.- %]
KAK$_{pot}$(30):	Kationenaustauschkapazität (pot), in 10 - 30 cm Tiefe [mval/100 g Bo.]
C_t(30):	Gesamtkohlenstoffgehalt, in 0 - 10 cm Tiefe
N_t(30):	Gesamtstickstoffgehalt, in 10 - 30 cm Tiefe [%]
Mg(30):	Magnesiumgehalt, in 10 - 30 cm Tiefe [mg/100 g Bo.]
P_2O_5(10):	pflanzenverfügbarer Phosphorgehalt, in 0 - 10 cmTiefe [mg/100 g Bo.]
P_2O_5(30):	pflanzenverfügbarer Phosphorgehalt in 10 - 30 cmTiefe [mg/100 g Bo.]

Abb. 85: Ordinationsplot einer Korrespondenzanalyse (RDA – Redundancy Analysis) entlang der ersten und zweiten Achse für die Referenzflächen des Altersstadiums 60 bis 100 Jahre auf der Basis ökologisch-struktureller Parameter und den mittels Monte-Carlo-Permutationstest berechneten, signifikanten Substratparametern. Kumulative erklärte Varianz (%) von Achse 1 - 4: 30,5/47,6/59,6/70,7.

Gleichzeitig zeichnen sich die Wälder der Serien B und C im Altersstadium 60 bis 100 Jahre durch signifikant höhere Humusauflagen aus. Dies kann als stärkere biogene Umsetzung der Pflanzenbestände gewertet werden, da sich die Zahl der Bodenmikroorganismen infolge günstigerer Substratbedingungen erhöht (s. Kapitel 6.4, DUNGER 1998a/b, MACHULLA in BESCH-FROTSCHER et al. 2002).

Die Analysen zur Standortdifferenzierung zeigen, dass ein deutlicher, standörtlich induzierter Differenzierungsprozess bei der Entwicklung der Wälder in der Bergbaufolgelandschaft verstärkt ab dem Altersstadium 30 bis 60 Jahre einsetzt. Die variierende Besiedlungsfreundlichkeit der Kipp-Substrate führt dabei zu einem unterschiedlich schnellen Sukzessionsfortschritt.

6.9.3 Entwicklungsdynamik der Wälder am Beispiel ausgewählter ökologisch-struktureller Eigenschaften

Artenzahlen und Deckungswerte der Vegetationsschichten

Der unterschiedlich schnelle Sukzessionsfortschritt der Kippenwälder spiegelt sich beispielsweise in der Entwicklung der Deckungswerte der Vegetationsschichten sowie der Artenzahlen früh- und spätsukzessionaler Baum-, Strauch- und Krautschichtarten wider.

Abb. 86 zeigt, dass auf den besiedlungsfeindlicheren Standorten der Serie A im Gegensatz zu den Serien B und C über wesentlich längere Zeiträume Rohbodenflächen und offene Waldstrukturen erhalten bleiben. So erreichen die Wälder der Serie A nach einer Entwicklungsdauer von 60 bis 100 Jahren eine mittlere Baumschichtdeckung von etwa 30 %. Dieser niedrige Schlussgrad der Baumschicht ist aus naturschutzfachlicher Sicht nicht negativ zu bewerten, denn lichte Wälder bieten über einen langen Zeitraum hinweg lichtbedürftigen, konkurrenzschwachen und gefährdeten Pflanzenarten (z.B. Natternzungen-, Knabenkraut- und Wintergrüngewächse) ökologische Nischen für den Aufbau stabiler Populationen (vgl. Kapitel 4).

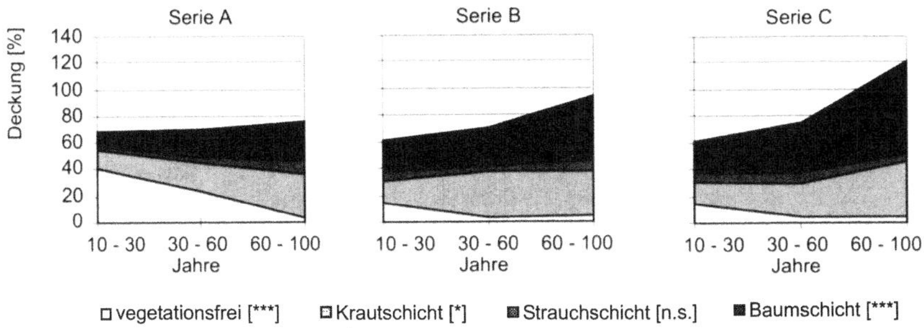

Abb. 86: Mittlere Deckungswerte der Baum-, Strauch- und Krautschicht sowie vegetationsfreier Rohbodenbereiche in den Wäldern der Serien A (Extremstandorte), B (mesophile Standorte) und C (mesophile bis reiche Standorte)

H-Test nach Kruskal & Wallis: n.s. ≙ nicht signifikant; [***] ≙ $p \leq 0{,}001$; [*] ≙ $0{,}05 \geq p \geq 0{,}01$

Auf den besiedlungsfreundlichen Standorten der Serie C können dagegen bei gleicher Entwicklungsdauer für die Baumschicht mittlere Deckungswerte von etwa 70 % verzeichnet werden. Dieser Wert ist mit den Werten für Baumschichtdeckungen naturnaher Klimaxwälder im Stadium der Optimalphase vergleichbar (z.B. FALIŃSKI 1986, WOLF 1991, HEINKEN 1995). Im Altersstadium 60 bis 100 Jahre nähert sich folglich auf Standorten mit hoher Trophie der Faktor Licht deutlich den Verhältnissen rezenter bzw. historisch alter Wälder an. In artenreichen Waldstadien ehemaliger Altbergbaugebiete im Mittleren Hessen beobachtete KNAPP (1974) bei vergleichbarem Flächenalter mit 60 % ebenfalls einen hohen Schlussgrad der Baumschicht.

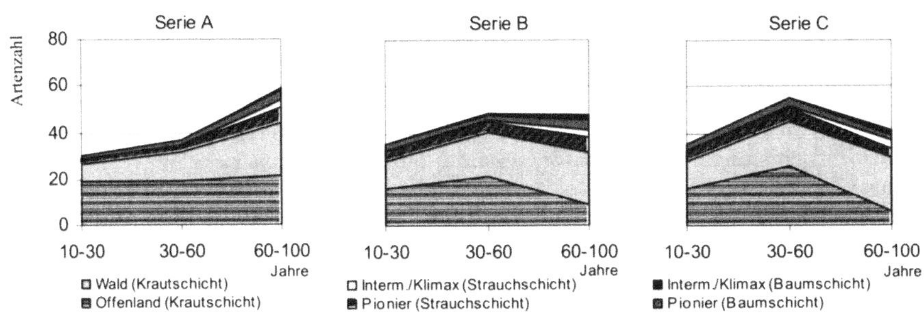

Abb. 87: Mittlere Artenzahlen der Offenland- und Waldarten in der Krautschicht, der Pionier- sowie Intermediär-/Klimaxgehölze in der Strauch- und Baumschicht der Serien A (Extremstandorte), B (mesophile Standorte) und C (mesophile bis reiche Standorte)

Der aus den heterogenen Standortbedingungen resultierende, unterschiedlich schnelle Sukzessionsfortschritt hinsichtlich der Waldstrukturen spiegelt sich ebenso im Anteil früh- und spätsukzessionaler Arten wider. Vor allem auf den ältesten Standorten der Serie C ist bereits eine hohe Anzahl an Waldarten in der Baum- und Strauchschicht sowie der Krautschicht vertreten (Abb. 87). Die hohe mittlere Artenzahl auf den älteren Standorten der Serie A belegt die hohe Bedeutung der Extremstandorte für die Artendiversität lichter Wälder in der Bergbaufolgelandschaft. In diesen finden über lange Zeiträume konkurrenzschwache Offenlandarten (z.B. Arten der Ophioglossaceen) sowie Arten junger Pionierwälder (z.B. *Pyrola*-Arten) einen geeigneten Lebensraum. Zum Erhalt der biologischen Vielfalt trägt die durch die standörtliche Heterogenitat bedingte Vielfalt an Waldstadien bei. Sie ermöglicht darüber hinaus eine vielfältige und ästhetisch reizvolle Landschaft.

Früh- und spätsukzessionale Arten der Krautschicht

Offenlandarten: Vor allem in den jungen Stadien der Waldentwicklung (10 - 30 Jahre) ist der Anteil an Offenlandarten sehr hoch. Bezogen auf den Deckungswert der Krautschicht nehmen sie je nach Standortbedingungen, Artenausstattung und Entfernung der Lieferbiotope sowie Flächenalter einen Anteil von durchschnittlich 60 bis 80 % ein. Niedrigere Anteile an Offenlandarten in den Serien B und C werden zumeist durch einen höheren Anteil Waldarten bedingt. Insbesondere in den jungen Waldstadien resultiert dieser vorwiegend aus der beginnenden Einwanderung von Pioniergehölzen (TISCHEW & LORENZ 2004).

Vor allem auf Extremstandorten (Serie A) ist der Anteil an Sandtrockenrasenarten mit 10 bis 20 % vergleichsweise hoch. Häufig vertretene Arten dieser ökologischen Gruppe waren beispielsweise *Hieracium pilosella* und *Hypochoeris radicata.* Dagegen kamen die Arten *Achillea millefolium, Agrostis capillaris, Calamagrostis epigejos* (mit sehr niedrigen Deckungswerten), *Carlina vulgaris, Daucus carota, Festuca rubra* agg., *F. ovina* agg., *Holcus lanatus, Hypericum perforatum* sowie *Poa compressa* in allen Pionierwäldern sehr häufig vor. Bei Staunässe oder anstehenden bindigen Kipp-Böden traten teilweise Arten staunasser Wiesen und Säume sowie der Röhrichte hinzu, beispielsweise *Tussilago farfara.* Arten der basiphilen Trocken- und Halbtrockenrasen wiesen ein generell geringes Vorkommen auf (vgl. TISCHEW et al. 2004).

Waldarten: Zu den steten bis sehr steten Waldbodenarten aller Standorte zählen die drei lichtliebenden Habichtskräuter *Hieracium lachenalii, Hieracium sabaudum* und *Hieracium laevigatum.* Sie waren in den Waldstadien der Serien A, B und C mit 40 bis 80 % Stetigkeit vertreten. Ein häufiges Vorkommen wiesen darüber hinaus die Arten *Fragaria vesca, Avenella flexuosa, Poa nemoralis, Brachypodium sylvaticum, Epipactis atrorubens, Pyrola minor* und *Orthilia secunda* auf (s. Tab. 26, S. 155). Im Lausitzer Revier traten *Calluna vulgaris, Vaccinium myrtillus, Vaccinium vitis-idea* sowie *Carex pilulifera* hinzu. Das Verbreitungsoptimum aller genannten Arten liegt in den initialen und frühen Pionierwaldstadien. Die Waldbodenarten dieser Stadien weisen eine enge floristische Beziehung zu den nährstoff- und basenarmen Birken-Eichenwäldern (Quercetea robori-petraeae, SCHUBERT et al. 2001) der Podsolböden in der gewachsenen Landschaft auf.

Charakteristische Waldbodenarten der reiferen Stadien waren unter anderem *Viola riviniana, Viola reichenbachiana, Moehringia trinervia, Festuca gigantea, Hedera helix, Maianthemum bifolium* und *Convallaria majalis* (s. Tab. 26, S. 155). Hervorzuheben ist darüber hinaus das Vorkommen der sehr anspruchsvollen Waldbodenarten *Melica nutans, Circaea lutetiana, Sanicula europaea, Polygonatum multiflorum* und *Luzula luzuloides.* Diese werden von WULF (1995) als typische Arten historisch alter Wälder herausgestellt. Sie traten jedoch in vorliegenden Untersuchungen ausschließlich im Altbergbaugebiet Whyra auf. Diese Kippenflächen weisen neben ihrem hohen Alter (ca. 85 Jahre) eine relativ geringe Entfernung zu potenziellen Lieferbiotopen auf. Möglich ist auch, dass bereits Diasporen dieser Arten im Oberbodenmaterial vorhanden waren (Handkippe). Die Waldbodenarten der reiferen Waldstadien können zu den Pflanzengemeinschaften der mesophilen sommergrünen Laubmischwälder (Carpino-Fagetea, SCHUBERT et al. 2001) gestellt werden. Diese Waldgesellschaften sind in der gewachsenen Landschaft auf Böden mit ausgeglichenem Wasserhaushalt sowie guter Nährstoff- und Basenversorgung zu finden. Zum Zeitpunkt der Untersuchungen wurde eine solch hohe Standorttrophie vor allem für die Kippenflächen in den Altbergbaugebieten der Serie C und teilweise der Serie B festgestellt.

Früh- und spätsukzessionale Baumarten

Individuen bis 50 cm Höhe: Beachtlich war das generell hohe Einwanderungspotenzial im Hinblick auf die Individuendichte und das Artenspektrum der Intermediär- und Klimaxbaumarten. Trotz unterschiedlicher Distanzen zu potenziellen Lieferbiotopen, deren unterschiedlicher Artenaussattung sowie des relativ breiten Standortspektrums der Kippenflächen waren einige spätsukzessionale Baumarten in der Krautschicht der Pionierwälder häufig vertreten, darunter beispielsweise *Quercus robur* et *petraea, Acer pseudoplatanus, Acer platanoides* und *Fraxinus excelsior.* Die *Quercus*-Arten kamen jedoch als einzige Arten mit sehr hoher Stetigkeit bereits in sehr jungen Pionierwaldstadien aller Standortspektren vor. Beachtlich war dabei der hohe prozentuale Anteil der Eichen an der Gesamtindividuendichte aller Intermediär- und Klimaxbaumarten. Dieser lag in der Regel zwischen 60 und 90 % (Tab. 37). Bei der Entwicklung der Pionierwälder zu Intermediärstadien spielt Eiche demnach eine Schlüsselrolle (vgl. auch Kapitel 8.5).

Generell ist die Stiel-Eiche (*Quercus robur)* gegenüber der Trauben-Eiche (*Quercus petraea)* in den Pionierwäldern aller Standortgruppen und Altersstadien stärker verbreitet. War eine sichere Unterscheidung der beiden Arten im Keim- und Juvenilstadium nicht möglich (vgl. KRAHL-URBAN 1959), so konnte für die Strauch- und Baumschicht eindeutig ein häufigeres Vorkommen von *Quercus robur* beobachtet werden (Abb. 88). *Quercus petraea* spielte hingegen nur eine geringere Rolle. Erklären lässt sich dies einerseits über die physiologischen Standortamplituden beider Arten. Die Stiel-Eiche weist eine deutlich breitere physiologische Amplitude hinsichtlich des Bodenwasserhaushaltes auf als die Trauben-Eiche (ELLENBERG 1996). Andererseits wird von einigen Autoren eine Präferenz der Stiel-Eiche durch den Eichelhäher beschrieben. Aus einem Samenangebot an Stiel-, Trauben-, Rot-Eichen und Rotbuchen werden eindeutig Stiel-Eichen bevorzugt (DUPOUEY & LEBOULER 1989).

Tab. 37: Mittlere Individuenzahlen je Hektar der Pionier- und Intermediär-/Klimaxbaumarten sowie der heimischen Eichenarten (*Quercus robur* et *petraea*) der Pionierwaldstadien

Sukzessionsserie	Serie A (Extremstandorte)			Serie B (Mesophile Standorte)			Serie C (Mesophile bis reiche Standorte)		
Sukzessionsstadium (Jahre) (Stichprobenzahlen)	10 - 30 (n = 21)	30 - 60 (n = 17)	60 - 100 (n = 6)	10 - 30 (n = 20)	30 - 60 (n = 10)	60 - 100 (n = 7)	10 - 30 (n = 20)	30 - 60 (n = 17)	60 - 100 (n = 5)
Pionierbaumarten	6.090	8.313	23.513	22.576	21.267	9.708	22.576	18.315	1.763
Intermediär-/Klimaxbaumarten	195	881	12.021	798	2.391	5.652	798	2.541	25.216
davon *Quercus robur* et *petraea*	181	512	5.228	692	1.914	1.807	692	2.088	392

Bemerkenswert ist, dass für viele Pionierbaumarten, insbesondere für *Betula pendula*, *Pinus sylvestris*, *Salix caprea* und *Populus tremula* im dritten Altersstadium der Serie C die Stetigkeit juveniler Individuen stark abnimmt und einige dieser Arten (*Betula pendula*, *Salix caprea*) zum Teil gar nicht mehr auftreten. In diesen Stadien ist offenbar das Etablierungsfenster für die Pionierbaumarten infolge Lichtmangel sowie zunehmender Raum- und Wurzelkonkurrenz bereits geschlossen. Für Serie B verläuft dieser Prozess etwas verzögert. Im dritten Altersstadium der Serie C ist auch für die Eiche das Etablierungsfenster bereits geschlossen. Dies kann einerseits aus der zu geringen Beleuchtungsstärke dieser Wälder resultieren. Andererseits ist es möglich, dass diese Wälder vom Eichelhäher gemieden werden, wenn gleichzeitig noch großräumige, lichtere, jüngere Pionierwaldstrukturen in der Umgebung vorhanden sind. Er bevorzugt zur Ausbreitung beziehungsweise zum Anlegen von Vorratslagern übersichtliche, offenere Waldstrukturen (vgl. Kapitel 8.5), um Feinde rechtzeitig zu bemerken und die versteckten Eicheln durch eine bessere Orientierung leichter wiederauffinden zu können (z.B. VULLMER & HANSTEIN 1995, GLUTZ v. BLOTZHEIM & BAUER 1993). Diese Voraussetzungen sind durch die generell offenen Strukturen der Birken-Pionierwälder gegeben.

Individuen > 50 cm Höhe: Im Hinblick auf eine Akkumulation spätsukzessionaler Baumarten in der Strauch- und Baumschicht können ebenfalls standortbedingte Unterschiede verzeichnet werden. Eine Akkumulation spätsukzessionaler Baumarten fand maßgeblich in den 60 bis 100 Jahre alten Wäldern des Altbergbaus statt (Abb. 88). Erwartungsgemäß vollzog sich diese auf Kippenflächen der Serien C und B am schnellsten. Zwar unterschiedet sich bei den Wäldern dieser Serien im dritten Altersstadium das Artenspektrum der Intermediär- und Klimaxbaumarten nur geringfügig, aber aufgrund des höheren Trophiegrades konnte für die Wälder der Standortgruppe C eine höhere Stammdichte und Stammfläche der spätsukzessionalen Baumarten festgestellt werden. Am häufigsten wurde das Einwachsen in die Strauch- und Baumschicht bei der Stiel-Eiche (*Quercus robur*) beobachtet. Eine beginnende Akkumulation in Strauch- und Baumschicht konnte aber auch für Gemeine Esche (*Fraxinus excelsior*), Spitz-Ahorn (*Acer platanoides*) und Winter-Linde (*Tilia cordata*) verzeichnet werden. Bei einigen Referenzflächen der Serie C begann das Einwachsen von Stiel-Eichen in die Strauchschicht bereits im Altersstadium 30 bis 60 Jahre.

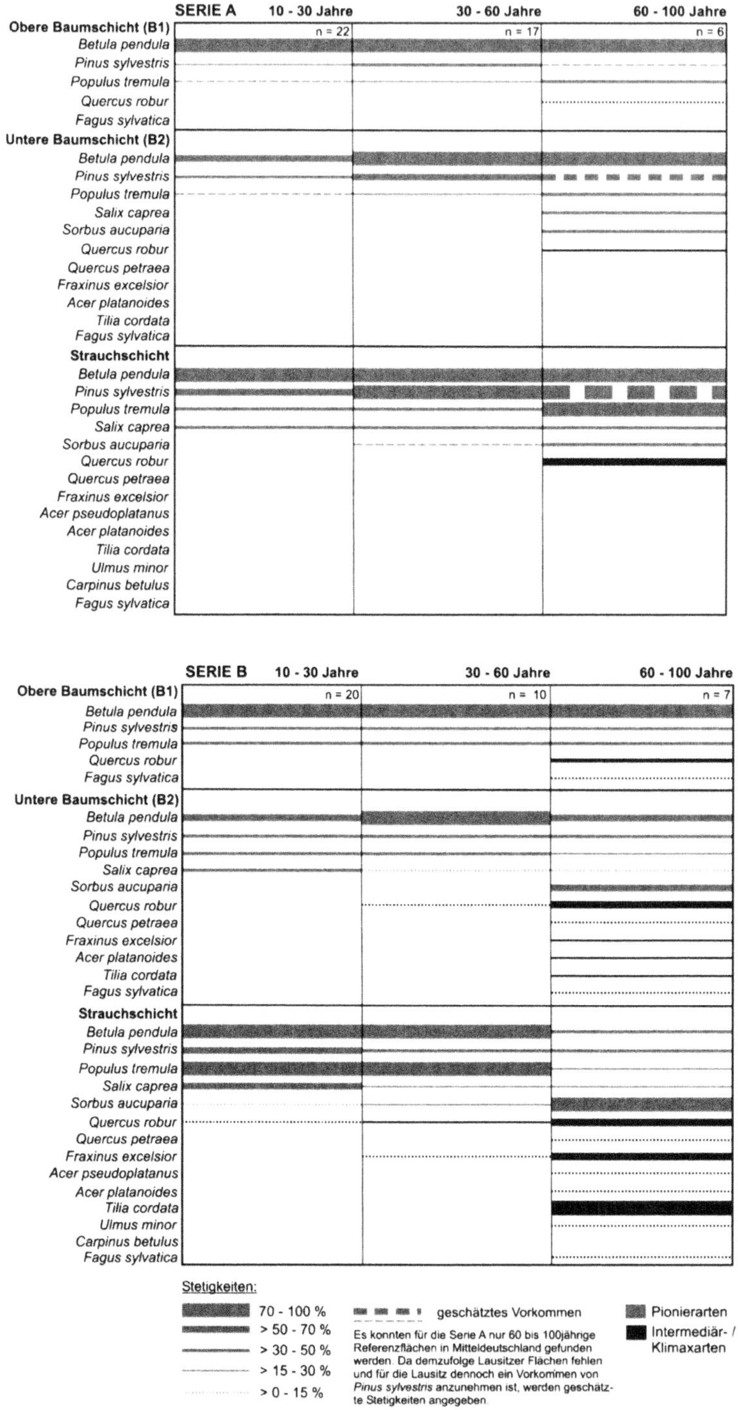

Abb. 88: Ausgewählte Pionier- sowie Intermediär-/Klimaxbaumarten in der Strauch- und Baumschicht am Beispiel der Serien A und B. Da für das Altersstadium 60 bis 100 Jahre der Serie B eine höhere Stichprobenzahl vorliegt, wird beispielhaft für besiedlungsfreundliche Standorte die Serie B dargestellt.

In den Pionierwäldern auf Extremstandorten (Serie A) verläuft die Akkumulation spätsukzessionaler Gehölzarten in Strauch- und Baumschicht stark verzögert. Hierbei können zwei Gruppen unterschieden werden: Auf Kippenflächen mit extrem hohem Kohlegehalt (> 15 - 40 %), der zu einer irreversiblen, nicht pflanzenverfügbaren Bindung von Stickstoff und Bodenwasser führt (KOPP 1960, THUM 1975, LAVES et al. 1998, WÜNSCHE et al. 1998), ist kein Einwachsen von Intermediär- und Klimaxbaumarten zu verzeichnen. Auf Kippenflächen, die geringere Kohlegehalte (< 15 %) aufweisen, ist dagegen in einigen Fällen eine Akkumulation von Stiel-Eiche (*Quercus robur*) und zum Teil auch von Gemeiner Esche (*Fraxinus excelsior*) in der Baumschicht zu beobachten. In den ältesten untersuchten Waldstadien der Extremstandorte ist die Stiel-Eiche aber generell die häufigste Intermediärbaumart.

Akkumulation von Totholz

Vor allem für die sehr wüchsigen Standorte des Altbergbaus geht mit dem altersbedingten Absterben der Pionierbaumarten sowie der sukzessionsbedingten Verdrängung dieser durch Intermediär- und Klimaxbaumarten eine verstärkte Akkumulation von Totholz einher. Sie setzt für die mesophilen bis reichen Standorte zum Ende des zweiten Altersstadiums (60 Jahre) ein. Die Totholzvolumina sind mit durchschnittlichen Werten von 70 bis 100 m^3 je Hektar in den ältesten Stadien der Serien B und C verhältnismäßig hoch (vgl. THOMASIUS et al. 1997). In Ausnahmefällen lag das Totholzvolumen sogar bei ca. 300 m^3 je Hektar (vgl. BENKER & LORENZ 2004). Die Werte für die Übergangsphase von Pionier- zu Intermediärwäldern sind demnach auf einigen Kippenstandorten teilweise vergleichbar mit den Totholzvolumina der Zerfallsphasen europäischer Urwälder. Hierfür beziffert KORPEL (1995) Werte zwischen 200 und 300 m^3 je Hektar.

Aufgrund der schnellen Alterung der Pionierbaumarten und ihrer Ablösung durch spätsukzessionale Baumarten auf den mesophilen bis reichen Standorten in den ersten 60 bis 100 Jahren der Waldentwicklung besteht ein generell hohes Potenzial für die Entstehung geeigneter Habitate für die stark im Rückgang begriffenen xylobionten Arten. So liegt beispielsweise der Anteil ausgestorbener und gefährdeter holzbewohnender Käferarten bei 60 % (KAULE 1991). Es bietet sich daher aus naturschutzfachlicher Sicht in den Prozessschutzwäldern der Bergbaufolgelandschaft eine einzigartige Chance für die Rückgewinnung neuer, großflächiger Lebensräume und den Aufbau stabiler Populationen der xylobionten Arten.

Foto 36: Absterbende Birken bieten in der Bergbaufolgelandschaft potenziellen Lebensraum für totholzbewohnende Arten.

6.9.4 Einflussfaktoren der weiteren Entwicklung der Kippenwälder

Die Ergebnisse zur Primärsukzession auf den Kippenflächen des ehemaligen ostdeutschen Braunkohlenbergbaus zeigen, dass eine Entwicklung zum Pionierwald sehr rasch verlaufen kann. Auf 74 % der untersuchten Waldstandorte etablierten sich schon nach 1 bis 7 (10) Jahren erste Pioniergehölze (vgl. KASE 2004, TISCHEW et al. 2004). Nach einer Entwicklungsdauer von 10 bis 30 Jahren sind auf mesophilen sowie mesophilen bis reichen Standorten bereits charakteristische Pionierwaldstrukturen vorzufinden. Bemerkenswert sind darüber hinaus die sich bereits im Übergang zum Intermediärstadium befindenden Wälder der 60 bis 100 Jahre alten Kippenflächen in den Altbergbaugebieten. Das Artenspektrum spätsukzessionaler Baum-, Strauch- und Waldbodenarten dieser Stadien ist beeindruckend hoch.

Generell ist jedoch davon auszugehen, dass die künftige Entwicklung der Kippenwälder, vor allem im Hinblick auf die Einwanderung weiterer anspruchsvoller Klimaxbaumarten wie der Hainbuche (*Carpinus betulus*) oder der Rotbuche (*Fagus sylvatica*), aber auch hinsichtlich der Ansiedlung anspruchsvoller Waldbodenarten sehr langsam verlaufen wird. PETERKEN (1993) stellte beispielsweise für neu geschaffene Wälder fest, dass innerhalb der ersten 100 Jahre ein Minimum an Waldbodenarten sehr schnell einwandern kann. Für die weitere Entwicklung beobachtete er aber über lange Zeiträume hinweg kein weiteres Ansteigen der Artenzahlen. Die Ansiedlung von Waldbodenarten reifer Waldstadien wird über die hohen Ansprüche an ausgeglichene Standortbedingungen hinaus durch eine zumeist sehr geringe Ausbreitungsfähigkeit erschwert (BONN & POSCHLOD 1998). Viele Waldarten verfügen nur über eine geringe Samenproduktion und fehlende bzw. uneffektive Einrichtungen der Diasporen zur Fernausbreitung (BONN & POSCHLOD 1998, PRIMACK & MIAO 1992, TISCHEW & KIRMER 2003). So konnten INGHE & TAMM (1985) für ausgewählte Waldbodenarten eine Ausbreitungsgeschwindigkeit von nur wenigen Zentimetern (!) im Jahr beobachten. Zusätzlich benötigen anspruchsvolle Waldbodenarten spezielle Keimbedingungen (WULF & KELM 1994) und sind durch hohe Sterberaten der Keimlinge und Juvenilen gekennzeichnet (FALIŃSKA 1979, INGHE & TAMM 1985). Erschwerend kommt hinzu, dass in der gewachsenen Landschaft Wälder mit einer artenreichen Krautschicht nur noch stark fragmentiert und inselartig vorkommen (PETERKEN 1994, WULF 1995) und dadurch teilweise enorme Distanzen durch die Waldbodenarten überbrückt werden müssen. Welche hohe Bedeutung dem Faktor Zeit bei der Entwicklung eines Klimaxwald-Ökosystems zukommt, belegen die Ergbnisse von FALIŃSKI (1986). Nach Untersuchungen in Urwäldern des Białowieza-Nationalparkes in Polen gibt er für einen Linden-Hainbuchen-Wald mehr als 350 Jahre an, bis sich wieder eine artenreiche und typische Waldbodenvegetation eingestellt hat. Nicht geklärt ist aber, ob innerhalb dieses Zeitraumes auch der Boden als Teil des Ökosystems „Klimaxwald" in seiner vollständigen Funktion wieder hergestellt ist (WULF 1995). So ist es laut WULF & KELM (1994) auch möglich, dass erst ein bestimmtes Stadium der Humusbildung erreicht sein muss, um die Keimung anspruchsvoller Waldbodenarten zu ermöglichen.

Unabhängig von der insgesamt erstaunlich schnellen Entwicklung der Waldstrukturen in der Bergbaufolgelandschaft wird demnach die weitere Entwicklung zum Ökosystem „Klimaxwald" Zeiträume von mehreren Jahrhunderten in Anspruch nehmen, insbesondere wenn die Standorte in weiter Entfernung zu Altwaldresten (Lieferbiotope) liegen. Auch forstlich begründete Wälder werden sich – selbst bei Verwendung standortgerechter, einheimischer Baumarten – erst in ähnlich langen Zeiträumen zu Ökosystemen entwickeln können, die hinsichtlich der Artenzusammensetzung aller Ökosystemgemeinschaften (z.B. Waldbodenarten, Zoozönosen) naturnahen Wäldern der gewachsenen Landschaft vergleichbar sind.

Für die in Abb. 92 (S. 207) getroffenen Entwicklungsprognosen der Kippenwälder sind je nach Ausgangsbedingungen unterschiedliche Zeiträume anzunehmen. So ist die enorme Entwicklungsdynamik, wie sie für die Wälder der Altbergbaugebiete (60 bis 100 Jahre) zu beobachten war, für die heute 10- bis 60jährigen Kippenflächen der Großtagebaue nicht mehr zu erwarten, da sich die Bedingungen und Einflussfaktoren stark verändert haben. Die ehemaligen Braunkohleabbauflächen des Altbergbaus (> 60 Jahre) zeichnen sich gegenüber den jüngeren (< 60 Jahre) Kippenflächen der Großtagebaue durch folgende Besonderheiten aus:

- Kleinräumigkeit und dadurch bedingte geringe Distanzeffekte zu Lieferbiotopen der gewachsenen Landschaft
- Vorhandensein sehr besiedlungsfreundlicher, nährstoffreicher Substrate infolge: (1) Abtrag der Deckgebirgsschichten in nur gering mächtigen Schnitten, (2) Gewinnung im Handbetrieb bzw. später mit Hilfe kleiner Löffel- oder Eimerkettenbagger, (3) selektive Verstürzung der Abraummassen als Handkippe, (4) Anwendung anspruchsvoller, aufwändiger Wiedernutzbarmachungsverfahren (Mutterbodenbetrieb) (HILDMANN 1998)
- Erhöhung des ohnehin hohen Trophiegrades aufgrund des jahrzehntelangen Eintrages basischer Flugstäube aus der Luft durch die braunkohleverarbeitende Industrie in der ehemaligen DDR.

Die technischen Neuerungen in der Braunkohlenindustrie führten während der großindustriellen Phase zwischen 1920 und 1950 zur Braunkohlengewinnung im Großtagebauverfahren (BERKNER 1998). Während der „radikalen Auskohlungsphase" zwischen 1950 und 1990 wurde dann eine völlig neue Dimension des Massenumsatzes beim Abbau der Braunkohle erreicht (BERKNER 1998). So wurden mehrere Schichten unterschiedlicher geologischer Entstehungszeit (Tertiär, Quartär) mit unterschiedlichen bodenphysikalischen und bodenchemischen Eigenschaften in den Abbauprozess einbezogen und die Abraummassen mit Hilfe von Absetzern unselektiv verkippt (HILDMANN 1998). Dies hatte gravierende Auswirkungen auf die Wiedernutzbarmachung der Kippenstandorte zur Folge, denn die Besiedlungsfreundlichkeit der Tertiär-Substrate oder der tertiären Mischsubstrate ist deutlich geringer als die der quartären Substrate oberer Schichten. Vor diesem Hintergrund ist für die heute 10- bis 60jährigen Pionierwälder eine deutlich langsamere Entwicklung zu erwarten, da Kleinräumigkeit, selektiver Abraum- und Mutterbodenbetrieb, aber auch der Eintrag basischer Flugstäube nicht mehr gegeben sind. Ungeklärt ist noch, inwieweit allgemeine Eutrophierungsprozesse infolge anthropogener Stickstoffeinträge aus der Luft auf die Bodenentwicklungsprozesse der Kipp-Substrate rückwirken.

Ein weiterer Einflussfaktor auf die Entwicklung der Wälder in der Bergbaufolgelandschaft ist die Höhe der Schalenwilddichten. So haben beispielsweise Untersuchungen von KLÖTZLI (1965) und ELLENBERG jr. (1989) gezeigt, wie stark durch den Äsungsdruck des Rehwildes Gehölze und Krautschichtarten zurückgedrängt und andere, weniger beliebte Arten selektiv gefördert werden können. Schlimmstenfalls ist es sogar möglich, dass eine Verjüngung oder ein Herauswachsen aus dem verbissgefährdeten Bereich verhindert und somit eine Waldentwicklung über Jahre verzögert wird. Eine Bedingung für eine naturnahe Waldentwicklung in der Bergbaufolgelandschaft ist deshalb unbedingt die Reduzierung der vielfach überhöhten Schalenwildbestände.

Nicht zuletzt muss auch der zu erwartende globale Klimawandel (z.B. ANGELL 1988, JONES u. WIGLEY 1990, LORIUS et al. 1990, FABIAN 1991, PIK 2003) als Einflussfaktor auf die weitere Entwicklung der Wälder in der Tagebaufolgelandschaft berücksichtigt werden. HOUGHTON (1997) zufolge können schon geringfügige Klimaveränderungen zu großen Veränderungen im Ökosystem führen. Vor allem Waldbäume sind nicht in der Lage, auf diesen raschen Klimawandel schnell genug zu reagieren (ebd). Der Temperaturanstieg und die damit verbundene Rate der Verschiebung der Klimazonen (250 km/50 Jahre) ist 10 mal größer als die Migrationsgeschwindigkeit der schnellsten Bäume (FABIAN 1991). Je nach Standort ist auch eine Veränderung des Konkurrenzverhaltens der Waldbäume in den einzelnen Sukzessionsphasen zu erwarten. Erste Untersuchungen zur Konkurrenz von Waldbäumen unter sich ändernden Klimaverhältnissen anhand von Zuwachsuntersuchungen haben gezeigt, dass die Rotbuche gegenüber der Eiche eine höhere Sensitivität besitzt (BONN 1998). Das heißt, die Empfindlichkeit auf sich ändernde Umweltbedingungen ist bei der Rotbuche deutlich höher als bei der Eiche. Da die meisten Klimamodelle für Mitteleuropa eine hohe Geschwindigkeit der Klimaänderung sowie eine deutliche Zunahme extremer Witterungsereignisse prognostizieren (u.a. PIK 2003), wird dies letztlich zu einer Verschiebung der Konkurrenzverhältnisse zwischen Buche und Eiche zugunsten der weniger sensitiven Eiche führen (FABIAN 1991). Ihre weite klimatische Amplitude, aber auch ihr Verbreitungsschwerpunkt in submediterranen Gebieten wird diese in der Bergbaufolgelandschaft gegenwärtig ohnehin häufigere Baumart im Hinblick auf bevorstehende Klimaveränderungen begünstigen. Zwar ist eine Verifizierung der prognostizierten Klimaänderungen auf regionaler Ebene bisher noch unsicher (LINDNER 1998), jedoch kann für die Entwicklung von Klimaxwäldern in der Bergbaufolgelandschaft wärmeliebenden Gehölzarten generell ein stärkeres Gewicht beigemessen werden. Die Rotbuche wird ihre Konkurrenzkraft vor allem auf Standorten mit besserer Trophie und hoher Wasserspeicherfähigkeit der Substrate beibehalten. Die Eiche wird sich dagegen langfristig gesehen vor allem auf der Mehrheit der Kippenstandorte, deren Kipp-Substrate eine ungünstige Trophie aufweisen und zur Austrocknung neigen, durchsetzen können.

Die Ergebnisse zur spontanen Waldentwicklung belegen den hohen naturschutzfachlichen Wert der Kippenwälder. Trotz der zum großen Teil sehr trockenen und oligotrophen Standortbedingungen besteht ein generell hohes, natürliches Regenerationspotenzial, dass als Gratisprodukt natürlicher Entwicklungsprozesse zukünftig sowohl aus ökologischen als auch aus ökonomischen Gründen bewußter in die Rekultivierungspraxis eingebunden werden sollte (vgl. Kapitel 9). Aus der Sicht der Sukzessionsforschung ist die spontane Waldentwicklung in der Bergbaufolgelandschaft insbesondere hinsichtlich großflächig ablaufender, dynamischer Prozesse von großem Interesse. Es wird daher angeregt, diese Wälder in die Naturwaldzellenforschung der Länder zu integrieren (vgl. Kapitel 9.3.4).

6.10 Zusammenfassende Darstellung des Kenntnisstandes über Sukzessionsverläufe auf Kippenflächen des Mitteldeutschen und Lausitzer Braunkohlenreviers

Sabine Tischew

6.10.1 Rolle der Lieferbiotope

Auf der Grundlage der umfangreichen Forschungsarbeiten in den ostdeutschen Bergbaufolgelandschaften ist es möglich, die entscheidenden Einflussgrößen auf Differenzierungs- und Entwicklungsprozesse zu determinieren und eine ungefähre zeitliche Abfolge der Entwicklungsstadien zu bestimmen. Da die sterilen Kipp-Substrate im Verlauf von Einwanderungsprozessen mit Tieren und Pflanzen neu besiedelt werden müssen (PRACH 1987), kommt den Vernetzungs- und Austauschbeziehungen mit dem Umland eine große Bedeutung zu. Untersuchungen zum Einwanderungsverhalten ausgewählter Tiergruppen und Pflanzenarten lassen übereinstimmende Tendenzen erkennen (DUNGER 1998b, TISCHEW & KIRMER 2003, SCHEIBLER 2003, vgl. Kapitel 6.5 und 6.6). Für die ersten Besiedlungsphasen sind neben offenen Lebensräumen mit Störeinflüssen (z.B. Ruderalfluren, Abbrüche) vor allem auch benachbarte Abbauflächen der unmittelbaren Umgebung wichtige Lieferbiotope (Abb. 89).

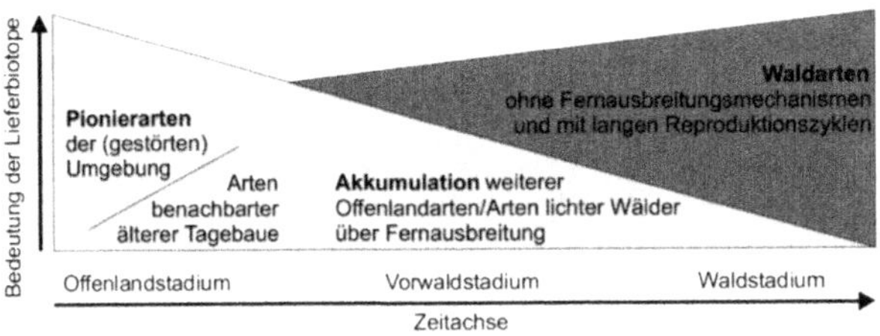

Abb. 89: Generelle Trends in der Besiedlung von Bergbaufolgeflächen: A) Einfluss von Lieferbiotopen

Da eingewanderte oder eingedriftete pflanzenfressende Tierarten auf den vegetationsarmen Flächen kaum Nahrungsgrundlagen vorfinden, überwiegt während der initialen Besiedlungsprozesse zunächst die carnivore Lebensweise der Tierarten (z.B. Spinnen, Sandohrwurm, Steinschmätzer). Das Ökosystem ist in diesem Zustand von einem permanenten Input von außen abhängig. Für die Artenzusammensetzung spielen in diesem Entwicklungsstadium Zufallsereignisse deshalb eine große Rolle. Mit zunehmender Ausprägung der Vegetation werden die Zoozönosen stabiler, komplexer und immer autarker vom Umland. In einem über längere Zeiträume andauernden Akkumulationsprozess können sich weitere Arten offener Standorte und lichter Wälder aus der näheren und überraschender Weise auch weiteren Umgebung etablieren. Vor allem in Bezug auf die pflanzlichen Besiedlungsprozesse sind für die dabei nachgewiesenen Fernausbreitungsprozesse außergewöhnliche Ereignisse anzunehmen, wie beispielsweise günstige Thermik und Stürme oder Verschleppung durch Tiere und Menschen. Für Tiere waren stärkere Distanzeffekte im Hinblick auf fehlende Lieferbiotope und Vernetzungsstrukturen im Umland zu verzeichnen. Insbesondere bei wenig mobilen Tierartengruppen zeigen die Tagebaue deshalb mittelfristig häufig nur ein Teilartenspektrum der umgebenden, unverritzten Landschaft. Bei der langfristigen Besiedlung neuer Lebensräume, beispielsweise durch Amphibien, spielen deshalb Trittsteinbiotope oder Ausbreitungskorridore wie Bachauen, Gräben oder linienhafte Säume innerhalb von Ackerflächen im Tagebauumland eine große Rolle, weil durch sie auch größere Entfernungen aktiv überwunden werden können (REH & SEITZ 1993).

Mit dem Erreichen des Waldstadiums stellen die Kippenflächen und Halden potenzielle Lebensräume für Waldarten dar. Da naturnahe und alte Wälder in der direkten Umgebung der untersuchten Tagebaue eher eine Ausnahme darstellen und für Waldarten – insbesondere für Waldbodenpflanzen – nur sehr geringe Ausbreitungsgeschwindigkeiten angegeben werden (u.a. BONN & POSCHLOD 1998), kann es in diesem Übergangsstadium bei großen Entfernungen zu Lieferbiotopen zu einer verzögerten Ausbildung typischer Waldzönosen kommen.

Das in Kapitel 6.5.1 dargestellte Paradoxon – ein unerwartet hoher Artenreichtum an Pflanzen auf den Sukzessionsflächen der jungen und vor allem mittleren Stadien im Vergleich zur Diversität des regionalen Artenpools – bildete den Ausgangspunkt intensiver Beschäftigung mit diesem Thema. Der aufgrund zahlreicher Isolationseffekte erwartete Filtereffekt war für viele ökologische Gruppen kaum wirksam (Abb. 90). Dies steht im Gegensatz zu zahlreichen Untersuchungen über verzögerte Besiedlungsprozesse bei Renaturierungsmaßnahmen, für die ausbreitungsbiologische Ursachen angenommen werden (z.B. BAKKER et al. 1996, COULSON et al. 2001, VERHAGEN et al. 2001). Ausbreitungsbiologisch bedingte Filterwirkungen werden auch von PRIMACK & MIAO (1992) sowie BONN & POSCHLOD (1998) beschrieben.

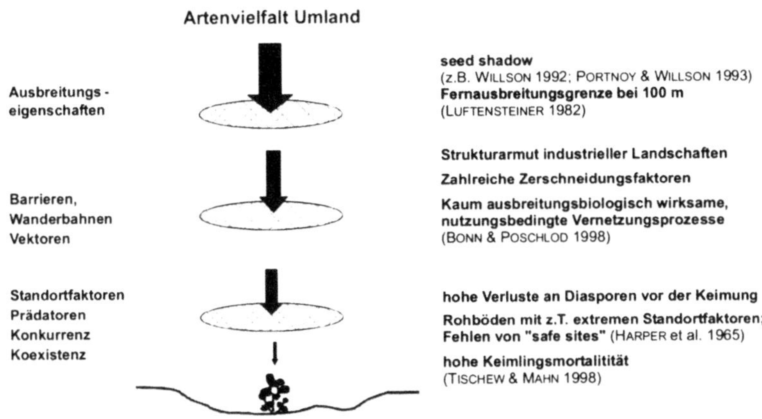

Abb. 90: Mögliche Filterwirkungen bei Besiedlungsprozessen von Bergbaufolgelandschaften

Unabhängig von morphologischen Anpassungen an die Fernausbreitung fällt außerdem ein Großteil der Diasporen im Sinne eines »seed shadows« unmittelbar neben der Mutterpflanze zu Boden. Es gibt nur wenige Arten, die regelmäßig größere Entfernungen von mehr als 100 m zurücklegen (FISCHER 1987, WILLSON 1992, PORTNOY & WILLSON 1993, TISCHEW 1994). Gleichzeitig wird in neueren Arbeiten jedoch darauf hingewiesen, dass der »tail« im »seed shadow« unterschätzt wird. Einige wenige Diasporen können offensichtlich doch größere Distanzen zurücklegen (BULLOCK & CLARK 2000). Bereits SILVERTOWN & LOVETT DOUST (1993) betonen die Rolle nicht regelhafter Ausbreitungsereignisse für die tatsächliche Verbreitung von Pflanzen. Nacheiszeitliche Besiedlungsprozesse wären wesentlich langsamer verlaufen, wenn für die Berechnungen von Einwanderungsgeschwindigkeiten lediglich die durchschnittlichen Ausbreitungsdistanzen der Arten zugrunde gelegt würden (UDRA 1988, GLIEMEROTH 1995, CLARK 1998). Das gilt insbesondere auch für viele Gehölzarten. Gemeinsam ist beiden Besiedlungsprozessen – nach den Eiszeiten und nach dem Braunkohlentagebau –, dass den Arten während der Etablierungsphase großflächig offene und konkurrenzarme Standorte zur Verfügung standen. Eine ähnlich schnelle Besiedlung von Rohbodenstandorten, wie sie in der vorliegenden Arbeit beobachtet wurden, beschreibt VAN HESSBERG (2001) im Bereich redynamisierter Fließgewässer am Obermain. Das Vorhandensein großflächig offener, konkurrenzarmer Standorte ist als wesentlicher Unterschied zu den Renaturierungsversuchen in bereits etablierten Pflanzengesellschaften, wie zum Beispiel Auenwiesen (BISCHOFF 2002) und Magerrasen (GRAHAM & HUTCHINGS 1988), herauszustellen und kann als primäre Ursache für die hohen Einwanderungsraten in die Tagebauflächen angesehen werden.

Die Frage nach den erfolgreichsten Ausbreitungsmechanismen muss sehr differenziert beantwortet werden. Zoochorie wird häufig als eine sehr effektive Ausbreitungsform bezeichnet (z.B. BOSSEMA 1979, JORDANO 1982, KOLLMANN 1992, BONN et al. 2000). Tagebauflächen sind aber vor allem zu Beginn der Besiedlungsprozesse für viele diasporenausbreitende Tierarten noch relativ unattraktiv (vgl. auch WOLF 1985, WOLF 1998). Da in industriell geprägten Landschaften zugleich zahlreiche Zerschneidungs- und Isolationsfaktoren als Filter wirken, ist ein erhöhter Anteil an zoochoren Arten hauptsächlich in den naturnäheren, intensiv mit dem Umland vernetzten Tagebaubreichen, wie beispielsweise im Nordraum Sachsen-Anhalts, zu verzeichnen. Eine Ausnahme bildet die frühzeitige Bildung von Sohlengewässern als Attraktion für Wasservögel, die auf diese Weise Samen in sonst weitgehend isolierte Gebiete eintragen. WILKINSON (1997) vermutet auf der Grundlage von Untersuchungen zu nacheiszeitlichen Besiedlungsprozessen, dass einige Arten lediglich für die lokale Ausbreitung eine morphologische Adaptation an die Anemochorie entwickelten und für die Fernausbreitung durch Vögel transportiert werden. JÄGER (1964) stellt Korrelationen zwischen der Ausbreitung einiger Sippen über Kontinente hinweg und den Zugstrecken von Wasservögeln heraus.

Für einen hohen Prozentsatz der über weite Distanzen eingewanderten Arten der Tagebaue ist jedoch anhand der Verbreitungszentren im Umland und der landschaftsökologischen Situation neben der Ausbreitung über Vögel eine Ausbreitung über Starkwinde und/oder Thermik anzunehmen. Ein Beispiel stellen die Tagebaubereiche im Süden Sachsen-Anhalts dar. Im strukturarmen Geiseltal haben beispielsweise 40 % der Tagebauarten ihre nächsten Vorkommen in mehr als 3 km Entfernung. Viele Herkunftsgebiete der Arten liegen an Steilhängen und -ufern der Saale- und Unstruttäler. Vor allem in den Sommermonaten kommt es an den Südhängen zu einer starken Erwärmung und damit zur Entwicklung von thermischen Winden, die in Verbindung mit Turbulenzen, zum Beispiel vor Sommergewittern, Samen in höhere Luftschichten verfrachten können. SOLBRECK & ANDERSSON (1987) fanden bei Fangexperimenten mit Insekten in höheren Luftschichten auch Pflanzensamen. Die zahlreichen Windkanaluntersuchungen können vor allem den unter natürlichen Verhältnissen unregelmäßig vorkommenden Turbulenzen und besonderen thermischen Verhältnissen nicht gerecht werden (u.a. KADEREIT & LEINS 1988). Auch Samenfallenuntersuchungen liefern in Bezug auf den Nachweis von Fernausbreitungsereignissen nur wenig zufriedenstellende Ergebnisse. WOOD & DEL MORAL (2000) konnten bei ihren Untersuchungen zu Besiedlungsprozessen nach Vulkanausbrüchen in Samenfallen lediglich die häufigen unter den aktuell etablierten Arten nachweisen. Entsprechende Untersuchungen in den drei Tagebaugebieten Goitzsche, Kayna-Süd und Mücheln-Innenkippe konnten nur in wenigen Fällen Diasporen nachweisen, die aus über 100 m Entfernung eingetragen wurden (TISCHEW & KIRMER in Vorb.). Die insgesamt sehr aufwändigen Diasporenfallenuntersuchungen sind damit nicht geeignet, Fernausbreitungsereignisse statistisch gesichert nachzuweisen. Für den Nachweis seltener, aber für den Besiedlungsprozess durchaus relevanter Ereignisse ist eine großskalige Analyse von Einwanderungsprozessen über längere Zeiträume unverzichtbar. Neben differenzierten Analysen von Artenpools der Umgebung (SCHEIBLER 2003) sind vor allem experimentelle Ansätze zur Bestimmung der Ausbreitungseigenschaften und -fähigkeiten der Arten sinnvoll (BULLOCK & CLARK 2000, TACKENBERG 2001). Daneben müssen weitere, mehr oder weniger zufällig wirkende Ausbreitungsvektoren betrachtet werden. Zum Beispiel kann auch der Mensch unbeabsichtigt Diasporen an Schuhsohlen, Autoreifen oder Maschinen in die Tagebaufolgelandschaften eintragen (vgl. HODKINSON & THOMPSON 1997).

BONN & POSCHLOD (1998) betonen, dass morphologische Merkmale zwar die Wahrscheinlichkeit einer bestimmten Ausbreitungsweise erhöhen, andere Ausbreitungswege aber nicht ausschließen. Die in den vorliegenden Auswertungen verwendete Datenbank von FRANK et al. (1990) wird in Bezug auf die Angaben zu den Ausbreitungstypen von den Autoren als noch nicht zufriedenstellend bezeichnet. Die derzeit im Aufbau befindlichen Datenbanken, die auch eine graduelle Effizienz der Ausbreitungstypen berücksichtigen, sind jedoch noch nicht verfügbar (z.B. BONN et al. 2000).

Im Gegensatz zu den Ergebnissen von KLOTZ et al. (2000) sind es nicht nur allgemein verbreitete Arten, die in die Tagebaufolgeflächen einwandern. In einem Akkumulationsprozess können in mittelfristigen Zeiträumen auch seltene Arten aus der Tagebauumgebung die wie riesige Diasporenfallen wirkenden Restlöcher mit ihren Böschungssystemen besiedeln. Viele dieser im Tagebauumland seltenen Arten (v.a. Familien Orchidaceae, Pyrolaceae, Ophioglossaceae) zählen nach BONN & POSCHLOD (1998) zu den Pflanzenarten mit „winzigen" Diasporen, die sich durch extrem langsame Fallgeschwindigkeiten auszeichnen. Bei den Orchideen ist die Kleinsamigkeit zusätzlich mit einem ballonähnlichen Aufbau verknüpft, so dass sie bei vertikalen Luftbewegungen, zum Beispiel durch Thermik verursacht, leicht in höhere Luftschichten gelangen und große Distanzen zurücklegen können (BURROWS 1975). Voraussetzung für eine erfolgreiche Keimung und Etablierung der nicht mit Nährgewebe ausgestatteten Samen in den stillgelegten Tagebauen ist wiederum das Vorhandensein von offenen, konkurrenzarmen Standorten. Die von KLOTZ et al. (2000) untersuchten Flächen haben im Vergleich zu unseren Untersuchungsflächen einen höheren Anteil an aufgeforsteten bzw. mit Rasensaaten begrünten Rekultivierungsflächen, die eine Einwanderung von konkurrenzschwachen und selteneren Arten erschweren. Dagegen sind nach ungestörter Sukzession auf den Kippenflächen bereits viele seltene und gefährdete Arten zu finden (u.a. PIETSCH 1998, FROMM et al. 1998, FBM 1999, DURKA et al. 1999a, b). Eine Relativierung des oft zu allgemeinen Anspruchs einer hohen Artenvielfalt auf allen Flächen nehmen JAKOB et al. (2003) vor. Die relativ artenarmen, aber seltenen Spezialistengesellschaften der Silbergraspionierfluren und Sandtrockenrasen tragen in nicht unerheblichem Maße zur Biodiversität der Tagebauflächen bei und stellen wertvolle Habitate für spezialisierte Tierarten dar (ALTMOOS & DURKA 1998, AL-HUSSEIN et al. 1999). Die Tatsache, dass durchschnittlich bereits mehr als ein Viertel des regionalen Artenpools des 272 km^2 großen, nicht durch Tagebau beeinflussten Umkreises und mehr als die Hälfte bei Bezug auf den 30 km^2-Umkreis in die stillgelegten Tagebaue eingewandert ist, weist zusätzlich auf den hohen ökologischen Wert der untersuchten Sukzessionsbereiche hin. Im Gegensatz zu Ergebnissen von ZOBEL et al. (1998) zeigt der Vergleich zwischen den Untersuchungsgebieten Nord und Süd keinen direkten Zusammenhang zwischen dem Artenpool des direkt angrenzenden Umlandes und der floristischen Diversität der Tagebaubereiche. Vor allem im Südraum werden Arten durch eine Einwanderung über weite Distanzen in einer größeren zeitlichen Skala akkumuliert.

Differenziert müssen die Einwanderungsprozesse im Hinblick auf Waldbodenarten bewertet werden. Für diese ökologische Gruppe stellen Distanzeffekte eine wesentliche Ursache für ihr bislang relativ seltenes Auftreten in der Bergbaufolgelandschaft dar. Insbesondere in stark isolierten Kippenwäldern kommen Indikatorarten so genannter »historisch alter Wälder« (»ancient woods«, WULF 1995, PETERKEN 1994) nur selten vor. Ursachen sind in den uneffektiven Ausbreitungsmechanismen (z.B. Ameisenausbreitung, Selbstausbreitung, DZWONKO 1993, VERHEYEN et al. 2003), der hohen Sterberate von Keimlingen und Jungpflanzen (FALIŃSKA 1979, INGHE & TAMM 1985) sowie der geringen Samenproduktion (WULF & KELM 1994) zu sehen. Zusätzlich wirken vor allem in jungen Pionierwäldern auch die unausgereiften Standortbedingungen als Filter von Besiedlungsprozessen. In die Analysen zum generellen Einwanderungsverhalten von Waldarten muss jedoch ebenso der zum Teil äußerst geringe Anteil von naturnahen alten Wäldern in der Umgebung der Tagebaufolgeflächen einbezogen werden. Vor allem die ebenfalls verzögerte Einwanderung spätsukzessionaler Gehölzarten, wie Hainbuche, Linde oder Rotbuche, ist teilweise auf einen sehr geringen Diasporenpool in der Umgebung zurückzuführen.

6.10.2 Prognose von Sukzessionsfolgen unterschiedlicher Standortgruppen

Für die Ableitung von Sukzessionsfolgen in der ostdeutschen Bergbaufolgelandschaft wurde in allen Forschungsprojekten (LANDECK 1996, DURKA et al. 1997, LENAB 1998, FBM 1999, FLB 2003, TISCHEW et al. 2004) vorrangig die Methode der Chronosequenzanalyse (»space for time substitution« PICKETT 1989) angewendet. Dabei wird von einem räumlichen Nebeneinander verschieden alter Biozönosen bei ähnlichen Standortbedingungen auf ein zeitliches Nacheinander geschlossen (PICKETT 1989). Auf der Grundlage dieser Methode wurden beispielsweise für das Mitteldeutsche und das Lausitzer Revier Sukzessionsschemata entwickelt (LANDECK 1996, FROMM & TISCHEW 1999). FELINKS (2000) weist darauf hin, dass durch die Wirkung verschiedener Mechanismen nicht zweifelsfrei vorhergesagt werden kann, welches Stadium sich als nächstes in einem vorgegebenen Zeitraum entwickeln wird. Sie favorisiert deshalb Sukzessionsnetze, die eine Vielzahl von unterschiedlichen Sukzessionsfolgen offen lassen.

Erste Versuche, Sukzessionsfolgen mit abiotischen Einflussgrößen in Verbindung zu bringen, unternahmen SELENT et al. (1999) und FROMM & TISCHEW (1999) in Form von Ökogrammen, die das Vorkommen bestimmter Sukzessionsstadien entlang von Standortgradienten beschreiben (Farbtafeln C6 und C7). Eine neue Qualität der Analyse von Standort-Vegetations-Beziehungen wurde durch den Einsatz von Ordinationsverfahren erreicht (z.B. WIEGLEB & FELINKS 2001b, FLB 2003, Kapitel 6.7.1 und 6.9). Der relativ geringe Erklärungswert der Umweltfaktoren ist offensichtlich auf das Wirken von *»first comer«*- und stochastischen Effekten in frühen Besiedlungsphasen zurückzuführen: In Abhängigkeit von den Lieferbiotopen der unmittelbaren Umgebung können sich vor allem die Arten etablieren, die als erste die Flächen erreichen (Abb. 91). Initiale Besiedlungsmuster sind vor allem durch die räumliche Verteilung von Schutzstellen für die Keimung und Etablierung geprägt. Mechanismen der „Förderung“ bzw. „Hemmung“ führen anschließend zu Sekundärmustern, die kleinräumig stark variieren können (*»patch dynamic«* - concept, FELINKS 2000). Ähnliche Schlussfolgerungen zog bereits BORNKAMM (1985a) aus den Analysen von Dauerbeobachtungsflächen im Rheinischen Braunkohlenrevier. TISCHEW et al. (2004) und LORENZ (Kapitel 6.9) zeigen, dass ein deutlicher Differenzierungsprozess der Artengemeinschaften in Abhängigkeit von Standortfaktoren in den älteren Sukzessionsstadien einsetzt. Zusätzlich wurde in diesen Auswertungen durch eine Aggregierung von Arten mit ähnlichen biologisch-ökologischen Merkmalen zu ökologischen Artengruppen der Einfluss lokaler Lieferbiotope aufgehoben. Durch dieses Vorgehen konnten mit einer hohen Varianzerklärung tagebauübergreifende, für das Vorkommen von bestimmten Sukzessionsstadien ausschlaggebende Umweltgradienten ermittelt werden. Sie können als Basis für langfristige Entwicklungsprognosen herangezogen werden.

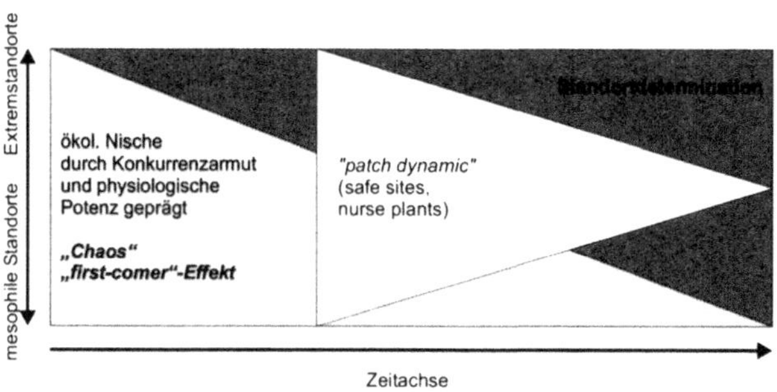

Abb. 91: Generelle Trends in der Besiedlung von Bergbaufolgeflächen: B) Sukzessionsmechanismen

Auf Extremstandorten (z.B. extrem niedrige pH-Werte, sehr nass bzw. sehr trocken) ist durch die Selektion der Arten, die diese Standortfaktoren tolerieren können, der Einfluss stochastischer Effekte prinzipiell geringer; vor allem auf trockenen Standorten verlaufen Entwicklungen stark verzögert (TISCHEW & MAHN 1998, Kapitel 6.7.4 und 6.7.5). WOLF (1998) beschreibt eine ähnliche Stagnation der Entwicklungsprozesse für sandige Tertiär-Substrate im Rheinischen Braunkohlenrevier.

Ein wesentlicher Erkenntnisgewinn wurde durch die direkte Analyse von Sukzessionsprozessen auf Dauerbeobachtungsflächen gewonnen (BORNKAMM 1985a, Kapitel 6.7.4 und 6.7.5). Hier kann im Gegensatz zu den Chronosequenzserien die Gefahr der Generalisierung von „Pseudo-Trends", die allein auf die Individualität der Flächen bezüglich des Vorkommens und der Artenausstattung der Lieferbiotope oder der spezifischen Standortfaktoren zurückgehen, ausgeschlossen werden. Aufgrund der Langwierigkeit der Entwicklungsprozesse und der relativ geringen Anzahl an über längere Zeiträume untersuchten Dauerbeobachtungsflächen kann jedoch auf die Methode der Chronosequenz nicht verzichtet werden.

Bezüglich komplexer Vorgänge der Bodengenese sind weitere Dauerbeobachtungen unerlässlich. Die bisherigen Ergebnisse eignen sich nur bedingt für flächenhafte Prognosen der weiteren Entwicklung. Sie zeigen aber dennoch deutliche Unterschiede in der Entwicklungsgeschwindigkeit der verschiedenen Substrate auf. Kipp-Substrate mit hohem Anteil an – zumeist stark sauren – Sanden oder Tonen unterliegen oft einer langsameren Entwicklungsgeschwindigkeit als lehmige Substrate. Hohe Kohlegehalte gehen meist mit einer verzögerten Bodenentwicklung einher. Die generellen Entwicklungstrends der Vegetation und des Bodens sind damit erwartungsgemäß rückgekoppelt.

Ein wesentliches Ergebnis ist die Bestimmung kausal wirkender Standortfaktoren auf die Vegetationsentwicklung mit Hilfe von Ordinationsverfahren sowie durch detaillierte Analysen von Datensätzen langjähriger Dauerbeobachtungen. Diese können im Sukzessionsverlauf als „Schaltstellen" wirken und so eine bestimmte Entwicklungsrichtung beeinflussen (FLB 2003, TISCHEW et al. 2004). Durch die Aggregierung von Detailerkenntnissen aus verschiedenen Forschungsprojekten wurde aufbauend auf ein statistisch abgeleitetes Sukzessionsmodell ein komplexes Prognosemodell genereller Entwicklungstendenzen in der Bergbaufolgelandschaft entwickelt (Abb. 92). Dieses bezieht sich auf den grundwasserfernen Bereich (> 2 m unter Flur), da hier umfangreiche, gesicherte Erkenntnisse für ein sehr breites Standortspektrum vorliegen. Neben einer Zeitachse wurden Standortparameter integriert, die die Funktion der „Schaltstellen" (grau dargestellt) übernehmen und zur Ausprägung bestimmter Sukzessionsstadien führen. In jedem Altersstadium gewinnen hierbei unterschiedliche Parameter und Faktoren an Bedeutung.

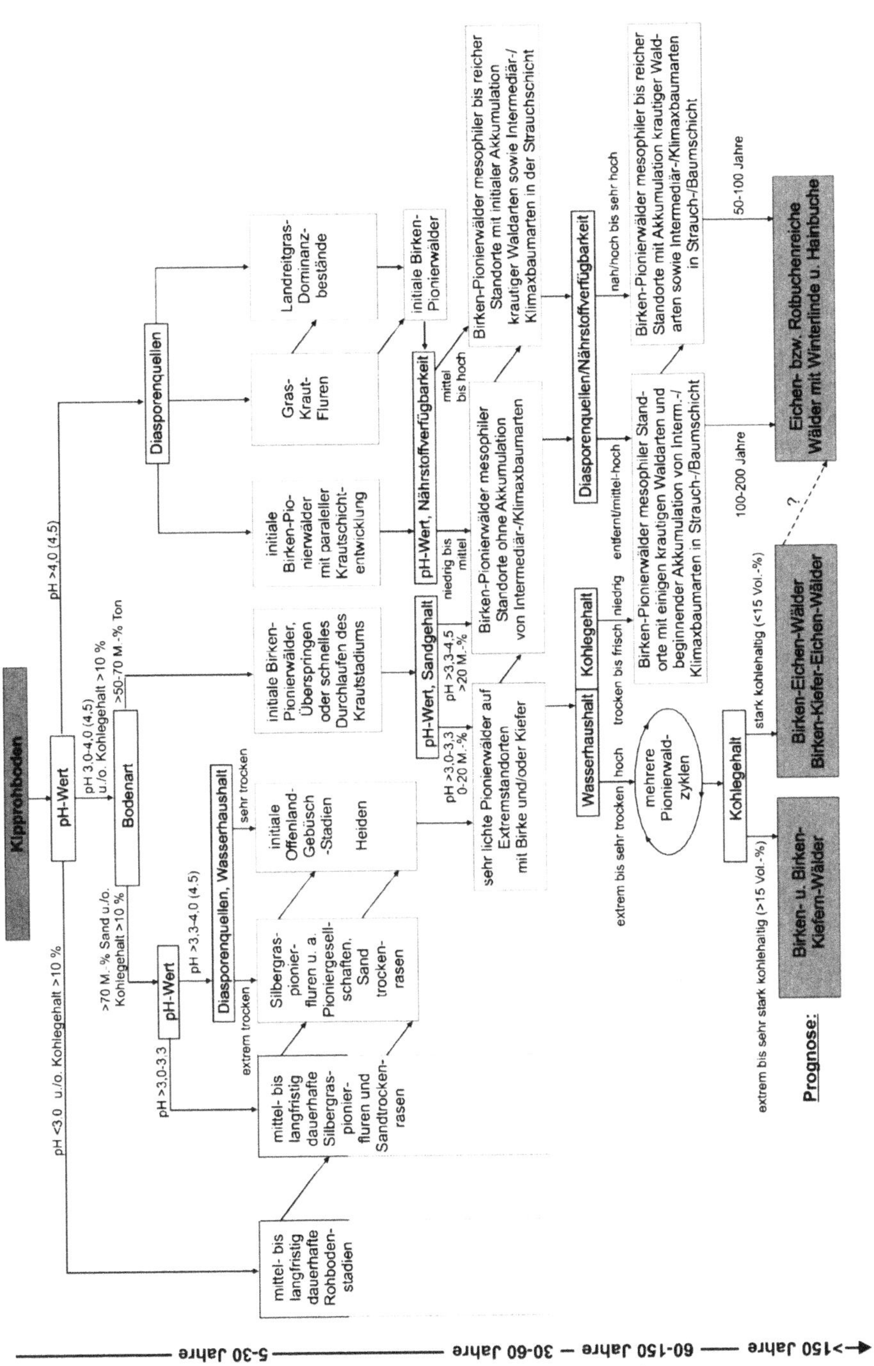

Abb. 92: Prognosemodell für den grundwasserfernen Bereich (> 2 m unter Flur) der ostdeutschen Bergbaufolgelandschaft: Stadien, Zeiträume und Einflussgrößen (die pH-Werte beziehen sich auf 0 - 30 cm Substrattiefe), aus TISCHEW et al. 2004)

Das Prognosemodell zeigt, dass die Extrembereiche im Standortspektrum (extrem sauer und/oder hoher Kohlegehalt sowie trocken) dauerhaft lediglich von wenigen Spezialistengesellschaften wie

Silbergras-Pionierfluren oder anderen Pioniergesellschaften besiedelt werden können (vgl. PIETSCH 1998). Hier wirkt vorrangig der durch die Standortfaktoren ausgelöste »Filter-Effekt« selektierend (HOULE 1996), denn für ältere Kippenbereiche sind aufgrund des Substratmosaiks zumeist ausreichend Lieferbiotope durch umgebende, bereits besiedelte Flächen vorhanden (vgl. auch Kapitel 6.7.4). Auf weniger extremen Standorten erfolgt der Übergang zu initialen Offenlandgebüschen oder Heiden bei entsprechenden Lieferbiotopen in der Umgebung schneller.

Im mittleren ökologischen Bereich spielen für die ersten Besiedlungsphasen *»first comer«*-Effekte“ (*»priority«* - Effekt, PAINE 1980) klonal wachsender (*Calamagrostis epigejos*) oder zu hoher Diasporenproduktion neigender (*Betula pendula*) Arten eine große Rolle. Lage und Artenausstattung der Lieferbiotope im Tagebau selbst sowie im Tagebauumland beeinflussen die Ausprägung und Länge der Sukzessionsstadien und tragen zu einer großen Vielfalt der Sukzessionsmuster bei. Arten, die effektive Ausbreitungsmechanismen besitzen, dadurch zuerst auf die Rohbodenflächen gelangen und sich aufgrund ihrer physiologischen Amplitude auch etablieren können, bestimmen zu Sukzessionsbeginn den Entwicklungsverlauf der Kipp-Rohböden. Demnach können auf mesophilen Standorten in den ersten 5 bis 15 Jahren je nach Diasporenquellen die Sukzessionsstadien initialer Pionierwald, Gras-Kraut-Flur oder Land-Reitgras-Flur durchlaufen werden. Darüber hinaus sind zu Sukzessionsbeginn für die Etablierung zahlreicher Arten, zum Beispiel für *Betula pendula* als Schlüsselart der initialen Gehölzbesiedlung, auch kleinräumige Schutzstellen (z.B. Mikroklima, Mikrorelief) von Bedeutung. Sind keine Lieferbiotope für eine Gehölzentwicklung in der unmittelbaren Umgebung vorhanden, kann sich vor allem auf den besiedlungsfreundlichen Standorten ein relativ langlebiges Gras-Kraut-Stadium oder eine Land-Reitgras-Flur (BAASCH 2003) etablieren. Eine Pionierwaldentwicklung ist dann vor allem im Grenzbereich zu den Extremstandorten zu verzeichnen (Kapitel 6.7.1, 6.7.2 und 6.9). Standörtlich bedingte Differenzierungsprozesse hingegen wirken in diesem ökologischen Bereich verstärkt ab einem Entwicklungszeitraum von etwa 30 Jahren und gewinnen im weiteren Sukzessionsverlauf zunehmend an Bedeutung (vgl. JAKOB et al. 2003). Demzufolge wurden für Parameter, die Nährstoffpotenzial und Nährstoffverfügbarkeit eines Standortes kennzeichnen, erst für mittlere und ältere Sukzessionsstadien signifikante Zusammenhänge zur Vegetationsdifferenzierung festgestellt (Kapitel 6.9). Auf der Basis des Entwicklungsstandes der untersuchten Kippenwälder in den Altbergbaugebieten wurden zusätzlich standörtlich differenzierte Entwicklungsprognosen getroffen, die bisherige Prognosen (z.B. HEYDE et al. 1998, THOMASIUS et al. 1997) ergänzen und konkretisieren sollen. Demnach kann nach bisherigem Kenntnisstand für Standorte mit extrem bis sehr stark kohlehaltigen Tertiär-Substraten ein Birken- bzw. Birken-Kiefernwald prognostiziert werden. Diese Standorte scheinen langfristig eine nur ungenügende Bodenentwicklung (biogene Nährstoff- und Humusakkumulation) aufzuweisen und sind daher lediglich für anspruchslose Pioniergehölze besiedelbar. Dennoch ist nicht auszuschließen, dass diese Pionierwaldstadien sich nach mehreren Jahrhunderten zu Birken-Eichen- bzw. Birken-Kiefern-Eichenwäldern weiter entwickeln. Auf Tertiär-Substraten mit Kohlegehalten < 15 Vol.-% sind dagegen Birken-Eichen bzw. Birken-Kiefern-Eichenwälder zu erwarten, wobei letztere verstärkt in der Lausitz auftreten werden.

Auf mesophilen bis reichen Standorten entwickeln sich langfristig gesehen je nach Entfernung und Artenausstattung der Lieferbiotope sowie in Abhängigkeit vom Faktor „Zeit“ eichen- und rotbuchenreiche Laubmischwälder. Eichenreiche Laubmischwälder sind insbesondere im Mitteldeutschen Trockengebiet sowie auf Substraten mit geringerer Wasserspeicherfähigkeit zu erwarten. In den Kippenwäldern der kleineren Altbergbaugebiete werden diese Stadien aufgrund des sehr hohen Nährkraftpotenzials (Oberbodenauftrag, Flugascheeinträge aus Kraftwerken) und der weniger isolierten Lage deutlich eher erreicht, als auf den Kippenflächen der Großtagebaue. Bei sehr großer Entfernung zu natürlichen Rotbuchenwäldern des Tagebauumlandes ist anzunehmen, dass sich Rotbuchenwälder in Abhängigkeit von den Lieferbiotopen erst über ahorn-, eschen- linden- oder hainbuchenreiche Waldstadien entwickeln werden.

Dieses, für ein großes Standortspektrum der terrestrischen Bergbaufolgelandschaft entwickelte Prognosemodell stellt eine wichtige Grundlage für generelle Entwicklungsprognosen einzelner Pflanzen- und Tierzönosen dar (vgl. Kapitel 4). Es bietet die Möglichkeit, unter Einbeziehung weiterer landschaftsökologischer Rahmenbedingungen flächenhafte Prognosen für die Landschaftsentwicklung von Tagebaubereichen zu formulieren (vgl. Kapitel 6.8).

7 Auswirkungen des Wasseranstieges

7.1 Landschaftsökologische Folgen der Restlochflutung

Wolfgang Besch-Frotscher

Neben den gewinnungs- und sanierungsbedingten (Erd-)Massenbewegungen – hierzu zählen insbesondere die Kohleförderung, Abraumbewegungen, Verkippungen und Planierungen – setzen der Grundwasserwiederanstieg und die Fremdwasserflutung der Tagebaurestlöcher entscheidende Impulse für die landschaftliche Entwicklung nach dem Bergbau. Im regionalen Maßstab wird es dabei insbesondere zur Auffüllung der trockengefallenen Grundwasserleiter und zur Seenentstehung in den Restlöchern kommen. In Mitteldeutschland ist der Grundwasserabsenkungstrichter – einschließlich der Braunkohlebergbauflächen in Nordwestsachsen – etwa auf 1.100 km² ausgedehnt. Darüber hinaus werden die meisten Tagebauseen durch eine Vorflutanbindung Bestandteil des hydrologischen Netzes sein. Diese generellen Entwicklungsprozesse sind derzeit in vollem Gange. Ziel der Sanierung ist dabei die Wiederherstellung eines nachsorgearmen, sich weitgehend selbst regulierenden Wasserhaushaltes (LMBV 1999). Den Stand zur Seenentwicklung in den Tagebauen verdeutlicht Tab. 38.

Tab. 38: Stand der Entwicklung der Restlochflutung in ausgewählten Räumen der Bergbaufolgelandschaft Sachsen-Anhalts (Stand: 30.06.2002, Quelle: LMBV 2002)

Tagebausee	Seefläche (in ha)	Seevolumen (in Mio. m³)	Zielwasserstand (in m NN)	Flutungsbeginn	Flutungsmenge (in Mio. m³)	IST-Wasserstand (in m NN)	Füllstand (in %)
Bitterfelder Raum							
Schladitzer See*	220	24	104,0	1998		97,3	50
Werbeliner See	441	43	98,0	08.12.98	27,7	93,7	62
Golpa-Nord	544	67	78,6	11.01.00	41,6	72,2	57
Gröbern	368	68	87,8			47,8	2
Köckern*	117	7	80,0	1994		80,0	100
Mühlbeck	219	33	75,0	07.05.99	34,6	71,4**	77**
Niemegk	367	75	75,0	21.06.99	38,9	71,4**	83**
Döbern	483	91	75,0	22.12.99	68,3	71,4**	82**
Bärenhof	263	15	75,0	01.04.00		71,4**	52**
Neuhäuser See*	412	49	78,0	1980		70,2**	17**
Seelhausener See	622	74	78,0	28.07.00	17,5	71,3**	51**
Geiseltal/Merseburg							
Geiseltal	1890	427	98,0	gepl. 2002		21,5	8
Südfeldsee	255	27	98,0	01.08.96	6,2	95,4	79
Runstädter See	230	55	97,0	22.05.01	51,9	95,7	91
Raßnitzer See	310	66	85,0	13.03.98	34,4	84,6	97
Wallendorfer See	338	36	82,0	14.08.98	10,7	81,0	91

* Grundwasserwiederanstieg; ** infolge Sommerhochwasser August 2002 nicht mehr aktuell

Speziell im Tagebau Goitzsche sind durch die Hochwasserereignisse im August 2002 innerhalb kürzester Zeit Wasserstände bis 3 m über der geplanten Einstauhöhe (bis ca. 78 m NN) erreicht worden, so dass eine völlig veränderte Situation eingetreten ist. Dadurch ergab sich die Notwendigkeit, den Wasserstand auf die ursprünglich vorgesehene Höhe von 75 m NN wieder abzusenken.

Mit dem regionalen Wasseranstieg sind Folgen für alle anderen Standortfaktoren der Bergbaufolgelandschaft verbunden, die nachfolgend in ihren Grundzügen aufgeführt werden.

Gewässerentstehung/Gewässer- und Ufermorphologie

Die Gewässerentstehung vollzieht sich in der Regel in einem Fremdwasserflutungsprozess, das heißt, das Wasseraufkommen setzt sich aus dem Grundwasserwiederanstieg (Eigenflutung) und dem eingeleiteten Flutungswasser zusammen. Durch die Fremdflutung wird einerseits die geotechnische Sicherheit der Böschungssysteme erhöht (Vorlauf des Seewasserspiegels gegenüber dem Grundwasserspiegel) und andererseits kann die Wasserbeschaffenheit der Tagebauseen, zum Beispiel gegenüber einer Versauerung oder Versalzung, vorteilhaft beeinflusst werden (LUA 2001). Der Anstieg des Wasserspiegels beträgt meist 2 bis 4 m pro Jahr. Damit sind die Konturen der Oberflächengewässer in den meisten Fällen in 5 bis 10 Jahren nach der Flutung entstanden. Allerdings ist die Auffüllung der Grundwasserleiter und des umgebenden Gebirges sowie die endgültige Einstellung der Endwasserlinie und damit die Etablierung eines weitgehend stabilen Wasserhaushaltes oft erst nach Jahrzehnten abgeschlossen.

Mit der Gewässerentstehung sind geomorphologische Prozesse verbunden, die für die generelle Landschaftsentwicklung der Tagebaurestseen von Bedeutung sind, die aber auch zur Herausbildung spezifischer Habitate von Interesse sein können. In diesem Zusammenhang sind vor allem zu nennen:

- die Verinselung von Kippenbereichen im Höhenbereich der zukünftigen Wasserlinie
- die Entstehung von Flachwasserzonen (etwa bis 2 m Wassertiefe)
- die mögliche Ausbildung von windberuhigten Buchten (bzw. lagunenartigen Zonen)
- das Stattfinden von Uferbildungsprozessen, die vor allem in Bereichen mit Steilufern eine hohe Dynamik aufweisen können (u.a. Abbrüche, Kliffbildungen, Auswaschungen, Abspülungen)
- die Wellenschlagdynamik, die insbesondere bei großen Wasserflächen und in zur Hauptwindrichtung exponierten Gebieten wirksam werden kann
- die Herausbildung von Strömungsverhältnissen im Gewässer in Abhängigkeit von den Zuflussmengen, der Wassertiefe, den Rauhigkeitsverhältnissen am Seeboden und den Windverhältnissen (IHU 2002). Als allgemeine Regel kann angenommen werden: Die Strömungsgeschwindigkeiten nehmen mit wachsenden Zuflussmengen, abnehmender Rauhigkeit und zunehmender Windstärke zu.

Substratverhältnisse und Bodenentwicklung

Die Wirkungen von Niederschlagswasser und aufgehendem Grundwasser im Bereich der bodenbildenden Zone (> 2 m unter Flur) kann in Abhängigkeit von den konkreten örtlichen Bedingungen und Nutzungen zu einer pedogenen Prozessdynamik mit folgenden grundlegenden Entwicklungsrichtungen führen (vgl. Kapitel 6.3; zusammenfassende Darstellungen in ALTERMANN et al. 1998; CUI 2002).

Initiale hydromorphe Merkmale treten auf und sind im Zusammenhang mit Stau- und Haftnässe bei semiterrestrischen Entwicklungen zu sehen (u.a. THOMASIUS et al. 1997, WÜNSCHE et al. 1998).

Für die Ausbildung von Horizonten durch Vergleyung werden Zeiträume von zum Teil 50 - 60 Jahren nach Grundwasserwiederanstieg prognostiziert. Pseudovergleyungen sind ebenfalls erst über sehr lange Zeiträume zu erwarten (speziell für Substrate und Verhältnisse in der Lausitz) (aus CUI 2002).

Die redoximorphen Merkmale durch das Niederschlagswasser führen zum Prozess der Stauvernässung und zur Herausbildung der feldbodenkundlich erkennbaren diagnostischen Horizonte Sw/Sd (Swd, Sdw). Die redoximorphen Merkmale durch Grundwasser führen zum Prozess der Grundvernässung und zur Herausbildung der feldbodenkundlich erkennbaren diagnostischen Horizonte Go/Gr (vgl. KA 4, AG BODEN 1994). Beide Entwicklungsrichtungen werden überwiegend im Randbereich der Wasserflächen und im Bereich lehmig-toniger Kippenareale stattfinden.

Tab. 39: Zu erwartende grundlegende Folgen des Grundwasserwiederanstieges und der Flutung in den Untersuchungsgebieten (Zusammenfassung, aus FLB 2003)

Tagebau, Tagebaubereich, Untersuchungsgebiet	Geomorphologie/Relief	Boden/Substrat	Klima/Luft	Vegetation/Biotope
Geiseltal				
Mücheln-Innenkippe	Ausbildung von Flachwasserbereichen Uferbildungsprozesse (z.B. Kliffbildung) und Verinselung insbesondere in Hauptwindrichtung Wellenschlageinfluss	flutungsbedingte Grundwasserbeeinflussung der Böden und Substrate bis ca. 100 m NN und Herausbildung semiterrestrischer Böden (Vergleyung und Pseudovergleyung) innerhalb eines schmalen Streifens permanente Grundwasserbeeinflussung lokal auftretende und kleinräumig wechselnde Staunässeerscheinungen auf den verbreitet vorhandenen Lehmböden und lehmigen Substraten	Zunahme der Luftfeuchtigkeit Verringerung der Tagesschwankungen der Lufttemperatur häufigeres Auftreten von Nebelereignissen	Verlust aktuell vorhandener, großflächiger Röhrichte im Bereich unter 96 m NN Neubildung bandartiger Röhrichtgürtel zwischen 96 und 98 m NN Zunahme der Feuchtvegetation in grundwasserbeeinflussten Bereichen (< 1 m uF) schnelle Vergrasung/Verbuschung von Rohböden in grundwassernäheren Bereichen (1 - 2 m uF)
Halde Klobikau	keine Auswirkungen	keine Auswirkungen	keine Auswirkungen zu erwarten	keine Auswirkungen
Halde Pfännerhall	keine Auswirkungen	keine Auswirkungen	keine Auswirkungen zu erwarten	keine Auswirkungen
Halde Blösien	keine Auswirkungen	keine Auswirkungen	in südwestexponierter Haldenböschung ggf. leichte Abnahme der Tagestemperaturschwankungen und leichte Zunahme der Luftfeuchtigkeit	keine Auswirkungen
Kayna-Süd				
Südspitze	leichte und allmähliche Verschiebung der Uferlinie um ca. 2 Höhenmeter Fortsetzung bereits ablaufender uferbildender Prozesse Wellenschlageinfluss nur zeitweise von Bedeutung (Lage der Flächen überwiegend außerhalb der Hauptwindrichtung)	flutungsbedingte Grundwasserbeeinflussung der Böden und Substrate bis ca. 100 m NN und Herausbildung semiterrestrischer Böden (Vergleyung und Pseudovergleyung) im ufernahen Bereich treten dann vor allem grundwasserbeeinflusste sandig-kiesige, z.T. kohlehaltige Substrate auf lokal auch Verbreitung lehmiger Substrate mit potenziellen Staunässeerscheinungen	keine weiteren Veränderungen zum bereits bestehenden Einfluss der Wasserfläche zu erwarten	Verlust aktuell vorhandener Röhrichte im Bereich unter 96 m NN Kompensation der Verluste durch „Mitwandern" (S-, SO-Ufer) und Neubildung von Röhrichten zwischen 96 und 98 m NN (Abschnitte des W-Ufers)

Fortsetzung: Zu erwartende grundlegende Folgen des Grundwasserwiederanstiegs und der Flutung in den Untersuchungsgebieten (Zusammenfassung)

Tagebau, Tagebaubereich, Untersuchungsgebiet	Geomorphologie/Relief	Boden/Substrat	Klima/Luft	Vegetation/Biotope
Golpa-Nord				
Bachaue (Radis-Gremminer-Graben)	aufgrund der Reliefverhältnisse in der zukünftigen Wasserwechselzone zum Hauptrestloch Golpa-Nord ist die Ausbildung eines Flachufers ohne erhöhte Wellenschlagdynamik zu erwarten	in relativ breitem Uferbereich Grundwasserbeeinflussung der kiesig-sandigen Substrate lokal auch Staunässe über tonbrockigen und lehmigen Substraten	evtl. leichte Zunahme der Luftfeuchtigkeit, Verringerung der Tagesschwankungen der Lufttemperatur und häufigeres Auftreten von Nebel	Entwicklung von Feuchtvegetation (Röhrichte, Sumpfvegetation, Weidengebüsche, teilweise Schwarz-Erlen) in flachen Böschungsbereichen entlang der Uferlinie (0 - 1 m uF)
Tagebau Goitzsche				
Sandtrockenrasen bei Petersroda	keine Auswirkungen zu erwarten	Grundvernässung der überwiegend kiesig-sandigen Substrate ist bei Geländehöhen > 80 m NN lediglich lokal (ggf. in den westlichen Bereichen des UG) möglich	keine Auswirkungen zu erwarten	lediglich lokale Auswirkungen in Bereichen von Geländesenken und in den westlichen Bereichen des UG (Vernässung, Rückgang der Trockenrasenvegetation und Entwicklung von Feuchtvegetation)
Halde 10/35	möglicherweise Abschwemmprozesse der tonigen Substrate in den unteren Böschungsbereichen (insbesondere bei Wellenschlag)	in den unteren Böschungsbereichen der Halde wird es bei überwiegend tonigen, tonbrockigen und lehmigen Substraten sowohl zur Grundvernässung als auch zur Stauvernässung kommen	expositionsabhängig evtl. leichte Zunahme der Luftfeuchtigkeit, Verringerung der Tagesschwankungen der Lufttemperatur und häufigeres Auftreten von Nebel zu erwarten	in den unteren Böschungsbereichen infolge von Grund- und Stauvernässung (0 - 1 m uF) Zunahme von Feuchtvegetation
Bärenhofinsel	Ausbildung einer relativ gleichförmigen Wasserwechselzone in den planierten Böschungsbereichen	„Reaktivierung" der gewachsenen reliktischen Auenböden in den planierten Böschungsbereichen kleinräumiger Wechsel von Grund- und Staunässeerscheinungen möglich	gegenüber dem bestehenden Lokalklima (Wald) kaum Veränderungen zu erwarten	Zunahme der Feuchtvegetation an der Uferlinie (0 - 1 m uF), langfristig Entwicklung von Sternmieren-Stieleichen-Hainbuchenwäldern bzw. Regeneration vorhandener Auwaldrelikte auf grundwassernäheren Standorten (0 - 1 m uF)
Tagesanlagen IIa	Ausbildung einer relativ gleichförmigen Wasserwechselzone in den planierten Böschungsbereichen	in den planierten Böschungsbereichen kleinräumiger Wechsel von Grund- und Staunässeerscheinungen möglich	expositionsabhängig evtl. leichte Zunahme der Luftfeuchtigkeit, Verringerung der Tagesschwankungen der Lufttemperatur und häufigeres Auftreten von Nebel zu erwarten	langfristig Entwicklung von Sternmieren-Stieleichen-Hainbuchenwäldern bzw. Regeneration vorhandener Auwaldrelikte auf grundwassernäheren Standorten

Die Herausbildung von Stau- sowie Grundwasserböden und damit verbunden auch das Staunässepotenzial ist deshalb in starkem Maße von der substratbedingten Wasserdurchlässigkeit abhängig (vgl. FLB 2003).

In den gekippten, überwiegend nicht rekultivierten und zukünftig gegebenenfalls flutungsbeeinflussten Substraten der Untersuchungsgebiete spielt das Staunässepotenzial für die Bodenentwicklung selbst, aber auch für die Arten-, Biotop- und Landschaftsentwicklung eine große Rolle.

Lokalklimatischer Wandel

Nach HILDMANN & OESTREICHER (1998) ist über den großen Wasserflächen und in einem Nahbereich von ca. 400 bis 600 m ein lokalklimatischer Wandel vom Kippenklima fast vegetationsloser Brachflächen zum Klima über Wasser- und Grünflächen zu verzeichnen. Dieses Lokalklima wird insbesondere durch folgende Merkmale bestimmt:

- die Tagesschwankungen der Lufttemperatur werden abnehmen (in Größenordnungen bis max. 5° C);
- eine erhöhte Verdunstung und eine Zunahme der Luftfeuchte mit häufiger auftretenden Bodennebelfeldern (nachts und morgens) ist zu beobachten;
- die Windgeschwindigkeiten über Wasserflächen nehmen zu und die Turbulenzen über Wasser nehmen ab (zurückzuführen auf den Rauhigkeitswechsel im Übergang zum Land);
- spürbare Veränderungen des Niederschlagsregimes sind nicht zu erwarten;
- die Höhe der direkten Verdunstung und Transpiration der Vegetation nehmen zu.

Diese Veränderungen werden sich insbesondere im Bereich des zukünftigen Geiseltalsees und bereits in geringerem Maße im Umfeld des Restsees Kayna-Süd (Südfeldsee), der Goitzsche-Seen (u.a. Holzweißig-West, Döbern, Bärenhof) und des Tagebaurestsees Golpa-Nord bemerkbar machen. Als Ergebnis der Entstehung großer Tagebaurestseen sind zum Beispiel ausgeglichenere Temperaturverhältnisse mit einer geringeren Schwankungsbreite im näheren Umfeld zu erwarten.

Eine zusammenfassende Übersicht über zu erwartende regionale landschaftsökologische Veränderungen infolge Grundwasserwiederanstieg und Restlochflutung in den einzelnen Untersuchungsgebieten gibt Tab. 39.

7.2 Auswirkungen des Wasseranstiegs auf ausgewählte Pflanzenarten und Vegetationseinheiten

Anita Kirmer, Corinna Wittig & Sabine Tischew

Infolge des Grundwasserwiederanstiegs nach Beendigung der Abgrabungs- und Sanierungsarbeiten kommt es in jedem Fall an den zukünftigen Uferflächen zu einer drastischen Veränderung der Vegetation, die sich in den letzten Jahren bis Jahrzehnten unter zumeist wesentlich trockeneren Verhältnissen entwickelt hat. Dieser Wiederanstieg erfolgt in Abhängigkeit von der Art der Sanierung schneller (Flutung) oder langsamer (natürlicher Wiederanstieg). Pflanzen sind weniger mobil als Tiere und benötigen in der Regel einen längeren Zeitraum um auf veränderte Umweltbedingungen zu reagieren. Am Beispiel mehrerer Transekte auf Kippenflächen im Bereich des Grundwasserwiederanstiegs wurden die Auswirkungen unterschiedlicher Rahmenbedingungen auf die Entwicklung einer angepassten Ufer- und Feuchtvegetation untersucht. Dazu wurde neben dem Einfluss einer unterschiedlichen Geschwindigkeit des Anstiegs und unterschiedlicher Ausgangsvegetation auch die Wirkung von Störstellen (Wildschweinsuhlen) auf das Etablierungsverhalten typischer Arten der Feucht- und Ufervegetation analysiert.

Die Untersuchungsgebiete und die Rahmenbedingungen des Grundwasserwiederanstiegs sind in Tab. 40 dargestellt. Auf allen vier Untersuchungsstandorten wurden zu Beginn der Untersuchungen im Jahre 2000 Transekte mit 5 m x 5 m großen Dauerflächen senkrecht zur Uferlinie angelegt.

In Muldenstein wurden zusätzlich in von Wildschweinen gestörten und in ungestörten dichten Land-Reitgras (*Calamagrostis epigejos*) - Beständen in einem trockenen und in einem frischen Uferbereich 5 m x 5 m große Dauerflächen in dreifacher Wiederholung eingerichtet. Da die Standorte großflächig homogen sind, wurde davon ausgegangen, dass gestörte Flächen vor der Störung eine ähnliche Land-Reitgras-Deckung aufwiesen wie ungestörte.

Tab. 40: Standortparameter der Untersuchungsflächen zum Wasseranstieg (Goitzsche: NSG Paupitzscher See und Holzweißig-West; Muldenstein: NSG Schlauch Burgkemnitz; Kayna-Süd)

	Muldenstein - NSG Schlauch Burgkemnitz	Goitzsche - NSG Paupitzsch	Goitzsche - Holzweißig-West	Kayna-Süd
Entstehung	ca. 1961	1963 - 1971	1994	1970 - 1978
Exposition	Nord	Nord	Nord	Nordwest
Hangneigung	0 - ca. 0,5°	ca. 2°	ca. 10°	ca. 2°
Substrat (in 2 cm Bodentiefe)	sandig-toniger Lehm; Teilbereiche: stark lehmiger Sand und sandiger Lehm	lehmiger Sand	lehmiger Sand, sandiger Ton	lehmiger Sand
pH ($CaCO_3$): Mittelwerte (Spannweiten)	6,8 (4,6 - 7,2)	4,0 (3,7 - 4,2)	3,6 (2,9 - 4,3)	5,5 (3,9 - 7,4)
Wasseranstieg im Untersuchungszeitraum	ca. 0,4 m	ca. 2 m	ca. 2,3 m *	ca. 0,2 m

* M. Stolle 2003, mündl.

Um Informationen über den Wasserstand unter Flur zu erhalten, wurden an jedem Versuchsstandort entlang der Transekte Messbrunnen eingeschlagen (vgl. WITTIG 2003). Die Messbrunnen bestehen aus 1 m langen, perforierten Plastik-Rohren mit einem Durchmesser von 2 cm. Am Standort Paupitzscher See wurde für das gesamte Transekt der Wasserstand unter Flur anhand der gemessenen Werte in Ufernähe extrapoliert, da Wasserstandsmessungen unter 1 m unter Flur nicht möglich waren. Am Standort Holzweißig-West wurde die Wassertiefe der durch den Wasseranstieg verloren gegangenen Flächen extrapoliert.

Der Untersuchungszeitraum umfasst drei Vegetationsperioden in den Jahren 2000 bis 2002. In Muldenstein musste aufgrund des unerwartet starken Wasseranstiegs 2001 ein neues Transekt eingerichtet werden, da das im Jahre 2000 eingerichtete Transekt nicht mehr betretbar war. Auf allen Dauerflächen erfolgten einmal jährlich im August Vegetationsaufnahmen mit prozentgenauer Schätzung der Artmächtigkeit. Zusätzlich wurden für *Phragmites australis* in den Jahren 2001 und 2002 die Triebzahlen pro m^2 ermittelt. Für die Auswertungen wurde die Deckung ausgewählter Arten (Land-Reitgras – *Calamagrostis epigejos*, Schilf – *Phragmites australis*, Südlicher Wasserschlauch – *Utricularia australis*) bzw. von Artengruppen (Sandtrockenrasenarten, Arten der Zwergbinsengesellschaften, Röhrichtarten, Grünlandarten, Ruderal-/Segetalarten) betrachtet. Die Zuordnung zu den Artengruppen erfolgte nach FRANK et al. (1990).

Auswirkung des Wasseranstiegs auf die Entwicklung ausgewählter Arten: Das Einwanderungsverhalten von Schilf in Land-Reitgras-Bestände

Auf den ehemaligen von Land-Reitgras dominierten Flächen in Muldenstein kam es im August 2002 auf den Teilflächen, die bereits im August 2001 unter Wasser lagen (Flächen 4 bis 10), zu einem starken Rückgang der Land-Reitgras-Deckung (Abb. 93).

Es ist zu erwarten, dass die Land-Reitgras-Bestände auf den Teilflächen 11 bis 15 ebenfalls absterben. Im Gegenzug konnte das Schilf (*Phragmites australis*) auf einigen Flächen seine Deckung erhöhen. Auch zukünftig wird das Schilf nur vegetativ einwandern können, da es laut HÜRLIMANN (1951) nicht in der Lage ist, in tieferem Wasser zu keimen. Eine generative Etablierung von *Phragmites australis* ist auch deshalb unwahrscheinlich, da sich Schilfkeimlinge sehr langsam entwickeln und deshalb mit dem schnellen Wasseranstieg nicht mithalten können (vgl. auch GRÜTTNER, unveröff. Mskr.). Das Vorhandensein von Schilf im Umfeld der Flächen ermöglicht eine vegetative Einwanderung, zum

Beispiel über Legehalme (»runner«), die eine Länge von bis zu 10 m erreichen können (HASLAM 1972). Die durch das Absterben der Land-Reitgras-Bestände akkumulierte, unzersetzte Streu führt im Boden unter Wasser zu anaeroben Bedingungen. CLEVERING (1998) beschreibt, dass *Phragmites australis* bei Anhäufung arteigener Streu ein reduziertes Wachstum aufweisen kann; möglicherweise lässt sich dies auf die Streu anderer Arten übertragen. Da es sich um einen sehr geschützten Standort ohne Wellenschlag handelt, findet kein Sauerstoffaustausch statt, was CLEVERING (1998) in Zusammenhang mit akkumulierter Streu ebenfalls als Grund für eine verminderte Produktivität von Schilfbeständen aufführt. Aber auch eine zunehmende Wassertiefe führt laut HELLINGS & GALLAGHER (1992) zu einer geringeren Wuchsleistung. Diese Faktoren könnten die momentan nur sehr geringen Triebdichten (Abb. 96) und Deckungen von *Phragmites australis* auf den Untersuchungsflächen erklären. Es ist zu erwarten, dass das Schilf auf diesen Flächen keine Monodominanzbestände ausbilden wird. Da auf allen Teilflächen bereits weitere Großröhrichtarten wie zum Beispiel *Typha latifolia* und *Typha angustifolia* vorhanden sind, werden sich diese Arten zumindest mittelfristig am Aufbau der Röhrichte beteiligen.

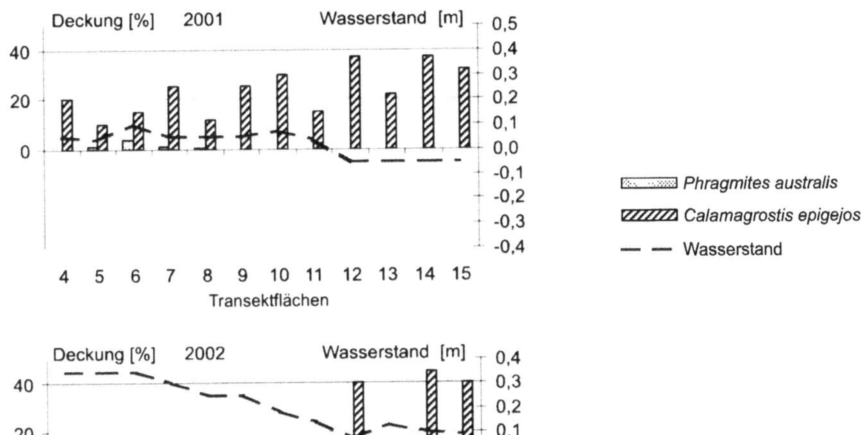

Abb. 93: Deckungswertentwicklung von *Phragmites australis* (Gemeines Schilf) und *Calamagrostis epigejos* (Land-Reitgras) auf den 5 m x 5 m Transektflächen im Naturschutzgebiet „Schlauch Burgkemnitz" (Muldenstein) im Zeitraum 2001 - 2002 mit Angabe des Wasserstandes zum Zeitpunkt der Vegetationsaufnahme

In Kayna-Süd stieg der Wasserstand im Untersuchungszeitraum insgesamt nur um 20 cm an. Auf den Transektflächen im Uferbereich (Teilflächen 3 und 4) nahm die Schilfdeckung stark zu, während das Land-Reitgras abstarb (Abb. 94).

Im Gegensatz zu Muldenstein war in Kayna-Süd lediglich ein lückiger Land-Reitgras-Bestand vorhanden, so dass hier bei Überflutung keine ausgeprägten anaeroben Bedingungen im Boden auftreten. Die sowohl für die generative als auch für die vegetative Etablierung von Schilf idealen Standortbedingungen („unten nass, oben trocken", GRÜTTNER Mskr.) führen zu hohen Triebzahlen pro m² (Abb. 96). Auf den Teilflächen 5 bis 8, die einen Grundwasserstand von ca. 25 - 50 cm unter Flur aufweisen, konnte dagegen das Land-Reitgras seine Deckung erhöhen. Da infolge des langsamen Anstiegs *Phragmites australis* durch »runner«-Bildung auch auf uferferneren Flächen bereits mit geringen Deckungen vorhanden ist, wird sich das Schilf bei sukzessive weiter ansteigendem Wasser rasch zu Ungunsten des Land-Reitgrases ausbreiten. Aufgrund der geschützten Lage der Untersuchungsflächen ist nicht mit Wellenschlag und einer mechanischen Beschädigung des Schilfes zu rechnen. Daher wird sich an dem flachen Ufer ein breiter und dichter Schilfgürtel aufbauen.

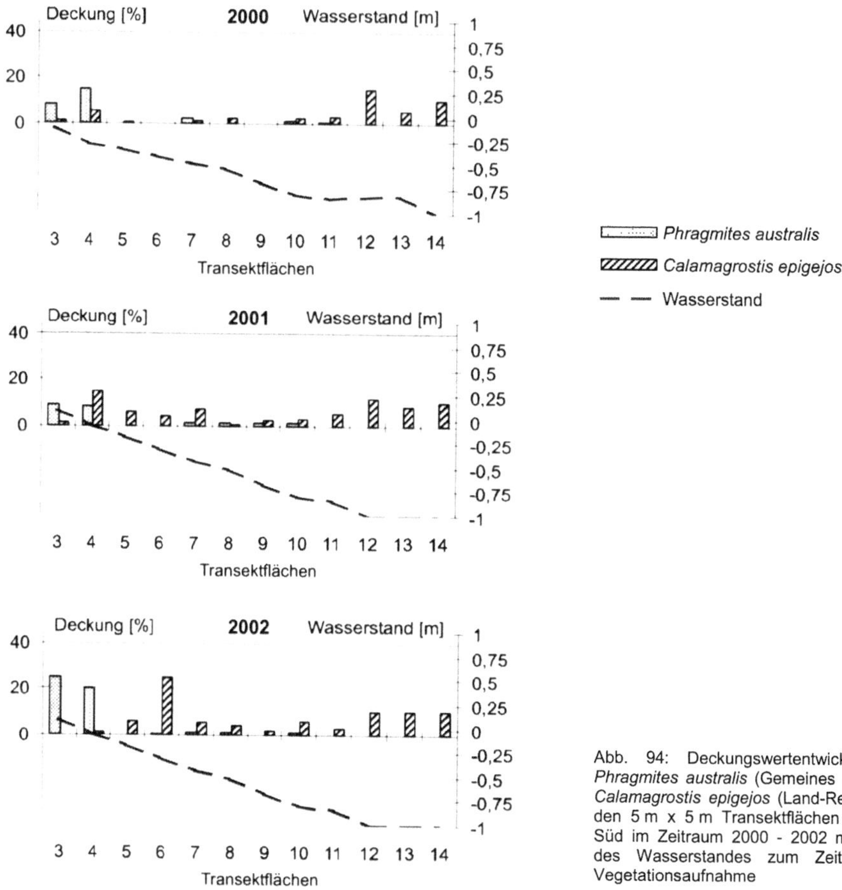

Abb. 94: Deckungswertentwicklung von *Phragmites australis* (Gemeines Schilf) und *Calamagrostis epigejos* (Land-Reitgras) auf den 5 m x 5 m Transektflächen in Kayna-Süd im Zeitraum 2000 - 2002 mit Angabe des Wasserstandes zum Zeitpunkt der Vegetationsaufnahme

In Holzweißig-West sind auf der 1994 planierten Böschung im Transektbereich zwei Hangwasseraustritte vorhanden, an denen *Phragmites australis* bereits im Jahre 1995 beobachtet wurde (Abb. 95). Zu Beginn der Untersuchungen im August 2000 war *Calamagrostis epigejos* auf nahezu allen Flächen mit geringen Deckungen vertreten, konnte aber auf den meisten Flächen bis zum Jahre 2002 nicht mehr aufgefunden werden. Das Vorhandensein von Mineralboden und die Wasserverhältnisse im Hangwasseraustrittbereich verbessern nach HÜRLIMANN (1951) Keim- und Etablierungsbedingungen des Schilfes. Auch WEISNER & EKSTAM (1997) setzen für eine Neuansiedlung aus Samen einen feuchten, nicht überstauten Standort mit offenen Bodenstellen voraus. Bis zum Jahre 2002 haben sich zwei Ausbreitungszentren gebildet (Flächen 12 - 18; Flächen 22 - 26), die nach außen expandieren. Die Triebzahlen pro m^2 sind niedriger als in Kayna-Süd (Abb. 96), wobei in den kommenden Jahren eine weitere Zunahme zu erwarten ist. Im Bereich der Hangwasseraustritte wird sich ein dichter Schilfgürtel entwickeln. COOPS et al. (1994) beschreiben, dass Röhricht über klonales Wachstum in Richtung offenes Wassers expandiert, wobei aber mechanische Beschädigungen durch bewegtes Wasser limitierend wirken. STOLLE (vgl. Kapitel 7.3) gibt 2 m als maximale Wassertiefe an. Durch den rasch abfallenden Seegrund wird deshalb an diesem Standort nur ein schmaler wasserseitiger Röhrichtgürtel entstehen.

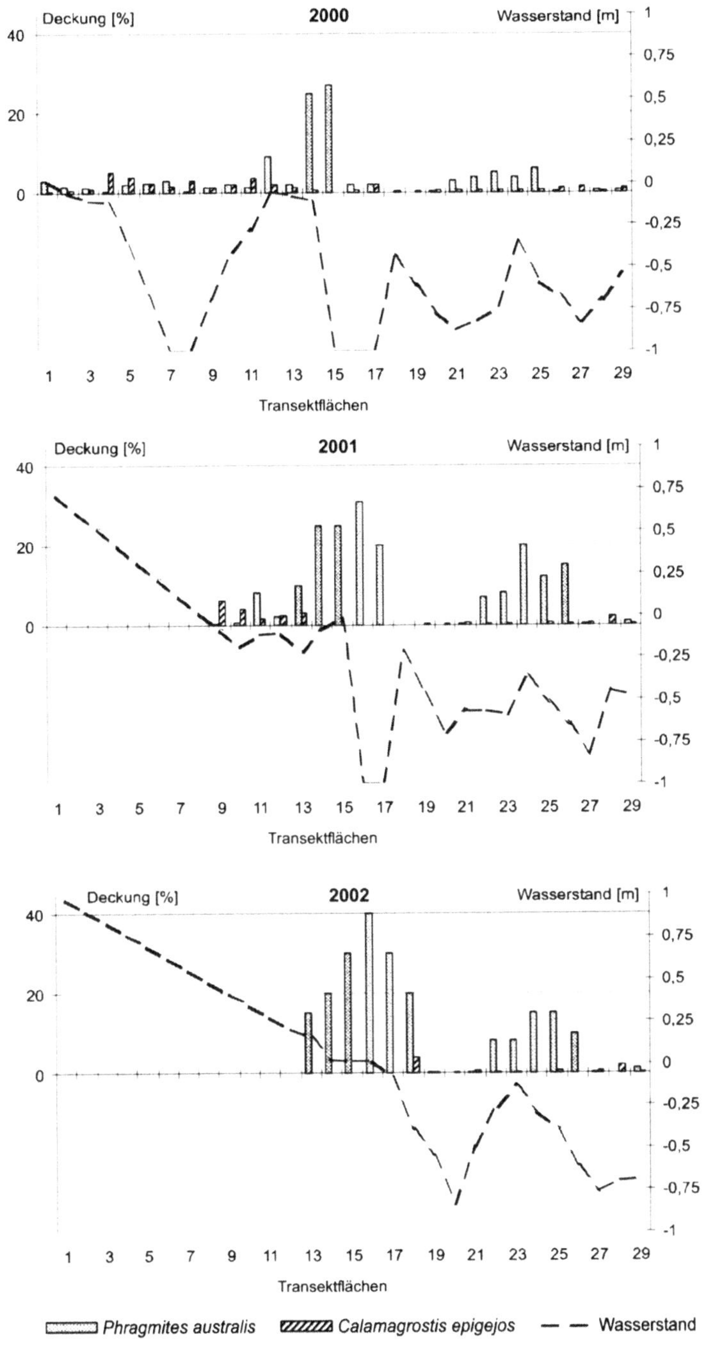

Abb. 95: Deckungswertentwicklung von *Phragmites australis* (Gemeines Schilf) und *Calamagrostis epigejos* (Land-Reitgras) auf den 5 m x 5 m Transektflächen in Holzweißig-West (Goitzsche) im Zeitraum 2000 - 2002 mit Angabe des Wasserstandes zum Zeitpunkt der Vegetationsaufnahme

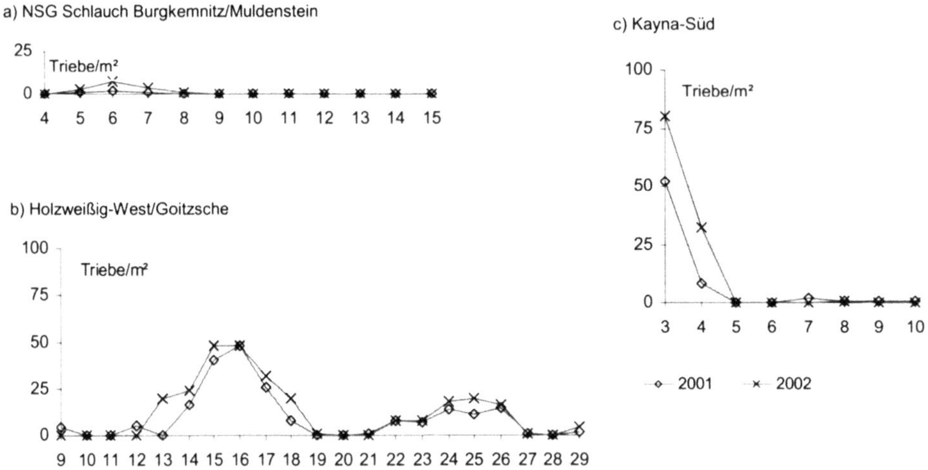

Abb. 96: Triebzahlen pro m² von *Phragmites australis* (Gemeines Schilf) auf den 5 m x 5 m Transektflächen im Naturschutzgebiet „Schlauch Burgkemnitz" (Muldenstein), in Kayna-Süd und in Holzweißig-West (Goitzsche) im Zeitraum 2001 - 2002

Entwicklung von Störstellen (Wildschweinsuhlen) in dichten Land-Reitgras-Beständen

Im Jahr der Störung konnten sich auf den Flächen der **frischen Variante** zwei Arten der Zwergbinsengesellschaften etablieren (Krötenbinse – *Juncus bufonius* und Borstige Schuppensimse – *Isolepis setacea*). Insgesamt kommen in Muldenstein drei Nanocyperion-Arten vor (OEKOKART 1997a), wobei die dritte Art, *Illecebrum verticillatum* (Quirlige Knorpelmiere), nicht auf den Störflächen auftrat. Arten der Zwergbinsengesellschaften (Nanocyperion) können auf geeigneten Standorten (konkurrenzarme, feuchte und zeitweilig überflutete Flächen) kurzfristig von mechanischen Störungen, wie sie zum Beispiel auf Truppenübungsplätzen häufig auftreten, profitieren (z.B. BORCHERT et al. 1984, TÄUBER 1994, VON LAMPE 1996). Wildschweinsuhlen sind im Gegensatz dazu nur kleinräumige, punktuelle Störungen, die von den Arten schwieriger erreicht werden können. Die Arten können über Wasservögel (SALISBURY 1970) oder Wind auf die Flächen gelangen. Die Produktion riesiger Diasporenmengen (SALISBURY 1970, VON LAMPE 1996) und die Ausbildung sehr langlebiger Diasporenbanken (SALISBURY 1970, POSCHLOD 1993) in Verbindung mit einem sehr kurzen Lebenszyklus (VON LAMPE 1996) ermöglicht es den Zwergbinsenarten generell, kurzfristig geeignete Etablierungsfenster wahrzunehmen. Auf den Untersuchungsflächen in Muldenstein gingen die Deckungen der beiden etablierten Arten infolge des starken Wasseranstiegs aber bereits im Folgejahr wieder zurück; die Arten konnten im letzten Untersuchungsjahr nicht mehr aufgefunden werden (Abb. 97).

Ebenfalls bedingt durch den Wasseranstieg (Abb. 98) reduzierte sich im Untersuchungszeitraum die Deckung des vormals dominanten Land-Reitgrases sowie der Ruderal-/Segetal- und Grünlandarten sowohl auf den gestörten als auch auf den ungestörten Flächen (Abb. 97). Die Ruderal-/Segetal- und die Grünlandartengruppe setzte sich im Jahre 2000 aus vielen Einzelarten (gestört: 27; ungestört: 24) mit geringen Deckungen zusammen. Die Artenzahlen dieser beiden Artengruppen verringerten sich bis zum Jahre 2002 erheblich (gestört: 3 Arten; ungestört: 2 Arten). Im Gegenzug dazu konnten die Röhrichtarten auf den gestörten Flächen sowohl Artenzahl als auch Deckung erhöhen; neu etablierten sich das Schilf (*Phragmites australis*), der Lanzett-Froschlöffel (*Alisma lanceolata*) und die Knäuel-Binse (*Juncus conglomeratus*). Die Gesamtartenzahl der Röhrichtarten lag bei acht. Auf den ungestörten Flächen trat das Schilf bislang nicht auf. Infolge des Wasseranstiegs konnte zum Beispiel die Gliederbinse (*Juncus articulatus*) ihren Deckungsanteil erhöhen und es kam zur Einwanderung des Lanzett-Froschlöffels (*Alisma lanceolata*) und des Schmalblättrigen Rohrkolbens (*Typha angustifolia*). Hier traten nur fünf Röhrichtarten auf. Durch die Entstehung offener Wasserflächen konnte sich der Südliche Wasserschlauch (*Utricularia australis*) im Jahre 2002 besonders auf den ungestörten Flächen stark ausbreiten.

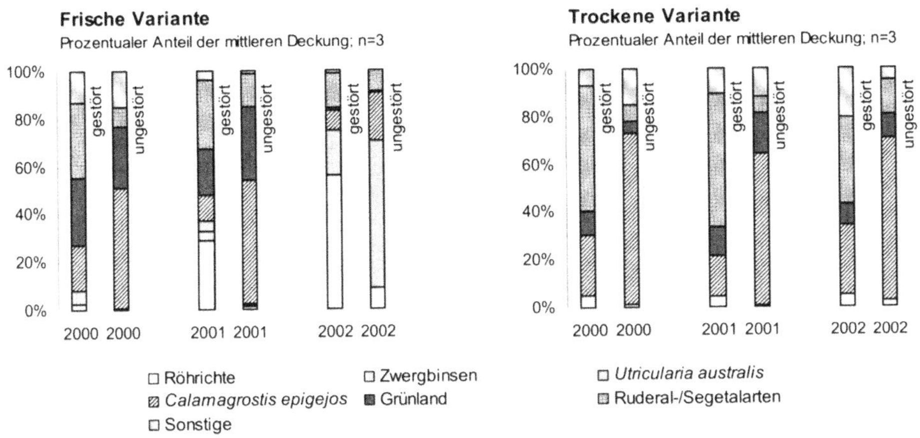

Abb. 97: Prozentualer Anteil der mittleren Deckung ausgewählter Arten und Artengruppen auf gestörten und ungestörten 5 m x 5 m - Flächen im Naturschutzgebiet „Schlauch Burgkemnitz" (Muldenstein), trockene und frische Variante im Zeitraum 2000 - 2002

Auch auf den Flächen der ehemals **trockenen Variante** kam es durch die Störung zunächst zu einer Reduktion des Deckungsanteils von Land-Reitgras (Abb. 97). Vor allem die Kratzbeere (*Rubus caesius* – Ruderal-/Segetalartengruppe) breitete sich vorerst stark aus. Aufgrund der Konkurrenzverhältnisse konnten sich hier keine Nanocyperion-Arten ansiedeln. Bis zum Jahre 2002 erreichte das Grundwasser eine mittlere Tiefe von 16 cm (ungestört) bzw. 35 cm (gestört) unter Flur (Abb. 98), was zur Wiederausbreitung des Land-Reitgrases auf den gestörten Flächen führte. *Calamagrostis epigejos* kann von verbesserten Feuchteverhältnissen profitieren (REBELE & LEHMANN 1994) und erholt sich – außer auf Extremstandorten (FBM 1999) – nach mechanischen Störungen relativ rasch (REBELE 1996a). Im Gegensatz zur frischen Variante konnten sich Röhrichtarten nur unwesentlich ausbreiten, was zum einen mit der hohen Konkurrenz auf der Fläche, zum anderen mit den im Gegensatz zu den frischen Flächen ungünstigeren Wasserverhältnissen erklärt werden kann. Eine Vernässung der Flächen wird auch hier zur Ausbreitung von Röhrichtarten führen, da dann die Deckung des Land-Reitgrases, ähnlich wie auf den Flächen der frischen Variante, stark zurückgehen wird.

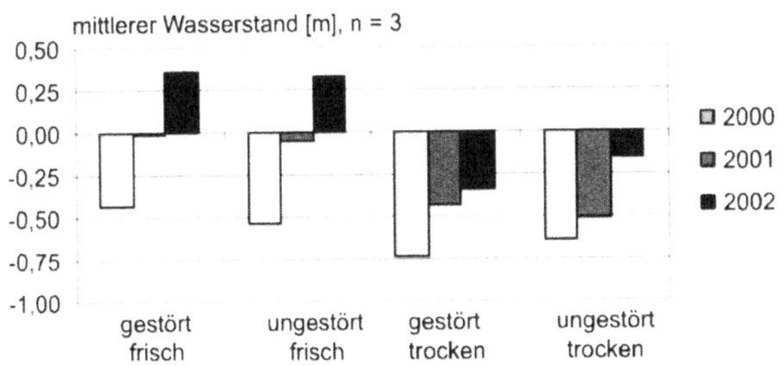

Abb. 98: Mittlerer Wasserstand auf den gestörten und ungestörten 5 m x 5 m - Flächen im NSG „Schlauch Burgkemnitz" (Muldenstein) in der frischen und trockenen Variante im Zeitraum 2000 – 2002

Schneller Grundwasseranstieg in ufernahen Sandtrockenrasenbeständen

Aufgrund des starken Wasseranstiegs von ca. 2 m im Untersuchungszeitraum und der geringen Hangneigung (Verlust von 80 m Transektfläche) konnte die Vegetation des Uferbereiches nicht auf den Grundwasseranstieg reagieren (Abb. 99). Tendenziell ging der Deckungsgrad der Sandtrockenrasenarten im Transekt von 2000 bis 2001 zwar leicht zurück, dies kann aber ebenso mit zyklischen oder witterungsbedingten Schwankungen der Populationen erklärt werden (vgl. TISCHEW & MAHN 1998).

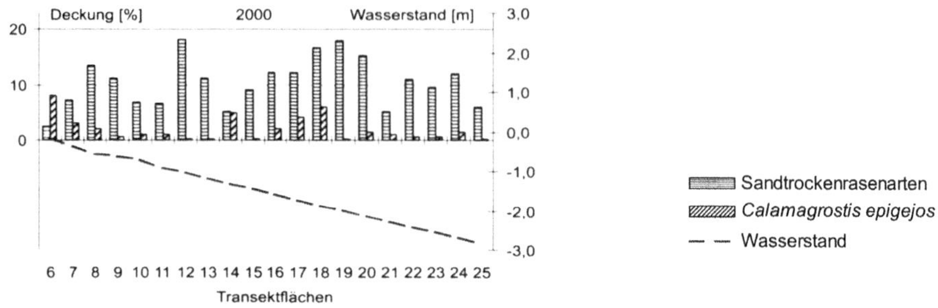

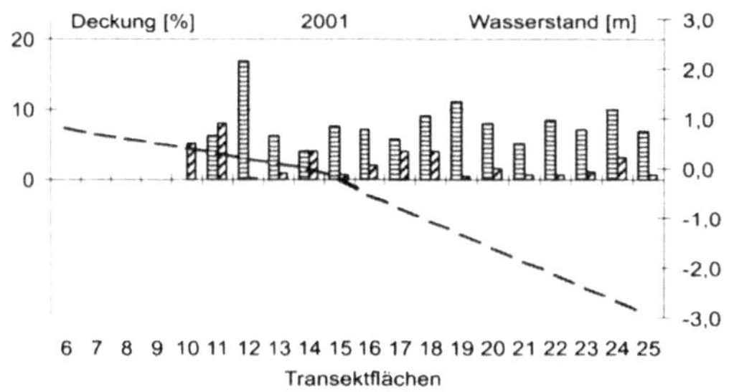

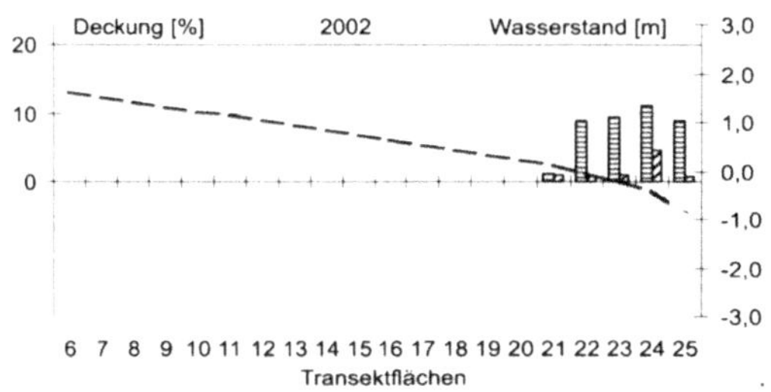

Abb. 99: Deckungswertentwicklung von Sandtrockenrasenarten und *Calamagrostis epigejos* (Land-Reitgras) auf den 5 m x 5 m Transektflächen im NSG „Paupitzscher See" (Goitzsche) im Zeitraum 2000 - 2002 mit Angabe des Wasserstandes zum Zeitpunkt der Vegetationsaufnahme

Auch das Land-Reitgras zeigte auf den Untersuchungsflächen keine deutlichen Veränderungen im Deckungsgrad. Da zum Ende des Untersuchungszeitraumes nur noch vier Transektflächen für die Untersuchungen zur Verfügung standen, sind weitergehende Aussagen nicht möglich. Eine dauerhafte Etablierung von Röhrichtarten erfolgte bislang nicht. Vereinzelt wurden im Uferbereich Jungpflanzen von *Typha* spec. beobachtet, die aufgrund des schnellen Wasseranstiegs rasch wieder abstarben. Eine Reaktion der Vegetation wird erst mit Erreichen des Endwasserstandes erwartet. Dann kann in diesem speziellen Fall aufgrund der offenen Konkurrenzbedingungen im Uferbereich mit einer raschen Röhrichtentwicklung gerechnet werden, da Landröhrichte mit *Phragmites australis* in unmittelbarer Nähe vorkommen.

Schlussfolgerungen

Aus den Ergebnissen zur Reaktion der Vegetation auf den Grundwasserwiederanstieg können folgende Schlussfolgerungen abgeleitet werden:

- Land-Reitgras wird durch Röhrichtarten in relativ kurzen Zeiträumen stark zurückgedrängt, wenn das Grundwasser oberflächennah ansteht.
- Bei langsamem Grundwasseranstieg (Kayna-Süd) kann Schilf durch lange, oberirdische Legehalme (»runner«) uferfernere Bereiche besiedeln und so eine schnelle Röhrichtentwicklung einleiten.
- Ausgehend von Röhrichtinitialen in Böschungsbereichen mit Hangwasseraustritten (Holzweißig-West) ist eine deutlich schnellere Ausbreitung von Schilf zu beobachten.

- Das Land-Reitgras wird im Verlauf des Grundwasseranstiegs schneller zurückgedrängt, wenn Störstellen vorhanden sind (z.B. Wildschweinsuhlen); Röhrichtarten und Arten der Feuchtvegetation (z.B. Nanocyperion-Arten) haben dann deutliche Etablierungsvorteile.
- Bei sehr schnellem Grundwasseranstieg (NSG Paupitzsch) ist die Vegetation nicht in der Lage zu reagieren. Erst mit Erreichen des Endwasserstandes wird eine Veränderung des Artengefüges eintreten. Wenn in der unmittelbaren Umgebung der zukünftigen Uferbereiche keine Röhrichte vorhanden sind, kann das vor allem bei steileren und wellenschlaggefährdeten Böschungen zu großen Problemen führen, da die nicht angepassten Arten der ursprünglich trockenen Standorte keinen Uferschutz bieten können (vgl. auch Kapitel 8.2).

7.3 Überflutungstoleranz von Landpflanzen und Röhrichtarten

Hans-Werner Sonntag & Matthias Stolle

Landpflanzen

Durch die Flutung von Tagebaurestlöchern ändern sich die bodenchemischen Bedingungen in den betroffenen Uferbereichen gravierend. Infolge von Sauerstoffmangel tritt innerhalb kürzester Zeit ein Absinken des Redoxpotenzials ein. Dieser Prozess wird wesentlich durch Eigenschaften des Flutungswassers, die mikrobielle Besiedlung des Bodens und das Vorhandensein von Kohlenstoffquellen (organische Substanz) im Boden oder Substrat beeinflusst. Bei Erreichen sehr niedriger Werte des Redoxpotenzials kann die Freisetzung von Metall-Ionen in phytotoxischen Konzentrationen erfolgen (Tab. 41).

Die Überflutungstoleranz ausgewählter Landpflanzen wurde durch Messung der Wassertiefe am Pflanzenstandort und Einschätzung der Vitalität in den Tagebaurestlöchern Holzweißig-West und Kayna Süd nach folgender Skala ermittelt:

1 - vital

2 - schwach vergilbtes Laub während der Vegetationsperiode

3 - stark vergilbtes Laub während der Vegetationsperiode

4 - abgestorben.

Tab. 41: Bodenchemische Zustandsformen einzelner Elemente in Abhängigkeit von der Höhe des Redoxpotenzials (Eh)

Eh in mV	oxidierter Zustand	reduzierter Zustand
≈ 600	O_2, NO_3^-, MnO_2, $Fe(OH)_3$, SO_4^{2-}, CO_2	noch keine Änderungen
≈ 500	NO_3^-, MnO_2, $Fe(OH)_3$, SO_4^{2-}, CO_2	$N_2O\uparrow$, $N_2\uparrow$
≈ 300	MnO_2, $Fe(OH)_3$, SO_4^{2-}, CO_2	Mn^{2+}
≈ 100	$Fe(OH)_3$, SO_4^{2-}, CO_2	Mn^{2+}, Fe^{2+}
≈ - 250	SO_4^{2-}, CO_2	Fe^{2+}, Mn^{2+}, S^{2-} ($FeS\downarrow$, $MnS\downarrow$)
≈ - 200	CO_2	S^{2-}, $CH_4\uparrow$

Zahlreiche Landpflanzenarten zeigen bereits wenige Tagen nach der völligen Überflutung des Bodens – einige Arten schon vorher – erste Schäden. Nach dem Vergilben der Blätter/Nadeln sterben die Pflanzen ab. Dieser Vorgang wird von Schwarzfärbungen an den Wurzeln begleitet, die im Allgemeinen auf verminderte Vitalität oder abgestorbene Wurzeln hindeuten. Die Schwärzungen werden offenbar durch Eisenverbindungen verursacht (LATTERMANN 1994), die sich nur unter reduzierenden Bedingungen an den Wurzeln ablagern. Vitale Wurzeln können durch Sauerstoffabgabe ein oxidierendes Milieu im wurzelnahen Bereich schaffen und so die Bildung phytotoxischer Ionen wie Mn^{2+}, Fe^{2+}, SH^-, CH_4 und weiterer Stoffwechselprodukte von Anaerobiern (BRÄNDLE 1990) verhindern.

Zu den überstauungsempfindlichsten Arten zählt Besenginster (*Sarothamnus scoparius*). Im Tagebau Holzweißig-West war diese Art bereits 20 Tage vor völligem Überstau des Bodens abgestorben (vgl. Tab. 42). Wald-Kiefer (*Pinus sylvestris*) und Gemeine Birke (*Betula pendula*) wiesen auf gleichem Standort erste Schäden auf, waren aber noch nicht abgestorben. Wenig tolerant erwiesen sich Rot-Schwingel (*Festuca rubra*), Bleicher Schwingel (*Festuca cinerea*) (beide Arten in Ansaaten) sowie Silbergras (*Corynephorus canescens*). Diese Arten waren nach 18 Tagen (*Festuca* spec.) bzw. 44 Tagen (*Corynephorus canescens*) Überflutung abgestorben. Wassergesättigtes Substrat wird dagegen offenbar von vielen Arten toleriert, wenn die oberirdischen Teile nicht überflutet sind. An einem durch Hangwasseraustritte zunehmend vernässten Böschungsabschnitt wurden bei Wassersättigung des Bodens über die Wintermonate bis in den Frühsommer keine Schäden an zahlreichen Trockenrasenarten, die den Hauptanteil der Pflanzendeckung ausmachten, beobachtet. Diese Arten bilden ein intensives oberflächennahes Feinwurzelsystem aus, welches offenbar von der Sauerstoffanreicherung des oberflächennahen Bodenwassers profitiert. Unter solchen Umständen bilden sich keine reduzierenden Bedingungen (Freisetzung toxischer Metall-Ionen). Es kommt zu einer Art Hydrokultureffekt, der von den Pflanzen offenbar längere Zeit ertragen wird.

Tab. 42: Überflutungstoleranz ausgewählter Arten im Tagebau Kayna-Süd und am Restloch Holzweißig-West (Goitzsche)

Gattung/Art	Kayna-Süd (Nov. 2001)		Holzweißig-West (Nov. 2001)		
	Überflutungshöhe [cm]	Überflutungsdauer [Tage]	Überflutungshöhe [cm]	davon unter Wasser [cm]	Vitalität*
Calamagrostis epigejos	20	514	80	45	1
Agrostis gigantea	20	514			1
Equisetum palustre	20	514			1
Pinus sylvestris	0	-			2
Betula pendula	0	-			3
Populus tremula	20	514			4
Alopecurus geniculatus			195	110	1
Sarothamnus scoparius				0 **	4

* Vitalität: 1 = vital, 2 = beginnende Vergilbung, 3 = starke Vergilbung, 4 = abgestorben ** bereits bei vollständig wassergesättigtem Substrat abgestorben

Sehr hohe Überflutungstoleranzen wurden beim an wechselfeuchte Bedingungen angepassten Knick-Fuchsschwanz (*Alopecurus geniculatus*) festgestellt. Die Art bildete in Holzweißig-West einen kleinen Bestand, der mit dem aufgehenden Wasserspiegel in die Höhe gewachsen war und nach 195 Tagen Überflutungsdauer vom Wasser 1,10 m hoch überstaut wurde. Die Blätter der vitalen Pflanzen schwammen auf der Wasseroberfläche.

Das Land-Reitgras (*Calamagrostis epigejos*) zeigte auf dieser Fläche im Bereich von 10 cm Höhe über und unter dem Spülsaum dunkelgrünes Laub. Die Pflanzen schienen wesentlich vitaler als Exemplare aus dem angrenzenden, höher liegenden trockeneren Bereich. Untersuchungen zum N-Gehalt in den Blättern ergaben Gehalte von 0,87 mg/100 g für den trockenen gegenüber 1,97 mg/100 g für den feuchten Standort. Möglicherweise kommt es bei der beginnenden Durchfeuchtung des Substrates zu einem Mineralisierungsschub im Boden, den die Pflanzen nutzten können. Die unter der Wasseroberfläche befindlichen Nodien waren bewurzelt.

Von allen untersuchten Landpflanzen im Tagebau Kayna-Süd wiesen Land-Reitgras (*Calamagrostis epigejos*) und Riesen-Straußgras (*Agrostis gigantea*) die höchsten ermittelten Toleranzen gegenüber Überflutung auf. Vitale Exemplare beider Arten wurden im November 2001 in einer Wassertiefe von 20 cm vorgefunden. Da der Wasserstand in diesem Restloch während der vorangegangenen zwei Vegetationsperioden anfangs etwas stieg und nachher nur um einen Wert von ca. 10 cm schwankte, waren die Pflanzen mindestens 514 Tage überstaut. Der betroffene Uferabschnitt liegt allerdings hinter einem Schilfgürtel, der Wellenschlag weitgehend abschirmt, so dass die Pflanzen durch die Wellenbewegung nicht unter die Wasseroberfläche gedrückt wurden. Bei ähnlicher Wassertiefe und einer

Wuchshöhe von 20 - 30 cm über dem Wasserspiegel wurden die Blätter von *Calamagrostis epigejos* an der Ostböschung Holzweißig-West durch die Wellen unter Wasser gedrückt. In der Folge starben die Pflanzen ab.

Bei beiden Arten (*Agrostis gigantea*, *Calamagrostis epigejos*) handelt es sich um ausläuferbildende Gräser ohne ausgeprägte Standortbindung. Die Speicherkapazitäten des Rhizomsystems ermöglichen offenbar ein Überleben unter zeitweise ungünstigen Bedingungen, unabhängig davon ob diese in Trockenstress oder Anaerobie im Boden bestehen. Um dieser Frage nachzugehen, wurden beide Arten sowie zusätzlich Platthalm-Rispengras (*Poa compressa)* und Weißes Straußgras (*Agrostis stolonifera)* in einem Gewächshausversuch geflutet und über einen Zeitraum von 240 Tagen beobachtet.

Folgende Versuchsanordnung kam zum Einsatz: Ungestörte Bodenzylinder (15 cm hoch, 10 l Volumen) wurden aus dem Pflanzenbestand des Tagebaurestloches Geiseltal entnommen und innerhalb von einem Tag in 12 l - PE Eimern bis zu einem ca. 20 mm hohen Wasserüberstand mit Leitungswasser geflutet. Während der Versuchsdauer vom 25.09.01 bis zum 20.04.02 wurden Wasserverluste durch Aqua dest. ergänzt. Mit Eintritt der Frostperiode erfolgte die weitere Kultivierung im Gewächshaus. Das Pflanzenwachstum wurde anhand von Trieblänge und -anzahl der lebenden und abgestorbenen Sprosse verfolgt.

Die Ergebnisse des Gefäßversuches zur Überflutungstoleranz ausläuferbildender Gräser sind in Tab. 43 zusammenfassend dargestellt.

Tab. 43: Anzahl lebender Triebe sowie Wuchsleistung von Rhizomgräsern bei Überstauung

	Datum	Überflutungs-dauer [Tage]	Datum	Überflutungs-dauer [Tage]	Datum	Überflutungs-dauer [Tage]
	Sep. 2001	0	Jan. 2002	121	Mai 2002	240
	lebende Triebe		lebende Triebe		lebende Triebe	
Gattung/Art	Anzahl	mittlere Länge	Anzahl	mittlere Länge	Anzahl	mittlere Länge
Agrostis stolonifera	65	4 cm	60	7 cm	145	28 cm
Poa compressa	26	16 cm	44	10 cm	113	31 cm
Agrostis gigantea	43	8 cm	56	8 cm	14	21 cm
Calamagrostis epigejos	11	12 cm	30	21 cm	69	42 cm

Während der Versuchszeit erhöhten bis auf *Agrostis gigantea* alle Arten ihre Triebzahlen. Die mittlere Länge der Triebe erhöhte sich bei allen Arten (Tab. 43). An den oberirdischen Sprossteilen waren keine Vitalitätsverluste erkennbar. Das ehemalige Wurzelsystem einschließlich der Rhizome war jedoch bei allen Arten schwarz verfärbt, aber in seiner Struktur noch erhalten. Oberflächennah hatten sich bei allen Arten vitale Adventivwurzeln gebildet.

Aufgrund geringer Wuchsleistungen sind die hier genannten Landpflanzen jedoch unter Konkurrenzbedingungen den Röhrichtarten unterlegen (vgl. Kapitel 7.2).

Röhrichtarten

Viele Röhrichtarten haben sich im Verlauf der Evolution aus Landpflanzen ehemals trockener Standorte entwickelt (HUTCHINSON 1975). Eine wichtige Voraussetzung waren Rhizome, die neben der Luftleitung zu den Wurzeln der Speicherung von Reservestoffen dienen. Diese Reservestoffe ermöglichen den austreibenden Pflanzen im Frühjahr, die Distanz zwischen Gewässergrund und Wasseroberfläche zu überbrücken.

Die Überstauhöhen der Röhrichte wurden durch Messung der Wassertiefe an mindestens 10 Einzelstandorten der jeweiligen Art in den Tagebaurestlöchern Holzweißig-West und Kayna Süd gemessen. Die Vitalitätsbonitur war im Gegensatz zu den Landpflanzenarten nicht sinnvoll, da die Röhrichtarten bei allen Wasserständen vital erschienen. In Tab. 44 werden die Ergebnisse zur Überstauungstoleranz ausgewählter Röhrichtarten dargestellt.

Tab. 44: Überstauungstoleranz ausgewählter Röhrichtarten

Gattung/Art	Wasserstand im Beobachtungszeitraum: Frühjahr 2000 bis Herbst 2001 Tagebau Kayna-Süd, stagnierend Wuchshöhe in cm (Nov. 2001)		Restl. Holzweißig-West, Anstieg ca. 4,4 m/a Wuchshöhe in cm (Nov. 2001)	
	gesamt	davon unter Wasser	gesamt	davon unter Wasser
	Großröhrichte			
Phragmites australis				
min.	210	50	125	100
max	340	220	480	460
mittel	277	167	282	231
noch generativ bei:	340	220	365	340
Typha latifolia	105	25		
min.	x	x	125	110
max	x	x	205	130
mittel	x	x	165	112
Typha angustifolia				
min	130	30	x	x
max	305	165	x	x
mittel	203	85	x	x
	Kleinröhrichte			
Juncus effusus			105	35
min	70	20	x	x
max	95	15	x	x
mittel	78	18	x	x
Juncus articulatus				
min	19	9	x	x
max	35	15	x	x
mittel	29	14	x	x

x: nur eine Messung bzw. Art nicht vorhanden

Bei ansteigendem Wasserspiegel reagieren die untersuchten Rohrkolben-Arten (*Typha* spec.) und das Gemeine Schilf (*Phragmites australis)* durch Verlängerung der Sprossachse. Dabei werden erstaunliche Wuchsleistungen erbracht (Tab. 44). Die größte Wuchshöhe erreichte *Phragmites australis* im Tagebau Holzweißig-West mit 4,80 m Gesamtlänge. Bei diesen Pflanzen lagen nur die obersten 20 cm über dem Wasserspiegel, diese Triebe blieben steril. Ein wesentlicher Grund für diesen Längenzuwachs dürfte der relativ langsame, aber stetig steigende Wasserspiegel sein. *Phragmites australis* erreicht nach OSTENDORP (1989) im Mai bis Juni Wachstumsgeschwindigkeiten von 4 $^{cm}/_{d}$; gepflanzte Bestände 2 - 3 $^{cm}/_{d}$ (KRUMSCHEID 1987). Diese Angaben übertreffen den durchschnittlichen Wasseranstieg in Holzweißig-West (ca. 0,56 $^{cm}/_{d}$) um ein Vielfaches. Die Pflanzen können dem ansteigenden Wasser "davonwachsen". Bei den Beständen in Holzweißig-West handelt es sich um ehemalige Landröhrichte, die sich an Hangwasseraustritten ansiedelten. Im September 1999 erreichte das aufgehende Wasser die Basis des Schilfbestandes. Zu Beginn der nächsten Vegetationsperiode mussten etwa 2,20 m Wassertiefe überwunden werden. Zur nächsten Vegetationsperiode waren es bereits 3,60 m. Bis zum Zeitpunkt der Messung im November 2001 hatte der Bestand seine ursprüngliche Wuchshöhe bei einem Wasserstand von 4,60 m mehr als verdoppelt. In Kayna-Süd betrugen die zu überwindenden Wasserhöhen im gleichen Zeitraum jeweils maximal 2,20 m.

Breitblättriger und Schmalblättriger Rohrkolben (*Typha latifolia, Typha angustifolia)* wurden in beiden Tagebaubereichen nur in sehr kleinen Beständen und Einzelpflanzen vorgefunden. Entsprechend sind auch die Messergebnisse zu werten. Die höchste gemessene Wuchsleistung erreichte *Typha angustifolia* mit einer Gesamtwuchshöhe von 3,05 m (davon 1,65 m unter Wasser).

Das jährliche Erreichen der generativen Phase ist bei vielen Röhrichtarten Kennzeichen vitaler Pflanzen oder Pflanzenbestände. Nach eigenen Beobachtungen treten Wasserbestände von *Phragmites australis* eher in die generative Entwicklung als Landbestände. Bei *Typha latifolia* und *Typha angustifolia* blühen dagegen auch Pflanzen auf wechselfeuchten Grenzstandorten. Da in den untersuchten Tagebaubereichen *Typha*-Arten nur sporadisch vorkamen, wurde das Erreichen der generativen Phase lediglich bei *Phragmites australis* aufgenommen. In Kayna-Süd wird die generative Entwicklung bei reichlich einem Meter Wassertiefe noch erreicht. Auch wenn Extrema wesentlich höher liegen können, entspricht dieser Wert etwa den Wassertiefen, die für Schilfbestände in Mitteleuropa typisch sind (HASLAM 1970). Bei ständig steigendem Wasserspiegel (Holzweißig-West) sind die Bestände allerdings in der Lage, die Länge des unter der Wasseroberfläche befindlichen Sprossteiles etwa zu verdoppeln. Die mittlere Gesamtwuchsleistung liegt aber nur unwesentlich über der Wuchshöhe bei stagnierendem Wasserstand. Eine Mindestlänge von 60 cm für beblätterte assimilationsfähige Sprosse scheint Voraussetzung für eine erfolgreiche generative Entwicklung zu sein. Dieser Wert wurde an den Versuchsstandorten im Mittel bei steigendem und als Minimalwert bei stagnierendem Wasserstand erreicht.

Eine morphologische Besonderheit, die *Phragmites australis* indirekt erlaubt dem aufgehenden Grundwasser auszuweichen, ist die Ausbildung von Kriechtrieben oder Legehalmen. Nach KÜMMERLIN (1993) wird deren Bildung durch kiesige Substrate gefördert. Eindrucksvolle Legehalmbildungen können bei Landschilfbeständen beobachtet werden. Längenmessungen im Tagebau Geiseltal ergaben Wuchsleistungen von bis zu 18 $^{m}/_{a}$. Das Wachstum erfolgte dabei ungerichtet, teilweise auch bergauf. Bei rasch steigendem Wasserspiegel im Tagebau Holzweißig-West begannen Legehalme im Uferbereich aufzuschwimmen (Juli 2000). Wenige Wochen später waren alle Triebe zerstört. Ursache könnten sowohl die ständige Wellenbewegung als auch fressende Wasservögel sein.

Zusammenfassend kann festgestellt werden, dass Röhrichtarten aber auch zahlreiche Landpflanzen wassergesättigte Böden oder zunehmende Überflutung mehr als eine Vegetationsperiode ertragen. Diese Fähigkeit muss bei der Gestaltung zukünftiger Uferbereiche stärker Berücksichtigung finden, da die in der herkömmlichen Praxis eingesetzten Pflanzenarten zur Böschungssicherung zu den weniger toleranten Arten gehören.

7.4 Auswirkungen von Flutungsprozessen auf die Entwicklung von Röhrichten

Michael Reuter & Hans-Markus Oelerich

Hinsichtlich der Problematik Restlochflutung bzw. Grundwasserwiederanstieg kommt der Entwicklung der Röhrichtbestände aus naturschutzfachlicher Sicht eine besondere Bedeutung zu. Vor allem im Bereich der Grubensohle von Tagebaurestlöchern, in denen noch Grundwasserhaltung betrieben wird, sind an Flachgewässern häufig großflächige Röhrichte entwickelt. Hochwüchsige, dichte Wasserröhrichte besitzen insbesondere für verschiedene gefährdete Brutvogelarten (z.B. Große Rohrdommel) einen sehr hohen naturschutzfachlichen Wert. Strukturreiche Röhrichte, zum Beispiel Wechsel von Schilfröhrichten mit (lichteren) Rohrkolbenbeständen oder Kleinröhrichten sowie Vorkommen kleinerer, offener Wasserflächen inmitten der Röhrichte, sind insbesondere wertvoll für Libellen- oder Amphibienarten.

Im Zuge von Restlochflutungen und Grundwasserwiederanstieg gehen bzw. gingen bereits zahlreiche bedeutende Röhrichtbestände verloren. Zukünftig wird es in vielen Fällen nur noch saumartige Bestände entlang der Ufer der neu entstehenden Restseen geben, wenn potenzielle Flachwasserbereiche in zu geringem Umfang in die Sanierungsplanung integriert werden.

Ob bestehende Röhrichte während des Flutungsprozesses „mitwandern“ können (Schilf kann sich durch bis ca. 20 m lange Ausläufer vegetativ ausbreiten), hängt von der Geschwindigkeit der Flutung ab. In den meisten Fällen dürfte jedoch eine auf diese Weise erfolgende Etablierung aufgrund der schnellen Flutungsprozesse eher unwahrscheinlich sein (vgl. Kapitel 7.2). Wesentliche Faktoren, welche die Neuetablierung von Röhrichten beeinflussen, sind Wassertiefe, Uferneigung sowie Wind- und damit Wellenschlagausgesetztheit des Ufers. Bei der Prognose der zukünftigen Entwicklung der Röhrichtbestände wird davon ausgegangen, dass sich mindestens bis zu einer Wassertiefe von 2 m unterhalb des Endwasserspiegels Schilfröhrichte entwickeln können (ELLENBERG 1996, Kapitel 7.2). Bei Wassertiefen von > 1 m sind die Voraussetzungen für die Entwicklung von Schilfröhrichten allerdings nur noch suboptimal (DVWK-SCHRIFTEN 1996, HASLAM 1972). Es entwickeln sich lediglich lichte Bestände, die in ihrer Struktur vielen Tierarten nicht mehr genügen dürften.

Für den Bereich zwischen der prognostizierten Endwasserlinie bis 1 m oberhalb dieses Wasserstandes, ist die Entwicklung von Feuchtvegetation i.w.S. wahrscheinlich. Dies können je nach Höhe der sich tatsächlich herausbildenden Endwasserlinie oder der sich zuerst etablierenden Arten (*»first comer«* - Effekt) durchaus Röhrichte sein, allerdings auch Seggenrieder (sehr selten), Gras-Kraut-Fluren feuchter Standorte, Feuchtgebüsche oder Vorwälder feuchter Standorte. Eine Vorhersage welcher dieser Biotoptypen sich tatsächlich etabliert, ist zumeist nicht möglich.

Ein Parameter, der die Entwicklung von Röhrichten wesentlich beeinflusst, ist die Uferneigung. Günstige Bedingungen bieten sehr flache Uferböschungen (nicht steiler als 1:10). An stark windexponierten und somit dem Wellenschlag ausgesetzten Seeufern kann eine Neuetablierung von Röhrichten allerdings schwierig bis unmöglich sein. Insbesondere an sehr großflächigen Seen spielt dieser Faktor eine wesentliche Rolle.

Auf Grundlage der oben genannten Voraussetzungen wurde im Rahmen des FLB-Projektes (2003) für ausgewählte Gebiete in Sachsen-Anhalt modellhaft errechnet, wie viele Röhrichtflächen bei Flutung bzw. Grundwasserwiederanstieg verloren gehen und wie groß die Fläche übrig bleibender bzw. neu entstehender Röhrichte sein könnte. Nachfolgend wird die prognostizierte Entwicklung für eines der Gebiete (Mücheln-Innenkippe, südwestlich Halle/Saale) diskutiert.

Beispiel: Mücheln-Innenkippe

Nach den hydrologischen Modellen der LMBV mbH wird im Tagebau Mücheln von einem Endwasserstand von 98 m NN ausgegangen. Die aktuell bestehenden großflächigen Röhrichtbestände nördlich der östlichen und nordwestlich der westlichen Bandanlagenkippe (siehe Abb. 100) werden überflutet. Insgesamt geht eine Fläche von ca. 25 ha Röhricht innerhalb des betrachteten Untersuchungsgebietes der Innenkippe und deren Umfeld durch Überflutung verloren (siehe Tab. 45). Das sind 97,4 % der aktuell in diesem Gebiet ausgebildeten Röhrichtbestände!

Nur 0,07 ha Röhricht im Bereich zwischen 96 und 98 m NN bleiben erhalten. Allerdings könnten sich in diesem Abschnitt ca. 28,7 ha Röhricht neu entwickeln. Der Bereich zwischen 98 und 99 m NN – ca. 15 ha potenzielle Feuchtvegetation i.w.S. – wird derzeit überwiegend von Rohbodenflächen sowie diversen Gras-Kraut-Fluren eingenommen. Hier könnten sich ebenfalls neue Röhrichte bilden. Ein großer Anteil aller Röhrichte dürfte jedoch nur als vergleichsweise schmaler Ufersaum ausgebildet sein (relativ steile Uferböschung) und damit zum Beispiel vielen Röhrichtbrütern nicht mehr als Habitat genügen.

Tab. 45: Entwicklung der Röhrichtbestände im Bereich der Innenkippe Mücheln (prognostizierter Endwasserstand: 98 m NN)

Gesamt-Röhrichtfläche vor der Flutung (2000)	25,83 ha	100 %
Röhrichte unterhalb 96 m NN (Verlust durch Überflutung)	25,15 ha	97,37 %
Röhrichte zwischen 96 und 98 m NN (bleiben bestehen)	0,07 ha	0,27 %
Röhrichte zwischen 98 und 99 m NN (können eventuell bestehen bleiben)	0,04 ha	0,15 %
Röhrichte über 99 m NN (häufig, aber nicht notwendigerweise Land-Röhrichte) – (gehen mittel- bis langfristig durch Sukzession verloren)	0,57 ha	2,21 %
prognostizierte Neubildung von Röhrichten im Bereich zwischen 96 und 98 m NN	28,76 ha	111,34 % der derzeitigen Röhrichtfläche
eventuelle Neubildung von Röhrichten im Bereich zwischen 98 und 99 m NN	14,96 ha	57,92 % der derzeitigen Röhrichtfläche

Ausgedehntere, zusammenhängende Röhrichtbestände, sind für die Bereiche zwischen westlicher Innenkippe und westlicher Bandanlagenkippe, zwischen östlicher Bandanlagenkippe und östlicher Innenkippe sowie dem Ost-Rand des derzeitigen Aschespülfeldes zu erwarten. Die beiden erstgenannten Gebiete profitieren außerdem von der relativ windgeschützten Lage. Zusammenhängende, sehr großflächige Röhrichte, wie sie derzeit noch zu finden sind, wird es zwar nicht mehr geben, aber die genannten, sich an anderen Stellen herausbildenden, etwas kleineren Röhrichtbestände, können wahrscheinlich Ausweichhabitate für die im Gebiet naturschutzfachlich sehr bedeutende, an solche Strukturen gebundene Avizönose darstellen.

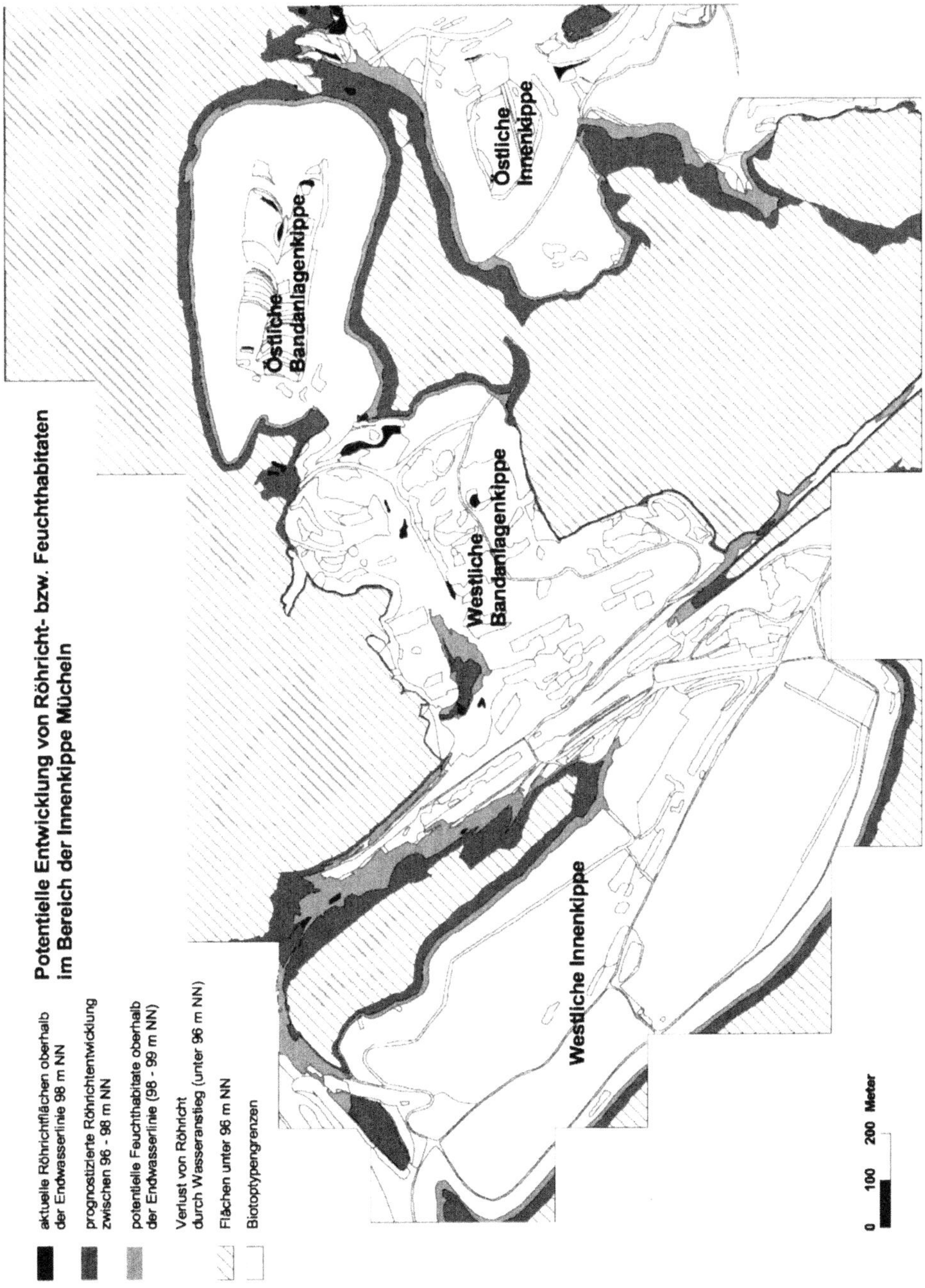

Abb. 100: Potenzielle Entwicklung von Röhricht- bzw. Feuchthabitaten im Bereich der Innenkippe Mücheln

7.5 Auswirkungen der Restlochflutung auf die Fauna

7.5.1 Laufkäfer (Carabiden)

Franz Tietze & Hans-Markus Oelerich

Die bodenlebenden Arthropoden sind in ihrem Auftreten vor allem von der Vegetationsstruktur und dem Mikroklima abhängig. Der Anstieg des Wasserspiegels in den Tagebaurestlöchern nach erfolgter Sanierung stellt hier einen gravierenden Eingriff dar. Am tiefgreifendsten ist dabei zunächst der Verlust der Biotope, die nach der Flutung unter Wasser geraten. Hierbei ist vor allem der Verlust an trocken-warmen, vegetationsarmen Lebensräumen zu nennen, die in der Phase des Abbaus und der Sanierung prägend für die Tagebaue sind und naturschutzfachlich eine hohe Bedeutung für eine Reihe spezialisierter Pionierbesiedler besitzen. Neben diesem „Totalausfall“ terrestrischer Habitate kommt es zumindest im zukünftigen Uferbereich zu einer Veränderung der Feuchteverhältnisse und damit zur Veränderung der Vegetation sowie des Mikroklimas.

Ausgangszustand einer Restlochflutung ist ein zumeist über Jahrzehnte konstant gehaltener Wasserspiegel. Im Tagebau konnte sich dabei in Abhängigkeit von der Geomorphologie, dem Bodensubstrat, dem Sanierungseinfluss und der Entfernung zum Ufer eine differenzierte Flora und Fauna entwickeln. Häufig findet man vom Zentrum des Tagebaus zum Tagebaurand hin eine Vegetationsabfolge beginnend mit einer mehr oder weniger breiten Uferröhricht-Zone über vegetationsarme Bereiche bzw. Sukzessionsflächen (je nach Alter von Pionierfluren bis zu Vorwäldern) bis hin zu den Böschungen im Bereich des zukünftigen Endwasserstandes, die zumeist aus (*Festuca*-)Ansaaten bestehen.

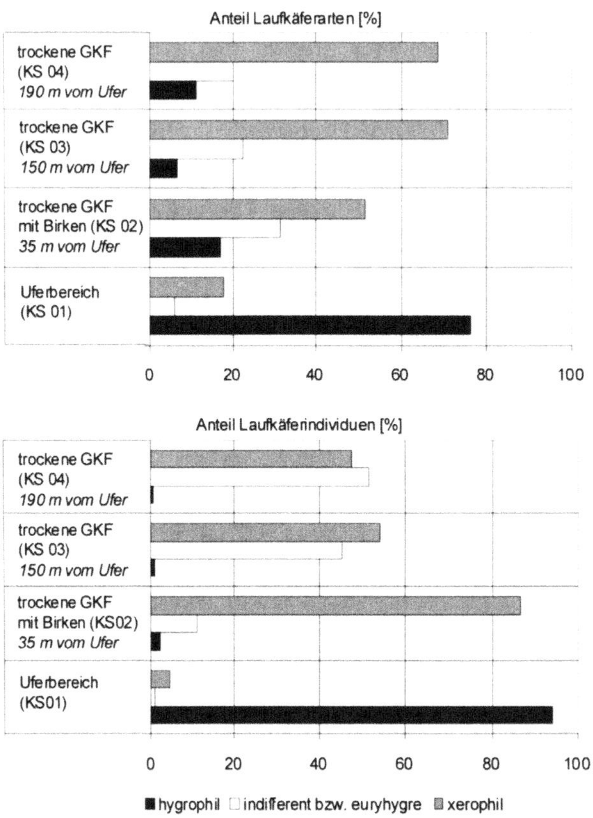

Abb. 101: Prozentuale Verteilung hygrophiler, xerophiler bzw. euryhygrer Laufkäferarten und -individuen an den vier Standorten eines Bodenfallen-Transektes im ehemaligen Tagebau Kayna-Süd (Region Geiseltal), mit unterschiedlichen Entfernungen zur Uferlinie des Tagebaurestsees

Legende: GKF = Gras- Kraut-Flur; KS01: 17 Arten, 86 Ind., KS02: 35 Arten, 1146 Ind., KS03: 31 Arten, 988 Ind., KS04: 35 Arten, 665 Ind; Standzeit der Fallen (je 5 Fallen pro Standort): 03.2000 - 04.2001

Abb. 101 zeigt Ergebnisse von Bodenfallenfängen, die in einem Transekt vom Röhricht bestandenem Ufer eines Tagebaurestsees in angrenzende Flächen mit spontaner Vegetation (Gras- und Krautflur, Vorwald) hinein durchgeführt wurden. Da es sich bei diesem Tagebaubereich um eine ehemalige Spülfläche handelt, ist das Gelände nur relativ schwach geneigt. Der Wasserspiegel lag während der Untersuchungen etwa bei 95 m NN und wird voraussichtlich im Zuge der Flutung des Geiseltalsees auf 98 m NN ansteigen.

Die Abbildung stellt die prozentualen Anteile „feuchteliebender" (hygrophiler), "trockenheitsliebender" (xerophiler) und indifferenter bzw. euryhygrer (eine breite Feuchtetolerenz besitzender) Laufkäferarten bzw. -individuen an den vier Fallenstandorten dar.

Erwartungsgemäß dominieren im Uferbereich des Tagebaurestsees die hygrophilen Laufkäfer. Sie stellen fast 80 % der Arten und über 90 % aller Individuen. Am darauf folgenden 35 Meter entfernten Fallenstandort – einer trockenen Gras-Kraut-Flur mit Einflüssen eines seitlich angrenzenden Birkenvorwaldes – sind die hygrophilen Arten deutlich auf unter 20 % zurückgegangen. Durch die individuenreichen Fänge des xerophilen *Calathus erratus* an diesem Standort liegt der Anteil trockenheitsliebender Carabiden-Individuen hier sogar bei etwa 90 %. Die beiden 150 m bzw. 190 m vom Ufer entfernten, unverbuschten Gras-Kraut-Fluren zeigen eine sehr ähnliche Laufkäferfauna. Es dominieren deutlich die xerophilen Arten; feuchteliebende Laufkäfer sind nur in wenigen Einzelindividuen vertreten.

Diese Untersuchung, die einen Zustand vor dem Wasseranstieg dokumentiert, zeigt eine faunistische Zonierung entlang eines Gradienten vom Ufer des Tagebaurestsees zum Tagebaurand. Es wird aber auch deutlich, dass der Einfluss des Wasserspiegels auf die bodenlebenden Arthropoden nur über eine relativ geringe Distanz wirkt und damit vor allem die direkte Uferfauna betroffen ist. In einem zweiten Versuchsansatz wurde daher im Bereich des ehemaligen Tagebaus Holzweißig-West (Tagebauregion Bitterfeld) das direkte Geschehen während des Wasseranstiegs mithilfe von Fallenfängen verfolgt.

An der Böschung des Restsees Holzweißig-West wurden wiederum entlang eines Transektes Bodenfallen in unterschiedlicher Entfernung zum Wasser aufgestellt. Bei Beginn der Untersuchungen wurden Fallen am Ufer, in einem angrenzenden Sandtrockenrasen, in einer mit Röhricht bestandenen Quellflur und in einem weiteren Sandtrockenrasen im oberen Bereich der Böschung ausgebracht. Die Fallen im Uferbereich wurden im Zuge des Wasseranstiegs immer wieder etwas höher gestellt und letztlich im September 2000 eingezogen. Im Folgenden sollen einige Ergebnisse zur Veränderung der Laufkäferfauna auf den Untersuchungsflächen dargestellt werden.

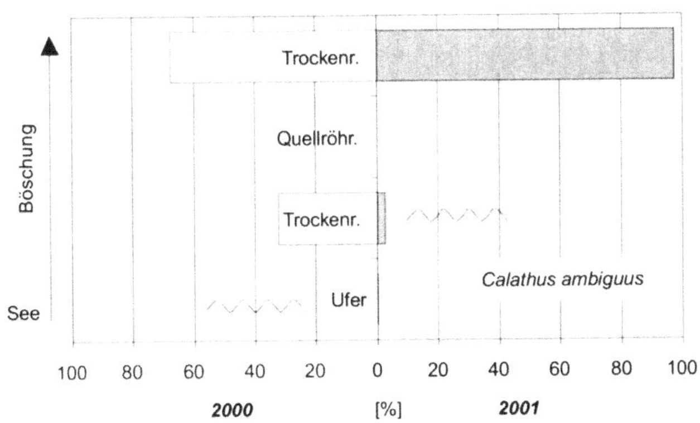

Abb. 102: Prozentuale Verteilung der Individuen von *Calathus ambiguus* (2000: 221 Ind., 2001: 36 Ind.) in den Bodenfallenfängen entlang eines (Wasseranstiegs-)Transektes an der Böschung des Tagebaurestsees Holzweißig-West

Legende: Durch die Wellenlinien wird grob der Stand des ansteigenden Wasserspiegels symbolisiert; helle Säulen = Fänge im Jahr 2000, dunkle Säulen = Fänge im Jahr 2001; Entfernung vom Ufer zu Untersuchungsbeginn: unterer Trockenrasen = 35 m, mit Röhricht bestandene Quellflur = 80 m, Trockenrasen im oberen Böschungsbereich = 110 m; Standzeit der Fallen (je 5 Fallen pro Standort): 05.2000 - 11.2001.

Insgesamt wurden 55 Carabidenarten in 1.145 Individuen erfasst. Die mit 257 Exemplaren individuenreichste Laufkäferart der untersuchten Böschung war der Breithalsige Kahnläufer (*Calathus ambiguus*). Abb. 102 verdeutlicht, dass diese xerophile Art fast ausschließlich die Trockenrasen besiedelt. So geben u.a. auch BARNDT et al. (1991) als Schwerpunktvorkommen dieser Art die Sandtrockenrasen an. Trat die Laufkäferart im ersten Untersuchungsjahr noch in beiden bearbeiteten Silbergrasfluren auf, so wurde sie 2001 fast nur noch im oberen Trockenrasen gefangen. Durch den Wasseranstieg geht für *C. ambiguus* Lebensraum verloren. Die macroptere Art (macropter = mit ausgebildeten Hautflügeln) kann dabei auch fliegend dem ansteigenden Wasser ausweichen.

Der Große Kahnläufer (*Calathus fuscipes*), der mit 133 Individuen ebenfalls zu den dominanten Laufkäfern gehörte, ist eine trockenheitsliebende Art, die vor allem in ausdauernden Ruderalfluren auftritt. Sie ist nicht so stark wie *C. ambiguus* an die Trockenrasenhabitate gebunden und im ersten Untersuchungsjahr auch am Ufer und in geringer Individuenzahl im Quellröhricht des mittleren Hangbereiches zu finden (siehe Abb. 103). Diese weite Verbreitung liegt unter Umständen auch daran, dass bei dieser Art das für die Flugfähigkeit verantwortliche zweite Flügelpaar, die Hautflügel, zumeist verkürzt ist und *C. fuscipes* daher geeignete Habitate nicht gezielt anfliegen kann, sondern „zu Fuß" erreichen muss und dabei unter Umständen untypische Biotope, wie das Quellröhricht durchquert. Nachdem im zweiten Untersuchungsjahr das ansteigende Wasser große Teile des tiefer gelegenen Trockenrasens erreicht bzw. überschwemmt hat, tritt *C. fuscipes* wie auch *C. ambiguus* fast ausschließlich in der Silbergrasflur im oberen Bereich der Böschung auf.

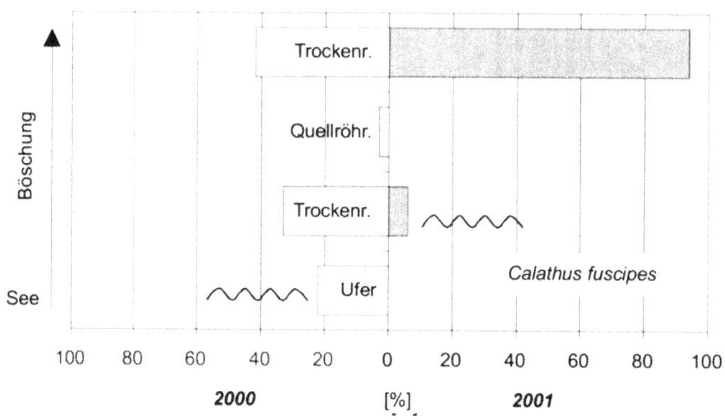

Abb. 103: Prozentuale Verteilung der Individuen von *Calathus fuscipes* (2000: 100 Ind., 2001: 33 Ind.) in den Bodenfallenfängen entlang eines (Wasseranstiegs-)Transektes an der Böschung des Tagebaurestsees Holzweißig-West, Legende: siehe Abb. 102

Abb. 104 und Abb. 105 zeigen mit dem Sechspunkt-Glanzflachläufer (*Agonum sexpunctatum)* und dem Gelbrandigen Glanzflachläufer (*Agonum marginatum)* die Verteilung zweier hygrophiler Laufkäferarten. Beide *Agonum*-Arten sind flugfähig, überwintern als Imagines und pflanzen sich im Frühjahr fort.

Agonum sexpunctatum ist an sumpfigen und feuchten Orten, an Gewässerrändern oder in feuchten Wäldern zu finden. Zu Beginn der Untersuchungen tritt er am Ufer des Restsees und im Bereich des Quellröhrichts auf (siehe Abb. 104). Im Verlauf des Wasseranstiegs wandert die Art mit dem Seespiegel mit und dringt im zweiten Untersuchungsjahr selbst in die höher gelegenen, bis dahin typischen Trockenrasenbereiche ein. Durch den Wasseranstieg gehen damit an der Böschung für diese hygrophile Art bislang keine Lebensräume verloren. Sie scheint in ihrer Habitatwahl weniger an die Vegetationsstruktur als vielmehr an das Mikroklima gebunden zu sein, das nach Anstieg des Wassers selbst den ehemaligen Trockenrasen zu einem geeigneten Habitat werden lässt. Zeigt die Vegetation nach einem Wasseranstieg (oder auch dem Rückgang des Wasserspiegels) erst mit einer gewissen Zeitverzögerung deutliche Reaktionen, so reagieren epigäische, das heißt die Bodenoberfläche besiedelnde, Arthropoden wie die Laufkäfer zum Teil sehr rasch auf die Veränderungen. Dies konnten auch Untersuchungen von TIETZE (1973, 1974) bestätigen. Danach verschwinden zum Beispiel

Carabus clathratus bzw. *Agonum ericeti* nach Melioration von Nasswiesen- bzw. Moorhabitaten bereits im Folgejahr aus ihren angestammten Lebensräumen, obwohl äußerlich die Habitatsstruktur des Großseggenriedes bzw. des Hochmoores noch unbeeinflusst erscheint.

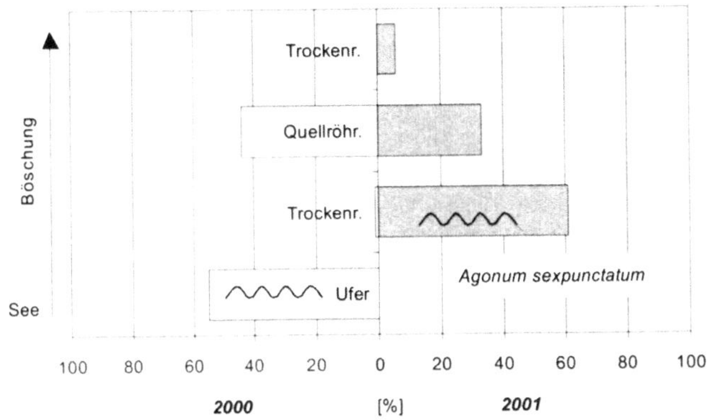

Abb. 104: Prozentuale Verteilung der Individuen von *Agonum sexpunctatum* (2000: 212 Ind., 2001: 33 Ind.) in den Bodenfallenfängen entlang eines (Wasseranstiegs-)Transektes an der Böschung des Tagebaurestsees Holzweißig-West, Legende: siehe Abb. 102

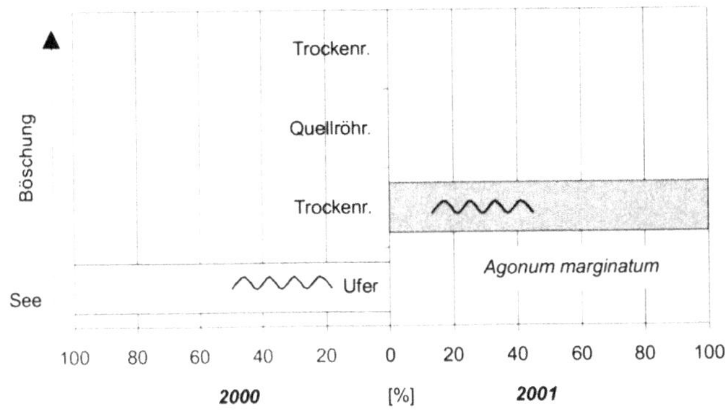

Abb. 105: Prozentuale Verteilung der Individuen von *Agonum marginatum* (2000: 34 Ind., 2001: 12 Ind.) in den Bodenfallenfängen entlang eines Transektes an der Böschung des Tagebaurestsees Holzweißig-West, Legende: siehe Abb. 102

Agonum marginatum zeigt wiederum eine andere Reaktion auf den Wasseranstieg (Abb. 105). Diese Laufkäferart ist an die Uferbereiche stehender und langsam fließender Gewässer gebunden. Sie tritt sowohl im ersten, als auch im zweiten Untersuchungsjahr arttypischer Weise nur an der schmalen Uferlinie auf. Der Anstieg des Wasserspiegels hat daher bei etwa gleich bleibendem Böschungswinkel auf die besiedelbare Habitatfläche für diese Art kaum einen Einfluss, da jeweils nur der schmale nasse Ufersaum bewohnt wird, auch wenn dieser sich allmählich verschiebt.

Zusammenfassend kann für die Laufkäfer als eine charakteristische Gruppe epigäischer Arthropoden zur Problematik des Wasseranstiegs in Tagebaurestlöchern Folgendes festgestellt werden:

Hygrophile Laufkäferarten – solche von naturnahen Fließgewässerökosystemen deutlicher als jene stehender Gewässer – sind von Natur aus an wechselnde Wasserstände angepasst. Sie reagieren fliegend oder „per pedes“ durch Ausweichmanöver und suchen sich an der Uferböschung das ihrer ökologischen Präferenz jeweils zusagende Habitat. Die Feuchte ist dabei der dominante mikroklimatische Faktor. Bei raschem Wasseranstieg kann die jeweilige Vegetationsstruktur der Habitate im Bereich des jeweiligen Wasserspiegels sehr unterschiedlich sein. Der Wasseranstieg in den Tagebaurestlöchern wird für diese ökologische Gruppe kaum negative Auswirkungen haben. Es werden sich im Gegenteil im Laufe der Zeit noch weitere Arten dieser Präferenzgruppe einfinden.

In aufgelassenen, grundwasserregulierten Unterflurkippen können sich im Bereich dauerhaft vernässter Habitate vereinzelt stenök-hygrophile Moorarten ansiedeln und stellen dabei potenziell den Ausgangspunkt für die Entwicklung von Moorzönosen dar. Nach der Restlochflutung finden sie jedoch zumindest an den Standardböschungen keine entsprechenden Bedingungen mehr. Diese naturschutzfachlich sehr wertvollen Arten werden daher häufig Opfer des Wasseranstiegs sein. Nur an wenigen Standorten in der Bergbaufolgelandschaft werden am Rande bzw. oberhalb der Tagebauseen dauerhaft vernässte Habitate entstehen. Diese besitzen dann zumeist einen hohen naturschutzfachlichen Wert.

Deutliche Habitatverluste durch den Wasseranstieg in den Tagebaurestlöchern sind gleichfalls für die ökologische Präferenzgruppe der xerophilen Laufkäferarten zu prognostizieren. Sie weichen den feuchter werdenden Substratbedingungen infolge des steigenden Wasserspiegels aus und suchen in höher gelegenen Bereichen neue magere und trockene, ihrem Präferenzmuster entsprechende Habitate. Diese sind vor der Flutung in großen Flächenanteilen vorhanden und werden mit dem steten Wasseranstieg immer weniger und verschwinden örtlich, insbesondere dort, wo anstehende gewachsene Böschungsoberkanten keine mageren Substrate aufweisen, vollständig.

Für Phytophage, gleichwohl ob für spezialisierte Monophage oder Polyphage, bei denen die An- oder Abwesenheit der Nahrungspflanzen der Hauptfaktor in einer Biozönose ist, wirkt sich der Wasseranstieg über die Veränderung der Vegetation aus. Wenn die Bestände der Nahrungspflanze(n) in der Lage sind, dem Wasseranstieg (wenn auch mit einer gewissen Verzögerung) zu folgen, dann werden dies auch die tierischen Begleitarten, solange die mikroklimatischen Bedingungen im Toleranzbereich der Arten liegen.

Entscheidend für den Einfluss der Flutung auf die Wirbellosenfauna ist die Geschwindigkeit und der Zeitpunkt des Wasseranstiegs. Im Allgemeinen ertragen viele Arthropoden temporäre Überstauungen gut, da sich durch die hydrophobe Kutikula bei Überstauung ein mehr oder weniger großer Luftraum um sie bildet. Dieser wirkt als mechanische "Lunge" und das Insekt kann sich über die Tracheen bei vermindertem Stoffumsatz mit Sauerstoff versorgen. Eier, Larven, Puppen und Imagines, vor allem von hygrophilen Arten, können dies gleichermaßen gut. Dauerüberstauungen (bzw. ein weiterer Anstieg) haben jedoch für alle Stadien – mit Ausnahme der Imagines – den sicheren Tod zur Folge.

Insgesamt wird durch den Wasseranstieg in den ehemaligen Tagebauen für sehr viele, insbesondere magere xerotherme Habitate besiedelnde Arthropodenarten (und dies sind häufig naturschutzfachlich wertvolle Arten) ein Großteil ihrer Lebensräume verloren gehen. Gleiches gilt auch für die zumeist gefährdeten Initialarten der Moorentwicklung. Als „Gewinner" des Wasseranstiegs können jene Arten gelten, die als hygrophile Tiere Ufersäume besiedeln. Dies sind zum einen Laufkäferarten der mit Schilfröhricht bestandenen Gewässerränder, zum anderen Carabiden, die durch Wellenschlag sich herausbildende schmale Sandufer bewohnen.

7.5.2 Libellen

Jörg Huth

Zahlreiche Libellenlebensräume der Bergbaufolgelandschaft unterliegen gegenwärtig oder künftig einem Anstieg des Wasserspiegels, der meist im Zusammenhang mit der Flutung von Tagebaurestlöchern steht. So sind Libellenhabitate in den Restlöchern (Sohle und Böschungen) von direkter Überflutung und grundwasserbeeinflusste Lebensräume außerhalb der Restlöcher oder im Bereich von Innenkippen durch den flutungsbedingten Anstieg des Grundwasserspiegels betroffen. Die Imagines und die im Wasser lebenden Larven sind zwar prinzipiell nicht durch Ertrinken gefährdet, überwinternde Eistadien können jedoch bei schnellem Wasseranstieg möglicherweise in Wassertiefen gelangen, in denen es dann im Frühjahr oder Sommer wegen der schlechteren Erwärmung zu verzögertem Schlupf oder zu Schlupfausfällen kommt.

Prinzipiell ist jedes Gewässer hinsichtlich der wasseranstiegsbedingten Wirkungen auf Libellen verschieden. Entscheidend sind Gewässermorphologie und Anstiegsgeschwindigkeit. Die Wirkungen des Wasseranstiegs auf die Libellenpopulationen werden durch weitere Einflüsse wie Populationsdynamik und Witterung überlagert. Ebenso müssen methodische Unterschiede während der Erfassung bei der Interpretation der Ergebnisse Berücksichtigung finden.

Der stärkste Einfluss auf Libellen wird durch den Totalverlust essenzieller und wertvoller Habitate durch Überflutung verursacht. Dies betrifft insbesondere Weiher, Flachwasserzonen, Klein- und Flachgewässer, Quellstandorte und Rinnsale. Die bei der Restlochflutung entstehenden großen Restseen bieten für viele anspruchsvolle Arten keine geeigneten Ersatzhabitate. Auch bei Erhalt der bedeutenden (kleineren) Gewässertypen ist eine Verschlechterung der Habitatbedingungen (z.B. Wasserqualität, Erhöhung des Feinddruckes) möglich. So führt beispielsweise ein schneller Wasseranstieg zur Vernichtung, Ausdünnung oder Artenverarmung von Röhrichtbeständen und damit zur Verschlechterung der Habitatqualität für röhrichtpräferente Arten. Des Weiteren kann der Wasseranstieg das Eindringen von Fischen (Fressfeinde der Libellenlarven!) in bisher fischfreie Reproduktionsgewässer durch Anbindung isolierter Gewässerteile an Fischgewässer verursachen.

In Ausnahmefällen ist auch eine wasseranstiegsbedingte Verbesserung der Habitatbedingungen möglich. So kam es in den letzten Jahren durch geringen (grundwasserbedingten) Anstieg des Wasserspiegels im ca. 40 Jahre alten Innenkippenbereich des ehemaligen Tagebaus Muldenstein bei Bitterfeld (NSG „Schlauch Burgkemnitz“) zur deutlichen Flächenausdehnung von Flachwasserbereichen mit Röhrichten, Seggenriedern und Binsensümpfen und damit zu einer Förderung und (zumindest zeitweiligen) positiven Bestandsentwicklung von naturschutzfachlich wertvollen Libellenarten wie dem Kleinen Blaupfeil (*Orthetrum coerulescens*) oder der Gefleckten Smaragdlibelle (*Somatochlora flavomaculata*).

Tab. 46 gibt einen Überblick über den Einfluss der Flutung von Restseen auf ausgewählte gefährdete Libellenarten, für die im Rahmen der Untersuchungen in der Bergbaufolgelandschaft Sachsen-Anhalts Beobachtungen in Habitaten mit flutungsbedingtem Wasseranstieg gemacht werden konnten.

Tab. 46: Einfluss der Flutung von Restseen auf ausgewählte gefährdete Libellenarten

Betroffene Libellenarten	Wirkung	Ursache
Orthetrum coerulescens (Kleiner Blaupfeil) *Orthetrum brunneum* (Südlicher Blaupfeil) *Sympetrum pedemontanum* (Gebänderte Heidelibelle)	dauerhafter Habitatverlust (Verlust von Quellen und Quellrinnsalen im Bereich der Grubensohle und der Böschungen)	Quellhorizonte meist unterhalb der geplanten Wasserspiegelhöhen, Neuentstehung von Quellen sehr unwahrscheinlich
Betroffene Libellenarten	Wirkung	Ursache
Lestes dryas (Glänzende Binsenjungfer) *Lestes virens* (Kleine Binsenjungfer) *Lestes barbarus* (Südliche Binsenjungfer)	dauerhafter Habitatverlust (Verlust von vegetationsreichen Klein- und Flachgewässern/Flachwasserbereichen)	Arten der kleineren Gewässer bis Weihergröße, Seen werden nicht oder nur ausnahmsweise besiedelt
Sympecma fusca (Winterlibelle) *Brachytron pratense* (Kleine Mosaikjungfer) *Aeshna isosceles* (Keilflecklibelle)	vorübergehender Habitatverlust (Verlust von Röhrichten)	Arten können sich an Flachufern mit Röhrichtentwicklung an den entstehenden Seen wieder neu etablieren; teilweise werden während der Flutung Ersatzhabitate für Schlupf und Eiablage genutzt (z.B. *Sympecma fusca* in überfluteten Reitgras-Fluren auch bei schnellem Wasseranstieg reproduzierend)
Ischnura pumilio (Kleine Pechlibelle)	dauerhafter Habitatverlust und vorübergehender Habitatneugewinn (Verlust von vegetationsarmen Pionierkleinstgewässern, Nutzung von Ersatzhabitaten an vegetationsarmen Seeufern)	Nutzung vegetationsarmer Flachufer mit Spülwassertümpeln an den entstehenden Restseen während der Flutungsphase; langfristig (nach Einpegelung des Endwasserstandes) wahrscheinlich wieder Habitatverlust durch Sukzession
Anax parthenope (Kleine Königslibelle)	kein Einfluss	Seeart, auf Röhrichte nicht essenziell angewiesen, Reproduktion auch bei schnellem Wasseranstieg, besiedelt auch große Seen in hoher Stetigkeit

8 Methoden der beschleunigten Biotopentwicklung

8.1 Beschleunigte Entwicklung von Offenlandbiotopen auf erosionsgefährdeten Böschungsstandorten

Anita Kirmer

Im Rahmen der Wiedernutzbarmachung von Abbaugebieten oder bei der Begrünung von Rohbodenböschungen nach Baumaßnahmen ist der Erosionsschutz eine vordringliche Aufgabe. Dies trifft insbesondere auf zukünftige Erholungsgebiete oder Bereiche in der Nähe von Ortschaften zu. Sind diese Gebiete gleichzeitig in naturschutzfachlich wertvolle Naturräume eingebunden oder sind sie im Falle von Abgrabungen für eine Vorrangnutzung Natur und Landschaft vorgesehen, müssen neue Verfahren entwickelt werden, die zugleich eine wirksame Erosionssicherung und die Entwicklung naturnaher Pflanzengesellschaften gewährleisten.

Regelsaatgutmischungen sind oft nur nach Standortveränderung (z.B. Aufkalkung, Düngung) wirkungsvoll. Sie befördern meist die Entwicklung von artenarmen und auch landschaftsästhetisch wenig wertvollen Pflanzenbeständen. Zudem werden Zuchtsorten von Gräsern und Kräutern verwendet, die nicht der Forderung nach Verwendung standortheimischer Arten des § 20d (BNatSchG) entsprechen. Durch Ansaaten in Verbindung mit einer Düngung kommt es außerdem zu einem Verlust der wertvollen Standortpotenziale von Rohbodenflächen in Bezug auf Nährstoffarmut. Rohbodenflächen bieten prinzipiell bei Zulassen von spontanen Sukzessionsprozessen die Chance einer Entwicklung von naturschutzfachlich wertvollen Vegetationseinheiten. Doch spontane Sukzession benötigt Zeit. Vor allem die Kombination von extremeren Standortbedingungen und fehlenden Diasporenquellen in der Umgebung führt zu einer stark verzögerten Vegetationsentwicklung. Die nachfolgend vorgestellten Methoden zur Einleitung oder Beschleunigung einer naturnahen Vegetationsentwicklung sollen herkömmliche Rekultivierungsverfahren und aufwändige Vor- und Nachbehandlungen (Melioration, Pflege) ersetzen. Sie sollen eine nachhaltige Entwicklung artenreicher Pflanzengesellschaften fördern, die optimal an den zu begrünenden Standort angepasst sind. Durch die Verwendung von regionalem Material bzw. autochthonem Saatgut können Florenverfälschungen und genetische Verarmung vermieden werden.

Aufbringung von frischem, diasporenhaltigen Mähgut

Bei der Aufbringung von frischem, diasporenreichen Mähgut handelt es sich um eine Abwandlung der bereits seit dem Mittelalter bekannten Heublumensaat (PATZELT 1998). Bauern benutzten das bei der Lagerung von Heu anfallende, samenreiche Material zur Neubegründung von Grünland. Heutzutage wird sowohl frisches Mähgut verwendet, das zu einem Zeitpunkt gemäht wird, an dem möglichst viele Zielarten fruchten (z.B. TRÄNKLE 2000) als auch trockenes Material, das zu unterschiedlichen Zeiten gewonnen wurde (ENGELHARDT 2000). Die Nutzung des Diasporenpotenzials von Schnittgut für Renaturierungsmaßnahmen im Landschaftsbau wird bei PRAXL (1954) und SCHIECHTL (1973) beschrieben und findet zum Beispiel bei der Begrünung von Böschungen (MARZINI 2000, JOHANNSEN & LANDEFELD 2002) Verwendung. Für die Renaturierung von Abgrabungen wird diese Methode bei ARNOLD & KAISER (1977) und HUMPHRIES (1979) erwähnt. Aufgrund des großen Erfolges wurden in den letzten Jahren häufiger Renaturierungsmaßnahmen mit Mähgutaufbringung durchgeführt, so zum Beispiel bei der Renaturierung von Frischwiesen (BIEWER & POSCHLOD 1995), Heiden (PYWELL et al. 1995, BLUMRICH & WIEGLEB 1998), Kalkmagerrasen (MILLER & PFADENHAUER 1997, TRÄNKLE 1997), Niedermoorwiesen (PATZELT 1998), Glatthaferwiesen (BOSSHARD 2000, KIRMER 2003), Halbtrockenrasen (KIRMER et al. 2001) und Sandtrockenrasen (KIRMER & MAHN 2001, KIRMER et al. 2002, BANK et al. 2002).

Schüttung von Oberboden mit Vegetation (Sodenschüttung)

Bei dieser Methode wird ein Teil einer Pflanzengesellschaft mit dem durchwurzelten Oberboden manuell (mit Spaten) oder maschinell (mit Frontladerschaufel) abgetragen und ungeordnet auf der zu begrünenden Fläche verteilt. Der Eintrag von Oberboden mit Nährstoffen, Bodenfauna, vegetativen Pflanzenteilen und Diasporen soll Keimung und Etablierung ermöglichen oder erleichtern. Vergleichbar mit einem Oberbodenabtrag bei Naturschutzmaßnahmen wird die Diasporenbank aktiviert (z.B. POSCHLOD 1993, SCHOPP-GUTH 1997, BAKKER et al. 1996), um eine Vegetationsentwicklung einzuleiten.

Im Vergleich zur Habitatverpflanzung (z.B. KLÖTZLI 1980, PARK 1989, MÜLLER 1990, CULLEN & WHEATER 1993, WARD 1995, BRUELHEIDE & FLINTROP 1999) ist die Sodenschüttung einfacher in der Handhabung und billiger in der Umsetzung. Da in den meisten Renaturierungsprojekten auch der Erhalt der Gesellschaftsstruktur angestrebt wird (BYRNE 1990), wird die Sodenschüttung allerdings seltener verwendet. In den meisten Versuchen wurde der Oberboden bis zu einer Tiefe von 50 cm abgetragen (z.B. WORTHINGTON & HALLIWELL 1987, GOOD et al. 1999, MÜLLER 1990, PYWELL et al. 1995). Versuche mit nur 10 cm Oberboden werden von KIRMER & MAHN (1996), BLUMRICH & WIEGLEB (1998) und BANK et al. (2002) dokumentiert.

Sodenschüttungen wurden zur Entwicklung folgender Pflanzengesellschaften angewendet: Feuchtwiesen (WORTHINGTON & HELLIWELL 1987), artenreiches Grünland (GOOD et al. 1999), Heiden (PYWELL et al. 1995, BLUMRICH & WIEGLEB 1998), Kalkmagerrasen (MÜLLER 1990), Sandtrockenrasen (KIRMER & MAHN 1996, KIRMER et al. 2002, BANK et al. 2002) und Trockenrasen (WORTHINGTON & HELLIWELL 1987). WOLF (2000) verwendete Oberboden aus einem Laubwaldbestand, um auf forstlich rekultivierten Halden des Rheinischen Braunkohlentagebaues eine laubwaldtypische Krautschicht zu initiieren.

Mulchdecksaaten

Bei der herkömmlichen Rekultivierung von erosionsgefährdeten Flächen werden als häufigste Methode Ansaaten eingesetzt (z.B. RÜMLER 1977, WATHERN & GILBERT 1978, FISCHER 1986, MOLDER 1995, BOSSHARD 1999, JOCHIMSEN 2001). Viele Autoren (z.B. BRADSHAW & HANDLEY 1982, MOLDER 1990, MOLDER & SKIRDE 1993, KÜHN 1997, KELLER & KOLLMANN 1998) betonen die Bedeutung regionalheimischer und nutzungsangepasster Herkünfte und warnen vor populationsgenetischer Florenverfälschung (z.B. MULROY 1989).

Zum Schutz von Keimung und Etablierung durch eine Verbesserung des Wasserhaushaltes wurde von SCHIECHTL (1958) eine Methode entwickelt, Ansaaten mit verschiedenen Mulchmaterialien abzudecken. Bereits die Römer bedeckten den Boden, um eine Austrocknung zu verhindern (SCHIECHTL 1973). Mulchauflagen aus organischem Material sollen Erosion verhindern und günstige Keimungs- und Wachstumsbedingungen schaffen (z.B. BRADSHAW & CHADWICK 1980, SCHIECHTL 1973, SCHLÜTER 1996). Die Qualität der Mulchmaterialien, insbesondere das C/N-Verhältnis, spielt dabei für die Pflanzenentwicklung eine entscheidende Rolle (STOLLE 1998b). Weitere Arbeiten zu Mulchdecksaaten werden in Zusammenhang mit Birkeneinsaaten auf Böschungsstandorten in Kapitel 8.3 vorgestellt.

Die Auswahl der Zielgesellschaften der nachfolgenden Fallbeispiele erfolgte auf der Grundlage einer Standortanalyse und einer Prognose der spontanen Vegetationsentwicklung auf den zu begrünenden Flächen. Der Erfolg der verwendeten Methoden wurde anhand der mittleren und absoluten Übertragungs- bzw. Etablierungsraten der durch die Varianten eingebrachten Arten und der quantitativen Ähnlichkeit (MOTYKA et al. 1950) zur jeweiligen Zielvegetation beurteilt. Zusätzlich wurden die absolute Artenzahl, getrennt nach Arten aus dem eingebrachten Material und aus dem Diasporenfall, sowie die mittlere Deckung der Kraut- und der Moos-/Flechtenschicht angegeben. Die auf den Versuchsflächen auftretenden Arten wurden nach Lebensformtyp in Moose/Flechten sowie Gehölze bzw. nach FRANK et al. (1990) in folgende Artengruppen eingeteilt: Sandtrockenrasenarten (Corynephoretalia, Festuco-Sedetalia); Trockenrasenarten (Festuco-Brometea); Saumarten (Trifolio-Geranietea); Arten der Grünlandgesellschaften (Molinio-Arrhenatheretea); Ruderal- und Segetalarten (z.B. Artemisietea, Sisymbrietea, Stellarietea) sowie sonstige Arten (vereinzelt auftretende Arten anderer Pflanzengesellschaften). Die Nomenklatur folgt WISSKIRCHEN & HAEUPLER (1998).

8.1.1 Fallbeispiel 1: Initiierung von Sandtrockenrasen im Tagebaugebiet Goitzsche

Im Frühjahr 1994 wurden im Tagebaugebiet Goitzsche zwei Böschungsabschnitte am Restloch Holzweißig-West neu gestaltet und von der Lausitzer und Mitteldeutschen Bergbau-Verwaltungsgesellschaft in Bitterfeld für Versuche zur Verfügung gestellt. Die wichtigsten Standortparameter sind in Tab. 47 zusammengefasst. Aufgrund der spezifischen standörtlichen Bedingungen (saure, sandige, trockene Substrate) wurden als Zielvegetation artenreiche Sandtrockenrasen ausgewählt. Als Zielarten werden im Folgenden Sandtrockenrasenarten bezeichnet. Aufbauend auf Erfahrungen mit kleinflächigen Umsetzungen (KIRMER & MAHN 1996) wurden 1994 (Böschung I) bzw. 1995 (Böschung II) zwei großflächige Versuche angelegt (Tab. 48). Die Kontrollflächen auf Böschung I liegen ca. 120 m westlich der behandelten Fläche. Auf Böschung II blieb direkt neben der Sodenschüttungsfläche ein Streifen unbehandelt. Auf allen Dauerbeobachtungsflächen (siehe Tab. 48) wurden ab Versuchsbeginn bis 2001 einmal jährlich im Sommer Vegetationsaufnahmen mit prozentgenauer Deckungsschätzung durchgeführt.

Tab. 47: Standortparameter von zwei Versuchsböschungen im Tagebau Goitzsche, Restloch Holzweißig-West

	Böschung I	Böschung II
Exposition	Nord	Nordwest
Herkunft des Substrates	Quartär	Mischsubstrat (Quartär und Tertiär)
Neigung	ca. 15°	ca. 20°
Feinboden	reiner Sand	sandiger Lehm
Mittlerer pH-Wert (KCl)	4,4	3,3
P_2O_2 (mg /100 g Feinboden)	0,2	0,2
CaO (mg /100 g Feinboden)	0	0
MgO (mg /100 g Feinboden)	2,6	3,3

Auf Böschung I wurde frisches, diasporenreiches Mähgut aufgebracht, das in einem artenreichen, ruderalisierten Sandtrockenrasen südlich der Versuchsanlage gewonnen wurde. Auf Böschung II wurde Oberboden mit Vegetation ungeordnet auf die Fläche geschüttet. Für die Sodenschüttung wurde ein artenreicher Sandtrockenrasen ca. 500 m östlich von Böschung II in einer noch lichten Fichtenaufforstung ausgewählt. Weitere Parameter sind in Tab. 48 aufgeführt.

Tab. 48: Übersicht über die großflächigen Versuche mit Mähgutauftrag und Sodenschüttung auf Böschung I und II im Tagebau Goitzsche, Restloch Holzweißig-West

Böschung	Böschung I		Böschung II	
Methode	Mähgutauftrag	Kontrolle	Sodenschüttung	Kontrolle
Spenderbiotop/Zielvegetation	staudenreicher Sandtrockenrasen		artenreicher Sandtrockenrasen	
Verhältnis Auftrag/Entnahme bzw. Größe der Entnahmefläche	ca. 1:3		20 m²	
Gewinnung	Balkenmäher		Spaten	
Potenziell übertragbare Arten *	59		43 **	
Menge (Frischgewicht)	ca. 1 - 2 kg/m²		ca. 10 kg/m²	
Versuchsbeginn bzw. Neugestaltung der Fläche	23.08.1994	April 1994	28.06.1995	April 1994
Größe der Gesamtfläche	ca. 8 m x 12 m	5 m x 5 m	ca. 8 m x 14 m	ca. 18 m x 15 m
Anzahl der Dauerbeobachtungsflächen	8 Flächen à 1 m²	8 Flächen à 1 m²	4 Flächen à 1 m²	4 Flächen à 1 m²

* ohne Moose und Flechten
** inklusive Arten aus der Diasporenbank

Auftrag von frischem, diasporenreichen Mähgut (Böschung I)

Nach einem Jahr lag die mittlere Gesamtdeckung (Moos/Flechten-, Kraut- und Streuschicht) bei ca. 75 % (Abb. 106). Bereits im dritten Jahr übernahm die sich entwickelnde Moos-/Flechten- und Krautschicht die Funktion der Streu als Erosionsschutz. In den ersten Jahren entwickelten sich Dominanzbestände von Mäuseschwanz-Federschwingel (*Vulpia myuros*), Feld-Klee (*Trifolium campestre*) und Hasenklee (*Trifolium arvense*) (siehe Foto 37), die allmählich von Silbergras (*Corynephorus canescens*), Berg-Köpfchen (*Jasione montana*) und Kleinem Habichtskraut (*Hieracium pilosella*) abgelöst wurden (siehe Foto 38).

Foto 37: Dominanz von Mäuseschwanz-Federschwingel und Hasenklee auf der Mähgutfläche auf Böschung I im Tagebaugebiet Goitzsche (August 1995)

Foto 38: Artenreicher Sandtrockenrasen mit Berg-Köpfchen, Kleinem Habichtskraut, Stoebe's Flockenblume und Silbergras auf der Mähgutfläche auf Böschung I im Tagebaugebiet Goitzsche (Mai 1998)

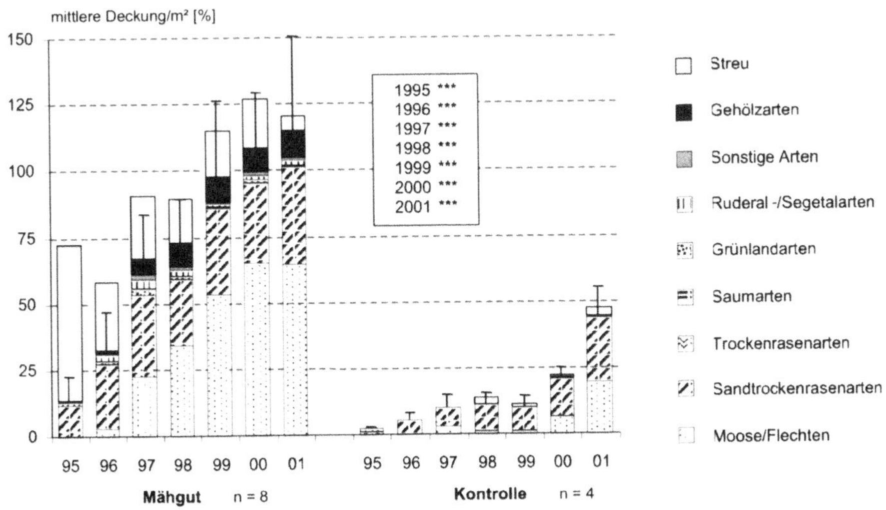

Abb. 106: Mittlere Deckung der Mähgut- und Kontrollflächen auf Böschung I im Tagebau Goitzsche mit Angabe der Standardabweichung für die Gesamtdeckung (Moos-/Flechten- und Krautschicht). Signifikante Unterschiede (U-Test) zwischen behandelten und unbehandelten Varianten sind für die Gesamtdeckung (Moos-/Flechten- und Krautschicht) angegeben.

Bereits im dritten Jahr trat mit Besenginster (*Sarothamnus scoparius*) das erste Gehölz auf. Durch die Artenzusammensetzung des Mähgutes (staudenreiche Sandtrockenrasen: 70 % Nicht-Trockenrasenarten mit 25 % Deckungsanteil) war der Anteil etablierter Ruderal- und Grünlandarten an der Artenzahl relativ hoch (52 % in 1995; 29 % in 2001). Doch aufgrund des extrem nährstoffarmen und trockenen Substrates war die Deckung dieser Artengruppe im Beobachtungszeitraum stark rückläufig (10,8 % in 1995; 2,2 % in 2001). Lediglich anspruchslose Arten wie die Schafgarbe (*Achillea millefolium*), die Wilde Möhre (*Daucus carota*) oder der Spitz-Wegerich (*Plantago lanceolata*) konnten zu Beobachtungsende noch nachgewiesen werden.

Die absolute Übertragungsrate der im Mähgut enthaltenen Arten lag in allen Beobachtungsjahren bei ca. 50 % (Tab. 49). Von 17 im Mähgut enthaltenen Sandtrockenrasenarten konnten sich bis Sommer 2001 16 Arten erfolgreich etablieren. Der Anteil der Zielarten (Sandtrockenrasenmoose und -flechten, Sandtrockenrasenarten) an der Gesamtdeckung lag nach sieben Jahren Vegetationsentwicklung bei 88 %. Auf den Mähgutflächen akkumulierten sich nach sieben Jahren neun Arten aus dem Diasporenfall (Tab. 49). Auf extremen Standorten spielt die Besiedlung von nicht standortgerechten Arten über den Diasporenfall nur eine geringe Rolle, da langfristig lediglich Arten überleben können, die an den Standort angepasst sind.

Die mittlere Deckung der Kontrollflächen erreichte nach sieben Jahren ca. 50 % (Abb. 106), wobei erst im letzten Jahr ein starker Anstieg der Moos-/Flechten- und Krautschicht erfolgte. In allen Untersuchungsjahren entfiel der Hauptteil (99 %) der Deckung auf die beiden Arten Hornzahnmoos (*Ceratodon purpureus*) und Silbergras (*Corynephorus canescens*). Auf dieser Böschung konnten weder auf den Kontroll- noch auf den Mähgutflächen Erosionsschäden beobachtet werden.

Tab. 49: Beurteilung des Erfolges der Initialensetzungen mit Mähgut und Oberboden im Tagebau Goitzsche (Gesamtartenzahlen, Übertragungsraten, Ähnlichkeit zur Zielvegetation)

Variante	Mähgut (Böschung I)		Sodenschüttung (Böschung II)	
Beobachtungszeitraum	1 Jahr	7 Jahre	1 Jahr	6 Jahre
Gesamtartenzahl aus Mähgut bzw. Oberbodenmaterial	31	29	18	14
Absolute Übertragungsrate (%)	51	49	42	33
Gesamtartenzahl aus Diasporenfall	7	9	10	1
Quantitative Ähnlichkeit zur Zielvegetation (MOTYKA et al. 1950)	4	66	13	53

Schüttung von Oberboden mit Vegetation (Sodenschüttung, Böschung II)

Auf den Sodenschüttungsflächen wurde nach einem Jahr eine mittlere Gesamtdeckung (Moos-/Flechten- und Krautschicht) von ca. 20 % erreicht (Abb. 107). In den Folgejahren nahm die mittlere Gesamtdeckung stark zu und erreichte schließlich ca. 75 %. In fast allen Jahren (Ausnahme: 1998) war die Gesamtdeckung auf den Sodenschüttungsflächen signifikant höher als auf den Kontrollflächen. Ähnlich wie bei den Flächen mit Mähgutauftrag auf Böschung I entwickelte sich zunächst ein Mäuseschwanz-Federschwingel (*Vulpia myuros*) - Dominanzbestand, der allmählich von Silbergras (*Corynephorus canescens*) und Kleinem Habichtskraut (*Hieracium pilosella*) abgelöst wurde. In den Folgejahren kam es zur Einwanderung bzw. Ausbreitung von weiteren Sandtrockenrasenarten wie Berg-Köpfchen (*Jasione montana*), Hasenklee (*Trifolium arvense*) und Feld-Klee (*Trifolium campestre*). Auch das Land-Reitgras (*Calamagrostis epigejos* – Sonstige Arten) konnte sich 1996 erfolgreich etablieren, wobei die mittlere Deckung bis 2001 nur auf 1 % anstieg. Im Jahre 2001 erzielten das Silbergras und das Kleine Habichtskraut einen Anteil von ca. 97 % an der Krautschichtdeckung. Von insgesamt 13 Zielarten, die im Sodenmaterial enthalten waren, konnten sich bis 2001 neun Arten erfolgreich etablieren. Zum Ende der Beobachtungszeit lag die absolute Übertragungsrate bei 33 % (Tab. 49). Nach einem Jahr kamen zehn Arten aus dem Diasporenfall auf den Flächen vor; bis 2001 war nur noch Triften-Knäuel (*Scleranthus polycarpos*) vorhanden. Außerhalb der 1 m²-Teilflächen traten auch auf der Gesamtfläche vereinzelt Gehölze auf (Foto 40).

Foto 39: Versuchsfläche mit Sodenschüttung und Kontrolle auf Böschung II im Tagebaugebiet Goitzsche (Oktober 1997)

Foto 40: Versuchsfläche mit Sodenschüttung und Kontrolle auf Böschung II im Tagebaugebiet Goitzsche (August 2002)

Die mittlere Gesamtdeckung (Moos-/Flechten- und Krautschicht) der Kontrollflächen lag nach sechs Jahren bei 16 % (Abb. 107). Bereits im ersten Jahr konnte sich auf einer Teilfläche eine Sal-Weide (*Salix caprea*) aus dem Diasporenfall etablieren und breitete sich im Beobachtungszeitraum stark aus. Auch auf der Gesamtfläche, besonders in den Erosionsrinnen, etablierten sich verstärkt Gehölze aus der Umgebung (siehe Foto 40). Der Anteil an Ruderal- und Grünlandarten an der Gesamtartenzahl sank im Beobachtungszeitraum von 77 % in 1995 auf 14 % in 2001. Damit ist er langfristig mit der behandelten Variante vergleichbar.

Die Sodenschüttung erwies sich als nachhaltig erosionsmindernd (siehe Foto 39 und Foto 40): während auf den Kontrollflächen von 1994 bis 1998 eine Substratverlagerung durch Rinnenerosion von 676 m^3/ha gemessen wurde, lag der Abtrag auf den Sodenschüttungsflächen nur bei 76 m^3/ha (JÜNGER 1999). Auf allen Varianten ging in den Folgejahren die Erosionsrate aufgrund der zunehmenden Vegetationsentwicklung zurück.

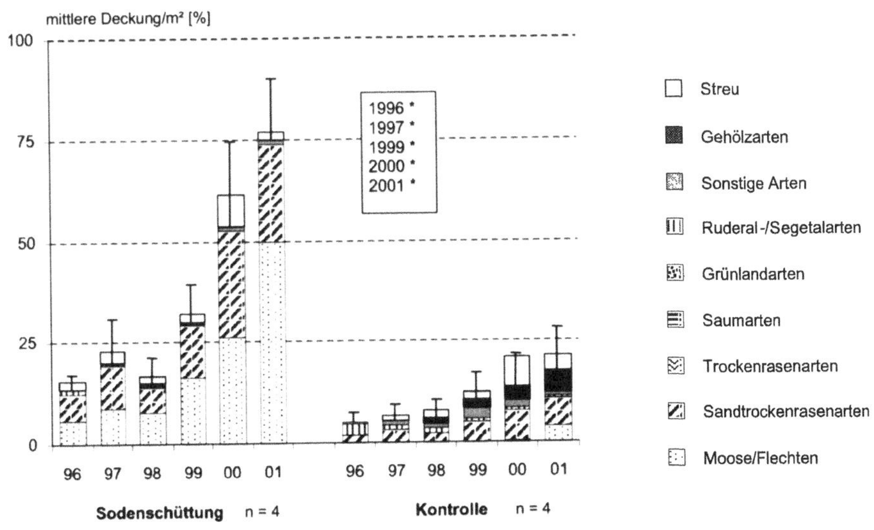

Abb. 107: Mittlere Deckung der Sodenschüttungs- und Kontrollflächen auf Böschung II im Tagebau Goitzsche mit Angabe der Standardabweichung für die Gesamtdeckung (Moos-/Flechten- und Krautschicht). Signifikante Unterschiede (U-Test) zwischen behandelten und unbehandelten Varianten sind für die Gesamtdeckung (Moos-/Flechten- und Krautschicht) angegeben.

Zusammenfassung Fallbeispiel 1

Auf dem sauren Quartärsand auf Böschung I konnte sich durch den Mähgutauftrag ein artenreicher Sandtrockenrasen entwickeln, der nach sieben Jahren eine hohe quantitative Ähnlichkeit zur Zielvegetation artenreiche Sandtrockenrasen aufweist (Tab. 49). Da es bereits 1996 zur Einwanderung von Besenginster kam, ist langfristig mit einer Verbuschung der Fläche zu rechnen. Auf den unbehandelten Kontrollflächen entwickelte sich im selben Zeitraum eine gehölzfreie, artenarme Silbergraspionierflur.

Auf dem extrem sauren, sandig-lehmigen Mischsubstrat (Tertiär/Quartär) der Böschung II entstand ein Übergangsstadium zwischen artenarmen und artenreichen Sandtrockenrasen. Die vereinzelte Gehölzansiedlung auf der Gesamtfläche deutet auf eine leichte Verbuschungstendenz hin. Auch hier ist am Ende der Beobachtungszeit eine hohe quantitative Ähnlichkeit zur Zielvegetation vorhanden (Tab. 49). Aufgrund der extremeren Standortbedingungen liegt die Gesamtartenzahl deutlich unter dem Wert auf Böschung I. Auf den Kontrollflächen entwickelte sich eine verbuschende, kryptogamenarme Silbergraspionierflur mit Vergrasungstendenzen, wobei die Gehölzansiedlung weitgehend in den Erosionsrinnen stattfand.

8.1.2 Fallbeispiel 2: Initiierung von Halbtrockenrasen im Tagebau Mücheln

Im Folgenden werden die Ergebnisse eines Versuches mit Mähgutauftrag auf einem Böschungsabschnitt der Bandanlagenkippe des Tagebaus Mücheln (Bereich Innenkippe) vorgestellt. Die Bodenanalysen auf der Versuchsböschung erfolgten durch FIB (1999) (siehe Tab. 50). Als Zielvegetation wurden (Halb)Trockenrasen ausgewählt; als Zielarten werden alle Arten der Artengruppen Sandtrockenrasen und Trockenrasen bezeichnet.

Exposition	Süd
geologische Herkunft des Substrates	Tertiär
Neigung	ca. 15°
Feinboden	sandig lehmiger Schluff
mittlerer pH-Wert ($CaCl_2$)	5,5 (± 0,7)
N_t (Masse-%)	0,13
S_t (Masse-%)	0,82
P_2O_2 (mg/100 g Feinboden)	11
CaO (mg/100 g Feinboden)	980
K_2O (mg/100 g Feinboden)	86

Tab. 50: Standortparameter der Versuchsböschung im Tagebau Mücheln (Bereich Innenkippe)

Tab. 51: Übersicht über den großflächigen Versuch mit Mähgutauftrag im Tagebau Mücheln (Bereich Innenkippe)

Methode	Mähgutauftrag	Kontrolle
Spenderbiotop/Zielvegetation	Halbtrockenrasen (FND Igelsberg)	
Größe der Entnahmefläche	ca. 1:2	
Gewinnung	Freischneider	
Potenziell übertragbare Arten *	83	
Konzentration (Frischgewicht)	ca. 1 - 2 kg /m²	
Schichtdicke	ca. 5 - 10 cm	
Versuchsbeginn bzw. Neugestaltung der Fläche	17.08.1999	Winter 1998/99
Größe der Gesamtfläche	ca. 0,1 ha	ca. 0,1 ha
Anzahl der Dauerbeobachtungsflächen	4 Flächen à 5 m x 5 m	3 Flächen à 5 m x 5 m

* ohne Moose und Flechten

In Zusammenarbeit mit der Lausitzer und Mitteldeutschen Bergbau-Verwaltungsgesellschaft (LMBV mbH) in Bitterfeld wurde im August 1999 frisches, diasporenreiches Mähgut auf einem Böschungsabschnitt ausgebracht, das am Vortag in einem artenreichen Halbtrockenrasen im FND Igelsberg (Saalehang bei Goseck, östlich Weißenfels) gemäht wurde (Tab. 51). Als Kontrollflächen dienten drei ca. 50 m entfernte, unbehandelte Flächen. Auf allen Teilflächen erfolgten von Sommer 2000 bis 2002 Vegetationsaufnahmen mit prozentgenauer Schätzung.

Auf den Mähgutflächen war nach einem Jahr eine Gesamtdeckung (Moos-/Flechten-, Kraut- und Streuschicht) von ca. 80 % vorhanden (Abb. 108). Innerhalb von zwei Jahren wurde die Streu stark abgebaut und ihre Deckung reduzierte sich von 75 % auf 25 %. Auch hier übernahm die sich entwickelnde Vegetation die Funktion der Streu als Erosionsschutz; die Gesamtdeckung lag in allen Jahren über 50 %. Bisher konnte auf dem Mähgutversuch keine Rinnenerosion beobachtet werden, dies entspricht den Ergebnissen im Tagebau Goitzsche (Fallbeispiel 1). Dagegen nahm auf der weitgehend unbewachsenen Böschung sowie auf den bislang vegetationsfreien Kontrollflächen die Rinnenerosion stark zu (siehe Foto 41 und Foto 42).

Foto 41: Mähgutauftrag (links) und unbehandelte Böschung (rechts) im Tagebau Mücheln (Juni 2002)

Foto 42: Mähgutauftrag auf ansonsten weitgehend unbewachsener Böschung im Tagebau Mücheln (Juni 2002)

Von den 83 am Entnahmestandort FND Igelsberg registrierten Arten konnten im Sommer 2002 43 auf der Mähgutfläche im Tagebau nachgewiesen werden (Tab. 52); 74 % davon fruchteten bereits. Dazu gehörten zum Beispiel Trockenrasenarten wie die Karthäuser Nelke (*Dianthus carthusianorum),* die Fieder-Zwenke *(Brachypodium pinnatum*) und die Aufrechte Trespe *(Bromus erectus)*; aber auch Saumarten wie der Kleine Odermennig (*Agrimonia eupatoria*), der Wirbeldost (*Clinopodium vulgare*) und das Echte Labkraut (*Galium verum*). Nach drei Jahren Vegetationsentwicklung lag der Anteil der Zielarten an der Deckung bei 57 % und an der Artenzahl bei 25 %. Von den 27 Zielarten aus der Spenderfläche konnten sich bislang 12 erfolgreich etablieren.

Über den Diasporenfall wurden bis Sommer 2002 zusätzlich 28 Arten eingetragen (Tab. 52). Es handelte sich vorwiegend um windverbreitete Ruderal- und Segetalarten, wie zum Beispiel verschiedene Weidenröschen (*Epilobium adnatum, E. angustifolium, E. hirsutum)* oder das Schwarzwurzelblättrige Gipskraut (*Gypsophila scorzonerifolia*). An Gehölzarten konnten bisher die Hänge-Birke (*Betula pendula),* zwei Weiden- und eine Ahornart mit sehr geringen Individuenzahlen einwandern. Die Arten aus dem Diasporenfall sind im Gegensatz zu den Arten, die aus dem Mähgut stammen, nur mit sehr geringen Stetigkeiten auf der Fläche vertreten. Die Substratumlagerung bei der Böschungssanierung führt zu einer erhöhten Mineralisation (LAVES et al. 1998) und damit zu einem verbesserten Nährstoffangebot. Doch mit dem Verbrauch dieser zusätzlichen Nährstoffe sinkt die Abundanz der Ruderal-/Segetalarten in der aktuellen Vegetation wieder und die weitere Ausbreitung dieser Artengruppe wird durch die extremen Standortbedingungen (Trockenheit, hoher Schwefelgehalt, Nährstoffdefizite) stark gehemmt. Auf den Flächen verbleibende, nährstoffliebende Arten bilden oft Zwergformen mit stark verminderter Reproduktionsfähigkeit (*»oskar syndrom«:* SILVERTOWN & LOVETT DOUST 1993). Auf Kippen des Rheinischen Braunkohlentagebaues überlebten ebenfalls nur ein Drittel der Erstbesiedler die ersten zehn Jahre, wobei vor allem stickstoffliebende Wildkräuter ausfielen (WOLF 1998).

Auf den Kontrollflächen traten bis zum Sommer 2002 nur wenige Etablierungsereignisse auf; die mittlere Artenzahl liegt unter drei und die mittlere Gesamtdeckung unter 1 % (Abb. 108).

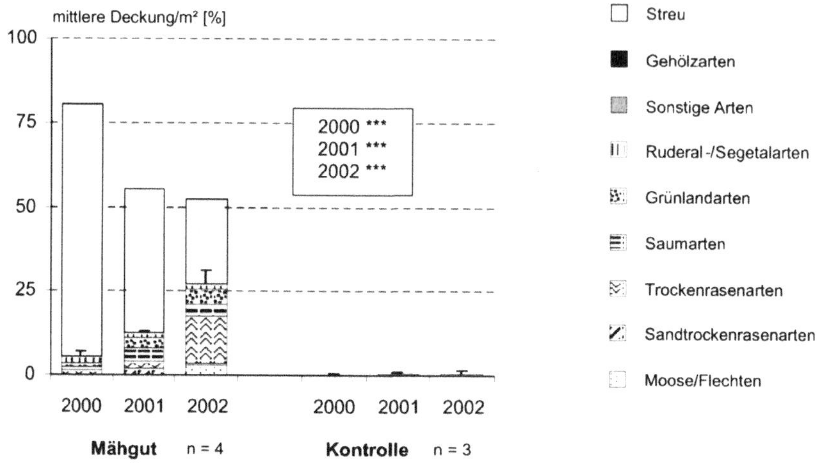

Abb. 108: Entwicklung der mittleren Deckung auf den Versuchsflächen im Tagebau Mücheln mit Angabe der Standardabweichung für die mittlere Gesamtdeckung (Moose/Flechten und Krautschicht). Signifikante Unterschiede (U-Test) zwischen behandelten und unbehandelten Varianten sind für die Gesamtdeckung (Moos-/Flechten- und Krautschicht) angegeben.

Zusammenfassung Fallbeispiel 2

Auf mäßig sauren, aber schwefelreichen, sandigen Substraten, die aufgrund des hohen Kohlegehaltes zusätzlich hydrophobe Eigenschaften aufweisen, konnte sich nach drei Jahren eine Halbtrockenrasen-Initialgesellschaft entwickeln, die trotz erheblicher Substratunterschiede zu den Entnahmeflächen bereits eine quantitative Ähnlichkeit von 36 % zur Spenderfläche aufweist (Tab. 52). Da der Bestand im Tagebau eine wesentlich geringere Produktivität, zum Beispiel hinsichtlich oberirdischer Biomasse, als am natürlichen Standort zeigt, wird der Bestand langfristig ohne Pflegemaßnahmen erhalten bleiben und gleichzeitig eine wirksame Erosionssicherung gewährleisten. Es ist zu erwarten, dass sich an die extremen Standortbedingungen angepasste Arten (v.a. Trockenrasenarten) weiter ausbreiten werden.

Tab. 52: Beurteilung des Erfolges der Initialensetzungen im Tagebau Mücheln (Gesamtartenzahlen, Übertragungsraten, Ähnlichkeit zur Zielvegetation)

Methode	Mähgut	
Beobachtungszeitraum	1 Jahr	3 Jahre
Gesamtartenzahl aus Mähgut	35	43
Absolute Übertragungsrate (%)	42	52
Gesamtartenzahl aus Diasporenfall	30	28
Quantitative Ähnlichkeit zur Zielvegetation (MOTYKA et al. 1950)	22	36

8.1.3 Fallbeispiel 3: Initiierung von Glatthaferwiesen im Tagebau Roßbach

Im Tagebau Roßbach wurde im Zuge von Sanierungsmaßnahmen im Sommer 2000 auf einem flachgeneigten Böschungsabschnitt auf Tertiär-Substrat eine Lößdecke von ca. 2 m Dicke aufgetragen (Standortparameter siehe Tab. 53). Auf diesem Böschungsabschnitt wurde von der Consultinggesellschaft für Umwelt und Infrastruktur, Halle, eine Blockanlage mit neun 18 m breiten Streifen angelegt (Abb. 109, Foto 43).

Exposition	West
Geologische Herkunft des Substrates	Quartär
Neigung	ca. 8°
Feinboden	Löß
mittlerer pH-Wert ($CaCl_2$)	7,5 (± 0,1)

Tab. 53: Standortparameter der Versuchsböschung im Tagebau Roßbach

Mitte bis Ende September 2000 wurden 20 kg/ha Saatgut (Artenliste siehe Tab. 54) in drei weiteren Streifen auf mit einer Scheibenegge (3 - 5 cm tief) vorbereiteten Flächen als Breitsaat (Drillsaat mit hochgezogenen Sähscharen) eingesät (**A** – Abb. 109) und mit einer Cambridgewalze eingewalzt. Anschließend erfolgte eine ca. 3 - 5 cm dicke Mulchauflage mit dem Schnittgut aus Pflegemaßnahmen von Saaledämmen im Bereich Weißenfels, Naumburg und Bad Kösen. Das Saatgut wurde im Auftrag der Firma Saaten-Zeller in der Rhön produziert, das Samenmaterial stammt aus dem Gebiet Meiningen/Schmalkalden. Die angesäten Arten wurden vorwiegend hinsichtlich ihrer Eignung für trockene, sonnige Standorte ausgewählt (Arten trockener Glatthaferwiesen, Halbtrockenrasen, anspruchsloser Ruderalfluren sowie sonniger Säume) und sollten zudem ästhetischen Ansprüchen genügen (Karthäuser Nelke, Bunte Kronwicke, Saat-Esparsette, Österreichischer Lein). Arten, wie zum Beispiel die Wilde Möhre, das Tüpfel-Hartheu oder das Platthalm-Rispengras sind in allen Tagebauen häufig zu finden und zeigten damit bereits im Vorfeld eine gute standörtliche Eignung. Das einjährige Rispengras sollte in den ersten Jahren noch vorhandene Nischen besetzen, um dann im Sukzessionsverlauf von den anderen Arten verdrängt zu werden.

Drei Streifen der Blockanlage blieben unbehandelt und dienen als Kontrollflächen (**K** – Abb. 109). Auf der Blockanlage wurden Mitte Juni 2001 in jedem Streifen in der Hangmitte drei Dauerflächen mit einer Größe von 5 m x 5 m eingerichtet, auf denen im Sommer 2001 und 2002 Vegetationsaufnahmen mit prozentgenauer Deckungsschätzung durchgeführt wurden.

Tab. 54: Zusammensetzung der Ansaatmischung mit Gewichtsanteilen, Diasporen/m² und Zugehörigkeit zu den Artengruppen nach FRANK et al. (1990)

Art		kg/ha	Diasporen/m² *	Artengruppe
Achillea millefolium agg.	Gemeine Schafgarbe	0,12	120	Grünland
Anthyllis vulneraria	Gemeiner Wundklee	0,12	3	Trockenrasen
Arrhenatherum elatius	Glatthafer	7,09	236	Grünland
Bromus erectus	Aufrechte Trespe	5,32	106	Trockenrasen
Campanula patula	Wiesen-Glockenblume	0,01	33	Grünland
Centaurea scabiosa	Skabiosen-Glockenblume	0,59	12	Trockenrasen
Coronilla varia	Bunte Kronwicke	0,24	6	Saum
Dactylis glomerata	Gemeines Knaulgras	0,24	24	Grünland
Daucus carota	Wilde Möhre	0,47	47	Ruderal/Segetal
Dianthus carthusianorum	Karthäuser-Nelke	0,12	12	Trockenrasen
Galium mollugo agg.	Wiesen-Labkraut	0,06	12	Grünland
Hypericum perforatum	Tüpfel-Hartheu	0,02	10	Saum
Knautia arvensis agg.	Acker-Witwenblume	1,06	23	Trockenrasen
Linum austriacum	Österreichischer Lein	0,05	3	Trockenrasen
Onobrychis viciifolia agg.	Saat-Esparsette	1,16	6	Trockenrasen
Ononis spinosa agg.	Dornige Hauhechel	0,24	5	Trockenrasen
Poa annua agg.	Einjähriges Rispengras	0,18	9	Ruderal/Segetal
Poa compressa	Platthalm-Rispengras	0,06	4	Ruderal/Segetal
Poa pratensis agg.	Wiesen-Rispengras	0,35	117	Grünland
Salvia pratensis	Wiesen-Salbei	0,59	39	Trockenrasen
Sanguisorba minor	Kleiner Wiesenknopf	1,89	32	Trockenrasen
Gesamt: 21 Arten		**20**	**860**	

* M. Stolle, unveröff. Daten

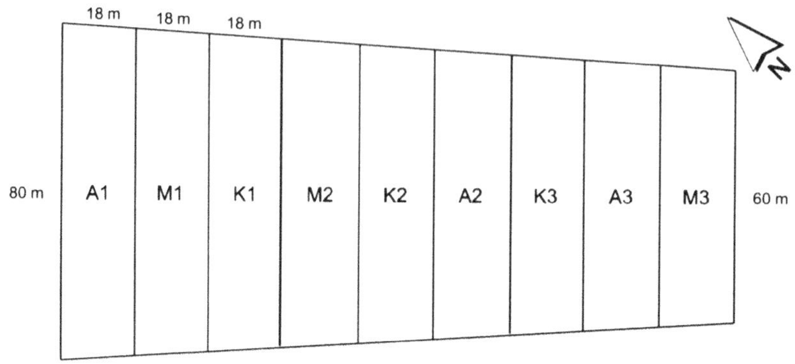

Abb. 109: Blockanlage im Tagebau Roßbach mit drei Varianten und drei Wiederholungen. In jedem Streifen liegen in der Hangmitte drei 5 m x 5 m große Dauerflächen. A = Mulchdecksaat mit autochthonem Saatgut; M = Mähgut aus dem NSG Göttersitz; K = unbehandelte Kontrolle.

Auftrag von frischem, diasporenreichen Mähgut

Vergleichbar mit Fallbeispiel 1 und 2 betrug die mittlere Gesamtdeckung (Moos-/Flechten-, Kraut- und Streuschicht) im ersten Jahr ebenfalls ca. 75 % (Abb. 108). Durch die günstigeren Standortbedingungen vervierfachte sich die Deckung der Krautschicht bereits im zweiten Jahr und erreichte 80 %. Der Abbau der Streu erfolgte dafür doppelt so schnell wie zum Beispiel im Tagebau Mücheln (Roßbach: 60 % Reduktion nach einem Jahr; Mücheln: 60 % nach zwei Jahren). Auf den Mähgutflächen konnte keine Erosion beobachtet werden (siehe Foto 44). Dagegen traten auf den Kontrollflächen viele Erosionsrinnen auf (siehe Foto 44), die lokal bis zu 1,5 m Tiefe erreichten.

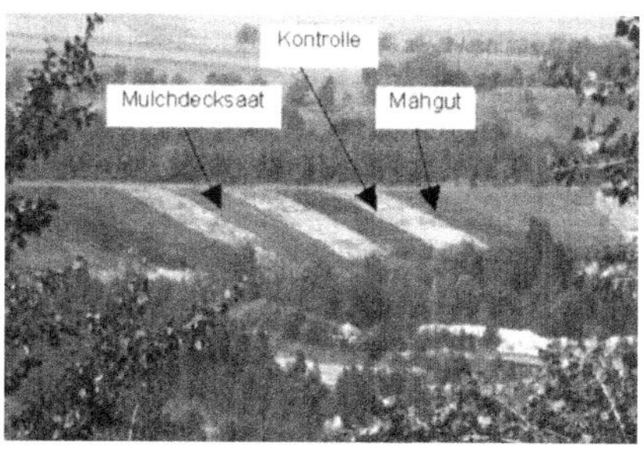

Foto 43: Blockanlage mit jeweils drei Streifen Mulchdecksaat, Mähgutauftrag und Kontrolle im Tagebau Roßbach (August 2002)

Foto 44: Mähgutauftrag (links) und Kontrolle (rechts) auf der Blockanlage im Tagebau Roßbach (August 2002)

Von den 96 im NSG Göttersitz auftretenden Arten konnten bis Sommer 2002 auf den Mähgutflächen 66 nachgewiesen werden (Tab. 55); 83 % gelangten bereits zur Blüte. Es handelt sich um Halbtrockenrasen-Arten, wie zum Beispiel die Aufrechte Trespe (*Bromus erectus*), die Heide-Nelke (*Dianthus deltoides*) und den Feld-Mannstreu (*Eryngium campestre*), um Grünlandarten, wie zum Beispiel den Rot-Klee (*Trifolium pratense*), die Wiesen-Flockenblume (*Centaurea jacea*) oder das Weide-Kammgras (*Cynosurus cristatus*) und um Saumarten, wie zum Beispiel den Kleinen Odermennig (*Agrimonia eupatoria*) oder den Wirbeldost (*Clinopodium vulgare*). Im Sommer 2002 zeigte der Rot-Klee mit 44 % die höchste mittlere Deckung. Nach zwei Jahren Vegetationsentwicklung betrug der Anteil der Zielarten auf den Mähgutflächen 75 % an der Deckung und 56 % an der Artenzahl. Von insgesamt 55 Zielarten aus der Spenderfläche konnten sich bis Sommer 2002 bereits 39 Arten ansiedeln. Aufgrund des besiedlungsfreundlichen Lößsubstrates ist auch die absolute Übertragungsrate (Tab. 55) höher als in Fallbeispiel 1 und 2. Sie entspricht der Übertragungsrate für artenreiches Grünland auf gewachsenen Standorten (MOLDER 1995: 67 %). Auch die Anzahl der über den Diasporenfall eingewanderten Arten liegt über der Artenzahl in Fallbeispiel 1 und 2.

Mulchdecksaat mit autochthonem Saatgut

Auf den Mulchdecksaatflächen konnten alle ausgesäten 21 Arten keimen; 95 % davon gelangten bereits zur Blüte. Ein Teil der angesäten Arten tritt im Tagebau Roßbach häufig auf, wie zum Beispiel die Gemeine Schafgarbe (*Achillea millefolium*), die Wilde Möhre (*Daucus carota*) und das Platthalm-Rispengras (*Poa compressa*). Aus dem Tagebau konnten 53 Arten über den Diasporenfall auf die Mulchdecksaatflächen einwandern; davon gehören 60 % zur Ruderal-/Segetal-Artengruppe. 20 weitere Arten stammen mit hoher Wahrscheinlichkeit aus der Mulchabdeckung (z.B. Wiesen-Pippau (*Crepis biennis*), Wiesen-Lieschgras (*Phleum pratense*), Wiesen-Schwingel (*Festuca pratensis*)) bzw. aus den benachbarten Mähgutversuchen (z.B. Zierliches Schillergras (*Koeleria cristata*), Roter Zahntrost (*Odontitis vernus*), Gamander-Ehrenpreis (*Veronica chamaedrys*)), da sie nicht oder nur sehr selten im Tagebau auftreten. Trotz der unterschiedlichen Methodik weisen beide Varianten (Mähgut und Mulchdecksaat) eine vergleichbar hohe Bodenbedeckung auf (Abb. 110), wobei auf den Ansaatflächen aufgrund der Artenauswahl die Trockenrasenarten einen höheren Deckungsanteil aufweisen. Die mittlere Gesamtdeckung (Moose-/Flechten- und Krautschicht) war auf den Mulchdecksaatflächen nur im Sommer 2001 signifikant höher als auf den Mähgutflächen. Im Sommer 2002 war der Unterschied nicht mehr signifikant. In anderen Versuchen mit Mulchdecksaaten (STOLLE 1997) traten nach zwei Jahren abhängig vom Substrat mittlere Krautschichtdeckungen von ca. 30 % (Tagebau Mücheln, Kipp-Kohleschluff, pH 5 - 6) bzw. 55 % (Tagebau Goitzsche, Sand, pH 4 - 4,5) auf.

Kontrollflächen

Auf den Kontrollflächen war der Anteil an Ruderal-/Segetalarten an der Gesamtartenzahl im Sommer 2002 mit 47 % von allen Varianten am höchsten (Abb. 110). Die absolute Artenzahl lag bei 77. Es konnten einige Arten aus den behandelten Flächen in die Kontrollflächen einwandern (z.B. Bunte Kronwicke (*Coronilla varia*), Karthäuser Nelke (*Dianthus carthusianorum*), Wiesen-Salbei (*Salvia pratensis*), Aufrechte Trespe (*Bromus erectus*)). Die mittlere Gesamtdeckung war in beiden Untersuchungsjahren auf den Kontrollflächen hochsignifikant niedriger als auf den Mulchdecksaat- und Mähgutflächen. Insgesamt verlief die Vegetationsentwicklung auf den Kontrollflächen im Vergleich zu den behandelten Flächen sehr langsam.

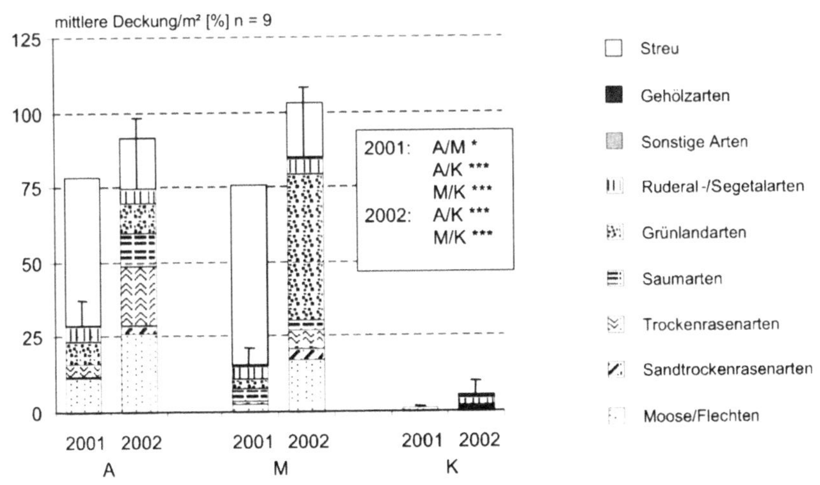

Abb. 110: Mittlere Deckung und mittlere Artenzahl/25 m² auf den Mulchdecksaatflächen (A), Mähgutflächen (M) und Kontrollflächen (K) der Blockanlage im Tagebau Roßbach vom Sommer 2001 bis 2002. Signifikante Unterschiede (U-Test) sind für die Gesamtdeckung (Moos-/Flechten- und Krautschicht) angegeben.

Zusammenfassung Fallbeispiel 3

In Roßbach, wo die Standortbedingungen infolge des Löß-Substrates für eine pflanzliche Besiedlung am günstigsten sind, werden die höchsten Artenzahlen erreicht (Tab. 55). Es handelt sich sowohl um Zielarten aus dem Mähgut als auch um Arten aus dem Tagebau selbst, die von den Schutzstellen im aufgebrachten Schnittgut profitierten.

Aufgrund der nur zweijährigen Versuchsdauer ist nur eine vorsichtige Prognose der weiteren Vegetationsentwicklung möglich. Auf den Mähgutflächen beträgt die quantitative Ähnlichkeit zur Zielvegetation (trockene Glatthaferwiese, NSG Göttersitz) nach zwei Jahren 27 % (Tab. 55). Auch die Mulchdecksaat weist trotz des unterschiedlichen Artenspektrums eine vergleichbare quantitative Ähnlichkeit auf. Die bisherige Entwicklung der Flächen deutet darauf hin, dass sich in den nächsten Jahren sowohl auf den Flächen mit Mähgutauftrag als auch auf den Mulchdecksaaten eine trockene Glatthaferwiese oder ein ruderal beeinflusster Trockenrasen einstellen wird.

Die auf den Kontrollflächen auftretende Rinnenerosion wird die Vegetationsentwicklung zusätzlich verzögern. Aufgrund des hohen Anteils an Ruderal- und Segetalarten ist dort die Entwicklung lückiger, anspruchsloser Ruderalfluren wahrscheinlich.

Da der Löß aufgrund seiner Korngrößenverteilung ein relativ hohes Wasserhaltevermögen aufweist, wird die Sukzession auch im Hinblick auf Gehölzetablierungen sicherlich rascher voranschreiten als bei den anderen Fallbeispielen.

Tab. 55: Beurteilung des Erfolges der Initialensetzungen im Tagebau Roßbach (Gesamtartenzahlen, Übertragungsraten, Ähnlichkeit zur Zielvegetation)

Methode	Mähgut		Mulchdecksaat	
Beobachtungszeitraum	1 Jahr	2 Jahre	1 Jahr	2 Jahre
Gesamtartenzahl aus Mähgut bzw. erfolgreich etablierte angesäte Arten	53	66	21	21
Absolute Übertragungs- bzw. Etablierungsrate (%)	55	68	100	100
Gesamtartenzahl aus Diasporenfall bzw. aus Diasporenfall und Mulchmaterial	51	43	80	73
Quantitative Ähnlichkeit zur Zielvegetation (MOTYKA et al. 1950)	22	27	21	23

8.1.4 Hinweise für die Renaturierungspraxis

Die Erkenntnisse zur Spontansukzession in Bergbaufolgelandschaften ermöglichen Prognosen der Vegetationsentwicklung auf Rohbodenstandorten (z.B. MAHN & TISCHEW 1995, TISCHEW 1998, FBM 1999, TISCHEW & KIRMER 2003). Aufbauend auf diesen Erkenntnissen wurden Methoden zur Beschleunigung bzw. Einleitung einer naturnahen Besiedlung in Tagebaufolgelandschaften entwickelt (z.B. STOLLE 1995, BAURIEGEL et al. 1996, KIRMER & MAHN 1996, STOLLE 1998a, BAURIEGEL et al. 2000, KIRMER & MAHN 2001, KIRMER et al. 2002, KIRMER 2003). Durch das Einbringen von standortgerechtem Pflanzenmaterial in Form von diasporenreichen Mähgut, Oberboden mit Vegetationsresten oder Mulchdecksaaten mit autochthonem Saatgut werden Schutzstellen geschaffen (»safe sites«, HARPER et al. 1965, URBANSKA 1997), die Keimung und Etablierung erleichtern und eine nachhaltige Vegetationsentwicklung einleiten. Es werden Arten auf die Flächen gebracht, die ansonsten über längere Zeiträume aus größeren Entfernungen einwandern müssten bzw. die aufgrund fehlender Fernausbreitungsmechanismen nur eine sehr geringe Chance haben, die Flächen zu erreichen.

Bei der herkömmlichen Begrünung von Offenlandflächen ist der naturschutzfachliche Wert infolge der Herkunft und der Zusammensetzung des Regelsaatgutes in den meisten Fällen als gering einzustufen. Aufgrund der Entwicklung von Dominanzbeständen (z.B. *Festuca* ssp.) wird zum Beispiel die Einwanderung von Arten aus dem Umland behindert (TISCHEW & KIRMER 2003). Regelsaatgutmischungen sind oft nur nach Standortveränderung (z.B. Aufkalkung, Düngung) wirkungsvoll. Durch diese Meliorationsmaßnahmen gehen wertvolle, nährstoffarme Standorte verloren, die langfristig als Refugien für konkurrenzschwache Artengemeinschaften (z.B. Trockenrasen) dienen können. Artenreiche Ansaatmischungen haben oft das Problem, dass nichtheimische Arten (z.B. *Sanguisorba muricata, Leucanthemum maximum*) den Mischungen beigemengt werden (KRAUSE 1996, MARZINI 2000, TISCHEW et al. 2004). Die großflächige Verwendung nichtautochthoner Arten stellt zudem eine Gefahr für die genetische Variabilität und Vielfalt (z.B. Ökotypen) eines Naturraumes dar (KOWARIK 2002).

Durch den Einsatz der vorgestellten, naturnahen Methoden kann die Standortnivellierung minimiert werden, da auf Planierung der Böschungen, Melioration und Saatbettvorbereitung verzichtet werden kann. Durch den Einsatz standortgerechter Arten regionaler Herkünfte und möglichst früher Sukzessionsstadien können auch Flächen mit extremeren Standortbedingungen besiedelt werden, wobei der pH-Wert (KCl) nicht unter drei liegen sollte. Die sich entwickelnden Pflanzengesellschaften bedürfen in der Regel keiner Pflege und auch aufwändige Nacharbeiten (Nachsaaten, Düngung, Kalkung) entfallen. Die nährstoffarmen Substrate im Tagebau bieten langfristig geeignete Standorte für schützenswerte Pflanzengesellschaften (z.B. Sandtrockenrasen, Halbtrockenrasen).

In den Abschlussbetriebsplänen müssen verstärkt sowohl die natürlichen Potenziale der Bergbaufolgelandschaften als auch alternative Renaturierungsmethoden einbezogen werden. Dazu ist es notwendig, frühzeitig Kontakt mit Landschaftspflegeverbänden, Naturschutzbehörden und Samenvermehrungsbetrieben aufzunehmen, um geeignetes Material in ausreichender Menge und zum richtigen Zeitpunkt zur Verfügung zu haben.

Qualitativ hochwertiges Mähgut kann zum Beispiel bei Pflegeschnitten in Naturschutzgebieten gewonnen werden. Dabei muss darauf geachtet werden, dass das Arteninventar des Mähgutes auf die zu begrünende Fläche abgestimmt ist. Der Zeitpunkt der Mahd sollte so gelegt werden, dass möglichst viele gewünschte Arten fruchten. Gegebenenfalls muss ein mehrmaliger Schnitt erwogen werden (vgl. MILLER & PFADENHAUER 1997). Durch die Verwendung von frischem Mähgut- oder Mulchmaterial wird ein Verwehen verhindert, da die Streuauflage durch den Trocknungsprozess am Boden haftet (vgl. auch PATZELT 1998). Das Einbringen von Mähgut oder Mulch hat mehrere Vorteile: die Auflagen bieten 3 - 4 Jahre lang einen effektiven Erosionsschutz, sie speichern Feuchtigkeit und ermöglichen so bei besiedlungsfähigem Substrat eine rasche Keimung und Etablierung der im aufgebrachten Schnittgut enthaltenen oder eingesäten Arten. Die Streuauflage mildert Temperaturschwankungen und gibt während der Zersetzung eine geringe Menge an Nährstoffen frei (»Startdüngung«; STOLLE 1998a).

Die Ansaatmischung muss an die Standortbedingungen angepasst werden und sollte aus Arten bestehen, die in natürlichen Pflanzengesellschaften miteinander vergesellschaftet sind (vgl. JOCHIMSEN 2001). Es sollten sowohl ein- als auch mehrjährige Arten beigemischt werden, damit eine möglichst naturnahe Entwicklung stattfindet. Inzwischen existieren Basismischungen für verschiedene Standortbedingungen (LMBV 2000, STOLLE, Kapitel 8.2), die durch weitere Arten, die den lokalen Gegebenheiten in den Tagebauen entsprechen, ergänzt werden sollten. Die erforderliche Ansaatmenge liegt mit 1000 bis 3000 Diasporen /m² (entspricht ca. 2 - 5 g/m²; STOLLE, Kapitel 8.2) weit unter der bei regulären Ansaaten verwendeten Menge (ca. 20 g/m²). Eine Mulchabdeckung der Ansaaten (= Mulchdecksaat) ist besonders auf nährstoffarmen und trockenen Standorten sinnvoll, ersetzt aufwändige Meliorationsmaßnahmen und führt nicht zu einer nachhaltigen Eutrophierung des Standortes. Eine Saatbettvorbereitung ist bei der Auswahl standortspezifischer, autochthoner Arten in der Regel nicht notwendig.

Durch die Aufbringung von Oberboden mit Vegetationsresten wird ein Mikrorelief erzeugt, das zum einen erosionsmindernd wirkt (JÜNGER 1999) und zum anderen die Keimungs- und Etablierungsbedingungen verbessert (Übertragung von besiedlungsfähigem Substrat, Bodenmikroorganismen). Die Vegetationsentwicklung wird durch den Eintrag vegetativer Pflanzenteile und durch die Aktivierung der Diasporenbank eingeleitet. Vor dem Abschieben sollte die Diasporenbank der Spenderfläche abgeschätzt werden (Alter des Bestandes, frühere Nutzungen). Die Auswahl der Spenderflächen muss an die Standortbedingungen der zu begrünenden Fläche angepasst sein, da im aufgebrachten Oberboden keimende Individuen rasch mit ihren Wurzeln das darunter liegende Substrat erreichen. Durch die Substratumlagerung des Oberbodens erfolgt eine verstärkte Mineralisation (LAVES et al. 1998), die dazu führen kann, dass sich im ersten Jahr auch nicht standortgerechte Arten aus dem Diasporenfall ansiedeln können. In den durchgeführten Versuchen auf Extremstandorten (Fallbeispiel 1, Tagebau Goitzsche) fielen alle nicht an den Standort angepassten Arten nach 1–2 Jahren wieder aus. Sowohl die Abschiebung als auch die Aufbringung der Soden können weitgehend maschinell durchgeführt werden. Da durch die Entnahme des Oberbodens die Spenderpopulation zerstört wird, sollte die

Maßnahme entweder auf Standorte beschränkt werden, die aufgrund von Bau- oder Sanierungsmaßnahmen ohnehin zerstört werden sollen, oder es sollten im Rahmen von Pflegemaßnahmen kleinflächige, zum Beispiel streifenweise Entnahmen vorgenommen werden (Neustart von Sukzession).

Die vorgestellten Varianten stellen Alternativen zu traditioneller Rekultivierung dar. Sie gewährleisten einen effektiven Erosionsschutz und ermöglichen bei Auswahl geeigneter Spenderflächen eine nachhaltige Entwicklung wertvoller Vegetationseinheiten für Naturschutz und Naherholung. In Kombination mit Spontansukzession können sich im Laufe der Zeit naturschutzfachlich wertvolle Biotopmosaike entwickeln, die ein räumliches Nebeneinander früher und später Sukzessionsstadien ermöglichen und damit langfristig Habitate für viele Tier- und Pflanzenarten bieten.

8.2 Ufersicherung im Vorfeld der Flutung

Matthias Stolle & Hans-Werner Sonntag

Die Pflanzenbestände auf herkömmlich sanierten Böschungen (Schwingel/Weidelgras dominierte Mischungen) sind in der Regel nicht geeignet, einen nachhaltigen Schutz des zukünftigen Uferbereiches gefluteter Restlöcher zu gewährleisten, da sie den zukünftigen Standortbedingungen nicht entsprechen. Ein großräumiger technischer Verbau derartiger abtragsgefährdeter Böschungen schließt sich bei den zu erwartenden Dimensionen aus Kostengründen sowie aus naturschutzfachlicher Sicht aus. Da der Wasseranstieg bei den meisten Restlöchern rasch erfolgt, haben Pflanzenarten, die normalerweise Uferbereiche besiedeln und stabilisieren, keine Möglichkeit den Uferschutz schnell genug zu übernehmen. Um Schäden im Uferbereich, die nur mit sehr hohem Aufwand zu beheben sind, vorzubeugen, wurden präventive Uferschutzmaßnahmen in Versuchen geprüft. Sie sollten Standortbedingungen im Bereich der künftigen Uferlinie schaffen, die es Röhrichtarten ermöglichen, sich vor Erreichen des Endwasserstandes zu etablieren. Daneben sollte getestet werden, welche uferbegleitenden Gehölze unter den Standortbedingungen der Bergbaufolgelandschaft für eine Ufersicherung geeignet sind.

In der ingenieurbiologischen Praxis hat die Verwendung von Pioniergehölzen zur Stabilisierung von Rohbodenböschungen und im Uferschutz lange Tradition. Erste Arbeiten sind bei SCHIECHTL (1973) Anfang des 20. Jh. erwähnt. Eine Vorreiterrolle bei der Propagierung ingenieurbiologischer Methoden auf Rohböden kommt HEUSON (1935), HEUSON (1947) und SCHIECHTL (1958) zu. Viele der damals oft empirisch gewonnenen Erkenntnisse haben bis heute uneingeschränkte Gültigkeit. Erwähnt sei hier nur die von HEUSON (1947) geforderte umgehende Bepflanzung von Rohböden, um die in verkipptem Material gespeicherten Wasservorräte und das in der Regel günstige Porenvolumen zu nutzen sowie die von SCHIECHTL (1958) entwickelte Abdeckung von Ansaaten mit Mulchmaterial zur Verbesserung des Wasserhaushaltes während der Keimung und Jugendentwicklung. Beide Autoren setzen auf Rohböden Pioniergehölze als Ammenpflanzen oder lebende Baustoffe ein. Im Vordergrund stehen dabei die verschiedenen Weiden- und Erlenarten. Viele dieser Arten besiedeln Standorte an fließenden oder stehenden Gewässern von den Niederungen bis in den alpinen Raum. Betrachtet man die für die Niederungen relevanten Arten, unterscheiden sich die Standorte jedoch deutlich. Die meisten Weiden sind sehr überflutungstolerant. Sie benötigen aber, wenigstens zeitweise, gut durchlüftete Standorte mit hohem Grobporenvolumen, die während der Jugendentwicklung konkurrenzfrei sein müssen. Im natürlichen Lebensraum sind dies oft Kies- und Sandflächen in den Flussauen nach Hochwässern.

8.2.1 Beispiel 1: Initiierung von Röhrichtbeständen

Die Etablierung der Röhrichtarten erfolgte auf drei Versuchsflächen des Tagebaues Goitzsche, am Restloch Holzweißig-West im Bereich der Ostböschung (Tab. 56).

Im Oktober 1999 wurden in einem Quellbereich (G01) drei Doppelreihen Schmalblättriges Wollgras (*Eriophorum angustifolium*) entlang der Hanglinie gepflanzt (50 Pflanzen/Einzelreihe). Eine weitere Pflanzung von 100 Exemplaren erfolgte vertikal von der untersten Doppelreihe bis zur Höhe der damaligen Wasserlinie (69,3 m NN).

Tab. 56: Die Versuchsstandorte zur Röhrichtansiedlung

Flächenbezeichnung	Vegetation zu Versuchsbeginn	Wasserführung	Angesiedelte Pflanzenarten
GW - G01	nasse Gras-Kraut-Flur	feucht bis nass	*Eriophorum angustifolium*
GW - G03	keine (Rohboden)	trocken bis wechselfeucht	*Eriophorum angustifolium*
GW - G04	keine (Rohboden)	wechselfeucht bis nass	Arten siehe Tab. 57

Eine zweite Wollgras-Pflanzung wurde in einer Reihe vorhandener Abzugsgräben für Niederschlagswasser (G03, Foto 45) auf einer Rohbodenfläche angelegt. In den Gräben wurden ca. 2 m lange und 0,5 m breite Mulden gegraben und der Aushub als Wall in Fließrichtung aufgeschüttet. In die Muldensohle wurden je 20 Exemplare gepflanzt. Das Wassereinzugsgebiet (Oberflächenwasser) für jede dieser Mulden betrug ca. 200 m² Rohbodenfläche. Das Pflanzenmaterial für beide Versuche stammt aus dem damals kurz vor der Flutung stehenden Tagebau Bockwitz. Es wurde mit freundlicher Unterstützung durch Mitarbeiter der Ökostation Borna gewonnen und bis zur Pflanzung in wassergefüllten Plastikkästen zwischengelagert.

Foto 45: Wollgras-Pflanzung in Abzugsgräben (G03)

Im Dezember 1999 wurde der dritte Versuchsansatz begonnen (G04). Es wurden in Höhe des zukünftigen Endwasserstandes 19 Mulden (5 m x 20 m) geschoben (Querschnitt siehe Abb. 111). Dadurch sollten günstige Voraussetzungen für das Wachstum von Pflanzenarten der Röhrichte und anderer Feuchtstandorte geschaffen werden.

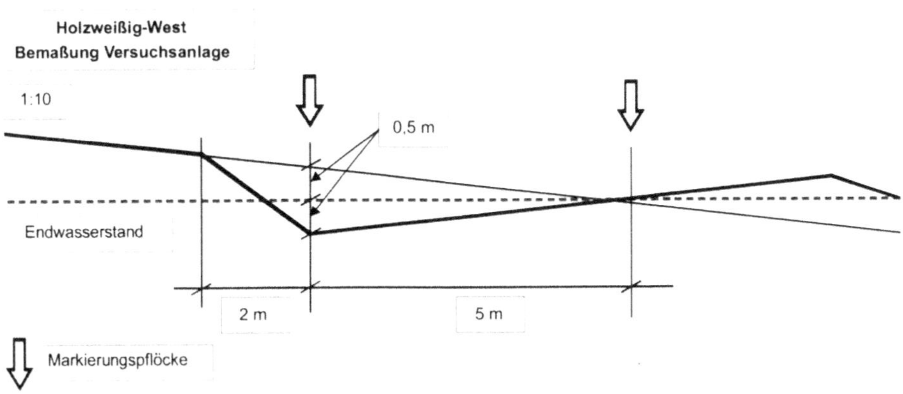

Abb. 111: Skizze zur Versuchsanlage G04

Beim Ausschieben mit der Planierraupe wurde zwischen den einzelnen Mulden ein Steg belassen, der den Wasseraustausch zwischen den Mulden verhindern sollte (Foto 46). So konnte die Entwicklung der Pflanzenarten entsprechend den spezifischen Bedingungen der jeweiligen Standorte verfolgt werden.

Foto 46: Ausschieben der Mulden (G04) Herbst 1999

Die Pflanzenarten für die Röhrichtetablierungsversuche wurden nach folgenden Kriterien ausgewählt:

- Nachweis in mitteldeutschen Abbaugebieten
- gute Anpassung an nährstoffarme Substrate
- weitgehender Ausschluss windverbreiteter, sich schnell etablierender Arten (Ausnahmen: Schmalblättriges Wollgras (Eriophorum angustifolium), Schmalblättriger Rohrkolben (Typha angustifolia)
- Verfügbarkeit von Saat- und Pflanzgut der Arten aus der Region.

Unter diesen Maßgaben wurden die ausgewählten Arten mit verschiedenen Methoden auf dem Versuchsstandort ausgebracht (Tab. 57). Die Vorkultur der Arten erfolgte in Topfpaletten der Abmaße 50 mm x 50 mm x 150 mm.

Diese besonders tiefen Töpfe wurden gewählt, um einen langen, schmalen Wurzelballen zu erzielen, der eine optimale Ausnutzung der Bodenfeuchte am zukünftigen Standort ermöglicht. Die Aufbereitung des gesammelten Saatgutes erfolgte bis zu einer Reinheit von > 90 %. Pflanzenrisslinge wurden unmittelbar nach der Teilung der Mutterballen in die oben genannten Töpfe oder direkt ins Freiland (Versuchsstandorte) gepflanzt.

Foto 47: Mulden (G04) im Frühjahr 2004

Der Versuch umfasste unterschiedliche Substrate in unterschiedlicher Lagerung aus denen wiederum verschiedene Wachstumsbedingungen resultieren.

- Mulden 1 bis 10: Angeschnittene Tonschichten, den überwiegenden Teil des Jahres wasserführend oder feucht, Speisung erfolgt zum Teil aus einem oberhalb der Tonschicht verlaufenden Grundwasserleiter, niedrige pH-Werte (um 3,5; Ausnahme: Mulde 4 mit pH 7 - 8)

- Mulden 11 bis 19: Kiesig-sandige Mischsubstrate, den überwiegenden Teil des Jahres trocken oder wechselfeucht, höhere pH-Werte (um 5,5), lediglich die Mulden 18 und 19 führten in Teilbereichen längere Zeit Wasser (vgl. Tab. 59)

Tab. 57: Übersicht zu den Ansiedlungsmethoden

Gattung/Art wissenschaftlicher Name	Gattung/Art deutscher Name	Direktsaat	Direkt-pflanzung*	Vorkultur**	
				Ansaat	Pflanzenanzucht
Agrostis stolonifera	Weißes Straußgras				X
Alnus glutinosa	Schwarz-Erle	X	X		
Bolboschoenus maritimus	Gemeine Strandsimse	X		X	X
Carex vulpina	Fuchs-Segge				X
Carex nigra	Wiesen-Segge		X		
Deschampsia cespitosa	Rasen-Schmiele				X
Eriophorum angustifolium	Schmalblättriges Wollgras	X	X	X	X
Glyceria fluitans	Flutender Schwaden				X
Glyceria maxima	Wasser-Schwaden		X		
Juncus articulatus	Glieder-Binse		X		X
Juncus compressus	Zusammengedrückte Binse	X		X	X
Juncus conglomeratus	Knäuel- Binse	X	X	X	X
Juncus effusus	Flatter-Binse		X		X
Lysimachia vulgaris	Gewöhnlicher Gilbweiderich	X		X	
Lythrum salicaria	Gewöhnlicher Blutweiderich	X		X	
Molinia caerulea	Pfeifengras	X	X	X	
Nardus stricta	Borstgras		X		
Phalaris arundinacea	Rohr-Glanzgras	X		X	X
Pulicaria dysenterica	Großes Flohkraut			X	
Salix alba	Silber-Weide		X#		
Salix spec.	Weide		X***		
Scrophularia nodosa	Knoten-Braunwurz	X		X	
Typha angustifolia	Schmalblättriger Rohrkolben	X			

* Vegetationsstücke aus natürlichen Beständen

** Vegetationsstücke aus natürlichen Beständen – in Töpfen vorkultiviert

*** Spreitlagen (horizontale, flach mit Substrat überdeckte, austriebfähige Gehölzteile)

Setzstangen (vertikale, zu einem Drittel der Länge in das Substrat eingebrachte, austriebfähige Gehölzteile)

Die Entwicklung der Ansaaten, Anpflanzungen und der natürlichen Besiedlung auf allen drei Versuchsstandorten wurde durch Vegetationsaufnahmen, Individuenzählungen und Bonituren zur individuellen vegetativen und generativen Ausbreitung verfolgt. Begleitende limnologische Untersuchungen zur Wasserqualität umfassten Messungen zu pH-Wert, Nährstoffen und toxischen Metall-Ionen.

Ergebnisse der Pflanzungen von *Eriophorum angustifolium* (Versuchsstandorte G01 und G03)

Die Entwicklung der im Oktober 1999 gepflanzten Bestände verlief in Abhängigkeit von den jeweiligen Standortverhältnissen recht unterschiedlich. Auf G01, einem durch Hangwasseraustritte gekennzeichneten, wechselfeuchten bis nassen Böschungsabschnitt, waren zum Zeitpunkt der Pflanzung bereits zahlreiche andere Pflanzenarten mit hohen Deckungsgraden etabliert. Unter diesen Bedingungen blieb die Gesamtzahl der Pflanzen nach leichten Verlusten im ersten Winter nahezu konstant. Die abnehmende Zahl alter Pflanzen, vor allem in trockeneren Bereichen der gepflanzten Reihen, wurde durch Jungpflanzen kompensiert. Der Anteil blühender Exemplare des Altpflanzenbestandes stieg in der zweiten Vegetationsperiode von 54 % im Vorjahr auf 59 %.

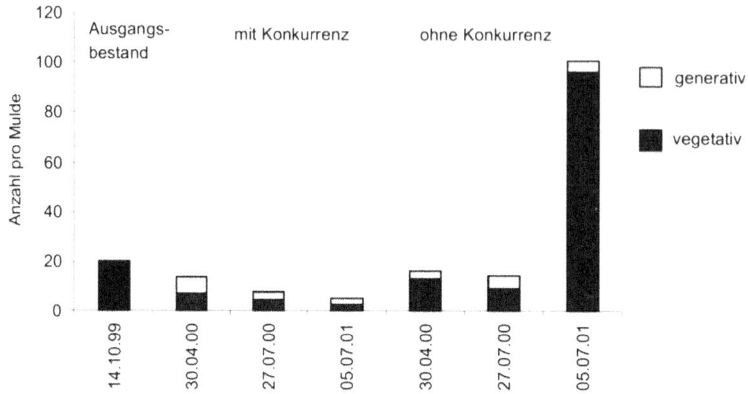

Abb. 112: Bestandesentwicklung der *Eriophorum angustifolium* - Pflanzung am Standort G03

Der Standort G03 war dagegen zum Zeitpunkt der Pflanzung durch bewuchsfreien Rohboden gekennzeichnet. Während der Beobachtungsdauer wurden einige Rinnen und Mulden durch Anflug von Land-Reitgras (*Calamagrostis epigejos)* und Riesen-Straußgras (*Agrostis gigantea)* besiedelt. Beide Arten hatten in der zweiten Vegetationsperiode in einigen Pflanzmulden 100 % Deckung (im Folgenden Standorte „mit Konkurrenz").

Infolge dieser Konkurrenz und der sporadischen Wasserversorgung (nur bei größeren Niederschlagsereignissen waren Gräben und Pflanzmulden kurzzeitig mit Wasser gefüllt) konnten sich in diesen Mulden nur wenige Exemplare über zwei Vegetationsperioden behaupten. In den konkurrenzfreien Mulden war jedoch trotz der schlechten Wasserversorgung eine intensive Jungpflanzenentwicklung aus Rhizomen zu beobachten, die den Jungpflanzenanteil auf dem feuchten Standort G01 um ein Vielfaches übertraf (Abb. 112).

Beim Vergleich der Substratparameter fällt auf, dass die konkurrenzarmen Abzugsgräben wesentlich höhere Salzbelastungen und leicht erhöhte Aluminiumwerte aufwiesen als die mit Land-Reitgras und Straußgras bewachsenen (Tab. 58). Diese Belastungen schränken offenbar die Konkurrenzkraft der anderen Arten ein, ohne die Entwicklung des Schmalblättrigen Wollgrases negativ zu beeinflussen.

Tab. 58: Substratparameter der *Eriophorum angustifolium* - Pflanzung am Standort G03

Standort	pH GBL*	NH_4^+ mg/l	Cl^- mg/l	NO_3^- mg/l	SO_4^{2-} mg/l	Fe mg/l	Al mg/l
mit Konkurrenz	4,4	4,0	4,9	1,0	185,8	32,4	0,3
ohne Konkurrenz	3,2	2,0	82,6	0,6	999,9	3,7	6,6

*Gleichgewichtsbodenlösung

Ergebnisse der Röhrichtansiedlung in Mulden an der zukünftigen Wasserlinie (Versuchsstandort G04)

Insgesamt konnten 75 % von 20 Arten feuchter Standorte und Röhrichte im Bereich der zukünftigen Uferlinie erfolgreich angesiedelt werden. Pflanzungen waren bei der überwiegenden Zahl der Arten erfolgreicher als Ansaaten. Wesentliche limitierende Faktoren für einige Arten waren überwiegend trockene und/oder saure Standortbedingungen bzw. hohe Konzentrationen freier Aluminium-Ionen (Wasser-Schwaden – *Glyceria maxima*). Andere erwiesen sich demgegenüber sehr tolerant. Dazu gehören vor allem Kröten-Binse (*Juncus bufonius)*, Flatter-Binse (*Juncus effusus)* und Knäuel-Binse (*Juncus conglomeratus)*. Bei nassen und feuchten Standortbedingungen wuchs die Toleranz gegenüber niedrigen pH-Werten (vgl. Tab. 59). Arten wie Schmalblättriges Wollgras *(Eriophorum angustifolium)* tolerierten Wassermangel nur, wenn keine konkurrierenden Arten am Standort wuchsen.

Tab. 59: Ergebnisse der Röhrichtinitialensetzung

Arten mit erfolgreicher Etablierung:*		Randbedingungen: **untere Grenze** pH-Wert GBL des Wassers (erster Wert) und des Bodens (zweiter Wert) sowie Angabe relevanter Al-Konzentrationen und der Wasserführung am Standort
Alopecurus geniculatus – Knick-Fuchsschwanz	spontan	4,3; 3,5; nass bis überwiegend trocken
Bidens frondosa – Schwarzfrüchtiger Zweizahn	spontan	3,2; 3,5; feucht bis nass
Bolboschoenus maritimus – Gemeine Strandsimse	Pflanzung	3,3; 3,9; feucht bis nass
Carex acutiformis – Sumpf-Segge	Pflanzung	3,2; 3,5; feucht bis nass
Carex gracilis – Schlank-Segge	Pflanzung	3,0; 4,3; feucht bis nass
Carex riparia – Ufer-Segge	Pflanzung	2,9; 2,9; feucht bis nass
Carex vulpina – Fuchs-Segge	Pflanzung	3,2; 3,5; feucht bis nass
Equisetum palustre – Sumpf-Schachtelhalm	spontan	3,0; k. A.; feucht bis nass
Eriophorum angustifolium – Schmalblättriges Wollgras	Ansaat	4,3; 3,5; feucht bis nass
Eriophorum angustifolium – Schmalblättriges Wollgras	Pflanzung	3,0; 3,5; feucht bis nass
Glyceria maxima – Wasser-Schwaden	Pflanzung	k. A.; k. A.; 5,5 mg Al; feucht bis nass
Juncus articulatus– Glieder-Binse	Pflanzung	7,6; 8,1; nass bis feucht
Juncus articulatus – Glieder-Binse	spontan	3,2; 3,5; nass bis wechselfeucht
Juncus bufonius – Kröten-Binse	spontan	3,2; 3,3; nass bis überwiegend trocken
Juncus compressus – Zusammengedrückte Binse	Pflanzung	2,9; 2,9; feucht bis nass
Juncus conglomeratus – Knäuel-Binse	Ansaat	4,3; 3,5; nass bis überwiegend trocken
Juncus conglomeratus – Knäuel -Binse	spontan	3,3; 3,9; feucht bis nass
Juncus effusus – Flatter-Binse	spontan	3,0; 3,5; feucht bis nass
Juncus effusus – Flatter-Binse	Pflanzung	3,16; 3,5; wechselfeucht bis überwiegend trocken
Juncus inflexus – Blaugrüne Binse	Ansaat	3,0; 4,4; feucht bis nass
Juncus inflexus – Blaugrüne Binse	spontan	3,3; 3,5; feucht bis nass
Lysimachia vulgaris – Gemeiner Gilbweiderich	Pflanzung	k. A.; 5,0; überwiegend trocken
Lythrum salicaria – Gemeiner Blutweiderich	Ansaat	3,0; 3,5; feucht bis nass
Phalaris arundinacea – Rohr-Glanzgras	Ansaat	3,0; 3,5; wechselfeucht bis nass
Phragmites australis – Gemeines Schilf	spontan	3,2; 3,5; feucht bis nass
Typha latifolia – Breitblättriger Rohrkolben	spontan	3,2; 3,5; feucht bis nass
Arten ohne erfolgreicher Etablierung:		Randbedingungen: **obere** Grenze pH-Wert GBL des Wassers (erster Wert) und des Bodens (zweiter Wert) sowie Angabe relevanter Al-Konzentrationen und der Wasserführung am Standort
Lysimachia vulgaris – Gemeiner Gilbweiderich	Ansaat	4,3; 4,8; feucht bis nass
Eriophorum angustifolium – Schmalblättriges Wollgras	Pflanzung	k. A.; 5,0; überwiegend trocken
Bolboschoenus maritimus – Gemeine Strandsimse	Ansaat	3,0; 3,5; feucht bis nass
Agrostis stolonifera – Weißes Straußgras	Pflanzung	3,3; 5,0; nass bis überwiegend trocken
Glyceria fluitans – Flutender Schwaden	Pflanzung	3,3; 3,9; feucht bis nass
Glyceria fluitans – Wasser-Schwaden	Pflanzung	k. A.; 5,0; überwiegend trocken
Phalaris arundinacea – Rohr-Glanzgras	Pflanzung	3,3; 5,0; überwiegend trocken
Glyceria maxima – Wasser-Schwaden	Pflanzung	k. A.; k. A.; 11,8 mg Al !; feucht bis nass
Lythrum salicaria – Gemeiner Blutweiderich	Pflanzung	k. A.; 5,0; überwiegend trocken
Lythrum salicaria – Gemeiner Blutweiderich	Pflanzung	2,9; 2,9; feucht bis nass
Juncus effusus – Flatter-Binse	Pflanzung	2,9; 2,9; feucht bis nass
Juncus effusus – Flatter-Binse	Pflanzung	k. A.; 5,0; überwiegend trocken

* Als "etabliert" nach zwei Vegetationsperioden wurde gewertet: 1. konstante oder gestiegene Individuenzahl bei gepflanzten Beständen, 2. spontanes Auftreten der Art, 3. steter Nachweis der Art nach Auftreten von Keimlingen in angesäten Beständen.

Diskussion der Ergebnisse zur Röhrichtetablierung

Der Rückgang der Schilfbestände vieler mitteleuropäischer Binnenseen führte zu einer Konzentration renaturierungsökologischer Forschungsarbeiten auf diese Art. Andere Röhrichtarten finden in der Literatur vergleichsweise wenig Beachtung. Unter den spezifischen Bedingungen der Bergbaufolgelandschaft sind Versuche zur Ansiedlung einer breiten Palette von Röhrichtarten nur von GRÜTTNER (2002) bekannt. Einen allgemeinen Überblick der wichtigsten Arten und Ansiedlungsmethoden gibt Tab. 60.

Die Wahl der Methode hängt wesentlich von der mechanischen Belastung (z.B. durch Wellenschlag), den spezifischen Anforderungen der Pflanzenart und dem finanziellen Rahmen für die Ausführung der Röhrichtetablierung ab. Mit der Größe der vorkultivierten Ballen oder der aus bestehenden Pflanzenbeständen entnommenen Vegetationsstücke steigen die mechanische Belastbarkeit, aber auch die Kosten des Verfahrens. Kostengünstige Methoden wie Halmpflanzungen und Ansaaten sind in ihrer Anwendungsbreite eingeschränkt. Erstere funktionieren nur bei einigen monokotylen Arten wie Gemeines Schilf (*Phragmites australis)*, Rohr-Glanzgras (*Phalaris arundinacea)*, Wasser-Schwaden (*Glyceria maxima)* (BITTMANN 1953) oder Weißes Straußgras (*Agrostis stolonifera*). Ansaaten eignen sich vor allem für Vorkulturen von Matten, Ballen oder Paletten (EPPINGER & KRUMSCHEID-PLANKERT 1991, GRÜTTNER 2002) oder in mechanisch unbelasteten Bereichen wie Ufer von Kleingewässern (BITTMANN 1953). Unter Berücksichtigung der vorgenannten Einschränkung haben Direktsaaten den Vorteil, kostengünstig eine hohe Flächendeckung zu erzielen.

Tab. 60: Röhrichtarten und erfolgreiche Ansiedlungsmethoden bei verschiedenen Autoren

Gattung/Art	Methoden	Autoren	Bemerkungen
Acorus calamus – Kalmus	Röhrichtballen	1	
Alisma plantago-aquatica	Vegetationsmatten	2	gemeinsam mit anderen Arten
Gemeiner Froschlöffel	vorkultivierte Vegetationsballen	2	
Aster tripolium – Strand-Aster	Vegetationsmatten	2	gemeinsam mit anderen Arten
Bolboschoenus maritimus	Vegetationsmatten	2	gemeinsam mit anderen Arten
Gemeine Strandsimse	vorkultivierte Vegetationsballen	2	
Calla palustris – Sumpf-Calla	Röhrichtballen	1	
Carex acutiformis	Röhrichtballen	1	
Sumpf-Segge	Vegetationsmatten	2	gemeinsam mit anderen Arten
	vorkultivierte Vegetationsballen	2	
Carex gracilis – Schlank-Segge	Röhrichtballen	1	
Carex otrubae	Vegetationsmatten	2	gemeinsam mit anderen Arten
Hain-Segge	vorkultivierte Vegetationsballen	2	
Carex paniculata – Rispen-Segge	vorkultivierte Vegetationsballen	2	überstauempfindlich
Carex pseudocyperus	Vegetationsmatten	2	gemeinsam mit anderen Arten
Scheinzyper-Segge	vorkultivierte Vegetationsballen	2	überstauempfindlich
Eriophorum angustifolium	Aussaat	4	
Schmalblättriges Wollgras			
Eupatorium cannabinum	Vegetationsmatten	2	überstauempfindlich
Gemeiner Wasserdost	vorkultivierte Vegetationsballen	2	
Glyceria maxima	Röhrichtballen	1	
Wasser-Schwaden	Halmstecklinge	3	
Iris pseudacorus	Röhrichtballen	1	
Wasser-Schwertlilie	Vegetationsmatten	2	gemeinsam mit anderen Arten
	vorkultivierte Vegetationsballen	2	
Juncus articulatus	Vegetationsmatten	2	als Einzelpflanzen ungünstiger
Glieder-Binse			(Wasserwechselzone)
Juncus compressus	Vegetationsmatten	2	gemeinsam mit anderen Arten
Zusammengedrückte Binse			
Juncus conglomeratus – Knäuel-Binse	Aussaat	4	
Juncus effusus	Vegetationsmatten	2	gemeinsam mit anderen Arten
Flatter-Binse	vorkultivierte Vegetationsballen	2	
Juncus inflexus	Aussaat	4	
Blaugrüne Binse	Vegetationsmatten	2	gemeinsam mit anderen Arten
	vorkultivierte Vegetationsballen	2	

Gattung/Art	Methoden	Autoren	Bemerkungen
Lythrum salicaria	Aussaat	4	präventiver Uferschutz (Mulden)
Gemeiner Blutweiderich	Vegetationsmatten	2	gemeinsam mit anderen Arten
	vorkultivierte Vegetationsballen	2	
Mentha aquatica	Vegetationsmatten	2	als Einzelpflanzen ungünstiger
Wasser-Minze			(Wasserwechselzone)
Phalaris arundinacea	Röhrichtballen	1	
Rohr-Glanzgras	Halmstecklinge	3	
	Aussaat	4	
Phragmites australis	Röhrichtballen	1, 5	
Gemeines Schilf	Röhrichtballen	3	max. 20 cm Wassertiefe
	Halmstecklinge	3	für Unterwasserpflanzung
	Rhizome oder Rhizomteile, Risslinge	3	über der Mittelwasserlinie
	Rhizome oder Rhizomteile, Risslinge	6	max. 40 cm Wassertiefe
	Wurzelstecklinge *	5	für mineralische Untergründe
	Aussaat	3	Kleingewässer
	Jungpflanzen-Anzucht aus Samen	3	
	Vorkulturen nach Bestmann**	7	
	Vegetationsmatten	2	gemeinsam mit anderen Arten
	vorkultivierte Vegetationsballen	2	
Pulicaria dysenterica	Vegetationsmatten	2	als Einzelpflanzen ungünstiger
Großes Flohkraut			(Wasserwechselzone)
	vorkultivierte Vegetationsballen	2	
Schoenoplectus lacustris	Röhrichtballen	1	
Gemeine Teichsimse			
Schoenoplectus tabernaemontani	Vegetationsmatten	2	gemeinsam mit anderen Arten
Salz-Teichsimse	vorkultivierte Vegetationsballen	2	
Sium latifolium	Vegetationsmatten	2	gemeinsam mit anderen Arten
Breitblättriger Merk	vorkultivierte Vegetationsballen	2	überstauempfindlich
Typha angustifolia	Vegetationsmatten	2	gemeinsam mit anderen Arten
Schmalblättriger Rohrkolben	vorkultivierte Vegetationsballen	2	
Typha latifolia	Vegetationsmatten	2	gemeinsam mit anderen Arten
Breitblättriger Rohrkolben	vorkultivierte Vegetationsballen	2	
Typha spec.	Röhrichtballen	1	
Rohrkolben	Horstpflanzung	5	für schlammige Untergründe

* gemeint sind Rhizomstücke mit Wurzel und Spross

** vorkultiviertes Material als Ballen, Rhizomstecklinge, Anzuchtpaletten

Legende Autoren: 1 – SCHIECHTL (1973); 2 – GRÜTTNER (2002); 3 – BITTMANN (1953); 4 – eigene Untersuchungen; 5 – KUMMERLIN (1993); 6 – BESTMANN (1984); 7 – EPPINGER & KRUMSCHEID-PLANKERT (1991)

Bei neutralen pH-Werten und einer optimalen Platzierung der Arten bezüglich der Wasserlinie bzw. Wasserversorgung kann neben Schilf (*Phragmites australis)* eine relativ große Zahl von Arten etabliert werden. Einschränkungen in der Artenpalette treten vor allem bei sinkenden pH-Werten und Wassermangel (eigene Untersuchungen) oder auch bei zu hohen Wasserständen (z.B. Gemeiner Wasserdost (*Eupatorium cannabinum)* (GRÜTTNER 2002) auf. Die Tatsache, dass während des gesamten Beobachtungszeitraumes praktisch keine Besiedlung der Mulden (G04) durch anfliegende Röhrichtarten wie Schilf (*Phragmites australis)* oder Rohrkolben (*Typha* sp.) stattgefunden hat, unterstreicht die Notwendigkeit des aktiven Eingreifens, wenn innerhalb weniger Jahre ein funktionierender präventiver Uferschutz aufgebaut werden soll (vgl. Foto 47). Möglicherweise waren die Standortbedingungen zumindest für die Keimung dieser wichtigen Röhrichtarten zu schlecht. Für Schmalblättrigen Rohrkolben (*Typha angustifolia*) werden pH-Ansprüche über 3,7 und für Breitblättrigen Rohrkolben (*Typha latifolia*) über 5,5 beschrieben. Für Schilf waren die in den Mulden vorherrschenden Feuchte- und Temperaturbedingungen nicht optimal. Nach eigenen Keimversuchen mit verschiedenen Schilfherkünften aus dem Mitteldeutschen Raum differierte die Dauer bis zur Keimung bei gleichem Wasser- und Temperaturregime zwischen einer und drei Wochen. Innerhalb dieser Frist können sich unter Freilandbedingungen bereits ungünstige Feuchte- oder Temperaturbedingungen einstellen.

8.2.2 Beispiel 2: Weidenspreitlagen und Erlenpflanzungen

Ebenfalls auf der Ostböschung des Restloches Holzweißig-West erfolgte vertikal zur zukünftigen Uferlinie im Dezember 1999 der Einbau von Weidenspreitlagen in drei Mulden des Standortes G04 ergänzend zu den Röhrichtinitialen. Dabei wurden je 5 Äste, Durchmesser 20 - 30 mm, Länge ca. 3 m, von folgenden Arten flach auf den Boden gelegt und die untere Hälfte etwa 25 cm hoch mit Material aus der Mulde überschoben: Mandel-Weide (*Salix triandra*), Korb-Weide (*Salix viminalis*), Hohe Weide (*Salix x rubens*). Das verwendete Material stammt aus spontan angesiedelten Beständen im Bereich der Ostböschung des Tagebaues Holzweißig-West. Der Zuwachs wurde durch Zählung und Längenmessung der Einzeltriebe am Ende jeder Vegetationsperiode ermittelt.

Die Erlenpflanzung erfolgte ebenfalls in drei Mulden. Dazu wurden zwei- bis dreijährige Sämlinge aus dem Tagebau Geiseltal-Südfeld in drei Größenklassen eingeteilt (klein: bis 10 cm, mittel: bis 25 cm; groß: bis 40 cm) und landseitig in Höhe des zukünftigen Endwasserstandes im April 2000 gepflanzt. Der jährliche Zuwachs wurde durch Messung der Wuchshöhe am Ende jeder Vegetationsperiode ermittelt.

Ergebnisse der Weidenspreitanlagen und Erlenpflanzungen

Von den in Weidenspreitlagen eingebauten Arten zeigte nur die Mandel-Weide (*Salix triandra*) eine Triebentwicklung. Die in die Spreitlage eingebauten Äste dieser Art trieben bis auf eine Ausnahme (in der 16. Mulde) alle aus. Die höchste Gesamtwuchsleistung (Abb. 113) wiesen die Weiden der Mulde 11 auf. Diese Mulde war durch sandiges frisches Substrat bei neutralen pH-Werten gekennzeichnet. Tonige Substrate, die mit einer schlechten Luftführung im Boden verbunden sind, wirken dagegen hemmend auf die Wuchsleistung. Die Erhöhung des Gesamtzuwachses resultiert sowohl aus der Erhöhung der Triebzahl als auch aus der Länge der Einzeltriebe. Diese differiert zwischen den Mulden und nimmt in der zweiten Vegetationsperiode zu (ausgenommen die verbissenen Weiden in Mulde 16).

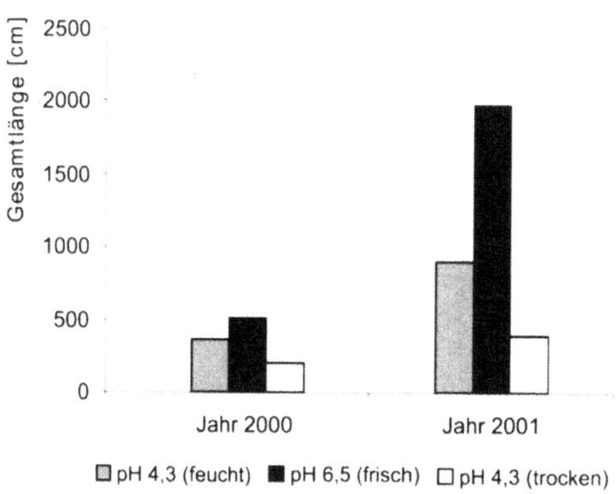

Abb. 113: Summierte Wuchsleistung aller Triebklassen von *Salix triandra* im Beobachtungszeitraum

Die Anwuchsrate der mittleren und großen Erlensämlinge lag bei 100 %. Lediglich die kleinen Sämlinge zeigten vor allem in der ersten Vegetationsperiode höhere Ausfälle (Tab. 61). In der weiteren Entwicklung wiesen alle drei Größenklassen hohe Zuwachsraten auf. Unterschiede zwischen den Gruppen sind zwar tendenziell zu erkennen, die Varianz innerhalb der mittleren und hohen Größenklasse ist jedoch zu groß um Unterschiede statistisch abzusichern. Eine pH-Abhängigkeit der Zuwachsleistung, die bei der mittleren Gruppe deutlich wird, bestätigt sich bei den anderen Gruppen nicht. Es können keine Zusammenhänge zwischen Wachstum und Aluminium-Ionen-Konzentration, Wasserführung oder Nährstoffversorgung abgeleitet werden.

Tab. 61: Überlebensraten und Entwicklung der Wuchshöhen bei *Alnus glutinosa* im Beobachtungszeitraum

Alnus glutinosa	November 2000		Oktober 2001		pH-Werte
	Überlebensrate %	Größenzuwachs %	Überlebensrate %	Größenzuwachs %	
Größenklasse 10 cm; Anzahl 24 Stück /Mulde					
G0401	4,2	190	4,2	410	4,28
G0411	79,2	150	58,3	440	6,49
G0416	79,2	160	79,2	400	4,31
Größenklasse 25 cm; Anzahl 9 Stück /Mulde					
G0404	100	164	100	508	8,08
G0413	100	192	100	412	7,74
G0418	100	136	100	168	4,18
Größenklasse 40 cm; Anzahl 6 Stück /Mulde					
G0406	100	160	100	300	3,94
G0414	100	185	100	248	8,05
G0419	100	85	100	135	4,13

Diskussion der Ergebnisse zu den Weidenspreitlagen und Erlenpflanzungen

Eigene ältere Versuche auf grundwasserfernen, aber gut durchlüfteten Standorten im Tagebaurestloch Holzweißig-West belegen im Gegensatz zu den hier vorgestellten Versuchen auf überwiegend tonigen und sauren Substraten eine sehr gute Austriebsfähigkeit und Wuchsleistung bei verschiedenen Weidenarten. Bei den Substraten handelt es sich um sandig-kiesige Quartär- und Mischsubstrate. Die pH-Werte liegen im leicht sauren Bereich zwischen 4,5 und 5,5. Eine Mulchabdeckung mit Wiesenheu in Teilbereichen dieser Versuche verbesserte die Wasserversorgung an der Substratoberfläche sogar so weit, dass sich im Frühjahr 1998 anfliegende Weiden etablieren konnten. Dabei handelt es sich überwiegend um Sämlinge von Sal-Weide (*Salix caprea)* (durchschnittlich 6 Exemplare/100 m^2). Die Anwuchsrate einer auf dem gleichen Standort 1998 angelegten Heckenbuschlage mit verschiedenen Arten [Silber-Weide (*Salix alba*), Grau-Weide (*Salix cinerea*), Purpur-Weide (*Salix purpurea*), Korb-Weide (*Salix viminalis*)] betrug ca. 80 %. Auch bei älteren Versuchen (GÜNTHER & MORGENEYER 1956) wurden hohe Anwuchs- und Zuwachsraten bei einem Sortenversuch auf trockenen Sanden in der Lausitz erzielt. Neben anderen getesteten Arten wurden bei Mandel-Weide (*Salix triandra*) und Korb-Weide (*Salix viminalis*) Anwuchsquoten zwischen 78 % und 84 % festgestellt.

Der Etablierungserfolg im Lebendverbau hängt wesentlich vom Bewurzelungsvermögen der einzelnen Weidenarten ab. Nach SCHIECHTL (1992) sind Weiden ab etwa 50 Bewurzelungsprozent für die Anwendung auf extremen Standorten verwendbar. Bei höheren Ansprüchen an die mechanische Belastbarkeit, zum Beispiel beim ingenieurbiologischen Verbau, sollten wenigstens 70 % der verwendeten lebenden Hölzer austreiben können. Die wichtigsten Arten, die im Mitteldeutschen Raum diesen Forderungen genügen, sind (Austriebsvermögen nach SCHIECHTL 1992):

- *Salix purpurea* (mehr als 95 %)
- *Salix fragilis* (mehr als 90 %)
- *Salix viminalis* (mehr als 85 %)
- *Salix alba* (mehr als 75 %)
- *Salix cinerea* (ca. 70 %).

Von HÖRANDEL et al. (2002) wird das Bewurzelungsvermögen von Mandel-Weide (*Salix triandra*) als gut (im Bereich von Grau-Weide (*Salix cinerea*)) eingeschätzt. Bei den gleichen Autoren findet sich der Hinweis auf gute Vermehrungserfolge bei Sal-Weide (*Salix caprea*), wenn diese kurz nach der Blüte geschnitten wird. Steckhölzer, die zur üblichen Zeit während der Vegetationsruhe geschnitten werden, bewurzeln sich bei dieser Art jedoch sehr schlecht. Die Sal-Weide dringt neben der Purpur-Weide (*Salix purpurea*) am weitesten in trockene Bereiche vor.

Die Ansprüche an den Boden-pH-Wert liegen bei den meisten Weiden- und Erlenarten im neutralen bis basischen Bereich (ELLENBERG et al. 1992). Lediglich Bruch-Weide (*Salix fragilis*) und Grau-Weide (*Salix cinerea*) sind etwas säuretoleranter eingestuft.

Von den im Versuch geprüften Arten hatte die Mandel-Weide (*Salix triandra*) als einzige das Vermögen, unter den niedrigen pH-Werten der Mulden noch auszutreiben. Vergleicht man den Zuwachs mit Daten der selben Art von GÜNTHER & MORGENEYER (1956), ergeben sich keine wesentlichen Unterschiede zwischen den Wuchsleistungen dieser Art, obwohl die Standortbedingungen im hier vorgestellten Muldenversuch, vor allem im Hinblick auf die niedrigen pH-Werte, teilweise ungünstiger waren (Tab. 62).

Tab. 62: Wuchsleistung der Mandel-Weide (*Salix triandra*) auf verschiedenen Standorten

Standort	Trieblängen cm	pH-Wert ($CaCl_2$)
G0401	85	4,3
G0411	151	6,5
Laubusch*	90	6,3 - 6,5

* in: GÜNTHER & MORGENEYER (1956)

Die Nachteile einiger Weiden auf verdichteten, staunassen, sauren Standorten können durch die Verwendung von Erlen, im Tiefland insbesondere Schwarz-Erle (*Alnus glutinosa*), ideal ausgeglichen werden. Neben einem oberflächennahen Feinwurzelsystem, dem vor allem die Nährstoffaufnahme zugeschrieben wird (MCVEAN 1956), bilden Schwarz-Erlen kräftige, wenig verzweigte, tief reichende Wurzeln aus, die vor allem statische Funktionen haben und der Wasseraufnahme dienen. Sie sind in der Lage, die Bäume in den weichen Böden ihres natürlichen Verbreitungsgebietes (Verlandungsmoore, Brüche und Ufer kleinerer Fließgewässer) zu verankern. Spezielle Sauerstofftransportmechanismen ermöglichen den tief reichenden Wurzeln ein Überleben unter dauerndem Wasserstau auch unter anaeroben Verhältnissen. Anders als bei vielen Röhrichtarten, die über Aerenchyme (Luftleitsysteme) in der Wurzelrinde verfügen, werden die tief reichenden Wurzeln der Schwarz-Erle durch Thermoosmose- und Diffusionsvorgänge im sekundären Xylem mit Sauerstoff versorgt (WÖTZEL 1997, LATTERMANN 1994). Durch Verlagerung des Feinwurzelsystems in Oberflächennähe (Adventivwurzelbildung) und Vermeidung von Sauerstoffverlusten an den Senkwurzeln (Reduktion der Verzweigung) (WÖTZEL 1997) können Erlen schnell auf schwankende Grundwasserspiegel reagieren. Da die Sauerstoffversorgung der Wurzeln im Wesentlichen durch Lentizellen an der Stammbasis realisiert wird, dürfte ein Überstau der Stammbasis nur kurzzeitig ertragen werden. In diesem Punkt zeigen sich die Erlen den überflutungstoleranteren Weiden unterlegen.

Die Flexibilität des Wurzelsystems der Erlen auf den verschiedensten Standorten spiegelt sich auch im hier vorgestellten Muldenversuch wider. Weder Bodeneigenschaften noch Nährstoffversorgung in den einzelnen Mulden haben einen deutlichen Einfluss auf das Wachstum der Bäume. Unterschiede in der Wasserversorgung (feuchtere Mulden haben im Mittel höhere Zuwachsleistungen als trockenere) lassen sich nicht statistisch absichern. Selbst bei niedrigen pH-Werten wurden noch mittlere Zuwachsleistungen erreicht (Tab. 61). Vermutlich finden die Pflanzen auch bei insgesamt niedrigen pH-Werten säurefreie Wurzelbahnen in den kleinräumig inhomogenen Kipp-Rohböden vor.

Nährstoff-, insbesondere Stickstoffmangel scheint für die gepflanzten Erlen kein Problem zu sein, da Erlen über Symbiose mit Aktinomyceten Luftstickstoff binden können. Sie sind damit unabhängig von der Versorgung mit diesem Hauptnährstoff. Phosphor wird in der Regel bei absinkenden pH-Werten mobilisiert und damit pflanzenverfügbarer. Über den tatsächlichen Bedarf an Nährstoffen liegen für Erlen auf Rohböden keine Informationen vor.

Von den Gehölzen erwies sich Schwarz-Erle (*Alnus glutinosa*) als die Art mit der höchsten Toleranz gegenüber den verschiedensten Standortbedingungen. Von den Weiden zeigte nur Mandel-Weide (*Salix triandra*) ein befriedigendes Wuchsverhalten. Wie eine ältere Versuchsanlage an der Nordböschung des Tagebaues zeigt, sind dagegen auf hinreichend gut durchlüftetem Substrat auch weitere Arten in der Lage, sich zu etablieren. Weidenanflug, der sich auf älteren Böschungsabschnitten in der Umgebung etabliert hat, sollte als Materiallieferant für Verbaumaßnahmen genutzt werden, wenn es sich um gut bewurzelbare Arten handelt. Erlen und Weiden ergänzen sich in ihren Standortansprüchen auf Rohböden.

8.2.3 Hinweise zur Planung von Begrünungs- und Rekultivierungsmaßnahmen

Präventiver Uferschutz ist bereits in die Planung von Begrünungs- und Rekultivierungsmaßnahmen für den Bereich der zukünftigen Uferlinie einzubeziehen. Die Wahl geeigneter Methoden und Pflanzenarten wird dabei von den Substratverhältnissen und dem Gefährdungsgrad des entsprechenden Böschungsabschnittes bestimmt. Die Palette der Möglichkeiten reicht von Ansaatmischungen unter Verwendung überflutungstoleranter Arten, die auch bei Überflutung das Substrat längere Zeit fixieren können, bis zu Pioniergehölz- und Röhrichtpflanzungen in ausgeschobenen oder natürlichen Mulden.

Jede langfristig geplante Nutzung der Bergbaufolgelandschaft setzt intakte und regenerationsfähige Ökosysteme voraus. Dies ist unter verschiedenen Aspekten zu betrachten, die von der Dynamik ungestörter Sukzession bis zur intensiv genutzten Grasnarbe einer Liegewiese reichen. In dem Maße, wie sich das Nutzungsziel von einer natürlichen Entwicklung entfernt, steigt der Aufwand bis zur Realisierung. Dies betrifft auch die Herstellung der bergtechnischen Sicherheit von Böschungen im zukünftigen Uferbereich, welche in der Regel ihren Abschluss in einer Begrünung findet. Um das Entwicklungspotenzial eines Tagebaurestloches optimal zu nutzen, ist diese Begrünung so differenziert wie möglich zu planen. Die wesentlichsten Einflussgrößen, welche den Handlungsrahmen für die Wahl der Arten und Methoden vorgeben, sind Exposition, Substrateigenschaften und Wasserführung.

Exposition

Die Hauptwindrichtung bestimmt den Gefährdungsgrad des Ufers durch Wellenabtrag und damit die Dynamik im litoralen Bereich. So sind Ost- und Südostufer prinzipiell eher schutzbedürftig als die gegenüberliegende Seite. Die Artenwahl von Schutzpflanzungen wird ebenfalls von der Wellenexposition bestimmt. Während Röhrichte vorzugsweise an ruhigen windabgewandten Uferbereichen initiiert werden müssen, verlangen wellenschlaggefährdete Bereiche angepasste Gehölzarten wie Weiden und Erlen. Regelböschungen sind dabei gefährdeter als stärker abgeflachte, weiträumige Wasserwechselzonen.

Landböschungen weisen in Abhängigkeit von der Exposition unterschiedliche Einstrahlungs- und Niederschlagsverhältnisse auf, die bei der Artenwahl berücksichtigt werden müssen. Die Wachstumsbedingungen sind an den Nord- und Westböschungen stets günstiger als an den Süd- und Ostböschungen eines Standortes.

Substrateigenschaften

Die Korngrößen des Böschungsmaterials bestimmen wesentlich dessen Abtragsgefährdung. Während Kiese und Sande relativ stabil sind, werden schluffige Bestandteile auch bei geringer Wellenexposition rasch verlagert. Tone in natürlicher Lagerung werden dagegen wenig abgetragen. Die Körnung bestimmt daher, ob ein flächiger Uferschutz erforderlich ist oder ob punktuelle Initialen genügen.

Das Versauerungspotenzial und/oder hohe Salzfrachten können das mögliche Artenspektrum für präventiven Uferschutz einschränken. Im Extremfall bleiben die Flächen zunächst bewuchsfrei. Sobald der Endwasserspiegel erreicht ist, erfolgt in der Regel eine allmähliche Auswaschung von Säuren und Salzen. Erst nach Beendigung dieses Vorgangs ist eine Begrünung möglich. Eine Auswahl potenziell geeigneter Arten für derartige Extremstandorte ist in Tab. 63 aufgeführt.

Tab. 63: Auswahl salz- und säuretoleranter Arten (nach ELLENBERG et al. 1992)

wissenschaftlicher Name	deutscher Name	Salztoleranz*	wissenschaftlicher Name	deutscher Name	Säuretoleranz**
Salicornia europaea	Gemeiner Queller	3	*Salix aurita*	Ohr-Weide	3
Aster tripolium	Strand-Aster	2	*Carex nigra*	Wiesen-Segge	3
Bolboschoenus maritimus	Gemeine Strandsimse	2	*Carex pilulifera*	Pillen-Segge	3
Juncus gerardii	Salz-Binse	2	*Carex rostrata*	Schnabel-Segge	3
Puccinellia distans	Gemeiner Salzschwaden	2	*Juncus bufonius*	Kröten-Binse	3
Agrostis stolonifera	Weißes Straußgras	1	*Juncus effusus*	Flatter-Binse	3
Alnus glutinosa	Schwarz-Erle	1	*Achillea ptarmica*	Sumpf-Schafgarbe	4

wissenschaftlicher Name	deutscher Name	Salz-toleranz*	wissenschaftlicher Name	deutscher Name	Säure-toleranz**
Alopecurus geniculatus	Knick-Fuchsschwanz	1	*Juncus conglomeratus*	Knäuel-Binse	4
Althaea officinalis	Echter Eibisch	1	*Juncus filiformis*	Faden-Binse	4
Angelica archangelica	Echte Engelwurz	1	*Lotus uliginosus*	Sumpf-Hornklee	4
Carex flacca	Blaugrüne Segge	1	*Scirpus sylvaticus*	Wald-Simse	4
Carex otrubae	Hain-Segge	1			
Euphorbia palustris	Sumpf-Wolfsmilch	1			
Festuca arundinacea	Rohr-Schwingel	1			
Inula britannica	Wiesen-Alant	1			
Juncus compressus	Zusammengedrückte Binse	1			
Juncus inflexus	Blaugrüne Binse	1			
Mentha pulegium	Polei-Minze	1			
Phragmites australis	Gemeines Schilf	1			
Rumex maritimus	Strand-Ampfer	1			
Schoenoplectus spec.	Teichsimse	1			
Sonchus palustris	Sumpf-Gänsedistel	1			
Tetragonolobus maritimus	Gelbe Spargelerbse	1			
Typha angustifolia	Schmalblättr. Rohrkolben	1			

*: Salztoleranz 1: mittel, 2;3: hoch ** Säuretoleranz: 3;4: mittel

Wasserführung

Nach dem Aussetzen der Wasserführung eines Tagebaurestloches springen, besonders an der Schnittstelle zum unverritzten Gelände, Grundwasserleiter wieder an. In geschütteten Komplexen bilden sich neue Grundwasserleiter. Diese manifestieren sich durch feuchte Bereiche an den Böschungen, die im Extremfall ständig fließende Quellen werden können. Wenn solche Stellen im Bereich des zukünftigen Endwasserstandes liegen, sind gute Voraussetzungen für die Ansiedlung von Röhrichten und/oder Feuchtgebüschen gegeben. Häufig findet eine Selbstbegrünung statt, die zum Ausgangspunkt der späteren Röhrichtentwicklung werden kann. An trockenen Böschungsabschnitten ist die Anlage sohlenabgedichteter Mulden im Bereich der zukünftigen Uferlinie möglich. Derartige Strukturen (vgl. Abb. 111) sind ohne großen technischen Aufwand im Rahmen der Böschungsausformung zu realisieren.

Arten und Herkünfte

Das Artenspektrum der Bergbaufolgelandschaft (BFL) ist aus zahlreichen Untersuchungen bekannt. Zweckdienlich sind vor allem Vegetationsaufnahmen naturnaher Bestände auf vergleichbaren Standorten der BFL Auf dieser Basis und den Ergebnissen der bisherigen Ansaaten/Anpflanzungen kann eine Auswahl an Arten getroffen werden, die den Erfordernissen des konkreten Standortes entspricht und die in den gewünschten Qualitäten und Herkünften verfügbar sind.

In der ingenieurbiologischen Praxis hat sich für die Ansiedlung von Röhrichtarten und Ufergehölzen die Verwendung von Pflanzen und Pflanzenteilen gegenüber Ansaaten durchgesetzt. Ein Nachteil dieses Verfahrens ist die von vornherein eingeschränkte genetische Variabilität des verwendeten Pflanzenmaterials. Dieser Nachteil kann durch zwei Vorgehensweisen vermieden werden:

(1) Bei der Vorkultur von Röhrichten aus Samen wird gezielt ein regional repräsentatives Spektrum an Herkünften eingesetzt, das analog zu dem unter dem Abschnitt "Ansaaten" beschriebenen Vorgehen bei der Auswahl von Basissaatgut geworben wird.

(2) Das Material wird in unmittelbarer Umgebung des vorgesehenen Einsatzortes entnommen. Diese Verfahrensweise stellt die Verwendung von Ökotypen sicher, die den lokalen Verhältnissen am besten angepasst sein dürften.

Üblicherweise vergehen zwischen letzter Auskohlung und Flutung des Restloches einige Jahre. Während dieser Zeit haben sich in der Regel zahlreiche Feuchtstellen an der Tagebausohle selbst mit Röhrichtarten begrünt. Derartige Flächen sind ausgezeichnete Spender für Pflanzenmaterial, welches hier kurz vor der Überflutung gewonnen werden kann.

Ansaaten

Mit dem Erreichen des Endwasserstandes ändern sich im ufernahen terrestrischen Bereich die Wachstumsbedingungen für die Landpflanzen grundlegend. Der tatsächliche Einfluss des Grundwassers hängt dabei wesentlich vom Substrat und dem damit verbundenen kapillaren Wasseraufstieg ab. Bei den verschiedenen Fraktionen rechnet MÜLLER (1980) mit folgendem Aufstiegsvermögen:

- kiesiger Mittelsand bis 0,5 m
- lehmige Tone und anlehmiger Feinsand bis 0,75 m
- sandiger Lehm, Ton mittlerer Dichte bis 1,0 m
- lehmiger Mittelsand, Schlufflehme, Lehmschluffe 1,5 m bis 2 m.

Unter Einbeziehung eines durchwurzelten Horizontes von ca. 1,0 m kann im Planungsverlauf die Zone abgegrenzt werden, welche durch den Wasseranstieg veränderte Wachstumsbedingungen aufweisen wird. Durch die Wahl geeigneter Arten und Herkünfte kann der besonderen Situation in diesem Bereich Rechnung getragen werden. Obwohl zur Reaktion von Landschaftsrasenmischungen oder Wildpflanzenansaaten auf angestiegene Grundwasserspiegel kaum Praxiserfahrungen vorliegen, sollten Arten, die sich im Versuch unter Flutungsbedingungen als flexibel erwiesen haben, in Mischungen bevorzugt werden. Hier sind vor allem das Weiße Straußgras (*Agrostis stolonifera*), das Platthalm-Rispengras (*Poa compressa*), das Riesen-Straußgras (*Agrostis gigantea*) und das Rohr-Glanzgras (*Phalaris arundinacea*) zu nennen. Da die Arten ein Spektrum verschiedener Standortbedingungen abdecken müssen, sind Mischungen regionaler Wildpflanzenherkünfte zu bevorzugen, da sie über eine höhere genetische Variabilität verfügen als Sorten nach einem Züchtungsprozess.

Da der Planungsvorlauf bis zur Ausführung der Begrünung oft mehrere Vegetationsperioden beträgt, können einschlägige Firmen rechtzeitig mit der Bereitstellung des entsprechenden Saatgutes beauftragt werden.

An die Herkunft des Materials ist eine Reihe von Forderungen zu stellen, welche die gewünschte genetische Struktur so weit wie möglich realisieren. Dazu ist es notwendig, Herkunftsgebiete abzugrenzen, aus denen das verwendete Material stammen darf. Gegenwärtig gelten nur in der Forstgesetzgebung verbindliche Regelungen für derartige Herkunftsgebiete. Eine entsprechende Gliederung geht auf SCHMIDT & KRAUSE (1997) zurück. Grundlage sind naturräumliche Einheiten. Für viele Aufgaben im Bereich Naturschutz erscheint diese Gliederung zu grob. Da für die überwiegende Zahl der Arten kaum Informationen über die räumliche Differenzierung von genetisch klar unterscheidbaren Sippen vorliegen, sollte die regionale Herkunft so eng wie möglich gesehen werden. Es wird daher vorgeschlagen, eine weitere Differenzierung in Anlehnung an die von MEUSEL (1955) entwickelte, pflanzengeographische Gliederung für den Mitteldeutschen Raum vorzunehmen (siehe CD – Vorschlag zur Gliederung von Herkunftsgebieten für Wildpflanzensaatgut für den Mitteldeutschen Raum und angrenzende Gebiete). Abhängig vom Einsatzzweck des Saatgutes kann im Rahmen der Planung die Herkunft des Materials in verschiedenen Ebenen erfolgen. Für eine Wildpflanzenansaat im Tagebau Geiseltal muss die Minimalforderung "Herkunft: Mittel- und Ostdeutsches Tief- und Hügelland" lauten. Die Maximalforderung könnte: "Herkunft Querfurter Ackerland" sein. Wenn aus bestimmten Gründen der Autochthonie-Begriff noch enger zu fassen ist, müssen andere Verfahren der Pflanzenetablierung (z.B. Mähgut und Heudruschverfahren, Kapitel 8.1) angewandt werden.

Eine wesentliche Aufgabe der Begrünung, die Erhöhung der technogenen Standsicherheit einer Böschung sowie der Schutz der Bodenoberfläche vor Abtrag, wird in erster Linie von den Wurzeln der Pflanzen übernommen, die das Bodenvolumen durchdringen und vernetzen. Um eine optimale Erschließung des Bodens zu erreichen, müssen Pflanzenarten kombiniert werden, deren Wurzelsysteme unterschiedliche Intensität und unterschiedliche vertikale und horizontale Ausbreitung aufweisen. Darüber hinaus sollten Arten zeitlich gestaffelter Entwicklungshöhepunkte vertreten sein, um während der gesamten Vegetationsperiode einen "aktiven" Pflanzenbestand zu gewährleisten. Voraussetzung ist in jedem Fall, dass nur Pflanzenarten verwendet werden, die den Standortverhältnissen angepasst sind.

Die konkrete Auswahl der Arten für einen bestimmten Standort kann nach folgendem Algorithmus festgelegt werden:

1. Auswahl einer Mustermischung entsprechend den Standortbedingungen (siehe bspw. Tab. 64 und Tab. 65 sowie Anhang 2, siehe CD – Basismischungen)
2. Aussondern von Arten, die nicht verfügbar sind und die dem konkreten Anspruch an die Mischung nicht entsprechen
3. Ergänzung durch weitere Arten, die den typischen lokalen Verhältnissen entsprechen, z.B. im Ergebnis naturschutzfachlich begründeter Empfehlungen zur Ansiedlung bestimmter Arten.

Die Zahl der konkreten Mischungspartner hängt von den Standortverhältnissen ab. Hohe Salzgehalte oder extrem niedrige pH-Werte schränken die Zahl der verwendbaren Arten stark ein. Für die meisten Standorte sollte eine Mischung mindestens 6 - 10 Gräser und 10 - 15 Kräuter umfassen.

Tab. 64: Basismischung zur Ansaat im Bereiche des zukünftigen Uferrandstreifens (pH 3,8 - 5,0)

Gattung/Art	Diasporen/m²	Tausendkorngewicht in g	g/m²
Phalaris arundinacea	100	0,9	0,09
Holcus lanatus	300	0,3	0,09
Poa compressa	200	0,15	0,03
Agrostis gigantea	300	0,08	0,024
Poa pratensis	100	0,32	0,032
Agrostis stolonifera	300	0,08	0,024
Deschampsia cespitosa	30	0,23	0,0069
Molinia caerulea	50	1	0,05
Puccinellia distans (bei hoher Salzbelastung)	300	0,25	0,075
gesamt:	**1680**		**0,4219**

Tab. 65: Basismischung zur Ansaat/Anpflanzung in Quellbereichen oder bei Hangwasseraustritten

Gattung/Art	Diasporen/m²	Tausendkorngewicht in g	g/m²
Agrostis stolonifera	300	0,08	0,024
Aster tripolium (bei hoher Salzbelastung)	100	0,64	0,064
Deschampsia cespitosa	30	0,23	0,0069
Hordeum jubatum	50	0,3	0,015
Molinia caerulea	50	1	0,05
Phalaris arundinacea	100	0,9	0,09
Puccinellia distans ((bei hoher Salzbelastung)	300	0,25	0,075
gesamt:	**930**		**0,3249**
Eriophorum angustifolium	Initialpflanzung		
Juncus articulatus	Initialpflanzung		
Juncus bufonius	Initialpflanzung		
Juncus conglomeratus	Initialpflanzung		
Juncus effusus	Initialpflanzung		
Juncus inflexus	Initialpflanzung		
Phragmites australis	Initialpflanzung		
Typha spec.	Initialpflanzung o. Stecken fruchtender Triebe		

Das Maximum an Wurzelmasse bezogen auf das durchwurzelbare Bodenvolumen und damit der höchste Sicherungseffekt wird nur erreicht, wenn den Einzelpflanzen genügend Raum zur individuellen Entwicklung gegeben wird. Aus der landwirtschaftlichen Praxis ist hinlänglich bekannt, dass zu dichte Pflanzenbestände mit Ertragsdepressionen reagieren und, insbesondere bei Wassermangel, wesentlich stressanfälliger sind. Gleiches trifft auch auf Pflanzenbestände zu, die zur Begrünung im

Bergbaubereich eingesetzt werden. In allen bisherigen Versuchen mit Wildpflanzenansaaten in der Bergbaufolgelandschaft haben sich Diasporenmengen von ca. 1.500 - 3.000/m² als günstig und ausreichend erwiesen. Das Saatgutgewicht errechnet sich im Bedarfsfall (Saatgutbestellung) aus dem Tausendkorngewicht der beteiligten Mischungspartner.

8.3 Initiierung einer naturnahen Waldentwicklung über Birken- und Birken-Kiefernsaat[1]

Antje Lorenz

8.3.1 Die Birke – Schlüsselart der initialen Waldentwicklung in der Bergbaufolgelandschaft

Bei der natürlichen Wiederbesiedlung der anthropogen entstandenen Rohbodenflächen nach dem Braunkohleabbau spielt die Birke (*Betula pendula* ROTH) eine besondere Rolle, da eine initiale Waldentwicklung maßgeblich durch diese Pionierbaumart eingeleitet wird. In 80 % der untersuchten Fälle wanderte auf den Kippenflächen als erste Baumart die Birke ein (TISCHEW et al. 2004). Aufgrund der hohen Samenproduktion und der Möglichkeit flugfähiger Samen, große Distanzen zu überbrücken, kann sie Rohböden sehr schnell besiedeln. Ihre Bedeutung als Schlüsselart früher Waldstadien ist auf ihre besonderen ökologischen Eigenschaften zurückzuführen. So können Birken auch unter trockenen, nährstoffarmen sowie bodensauren Standortverhältnissen gedeihen. Ausgeprägte Trockenperioden sowie extreme Standortbedingungen auf der Freifläche, wie beispielsweise offene windexponierte Lagen, hohe Temperaturschwankungen oder eine hohe Ein- und Ausstrahlung an der Bodenoberfläche kann diese Pionierbaumart ertragen. Zudem ist die Birke ein typischer Licht- und Rohbodenkeimer (u.a. KINNAIRD 1974, GIMINGHAM 1984, PERALA & ALM 1990).

Soll eine Waldentwicklung auf Kippenflächen naturnah erfolgen, so ist es nahe liegend, dass der Birke im Rahmen der Rekultivierung eine besondere Rolle eingeräumt wird. Dies kann einerseits über die Integration natürlicher Besiedlungsprozesse erfolgen (vgl. Kapitel 9). Andererseits ist es möglich, eine initiale Waldentwicklung über Saat zu beschleunigen, wenn abzusehen ist, dass diese infolge weit entfernter Lieferbiotope verzögert verläuft, oder aber eine unmittelbare Gefahr der Wassererosion oder Substratverwehung noch nicht festgelegter Lockersubstrate in der Nähe von Ortschaften besteht. Dies sollte jedoch auf Flächen in Vorranggebieten für Forstwirtschaft und Erholung begrenzt bleiben, da für Bergbaufolgeflächen mit Folgenutzung Naturschutz als Entwicklungsziel maßgeblich der Prozessschutz festgelegt wurde (vgl. Kapitel 9).

Ein bedeutender Vorteil bei der Verwendung der Pionierbaumart Birke liegt in der Berücksichtigung der natürlichen Stadienabfolge von Sukzessionsverläufen. Das ist nicht nur aus naturschutzfachlichen Gründen als positiv zu bewerten (vgl. z.B. Kapitel 4). Ebenso wurde der waldbauliche Wert der Birke von zahlreichen Autoren herausgestellt, u.a. FIEDLER (1962), HUSS (1993), HUSS et al. (1995), NÜßLEIN (1999, 2001), BERGMANN (2000), LOCKOW (2000) und HUSS (2003). Unter ihrem Schirm werden anspruchsvolle Intermediär- und Klimaxbaumarten (= Zielbaumarten) gegen Frost geschützt und in ihrem Wachstum gefördert. Dies bringt auch ökonomische Vorteile mit sich, da im Gegensatz zur Pflanzung anspruchsvollerer, spätsukzessionaler Baumarten auf der Freifläche geringere Ausfälle zu erwarten sind (NÜßLEIN 1999).

In anderen Regionen der Bundesrepublik Deutschland wurde der Birkensaat in den letzten Jahren ebenfalls ein verstärktes Interesse entgegen gebracht. Insbesondere in den Rauchschadensgebieten des Erzgebirges kam die lange in Vergessenheit geratene Birkensaat als Alternative zu herkömmlichen Waldbegründungsverfahren auf Freiflächen verstärkt zur Anwendung (WICKEL et al. 1998). Darüber hinaus gewinnt die Birke bei der Waldbegründung in Sturmschadensgebieten ebenfalls zunehmend an Bedeutung. Ihr natürlicher Anflug wird dort bei der Neubegründung von Wäldern genutzt (HUSS et al. 1995, SCHMIDT-SCHÜTZ & HUSS 1996, 1997).

---

[1] Den Sanierungs- und Wiedernutzbarmachungs-Gesellschaften LMBV mbH, Vattenfall Europe Mining AG und MIBRAG mbH sowie der Heinz Sielmann Stiftung sei für die Bereitstellung der Flächen und die Unterstützung bei der Durchführung der Saaten gedankt.

Neben der Birke zählt auch die Kiefer (*Pinus sylvestris* L.) zu den charakteristischen Pionierwald bildenden Baumarten. Sie ist bestandsprägende Baumart in den bodensauren Sandkiefernwäldern der subkontinental getönten, pleistozänen Landschaften und weist dort ihren natürlichen Verbreitungsschwerpunkt auf (ELLENBERG 1996). In der Bergbaufolgelandschaft tritt sie zusammen mit Birke vor allem in der Lausitz, aber auch auf extrem sauren und trockenen Tertiärstandorten Mitteldeutschlands auf (vgl. Kapitel 6.9). Lediglich 2 % der repräsentativ untersuchten Pionierwälder der ostdeutschen Bergbaufolgelandschaft können als natürliche Kiefernwälder gelten (TISCHEW et al. 2004). In diesen Wäldern sind neben der Kiefer kaum andere Baumarten vorzufinden.

8.3.2 Standörtliche Bedingungen und Saatmethoden

Auf sieben repräsentativen Standorten der Bergbaufolgelandschaft wurden Birkensaat-Versuche im Blockdesign angelegt und wissenschaftlich begleitet (vgl. TISCHEW et al. 2004). Dabei wurden die Saaten sowohl auf reicheren, bindigen als auch auf ärmeren, sandigen Substraten durchgeführt. Auf den Lausitzer Versuchsflächen kam ergänzend zur Birke zusätzlich die Kiefer zum Einsatz.

Alle Versuchsflächen wiesen einen hohen Grundwasserflurabstand auf. Das Flächenalter der Kipp-Rohböden lag vorzugsweise bei ein bis zwei Jahren. Auf den zwei älteren, 3- bis 5jährigen Versuchsflächen in Schlabendorf-Süd und Pirkau war bereits eine künstliche bzw. spontane Krautschichtentwicklung vorhanden. Deshalb erfolgte zur Schaffung von vegetationsfreiem Rohboden ein streifenweiser Oberbodenabtrag mit Hilfe eines Waldmeisterpfluges. In Mücheln und Bärwalde wurden ergänzend Saaten in mit Regelsaatgutmischung (RSM) begrünten Vegetationsbeständen durchgeführt.

Um eine Vergleichbarkeit zu gewährleisten, wurde – mit Ausnahme von Schlabendorf-Süd – auf allen Versuchsstandorten mit einer einheitlichen Saatgutmenge gearbeitet. Ziel des Birkensaat-Versuches in Schlabendorf-Süd war dabei, auf großer Fläche einen lückigen Birkenbestand zu initiieren. Tab. 66 gibt einen Überblick über die Standortbedingungen und Versuchsansätze.

Tab. 66: Standortbedingungen und Versuchsansätze der Birken- und Birken-Kiefernsaat-Versuchsflächen in den Tagebauen Mücheln, Roßbach, Bärwalde, Nochten, Schlabendorf-Süd sowie auf der Außenkippe Pirkau

Versuchsflächen	Mücheln	Roßbach	Pirkau	Schlaben-dorf-Süd	Bärwalde	Nochten-1	Nochten-2
Region	Mitteldeutschland			Lausitz			
Flächengröße	0,3 ha	0,3 ha	0,3 ha	10 ha	0,9 ha	0,3 ha	0,3 ha
Saatzeitpunkt	Feb. 2001	Feb. 2001	Feb./Mrz. 2002	Feb./Mrz. 2002	Feb./Mrz. 2001	Feb. 2002	Feb. 2002
Hangneigung	15°	10°	0°	2°	3°	3°	5°
Standortgruppe	1	1	1	1/2	2	2	2
Bodenart (AG BODEN 1994)	Ut2	Lts	Lts	Su2	Su3	Su2	Su2
pH ($CaCl_2$): Mittelwert und Spannweiten	6,4 (6,1 - 6,7)	7,5 (6,0 - 7,8)	7,2 (6,5 - 7,6)	6,4 (6,1 - 6,5)	4,2 (3,6 - 5,2)	4,8 (4,6 - 5,0)	4,5 (4,3 - 4,6)
Gesamtstickstoff (%)* Phosphor (mg/100g B.)** Kalium (mg/100g B.)***	0,06 15,2 7,3	0,01 0,2 8,7	0,01 0,3 7,5	0,01 6,4 2,9	0,01 1,1 2,9	0,00 1,1 2,4	0,01 1,4 2,6
Versuchsansätze	F: WSM, WS, WS-A, K	S: WSM, WS, K	S: WSM, WS, K	S: WSM	F: WSM, S: WS, WS-A, K	S: WSM, WS, K	S: WSM, WS, K
gesäte Baumarten (Keimfähigkeit)	Birke (45 %)	Birke (45 %)	Birke (42 %)	Birke (43 %)	Birke (45 %) Kiefer (96 %)	Birke (41 %) Kiefer (92 %)	Birke (41 %) Kiefer (92 %)
Saatgutmenge	40 kg/ha Birke			20 kg/ha Bi.	40 kg/ha Birke; 1,2 kg/ha Kiefer		

* Direktanalyse (Veraschung) mit CNS-Analysator (DIN ISO 13878); ** Extraktion nach Doppellaktatmethode, photometrische Bestimmung mit Spekol UV VIS (LUFA); *** Extraktion nach Doppellaktatmethode, Bestimmung über Atomabsorbtionsspektrometrie (DIN 38406); *Versuchsansätze*: F = Flächensaat, S = Streifensaat, WSM = Wintersaat mit Mahdgutauflage, WS = einfache Wintersaat, WS-A = Wintersaat in mit Regelsaatgutmischung (RSM) begründeten Vegetationsbeständen (Standardansaaten), K = Kontrollflächen (ohne Saat)

Als Saatmethoden wurden neben der einfachen Wintersaat auch die Wintersaat mit Mahdgutauflage durchgeführt. Beide Verfahren erfolgten sowohl flächig (Flächensaat) als auch in Streifen (Streifensaat). Auf allen Versuchsflächen wurden ergänzend Kontrollflächen (ohne Saat) angelegt.

Einfache Wintersaat und Wintersaat mit Mahdgutauflage: Die einfache Wintersaat orientiert sich an der Methode der Schneesaat. Dabei wird in den Wintermonaten Birkensaatgut auf eine Schneedecke gesät (z.B. BÜHLER 1922, DENGLER 1935, ROHMEDER 1950). Während der Schneeschmelze im Frühjahr gelangen die Birkensamen direkt in kleine Mulden oder Vertiefungen des Mineralbodens. Die Keimung der Samen erfolgt dann in den Frühjahrsmonaten März/April, sobald die Temperaturen vier Wochen lang über 1°C liegen (SCHIRMER 2000).

Die Konzeption der Variante Wintersaat mit Mahdgutauflage beruht dagegen auf zufällig gewonnenen Ergebnissen im Rahmen von Versuchen mit Mahdgutauflagen zur Initiierung einer artenreichen Krautschicht auf erosions- und deflationsgefährdeten Böschungsstandorten der Bergbaufolgelandschaft (JÜNGER 1999). Bei unmittelbarer Nähe zu Birken-Pionierwäldern entwickelten sich unter der lockeren Mahdgutauflage zahlreiche Birkenkeimlinge, die innerhalb weniger Jahre ein beträchtliches Höhenwachstum zurücklegten. Auf Flächen ohne Mahdgutauflagen wurde im Gegensatz dazu keine bzw. nur eine sehr spärliche Keimung von Birken beobachtet. Untersuchungen von KINNAIRD (1974) zeigten, dass die Keimung der Birke mehr durch die Feuchtigkeit als durch den Lichtgenuss beeinflusst wird. Das optimale Lichtangebot für das Wachstum der Keimlinge beträgt hierbei 43 % des vollen Sonnenlichtes (HELLIWELL & HARRISSON 1979). Das im Rahmen der Birkensaat-Versuche verwendete Mahdgut wurde aus dem zweiten Schnitt von Frisch- oder Feuchtwiesen außerhalb der Bergbaufolgelandschaft gewonnen. Die Aufbewahrung des im Herbst geschnittenen Mahdgutes erfolgte ungetrocknet im Freien. Nach der Saat im Februar/März wurde es mit einer Mächtigkeit von 1 bis 3 cm sofort lückig und ungleichmäßig auf die Fläche aufgebracht. Ein Wegwehen des feuchten, ungetrockneten Mahdgutes nach dem Auftrag auf die Fläche findet nicht statt, da es während des Trocknungsprozesses auf der Fläche in sich verklebt (vgl. FBM 1999, FLB 2003, KIRMER 2004).

Streifensaat und Flächensaat: Bei der Anlage von Saatstreifen mit dem Waldmeisterpflug galt es zu überprüfen, inwieweit diese eine Art Schutzstellenwirkung übernehmen können, indem die mikroklimatischen Bedingungen während der Keimlings- und Juvenilentwicklung der Birke verbessert und Freiflächenstress vermindert werden. Die Breite der Saatstreifen lag zwischen 0,5 und 1 m, die Tiefe betrug ca. 10 bis 15 cm. Bei der Flächensaat wurde das Saatgut hingegen gleichmäßig auf der gesamten Untersuchungsfläche aufgebracht.

8.3.3 Unter welchen Bedingungen können Saaten mit Birke und Kiefer erfolgreich verlaufen?

Auf der Basis der Individuenzahlen im Herbst des ersten Jahres nach der Saat wurden alle Versuchsflächen mittels univariater Varianzanalysen hinsichtlich ihres Erfolges ausgewertet. Dabei konnten auf der Grundlage eines Post-hoc-Testes nach Tukey drei Gruppen unterschieden werden (Tab. 67, vgl. auch TISCHEW et al. 2004):

- Versuchsflächen mit erfolgreicher Etablierung von Birke und/oder Kiefer
- Versuchsflächen mit spärlicher bis sehr spärlicher Etablierung der Birke
- Versuchsflächen ohne Etablierung von Birke und Kiefer.

Bemerkenswert ist dabei, dass recht unterschiedliche Ursachen zum Erfolg oder Misserfolg der Birken- bzw. Birken-Kiefernsaaten geführt haben. Es hat sich weder eine bestimmte Saatmethode als durchgängig erfolgreich erwiesen, noch garantierte eine höhere Standortgüte den Saaterfolg. Von größerer Bedeutung waren vielmehr das Vorhandensein von ausreichend Feuchtigkeit während der ersten Vegetationsperiode, Schutzstellen im Mikrorelief (z.B. Geländemulden), Oberflächenrauhigkeit, vegetationsfreiem Rohboden sowie das Vorhandensein von festgelegtem, nicht verwehungs- oder verschlämmungsgefährdetem Substrat. Die spezifischen Bedingungen, die zu einem unterschiedlichen Erfolg der Saaten geführt haben, werden im Folgenden näher dargelegt.

Erfolgreiche Etablierung von Birke und/oder Kiefer

Birke: Gemessen an den Individuenzahlen kann der überwiegende Teil der Birkensaaten als erfolgreich bewertet werden (Tab. 67, Foto 48, Foto 49). Zum Ende der ersten Vegetationsperiode lagen diese je nach Versuchsstandort zwischen 10.500 und 1.400.000 Individuen je Hektar. Bemerkenswert ist insbesondere, dass bei geringerer Saatgutmenge (20 kg/ha) auf der Versuchsfläche in Schlabendorf-Süd ebenfalls eine annehmbare Individuendichte erzielt werden konnte. Gemessen an den Bestandsdichten junger, 10 bis 30 Jahre alter Pionierwälder der Bergbaufolgelandschaft kann für diese Gruppe von Versuchsflächen von einer ausreichenden Individuendichte für die Entwicklung eines zukünftigen Pionierwaldschirmes ausgegangen werden. Die Dichten dieser spontan entwickelten Wälder liegen – unter Berücksichtigung aller Individuen mit einem Brusthöhendurchmesser > 1 cm – bei 4.000 bis 9.000 Individuen je Hektar (s. Tischew et al. 2004). Trotz der enorm hohen Mortalitätsrate von durchschnittlich 75 % im Sommer des ersten Jahres (Abb. 114, vgl. Wickel et al. 1998) überlebten noch ausreichend Individuen für die Bildung eines Pionierwaldes. Das massive Absterben im ersten Frühjahr resultiert offenbar aus der hohen Dürreempfindlichkeit der Birkenkeimlinge (vgl. Humphries et al. 1982, Perala & Alm 1990). Juvenile und adulte Pflanzen vertragen demgegenüber auch lang anhaltende Trockenperioden (Schirmer 2000). Die entscheidende Phase für ein langfristiges Überleben der Birkenstadien stellt demzufolge der Sommer der ersten Vegetationsperiode dar. Bis zum Ende der Untersuchungen im zweiten Jahr nach der Saat blieben die Mortalitätsraten auf sehr niedrigem Niveau.

Tab. 67: Individuenzahlen je Hektar von Birke und Kiefer (Mediane) im Herbst des ersten Jahres nach der Saat – differenziert nach Versuchsfläche, Saatvariante, Etablierungserfolg und Standortgruppe

Versuchsfläche	Etablierungserfolg Birke/Kiefer		Standortgruppe	Individuenzahlen (gesamt)/ha	davon Birken-Individuen/ha	davon Kiefern-Individuen/ha
Wintersaat mit Mahdgutauflage						
Mücheln (Flächensaat)	e	*	1	1.396.668	1.396.668	*
Bärwalde (Streifensaat)	e	e	2	220.668	206.668	ca. 14.000
Roßbach (Streifensaat)	e	*	1	ca. 65.000	ca. 65.000	*
Nochten-2 (Streifensaat)	e	e	2	40.000	23.332	16.668
Bärwalde (Flächensaat)	e	e	2	30.000	18.332	11.668
Nochten-1 (Streifensaat)	s	e	2	26.388	832	25.556
Schlabendorf-Süd (Streifensaat)**	e	*	1/2	12.048	12.048	*
Pirkau (Streifensaat)	s	*	1	552	552	*
einfache Wintersaat						
Bärwalde (Streifensaat)	e	e	2	565.416	563.332	2.084
Pirkau (Streifensaat)	s	*	1	26.112***	26.112***	*
Roßbach (Streifensaat)	e	*	1	10.416	10.416	*
Nochten-1 (Streifensaat)	k	e	2	9.332	0	9.332
Nochten-2 (Streifensaat)	s	e	2	6.480	1.480	ca. 5.000
Bärwalde (Flächensaat in Standardansaat)	s	k	2	1.944	1.944	0
Mücheln (Flächensaat)	k	*	1	0	0	*
Mücheln (Flächensaat in Standardansaat)	k	*	1	0	0	*

Legende: * keine Kiefer gesät; ** geringere Saatgutmenge (20 kg/ha) *** nur lokal erfolgreich, weite Bereiche ohne Birkenetablierung; *Etablierungserfolg* von Birke/Kiefer: e = erfolgreiche Etablierung, s = spärliche bis sehr spärliche Etablierung, k = keine Etablierung; *Standortgruppe*: 1 = nährstoffreichere bindige Substrate mit höheren pH-Werten, 2 = nährstoffarme, sandige Substrate mit niedrigeren pH-Werten

Neben der hohen Schwankungsbreite der Individuendichten zwischen den einzelnen Versuchsstandorten sind große Streuungen innerhalb der Saatvariante eines Versuchsstandortes zu verzeichnen. Dies kann auf die sich kleinräumig ändernde Dichte und Höhe der Mahdgutauflagen, der Samendichte (Handsaat) sowie der Schutzstellen im Mikrorelief zurückgeführt werden.

Die im Gegensatz zu den übrigen Versuchsflächen bemerkenswert hohen Individuenzahlen der Variante Wintersaat mit Mahdgutauflage in Mücheln sowie der Variante Wintersaat ohne Mahdgutauflage in Bärwalde (Tab. 67) resultieren offensichtlich aus den optimalen Keim- und Etablierungsbedingungen und den gleichzeitig außergewöhnlichen Niederschlagsereignissen im März 2001. Zu diesem Zeitpunkt lagen die Niederschlagssummen um mehr als das Doppelte über den Werten des langjährigen Mittels (s. TISCHEW et al. 2004). Zugleich war der Standort in Mücheln infolge des anstehenden tonigen Schluffes ausgesprochen besiedlungsfreundlich. Das Nährstoff- und Wasserhaltevermögen lag gegenüber den sandigen Substraten deutlich höher. Die geringeren Individuenzahlen auf den übrigen, ein Jahr später angelegten Versuchsflächen lassen folglich nicht auf grundsätzlich schlechtere Ergebnisse schließen. Sie repräsentieren vielmehr Individuendichten unter „normalen" Witterungsverhältnissen.

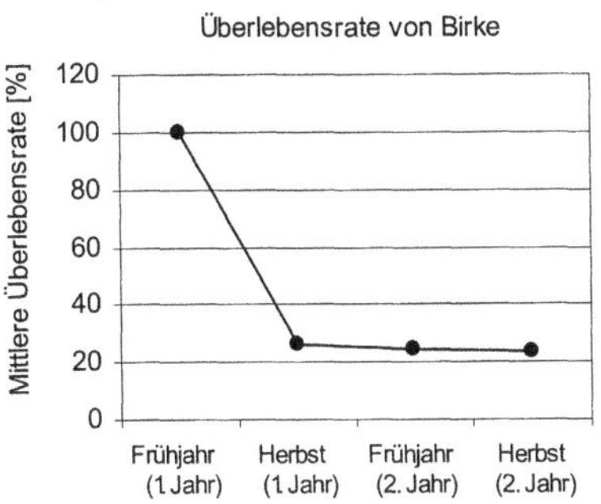

Abb. 114: Mittlere Überlebensraten von Birke (*Betula pendula*) im Verlauf eines zweijährigen Entwicklungszeitraumes nach der Saat am Beispiel der Versuchsflächen in Mücheln und Bärwalde

Sowohl das Aufbringen von Mahdgut als auch die Anlage von Saatstreifen hatten offenbar eine etablierungsfördernde Wirkung zur Folge. Durch Mahdgutauflagen besteht beispielsweise ein stärkerer Verdunstungsschutz und damit verbunden eine längere Haltung von Niederschlags- und Tauwasser (vgl. KIRMER 2004, STOLLE 1998a, b). Zugleich mindern Mahdgutauflagen starke Temperaturschwankungen an der Bodenoberfläche und schützen vor Verwehung des Saatgutes. Bis zu einem gewissen Maße können diese Schutzeffekte offensichtlich auch durch die Anlage von Saatstreifen erreicht werden. Zwar bestehen generell keine signifikanten Unterschiede zwischen den zwei Varianten Wintersaat mit und ohne Mahdgutauflage, dennoch konnten mit Ausnahme der Wintersaat ohne Mahdgutauflage in Bärwalde für alle Versuchsflächen mit Auftrag von Mahdgut die höchsten mittleren Individuenzahlen erreicht werden.

Nach einer Entwicklungsdauer von zwei Jahren wiesen 50 bis 60 % der Birken auf den Versuchsflächen in Mücheln und Bärwalde Individuenhöhen von 1 bis 5 cm auf. Für jeweils 20 % der zweijährigen Birken konnten Höhen zwischen 5 und 20 cm sowie > 20 cm verzeichnet werden. Die maximal erreichten Höhen lagen bei 44 cm (Bärwalde) und 59 cm (Mücheln). Dagegen konnte auf einer sehr geschützt liegenden Fläche in einem Land-Reitgras-Management-Versuch im Tagebau Goitzsche nach zwei Versuchsjahren ein wesentlich intensiveres Höhenwachstum der gesäten Birken festgestellt werden (s. TISCHEW et al. 2004). Bereits 35 % der Individuen wiesen dort Höhen zwischen 5 und 50 cm auf. Die höchste Birke war 94 cm groß. Die 35jährige Fläche zeichnete sich gegenüber den Birkensaatflächen durch eine fortgeschrittenere Bodenbildung aus.

Foto 48: Erosionsprozesse in Bereichen der Kontrollflächen (ohne Saat, links) sowie Unterbindung von Erosionsprozessen auf der Variante Wintersaat mit Mahdgutauflage in Mücheln (rechts) zwei Jahre nach der Saat (Flächensaat)

Foto 49: Erfolgreiche Etablierung von Birken und Kiefern auf der zwei Jahre alten Versuchsfläche in Bärwalde (einfache Wintersaat in Streifen)

Kiefer: Auf den Lausitzer Versuchsflächen, auf denen zusätzlich die Kiefer gesät wurde (Tab. 66), verliefen – mit Ausnahme der Saaten in den Standardansaatflächen – alle Saatvarianten erfolgreich (Tab. 67). Die Individuendichten der Kiefer lagen zwischen 2.000 und 25.500 Individuen je Hektar. Es bestanden zwar keine signifikanten Unterschiede zwischen den Saatvarianten, dennoch wiesen Versuchsflächen mit Mahdgutauflagen mit einer Ausnahme höhere Individuenzahlen für Kiefer auf als Versuchsflächen der Saatvarianten ohne Auftrag von Mahdgut.

Bemerkenswert sind die Ergebnisse auf dem trockenen und verwehungsgefährdeten, sandigen Standort Nochten-1. Dort war die Etablierung der Birke zwar nicht oder nur spärlich möglich (s.u.), dafür konnte sich jedoch die Kiefer erfolgreich etablieren. Auf allen Versuchsflächen mit deutlich erfolgreicher Birken-Etablierung infolge günstigerer Standortbedingungen wurden hingegen geringere Individuendichten der Kiefer ermittelt. Leichte Überwehung während des Keimlingsstadiums verträgt die Kiefer offensichtlich besser als die Birke. ENDTMANN (2000) zufolge meidet die Birke bei der natürlichen Waldentwicklung Dünen, da Winde zu einer häufigen und starken Substratüberlagerung durch Sande führen.

Für die Kiefernkeimlinge wurde im Gegensatz zur Birke eine deutlich niedrigere Mortalität festgestellt. Nach zwei Vegetationsperioden haben durchschnittlich 53 % der Individuen überlebt. Die Fähigkeit der Kiefer während des Keimlingsstadiums Trockenperioden wesentlich besser ertragen zu können, wurde von FALIŃSKI (1986) ebenfalls beobachtet.

Im Vergleich zur Birke variierte die Höhenentwicklung der Kiefer weniger stark. Die Mehrzahl der Individuen wies nach zweijähriger Entwicklung eine Höhe von 1 bis 5 cm auf. Maximal wurden Höhen von 8 bis 12 cm erreicht. Das verzögerte Wachstum der Kiefer kann mit einer verstärkten Entwicklung der Primärwurzel im ersten Jahr erklärt werden (HEGI 1981).

Spärliche bis sehr spärliche Etablierung der Birke

Zu den Versuchsflächen, auf denen lediglich eine spärliche bis sehr spärliche Etablierung der Birken erfolgte, zählen die Varianten Wintersaat mit Mahdgutauflage in Nochten-1 (Streifensaat), Wintersaat in Standardansaat in Bärwalde, alle Saatvarianten auf der Außenkippe Pirkau sowie alle Kontrollflächen (ohne Saat), die in der Variante Streifensaat angelegt wurden (Tab. 67, Foto 50ff.). Die Individuendichten lagen zumeist zwischen 832 und 1.400 Individuen je Hektar.

Aus den Ergebnissen zur Birkensaat in RSM-Standardansaaten auf der Versuchsfläche in Bärwalde kann geschlossen werden, dass eine Etablierung initialer Birkenstadien vor allem dann möglich ist, wenn diese lückig sind und ausreichend vegetationsfreie Rohbodenbereiche aufweisen. Diese bieten Nischen für die Keimung und Etablierung der Birke (vgl. HARTIG & LEMKE 2002).

Ursache für die nur spärliche Birken-Etablierung im Tagebau Pirkau in allen Saatvarianten war primär eine Substratverschlämmung des anstehenden Lößlehmes. Dabei führte insbesondere die Herstellung eines für die Birkenkeimung essenziellen Rohbodens durch streifenweises Umklappen der sich spontan entwickelten Ruderalflur mit einem Waldmeisterpflug nach einsetzenden Niederschlägen zur Substratüberlagerung der Birkensamen und ersten Keimlinge. Nur lokal, in zwei kleineren Bereichen der gesamten Versuchsfläche lag die Individuendichte deutlich höher. Dies führte zu einer vergleichsweise hohen mittleren Individuendichte für die Gesamtfläche der Variante einfache Wintersaat (vgl. Tab. 67). Zusätzlich hatten bereits etablierte konkurrenzstarke, krautige Pflanzenarten auf der ca. 5 Jahre alten und sehr besiedlungsfreundlichen Versuchsfläche eine umfangreiche Diasporenbank aufgebaut (z.B. Kanadische Goldrute – *Solidago canadensis*, Weißer Steinklee – *Melilotus alba*). Daher stand nach dem Oberbodenabtrag zwar kurzfristig vegetationsfreier Rohboden zur Verfügung, die Samen dieser Arten befanden sich jedoch weiterhin im Oberboden und keimten vor allem auf den umgeklappten Oberbodenbereichen parallel zu den Birkensamen. Dies kann zur Limitierung des Lichtangebotes für Birkensamen und -keimlinge in den Saatstreifen selbst geführt haben.

Foto 50: Versuchsfläche Nochten-1: starke Überwehung infolge großflächig nicht festgelegter Lockersande im ersten Jahr nach der Saat

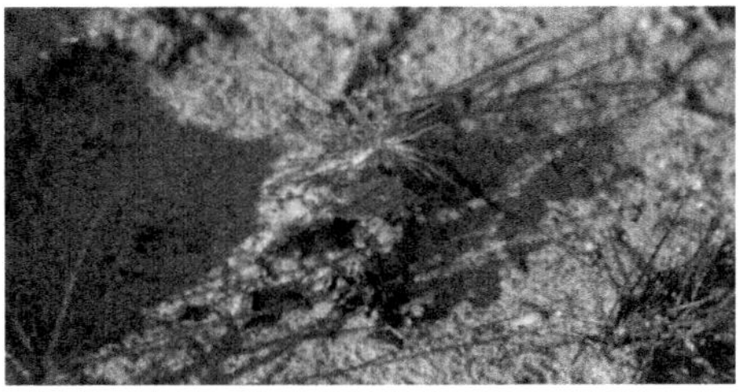

Foto 51: Sehr lückige Birken- und Kiefern-Etablierung in der Variante Streifensaat auf Lockersand-Standorten im ersten Jahr nach der Saat (Nochten-2)

Foto 52: Etablierungsnischen in offenen Rohbodenbereichen in stellenweise missglückter oder lückiger Standardansaat mit Regelsaatgutmischung und Waldstaudenroggen auf der zweijährigen Versuchsfläche in Bärwalde

Foto 53: Bereiche mit Oberbodenabtrag eines spontan besiedelten Kippenstandortes auf der Außenkippe Pirkau nach einem Jahr: sehr spärliche Keimung der Birke in kleinräumigen Nischen infolge oberflächlicher Substratverschlämmung sowie starker Konkurrenz krautiger Pflanzenarten

Auf Kontrollflächen der Saatversuche in Streifen konnten im Gegensatz zu den Kontrollflächen der Flächensaat einige wenige Birken-Individuen erfasst werden. Dies resultiert offensichtlich aus einer Verfrachtung der Samen durch Tau- bzw. Regenwasser aus angrenzenden Saatflächen.

Keine Etablierung von Birke und Kiefer

Birke: Zu den Versuchsflächen, auf denen weder eine spontane noch eine initiierte Etablierung von Birken zu verzeichnen war, zählen die Varianten Wintersaat in Mücheln (Flächensaat), Wintersaat in Nochten-1 (Streifensaat), Wintersaat in Standardansaat im Tagebau Mücheln (Flächensaat) und der überwiegende Teil der Kontrollflächen (ohne Saat) (Tab. 67).

Ursache für das Misslingen der Wintersaat auf dem ausgesprochen besiedlungsfreundlichen Kipp-Substrat in Mücheln waren fehlende Strukturen im Mikrorelief (z.B. Geländemulden) bzw. eine fehlende Oberflächenrauhigkeit infolge vorhergehender Planierung im Zuge der Flächenherstellung. Dies führte zum Abspülen der Samen nach der Schneeschmelze. Wie die hohen Individuendichten für Birke in der Saatvariante mit Mahdgutauflage auf der gleichen Versuchsfläche zeigen, können Mahdgutauflagen dies unterbinden. Bei Durchführung der Saat ohne Schneeauflage würde es unter gleichen Bedingungen rasch zur Verwehung des Saatgutes kommen.

Die Streifensaat ohne Mahdgutauflage in Nochten-1 gelangte demgegenüber nicht zum gewünschten Erfolg, da großflächig nicht festgelegte, frisch verkippte Lockersande Samen und junge Keimlinge überdeckten. Bei dieser Versuchsfläche bestand eine erhöhte Sandüberwehung durch die unmittelbare Nähe zum Randbereich des aktiven Tagebaus. Die Ergebnisse zeigen jedoch, dass dies durch das Aufbringen von Mahdgutauflagen teilweise reduziert werden konnte.

Die Birkensaat in mit Regelsaatgutmischung (RSM) entwickelten Vegetationsdecken in Mücheln schlug fehl, weil im Gegensatz zum Standort in Bärwalde offensichtlich keine geeigneten Etablierungsnischen für die Birke vorhanden waren. Da die Standardansaat aufgrund der optimalen Standortbedingungen erfolgreich verlief, lagen keine kleinräumigen Rohbodenbereiche vor, in denen Birkensamen hätten keimen und sich etablieren können (vgl. HARTIG & LEMKE 2002).

Die fehlende Besiedlung mit Birken auf den unbehandelten Kontrollflächen der Flächensaat zeigt weiterhin, dass während der Untersuchungen keine erfolgreiche spontane Einwanderung von Birke stattgefunden hat. Ursache dafür können einerseits fehlende Lieferbiotope in der Umgebung sein. Andererseits fehlen kleinräumige Schutzstellen, in denen Birkensamen hätten Haftung finden können. Möglich ist ebenfalls, dass ein erhöhter Freiflächenstress auf den Böschungsstandorten ohne Mahdgutauflage oder Streifenanlage eine erfolgreiche Etablierung verzögert.

Kiefer: Auf den Versuchsflächen der Variante einfache Wintersaat in Vegetationsbeständen mit Standardansaat konnten sich infolge fehlender Keimungs- und Etablierungsnischen (Rohboden, Licht) keine Kiefern etablieren (Tab. 67). Eine spontane Besiedlung durch Kiefer fand auch auf den Kontrollflächen nicht statt.

8.3.4 Schlussfolgerungen und Hinweise für die Planung und Durchführung von Maßnahmen zur Initiierung früher Waldstadien

Im Vorfeld der Planung von Waldentwicklungsmaßnahmen auf Kipp-Rohböden gilt es generell zu prüfen, welche Art der Bestandsbegründung möglich und sinnvoll ist. Bei der Entscheidung, ob eine naturnahe Begründung über Saat eingeleitet werden oder eine Entwicklung über Sukzession erfolgen kann, spielen Standortfaktoren sowie Vorhandensein und Entfernung von Lieferbiotopen eine entscheidende Rolle (vgl. Abb. 119 u. Abb. 120, Kapitel 9.2). Grundvoraussetzung für die Entwicklung von Wäldern ist in jedem Falle ein waldfähiger Standort.

Insbesondere auf Böschungen ist ein rascher Begrünungseffekt erwünscht, um so die Gefahr der Wassererosion zu reduzieren. Neben anderen naturnahen Initialensetzungsmethoden für waldfähige Standorte (Kapitel 8.1) kann hier die Birkensaat eine geeignete und kostengünstige Alternative zu herkömmlichen Begrünungsverfahren darstellen.

Für das Gelingen der Saaten spielen vor allem die Faktoren Feuchtigkeit während der Keim- und Etablierungsphase, Vorhandensein von ausreichend vegetations- bzw. konkurrenzfreiem Rohboden sowie Schutzstellen im Mikrorelief (Geländemulden) eine wesentliche Rolle. Grundsätzlich sind für Wintersaaten mit Mahdgutauflagen höhere Individuendichten zu erwarten als für einfache Wintersaaten ohne Mahdgutauflagen. Sowohl Mahdgutauflagen als auch die Anlage von Saatstreifen können das Verwehen des Saatgutes verhindern und eine längere Haltung von Feuchtigkeit sowie ein ausgeglicheneres Mikroklima an der Bodenoberfläche gewährleisten.

Für die Durchführung von Birken- (Mitteldeutschland, Lausitz) bzw. Birken-Kiefernsaaten (Lausitz) werden in den Abb. 115 und Abb. 116 grundsätzliche Empfehlungen zur Anwendung der Saatmethoden in Abhängigkeit von den Standortbedingungen gegeben. Bei der Wahl des Saatzeitpunktes wird der Zeitraum Februar/März empfohlen, um so die niederschlagsreiche Periode im zeitigen Frühjahr ausnutzen zu können. Von Vorteil ist insbesondere die Saat auf Neuschnee. Das erleichtert die Überschaubarkeit des Saatvorganges (vgl. GRÜNER 1950, KORREL 1966). Außerdem gelangen die Samen nach der Schneeschmelze direkt in kleine Mulden oder Vertiefungen des Mineralbodens. Das Aufbringen von Birkensaatgut auf verharschtem Schnee führt dagegen zur Verwehung des Saatgutes (GRÜNER 1950, KORREL 1966).

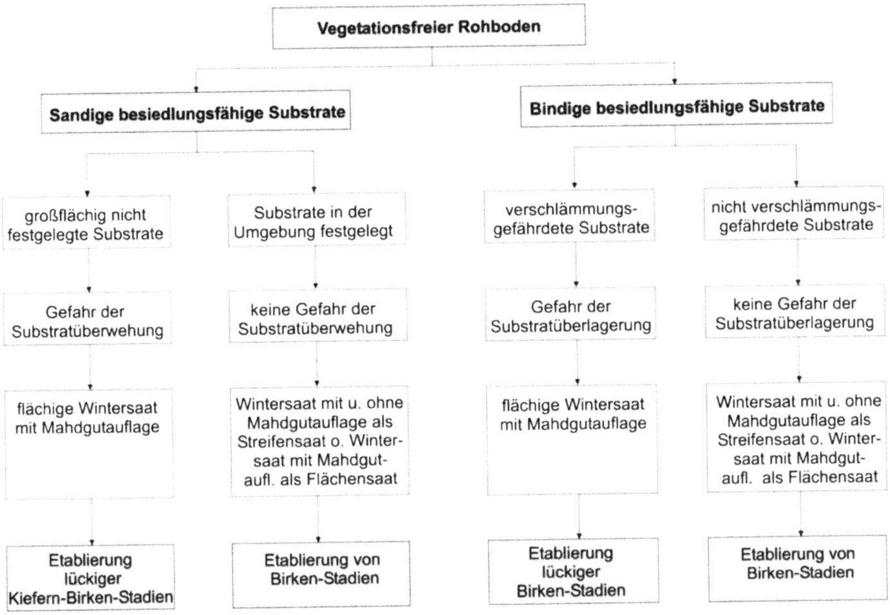

Abb. 115: Erfolgsaussichten von Birken- und Birken-Kiefernsaaten auf Rohböden der beiden Standortgruppen sandige und bindige Substrate sowie Empfehlungen für die Anwendung von Saatmethoden

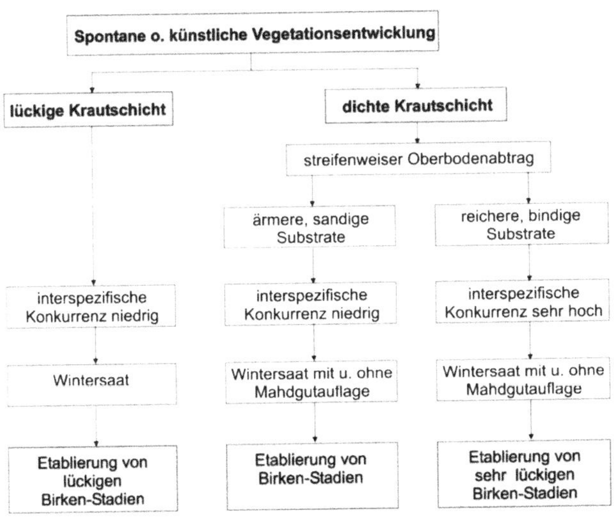

Abb. 116: Erfolgsaussichten von Birkensaaten auf Standorten mit künstlicher oder spontaner Vegetationsentwicklung sowie Empfehlungen für die Anwendung von Saatmethoden

Bezüglich der Wahl der Saatgutmenge wird zur Erzielung eines dichten Bestandes für sandige Substrate eine Menge von 40 kg/ha und für bindige Substrate 30 kg/ha vorgeschlagen. Ist lediglich die Entwicklung eines lockeren Bestandes vorgesehen, werden je nach Standortbedingungen Mengen zwischen 15 - 30 kg als ausreichend erachtet.

Für das Aufbringen von Mahdgut sind ca. 430 €/ha (ABRESCH et al. 2000), für den Kauf des Birkensaatgutes zwischen 30 - 150 €/kg und für den Kauf des Kiefernsaatgutes ca. 50 €/100 g einzuplanen. Kosten für standortverbessernde Maßnahmen (Melioration) entfallen. Bei Streifensaaten sind zusätzlich Kosten für die Flächenvorbereitung mit dem Waldmeisterpflug einzukalkulieren.

Weitere, detaillierte Hinweise bezüglich Flächenauswahl, Gewinnung und Auftrag des Mahdgutes, Saatgutbeschaffung und Saatdurchführung sind Tab. 68 zu entnehmen.

Bei Vorhandensein von Diasporenquellen in der Umgebung mit günstiger Lage zur Hauptwindrichtung erscheint ein lockeres Aufbringen von Mahdgut ausreichend. Die Saat kann über die fruchtenden Birkenbestände aus den Diasporenquellen selbst erfolgen (JÜNGER 1999).

Bei einer geplanten Pionierwaldentwicklung auf sehr großer Fläche ist es möglich, die Birkensaat auf Teilflächen als Initiale durchzuführen. Nach einem Zeitraum von 3 bis 15 Jahren (KRÜSSMANN 1997) sind weitere Entwicklungsimpulse durch fruchtende Birken auf der Fläche zu erwarten. Zusätzlich wird ein Diasporeneintrag durch Ornithochorie einsetzen, da bereits entwickelte Gehölzbestände als Attraktion auf diasporenausbreitende Vögel wirken. Auf diese Weise können die im Vergleich zu anderen Waldbegründungsverfahren ohnehin geringeren Kosten noch stärker reduziert und ästhetisch reizvolle, reich strukturierte Landschaften entwickelt werden.

Tab. 68: Praktische Hinweise für die Durchführung von Birken- und Birken-Kiefernsaaten

Kriterium	Praktische Hinweise
Flächenauswahl	Auswahl möglichst junger, 1 - 3 Jahre alter, vegetationsfreier oder sehr lückig besiedelter, besiedlungsfähiger (pH $\geq$ 4,0) Rohböden
	bei bereits erfolgter Vegetationsentwicklung auf älteren Flächen streifenweiser Abtrag des Oberbodens möglich (Saatstreifen: 0,5 - 1,0 m breit und 10 - 15 cm tief)
Mahdgutauflagen	bei Durchführung einer Wintersaat Gewinnung des Mahdgutes im späten Herbst und Anhäufung/ Aufbewahrung bis zur Saat im Freien; Trocknungsprozess auf der Wiese vermeiden, da sonst Verwehungsgefahr nach Auftrag auf die Kippenflächen besteht
	Einplanung von 1 - 2 kg Mahdgut/m^2 (Frischgewicht)
	vor allem bei Saat auf nährstoffreicheren Standorten Verwendung des zweiten Schnitts, um interspezifische Konkurrenz von sich aus dem Mahdgut etablierenden Pflanzenarten zu minimieren
	keine Verwendung von Mahdgut aus Dominanzbeständen konkurrenzstarker Arten (z.B. Land-Reitgras)
	keine Anwendung von kleingehächseltem Mahdgut oder Rindenmulch
	Beschaffung über Naturschutz- oder Landschaftspflegeverbände möglich, so dass lediglich Transportkosten entstehen
Saatgutmenge	Saatgutmenge je nach Keimfähigkeit, Standortgüte und Bestockungsziel (dichter Birkenbestand, initiale Stadien) variierbar
	Erhöhung der Saatgutmenge bei einer Keimfähigkeit der Birke von < 30 %
	auf bindigen, nicht zur Verschlämmung neigenden Substraten niedrigere Saatgutmengen wählen, da sich sonst zu dichte Bestände entwickeln
Saatgutbeschaffung	Saatgutberatungsstellen der Landesforstämter, dort teilweise auch zertifiziertes Saatgut
	keine Verwendung fremdländischer Provenienzen und keine Verwendung von Saatgut der gebietsfremden/nicht standortgerechten Moorbirke (*Betula pubescens*)
	ggf. Überprüfung der Keimfähigkeit
Durchführung der Saat	Birkensaatgut mit feuchtem Sand im Verhältnis 1:2 vermischen
	Durchführung der Saat bei Windstille
	sofort nach der Saat Auftragen des Mahdgutes auf die Fläche
	Mahdgut lückig und unregelmäßig mit einer Höhe von 1 - 3 cm aufbringen

8.4 Förderung von Intermediär- und Klimaxstadien des Waldes über Saat

Grit Striese

Insbesondere für Großtagebaue, die eine Fläche von mehreren Quadratkilometern einnehmen, ist infolge von Isolationseffekten eine verzögerte Entwicklung reiferer Waldstadien zu erwarten (vgl. Kapitel 6.9). Eine naturnahe Methode zur Etablierung von Intermediär- und Klimaxgehölzen auf Bergbaufolgeflächen ist die Saat in Birken-Pionierwäldern, aber auch in forstlich begründeten Beständen. Saaten stellen im Allgemeinen die kostengünstigste Variante der künstlichen Bestandsbegründung dar (u.a. CEBULLA 1984, GOMMEL 1994, WILLOUGHBY et al. 1996, BURSCHEL & HUSS 1997) und bieten darüber hinaus eine ganze Reihe weiterer Vorteile. So ist durch die direkte Saat eine ungestörte Entwicklung der Gehölze gegeben. Im Gegensatz zu Pflanzungen wird die Wurzelausbildung nicht unterbrochen, der sogenannte „Umpflanzschock" aufgrund veränderter Bodenbedingungen sowie Wurzeldeformationen können somit vermieden werden (BURSCHEL & HUSS 1997, KÜßNER & WICKEL 1998, NÖRR & MÖßMER 2003, NÖRR 2003). Bereits die Samen erfahren unter Freilandbedingungen eine natürliche Abhärtung (GUTHKE 1992). Da die meisten Gehölze Fremdbefruchter und damit ungleicherbig (heterozygot) sind, besitzen die aus den Saaten hervorgegangen Keimlinge eine breite genetische Variabilität, die eine Grundlage für ökologisch stabile Wälder darstellt (u.a. KRÜSSMANN 1997). Darüber hinaus ermöglichen Saaten eine sehr frühe Adaption der Gehölze an die jeweiligen Standortbedingungen. Diesem Faktor kommt hinsichtlich der Kipp-Böden, die sich im initialen Bodengenesestadium befinden und somit schwierige Etablierungsbedingungen für Gehölze bieten, eine wesentliche Bedeutung zu.

Bereits über Sukzession entwickelte oder forstlich begründete Pionierwälder in der Bergbaufolgelandschaft bieten zahlreiche Voraussetzungen zum Gelingen von Gehölzsaaten mit spätsukzessionalen Arten. Im Gegensatz zu Offenlandbereichen, die insbesondere starke klimatische Extrema aufweisen (GERKE 1997), dämpfen bestehende Gehölzbestände Witterungsunbilden wie Frost und Austrocknung ab und schaffen so gute Bedingungen für eine Etablierung der empfindlicheren Intermediär- und Klimaxgehölze.

Da Sträucher in Naturwäldern wichtige ökosystemare Funktionen übernehmen, wurden ausgewählte Arten in die Versuche einbezogen. Insektenverzehrende Vögel finden in einer gut ausgebildeten Strauchschicht genügend Deckung für die Brut. Kraut- und Strauchschicht stellen neben der Nahrungsgrundlage für zahlreiche wirbellose Arten ein wesentliches Bindeglied bei der jahresperiodischen vertikalen Wanderung der Fauna zwischen der Bodenschicht (Überwinterungsort verschiedener Entwicklungsstadien) und dem Kronenraum dar (HEYDEMANN 1982). Somit können sie einen wesentlichen Beitrag zur Stabilisierung von Monokulturen der Kippenerstaufforstungen leisten. KLOTZ et al. (2000) sehen aufgrund des hohen Anteils fremdländischer Arten eine abweichende Entwicklung von der ursprünglich natürlichen Vegetation voraus. Dieser Entwicklung kann mittels gelenkter Sukzession begegnet werden, vor allem in der Nähe von Neophytenbeständen. Auf lange Sicht können sich aufgrund vielfältiger Verteilungsmuster aus über Saaten entwickelten Gehölzbeständen ästhetisch reizvolle Wälder entwickeln, die zur Erholungsnutzung geeignet sind und durch eine höhere Bestandsstabilität eine gute Grundlage für eine nachhaltige forstliche Nutzung im Dauerwaldbetrieb bieten.

Da neuere Erkenntnisse zur Durchführung und zum Erfolg von Gehölzsaaten auf Bergbaufolgeflächen in der Literatur bislang rar sind, sollen im Folgenden einige ausgewählte Ergebnisse zu dieser Thematik aus dem Forschungsprojekt „Analyse, Prognose und Lenkung der Waldentwicklung auf Sukzessionsflächen der Mitteldeutschen und Lausitzer Braunkohlenreviere" vorgestellt werden (vgl. TISCHEW et al. 2004).

Um den Verlauf der Keim- und Juvenilphase bei eingesäten Intermediär- und Klimaxgehölzen zu untersuchen, wurden auf drei Standorten in Mitteldeutschland und der Lausitz gezäunte Versuchsflächen im Blockdesign angelegt. Die ausgewählten Versuchsflächen befanden sich in lichten, 40 bis 60 Jahre alten Birken-Pionierwäldern auf nährstoffarmen bis mesophilen Standorten. In den Varianten Herbst- und Frühjahrssaat kamen die einheimischen Baumarten Rotbuche, Stiel- und Trauben-Eiche, Winter-Linde, Hainbuche, Berg- und Spitz-Ahorn, Gemeine Esche, Eberesche sowie die Straucharten Eingriffliger Weißdorn, Purgier-Kreuzdorn, Blutroter Hartriegel und Europäisches Pfaffenhütchen zur Anwendung (vgl. Methodik in TISCHEW et al. 2004). Die Stratifikation des Saatgutes für die Frühjahrssaat erfolgte nach forstlichem Standard. Standortverbessernde Maßnahmen wurden nicht durchgeführt. Lediglich die etwa 2 - 5 cm tief gezogenen Rillen gewährleisteten einen direkten Bodenkontakt der Samen. Über einen Zeitraum von zwei Jahren (2001/2002) wurden im Frühjahr und Herbst Untersuchungen zur Individuendichte und Höhenentwicklung vorgenommen. Daneben erfolgte die Erfassung verschiedener biotischer und abiotischer Parameter, wie zum Beispiel Deckungswert der Vegetationsschichten, pH-Wert, Nährstoffe und Bodenart.

Welcher Saatzeitpunkt gewährleistet eine erfolgreiche Saat?

Dieser Fragestellung nachgehend, werden im Folgenden die Saaterfolge verschiedener Gehölzarten in den Varianten Frühjahrs- und Herbstsaat anhand von Pflanzenraten dargestellt (Abb. 117). Hierbei entsprechen die berechneten Pflanzenraten dem prozentualen Anteil der bis zum Herbst 2002 (zwei Jahre nach der Saat) etablierten Individuen in Bezug auf die Saatgutmenge. Bei Betrachtung aller gesäten Gehölzarten liegen die durchschnittlichen Pflanzenraten bei 16 % (Herbstsaat) bzw. 10 % (Frühjahrssaat). Wie aus Abb. 117 hervorgeht, ergeben sich jedoch deutliche artspezifische Unterschiede. So konnten für einige Gehölzarten etwas höhere Pflanzenraten durch die Saat im Frühjahr, für den überwiegenden Teil hingegen durch die Herbstsaat erzielt werden.

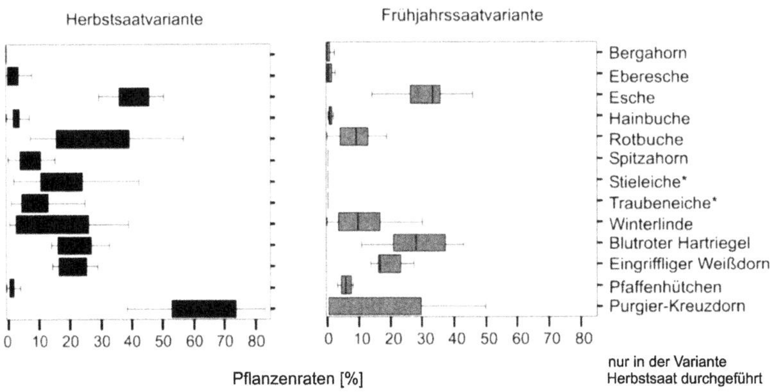

Abb. 117: Vergleich der Pflanzenraten spätsukzessionaler Gehölzarten zwei Jahre nach der Saat auf den drei Versuchsflächen Laubusch, Neukieritzsch-1 und Neukieritzsch-2 für die Varianten Herbstsaat und Frühjahrssaat

Die Ursachen für die unterschiedlichen Saaterfolge resultieren sowohl aus den speziellen Rahmenbedingungen der Versuchsdurchführung als auch aus der Keimungsbiologie der Arten selbst. Für einige Arten (Rotbuche, Spitz-Ahorn und Berg-Ahorn) kann der geringere Erfolg der Frühjahrssaat durch das bereits sehr weit in der Keimung fortgeschrittene Saatgut begründet werden. Der Aussaattermin, der in eine relativ niederschlagsarme Zeit (Ende April) fiel, verstärkte dabei offensichtlich noch die negativen Auswirkungen auf die Erfolgsrate. Andere Arten (Winter-Linde, Hainbuche, Esche, Eberesche sowie die Straucharten Eingriffliger Weißdorn, Blutroter Hartriegel, Europäisches Pfaffenhütchen und Purgier-Kreuzdorn) vermochten dagegen durch das Eintreten einer sekundären Samenruhe diese problematische Phase zu überdauern und zu einem späteren Zeitpunkt zu keimen.

Dass der Zeitpunkt der Aussaat, insbesondere bei Einsatz von stratifiziertem Saatgut, von entscheidender Bedeutung für den Erfolg einer Saat ist, belegen zum Beispiel Untersuchungen von Buchensaaten. Von AMMER et al. (2001) und MOSANDL (Univ. München, mündl. Mitt.) konnte eine Abhängigkeit der Erfolgsraten vom Saattermin beobachtet werden. Die Dauer der Stratifikation und das Abpassen des für das Auflaufen optimalen Zeitpunktes stellten auch im vorliegenden Versuch wesentliche Faktoren für das Gelingen der Frühjahrssaaten dar. So konnten die hohen Ausfälle insbesondere der Ahorn-Arten auf das Absterben der Keimlinge infolge von Verletzungen der Keimwurzeln während der Saat zurückgeführt werden (TISCHEW et al. 2004). Ein ebenso nicht zu unterschätzender Faktor ist das schnelle Keimen von stratifiziertem Saatgut bei relativ niedrigen Temperaturen (LARCHER 1984, S. 57). Infolge dessen sind Frühjahrssaaten im Vergleich zur Herbstsaat stärker durch Fröste gefährdet.

Die Erfolge der Herbstsaat beruhen auf der Keimungsbiologie der Arten, die auf die natürlichen Witterungsverhältnisse abgestimmt ist. So kann im normalen Witterungsverlauf die Keimhemmung abgebaut werden. Dafür werden artspezifisch unterschiedliche Zeiträume benötigt. Voraussetzung für eine erfolgreiche Herbstsaat ist jedoch die sofortige Saat nach der Samenreife (ROHMEDER 1972, BÄRTELS 1996, S. 16 - 18). Im Versuch wurde die Saat einheitlich im Spätherbst durchgeführt, was teilweise zur Austrocknung bzw. zum Pilzbefall der Samen führte, wodurch insbesondere die Ausfälle des Berg-Ahorns und die geringen Erfolgsraten der Eichenarten zu erklären sind.

Fallbeispiele Rotbuche und Winter-Linde: Beispielhaft soll an dieser Stelle auf die Entwicklung der Saaten von Rotbuche und Winter-Linde näher eingegangen werden. Die Abb. 118 zeigt den Entwicklungsverlauf im zweijährigen Beobachtungszeitraum anhand der Pflanzenraten in Bezug auf die potenzielle Keimfähigkeit (potK). Dabei sind die Ergebnisse der drei Versuchsflächen zusammengefasst dargestellt.

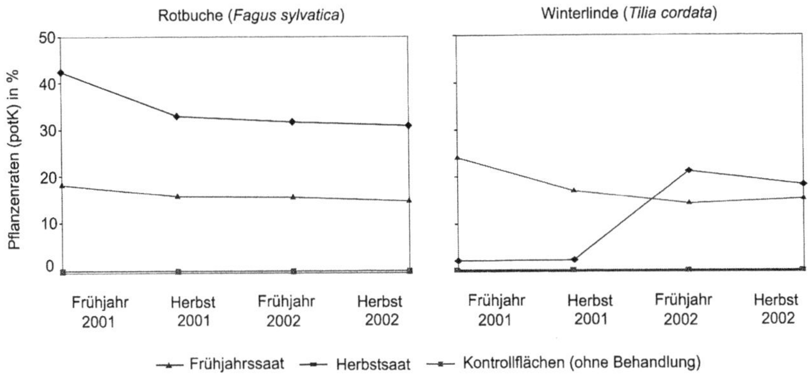

Abb. 118: Entwicklungsverlauf (marginal mean) der Pflanzenraten (potK) – Links für Rotbuche (*Fagus sylvatica*) und rechts für Winter-Linde (*Tilia cordata*) im zweijährigen Beobachtungszeitraum nach der Saat zwischen Frühjahr 2001 und Herbst 2002, zusammenfassende Darstellung der drei Versuchsflächen in Laubusch, Neukieritzsch-1 und Neukieritzsch-2 für die Varianten Frühjahrssaat, Herbstsaat und Kontrollflächen (ohne Saat)

Die Saaten der Rotbuche gelangten in der Herbst- und Frühjahrssaat sofort zur Keimung und zeigten im Beobachtungszeitraum einen gleichlaufenden Entwicklungstrend. Der wesentlich höhere Erfolg der Herbstkeimung könnte auf folgende Faktoren zurückzuführen sein:

(1) Niederschlagsverlauf während der Keimung: Bei der Variante Herbstsaat konnten die Bucheckern während des zeitigen Frühjahrs ausreichend Feuchtigkeit aufnehmen und somit auf günstige Witterungsbedingungen reagieren. Das stratifizierte Saatgut hingegen war im Keimungsprozess fortgeschritten. Es wurde zu einem Zeitpunkt (Ende April) mit geringeren Niederschlägen und somit geringer Wasserversorgung gesät, was sehr hohe Ausfälle bis zum ersten Kontrolltermin im Mai zur Folge hatte.

(2) Unterschiedliche Saatgutherkunft und Lagerung: Für die Saattermine kam unterschiedliches Saatgut zum Einsatz. Bei einer Untersuchung zum Einfluss der Lagerungsbedingungen auf die Keimkraft von Bucheckern konnten erhebliche Unterschiede verschiedener Herkünfte hinsichtlich ihrer Reaktion auf die Behandlung dokumentiert werden (LEPPER et al. 1994).

Die Entwicklung der Winter-Linde verlief im Gegensatz zur Rotbuche für beide Saatvarianten unterschiedlich (Abb. 118). Während bei der Frühjahrssaat die stratifizierten Samen unmittelbar nach der Saat zur Keimung gelangten, überlag ein großer Teil der Samen der Herbstsaat aufgrund einer Dormanz bis zum Frühjahr 2002. Die Dormanz der Winter-Linden-Samen ist hierbei eine bekannte Erscheinung und wird im Rahmen der Vorbehandlung in forstlichen Darren oder Saatgutbetrieben durch verschiedene Stratifikationsmethoden verkürzt (JAHNEL 1957, EISENHUT 1958, MAGHERINI et al. 1993). Das erneute, wenngleich nur geringe Ansteigen der Pflanzenraten (potK) im Jahr 2002 für die Variante der Frühjahrssaat zeigt weiterhin, dass auch bei einer Saat von stratifiziertem Saatgut eine sekundäre Samenruhe einsetzen kann (vgl. JAHNEL 1957, ROHMEDER 1972). Diese ermöglicht es Samen, Zeitabschnitte mit ungünstigen Keimbedingungen zu überbrücken und zu einem späteren Zeitpunkt auszutreiben (BÄRTELS 1996, KRÜSSMANN 1997). Zum Ende des Beobachtungszeitraumes glichen sich die Pflanzenraten (potK) beider Saatvarianten an.

Wie erfolgreich sind Saaten in der Bergbaufolgelandschaft im Vergleich zu gewachsenen Standorten?

Ein Vergleich der vorliegenden Ergebnisse zu den Rotbuchen-Saaten auf Tagebaufolgeflächen mit Untersuchungen von Saaten auf gewachsenen Böden soll nachfolgend aufgeführt werden (Tab. 69). Die aus der Literatur herangezogenen Werte stehen für Saaten im Gatter, die ohne standortverbessernde Maßnahmen erfolgten. Wie die Gegenüberstellung der Pflanzenraten mit und ohne Einbeziehung der potenziellen Keimfähigkeit zeigt, liegen die Versuchsergebnisse im Rahmen der Ergebnisse, die in anderen Untersuchungen von Saaten auf gewachsenen Böden erzielt wurden (BURSCHEL et al. 1964, GOCKEL 2000, AMMER et al. 2002). In der Gegenüberstellung zu den von WOLF (1985) dokumentierten Versuchen konnten für die Frühjahrssaatvariante im Vergleich zu Rohbodenflächen im Rheinischen Braunkohlenrevier vergleichbare Pflanzenraten erzielt werden.

Tab. 69: Pflanzenraten (Anzahl der Pflanzen in Bezug auf die Saatgutmenge) und Pflanzenraten (potK, Anzahl der Pflanzen in Bezug zur potenziellen Keimfähigkeit des verwendeten Saatgutes) der zweijährigen Buchen-Saaten im Vergleich zu weiteren Saatversuchen der Rotbuche

Rotbuche		Pflanzenraten in %	Pflanzenraten (potK) in %
Untersuchungsergebnisse	Herbstsaat	26,2	31,5
	Frühjahrssaat	9,1	14,7
Literaturvergleich	Frühjahrssaat auf sandig-kiesigem Substrat im Rheinischen Braunkohlenrevier (WOLF 1985)	-	14,5
	Frühjahrsaat auf gewachsenem Boden (GOCKEL 2000)	3	4,1
	Frühjahrsaat auf gewachsenem Boden (Plätzesaat, AMMER et al. 2002)	33	49
	Naturverjüngung auf gewachsenem Boden (BURSCHEL et al. 1964)	7,1	41,8

Die Pflanzenraten (potK) der Winter-Linde mit 16 % in der Variante Frühjahrssaat und 18 % für die Herbstsaat können im Vergleich zu Ergebnissen anderer Autoren als hoch eingeschätzt werden. Zum Beispiel gibt WOLF (1985) für eine Saat unter Freilandbedingungen innerhalb von zwei Jahren lediglich eine Keimrate von 7 % an. Nach Untersuchungen zur Naturverjüngung sind Pflanzenraten von 6 - 8 % für die ersten vier Monate nach der Keimung bekannt (WOLF 1982). MAGHERINI et al. (1993) erreichten mit 9 % unter Laborbedingungen ebenfalls recht niedrige Keimraten. Dagegen verzeichnete EISENHUT (1958) mit maximal 22 % (Laborbedingungen) ähnliche Resultate, wie sie in vorliegenden Freilandversuchen ermittelt wurden. Lediglich ERBE (1955) konnte im Keimschrank nach über 25-wöchiger Stratifikation Keimraten von über 50 % erzielen. Im Vergleich mit diesen Ergebnissen kann die Freilandsaat der Winter-Linde daher als ausgesprochen gelungen betrachtet werden.

Zusammenfassend ist festzustellen, dass die Einsaaten unter Berücksichtigung der schwierigen Freilandbedingungen der Bergbaufolgeflächen für den überwiegenden Teil der Arten als sehr erfolgreich eingeschätzt werden können. Der Untersuchungszeitraum von lediglich zwei Jahren lässt jedoch aufgrund der bisher nur geringen standörtlichen Differenzierungen keine generellen Aussagen zur Standorteignung zu (vgl. TISCHEW et al. 2004). Die Saaterfolge für die Kippenstandorte wurden offenbar von den gleichen Faktoren wie auf gewachsenen Böden bestimmt, im Besonderen gilt dies für Wasserverfügbarkeit, Saatgutqualität und Saatzeitpunkt.

Neuere Erkenntnisse zu Saaten auf Bergbaufolgeflächen lagen bislang lediglich in sehr geringem Umfang vor. Für gewachsene Böden sind nur die forstwirtschaftlich relevanten Hauptbaumarten Buche und Eiche gut erforscht. Für die zahlreichen Edellaubhölzer, denen eine wachsende Bedeutung im naturnahen Waldumbau sowie infolge der Waldveränderung durch Umweltverschmutzung und Klimawandel zukommt, fehlen weitgehende Dokumentationen unter natürlichen Bedingungen. Neben der Saat von Baumarten wurden weiterhin Saaten von einheimischen Sträuchern durchgeführt. Der geringe Umfang an Literatur zu Freilandsaaten zeigt, dass auf diesem Gebiet ein hoher Forschungsbedarf besteht.

Hinweise für die praktische Durchführung

Aus den Forschungsergebnissen können folgende Hinweise für die praktische Umsetzung gegeben werden (vgl. TISCHEW et al. 2004): Saaten von Intermediär- und Klimaxgehölzen sollten zum ausreichenden Schutz vor klimatischen Extremen grundsätzlich in bereits bestehenden Pionierwaldstrukturen erfolgen. In Pionierwäldern mit einer bereits ausgebildeten artenreichen Strauch- oder zweiten Baumschicht sollte die Förderung der Naturverjüngung Vorrang besitzen (z.B. durch Verbissschutz der natürlichen Hähersaat). Aus dem Vergleich zwischen den Varianten Frühjahrs- und Herbstsaat wird im Gegensatz zu zahlreichen anderen Autoren die Saat mit unbehandeltem Saatgut unmittelbar nach der Ernte im Herbst empfohlen. Diese Variante ist dabei kostengünstiger und unkomplizierter in der Handhabung.

Tab. 70: Saatgutmengen für die Mischung von Baumarten bei der Saat von Intermediär- und Klimaxgehölzen

Baumarten	Tausendkorngewicht* [g]	Mischungsanteil in %				
		60	40	30	20	10
		Samenanzahl				
		15.000	10.000	7.500	5.000	2.500
		Saatgutmenge in kg				
Stiel-Eiche (*Quercus robur*)	3.300	50	33	25	17	9
Trauben-Eiche (*Quercus petraea*)	2.500	38	25	19	13	7
Rotbuche (*Fagus sylvatica*)	225	3,4	2,3	1,7	1,2	0,6
Winter-Linde (*Tilia cordata*)	40	0,6	0,4	0,3	0,2	0,1
Hainbuche (*Carpinus betulus*)	40	0,6	0,4	0,3	0,2	0,1
Spitz-Ahorn (*Acer platanoides*)	125	-	1,3	1	0,7	0,4
Berg-Ahorn (*Acer pseudoplatanus*)	110	-	1,1	0,9	0,6	0,3
Gem. Esche (*Fraxinus excelsior*)	70	-	0,7	0,6	0,4	0,2
Eberesche (*Sorbus aucuparia*)	250	-	-	-	-	0,7

Straucharten	Tausendkorn-Fruchtgewicht** [g]	Mischungsanteil in %				
		10	7	5	3	2
		Samenanzahl				
		2.500	1.750	1.250	750	500
		Saatgutmenge in kg				
Eingriffl. Weißdorn (*Crataegus monogyna*)	440	1,1	0,8	0,6	0,4	0,3
Blutroter Hartriegel (*Cornus sanguinea*)	210	0,6	0,4	0,3	0,2	0,1
Purgier-Kreuzdorn (*Rhamnus cathartica*)	110	0,3	0,2	0,15	0,1	0,06
Europ. Pfaffenhütchen (*Evonymus europaea*)	110	0,3	0,2	0,15	0,1	0,06

* Angaben für gereinigtes Saatgut (KRÜSSMANN 1997) **Angaben für frische Früchte nach SCHÖN & SCHMALEN (1992)
- keine Empfehlung

Grundlage für die Artenwahl ist ein Abgleichen von waldbaulichen und naturschutzfachlichen Zielen, standörtlichen Gegebenheiten sowie potenziellen natürlichen Diasporenquellen. Im Forschungsprojekt wurde lediglich die Eignung ausgewählter Intermediär- und Klimaxgehölze für Initialsetzungen auf Bergbaufolgeflächen überprüft. Aufgrund des generell mit gewachsenen Standorten vergleichbaren Saaterfolges und der geringen standörtlichen Differenzierungen im Beobachtungszeitraum, kann für die Auswahl der Gehölze prinzipiell auf die Erfahrungen, die für gewachsene Standorte vorliegen, verwiesen werden. Im Folgenden werden erste Orientierungshilfen für die Durchführung einer Saat gegeben, die auf der Basis der vorgestellten Ergebnisse sowie Literaturangaben abgeleitet wurden.

Von BURSCHEL & HUSS (1997) werden für die Bestandsbegründung je nach Baumart zwischen 2.000 und 15.000 zweijährige Pflanzen pro Hektar empfohlen. Vergleichbare Angaben liegen von THOMASIUS et al. (1997) für Kippenaufforstungen vor. Werden Saaten wie empfohlen in Pionierwäldern durchgeführt, ist durch eine Minderung der extremen Standortbedingungen mit höheren Erfolgsraten zu rechnen. Die Ergebnisse zur natürlichen Waldentwicklung auf Bergbaufolgeflächen zeigen, dass die Naturverjüngung von Intermediär- und Klimaxgehölzen je nach Standort im mittleren Altersstadium (30 - 60 Jahre) Individuendichten zwischen 800 und 2.500 Individuen je Hektar aufweist (vgl. TISCHEW et al. 2004). Demzufolge sollte eine Bestandsdichte von 2.500 Jungpflanzen je Hektar angestrebt werden. Nach den vorliegenden Versuchsergebnissen kann davon ausgegangen werden, dass zumindest jeder zehnte Samen zu einer erfolgreichen Etablierung gelangt. Daraus kann die benötigte Saatgutmenge von 25.000 Samen je Hektar abgeleitet werden.

Bei einem gleichzeitigen Einsatz mehrerer Baumarten wird infolge der unterschiedlichen, artspezifischen Ansprüche während der Keim- und Etablierungsphase (Witterungsbedingungen) die Erfolgsaussicht einer Saat generell erhöht. Tab. 70 enthält Angaben für die benötigten Saatgutmengen. Zu berücksichtigen ist, dass diese anhand der mittleren Samengewichte von gereinigtem Saatgut berechnet wurden. Da Gewicht und Qualität bestandes- und jahresabhängige Faktoren darstellen, sind die Saatgutmengen entsprechend zu variieren. Für die Straucharten wird die Einbringung von Sammelfrüchten empfohlen. Die Verwendung von Gehölzarten aus den Herkunftsgebieten und wenn möglich von gebietseigenem Material ist aufgrund der Anpassung an die klimatischen Bedingungen anzustreben. Eine Auswahl der Straucharten sollte sich an der gebietstypischen Flora orientieren. Neben ökonomischen Gründen für die Verwendung gebietseigener Gehölze ist die Erhaltung der biologischen Vielfalt ein wichtiges Argument (KOWARIK & SEITZ 2003).

8.5 Etablierung von Eichen mittels Hähersaat

Grit Striese, Hendrik Spinn & Antje Lorenz

Die natürliche Entwicklung von Wäldern wird neben Standortfaktoren und Distanzeffekten durch weitere Faktoren beeinflusst. Bei der Einwanderung von Intermediärgehölzen wie den Eichen-Arten kommt dem Eichelhäher eine besondere Bedeutung zu. Bereits NILSSON (1985) postuliert, dass der Eichelhäher eine Schlüsselrolle in der Dynamik von einigen Wäldern spielt. Zahlreiche wissenschaftliche Arbeiten untersuchten in den letzten Jahren die Bedeutung des Eichelhähers für die Waldentwicklung (SCHMIDTKE 1993, EISENHAUER 1994, VULLMER & HANSTEIN 1995, BORYS 1998, DREßEL 1998, SCHUPPERT 1999, TIEDE et al. 2002). Wie vorliegende Ergebnisse der Untersuchungen zur Waldentwicklung mit einem flächendeckenden Aufkommen der Stiel-Eiche zeigen (vgl. TISCHEW et al. 2004, SPINN 2004, Kapitel 6.9), trifft dies für die Pionierwälder der Bergbaufolgelandschaft ebenfalls ohne Einschränkung zu.

Bei einer intensiven, rasterbasierten Untersuchung einer geförderten und natürlichen Eichelhähersaat auf der ca. 50 Jahre alten Hochhalde Trages im Südraum Leipzig konnten auf einer Fläche von ca. 12 Hektar insgesamt 5.578 junge Hähereichen (*Quercus robur* L.) in der Krautschicht festgestellt werden. Das entspricht einer Dichte von ca. 470 Eichen je Hektar. Die durchschnittliche Höhe aller Hähereichen lag bei 14,3 cm. Einige Individuen wuchsen aber bereits in die Strauchschicht ein. Ein Exemplar war mit einer Höhe von 2,4 m bereits nahe der Grenze zur unteren Baumschicht und zeigt die Tendenz einer beginnenden Intermediärwaldentwicklung an.

Tab. 71: Prozentualer Anteil an Rasterflächen mit Hähereichen-Vorkommen in den Vegetationsstrukturtypen der natürlichen und geförderten Hähersaat auf der Hochhalde Trages

Vegetationsstrukturtyp	Frequenz [%]
geschlossener Birkenbestand	66
offener Birkenbestand	54
geschlossener Jungbirkenbestand	44
Rasterflächen mit mehr als einem Vegetationsstrukturtyp	33
Verbuschung mit niedrigen Gehölzen	32
Rohboden	20
Pappelbestand	12
Verbuschung mit hohen Gehölzen	9

Die Hähereichen waren inhomogen über das gesamte Untersuchungsraster verteilt. Mit 66 % erreichten geschlossene Birkenbestände von allen vorkommenden Vegetationsstrukturtypen den höchsten Anteil an Rasterflächen mit Hähereichenvorkommen. Offene Birkenbestände mit parkartigem Bestandscharakter wiesen in 54 % aller Fälle Eichenvorkommen auf. Mit 44 % konnten in Jungbirkenbeständen die dritthöchsten Werte erzielt werden. Damit verfügten die Birken-dominierten Gehölzbestände über eine deutlich höhere Hähereichendichte als die übrigen Bestände (Tab. 71).

Durch die Erfassung individuengenauer Angaben über die Vegetationshöhe und -dichte im unmittelbaren Umfeld der Hähereichen waren aufschlussreiche Analysen möglich (vgl. SPINN 2004, TISCHEW et al. 2004). Dabei wurde der Einfluss verschiedener Vegetationsstrukturen auf die Verteilung der Eicheln durch den Eichelhäher sowie ausschlaggebende Faktoren für eine erfolgreiche Etablierung der Hähereichen herausgestellt.

Es zeigte sich, dass die Eicheln in eine breite Spanne an Vegetationsstrukturen eingetragen werden. Jedoch deutete sich bereits bei der Lageranlage eine Präferenz des Eichelhähers zu Birkenbeständen mit lückiger, niedriger Krautschicht an. In Beständen mit dichter Strauchschicht sowie in Pappelforsten mit dichter und hoher Krautschicht konnten nur sehr wenige Jungeichen festgestellt werden. Untersuchungen von ELLENBERG jr. (mündl. Mitt.) belegen ebenfalls eine Bevorzugung lockerer bis schütterer Vegetation für die Lagerbildung. Auch VULLMER & HANSTEIN (1995) konnten die meisten Hähereichen bei niedriger Vegetation (< 20 cm) auffinden. Da Vegetation mit einer Höhe von über 35 cm das Sichtfeld des Eichelhähers überragt (vgl. BEAMAN & MADGE 1998), hat dieser bereits ab ca. 30 cm Vegetationshöhe Schwierigkeiten, sich am Boden zu orientieren bzw. Feinde wahrzunehmen und meidet daher solche Bereiche.

Zweijährige Hähereichen konzentrierten sich zunehmend in den verschiedenen Birken-Pionierwaldbeständen. Dieser Trend ist für die mehrjährigen Hähereichen (> 2 Jahre) noch stärker ausgeprägt. Daraus kann geschlussfolgert werden, dass die Diasporen durch den Eichelhäher zwar in ein relativ breites Spektrum von Vegetationstypen eingebracht werden, die Jungpflanzen jedoch nur in den durch reifere Birken-Pionierwaldstrukturen gekennzeichneten Beständen (hohe Baumschicht, geringe Krautschicht) eine höhere Überlebenschance besitzen und sich daher in diesen Teilbereichen akkumulieren. Dafür sind durchaus verschiedene Ursachen ausschlaggebend. Vegetationsfreie Rohbodenflächen waren beispielsweise durch ungünstige Etablierungsbedingungen infolge von extremen Substrateigenschaften wie geringe pH-Werte sowie weite C/N Verhältnisse gekennzeichnet. Die hohen Ausfälle von Hähereichen in dichten Beständen sind dagegen auf den hohen Konkurrenzdruck zurückzuführen. Junge Hähereichen, die den Verlust der Kotyledonen infolge einer Lagernutzung durch den Eichelhäher durchaus kompensieren können, sind durch eine höhere Lichtbedürftigkeit und geringere Durchsetzungskraft gegenüber konkurrierender Bodenvegetation gekennzeichnet (VULLMER & HANSTEIN 1995).

Die offenen und geschlossenen Birkenbestände auf der Untersuchungsfläche sind im Gegensatz zu den gleichfalls als Pionierwälder zu wertenden Pappelforsten durch spontane Sukzession auf besiedlungsfreundlichen Substraten entstanden. Durch die erfolgreiche Etablierung der Eiche wird die Bedeutung der natürlichen und naturnahen Birken-Pionierwaldstrukturen für die weitere Entwicklung hin zu Intermediär- und Klimaxwaldstadien belegt. Da diese Pionierwaldstrukturen geeignete Lebensräume für den Eichelhäher darstellen, sind bei Vorhandensein von Diasporenquellen in der Umgebung (bis

8 km Entfernung, GLUTZ VON BLOTZHEIM & BAUER 1993) durch die natürliche Hähersaat zahlreiche Eichenvorkommen zu beobachten (TISCHEW et al. 2004). Eine Förderung der Entwicklung von Eichen durch das Ausbringen von Hähersaatkästen kommt daher besonders in den Pionierwäldern der Großtagebaue in Frage, da diese sehr große Entfernungen zu Wäldern der gewachsenen Landschaft aufweisen. Mit dieser Methode kann eine Beschleunigung der Waldentwicklung noch kostengünstiger und naturnäher als bei der manuellen Saat von Eichen erfolgen.

Hinweise für die praktische Durchführung

Für eine beschleunigte Sukzession zu Intermediärwaldstadien über Hähersaaten sollten strukturreiche, nicht zu dichte Bestände ausgewählt beziehungsweise Voraussetzungen für deren Entwicklung geschaffen werden. Eine geförderte Hähersaat kann im Zeitraum von Ende September bis Ende Dezember durchgeführt werden. Hierfür wird qualitativ hochwertiges Saatgut an übersichtlichen Orten unter Ausschluss von Kleinsäugern angeboten (Abb. 118). Durch Hähersaaten können große Bestände mit einem Diasporeneintrag versorgt werden. Das Ausbringen von vergleichsweise geringen Saatgutmengen (500 bis 1000 Stück je Hähersaatkasten von 50 cm x 50 cm x 10 cm Größe) garantiert bei regelmäßiger Kontrolle (alle 2 - 3 Wochen) und dem Ersetzen entnommener Diasporen ein hohes Erfolgsniveau. Die Wiederholung dieser Maßnahmen über mehrere Jahre führt zu einer Akkumulation von Jungeichen unterschiedlichen Alters und orientiert sich am Verlauf natürlicher Hähersaaten. Entscheidend für eine dauerhafte Etablierung ist jedoch eine entsprechend niedrige Schalenwilddichte.

Foto 54: Freihängender Hähersaatkasten im geschlossen Birkenbestand auf der Untersuchungsfläche Hochhalde Trages im Südraum Leipzig

9 Schutz und Management von Biotopen

9.1 Entwicklungspotenziale der Bergbaufolgelandschaft aus naturschutzfachlicher Sicht

Sabine Tischew

Die Entwicklungspotenziale der Bergbaufolgelandschaft werden nachfolgend für drei ökosystemare Ebenen aufgezeigt. Dieser Zusammenstellung liegen die Ergebnisse von WIEDEMANN et al. (1995), MAHN & TISCHEW (1995), TISCHEW (1996), DURKA et al. (1997), PIETSCH (1998), TISCHEW & MAHN (1998), KÖCK (1999), WIEGLEB et al. (2000) und TISCHEW & REUTER (2003) zugrunde.

Landschaftsökologische/ökosystemare Ebene

Die Folgeflächen des Braunkohlentagebaus sind durch die umfangreiche Flächeninanspruchnahme der Großtagebaue und den damit verbundenen infrastrukturellen Veränderungen in der Regel sehr großflächig, unzerschnitten und störungsarm. Durch die Umlagerung des Abraumes und die Verkippung des Oberbodens in tiefere Schichten bzw. dessen Vermengung mit humusfreien Substraten aus tieferen Schichten sind die entstehenden Kipp-Substrate zumeist sehr nährstoffarm (WÜNSCHE et al. 1998, HAUBOLD-ROSAR 1998). Dies steht im Gegensatz zum Tagebauumland, das, wie weite Gebiete Deutschlands und Mitteleuropas, durch eine fortschreitende Landschaftszerschneidung und -zerstörung sowie durch flächige Eutrophierungsprozesse gekennzeichnet ist. In jungen Kippenökosystemen wirken zudem insbesondere Grundwasserabsenkung und/oder die zum Teil extrem niedrigen pH-Werte von Tertiär-Substraten selektierend auf die Artenzusammensetzung. Aufgrund dieser eigenständigen Standortfaktoren stellen Kippen und Halden in den ersten Besiedlungsphasen Ökosysteme mit geringem Konkurrenzdruck dar, die vorrangig durch Spezialisten besiedelt werden. Durch die größtenteils ungeordnete Verkippung der Substrate und die betriebstechnisch bedingten groß- und kleinflächigen Strukturen (z.B. Schüttrippen, Halden, Geländemulden, Erosionsrinnen) weisen die Folgeflächen mit ihren heterogenen Landschaftselementen ein hohes Entwicklungspoten-zial für eine große biologische Vielfalt sowie eine hervorzuhebende Eigenart und bizarre Schönheit auf. Die jungen Ökosysteme unterliegen in ihrer Entwicklung einer hohen Dynamik, die – durch geomorphologische Prozesse (Erosionen, Abbrüche) gefördert – über längere Zeiträume erhalten bleibt.

Biotopebene

Naturschutzfachlich wertvolle Biotope der Bergbaufolgelandschaft gehen auf besondere geomorphologische Bedingungen zurück. Steilufer, Abbrüche, Rohbodenbereiche oder weiherartige Kleingewässer sind Gratisprodukte der Abbautätigkeit. Im Verlauf der natürlichen Sukzession können sich auf geeigneten Standorten sowie bei Vorhandensein von Lieferbiotopen in der Umgebung sehr schnell Silbergras-Pionierfluren und Sandtrockenrasen, Kalkmagerraseninitiale, Röhrichte, Weidengebüsche und Pionierwälder mit Hänge-Birke oder Wald-Kiefer bilden. Mittel- bis langfristig ist eine Entwicklung von Sümpfen, Niedermooren, Seggenriedern sowie Heiden und Laubmischwäldern möglich. Auf Sonderstandorten können sich beispielsweise bei wechselnden Wasserständen Zwergbinsen-Gesellschaften oder bei geologisch bedingten hohen Salzgehalten Binnensalzstellen entwickeln. Makrophytenreiche Gewässer, zum Teil mit ausgeprägten Armleuchteralgenrasen, sind ebenfalls keine Seltenheit.

Den Besonderheiten der Biotopentwicklung wird ein eigens für die Bergbaufolgelandschaft entwickelter Biotoptypenschlüssel gerecht (HEYDE et al. 1998). Detaillierte Informationen zu den Charakteristika der einzelnen Biotoptypen mit ihren kennzeichnenden Arten sind dem Kapitel 3 bzw. dem Informationssystem „ISABEL" zu entnehmen.

Artebene

Die Potenziale auf der Ebene von Arten sind nicht nur an die Entwicklung der entsprechenden Lebensräume im engeren Sinne (Habitate) gekoppelt, sondern auch an die Ausprägung der Potenziale auf landschaftsökologischer Ebene. Erst die Großflächigkeit und Unzerschnittenheit der neu entstandenen Kippenökosysteme gewährleisten die Störungsarmut, die viele Tierarten für ihre Reproduktion benötigen (z.B. Röhrichtbrüter). Nährstoffarme Niedermoore und Sümpfe bieten vor allem deshalb Orchideenarten und anderen Moorspezialisten über längere Zeit Lebensräume, weil die angrenzenden Flächen ebenfalls sehr nährstoffarm sind und damit wie ein effektiver natürlicher Puffer zum Umland wirken. Selbst Hochgras-Bestände wie Land-Reitgras-Fluren stellen unter den besonderen landschaftsökologischen Rahmenbedingungen der Bergbaufolgelandschaft für viele Tierarten wertvolle Lebensräume dar (u.a. Zikaden, Spinnen, Heuschrecken, siehe HEYDE et al. 1998, AL HUSSEIN 1999, OELERICH 2000).

Durch geomorphologische Prozesse (Abbrüche, Erosion) können über lange Zeiträume Rohbodenstandorte für Spezialisten wie dem Sandohrwurm oder der Blauflügeligen Sandschrecke immer wieder neu entstehen. In perfekt planierten, komplett gestalteten und infrastrukturell intensiv erschlossenen Folgelandschaften sind diese Potenziale jedoch zerstört.

Viele Tierarten benötigen für ihren vollen Reproduktionszyklus vielfältig strukturierte Lebensräume, die im Verlauf der natürlichen Sukzession auf Kippenstandorten durch Substrat- und Standortinhomogenität sowie durch stochastische Ereignisse während des Besiedlungsprozesses (*»first comer«* - Effekte) entstehen. Sind diese Lebensräume aus Offenland-, Gebüsch- und Pionierwaldstadien oder vielfältig strukturierten Uferbereichen störungsarm und großflächig ausgeprägt, können hier zahlreiche Tierarten, die in der umgebenden Kulturlandschaft selten geworden sind, stabile Populationen aufbauen. Selbst in diese Flächen integrierte alte Pappel- oder Robinienforste können unter diesen landschaftsökologischen Rahmenbedingungen beispielsweise Greifvögeln äußerst wertvolle Lebensräume bieten.

Eine Besonderheit mittlerer und später Pionierwaldphasen in der Bergbaufolgelandschaft ist die hohe Akkumulation von Alt- und Totholz. Das Totholzvolumen ist beispielsweise vergleichbar mit dem von Zerfallsphasen europäischer Urwälder (Kapitel 6.9). Hier bestehen einmalige Möglichkeiten zur Entwicklung potenziell geeigneter Habitate für xylobionte Arten. Diese sind aufgrund einer flächendeckend betriebenen intensiven Forstwirtschaft stark im Rückgang begriffen, da in der Regel Alt- und Totholzanteile infolge kurzer Umtriebszeiten sehr gering sind.

Obwohl die Bergbaufolgelandschaft für eine ganze Reihe von Arten aufgrund der naturräumlichen Bedingungen (z.B. keine montanen Regionen, kaum Fließgewässer und Felsfluren) keine Lebensräume bieten kann, ist der Besiedlungsstand beeindruckend hoch. Das betrifft insbesondere das Potenzial für bestimmte Tierartengruppen. In der Bergbaufolgelandschaft Sachsen-Anhalts sind für die Amphibien, Heuschrecken und Libellen ca. 50 % der Arten der Roten Listen des Landes Sachsen-Anhalt nachgewiesen worden. Der Besiedlungsstand liegt, gemessen an der Gesamtartenzahl Sachsen-Anhalts, insgesamt bei ca. 60 % - 75 % (FBM 1999, FLB 2003). 50 % der Spinnenarten des Landes haben auf den Kippenflächen Rückzugs- und Entwicklungsräume gefunden. 35 % der höheren Pflanzen Sachsen-Anhalts sind inzwischen auf den Kippenflächen vertreten. Rund 15 % dieser Arten stehen in den Roten Listen. Für Brandenburg geben WIEDEMANN et al. (1995) ähnliche Größenordnungen an. Hier ist insbesondere die Artengruppe der Libellen hervorzuheben, für die ein Besiedlungsstand von 89 % der Arten Brandenburgs zu verzeichnen ist. Dabei kommen 84 % der Rote Liste-Arten des Landes auf den Kippenflächen vor. Für viele Pflanzen- und Tierarten stellt die Bergbaufolgelandschaft inzwischen das Hauptverbreitungsgebiet in den entsprechenden Landschaftsräumen dar, wie beispielsweise Sumpf-Sitter, Steifblättriges Knabenkraut, Arten der Natternzungengewächse, Brachpieper und Blauflügelige Sandschrecke in Sachsen-Anhalt. Diese Arten konnten aufgrund des geringen Konkurrenzdruckes oft außergewöhnlich große Populationen aufbauen.

9.2 Strategien einer naturnahen Entwicklung von Bergbaufolgelandschaften

Antje Lorenz & Sabine Tischew

Die Ergebnisse der Untersuchungen zur spontanen, initiierten und gelenkten Sukzession in der Bergbaufolgelandschaft wurden in Konzepten für eine naturnahe Entwicklung der Folgelandschaft des ostdeutschen Braunkohlenbergbaus zusammengefasst (Abb. 119, Abb. 123). Aufgrund unterschiedlicher Planungsbedingungen für die Folgeflächen des Sanierungsbergbaus (LMBV mbH) und des derzeit noch aktiven Bergbaus (Vattenfall Europe AG, MIBRAG mbH) wurden zwei verschiedene Konzepte erarbeitet. Diese zielen vorrangig auf eine nach Nutzungspräferenzen abgestimmte Entwicklung von Offenland- und Waldstadien ab.

Über die Vorranggebiete des Naturschutzes hinaus sollen die Konzepte für *alle* Folgeflächen des Braunkohlentagebaus eine stärkere Integration natürlicher Regenerationspotenziale unterstützen. Dies kann einerseits durch eine Einbindung vielfältiger spontaner Entwicklungen von Offenland- und Waldstadien geschehen. Andererseits besteht die Möglichkeit, über die Durchführung naturnaher Initialensetzungsmethoden eine Vegetationsentwicklung einzuleiten oder zu beschleunigen. Beispielsweise können Offenlandbiotope über die Methoden Sodenschüttung, Sodenversetzung, Aufbringen von Mähgutauflagen sowie Mulchdecksaaten entwickelt werden (Kapitel 8.1). Eine Pionierwaldentwicklung lässt sich über Birkensaat (Kapitel 8.3) oder in spontan entwickelten Land-Reitgras-Dominanzbeständen mit dem Einbringen von Pionierbaumarten über Saat, Pflanzung oder Stecklinge mit und ohne Oberbodenabtrag initiieren (TISCHEW et al. 2004). Eine Entwicklung zu reiferen Waldstadien kann über die Saat mit Intermediär- und Klimaxbaum- und -straucharten, Hähersaat sowie mit Hilfe einer Waldbodenimpfung beschleunigt werden (Kapitel 8.4, 8.5, FLB 2003, TISCHEW et al. 2004).

Zusammenfassend bestehen gegenüber den bislang durchgeführten Standardansaaten und Erstaufforstungen für alternative Begrünungs- bzw. Initialensetzungsmethoden und Sukzession folgende Vorteile (vgl. Kapitel 8):

- geringerer Steuerungsbedarf, da beispielsweise die Durchführung standortverbessernder Maßnahmen nicht notwendig ist
- Verwendung von standortangepasstem, gebietseigenem Pflanzenmaterial, das zum Erhalt der genetischen Vielfalt beiträgt; keine Gefahr der genetischen Verarmung im Unterschied zum Einsatz standardisierter Regelsaatgutmischungen sowie keine Gefahr der Introgression im Gegensatz zur Verwendung gebietsfremder Provenienzen einheimischer Arten, Kultursippen oder fremdländischer Gehölzarten (KOWARIK 2002)
- Gewährleistung einer hohen Arten- und Strukturvielfalt, da spontane Besiedlungs- und Entwicklungsprozesse zugelassen werden
- vor allem auf Extremstandorten höhere Erfolgsaussichten, da die Methoden aufgrund einer stärkeren Standortangepasstheit zuverlässiger sind.

In das Konzept für den Sanierungsbergbau werden neben Rohbodenstandorten auch bereits spontan entwickelte Vegetationsstadien sowie durch Rekultivierungsmaßnahmen (z.B. Erstaufforstung) begründete Vegetationsbestände einbezogen. Ansaatflächen mit standardisierten Saatgutmischungen, die in den eigentlich für den Prozess- bzw. Arten- und Biotopschutz vorgesehenen Gebieten angelegt wurden, sind nicht berücksichtigt worden, da hierfür zum gegenwärtigen Zeitpunkt keine umfassenden Untersuchungsergebnisse vorliegen. Bisher ist nicht abschließend geklärt, wie sich diese in Abhängigkeit zu den Faktoren Standort, Zeit und Diasporenquellen entwickeln werden. Grundsätzlich sind jedoch verschiedene Entwicklungswege zu beobachten. So stagnieren beispielsweise sehr dichte Ansaaten in ihrer Entwicklung; spontane Besiedlungsprozesse sind hier nicht zu beobachten. Vor allem in lückigen Standardansaaten, für die aufgrund des nicht standortangepassten Materials höhere Ausfälle zu verzeichnen sind, können dagegen spontane Besiedlungsprozesse mit krautigen Arten und Pioniergehölzen beobachtet werden.

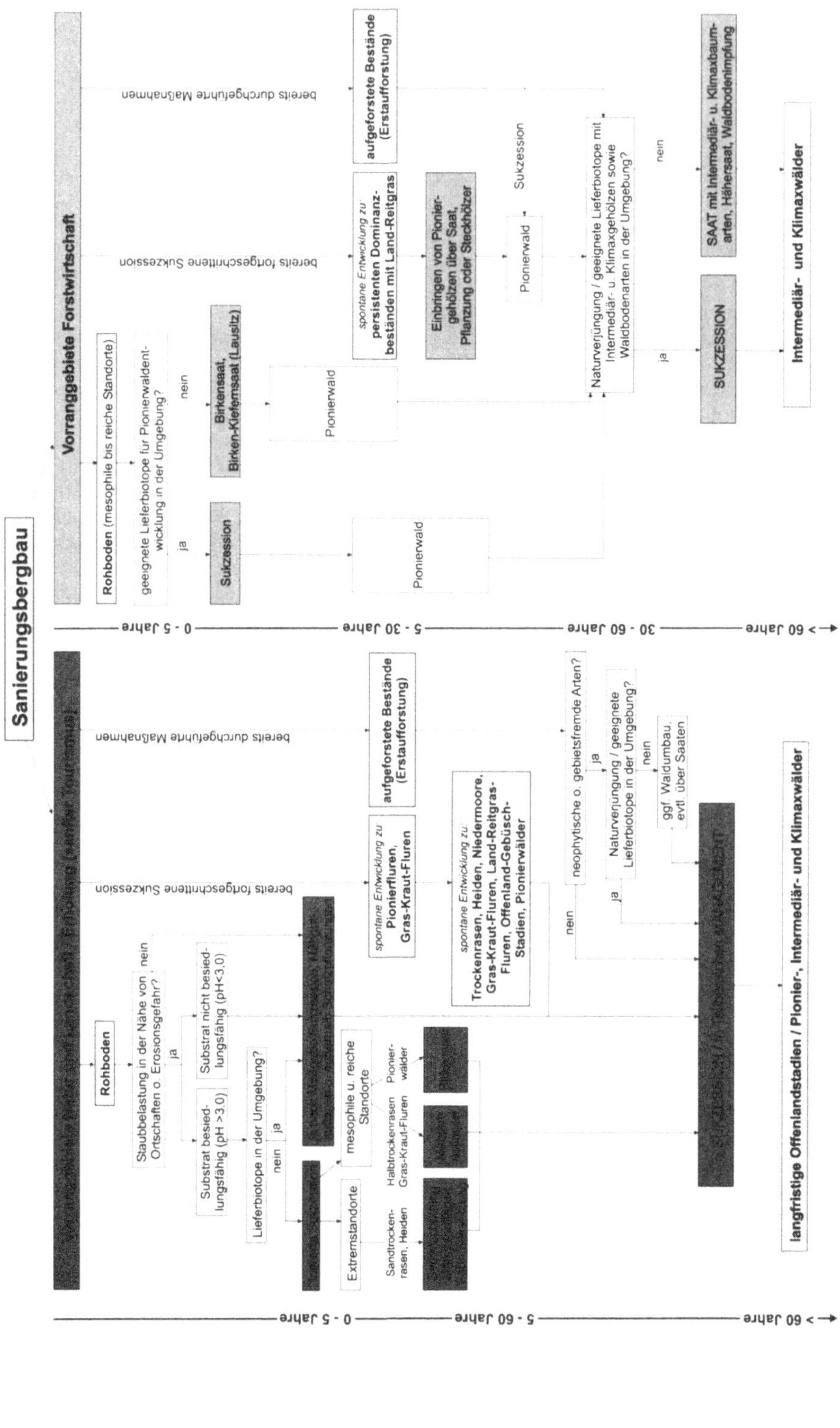

Abb. 119: Konzept für eine naturnahe Entwicklung der Bergbaufolgelandschaft (Sanierungsbergbau)

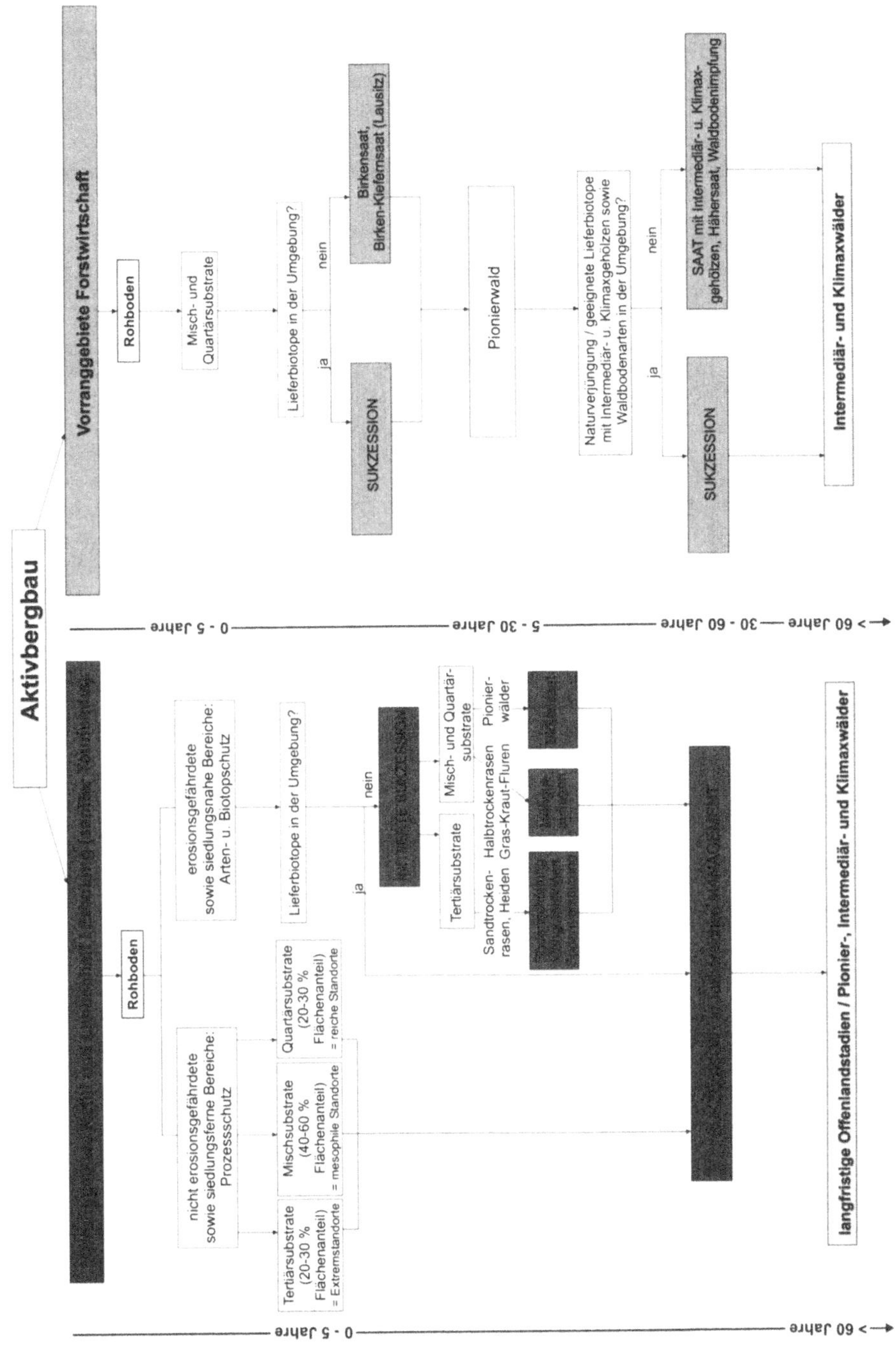

Abb. 120: Konzept für eine naturnahe Entwicklung der Bergbaufolgelandschaft (Aktivbergbau)

Die Konzepte zur naturnahen Entwicklung der Bergbaufolgelandschaft werden im Folgenden nach den einzelnen Nutzungspräferenzen erörtert. Dabei wird auch auf die Weiterentwicklung nachhaltiger Landnutzungskonzepte (sanfter Tourismus, ökologischer Waldbau) orientiert.

9.2.1 Vorranggebiete für den Naturschutz: Kriterien für Auswahl, Gestaltung und Management

Vorranggebiete für den Naturschutz sollten vor allem einen möglichst hohen Anteil an Sukzessionsflächen mit ausgeprägter bergbautypischer Strukturvielfalt aufweisen. Die dynamischen Prozesse auf diesen Standorten bieten vielen gefährdeten Arten räumliche und zeitliche Etablierungsnischen (vgl. BAUER 1998). Sukzessionsflächen weisen hierbei einen überdurchschnittlich hohen Artenreichtum auf (TISCHEW & KIRMER 2003, HADACOVA & PRACH 2003). Auf quartären Substraten geht die Vegetationsbesiedlung allgemein sehr rasch vonstatten. Es entstehen schnell landschaftsästhetisch reizvolle und reich strukturierte Landschaften, die sich durch eine eigene bizarre Schönheit auszeichnen. Zur landschaftlichen Eigenheit von Abgrabungsflächen tragen aber auch Flächen mit sehr langsamer Besiedlung, wie beispielsweise Abbrüche oder sehr saure Tertiär-Substrate, bei. Diese Standorte mit verzögerter Sukzession sind ein wesentliches Potenzial von Folgelandschaften nach Abbauvorhaben, da sie Pionier- und Offenlandarten über lange Zeiträume konkurrenzarme Nischen bieten (DURKA et al. 1997, FBM 1999).

Im aktiven Tagebau können Substratanteile in ihrer Zusammensetzung entsprechend der geologischen Herkunft beeinflusst werden. Unter Berücksichtigung naturschutzfachlicher Aspekte ist demzufolge schon bei der Verkippung der Materialien auf einen entsprechenden Anteil von Tertiär- und Mischsubstraten zu achten (Abb. 120). Um eine naturraumtypische Waldentwicklung zu ermöglichen, sind jedoch unbedingt auch Kippen mit Quartär-Substraten zu fordern. Außerdem können sich seggen- und orchideenreiche Sumpfbiotope lediglich auf basenreichen Standorten entwickeln. Hier ist eine entsprechende Wasserführung zu planen. Zur vorbeugenden Vermeidung von Akzeptanzproblemen bei verzögerten Besiedlungsprozessen sollten schwer besiedelbare Tertiär-Substrate möglichst in ortsfernen Bereichen oberflächennah verkippt bzw. Sukzessionsflächen auf derartigen Standorten nach Möglichkeit nicht in der Nähe von Siedlungen ausgewiesen werden.

Da für die frühen Besiedlungsphasen vor allem Lieferbiotope benachbarter, älterer Abbauflächen mit ihren Pionierarten von Bedeutung sind, ist die Ausweisung von Bergbaufolgeflächen unterschiedlichen Alters prinzipiell von Vorteil (DUNGER 1998b, SCHEIBLER 2003). Für die Einwanderung von Waldbodenarten ist insbesondere der Erhalt von Altwaldresten in den Abbaugebieten von größter Bedeutung, da viele Waldarten nur über sehr ineffektive Ausbreitungsmechanismen verfügen (BENKWITZ et al. 2002).

Ältere Sukzessionsflächen sind zugleich auch Akkumulationsräume für Pflanzenarten, die aus weiterer Entfernung über Fernausbreitung und außergewöhnliche Ereignisse allmählich in die Abbaugebiete eingetragen werden (GILCHER & BRUNS 1999, TRÄNKLE & BEISSWENGER 1999, TISCHEW & KIRMER 2003). Diese Arten können benachbarte jüngere Flächen schneller besiedeln. Der Prozess der sukzessiven Besiedlung wird durch ein Mosaik von Standorten unterschiedlicher Besiedlungsfähigkeit gefördert, zum Beispiel durch Verkippen von Substratgemischen aus unterschiedlichen geologischen Zeiträumen. Eine zugleich hohe Reliefvielfalt kann die Entwicklung mosaikartiger Vegetationsstrukturen zusätzlich fördern. Leicht besiedelbare Standorte, wie beispielsweise Geländemulden oder Quartär-Substrate, wirken als Akkumulationsräume und Lieferbiotope für weitere Besiedlungsprozesse auf Grenzstandorten, wie sie unter anderem sehr trockene Standorte (z.B. Südböschungen) oder sehr saure Tertiär-Substrate darstellen. Die Einwanderung von Tierarten ist in stärkerem Maße vom Vorhandensein von Vernetzungsstrukturen zu den Lieferbiotopen im Umland abhängig, die bei Abbauvorhaben unbedingt erhalten bzw. deren Entwicklung gefördert werden sollten.

Auf Flächen mit Vorrangnutzung Naturschutz ist weitgehend auf Ansaaten mit Regelsaatgutmischungen und Aufforstungen zu verzichten, da Offenlandbiotope oder spontan entwickelte Gebüschstadien und Pionierwälder meist einen deutlich höheren naturschutzfachlichen Wert besitzen und im Sukzessionsverlauf ohnehin entstehen. Auf Rohbodenflächen mit Erosionsgefahr, die bergbautechnisch nicht zu tolerieren ist, oder in der Nähe von Ortschaften, bei denen eine Staubbelastungsgefahr infolge Substratverwehung besteht, stehen in Abhängigkeit von den Standortbedingungen und den gewünschten Zielbiotopen verschiedene Methoden der naturnahen Einleitung oder Beschleunigung einer Vegetationsentwicklung zur Verfügung. Auf der Grundlage einer Standortanalyse und Prognose der spontanen Vegetationsentwicklung werden dabei mittels verschiedener Methoden Arten der Zielgesellschaften (z.B. Trockenrasen, Wiesen, Vorwälder) eingebracht (KIRMER & MAHN 2001, KIRMER et al. 2002, TISCHEW & KIRMER 2003, TISCHEW et al. 2004, vgl. Kapitel 8). Auch für eine naturnahe Ufersicherung wurden inzwischen Verfahren entwickelt (Kapitel 8.2, GRÜTTNER 2002). Auf Extremstandorten, vor allem im mitteldeutschen Raum, sollte in Vorranggebieten für den Naturschutz generell versucht werden, diese Flächen einer spontanen Entwicklung zu überlassen, da insbesondere die Rohbodenstadien für viele Tierarten einzigartige Rückzugsstandorte darstellen, die in der Kulturlandschaft verschwunden sind oder nur mit hohem Aufwand erhalten werden können (OELERICH 2000). Dazu sind gegebenenfalls Absperrungen oder natürliche Barrieren zu errichten, zum Beispiel durch Insellagen, Planung der Wegeführung oder Schutzpflanzungen außerhalb der Flächen.

Ein Management der Entwicklungsprozesse wird vor allem dann notwendig werden, wenn Populationen, die im Landschaftsraum inzwischen ihren eindeutigen Verbreitungsschwerpunkt in der Bergbaufolgelandschaft besitzen, in ihrer weiteren Entwicklung gefährdet sind. Dazu ist beispielsweise in großen zeitlichen Intervallen die Schaffung von Rohbodenflächen durch Abschieben (vgl. Kapitel 4.7) oder der lokale Erhalt von Steilwänden als sogenannte „ökologische Fenster“ notwendig. Ein Management kann aber auch die lokale Steuerung des Gebietswasserhaushaltes („Vernässung“) betreffen, um beispielsweise Sumpfarten (u.a. Sumpf-Sitter, Gemeine Natternzunge) einen Konkurrenzvorteil gegenüber wüchsigen Stauden oder Gehölzen zu ermöglichen.

Die naturschutzfachlichen Entwicklungspotenziale von Abbaugebieten werden für viele Arten erst dann wirksam, wenn die landschaftsökologischen Besonderheiten „Unzerschnittenheit“, „Störungsarmut“ und „Nährstoffarmut“ langfristig erhalten werden können (vgl. KÖCK 1999). Dazu bedarf es ausreichend großer, zusammenhängender Vorranggebiete für den Naturschutz (mindestens 400 ha, möglichst 2000 ha), um Randeffekte zu minimieren. Außerdem können nur bei ausreichend großen Flächen mit unterschiedlich besiedelbaren Standorten kontinuierlich Rückzugsräume für konkurrenzschwache Arten erhalten bleiben. Diese großflächigen Biotopmosaike sind zudem wichtige Habitate für viele Tierarten mit größeren Aktionsräumen und differenzierten Ansprüchen an Habitatstrukturen (z.B. strukturell differenzierte Nahrungs- und Bruthabitate). Populationen unterliegen in größeren Schutzgebieten außerdem generell dem geringeren Risiko einer Auslöschung durch stochastische Ereignisse (AMLER et al. 1999). Werden kleinere Gebiete ausgewiesen, bedarf es guter Konzepte für eine Pufferung der Flächen gegenüber Nährstoffeintrag und Störung sowie fundierter Managementkonzepte zum Erhalt der Arten, da die Habitate durch fortschreitende Sukzession verloren gehen können und aufgrund der geringen Flächengröße kaum Ausweichstandorte vorhanden sind. Werden die Gebiete auch für einen sanften Tourismus genutzt, ist eine strategische Besucherlenkung von großer Bedeutung (BUND 2003). Auch hier sind größere Vorranggebiete im Sinne einer Konfliktminimierung leichter zu händeln.

Zukünftig sollte bei einer naturschutzorientierten Sanierungs- bzw. Wiedernutzbarmachungsplanung bereits zu einem sehr frühen Zeitpunkt, begleitend zu den Forschungs- und Planungsvorhaben, eine intensivere Öffentlichkeitsarbeit integriert werden. Die Fachkompetenz und die finanziellen Ressourcen, die für eine erfolgreiche Begleitung des Umsetzungsprozesses notwendig sind, werden oft unterschätzt. Dass eine „Wildnisentwicklung“ im urban-industriellen Raum, das heißt eine nicht oder kaum durch den Menschen beeinflusste Entwicklung einer Natur der „vierten Art“ (KOWARIK 1992) sehr wohl von den meisten Bevölkerungsgruppen akzeptiert und für Erholungszwecke auch genutzt wird, belegen empirische soziologische Studien aus dem Ruhrgebiet (KEIL 2003). Die Bevölkerung weist solchen Naturräumen einen hohen Wert zu und erfährt durch sie eine Erhöhung ihrer Lebensqualität (KEIL 2003). Mit einer Öffentlichkeitsarbeit und einem aktiven Werben für „Wildnisgebiete“ könnte auch im ostdeutschen Raum eine Akzeptanz in einer breiten Bevölkerungsschicht erreicht werden (BUND 2003).

Inzwischen ist die Forderung nach 20 % Flächenanteil für Vorranggebiete des Naturschutzes (Planungskategorie „Natur und Landschaft“) in den Bergbaufolgelandschaften allgemein anerkannt und durchgesetzt. Zum Erhalt und zur Förderung ungestörter, natürlicher Entwicklungsdynamik sollten in den Bundesländern Sachsen, Sachsen-Anhalt, Brandenburg und Thüringen mindestens 10 % der Bergbaufolgeflächen als Vorranggebiete für Natur und Landschaft mit dem Ziel Prozessschutz gesichert und weitere 10 % der Flächen über initiierte und gelenkte Sukzession entwickelt werden. Diese können aber auch im Sinne eines sanften Tourismus genutzt werden. Es sollte zukünftig stärker auf die Qualität dieser Flächen im Sinne vielfältiger Entwicklungspotenziale für den Naturschutz geachtet werden. Dazu sind Entwicklungsziele frühzeitig zu berücksichtigen und geeignete Maßnahmen zur Flächengestaltung, wie zum Beispiel Substratauswahl, Reliefgestaltung, Lage und Flächengröße, sehr zeitig in die Sanierungs- und Wiedernutzbarmachungsplanung zu integrieren. ABRESCH et al. (2000) weisen in einem vom Bundesamt für Naturschutz geförderten Vorhaben darauf hin, dass sich die ökologische Wirksamkeit von Sanierungsmaßnahmen durch den Einsatz einer Vielzahl von Instrumenten auch in rechtlicher Hinsicht verbessern lässt. Der Handlungsspielraum für eine Entscheidung zugunsten eines stark minimierten Sanierungsaufwandes und für ein verstärktes Zulassen natürlicher Entwicklungsprozesse ist dabei größer als angenommen und stellt ein bedeutendes volkswirtschaftliches Potenzial für Einsparungen dar.

9.2.2 Vorranggebiete Erholung: Chancen für einen sanften Tourismus

Den natürlich entwickelten Sukzessionslandschaften kommt neben ihrer Funktion als abiotische und biotische Ressource auch eine grundlegende sozio-geographische Bedeutung zu. Denn die großflächigen, unzerschnittenen Bergbaufolgeflächen stellen eine wichtige landschaftsästhetische Ressource für eine naturgebundene Erholungsnutzung dar. Natürlich entwickelte Offenlandschaften und Pionierwälder in anthropogen entstandenen Landschaftsräumen finden eine weitaus stärkere Akzeptanz in der Bevölkerung, als bisher angenommen wurde. Dies zeigen eigene Beobachtungen aus dem ehemaligen Tagebaugebiet Goitzsche (Region Bitterfeld), in dem die natürlich entwickelten Gebiete mit Vorrang Natur und Landschaft im westlichen Bereich deutlich stärker angenommen werden (z.B. zum Baden, Pilze sammeln, Wandern, Radfahren, Picknicken) als aufwändig rekultivierte Flächen im östlichen Bereich des Gebietes. Zudem belegen sozio-geographische Untersuchungen für den „Industriewald Ruhrgebiet" – einer vielfältig strukturierten Sukzessionslandschaft auf 10.000 Hektar Fläche ehemaliger Industriebrachen und Steinkohlegruben – die große Bedeutung als Naherholungs- und Freizeitraum der im Umfeld lebenden Bevölkerung (KEIL 2003, NEISS 2003). Starke ökonomische Zwänge waren dort Triebkraft für das Sich-Selbst-Überlassen großer Landschaftsräume, da sie eine aufwändige, kostenintensive Rekultivierung bzw. Sanierung der Flächen unmöglich machten.

Die zunehmende Akzeptanz von natürlich entwickelten, jungen Sukzessionslandschaften auf ursprünglich anthropogenen und zuvor stark devastierten Standorten resultiert unter anderem aus der abnehmenden Verfügbarkeit an natürlichen peri-urbanen Landschaften. Dies ist Folge einer anhaltenden Zerstörung natürlicher Lebensräume aufgrund eines fortschreitenden Urbanisierungsprozesses (BAUER 2003). Es existieren sowohl in Mitteldeutschland, als auch in der Lausitz kaum noch größere naturnahe alte Wälder, die als Erholungs- und Erlebnisraum durch die Bevölkerung dieser Regionen genutzt werden könnten. Die großflächigen und unzerschnittenen Landschaftsräume der ehemaligen Braunkohlengebiete bieten daher vielfältige Potenziale für eine naturgebundene Erholungsnutzung. Leider konzentrieren sich natürlich entwickelte Sukzessionslandschaften bisher vor allem auf die Vorranggebiete für Natur und Landschaft, die mit dem Ziel Prozessschutz ausgewiesen wurden. In den nächsten Jahren wird der Nutzungsdruck durch Erholungssuchende in den Prozessschutzflächen zunehmen und verstärkt zu Konflikten mit Naturschutzinteressen führen. Daher sollten auch Bergbaufolgeflächen mit Vorrang Erholungsnutzung verstärkt über Sukzession entwickelt werden, um in diesen Bereichen ebenfalls eine vielfältig strukturierte Landschaft zu entwickeln.

Obwohl sie als kostenlose Leistungen des Naturhaushaltes verfügbar sind, wurden natürliche Regenerationspotenziale in der bisherigen Rekultivierungspraxis in zu geringem Umfang in den Gestaltungsprozess einbezogen. Aktuell sinkt jedoch die Bereitschaft, eine kostenintensive Gestaltung großflächiger Gebiete bei gleichzeitig immer knapper werdenden finanziellen Ressourcen in öffentlichen Haushalten zu finanzieren. Viele Nutzungskonzepte für einen intensiven Tourismus, die mit hohem finanziellen Aufwand für eine Erschließung und Gestaltung neben dem Naherholungstourismus auch überregional ausgerichtet waren, haben sich als unrealistisch erwiesen. Vor diesem Hintergrund sowie bei gleichzeitig steigendem Bedarf an natürlichen Erholungsräumen und enormen demographischen Veränderungen in Ostdeutschland infolge des Bevölkerungsrückganges werden neue, kostensparende, alternative und zugleich naturnahe Konzepte der Entwicklung von Bergbaufolgelandschaften benötigt. Die in den Abb. 119 und Abb. 120 vorgestellten Konzepte zeigen Wege zur

Integration natürlicher Regenerationspotenziale bei der Entwicklung und Gestaltung von Bergbaufolgeflächen mit Vorrangnutzung Erholung auf. Sie binden verstärkt Sukzessionsprozesse ein und bieten die Möglichkeit, bei spezifischen bergbau- bzw. sicherungstechnischen Anforderungen naturnahe, alternative Begrünungsmethoden (Initialensetzungsmethoden) zur Beschleunigung von Entwicklungsprozessen anzuwenden.

Bei der Einbindung dynamischer Prozesse der Vegetationsentwicklung bestimmen neben den Standortbedingungen auch zufällige Ereignisse und lokale Besonderheiten, wie beispielsweise die floristische Zusammensetzung von Lieferbiotopen, die Vielfalt an Vegetationsmustern und -strukturen. Sie führen auf diese Weise zu der besonderen Eigenart und Schönheit der struktur- und abwechslungsreichen Erlebnisräume in der Bergbaufolgelandschaft. In enger Verzahnung bieten kleine, temporäre Gewässer, Offenländer, Offenland-Gebüsch-Stadien und Wälder in Wechselwirkung mit den Restseen eine ästhetisch reizvolle Landschaft für einen naturgebundenen Naherholungstourismus.

Sich selbst überlassene und dynamisch entwickelnde „Wildnisgebiete" können daher nicht nur zum Erhalt von Biodiversität beitragen, sondern großflächig interessante und sich dynamisch verändernde attraktive Erholungsräume für die in der Region lebende Bevölkerung bereitstellen. Aufgrund eines Defizites an Naturlandschaften kann hier Natur wieder erlebbar gemacht und die Lebensqualität in der Region erhöht werden (EISSING & v. OSTEN 2003). In größeren Regionen der ostdeutschen Bergbaufolgelandschaft sollte deshalb natürliche Dynamik als Chance genutzt und gefördert werden, ohne dies vordergründig mit funktionellen wirtschaftlichen Zielen zu verknüpfen. Dass diese Strategie erfolgreich ist, zeigen „Wildnis"-Projekte in einigen Großstädten („Naturpark Südgelände" in Berlin, LANGER 2003; Industriewald Ruhrgebiet, NEISS 2003). Die Aufhebung der gesetzlichen Pflicht zur Verkehrssicherung in diesen Gebieten zeigt, dass eine hohe Akzeptanz nicht nur in der Bevölkerung, sondern auch in Politik und (Forst-)Verwaltung gegeben ist.

Für den künftigen Planungs- und Gestaltungsprozess der Bergbaufolgelandschaft, zum Beispiel bei der Fortschreibung von Regional-, Landes- und Sanierungsplanungen, wird vor allem eine Korrektur bisheriger Fehlentwicklungen in der Tourismusplanung bei gleichzeitiger Berücksichtigung von Erholungsansprüchen der regionalen Bevölkerung empfohlen. Des Weiteren können Bergbaufolgeflächen, die nicht in volkswirtschaftlich sinnvolle Bewirtschaftungskonzepte zu integrieren sind, als Erholungsflächen ausgewiesen und über Sukzession zu Wald entwickelt werden. Auf reichen und zugleich naturraumtypischen Standorten können sich dabei landschaftstypische Wälder entwickeln, die mit den Pionierwäldern auf Extremstandorten einen reizvollen Wechsel bieten.

9.2.3 Forstwirtschaft in der Bergbaufolgelandschaft: Erholungswald und ökologischer Waldbau – Langfristig ein Ausweg aus den roten Zahlen!

Die gewonnenen Erkenntnisse zur spontanen Waldentwicklung in der Bergbaufolgelandschaft sind in hohem Maße für die forstwirtschaftliche Rekultivierung relevant, da die Sanierungs- und Wiedernutzbarmachungs-Gesellschaften zunehmend bestrebt sind, die Waldentwicklung an natürlichen Entwicklungsprozessen zu orientieren („Ökologische Automation"). Wertvolle Orientierungshilfen stellen hierbei natürlich entwickelte Waldstadien dar, deren Analyse und Klassifikation wichtige Bausteine für eine ökologisch angepasste Waldbaupraxis liefern (vgl. THOMASIUS & SCHMIDT 2003).

Die aktuellen Bestrebungen, verstärkt auch natürliche Potenziale zu nutzen, resultieren vor allem aus dem hohen finanziellen Aufwand für forstwirtschaftliche Rekultivierungsmaßnahmen. Für jeden Hektar forstlich rekultivierter Fläche muss die öffentliche Hand – bezogen auf den Aufwand der Wiedernutzbarmachung – etwa 20.000 € aufbringen (ABRESCH et al. 2000). Berechnungen zum Kosten-Nutzen-Verhältnis für die forstliche Rekultivierung von Bergbaufolgeflächen ergaben eine Effizienzrate von 0,1. Die Kosten für die Wiedernutzbarmachung und Rekultivierung fallen demnach wesentlich höher aus, als Einnahmen aus dem Verkaufserlös der Flächen zurückfließen. Demgegenüber weisen Sukzessionsflächen im Vergleich aller Folgenutzungen mit 1,0 die günstigste Effizienzrate auf. Infolge des geringen Steuerungsbedarfs entspricht der Aufwand für die Wiedernutzbarmachung (1300 €/ha) hier der Höhe der Einnahmen aus dem Verkauf der Flächen. Den Autoren zufolge werden für keine der Folgenutzungen Gewinne erzielt. An die bisherige, kostenintensive Rekultivierungspraxis waren Hoffnungen auf wirtschaftliche Impulse und Beschäftigungseffekte für die vom Bergbau betroffenen Regionen geknüpft. Diese blieben jedoch bislang aus und sind auch für die Zukunft nicht zu erwarten (ABRESCH et al. 2000). Zusätzlich stellen die seit den 80er Jahren stagnierenden bzw. real sinkenden Holzpreise infolge der wirtschaftlichen Liberalisierung und Globalisierung den Staats-, Landes- und Kommunalwaldbetrieb ebenso wie private Waldbesitzer vor massive Probleme (WINKEL & VOLZ 2003). Ein Trend von roten zu schwarzen Zahlen ist bisher nicht in Sicht (HAMPICKE 1992, WINKEL & VOLZ 2003). Der hohe materielle und finanzielle Einsatz führt daher in jedem Falle zu hohen volkswirtschaftlichen Verlusten, da die Kosten für die Rekultivierung weder durch den Verkauf der forstlich rekultivierten Bergbaufolgeflächen, noch durch Erlöse aus dem Verkauf von Holz wieder zurückfließen.

Im Gegensatz zur Nutzfunktion fanden protektive und rekreative Waldfunktionen bisher nicht ausreichend Beachtung. Aktive Leistungen für die Schutz- und Erholungsfunktion im Sinne einer Multifunktionalität sind jedoch in besonderem Maße durch den Staats- und Körperschaftswald zu erbringen (Leitlinie Wald 1997, BMVEL 2003). Auch für die mit öffentlichen Geldern finanzierte Entwicklung von Wäldern in der Bergbaufolgelandschaft sollte deshalb unter Einbeziehung der oben genannten Aspekte die Erholungs- und Schutzfunktion zumindest gleichrangig mit der Nutzfunktion gesetzt werden. Eine Perspektive für die Forstwirtschaft könnte eine Orientierung auf nachhaltige und kostengünstige Bewirtschaftungsmodelle sein. Der ökologische Waldbau, bei dem die Bewirtschaftung nach dem Dauerwaldprinzip erfolgt und lange Produktionszeiträume sowie Einzelstammbewirtschaftung zu mehr Naturnähe führen (THOMASIUS 1996, THOMASIUS 2000), bietet dabei die Chance zum Interessenausgleich zwischen allen Nachnutzern der Bergbaufolgelandschaft. Dieses waldbauliche Prinzip ist zudem für den Landeswald in Sachsen-Anhalt verbindlich festgesetzt (Leitlinie Wald 1997). Im Zuge der Umstellung auf den ökologischen Waldbau könnten Staats- und Körperschaftswaldbetriebe nachhaltige Bewirtschaftungssysteme, zum Beispiel durch den Forest Stewardchip Council (FSC) oder das Programme for the Endorsement of Forest Certification (PEFC) zertifizieren lassen. Das oberste Wirtschaftsziel einer Wertschöpfung über Qualitätsprodukte (Wertholzproduktion) durch Minimierung von Eingriffen hätte auch positive Nebeneffekte auf die strukturelle Vielfalt der Wälder, da auf gleicher Fläche alle Altersstadien vorhanden sind. Dies führt gleichzeitig zu einem hohen ästhetischen und damit kulturellen Wert der Wälder. Zugleich sind Struktur- und Artenvielfalt wichtige Kriterien ökologischer Intaktheit und Qualität. Sie bewirken eine höhere Vielfalt an ökologischen Nischen, machen das System komplexer und dadurch flexibler gegen abiotische und biotische Gefahren, so dass dies langfristig gesehen auch ökonomische Vorteile bringt (MÜLLER-USING 1991).

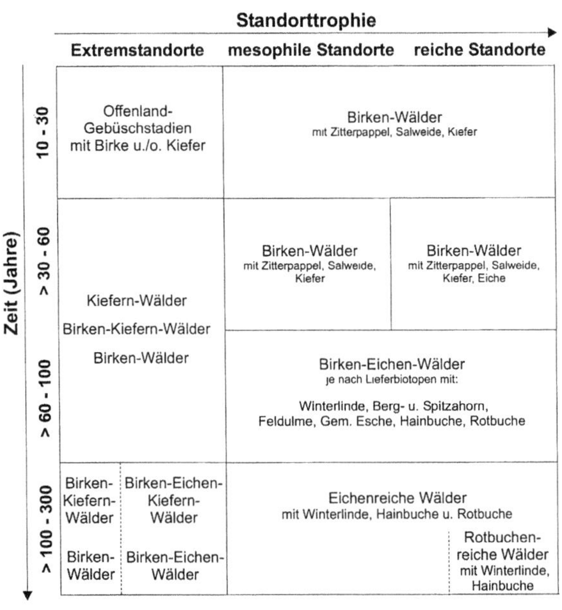

Abb. 121: Dynamisches Zielwaldkonzept: nach Standort und zeitlichem Entwicklungsstadium differenzierte Zielwaldtypen (= Zielbestandstypen)

Für einen Großteil der bisher forstlich rekultivierten Flächen bestehen hinsichtlich der Schutz- und Erholungsfunktion folgende Defizite:

- Melioration und damit Standortnivellierung bzw. -homogenisierung als vorbereitende Maßnahme im Rahmen der forstlichen Rekultivierung
- Überspringen von Pionier- und Intermediärwaldstadien bei Erstaufforstung mit Klimaxbaumarten und damit verbunden teilweise schlechtwüchsige und instabile Bestände
- Struktur- und Artenarmut in den Forstbeständen (Ausnahmen stellen nicht mehr forstlich gepflegte Robinien- und Hybridpappelbestände in älteren Stadien dar, FLB 2003)
- Bestände mit gebietsfremden Sippen bzw. Provenienzen oder Neophyten auf forstlichen Rekultivierungsflächen, die ein teilweise hohes, invasives Verjüngungs- und Ausbreitungspotenzial besitzen und lokale oder regionale Naturschutzkonflikte verursachen
- teilweise Fehlen von Alt- und Totholz in älteren Beständen.

Diese Defizite resultieren einerseits aus Fehlentwicklungen der Rekultivierungspraxis in der ehemaligen DDR. Andererseits sind sie auf eine zu einseitige Ausrichtung der forstlichen Rekultivierungspraxis auf die produktive Funktion des Waldes im Rahmen der Sanierung der Tagebaugebiete nach der politischen Wende zurückzuführen. Daher werden zum Beschreiten neuer Wege, basierend auf den Ergebnissen zur spontanen und initiierten Waldentwicklung, in Abb. 119 und Abb. 123 sowie in Tab. 72, Möglichkeiten alternativer kostengünstiger und zugleich naturnaher Methoden für einen künftigen Waldbau auf ökologischer Grundlage aufgezeigt. Grundvoraussetzung für mehr Naturnähe ist die Integration dynamischer Entwicklungsprozesse. Bei der Formulierung von Zielbestandstypen müssen beispielsweise adäquate natürliche Vorbilder verstärkt Beachtung finden (vgl. THOMASIUS & SCHMIDT 2003). Das bedeutet, dass neben Standortpotenzialen sowie lokalen und regionalen Besonderheiten auch zeitliche Entwicklungsstadien berücksichtigt werden. Auf der Basis der Ergebnisse zur natürlichen Waldentwicklung in der Bergbaufolgelandschaft wurde daher in Relation zum Standort ein dynamisches Zielwaldkonzept entwickelt (Abb. 121). Es berücksichtigt die verschiedenen Waldentwicklungsstadien (Pionier-, Intermediär- und Klimaxstadium), in denen jeweils unterschiedliche Baumarten zur Dominanz gelangen. Die Extremstandorte wurden der Vollständigkeit halber in das Schema einbezogen. Diese Standorte sind jedoch in aller Regel dem Prozessschutz vorbehalten und werden nicht forstlich rekultiviert. An dieser Stelle sei darauf hingewiesen, dass das Konkurrenzverhalten zwischen den Intermediär- und Klimaxbaumarten unter den besonderen Bedingungen der Bergbaufolgestandorte bisher nicht abschließend geklärt ist. Die Zielwaldtypen für das Altersstadium > 100 bis 300 Jahre müssen daher auf der Basis weiterer Forschungen sowie unter Einbeziehung sich ändernder Rahmenbedingungen (z.B. Klimawandel, Stickstoffeinträge) konkretisiert werden.

Sukzessionsprozesse sind künftig stärker in die Waldentwicklung der Bergbaufolgelandschaft zu integrieren. Dies ist sowohl zu Beginn der Pionierwaldentwicklung, als auch bei der Entwicklung von Intermediär- oder Klimaxstadien möglich. Die Untersuchungen zur natürlichen Waldentwicklung auf Kippenflächen haben gezeigt, dass für initiale Besiedlungsprozesse weniger die Standortgüte entscheidend ist, sondern vielmehr Kriterien wie das Vorhandensein eines bewegten, heterogenen Mikroreliefs oder die Nähe zu Diasporenquellen (vgl. Kapitel 8.3). Bei günstigen Voraussetzungen (Mikrorelief, Diasporenquellen) liegt der Besiedlungsbeginn im Zeitraum von 1 bis 7 (10) Jahren. Ein dichter (Birken-)Pionierbestand entwickelt sich unter diesen Umständen bereits innerhalb von 10 bis 20 (30) Jahren nach Verkippung der Flächen. Erste Bestrebungen, auf diese Weise Wald zu entwickeln, gibt es bereits in Sachsen-Anhalt. Dort werden durch die LMBV mbH auf 442 ha forstlicher Rekultivierungsfläche Pionierwälder über natürliche Sukzession begründet und in die entsprechende forstliche Nutzung integriert (METTE et al. 2003). Darunter fallen beispielsweise die Bereiche der West- und Nordböschung im Tagebau Mücheln (Geiseltal) sowie Flächen am Restloch Rösa im Tagebaugebiet Goitzsche.

Ergebnisse zur Pionierwaldentwicklung in der BFL (mesophile bis reiche Standorte)		Schlussfolgerungen für eine Waldbaupraxis auf ökologischer Grundlage
A) Initiale Besiedlungsphase		
- Besiedlungsbeginn nicht primär vom Faktor Standortgüte, sondern von der Nähe zu geeigneten Lieferbiotopen und der Reliefausprägung abhängig	⟹	- Erhalt bzw. Förderung einer bewegten Reliefstruktur - genereller Verzicht auf standortverbessernde Maßnahmen (Melioration, Düngung) - Erhalt von Lieferbiotopen im Zuge des Abbau-, Sanierungs- und Wiedernutzbarmachungsprozesses
B) Pionierwaldphase		
- spontane Gehölzbesiedlung unter günstigen Bedingungen innerhalb der ersten 1-7(10) Jahre möglich - Birke ist erste spontane Pionierbaumart auf Rohböden, später folgen Kiefer, Zitterpappel und Salweide - standortabhängige Differenzierung der Besiedlungsdichte; hohe Bestandsdichte auf wüchsigen Standorten bereits nach 10-20 (30) Jahren (4000-9000 Ind./ha) - artenreiche Krautschicht mit Vorkommen seltener, lichtbedürftiger Pflanzenarten; Zunahme von Waldarten (krautige Arten und Gehölze) in reiferen Pionierwaldstadien (ab dem zweiten Altersstadium 30-60 Jahre) - geringe Artenzahlen und Artmächtigkeiten gebietsfremder bzw. fremdländischer Arten - hoher horizontaler und vertikaler Strukturreichtum, z.B.: Gehölze tlw. in Gruppen, hoher Anteil an niedrigen Stammdurchmessern, tlw. fließende Übergänge zwischen Strauchschicht und unterer Baumschicht sowie unterer und oberer Baumschicht - hohe Baum- und Strauchartendiversität in allen Vegetationsschichten - sehr hohes Ausbreitungs- und Verjüngungspotenzial der Stieleiche auf allen Standorten und bereits im ersten Altersstadium (10-30 Jahre) - Vorkommen der übrigen Intermediär- und Klimaxbaumarten (z.B. Winterlinde, Berg- und Spitzahorn, Esche, Hainbuche, Feldulme, Buche) abhängig von der Artenausstattung der Lieferbiotope - verstärkte "self thinning"-Prozesse ab dem dritten Altersstadium (60-100 Jahre)	⟹	- bei günstigen Voraussetzungen (Relief, Lieferbiotope) Entwicklung von Birkenpionierwäldern über Sukzession - bei ungünstigen Voraussetzungen (Lieferbiotope, Relief, Gefährdung durch Wind- oder Wassererosion etc.) Entwicklung von Birkenpionierwäldern über Birkensaat - Verzicht auf die Einbringung spätsukzessionaler und gebietsfremder Baumarten bei Begründung von Wäldern auf Rohböden - Zulassen spontaner Besiedlungsprozesse krautiger Arten, d.h. keine Durchführung von Zwischenbegrünungen (z.B. mit Lupine, Waldstaudenroggen, Schwingel) - Durchführung forstlicher Maßnahmen zur Steigerung der Diversität und nicht zur Homogenisierung (horizontale und vertikale Raumstruktur) - spontan zuwandernde Strauch- und Baumarten belassen und fördern, keine Selektion nach rein forstwirtschaftlichen Gesichtspunkten vornehmen - v.a. zu Beginn der Waldentwicklung Förderung der Stieleiche - bei weiter Entfernung von Lieferbiotopen Beschleunigung von Intermediärwaldphasen über Saat je nach Standort ab 30-60 Jahren - Gewährleistung von Raum und Zeit für natürliche Eigendynamik - Orientierung der Waldpflege an natürlichen Entwicklungsprozessen
C) Übergang zu Intermediärwaldstadien		
- starke Akkumulation aller spätsukzessionalen Gehölzarten in der Krautschicht (6000 bis 25000 Individuen je Hektar) - nach 60-100 Jahren Einwachsen von Intermediär- und Klimaxbaumarten in die Baumschicht - hohe Alt- und Totholzanteile	⟹	- Zulassen natürlicher Baum- und Strauchalter, wenn möglich auf großer Fläche - Zulassen einer Bestandsreifung der Pionierwälder - Erhalt eines ausreichenden Bestandes an Alt- und Totholz (5-10 Festmeter je Hektar, AMMER 1991)

Tab. 72: Übersicht über die Ergebnisse zur natürlichen Waldentwicklung in der Bergbaufolgelandschaft und Schlussfolgerungen für eine ökologisch orientierte Waldbaupraxis im Rahmen der forstlichen Rekultivierung

Für Rohbodenstandorte mit ungünstigen Besiedlungs- und Etablierungsbedingungen infolge eines fehlenden Mikroreliefs, weit entfernter Lieferbiotope oder Erosionsprozessen ist eine Förderung der Waldentwicklung über Birkensaat möglich (vgl. Kapitel 8.3). Diese Methode der Waldentwicklung ist einfach in der Handhabung und im Gegensatz zur Pflanzung insgesamt kostengünstiger. Sie orientiert sich zudem an natürlichen Waldentwicklungsprozessen, da die Pionierwaldphase nicht übersprungen wird und weitere spontane Besiedlungsprozesse von krautigen Arten sowie Gehölzarten ermöglicht werden. Zusätzlich führen Birkensaaten im Gegensatz zur Pflanzung zu vielfältig strukturierten Beständen. Ein anfängliches Nachhelfen durch Pflanzung soll nicht generell ausgeschlossen werden, bei der weiteren Entwicklung der Bestände sollten jedoch stärker eigendynamische Prozesse bei der Waldentwicklung integriert werden.

In der Leitlinie Wald (1997) werden speziell für den Landeswald in der Bergbaufolgelandschaft Sachsen-Anhalts verbindliche Vorgaben zur Verwendung einheimischer Pioniergehölze im Rahmen von Rekultivierungsmaßnahmen getroffen. Eine künstlich induzierte Verjüngung ist vor allem dort vorzusehen, wo:

- die gewünschten Baumarten für eine Naturverjüngung in der Umgebung nicht vorhanden sind
- die entwickelte Bodenvegetation eine Naturverjüngung verhindert
- die Verjüngung eines umzubauenden Oberbestandes wegen ihrer Vitalität und Konkurrenzkraft das Ankommen gewünschter Baumarten langfristig verhindert
- die Herkunft des Oberbestandes genetisch ungeeignet ist (Leitlinie Wald 1997).

Diese Kriterien könnten bei der naturnahen Begründung von Wäldern in der gesamten ostdeutschen Bergbaufolgelandschaft herangezogen werden und sind größtenteils auch in den Entwicklungskonzepten für Bergbaufolgestandorte wiederzufinden (Abb. 119 und Abb. 120).

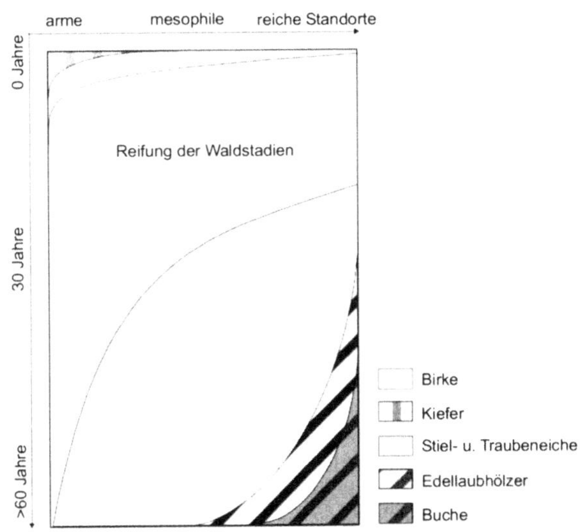

Abb. 122: Wahl von Pionier- sowie Intermediär- und Klimaxbaumarten bei Planung und Durchführung von Saaten (und Pflanzungen) zur Beschleunigung und Lenkung der Waldentwicklung

Der Zeitpunkt der Förderung von Intermediärwaldstadien sollte ebenso an natürliche Entwicklungsprozesse orientiert werden und ist vor allem standortabhängig (Abb. 122). Eine Entwicklung zu Folgewaldstadien konnte für Sukzessionswälder mesophiler bis reicher Standorte im dritten Altersstadium (60 - 100 Jahre) festgestellt werden. Diese Ergebnisse spiegeln insbesondere Entwicklungsprozesse in Wäldern von Altbergbaugebieten wider. Sie zeichnen sich einerseits durch eine hohe Standortgüte und andererseits durch eine geringe Entfernung zu Lieferbiotopen infolge des geringen Flächenumfangs aus. Aufgrund dessen konnten dort Intermediär- und Klimaxbaumarten relativ schnell einwandern, sich etablieren und in der Strauch- und Baumschicht akkumulieren. Für einen Großteil der Bergbaufolgeflächen ist aufgrund der Flächengröße jedoch eine isolierte Lage zu geeigneten

Lieferbiotopen (z.B. Eichen-Hainbuchen-Winterlinden-Wälder, Rotbuchenwälder) gegeben. Hier besteht die Möglichkeit, über Saat oder Pflanzung von Intermediär- und Klimaxbaumarten eine Entwicklung zu Intermediärwaldstadien zu beschleunigen (vgl. Kapitel 8.4, 8.5). Der Saat sollte jedoch generell Vorrang eingeräumt werden. Wie auf gewachsenen Standorten (RÖHRIG 1976, BURIAN 1981, REINECKE 1983, CEBULLA 1984, AMMER et al. 2001, AMMER et al. 2002, LEDER et al. 2003) sind Saaten in Wäldern auf Bergbaufolgestandorten vor allem dann erfolgreich, wenn Waldentwicklung als langfristiger Prozess verstanden wird und längere Entwicklungszeiträume bereits bei der Planung berücksichtigt werden. Dabei kommt der Strategie einer Risikominimierung durch die Einbeziehung verschiedener geeigneter Gehölzarten und verschiedener Durchführungszeitpunkte eine zentrale Bedeutung zu. Weiterhin ist die fachmännische Durchführung bei der Saatgutgewinnung und Ausführung der Saaten zu gewährleisten. Defizite bestehen gegenwärtig insbesondere dadurch, dass die Grundlagen dieser Waldentwicklungsmethode in der Ausbildung und in der forstlichen Praxis lange Zeit zu wenig Beachtung fanden. Eine Voraussetzung für eine naturnahe Waldentwicklung über Naturverjüngung oder Saat ist weiterhin eine Reduzierung der vielfach überhöhten Schalenwildbestände in den Wäldern der Bergbaufolgelandschaft.

Weitergehende, detaillierte Behandlungskriterien für einen ökologischen Waldbau nach dem Prinzip des Dauerwaldes gibt die Leitlinie Wald (1997), beispielsweise bezüglich Holzernte, Bejagung von Schalenwild, Walderschließung und Waldpflege. Durch die Bundesregierung ist ferner eine Novellierung der Kriterien zur „guten fachlichen Praxis" in der Forstwirtschaft mit dem Ziel der stärkeren Einbindung naturschutzfachlicher Anforderungen vorgesehen (WINKEL & VOLZ 2003). Diese Leit- und Richtlinien können zukünftig ebenso als Maßstab für die weitere forstwirtschaftliche Rekultivierung in der Bergbaufolgelandschaft herangezogen werden.

9.3 Stand der Umsetzung der Konzepte in die Praxis

9.3.1 Allgemeiner Überblick

Sabine Tischew

Im Jahr 1990 lag der Rekultivierungsgrad unter Berücksichtigung der Alttagebaue bei ca. 55 % (KÖCK 2001). Aufgrund der abrupten Einstellung der Förderung in vielen ostdeutschen Tagebauen befanden sich große Teilbereiche im Rohbodenstadium. Deren weitere Entwicklung war aufgrund des damaligen Wissensstandes schwer zu prognostizieren. Nachvollziehbare und wissenschaftlich begründete Leitbilder für die Entwicklung der Bergbaufolgelandschaften, naturschutzfachliche Kriterien zur Inwertsetzung der Potenziale der Bergbaufolgelandschaft und flächenscharfe Bewertungen waren nur sektoral vorhanden. Ein wesentliches Konfliktpotenzial stellte die Herstellung der Bergsicherheit für viele Kippen- und Haldenbereiche dar, in deren Verlauf spontane Besiedlungsprozesse nochmalig zurückgeworfen wurden und die ursprüngliche Strukturvielfalt der Bergbaufolgelandschaft nivelliert wurde. Dazu kam ein verständliches Interesse der Länder und Kommunen in den ehemaligen Tagebauregionen, die beschäftigungspolitischen Impulse der Sanierung so schnell wie möglich zu nutzen (ABRESCH et al. 2000). Die wissenschaftliche Bearbeitung der brisanten Fragestellungen zu Zielkonzepten für die Bergbaufolgelandschaft konnte vor allem zu Beginn der Forschungsaktivitäten im Rahmen der BMBF-Förderperiode mit den aktuellen Sanierungsplanungen kaum Schritt halten. Nicht zuletzt entwickelte sich aufgrund unrealistischer Planungen zur Nachnutzung der Flächen im Sinne eines überregionalen Tourismus zeitweilig eine starke Flächenkonkurrenz.

Trotz dieser Schwierigkeiten sind die Ergebnisse der Forschungsprojekte schrittweise in die Sanierungsplanung überführt worden. In das sogenannte Kerngebietssystem des Naturschutzes wurden von der LMBV mbH im Wesentlichen die Flächenvorschläge für die naturschutzfachlich wertvollen Bereiche überführt, die von den Forschungsprojekten erarbeitet wurden (z.B. FBM 1999). Eine Übersicht über den Flächenumfang bisher ausgewiesener Kerngebietsflächen auf LMBV-Fläche in der ostdeutschen Bergbaufolgelandschaft gibt Tab. 73. Bislang belaufen sich die terrestrischen Kerngebietsflächen auf 12.567 ha (LMBV; Stand: Juni 2003). Im Land Brandenburg ist bereits ein Anteil von 15 % an der Bergbaufolgefläche erreicht.

In Sachsen-Anhalt und Brandenburg wurden die Flächenkäufe massiv durch das Land unterstützt. Beispielhaft engagierten sich Stiftungen (z.B. Heinz Sielmann Stiftung, Stiftung Umwelt und Naturschutz) und Naturschutzverbände (BUND, NABU) für die naturnahe Entwicklung der Bergbaufolgelandschaft und kauften große Flächen.

Tab. 73: Flächenumfang terrestrischer Kerngebiete in den Bundesländern der ostdeutschen Bergbaufolgelandschaft (LMBV mbH, Stand 30.06.2003)

Brandenburg	Ostsachsen	Westsachsen	Sachsen-Anhalt	Summe
6.093 ha	2.784 ha	1.511 ha	2.179 ha	12.567 ha

Soweit der Stand der Sanierungsplanung es zuließ, wurden bei der Gestaltung dieser Flächen Hinweise aus den Forschungsvorhaben integriert. Das betrifft die Gestaltung von Restlöchern (z.B. WIEDEMANN 1998) oder ganzer Tagebaue („Modelltagebaue", LENAB 1998) nach naturschutzfachlichen Kriterien sowie die naturnahe Ufer- und Böschungsgestaltung (FLB 2003, KIRMER & MAHN 2001).

Vor allem bei der Planung und Gestaltung von Restlöchern sind jedoch deutliche Defizite zu erkennen. Die Ergebnisse der Forschungsverbundprojekte FBM (1999) und FLB (2003) haben gezeigt, dass der naturschutzfachliche Wert der meisten großen Restseen in Sachsen-Anhalt relativ gering ist. Lediglich die Bedeutung einiger Restseen als Rast- und/oder Überwinterungsgebiet für Wasservögel ist hervorzuheben. Als positive Beispiele sind dagegen einige Modellprojekte an kleineren Restseen (Ufergestaltung Bärenhofinsel und Restloch Holzweißig-West in der Goitzsche, vgl. auch EPPERT et al. 2000) oder Teilbereiche größerer Seen (Innenkippe Mücheln) zu nennen, für die gesonderte naturschutzfachlich unterstützte Sanierungsplanungen vorgenommen wurden.

Als Ursache für den ansonsten geringeren Wert großer Seen als (Teil-)Lebensraum für Arten und Lebensgemeinschaften sowie unter landschaftsökologischen und -ästhetischen Aspekten sind nach TISCHEW & REUTER (2003) vor allem folgende Punkte zu nennen:

- geringe Strukturvielfalt durch monotone Ufermorphologie; zumeist fehlende Flachwasserzonen und Steiluferbereiche
- infolge der Großflächigkeit der Seen schlechtere Erwärmbarkeit des Wasserkörpers und starker Wellenschlag, dadurch können sich selbst an flacheren Ufern oft keine breiten Röhrichtsäume entwickeln oder diese Bereiche sind beispielsweise als Laichplatz für Amphibien ungeeignet
- seltenes Vorhandensein großflächiger, zusammenhängender Röhrichte; in tieferen Gewässerbereichen nur Entwicklung sehr dünnhalmiger, lichter Röhrichte, die bei Wellenschlag leicht brechen und auch als Brutplatz für Wasservögel ungeeignet sind
- geringere Strukturvielfalt der Röhrichte (nur selten Ausbildung von Kleinröhrichten, welche beispielsweise für viele gefährdete Libellenarten große Bedeutung besitzen)
- großer Einfluss von Fischen als Prädatoren von Libellen- oder Amphibienlarven infolge von Fischbesatz, dauerhafter Wasserführung sowie meist wenig Versteckmöglichkeiten in den tieferen, pflanzenarmen Seen.

Daraus ergeben sich folgende Konsequenzen und Forderungen (vgl. auch WIEDEMANN 1998):

- Planung/Gestaltung von potenziellen Flachwasserzonen an zukünftigen Restseen möglichst innerhalb von Buchten und in einer von der Hauptwindrichtung abgewandten Lage; eine Alternative zum letztgenannten Punkt können auch dem Ufer vorgeschobene Dämme oder Inseln darstellen ⇒ Schutz vor Wellenschlag
- Integration von Steilufern
- Planung/Anlage von vom Hauptsee separierten Flach- oder Kleingewässern in Ufernähe des Restsees.

Auch bei der Entwicklung von Prozessschutzgebieten, in denen Sukzession als Flächenmanagement in den Planungen vorgesehen war, sind Defizite zu verzeichnen. Mit Eingriffen in den Sukzessionsverlauf wurde häufig vom ursprünglichen Ziel des Prozessschutzes abgewichen. Um die in den Planwerken der Landes-, Regional- und Sanierungsplanungen formulierten Ziele zu erreichen, müssen diese Flächen daher künftig unbedingt so behandelt werden, wie dies vorgesehen war. Das bedeutet, dass diese Prozessschutzflächen auch tatsächlich über natürliche Sukzession entwickelt und keine Maßnahmen durchgeführt werden, wie zum Beispiel:

- Standortnivellierung durch Melioration und Düngung
- Eingriffe in den Sukzessionsverlauf, z.B. durch Erst- o. Zwischenbegrünung mit standardisierten Regelsaatgutmischungen, Erstaufforstungen, Bestandsauflichtungen, Einbringen fremdländischer oder neophytischer Arten
- Entfernung von Alt- und Totholz.

Für weitere planerische Entscheidungsprozesse in der Regional-, Schutzgebiets- und Biotopverbundplanung wird die Überwachung und Bewertung der Entwicklungsprozesse in der Bergbaufolgelandschaft eine große Rolle spielen. Um sicherzustellen, dass die in den Landes- und Regionalplanungen formulierten Entwicklungsziele für die Vorranggebiete Natur und Landschaft auch in den nächsten Jahrzehnten erreicht werden, ist ein naturschutzfachliches Monitoring zwingend notwendig (vgl. Kapitel 10).

9.3.2 Schutzgebietssysteme in der Bergbaufolgelandschaft – Aktueller Stand und Vorschläge für die Ausweisung von Naturschutzgebieten am Beispiel Sachsen-Anhalts

Hans-Markus Oelerich, Michael Reuter, Jörg Huth & Sabine Tischew

Ein wesentliches Teilergebnis des FBM-Projektes (FBM 1999) waren Vorschläge für die Ausweisung von Schutzgebieten innerhalb der Bergbaufolgelandschaft (BFL) Sachsen-Anhalts. Bei diesen Vorschlägen ging es darum, naturschutzfachlich besonders wertvolle Vorkommen gefährdeter Pflanzen- und Tierarten, aber gleichzeitig auch ein breites Spektrum bergbauspezifischer Biotoptypen unter Schutz zu stellen. Es wurde eine repräsentative Verteilung von Schutzgebieten auf den Nord- und Südraum der BFL Sachsen-Anhalts angestrebt, da zahlreiche gefährdete Arten nur regional auftreten und sich die Artenzusammensetzung gleicher Biotoptypen zum Teil deutlich in den beiden Räumen unterscheidet. Dies wurde auch durch aktuelle Untersuchungsergebnisse (FLB 2003) bestätigt.

Vor 1997 gab es in der BFL Sachsen-Anhalts lediglich 3 Naturschutzgebiete (NSG). Diese sind vor allem durch großflächige, komplexe Feuchtgebiete mit ausgedehnten Röhrichtflächen und bedeutenden Sumpfinitialen gekennzeichnet. Seit 1997 wurden 6 weitere Tagebaugebiete als Naturschutzgebiete ausgewiesen oder einstweilig sichergestellt (Tab. 74), so dass in Sachsen-Anhalt gegenwärtig etwa 4100 ha der Bergbaufolgelandschaft des Alt- und Sanierungstagebaus als Naturschutzgebiet ausgewiesen sind. Im Gegensatz zu den bisher bestehenden NSG wurden dabei insbesondere Bereiche mit großflächigen Rohböden sowie arten- und strukturreiche Wälder beziehungsweise Forste in die Schutzgebiete integriert. Hervorzuheben ist weiterhin, dass eine der wenigen Binnensalzstellen der Bergbaufolgelandschaft Sachsen-Anhalts im Bereich der Asendorfer Kippe gesichert wurde.

Große schutzwürdige Bereiche innerhalb des ehemaligen Tagebaus Goitzsche bei Bitterfeld haben zwar noch keinen Schutzstatus, sie wurden jedoch zu einem großen Teil vom Naturschutzverband BUND gekauft bzw. werden künftig noch käuflich erworben. Damit sind weitere Gebiete des bisher unterrepräsentierten Nordraumes der Bergbaufolgelandschaft Sachsen-Anhalts gesichert. Hervorzuheben ist hier vor allem der größte Sandtrockenrasen in der Bergbaufolgelandschaft des Landes bei Petersroda sowie die Pionierwälder feuchter Standorte im Bereich der Tonhalde mit landesweit bedeutenden Vorkommen gefährdeter Pflanzenarten (z.B. Ästiger Rautenfarn, Dolden-Winterlieb).

Mit den in Tab. 74 aufgeführten bestehenden bzw. zukünftigen Schutzgebieten wurde bislang nur ein Teil der Vorschläge des Forschungsverbundes FBM (1999) realisiert. In Tab. 75 werden daher weitere Flächen aufgeführt, deren Schutz als prioritär angesehen wird. Ihre besondere naturschutzfachliche Bedeutung liegt neben dem Vorkommen zahlreicher gefährdeter Tier- und Pflanzenarten vor allem in der Ausstattung mit naturschutzfachlich wertvollen Biotoptypen, die infolge von Grundwasseranstieg/Restlochflutung oder Sukzession kurz- bis mittelfristig in anderen Sanierungstagebauen in großem Umfang verloren gehen. Zu nennen sind hier:

- Flachgewässer oder Weiher mit großflächigen Flachwasserzonen und ausgedehnten Röhrichten sowie
- vegetationslose bis -arme Rohböden.

Tab. 74: Bestehende und zukünftige Schutzgebiete in der Bergbaufolgelandschaft Sachsen-Anhalts

Naturschutzgebiete (NSG)	ha (ca.)	Nordraum	Südraum	Biotoptypen(-gruppen)							
				G	N	B	O	M	K	V	W
vor 1997 (FBM) bestehend											
Tiefkippe Schlaitz	57	✶		●				•	●		
Schlauch Burgkemnitz	67	✶		●	●		•	•	●	●	
Nordfeld Jaucha	23		✶	●	●				•	●	•
seit 1997 neu geschaffen bzw. in Ausweisung											
Paupitzscher See	160	✶		●			•	•		●	
Nordfeld Jaucha-Pirkau (Erweiterung)	658		✶	●	•				•	●	●
Asendorfer Kippe	51		✶	●		•	•		●		
Lochau*	117		✶	●	•				●		
Kayna-Süd	308		✶	●	•		●		●	●	
Bergbaufolgelandschaft Geiseltal	1644		✶	●			●		●	●	●
Teilflächen der Goitzsche bei Bitterfeld, noch kein Schutzstatus, aber von Verbänden (BUND) gekauft bzw. Kauf geplant											
Bärenhofinsel	106	✶					•		•	•	●
Restloch Holzweißig-Ost und Essigloch	210	✶		●						●	•
Tonhalde und Feuchtwald	280	✶		●					●	●	
Sandtrockenrasen bei Petersroda	90	✶						●			
Ludwigsee	170	✶		●			•				
Baufeld II a	170	✶		●			•		●	•	
Tagesanlagen	90	✶					•				●

* seit 2003 einstweilig gesichertes NSG

Legende: Biotoptypengruppen: G = Gewässer, Röhricht, N = Niedermoorinitiale, Sümpfe, B = Binnensalzstellen, O = Rohböden, M = Magerbiotope, K = Gras-Kraut-Fluren, V = Vorwälder, W = Wälder und Forste; die Größe der Punkte symbolisiert unterschiedliche Flächenanteile

In den meisten dieser als Naturschutzgebiete vorgeschlagenen Gebiete haben die genannten Biotoptypen auch längerfristig Bestand, da zum Beispiel Feuchtgebiete im Innenkippenbereich nicht durch Restlochflutung verloren gehen (z.B. Tagebau Muldenstein) oder weil aufgrund fortgesetzter Abbautätigkeit in angrenzenden Tagebauen bzw. einer sekundären Nutzung der Restlöcher langfristig Grundwasserhaltung betrieben wird (z.B. Tagebaue Bruckdorf, Domsen).

Einige der Gebiete weisen ausgedehnte vegetationsarme bzw. vegetationslose Rohböden auf, bei denen wegen des spezifischen Kipp-Substrats (tertiäre Substrate; Kraftwerksasche) von einer sehr langsamen Sukzessionsentwicklung und somit ebenfalls von einem längerfristigen Erhalt dieser von vielen gefährdeten Pionierarten benötigten Biotoptypen ausgegangen werden kann (z.B. Schüttrippenkomplex Profen-Nord; Tagebau Golpa III).

Tab. 75: Vorschläge weiterer prioritär einzurichtender Schutzgebiete in der Bergbaufolgelandschaft Sachsen-Anhalts

Naturschutzgebiete (NSG)	ha (ca.)	Nordraum	Südraum	Biotoptypen(-gruppen)							
				G	N	B	O	M	K	V	W
Golpa III	173	✶		●			●			●	
NSG Erweiterung im ehemaligen Tagebau Muldenstein	183	✶		●	•					●	
Einlaufgebiet Mulde (Schwemmkegel)	17	✶		●			●				
Tagebau Bruckdorf	51		✶	●		•			●	●	
Schüttrippenkippe Profen-Nord*	93		✶	•			●				
Revierpark Profen*	70		✶				●				
Quarzitkippe Domsen*	31		✶				●				

* Flächen im Besitz der MIBRAG mbH

Legende: Biotoptypengruppen: G = Gewässer, Röhricht, N = Niedermoorinitiale, Sümpfe, B = Binnensalzstellen, O = Rohböden, M = Magerbiotope, K = Gras-Kraut-Fluren, V = Pionierwälder, W = Wälder und Forste; die Größe der Punkte symbolisiert unterschiedliche Flächenanteile

Die folgende Aufstellung fasst Details zu den in Tab. 75 aufgeführten prioritär zu schützenden Tagebaubereichen zusammen und macht den herausragenden Wert dieser Gebiete deutlich.

Tagebau Golpa III (Teilbereiche)

- morphologisch sehr strukturreiches Tagebaurestloch; große Vielfalt an Biotoptypen, insbesondere aus faunistischer Sicht von hohem naturschutzfachlichen Wert
- hohe Anzahl von Gewässern verschiedener Gewässerbiotoptypen, darunter ein See mit sehr großer Flachwasserzone und entsprechend ausgedehnten Röhrichtflächen sowie zahlreiche Kleingewässer
- bewaldeter Schüttrippenkomplex; hohe Artenvielfalt aufgrund des ständigen Wechsels trockener bis feuchter (nasser) Teilbereiche
- perspektivisch auch langfristig stabile, großflächige Rohbodenflächen (Aschesubstrat); die als Lebensraum für gefährdete Pionierarten Bedeutung besitzen
- artenreiche Fauna, u.a. mit den Arten des Anhang II der FFH-Richtlinie: Kammolch (größtes bekanntes Vorkommen in der Bergbaufolgelandschaft Sachsen-Anhalts) und Große Moosjungfer sowie Blauflügelige Ödlandschrecke, Wechselkröte, Heidelerche, Brachpieper und Rothalstaucher
- größeres Vorkommen des gefährdeten Mond-Rautenfarnes

Erweiterung der NSG „Schlauch Burgkemnitz“ und „Tiefkippe Schlaitz“ (Tagebau Muldenstein)

- wertvolle bestehende und durch möglichen Wasseranstieg potenzielle Feuchtgebiete, insbesondere mit zahlreichen Flachgewässern und flachen Weihern, wie sie in dieser Größe und Vielfalt in Altbergbaugebieten Sachsen-Anhalts kein weiteres Mal auftreten
- Herstellung eines Biotopverbundes zwischen den beiden schon bestehenden NSG „Schlauch Burgkemmnitz“ und „Tiefkippe Schlaitz“

- äußerst artenreiche Flora und Fauna mit zahlreichen gefährdeten Arten von Feuchtlebensräumen, darunter Schmalblättriges Wollgras, Sumpf-Sitter, Große und Nordische Moosjungfer, Gefleckte Smaragdlibelle, Sumpfschrecke, Moorfrosch, Bekassine, Kranich

Tagebau Bruckdorf

- komplexes, sehr strukturreiches Gebiet mit zahlreichen Feuchtbiotopen (See mit z.T. sehr breitem Röhrichtgürtel, temporäre Klein- und Flachgewässer, Vorwald feuchter Standorte, kleinflächige Binnensalzstellen), aber auch magerrasenähnliche Gras-Kraut-Fluren sowie Rohböden
- wegen zu hoher Sanierungskosten kann von einer langfristigen Grundwasserhaltung ausgegangen werden, damit bleiben insbesondere die großflächigen Röhrichte erhalten
- artenreiche Flora (u.a. Gelbe Spargelerbse, Gemeine Natternzunge) und Fauna (u.a. Moorfrosch, Rohrdommel, Wasserralle, Drosselrohrsänger)

Einlaufgebiet Mulde (Schwemmkegel)

- in der Bergbaufolgelandschaft Sachsen-Anhalts einmalige Schwemmfächerbildung mit hoher Prozessdynamik
- bedeutendes Brut- und Rastgebiet für Wasservögel
- hohes Habitatpotenzial für gefährdete Fischarten

Schüttrippenkippe Profen-Nord

- Schüttrippenkomplex mit überwiegenden Anteilen an Rohböden; die Kippe ist nicht durch Restlochflutung bedroht; aufgrund des vorherrschenden tertiären Substrates kann außerdem von einer stark verzögerten Sukzession ausgegangen werden, so dass dieses Gebiet auch längerfristig für gefährdete Pionierarten naturschutzfachliche Bedeutung besitzt
- in Schüttrippentälchen zudem mehrere (temporäre) Kleinstgewässer
- u.a. Vorkommen von Sand-Ohrwurm, Blauflügeliger Sandschrecke, Blauflügeliger Ödlandschrecke

Revierpark Profen

- Kippenkomplex mit hohem Rohbodenanteil aus tertiärem Substrat und somit langfristiger Lebensraum für gefährdete Pionierarten
- temporäre Kleinstgewässer
- u.a. Vorkommen von Gefleckter Keulenschrecke und Blauflügeliger Ödlandschrecke

Quarzitkippe Domsen

- im Mitteldeutschen Revier seltene und für Sachsen-Anhalt einmalige Aufschüttung von Quarzitsand und Felsblöcken mit stark verzögerten Sukzessionsprozessen
- randlich südexponierte Lößsteilwände einer angeschnittenen Böschung gewachsenen Bodens
- langfristig wertvoller Lebensraum für wärmeliebende Rohbodenbesiedler wie Sand-Ohrwurm, Sandlaufkäfer, Blauflügelige Sandschrecke oder Blauflügelige Ödlandschrecke

9.3.3 Integration der Bergbaufolgeflächen in Biotopverbundsysteme am Beispiel Sachsen-Anhalts

Hans-Markus Oelerich

Die Bundesländer werden in dem vom Gesetzgeber novellierten Bundesnaturschutzgesetz (BNatSchG 2002) verpflichtet, mindestens 10 % der Landesfläche in das regionale und überregionale Biotopverbundsystem zu integrieren. Hierzu sollten die Potenziale „Großflächigkeit", „Unzerschnittenheit", „Standortheterogenität" und „Habitatvielfalt" der Bergbaufolgelandschaft in den betroffenen Ländern umfassend genutzt werden.

Im Land Sachsen-Anhalt fand dies bereits in den regionalen Verbundplanungen auf Ebene der Landkreise Berücksichtigung. Diese Planungen fließen zudem in die in Aufstellung befindlichen Regionalen Entwicklungspläne der Regierungsbezirke ein.

Die Vorschläge des Forschungsverbundes Braunkohlentagebaulandschaften Mitteldeutschlands (FBM 1999) für Naturschutzgebiete und Geschützte Landschaftsbestandteile wurden dabei direkt in das überörtliche Biotopverbundsystem übernommen und gegebenenfalls mit weiteren Entwicklungsflächen abgerundet. Besonders in den Landkreisen Bitterfeld, Merseburg-Querfurt und Weißenfels wurden große Bereiche der ehemaligen Tagebaue als Kern- und Entwicklungsflächen in die Planung einbezogen. Tab. 76 gibt einen Eindruck von dem großen Flächenpotenzial, das die BFL dabei besitzt.

Tab. 76: Anteile der Braunkohlen-Folgelandschaft am Ökologischen Verbundsystem des Landes Sachsen-Anhalt am Beispiel der Landkreise Bitterfeld, Merseburg-Querfurt und Weißenfels

Landkreis	Fläche des Kreises	Fläche der Verbundeinheiten (Kern- und Entwicklungsflächen)	BFL-Flächen innerhalb der Verbundeinheiten	Anteil der BFL-Flächen an den Verbundeinheiten
	Angaben in km²			
Bitterfeld	504,5	158,4	49,4	31,2 %
Merseburg-Querfurt	804,6	193,2	37,9	19,6 %
Weißenfels	372,4	48,8	14,9	30,1 %

In den beiden Kreisen Bitterfeld und Weißenfels liegen fast ein Drittel der Kern- und Entwicklungsflächen im Bereich des ehemaligen Kohleabbaus. Neben der naturschutzfachlichen Bedeutung, die diese Flächen im Sinne des Arten-, Biotop- und Prozessschutzes besitzen, sind sie damit auch wichtiger Bestandteil einer überregionalen und regionalen Verbundplanung.

9.3.4 Ausweisung von Naturwaldzellen

Antje Lorenz

Aus der Sicht der Sukzessionsforschung sind die natürlich entwickelten Wälder der Bergbaufolgelandschaft insbesondere hinsichtlich großflächig ablaufender, primärer Sukzessionsprozesse von großem Interesse. Es wird daher angeregt, natürlich entwickelte (Pionier-)Wälder der Bergbaufolgelandschaft in kontinuierliche Programme zur Langzeitbeobachtung, wie zum Beispiel die Naturwaldzellenforschung, zu integrieren.

Neben der Untersuchung vielfältiger Fragestellungen zur Dynamik von Primärsukzessionen können Sukzessionsuntersuchungen auch wertvolle Orientierungshilfen für einen ökologisch orientierten Waldbau geben (MEYER et al. 2001, THOMASIUS & SCHMIDT 2003). Diese umfassen beispielsweise (vgl. MÜLLER-USING 1991, FRICKE 1991):

- Einwanderung, Keimung und Etablierung von Waldbodenarten und Gehölzen sowie nach Altersstadium und Standortspektrum differenziertes Arteninventar
- grundlegende Erkenntnisse über Ablauf, Mechanismen und Ursachen von Primärsukzessionen im Allgemeinen und zur Sukzessionsdynamik im Besonderen, z.B. Lückendynamik als Prozess von Fluktuation und Sukzession (HIBBS 1982, RÖHRIG 1991, MÜLLER & WAGNER 2001)

- Konkurrenzverhalten der Waldbäume unter verschiedenen Standortbedingungen
- Bestandsstabilität im Hinblick auf die Widerstandskraft von Bäumen gegenüber abiotischen Gefahren wie Sturm oder Schneebruch, z.B. durch ungleich hohe oder ungleich dicht stehende Bereiche eines Waldbestandes (MAYER 1978)
- Erkenntnisse zu fortgeschrittenen Waldstadien, die aufgrund kurzer Umtriebszeiten im Wirtschaftswald lediglich in geringem Umfang vorhanden sind, der Dynamik und Verlauf von Alterungsphasen und Zusammenbrüchen
- Ausbreitungs- und Entwicklungspotenziale invasiver gebietsfremder und neophytischer Arten
- Adaption der Intermediär- und Klimaxbaumarten an bevorstehende Klimaveränderungen und ein daraus resultierendes verändertes Konkurrenzverhalten
- Rolle des Schalenwildeinflusses bei der Naturverjüngung
- Bodengenese, für die insbesondere in der Bergbaufolgelandschaft spezifische Entwicklungen zu erwarten sind.

Eine ungestörte Walddynamik ist demnach nicht nur ein besonderes Naturschutzziel, sondern gleichzeitig auch Voraussetzung für eine langfristig angelegte Sukzessionsforschung. Aus der Sicht der Waldbaupraxis kann die Beobachtung einer natürlichen, ungelenkten Waldentwicklung waldbauliche Erkenntnisse erweitern und wissenschaftlich fundierte Grundlagen für an natürlichen Entwicklungsprozessen ausgerichtete Waldbauplanungen und -maßnahmen liefern (vgl. MÜLLER-USING 1991).

Für die gesamte ostdeutsche Bergbaufolgelandschaft gilt zu prüfen, inwieweit die natürlich entwickelten Waldflächen in das Netz für Naturwaldzellen integriert werden können. Hierzu werden in Tab. 77 Flächen vorgeschlagen, die bereits aus den Untersuchungen zur natürlichen Waldentwicklung in der Bergbaufolgelandschaft bekannt sind (vgl. Kapitel 6.9, TISCHEW et al. 2004). Die Größe der als Naturwaldzellen ausgewiesenen Flächen sollte mindestens 15 - 40 ha umfassen (NIEMANN 1968, KOOP 1982, GRIESE 1989).

Tab. 77: Vorschlag repräsentativer Standorte in der Bergbaufolgelandschaft für die Integration in Langzeitbeobachtungsprogramme (Naturwaldzellenforschung)*

Altersstadium	Extremstandorte	Mittlere Standorte	Mittlere bis reiche Standorte
10 - 30 Jahre	- Revierpark Profen - Tgb. Goitzsche: Sandtrockenrasen bei Petersroda - Tgb. Nochten: Innenkippe - Tgb. Domsen, Quarzitkippe Domsen - Tgb. Greifenhain: "Sukzessionslandschaft Nebendorf" - Tgb. Borna-Ost/Bockwitz - Tgb. Kayna-Süd	- Tgb. Nochten: Innenkippe - Tgb. Berzdorf: "Amisch-Maifeld" - Tgb. Domsen - Tgb. Schleenhain - Tgb. Schwarzheide - Tgb. Kayna-Süd - Tgb. Mücheln/Geiseltal: Innenkippe	
30 - 60 Jahre	- Tgb. Seese-West - Tgb. Klettwitz	- Tgb. Goitzsche: Halde 10/35 u. „Feuchtwald Goitzsche" - Halde Neukieritzsch - Tgb. Zwenkau: Restloch 13 - Bergwitzer See	- Tgb. Goitzsche: Halde 10/35 - Nordfeld Jaucha - Restloch Lochau - Restloch Zechau
60 - 100 Jahre	- Speicher Witznitz - Halde Heureka, Halde Blösien	- Grube Milly - Speicher Witznitz	- Bergwitzer See - Altbergbaugebiet Whyra

* Geographische Koordinaten und weitere Angaben siehe TISCHEW et al. (2004)

10 Naturschutzfachliches Monitoring in der Bergbaufolgelandschaft: Erfolgskontrolle und -sicherung der Renaturierungsmaßnahmen

10.1 Handlungsbedarf und Aufgabenstellungen für ein naturschutzfachliches Monitoring

Sabine Tischew

In den vergangenen Jahren wurden umfangreiche Investitionen für den Naturschutz in der Bergbaufolgelandschaft getätigt. Dazu gehören neben der Erarbeitung wissenschaftlicher Grundlagen auch die planerische und gestalterische Umsetzung sowie Zuschüsse für Flächenkäufe. Die langfristige Sicherung des Erfolges dieser Maßnahmen kann nur gewährleistet werden, wenn durch ein nachhaltiges Flächenmanagement für folgende Problemfelder Lösungen gefunden werden:

- Für naturschutzfachlich wertvolle Bereiche in der Bergbaufolgelandschaft wurden in den Landes- und Schutzgebietsplanungen konkrete Entwicklungsziele formuliert. Teilweise wurden diese Gebiete aufgrund ihrer überregionalen Bedeutung für eine Aufnahme in das Netzwerk NATURA 2000 der Europäischen Union vorgeschlagen. Für viele naturschutzfachlich wertvolle Arten bietet die BFL inzwischen regional und überregional bedeutsame Lebensräume. Die in den nächsten Jahren stattfindende Flutung bzw. der Grundwasserwiederanstieg in den Tagebaurestlöchern werden zu einer komplexen Reaktion der semiaquatischen und terrestrischen Ökosysteme ganzer Regionen der BFL und des angrenzenden unverritzten Umlandes führen. Deshalb muss eine Verifizierung der den Planungen zugrunde liegenden Entwicklungsprognosen nach Grundwasseranstieg bzw. Flutung erfolgen, um gegebenenfalls Planungen effizient und zeitnah modifizieren zu können und negative Entwicklungen auf die naturschutzfachlichen Entwicklungspotenziale der BFL zu verhindern.
- Ein weiterer Faktor, für dessen Wirkungsintensität in konkreten Bereichen der Bergbaufolgelandschaft bislang kaum Prognosen möglich sind, ist der Grad der zukünftigen Nutzung der naturschutzfachlich wertvollen Gebiete. Zu nennen sind insbesondere der sich regionalspezifisch entwickelnde Tourismus (Natur-, Wildnis-, Badetourismus) und dessen Wechselwirkungen mit der Pflanzen- und Tierwelt. Je nach Störungsintensität, Zerschneidungsgrad oder Trophiegrad der Flächen ist mit negativen Einflüssen auf Populationen oder Zönosen naturschutzfachlich wertvoller Arten zu rechnen. Positive Kopplungseffekte in Bezug auf Naherholungsmöglichkeiten und regionale wirtschaftliche Impulse können dagegen im Rahmen eines sanften Tourismus verstärkt genutzt werden (vgl. BUND 2003).
- Durch unerwartete oder schwer prognostizierbare Entwicklungen, wie z.B. überregionale Veränderungen von Rast-, Überwinterungs- und Nahrungsgebieten für Wasservögel aufgrund neu entstehender Restseen und Feuchtgebiete, sind Konflikte mit forst- bzw. landwirtschaftlichen Nutzungen oder Baumaßnahmen (Windkraftanlagen, Verkehrswege) sowohl innerhalb der Gebiete als auch durch Randeinflüsse benachbarter Flächen zu erwarten. Für eine fachliche Abstimmung müssen demzufolge aktualisierte Datengrundlagen zu den Entwicklungspotenzialen der Flächen vorhanden sein. In diesen Prozess muss auch die Weiterentwicklung nachhaltiger Landnutzungskonzepte, wie „sanfter Tourismus“, „ökologische Landwirtschaft“ oder „ökologischer Waldbau“ integriert werden.

Vor dem Hintergrund dieser sich dynamisch verändernden Rahmenbedingungen ist eine kontinuierliche Überwachung und Bewertung der Ausprägung naturschutzfachlicher Potenziale der Bergbaufolgelandschaft notwendig. Die Ergebnisse werden als wesentliche fachliche Grundlage für einen Diskurs der verschiedenen gesellschaftlichen Gruppen und die Entwicklung von Kompromisslösungen bei auftretenden Konflikten benötigt. Sie sind gleichzeitig essenziell für die Ableitung umsetzbarer Handlungsoptionen für ein optimiertes und nachhaltiges Flächenmanagement in der Bergbaufolgelandschaft. Aktuell werden die naturschutzfachlich wertvollen Flächen an verschiedene Flächeneigner und -nutzer übergeben, beispielsweise an Zweckverbände, Naturschutzverbände und Stiftungen. Da die oben aufgeführten landschaftsverändernden Prozesse überregional wirksam sein werden, sind gebietsübergreifende Konzepte notwendig, die von den aktuellen und zukünftigen Flächeneignern und -nutzern nicht in erforderlichem Maße geleistet werden können. Das naturschutzfachliche Monitoring soll deshalb eine wesentliche Koordinierungs- und Vermittlerfunktion übernehmen und im Hinblick auf naturschutzfachliche und landschaftsplanerische Aspekte folgenden Anforderungen gerecht werden:

- Mit einem Monitoring soll eine fortlaufende Aktualisierung und Qualifizierung des Schutzgebietsystems in der BFL unterstützt werden. Bei Verlust wesentlicher Habitatstrukturen infolge von Grundwasserwiederanstieg, Flutung oder Sukzession sind für den Erhalt der betroffenen Arten neue Schutzgebiete, die inzwischen ein entsprechendes Entwicklungsstadium erreicht haben, auszuweisen.
- Die Ergebnisse des Monitorings sollen die Integration der aktualisierten naturschutzfachlichen Potenziale der BFL in regionale und überregionale Planungen unterstützen. Dazu zählen insbesondere Regionalpläne, Planungen zum Biotopverbund sowie zu Kompensations- und Renaturierungsmaßnahmen. Speziell bei der Planung von Renaturierungsmaßnahmen haben ältere Tagebaufolgeflächen in ihrer Funktion als Lieferbiotop für die Besiedlung junger Kippenflächen eine besondere Bedeutung. Zudem bieten sie als Trittsteinbiotope für naturschutzfachlich wertvolle Arten Wanderhilfen. Bezüglich der Biotopverbundplanungen sollten die Potenziale der Bergbaufolgelandschaft länderübergreifend genutzt werden. Im vom Gesetzgeber novellierten Bundesnaturschutzgesetz (BNatSchG 2002) werden dafür mindestens 10 % der Landesfläche gefordert.
- Langfristig ist eine Erweiterung des naturschutzfachlichen Monitorings zu einem länderübergreifenden Informationssystem für eine Unterstützung naturnaher Prozesse nach Abgrabungen anzustreben. Im Sinne eines auf dynamische Entwicklungsprozesse ausgerichteten Naturschutzes ist durch die gezielte Ausweisung geeigneter Sukzessionsflächen im Rahmen von Kompensations- bzw. Wiedernutzbarmachungsplanungen der Erhalt vieler naturschutzfachlich wertvoller Arten verschiedener Sukzessionsstadien möglich.

Eine weitere wesentliche Anforderung an ein naturschutzfachliches Monitoring ist die wissenschaftliche Begleitung eines in dieser Dimension einmaligen Entwicklungsprozesses der Landschaft. Dabei sind insbesondere Einwanderungs- und Sukzessionsprozesse im Zuge des Grundwasseranstiegs und ihre Auswirkungen auf die lokale Diversität der Arten und Biotope zu verfolgen.

10.2 Konzeptionelle Grundlagen für ein naturschutzfachliches Monitoring

Sabine Tischew

Nach BLOCK et al. (2001) beinhaltet ein Monitoring eine Reihe von Schritten und Rückkopplungsschleifen, um folgende Grundsatzfragen zu beantworten und gegebenenfalls immer wieder neu anzupassen:

- WARUM wird ein Monitoring durchgeführt? — Erfolgskontrolle der Ziele und Leitbilder des Naturschutzes im Landschaftsraum
- WAS soll WIE erhoben werden? — Zielbiotope und -arten, Indikatoren, Parameter und Probeflächen, Methoden der Erfassung und Bewertung
- WAS soll WO erhoben werden? — Methoden der Referenzflächenauswahl, Auswahl der Untersuchungsebenen
- WANN sollen Erhebungen stattfinden? — Intervalle der Überwachung

Notwendigkeit und generelle Aufgabenstellungen eines naturschutzfachlichen Monitorings wurden in Kapitel 10.1 dargestellt. Für die fachliche Konzeption müssen weiterhin die Ziele und Leitbilder des Naturschutzes im betreffenden Landschaftsraum eindeutig dargestellt werden (regionaler Kontext, vgl. WILLIAMS et al. 1996, DRÖSCHMEISTER 1998). Aufgrund der besonderen Potenziale wurde als übergeordnete Strategie für die naturschutzfachlich wertvollen Bereiche in der Bergbaufolgelandschaft Sachsen-Anhalts der Prozessschutz abgeleitet (RdErl. des MRLU 2002). Auf einen Großteil der BFL in Sachsen, Brandenburg und Thüringen kann dieses generelle Ziel des Naturschutzes übertragen werden. Von DURKA et al. (1999a, b) wurde unter Berücksichtigung dieses Zieles folgendes allgemeine Leitbild formuliert: „Vielfalt von Standortbedingungen und Sukzessionsstadien mit naturräumlich angepasster Biodiversität". Nach BLUMRICH & WIEGLEB (1998), WIEGLEB et al. (2000) und HENLE et al. (2001) sind vor allem die Grundmotive „Naturnähe" und „Biodiversität" für dieses Leitbild fachlich zu konkretisieren. Für das Grundmotiv „Naturnähe" sind dabei folgende Teilziele zu verfolgen:

a) Gewährleistung unbeeinflusster Prozesse und Entwicklungen
b) Minimierung der Nutzungsintensität
c) Ermöglichen eines „wildromantischen Erlebens".

Der Begriff Biodiversität umfasst insbesondere:

a) Artendiversitätsschutz
b) Artenschutz i.e.S.
c) Funktionaler Diversitätsschutz
d) Biotop- und Geotopschutz, Habitatverbund.

Vor allem im Hinblick auf die hohe Dynamik der BFL darf Artendiversitätsschutz, Artenschutz i.e.S. und Biotop- und Geotopschutz auf keinen Fall in einem statischen Kontext verstanden werden. Im Sinne des Prozessschutzes ist damit das Ziel des Monitorings vielmehr eine Erfolgskontrolle der Ausprägung naturschutzfachlicher Potenziale, die für ein bestimmtes Entwicklungsstadium der Bergbaufolgelandschaft zu erwarten sind, gemeint.

Um auf veränderte Rahmenbedingungen flexibel reagieren zu können, sollte das Monitoring darüber hinaus durch Variabilität und Operationalität gekennzeichnet sein. Das betrifft zum Beispiel eine Leitbildmodifikation infolge von Sukzessionsfortschritt oder die Integration neuer bzw. weiter entwickelter Methoden und neuer Indikatoren in das Monitoring. Damit ist die Beachtung des durch die fortschreitende Sukzession naturgemäßen »turn-over« der Arten und Zönosen sowie die fortlaufende Anpassung der Monitoringobjekte (z.B. Ziel- und Indikatorarten, Biotoptypen) eine grundlegende methodische Vorgehensweise. Für die Integration der potenziellen Flächen des aktiven Tagebaus, zum Beispiel in den Abbaugebieten Profen, Amsdorf, Roßbach, ist eine Erweiterung des Monitorings auf die Wiedernutzbarmachungsphase nach dem Bergbau vorzunehmen.

Die Bewertung der Daten erfolgt anhand der für die jeweiligen Monitoringebenen Bergbaufolgelandschaft, Tagebauregionen und Einzelflächen (z.B. Schutzgebiete, Vorrangflächen Naturschutz) formulierten Ziele und Leitbilder (Abb. 123). Neben detaillierten Naturschutzfachplanungen, wie zum Beispiel Pflege- und Entwicklungsplanungen oder Biotopverbundplanungen, sind dazu auch regionale Entwicklungskonzepte auszuwerten. So haben beispielsweise der BUND und die Heinz Sielmann Stiftung in regionalen Konzepten für großflächige Gebiete in den Tagebauregionen Goitzsche und Schlabendorf-Süd den Prozessschutz als Leitbild festgelegt. In einem nächsten Schritt werden nach Ableitung geeigneter Indikatoren die aktuellen Ist-Zustände in den Untersuchungsräumen erfasst. Anhand eines Soll-Ist-Vergleiches wird anschließend eine Bewertung vorgenommen. Bei Abweichungen vom Zielzustand, der im Fall der dynamischen Bergbaufolgelandschaft auch ausdrücklich ein Entwicklungszustand in Richtung des Zielzustandes sein kann, werden geeignete Handlungsoptionen aufgezeigt (Abb. 123). Die Ergebnisse der Zustandserfassung und -bewertung sowie Vorschläge zu geeigneten Handlungsoptionen sind Naturschutzbehörden sowie Flächeneignern und -nutzern, die gemeinsam über die Umsetzung geeigneter Maßnahmen entscheiden, zuzuleiten.

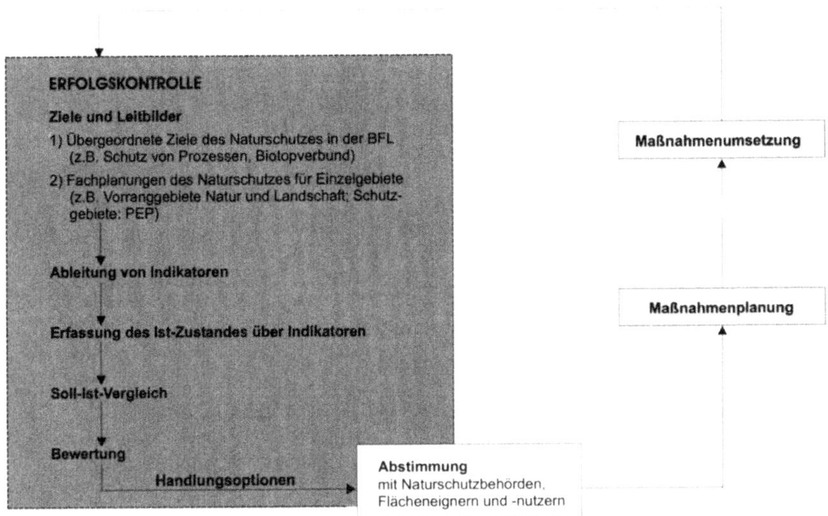

Abb. 123: Konzeptioneller Aufbau eines naturschutzfachlichen Monitorings in Bergbaufolgelandschaften

Handlungsoptionen, die sich aus dem naturschutzfachlichen Monitoring ergeben, beziehen sich einerseits auf die Vermeidung bzw. Verminderung von negativen Einflüssen auf die spontanen und initiierten Entwicklungsprozesse. Dies ist beispielsweise durch Flächensicherung, Vermeidung bzw. Verminderung von Nährstoffeinträgen sowie Vermeidung von Zerschneidungen im Sinne des Biotopverbunds möglich. Ein weiterer Wirkungsbereich für die Ergebnisse des Monitorings ist andererseits die Sensibilisierung der Nutzer für die Entwicklungsprozesse in der BFL und die Förderung kooperativer Entscheidungsprozesse. Das betrifft beispielsweise die Besucherlenkung in sensiblen Bereichen durch naturschutzkonforme Konzepte der touristischen Nutzung. Zur Erhöhung der Akzeptanz ist dabei eine umfassende Öffentlichkeitsarbeit notwendig, für die das Monitoring eine fachliche Grundlage bietet.

In begründeten Fällen sollen spezielle Maßnahmen zum Arten- und Biotopschutz oder auch Eingriffe in bestimmte Ökosysteme, wie beispielsweise die Optimierung des Wasserhaushaltes, Anwendung finden. Weiterhin kann die Regulierung von eingebrachten Neophyten auf Forstflächen, die nachträglich in Kerngebiete oder Vorrangflächen des Naturschutzes eingegliedert wurden, notwendig werden. Für gefährdete und geschützte Arten, für deren Bestandserhalt die BFL inzwischen entscheidend ist, sollte eine Konkretisierung der Handlungsoptionen im Hinblick auf Managementpläne und gegebenenfalls eine Aktualisierung von Schutzgebietskonzepten vorgenommen werden. Das betrifft Arten, die nur noch in der BFL ausreichend große Populationen aufweisen oder stark gefährdete Arten, die vor allem dort auftreten und deren Verlust durch Sukzessionsprozesse, Grundwasseranstieg oder Nutzungseinflüsse droht. Im Bundesland Sachsen-Anhalt sind das beispielsweise Sumpf-Sitter (*Epipactis palustris*), Steifblättriges Knabenkraut (*Dactylorhiza incarnata*), Ästiger Rautenfarn (*Botrychium matricariifolium*), Sandohrwurm (*Labidura riparia*), Blauflügelige Sandschrecke (*Sphingonotus caerulans*) oder Brachpieper (*Anthus campestris*). Die besondere Situation dieser Arten rechtfertigt Maßnahmen zum Erhalt in der Region bzw. im Landschaftsraum im Sinne eines aktiven Arten- und Biotopschutzes. Damit ist der Schutz der Arten nicht unbedingt auf einer konkreten Fläche dauerhaft sicher zu stellen. Vielmehr sollten für diese Arten, zum Beispiel durch Ausweisung neuer Sukzessionsflächen, günstige Bedingungen für eine Wiederbesiedlung auf neuen Flächen geschaffen werden. Dagegen sind aufgrund gesetzlicher Vorgaben für Arten und Biotope, die nach der FFH-Richtlinie geschützt sind, zum Beispiel Kammolch, Große Moosjungfer oder Armleuchteralgengewässer, Maßnahmen zum Erhalt im Bereich ihrer aktuellen Vorkommen vorzusehen.

Das naturschutzfachliche Monitoring sollte Schnittstellen zu laufenden bzw. zu geplanten Monitoringvorhaben in der BFL aufweisen, zum Beispiel zum hydrologischen Monitoring sowie zum Monitoring von Nutzungsprozessen. Dabei werden durch Überschneidungen in den Zielsetzungen neben nutzungsspezifischen Indikatoren auch gemeinsame Indikatoren (integrierte Indikatoren) Anwendung finden. Infolgedessen ist eine übergeordnete integrative Analyse und Bewertung aller Monitoring-Daten möglich, um gegenseitige Beeinflussungen der Nutzungen frühzeitig zu erkennen und positive Effekte zu fördern bzw. negative Effekte verhindern zu können (Abb. 124).

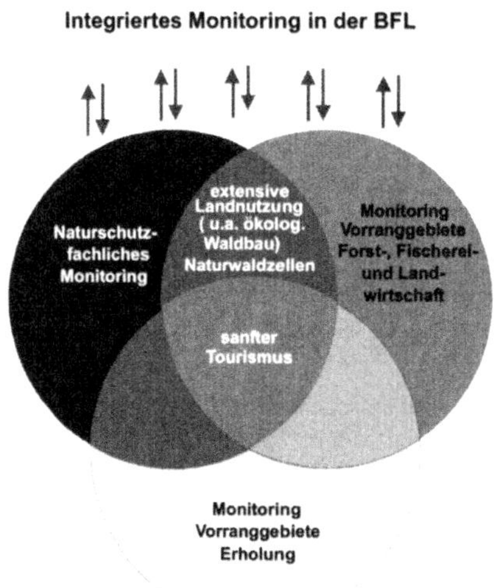

Abb. 124: Integriertes Monitoring für eine nachhaltige Entwicklung der Bergbaufolgelandschaft

10.3 Monitoring auf der Ebene von Arten: Dynamisches Ziel- und Indikatorartenkonzept für die Bergbaufolgelandschaft Sachsen-Anhalts

Sabine Tischew, Hans-Markus Oelerich, Jörg Huth & Michael Reuter

Das Zielartenkonzept wurde von zahlreichen Autoren als wesentliches Instrument zum Schutz von Arten einschließlich ihrer Lebensräume empfohlen (KRATOCHWIL 1989, HOVESTADT et al. 1991). Zielarten des Naturschutzes in der Bergbaufolgelandschaft stellen deshalb im vorliegenden Konzept wesentliche Objekte des Monitorings dar. Dabei kann für die methodische Vorgehensweise auf die Arbeiten von DURKA et al. (1997) und HENLE et al. (2001) zurückgegriffen werden.

Zielarten in der BFL müssen nach ALTMOOS (1999):

- ein autochthones Vorkommen im regionalen Bezugsraum
- eine methodisch sichere Erfassbarkeit
- und einen Mitnahmeeffekt für andere Arten besitzen.

In Bezug auf die Gefährdung wird die Erfüllung mindestens eines der folgenden Kriterien gefordert:

- überregionaler Verbreitungsschwerpunkt in der Bezugsregion
- Randbereich der Verbreitung
- überregionale Gefährdung
- besondere Schlüsselfunktion
- besondere Ausbreitungsschwäche
- besondere Störungsempfindlichkeit.

In Bezug auf die übergeordnete Strategie des Naturschutzes in der BFL Sachsen-Anhalts (Prozessschutz) sind in Erweiterung zum Zielartenkonzept von HENLE et al. (2001) die Zielarten auf konkrete Entwicklungsstadien der BFL zu beziehen (Tab. 78 und Tab. 79), da die stadienspezifische Ausprägung der naturschutzfachlichen Potenziale überwacht werden soll. Es sollten vorrangig Zielartenkollektive zum Einsatz kommen, um eine möglichst breite Anwendbarkeit zu garantieren, die bei der Ableitung einer zu geringen Anzahl von Zielarten aufgrund der vielfältigen Entwicklungswege nicht gewährleistet wäre. Für das konkrete Monitoring der einzelnen Gebiete müssen die Zielarten an die spezifischen Standortbedingungen/Habitatstrukturen sowie die lokalen/regionalen Besonderheiten (Lieferbiotope, Verbreitungsgebiete, Arealgrenzen) angepasst werden. Bei der Auswahl der faunistischen Zielarten werden nach Möglichkeit Arten für unterschiedliche Raumebenen integriert, das heißt es werden sowohl der Raumanspruch als auch die Komplexität benötigter Reproduktions- und Nahrungsgebiete beachtet. Eine entsprechende gebietsspezifische Konkretisierung des Monitorings auf der Ebene der Zielarten wird im Kapitel 10.6.2 vorgenommen.

Tab. 78: Dynamisches Zielartenkonzept des Naturschutzes in der Bergbaufolgelandschaft Sachsen-Anhalts für ausgewählte Artengruppen (Fettgedruckte Arten weisen im entsprechenden Entwicklungsstadium ihren Verbreitungsschwerpunkt auf. Für Stadien > 45 Jahre sind die Arten in eckige Klammern gesetzt. Für diese Arten kann lediglich eine Prognose getätigt werden, da sich aktuell noch relativ wenige Flächen in diesem Stadium befinden. Zu einem späteren Zeitpunkt ist eine Aktualisierung notwendig.)

Landschaftliches Entwicklungsstadium	Initialstadium (Rohbodenstadium)	Frühes Entwicklungsstadium (Rohboden- und Offenlandstadium)	Mittleres Entwicklungsstadium (Offenland-Vorwald-Mosaikstadium)	Spätes Entwicklungsstadium (Vorwald- und Intermediärwaldstadium)	Reifestadium, Endzustand (Waldstadium)
Alter (ca.)	0 - 5 Jahre	> 5 - 15 Jahre	> 15 - 45 Jahre	> 45 - 100 Jahre	> 100 Jahre
Biotoptypencharakteristik	Rohboden, Pioniervegetation, initiale Röhrichtentwicklung	Mosaike aus Rohböden, Pionierfluren und diversen mehr oder weniger lichten, z.T. leicht verbuschten Gras-Kraut-Fluren, lichte, oft (pflanzen-) artenreiche Röhrichte	Biotopmosaike mit Offenlandstrukturen, Gebüschgruppen und Vorwäldern; differenziertere, dichtere, mäßig (pflanzen-) artenreiche Röhrichte und Niedermoorinitiale; vegetationsarme Bereiche vor allem auf Extremstandorten	zumeist dichte Vorwaldbereiche mit einzelnen, überwiegend verbuschten Offenlandbereichen; dichte, (pflanzen-)artenarme Röhrichte und junge, differenziertere Niedermoore; vegetationsarme Bereiche auf Extremstandorten	vorrangig Wälder, Röhrichte und persistierende Feuchtvegetation, Niedermoore, wenige Offenland- und Extremstandorte: tertiäre Rohböden, Abbrüche, Erosionsrinnen
Abiotische Charakteristik	intensive und relativ großflächig vorhandene Morphodynamik, initiale Bodenbildungsprozesse	nachlassende Morphodynamik, Frühstadium der Bodenentwicklung, Flachgewässer im Bereich der Tagebausohle	Flutung und Grundwasserwiederanstieg, Reduzierung morphodynamischer Prozesse auf kleine Flächen und Einzelobjekte, fortschreitende Bodenentwicklung	Reduzierung morphodynamischer Prozesse auf kleine Flächen und Einzelobjekte, fortschreitende Bodenentwicklung	relativ stabile Gleichgewichtszustände abiotischer ökosystemarer Parameter mit Ausnahme der Extremstandorte
Pflanzenarten sandiger und trockener Standorte	*Filago arvensis, Scleranthus polycarpos*	***Filago arvensis**, Scleranthus polycarpos, Dianthus deltoides, Helichrysum arenarium*	*Filago arvensis* , ***Helichrysum arenarium**, Dianthus deltoides,* ***Botrychium matricariifolium, Botrychium lunaria***	*Filago arvensis, Helichrysum arenarium, Botrychium matricariifolium, Botrychium lunaria, Pyrola rotundifolia*	*[Pyrola rotundifolia, Chimaphila umbellata]*
Pflanzenarten basenreicher, stickstoffarmer Standorte	*Thymelaea passerina, Erucastrum nasturtiifolium, Centaurium erythraea*	***Thymelaea passerina**, **Erucastrum nasturtiifolium**, Centaurium erythraea, Hieracium bauhinii, H. piloselloides, H. bracchiatum, H. fallax, Carlina vulgaris, Dianthus carthusianorum, Linum austriacum, Ophrys apifera, Centaurea diffusa, Verbena officinalis, Sanguisorba officinalis, Rhinanthus minor*	*Thymelaea passerina, Erucastrum nasturtiifolium, Centaurium erythraea, Hieracium bauhinii, H. piloselloides, H. bracchiatum, H. fallax, Carlina vulgaris, Dianthus carthusianorum, Linum austriacum, Ophrys apifera, Centaurea diffusa, Epipactis atrorubens, Epipactis helleborine*	*Carlina vulgaris, Dianthus carthusianorum, Linum austriacum, Ophrys apifera, Centaurea diffusa, Epipactis atrorubens, Epipactis helleborine, Platanthera chlorantha, Listera ovata, Gymnadenia conopsea [Cephalanthera rubra, C. damasonium]*	*[Epipactis atrorubens, Epipactis helleborine, Gymnadenia conopsea, Platanthera chlorantha, Listera ovata, Cephalanthera rubra, C. damasonium]*

Landschaftliches Entwicklungsstadium	Initialstadium (Rohbodenstadium)	Frühes Entwicklungsstadium (Rohboden- und Offenlandstadium)	Mittleres Entwicklungsstadium (Offenland-Vorwald-Mosaikstadium)	Spätes Entwicklungsstadium (Vorwald- und Intermediärwaldstadium)	Reifestadium, Endzustand (Waldstadium)
Pflanzenarten feucht-nasser und wechselfeuchter Standorte	**Nanocyperion-Arten: *Limosella aquatica*, *Centaurium pulchellum***	*Epipactis palustris*, *Equisetum palustre*, *Eriophorum angustifolium*, *Limosella aquatica*, *Centaurium pulchellum*, *Pulicaria dysenterica*	***Epipactis palustris*, *Dactylorhiza incarnata***, *D. maculata*, *Equisetum palustre*, *Eriophorum angustifolium*, ***Ophioglossum vulgatum***, *Carex vulpina*, *Salix repens*, *Utricularia australis*, *Chara spec.*	*Eriophorum angustifolium*, *Equisetum palustre*, *Epipactis palustris*, *Dactylorhiza incarnata*, *D. maculata*, *Carex vulpina*, *Salix repens*, (*Equisetum variegatum*), *Utricularia australis*, *Chara spec.*, Nanocyperion-Arten im Wasserschwankungsbereich und Hochwasserlamelle der Restseen	*Salix repens*, *Eriophorum angustifolium*, *Epipactis palustris*, *Equisetum palustre*, *Dactylorhiza incarnata*, *D. maculata*, *Utricularia australis*, *Chara spec.*, *Equisetum variegatum*, Nanocyperion-Arten
Vögel	Brachpieper, Steinschmätzer	**Brachpieper**, Steinschmätzer	Offenland(-Mosaike): Raubwürger, Grauammer, Braunkehlchen, Schwarzkehlchen Röhrichte: **Rohrdommel**, Blaukehlchen	Vorwälder: keine Zielarten Röhrichte: Rohrdommel großflächige Feuchtgebiete: lokal Kranich, Bekassine	Wälder: möglichst arten- und individuenreiche Greifvogel- und Höhlenbrüterzönose Röhrichte: Rohrdommel großflächige Feuchtgebiete/ Niedermoore: lokal Kranich, Bekassine
Heuschrecken Ohrwürmer	**Sandohrwurm** (*Labidura riparia*), **Blauflügelige Sandschrecke** (*Sphingonotus caerulans*)	Rohböden, Pionierfluren: **Blauflügelige Ödlandschrecke** (*Oedipoda caerulescens*), Sandohrwurm (*Labidura riparia*), Blauflügelige Sandschrecke (*Sphingonotus caerulans*)	Halbtrockenrasen und ähnliche Habitate: Blauflügelige Ödlandschrecke (*Oedipoda caerulescens*)	strukturreiche Feuchtgebiete: Sumpfschrecke (*Stethophyma grossum*), Kurzflügelige Schwertschrecke (*Conocephalus dorsalis*) Halbtrockenrasen und ähnliche Habitate: Blauflügelige Ödlandschrecke (*Oedipoda caerulescens*)	strukturreiche Feuchtgebiete: Sumpfschrecke (*Stethophyma grossum*), Kurzflügelige Schwertschrecke (*Conocephalus dorsalis*) Halbtrockenrasen und ähnliche Habitate: Blauflügelige Ödlandschrecke (*Oedipoda caerulescens*)

Tab. 79: Habitatspezifisches Zielartenkonzept für Amphibien und Libellen in der Bergbaufolgelandschaft Sachsen-Anhalts (Fettgedruckte Arten weisen im entsprechenden Entwicklungsstadium ihren Verbreitungsschwerpunkt auf.)

Landschaftliches Entwicklungsstadium	0 - 5 Jahre	> 5 - 15 Jahre	> 15 - 45 Jahre	> 45 Jahre
Amphibien				
Temporäre Kleinstgewässer	**Kreuzkröte***	Kreuzkröte*		
Ausdauernde Kleingewässer		Knoblauchkröte	Kammolch* **Knoblauchkröte**	Kammolch* Knoblauchkröte
Flachgewässer	Kreuzkröte* Wechselkröte	Knoblauchkröte **Wechselkröte** Kreuzkröte* Laubfrosch* Moorfrosch*	**Knoblauchkröte** Wechselkröte Laubfrosch* **Moorfrosch***	Knoblauchkröte Moorfrosch*
Weiher	Wechselkröte	Knoblauchkröte Wechselkröte Laubfrosch* Seefrosch	Knoblauchkröte Wechselkröte Laubfrosch* Seefrosch	Kammolch* Knoblauchkröte Seefrosch
See	Wechselkröte	Wechselkröte Seefrosch	Wechselkröte Seefrosch	Seefrosch
Libellen				
Rinnsale/kleinere Fließgewässer	*Orthetrum brunneum*	*Orthetrum brunneum* *Orthetrum coerulescens*	*Orthetrum coerulescens*	*Orthetrum coerulescens*
Weiher/Flachgewässer	*Ischnura pumilio*	*Lestes virens* *Lestes dryas** *Aeshna isosceles*	*Lestes virens* *Lestes dryas** *Aeshna isosceles* *Leucorrhinia dubia** *Leucorrhinia pectoralis**	*Lestes virens* *Lestes dryas** *Aeshna isosceles* *Leucorrhinia dubia** *Leucorrhinia pectoralis**
See	*Ischnura pumilio*	*Erythromma viridulum* *Aeshna isosceles* *Anax parthenope*	*Erythromma viridulum* *Aeshna isosceles* *Anax parthenope*	*Aeshna isosceles* *Anax parthenope*
Moor- und Sumpfinitiale			*Aeshna juncea** *Somatochlora flavomaculata**	*Aeshna juncea** *Somatochlora flavomaculata**

* nur lokal verbreitet oder selten

Über die Beobachtung der Zielartengruppen des Naturschutzes hinaus sollen mit Hilfe eines Monitorings des Weiteren allgemeine Entwicklungsprozesse überwacht und bewertet werden. Unter dieser Zielstellung ist die Integration von Indikatorarten und indikatorisch bedeutenden Habitatparametern bzw. deren Stellvertreterparameter in das Monitoringsystem notwendig. Indikatorarten stellen nach FLEISHMANN et al. (2000) Zeiger für ökologische Prozesse dar und sind an bestimmte Habitate gebunden. Aus ihren Vorkommen sollen sich unter anderem auch Rückschlüsse auf das Vorkommen von anderen Arten mit ähnlichen Ansprüchen ziehen lassen (vgl. z.B. LANDRES et al. 1988, FLATHER et al. 1997, SUTER et al. 1998, HENLE et al. 2001). Die angewandte Methodik zur Auswahl pflanzlicher Indikatorarten (Indicator-Species-Analysis nach DUFRENE & LEGENDRE 1997) zielt vor allem auf Indikatorarten als statistisch gesicherte Stellvertreterparameter für die Entwicklung komplexerer Systeme ab (Tab. 80). Die abgeleiteten Indikatorarten haben damit einen Verbreitungsschwerpunkt in den betreffenden Sukzessionsstadien und sind dort zu einem hohen Anteil auf den Probeflächen vertreten. Negativindikatoren stellen Stellvertreterparameter zur Indikation von Prozessen dar, die den Zielen des Naturschutzes entgegenwirken.

Tab. 80: Indikatorarten (Pflanzenarten) für verschiedene Entwicklungsstadien der Bergbaufolgelandschaft Sachsen-Anhalts (Fettgedruckte Arten weisen im entsprechenden Entwicklungsstadium ihren Verbreitungsschwerpunkt auf.)

Landschaftliches Entwicklungsstadium	Initialstadium (Rohbodenstadium)	Frühes Entwicklungsstadium (Rohboden- und Offenlandstadium)	Mittleres Entwicklungsstadium (Offenland-Vorwald-Mosaikstadium)	Spätes Entwicklungsstadium (Vorwald- und Intermediärwaldstadium)
saure, sandige und trockene Standorte	Silbergraspionierfluren: ***Corynephorus canescens***	Silbergraspionierfluren: ***Corynephorus canescens***	Sandtrockenrasen: ***Hieracium pilosella, Jasione montana*** Silbergraspionierfluren: *Corynephorus canescens*	Silbergraspionierfluren, Sandtrockenrasen: *Hieracium pilosella, Jasione montana, Corynephorus canescens* Vorwälder: ***Pinus sylvestris***, *Betula pendula*
Rohbodenbereiche auf basenreicheren Standorten	unspezifische Arten	Rohbodenbereiche: ***Gypsophila perfoliata, Polygonum aviculare*** Gras-Kraut-Fluren: *Hordeum jubatum, Bromus tectorum, Melilotus alba, Tussilago farfara* Negativindikator: *Calamagrostis epigejos*	Rohbodenbereiche: *Gypsophila perfoliata, Polygonum aviculare* verbuschte Gras-Kraut-Fluren: ***Linum catharticum, Carlina vulgaris*** Vorwälder: ***Betula pendula***, *Populus tremula* Negativindikator: *Calamagrostis epigejos*	Intemediärwälder: ***Quercus robur, Fragaria vesca, Hieracium murorum*** verbuschte Gras-Kraut-Fluren: *Linum catharticum, Carlina vulgaris*
feucht-nasse Standorte	unspezifische Arten	Röhrichte: *Phragmites australis, Typha angustifolia*	Röhrichte: *Phragmites australis* Niedermoorinitiale: *Juncus articulatus*	Röhrichte: ***Phragmites australis, Carex spec.*** Niedermoorinitiale: *Juncus articulatus*

10.4 Monitoring von ökosystemaren Entwicklungsprozessen – Vorschlag für ein hierarchisches Monitoringkonzept

Sabine Tischew & Hans-Markus Oelerich

Zur Analyse und Bewertung der ökosystemaren Entwicklungsprozesse in der BFL wurde ein hierarchisch aufgebautes Monitoring entwickelt, das verschiedene Organisationsniveaus und Maßstabsebenen der Landschaft integriert (Tab. 81). Bei der Auswahl der Monitoringobjekte und Methoden wurde beachtet, dass die Indikation von Umweltzuständen über möglichst leicht erfassbare und handhabbare sowie über zielorientierte und robuste Indikatoren erfolgen sollte (vgl. z.B. WINKELBRANDT 1990, KÖPPEL et al. 1994, REICH 1994). Ziel- und Indikatorarten stellen auf der Ebene von Arten/Populationen solche zielorientierten und einfach zu erhebenden Indikatoren dar (vgl. Kapitel 10.3).

Da das Vorkommen von seltenen Arten nicht in jedem Fall mit einer hohen lokalen Diversität korreliert (z.B. PRENDERGAST et al. 1993) und zudem die Erfassung der Artendiversität größerer Gebiete mit einem sehr hohen zeitlich/finanziellen Aufwand verbunden ist, soll für die Überwachung der lokalen Artendiversität der Pflanzen auf Untersuchungsflächen in repräsentativen Bereichen zurückgegriffen werden (vgl. Kapitel 10.5.2). Die Erfassung der Artendiversität kann auf diesen Flächen sinnvoll mit der Überwachung der Entwicklung von Vegetationstypen gekoppelt werden. Aufgrund des hohen methodischen Aufwandes ist eine Kompletterfassung der faunistischen Artendiversität auf Flächenstichproben nicht gerechtfertigt. Für bestimmte Biotoptypen ist allerdings die Bestimmung der Artendiversität mittels ausgewählter Tiergruppen sinnvoll (z.B. Erfassung der Avifauna in Vorwäldern oder Forsten).

Tab. 81: Organisationsniveaus, Monitoringobjekte und -prozesse, Erfassungsmethoden sowie Maßstabsebenen eines naturschutzfachlichen Monitorings in der BFL

Organisationsebene	Monitoringobjekte und -prozesse	Erfassungsmethoden	Maßstab/Flächengrößen
Arten/Populationen	Zielarten Indikatorarten Indikatorpopulationen	Individuenzählungen bzw. halbquantitative Verfahren kombinierte Abundanz-/Dominanzschätzungen, Brutvogelkartierungen ausgewählter Arten	Repräsentative (Dauer-)Probeflächen (1 - 400 m²) Rasterkartierungen Brutvögel (0,5 - 2 km²)
Zönosen/Sigmeten	Ausprägung und Diversität von Vegetationseinheiten und Sigmeten lokale pflanzliche Artendiversität Bodengenese	kombinierte Abundanz-/Dominanzschätzung Brutvogelsiedlungsdichteuntersuchungen und/oder -rasterkartierungen Biomasseschätzung, Humusstatus, feldbodenkundliche Bestimmung (KA 4, AG BODEN 1994)	Flächenstichproben: repräsentative Rasterflächen (100 x 100 m) Dauerbeobachtungsflächen (20 m² bis 1 ha)
Biotope	Ausprägung, Diversität und räumliche Verteilung verschiedener Biotoptypen	Terrestrische Biotopkartierung nach FBM-Schlüssel (FLB 2003) langfristig je nach technischem Fortschritt in Kombination mit Fernerkundungsmethoden	Repräsentative Tagebaubereiche (0,1 - 2 km²) Maßstab 1 : 1.000 bis 1 : 5.000
Landschaftselement (Tagebauregion)	Indikatoren: Anteil und räumliche Verteilung von: - Rohbodenflächen - gehölzfreien Offenlandbereichen - Verbuschungsflächen - Röhrichtflächen - geomorphologischen Prozess- und Reliefformen - Zerschneidungselementen (Wege, Straßen, Bauten etc.)	Methoden der Fernerkundung (kostengünstige Routinemethoden)	Flächendeckend Maßstab 1 : 25.000 bis 1 : 50.000
Naturraum	Biotopverbund potenziell naturschutzfachlich wertvoller Bereiche (siehe Indikatoren)	Methoden der Fernerkundung (kostengünstige Routinemethoden)	Flächendeckend Maßstab 1 : 100.000

Strukturelle Entwicklungsprozesse in der Landschaft werden vorrangig durch Anteil und Verteilung von Biotop- und Nutzungstypen geprägt. Deshalb soll ein Monitoring von Vegetations- und Biotoptypen und den daran gekoppelten Bodenbildungsprozessen auf repräsentativen Tagebaufolgeflächen fortgeführt werden (Flächenstichproben s.o.). Für Offenlandbereiche werden aufgrund der positiven Erfahrungen auf dem Sandtrockenrasen bei Petersroda im Tagebaugebiet Goitzsche sigmasoziologische Kartierungen angeregt (vgl. Kapitel 10.5.1). Langfristig ist vor allem auf der Ebene der Biotope bezüglich ihrer Verteilung, Ausprägung und Diversität eine stärkere Integration von kostengünstigen routinemäßigen Methoden der Fernerkundung geplant. Ein auf Fernerkundungsdaten basierendes Monitoring wird jedoch auch zukünftig nur in enger Kopplung mit den entsprechenden Feldarbeiten erfolgreich umgesetzt werden können. Für folgende Fragestellungen ist aufgrund des wissenschaftlich-technischen Fortschrittes aktuell der Einsatz von Fernerkundungsmethoden möglich:

- Biotopverbund mit dem Umland: Charakterisierung durch Landschaftsindices, Dokumentation von Verbundstrukturen
- generalisierende und großflächige Dokumentation der Landschaftsentwicklung mittels einiger leicht erfassbarer Indikatoren für bestimmte Zielarten und Entwicklungsprozesse, beispielsweise der Anteil an Sukzessions-, Rohboden-, Offenland- und Röhrichtflächen sowie Dokumentation von Verbuschungstendenzen und Morphodynamik
- Überwachung von Negativindikatoren, z.B. Zerschneidung durch Wege und Straßen sowie Bebauungen, Intensivnutzungen.

Insbesondere in Bezug auf die Festlegung von Grenzwerten für die Erfolgskontrolle im Rahmen der Überwachung von Entwicklungsprozessen bzw. deren Modifikation unter veränderten Rahmenbedingungen besteht weiterer Forschungsbedarf. Die Auswahl der jeweiligen Maßstabs- und Organisationsebene, die am besten für die Überwachung und Bewertung von Entwicklungsprozessen in konkreten Monitoringgebieten geeignet ist, muss einerseits im Hinblick auf die Praktikabilität der Methoden vorgenommen werden (kostengünstig, reproduzierbar). Andererseits müssen die Methoden statistischen Anforderungen genügen, das heißt die ermittelten Trends sollten absicherbar und die Ergebnisse von den untersuchten Referenzflächen auf größere Gebiete übertragbar sein. Im folgenden Kapitel werden Fallstudien vorgestellt, die dieser Problematik nachgehen.

10.5 Fallstudien zur gebietsspezifischen Auswahl der Untersuchungs- und Maßstabsebenen sowie zum Stichprobenumfang in einem Monitoring

10.5.1 Trendanalysen auf unterschiedlichen Organisationsebenen: Fallbeispiel Sandtrockenrasen bei Petersroda im Tagebau Goitzsche

Sabine Tischew & Annett Baasch

Je nach Fragestellung müssen Monitoringprojekte auf den ökologischen und räumlichen Maßstabsebenen positioniert werden (TRAXLER 1997). Hierarchieebenen und Flächengrößen, auf denen gearbeitet werden soll, sind demzufolge eindeutig zu definieren. Um Fehlinterpretationen bei der Analyse und Bewertung der Daten zu vermeiden, müssen diese methodischen Rahmenbedingungen unbedingt beachtet werden. Jede ökologische Hierarchieebene ermöglicht spezifische Einblicke. Aussagen, die auf einer Ebene getroffen werden, können wichtige Interpretationshilfen für die Ergebnisse einer anderen Ebene darstellen. Es ist daher anzunehmen, dass die Ergebnisqualität unter Einbeziehung möglichst vieler Hierarchieebenen verbessert werden kann. Aus personellen und finanziellen Gründen müssen Untersuchungen häufig auf eine Ebene beschränkt werden. Dabei werden Trends oft durch eine genaue Bearbeitung kleiner Flächen, das heißt auf den unteren Hierarchieebenen, analysiert.

Bei der Interpretation und Interpolation der Ergebnisse wird häufig postuliert, dass diese Trends zwangsläufig zu signifikanten Veränderungen auf größeren Flächen und/oder in der nächst höheren Ebene führen. Im Hinblick auf die Konzeption eines zukünftigen Monitoring sind demnach folgende Fragestellungen von zentraler Bedeutung:

- Welche Trends können auf welcher Bearbeitungsebene mit welcher Sicherheit festgestellt werden?
- Führen Trends in den unteren Hierarchieebenen zu signifikanten Veränderungen auf höherer Ebene?
- Sind Untersuchungen auf den oberen Maßstabsebenen geeignet, eine Ursachenanalyse (Kausalanalyse) von Veränderungen zu gewährleisten?

Im Tagebaugebiet Goitzsche werden seit 1993 Verlauf und Geschwindigkeit der Sukzession von Sandtrockenrasen-Beständen analysiert (MAHN & TISCHEW 1995, JAKOB et al. 1996, TISCHEW & MAHN 1998, FROMM et al. 2002). Im Rahmen dieser Forschungen wurde auf dem Sandtrockenrasen bei Petersroda in unterschiedlichen räumlichen Erfassungseinheiten gearbeitet. In der folgenden Auswertung werden die vorliegenden Daten dieser langjährigen Untersuchungen für die Entwicklung eines zielorientierten routinemäßigen Überwachungsprogramms für das Gebiet genutzt. Der Focus der Analysen gilt somit nicht den Entwicklungen der untersuchten Populationen und Pflanzengesellschaften (Sukzessionsstudie), sondern den oben angeführten Fragestellungen, deren Beantwortung einen essenziellen Beitrag für die Konzeption eines zukünftigen, effektiven Monitorings leisten kann.

Der aktuelle Wert des Gebietes besteht weniger im Vorkommen einzelner gefährdeter und geschützter Arten, sondern vielmehr in der charakteristischen und großflächigen Ausprägung eines Sandtrockenrasenkomplexes in der Bergbaufolgelandschaft. Das Gebiet konnte sich ca. 35 Jahre lang weitgehend ungestört entwickeln und war bislang durch sehr langsam ablaufende Sukzessionsprozesse gekennzeichnet. Neben dem großflächigen Vorkommen von Silbergraspionierfluren und Sandtrockenrasen bietet die Strukturierung durch Einzelgehölze und Gehölzgruppen wertvolle Rückzugsgebiete für gefährdete Tierarten (Heuschrecken, Brachpieper, Heidelerche, Raubwürger). Die aktuelle Naturschutzstrategie im Gebiet ist Prozessschutz. Das Ziel des Monitorings ist daher vorrangig eine Überwachung und Gesamtbewertung der Entwicklungsprozesse im Gebiet. Im Sinne eines „Frühwarnsystems“ sollen mittels Indikatoren Entwicklungstrends aufgezeigt und Veränderungen, welche den aktuellen Wert des Gebietes herabsetzen, möglichst frühzeitig erkannt werden. Arten und/oder Gesellschaften der Silbergraspionierfluren und Sandtrockenrasen wirken dabei als Positivindikatoren. Massive Verbuschung oder die starke Ausbreitung invasiver Arten, zum Beispiel die Vergrasung durch Land-Reitgras, sind dagegen Negativindikatoren und zeigen den Abbau der Sandtrockenrasen an.

Tab. 82 und Abb. 125 geben einen Überblick über das hierarchische Untersuchungskonzept auf dem Sandtrockenrasen bei Petersroda. Im Folgenden werden wesentliche Ergebnisse aus dieser Studie exemplarisch anhand der Indikatoren Silbergras (*Corynephorus canescens*) und Land-Reitgras (*Calamagrostis epigejos*) dargestellt.

Tab. 82: Übersicht über das hierarchische Erfassungskonzept auf dem Sandtrockenrasen bei Petersroda im Tagebaugebiet Goitzsche

Ökologische Organisationsebene	Untersuchungsobjekte	Aufnahmemethode	Verfügbarer Flächenpool (Daten 1994/1995 - 2001)
Population	Arten: *Helichrysum arenarium* - Sand-Strohblume (Zielart) *Corynephorus canescens* - Silbergras (Positivindikator) *Calamagrostis epigejos* - Land-Reitgras (Negativindikator)	Zählungen der Horste (*Corynephorus canescens*), Blühtriebe (*Helichrysum arenarium*) und Triebe (*Calamagrostis epigejos*)	Gesamtpopulation: 18 x 1 m²-Flächen Zönopopulationen: 3 x 1 m²-Flächen pro syntaxonomische Einheit (COR, CORM, HELI, TRIF, ART, CAL)
		Deckungsgradschätzungen (prozentgenau)	Gesamtpopulation: 36 x 1 m²-Flächen Zönopopulationen: 6 x 1 m²-Flächen pro sytaxonomischer Einheit (COR, CORM, HELI, TRIF, ART, CAL)
Zönose (Vegetationseinheit)	alle Arten in den ausgewählten Vegetationseinheiten	Deckungsgradschätzungen (prozentgenau)	6 x 1 m²-Flächen pro sytaxonomischer Einheit (COR, CORM, HELI, TRIF, ART, CAL)
Sigmeten (Vegetationskomplexe)	Vegetationseinheiten: COR, CORM, HELI, TRIF, ART, POA, AGR, CAL, GEH, VFREI	Deckungsgradschätzungen (prozentgenau)	480 x 100 m²-Flächen im Raster (mind. 20 Flächen pro Sigmet: Silbergraspionierfluren, Sandtrockerasen i.e.S., ruderalisierte Trockenrasen, Land-Reitgras dominierte Trockenrasen, Verbuschungsstadien)
Landschaftselement (Sandtrockenrasen-Komplex)	Silbergras-Pionierfluren, Sandtrockenrasen i.e.S., ruderalisierte Trockenrasen, Land-Reitgras dominierte Sandtrockenrasen, Verbuschungsstadien	Klassifikation von Scanner-Daten	flächendeckend (ca. 113 ha)

COR - durch Silbergras (*Corynephorus canescens*) dominierte Bestände
CORM - durch Silbergras und Kryptogamen dominierte Bestände
HELI - durch Sand-Strohblume (*Helichrysum arenarium*) dominierte Bestände
TRIF - durch Hasen- und Feld-Klee (*Trifolium arvense et campestre*) dominierte Bestände
ART - - durch Feld-Beifuß (*Artemisia campestris*) dominierte Bestände
CAL - - durch Land-Reitgras (*Calamagrostis epigejos*) dominierte Bestände
AGR - Rot-Straußgras (*Agrostis capillaris*) - Dominanzbestände
PCOM - Platthalm-Rispengras (*Poa compressa*) - Dominanzbestände
GEH - Gehölzbestände
VFREI - vegetationsfreie Rohböden

(zur Erläuterung der syntaxonomischen Einheiten vgl. auch Kapitel 6.7.5)

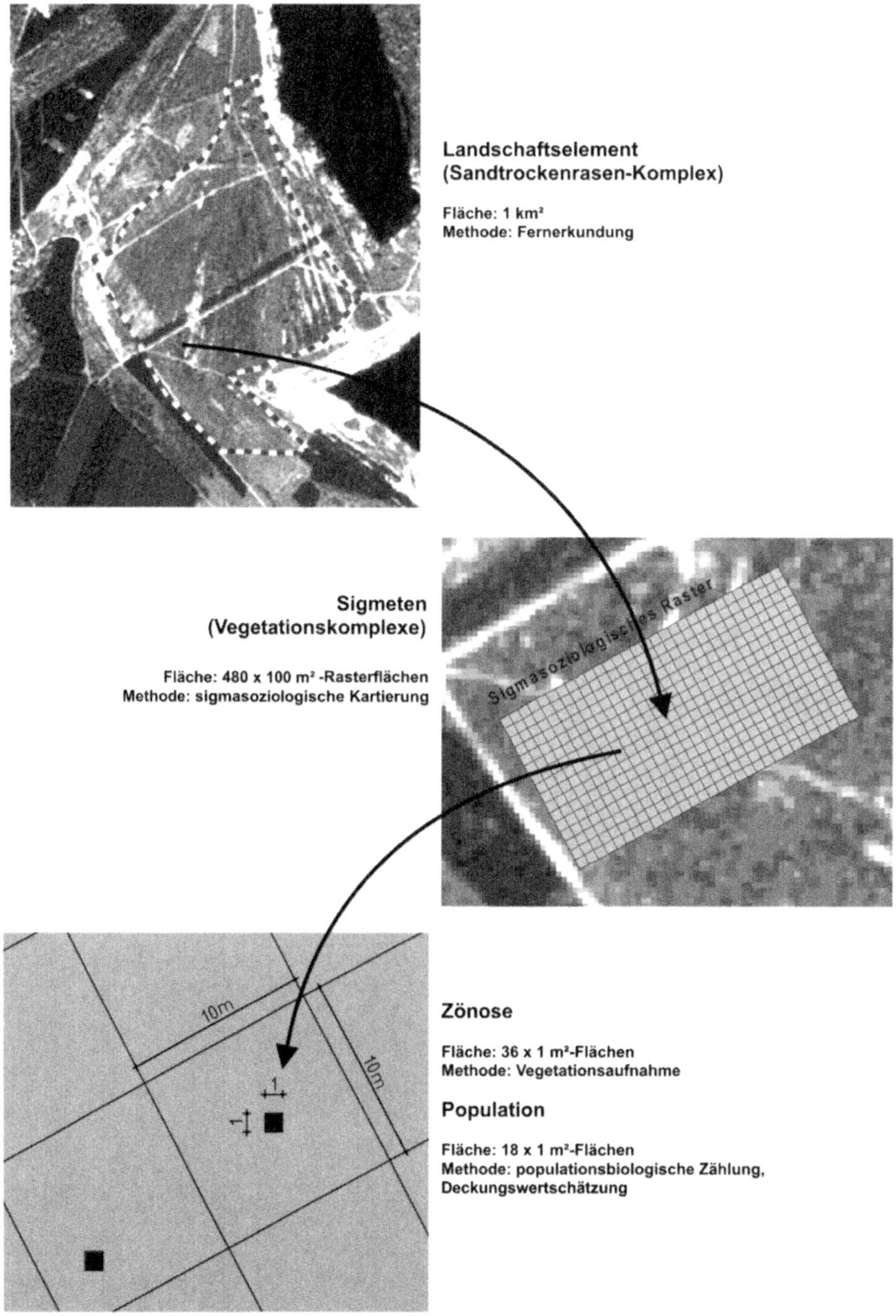

Abb. 125: Räumliche Maßstabsebenen der Untersuchungen auf dem Sandtrockenrasen bei Petersroda im Tagebaugebiet Goitzsche

A) Organisationsebene Population

Für die Auswertungen zur Entwicklung der Gesamtpopulationen von Silbergras (*Corynephorus canescens*) und Land-Reitgras (*Calamagrostis epigejos*) wurden aus dem Gesamtflächenpool 12 Probeflächen zur Bestimmung der Individuendichte und 24 Probeflächen zur Bestimmung des Deckungsgrades ausgewählt. Dabei wurde eine Gewichtung in dem Sinne vorgenommen, dass flächenmäßig weit verbreitete Einheiten des Sandtrockenrasens mit einem höheren Stichprobenumfang integriert wurden. Aufgrund der höheren Stichprobenzahl kann mit einem smoothing-Verfahren (SigmaPlot 2001) ein Trend mit statistischen Methoden aufgezeigt werden. Diese nichtparametrischen Regressionsverfahren sind geeignet, aus empirisch erhobenen Daten Trends abzuschätzen, ohne auf bestimmte Modellstrukturen beschränkt zu sein (siehe LEGENDRE & LEGENDRE 1998, QUINN & KEOUGH 2002). Für die Anwendung der smoothing-Methoden werden weniger restriktive Voraussetzungen gefordert. Die Datensätze müssen nicht normalverteilt und varianzhomogen sein. Angewandt wurde das LOESS-smoothing (auch LOWESS-smoothing: LOcally WEighted Scatterplot Smoothing, CLEVELAND 1979), bei dem es kein direktes Gütemaß (Signifikanzniveau) gibt. Für die Unterstützung der statistischen Auswertungen danken wir an dieser Stelle Dr. Jörg Perner, Universität Jena.

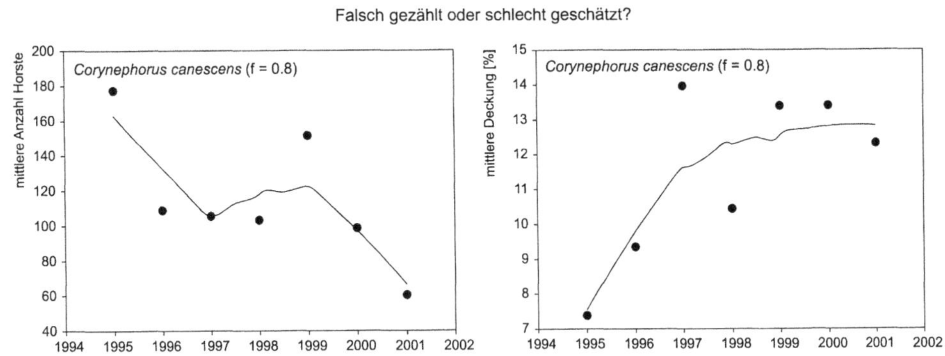

Abb. 126: Entwicklung der Gesamtpopulation von Silbergras (*Corynephorus canescens*) auf dem Sandtrockenrasen bei Petersroda im Tagebaugebiet Goitzsche in den Jahren 1995 bis 2001: Ergebnisse der Individuenzählung und Deckungsgradschätzung (Darstellung der Mittelwerte, f = smoothing-Parameter)

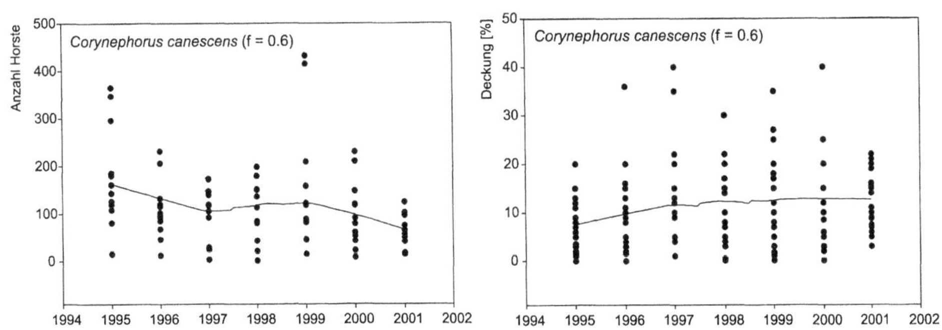

Abb. 127: Entwicklung der Gesamtpopulationen von Silbergras (*Corynephorus canescens*) auf dem Sandtrockenrasen bei Petersroda im Tagebaugebiet Goitzsche in den Jahren 1995 bis 2001: Ergebnisse der Individuenzählung und Deckungsgradschätzung sowie Trendabschätzung auf der Basis des LOESS-Smoothing-Verfahrens (Darstellung der Einzelwerte f = smoothing-Parameter)

Abb. 126 stellt den Entwicklungstrend für die gesamte Silbergras-Population (*Corynephorus canescens*) auf dem Sandtrockenrasen auf Grundlage der Mittelwerte gezählter Horste sowie mittlerer Deckungswerte in den Jahren 1995 bis 2001 dar. Die Trendabschätzung mittels smoothing-Verfahren ergibt je nach angewandter Erfassungsmethode (Individuenzählungen oder Deckungsgrad) gegensätzliche Trends für die Populationsentwicklung. Dieser Gegensatz ist auch bei einer Betrachtung der Einzelwerte sichtbar, hier werden jedoch die starken Fluktuationen der Teilpopulationen deutlicher (Abb. 127). Ursachen für die scheinbar gegensätzlichen Trends sind in den Fluktuationen bei der Keimung und Etablierung von Jungpflanzen zu sehen und können erst durch Analysen auf der niedrigeren Ebene (Populationsstruktur) erklärt werden. Die Entwicklung der Populationsstruktur in den Zönopopulationen des Silbergrases (*Corynephorus canescens*) auf Dauerflächen in verschiedenen syntaxonomischen Einheiten wird in Abb. 128 dargestellt.

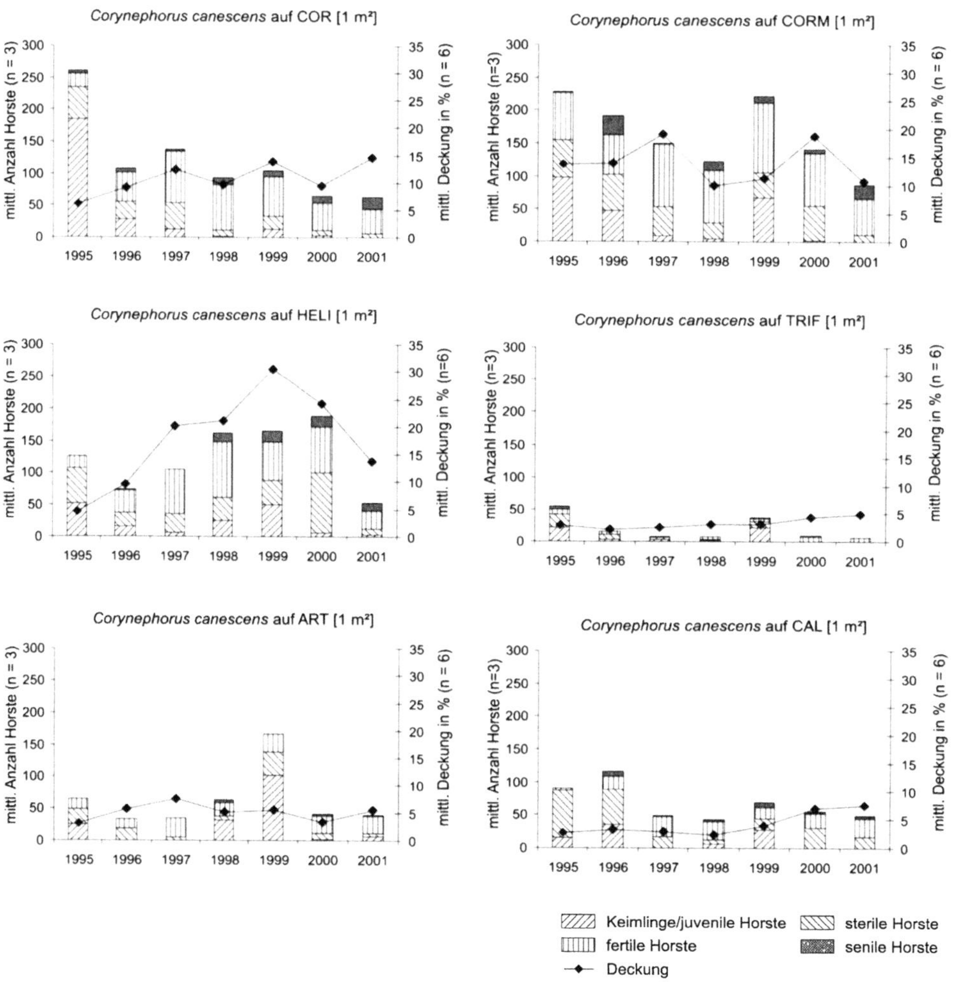

Abb. 128 a - f: Populationsstruktur und mittlere Deckungswerte der Silbergras-Zönopopulationen auf den COR-, CORM-, HELI-, TRIF-, ART- und CAL-Dauerflächen (Abkürzungen der syntaxonomischen Einheiten siehe Tab. 82)

Eine deutliche Dynamik ist vor allem in der Anzahl der Keimlinge und Jungpflanzen zu erkennen. Im Jahr 1994 ermöglichte ein warmer und regenreicher Herbst sehr hohe Keimlingszahlen, was zu Untersuchungsbeginn 1995 zu einem sehr hohen Anteil an Keimlingen bzw. juvenilen Horsten führte (vgl. TISCHEW & MAHN 1998). In den Folgejahren nahm der Anteil fertiler und seniler Horste zu. Sinkende Horstanzahlen und steigende Deckungswerte sind damit auf einen Auslichtungsprozess (self-thinning, vgl. URBANSKA 1992, SILVERTOWN & Lovett Doust 1993) zurückzuführen, bei dem sich nach einem verstärkten Auftreten von Jungpflanzen nur wenige Horste dauerhaft etablieren, diese aber an Deckung und Fertilität zunehmen. Es muss beachtet werden, dass dieser Prozess in den Zönopopulationen nicht synchron verläuft. Beispielsweise ist 1999 insbesondere auf den ART- und CORM-Flächen ein nochmaliger deutlicher Anstieg in der Anzahl juveniler Individuen zu verzeichnen.

Dieses Beispiel zeigt, dass unterschiedliche Erfassungsmethoden und die Betrachtung unterschiedlicher Organisationsebenen gegebenenfalls verschiedene Ergebnisse bedingen können. Da in einem Monitoring in der Regel nur in größeren Zeitabständen Erhebungen durchgeführt werden können, sind Vor- und Nachteile der Methoden abzuwägen sowie die Möglichkeit einer Fehlinterpretation der Populationsentwicklung aufgrund von Fluktuationen zu beachten. In dem untersuchten Beispiel hätte beispielsweise eine ausschließliche Individuenzählung in der Gesamtpopulation in einem Abstand von sechs Jahren zu einer dieser möglichen Fehlinterpretationen ("Population bricht zusammen") geführt, obwohl insgesamt eher eine Deckungsgradzunahme zu verzeichnen war. Das spielt insbesondere für Arten mit ausgeprägter generativer Reproduktions- und Ausbreitungsstrategie eine Rolle. Eine wissenschaftliche Ursachenanalyse hinsichtlich der Entwicklung von *Corynephorus canescens* war in diesem Fall erst durch eine Detailuntersuchung auf sehr niedriger Ebene (Strukturuntersuchungen der Zönopopulationen) und durch Anwendung beider Methoden möglich.

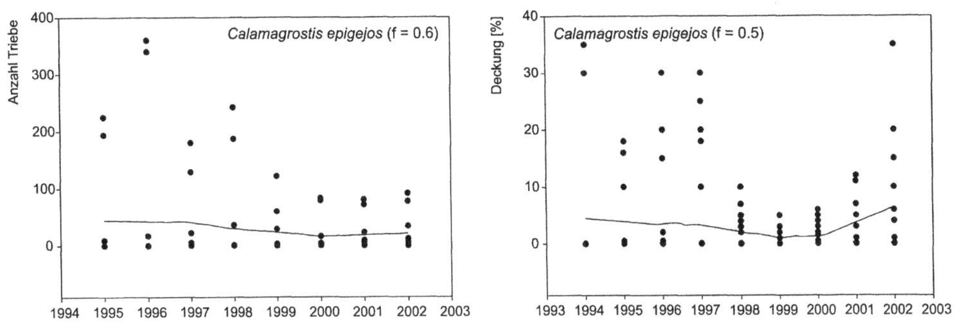

Abb. 129: Entwicklung der Gesamtpopulation von Land-Reitgras (*Calamagrostis epigejos*) auf dem Sandtrockenrasen bei Petersroda im Tagebaugebiet Goitzsche in den Jahren 1995 bis 2002: Ergebnisse der Triebzählungen (links) und Deckungsgradschätzung (rechts) sowie Trendabschätzung auf der Basis des LOESS-Smoothing-Verfahrens (f = smoothing-Parameter)

Ein weiteres Beispiel für die Beobachtung unterschiedlicher Trends auf verschiedenen Bearbeitungsebenen soll anhand der Entwicklung des Land-Reitgrases (*Calamagrostis epigejos)* auf dem Sandtrockenrasen dargestellt werden. Die mittleren Triebzahlen und Deckungswerte von Land-Reitgras zeigten im Untersuchungszeitraum deutliche Fluktuationen (Abb. 129). Sie gehen auf die gegenläufigen Trends der Zönopopulationen zurück. Die Entwicklung einzelner Zönopopulationen des Land-Reitgrases (*Calamagrostis epigejos*) auf Dauerflächen in den von Land-Reitgras dominierten Sandtrockenrasen (CAL) und den vom Feld-Beifuß (*Artemisia campestris*) dominierten Sandtrockenrasen (ART) wird in Abb. 130 dargestellt.

Hier wird deutlich, dass auf den ART-Flächen ein progressiver Besiedlungsprozess durch Land-Reitgras stattfand, während die ursprünglich dichten CAL-Flächen einen deutlich regressiven Trend zeigten. Obwohl die Bestände 1995 und 1996 mit über 200 Halmen noch sehr dicht waren, konnte ab dem Jahr 1997 ein signifikanter Rückgang beobachtet werden. In den letzten drei Untersuchungsjahren lag die durchschnittliche Triebzahl von *Calamagrostis epigejos* nur noch bei knapp über 70 Trieben pro Quadratmeter. Ab dem Jahr 1998 waren auch die Deckungen stark rückläufig. Die konträren Entwicklungen der Art auf unterschiedlichen Flächentypen konnten auch durch Auswertungen der nächst höheren Organisationsebene festgestellt werden.

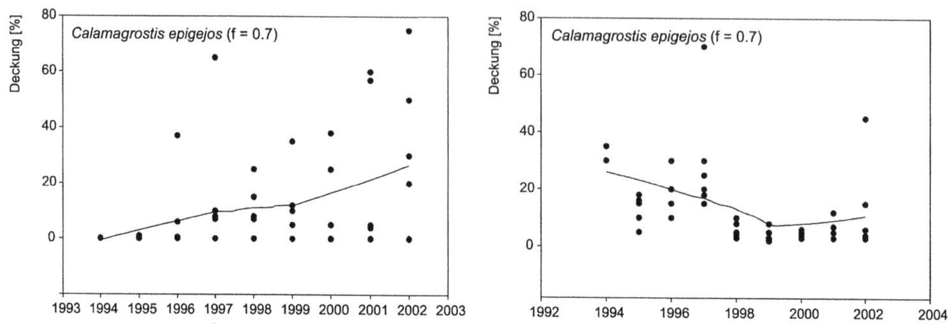

Abb. 130: Entwicklung einzelner Zönopopulationen von Land-Reitgras (*Calamagrostis epigejos*) auf dem Sandtrockenrasen bei Petersroda im Tagebaugebiet Goitzsche in den Jahren 1995 bis 2002. Ergebnisse der Deckungsgradschätzung: links in Dauerflächen der *Artemisia campestris* dominierten Sandtrockenrasen (ART) und rechts in *Calamagrostis epigejos* dominierten Sandtrockenrasen (CAL) (f = smoothing-Parameter)

B) Organisationsebene Zönose

Auf der Ebene der Zönosen wurden die Vegetationsaufnahmen der 1 m²-Teilflächen ausgewertet. Um die Entwicklungen auf dem Sandtrockenrasen zusammenfassend aufzuzeigen, wurden die Vegetationsaufnahmen aus den Jahren 1994 bis 2001 einer Hauptkomponentenanalyse unterzogen. Abb. 131 stellt die Ergebnisse einer Hauptkomponentenanalyse (PCA) graphisch dar.

Tab. 83: Silbergras-Pionierfluren und Sandtrockenrasen auf Gemenge aus Quartär/Tertiär-Sanden auf dem Sandtrockenrasen bei Petersroda/Goitzsche, Alter ca.35 Jahre, n = 6

	COR			CORM			HELI			TRIF			CAL			ART		
	1994	1998	2001	1994	1998	2001	1994	1998	2001	1994	1998	2001	1994	1998	2001	1994	1998	2001
mittlere Deckung [%]																		
Krautschicht	5,9	10,4	12,8	7,0	12,8	16,4	25,0	34,1	50,8	78,3	38,9	48,4	37,0	24,3	36,8	35,0	47,8	55,2
Kryptogamen	0,9	18,3	45,7	80,2	87,4	69,9	30,0	59,8	30,4	36,7	23,6	39,5	9,8	61,8	64,0	26,7	33,2	29,5
ausgewählte Arten																		
Corynephorus canescens	5,7	9,7	14,6	6,5	11,3	10,7	3,0	21,0	13,8	2,5	3,2	4,9	0,1	2,4	7,5	1,2	5,1	5,5
Hieracium pilosella	0,2	1,0	1,4	0,2	1,7	2,8	4,3	8,3	20,0	15,0	30,0	23,7	1,1	8,8	13,7	5,5	10,0	5,5
Helichrysum arenarium	0,01	-	-	0,1	0,6	1,5	15,0	5,0	7,2	4,3	2,4	5,9	1,5	4,7	4,2	2,9	3,8	3,1
Filago minima	-	-	-	-	-	0,02	0,03	0,1	0,1	-	0,01	-	-	-	0,01	-	0,01	0,03
Jasione montana	-	-	-	-	-	-	-	-	0,3	-	-	-	-	-	-	-	0,03	0,5
Trifolium arvense	-	-	-	-	-	-	-	-	0,02	35,0	2,8	7,8	0,03	0,6	1,5	0,9	1,4	0,7
Trifolium campestre	-	-	-	-	-	-	-	-	-	4,5	8,8	3,2	0,4	0,2	0,7	1,4	0,3	0,4
Vulpia myuros	-	-	-	-	-	-	-	-	0,3	-	0,9	2,9	-	0,01	0,7	0,02	0,3	3,7
Artemisia campestris	-	-	-	-	-	-	-	0,3	0,4	0,1	1,7	2,8	0,3	0,9	0,2	13,3	9,2	8,5
Calamagrostis epigejos	0,01	0,4	2,7	-	-	-	0,1	0,04	0,5	-	-	-	31,7	5,7	7,0	0,02	9,2	21,0
mittlere Artenzahl Krautschicht	1,7	2,0	2,0	3,3	4,0	5,0	6,0	7,0	8,0	11,3	10,0	15,0	6,5	7,0	8,0	11,5	15,0	23,0
Sukzessionsdynamik 1994 - 2001	Stagnation/langsame Progression									starke Fluktuation			gerichtete Entwicklung					

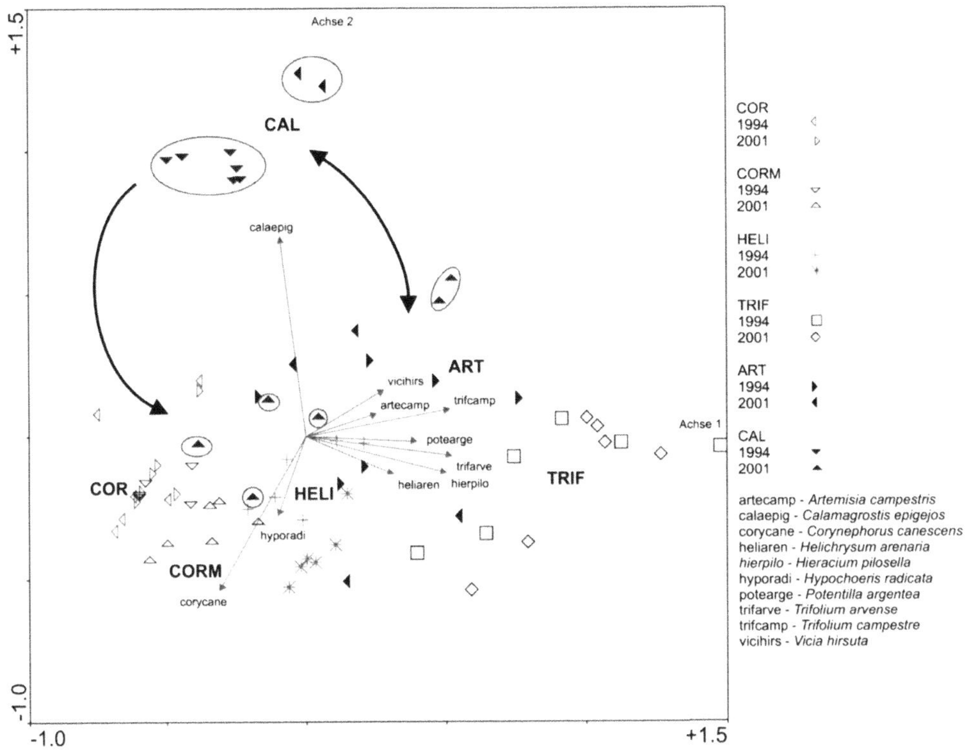

Axes	1	2	3	4	Total variance
Eigenvalues	0.285	0.185	0.125	0.095	1.000
Cumulative percentage variance of species data	28.5	47.0	59.5	69.0	
Sum of all unconstrained eigenvalues					1.000

Abb. 131: Trends auf der Ebene von Vegetationseinheiten (syntaxonomische Einheit): Bioplot einer Hauptkomponentenanalyse (PCA) der Vegetationsaufnahmen auf 1m^2-Flächen in den Jahren 1994 und 2001 auf dem Sandtrockenrasen bei Petersroda (n = 6 je syntaxonomische Einheit, inter-sample distances, Daten ln-transformiert)

Aus Gründen der Übersicht wurden im Biplot nur die bestandsbildenden Arten der syntaxonomischen Einheiten graphisch dargestellt. In Tab. 83 sind die konkreten Deckungswerte der bestandsbildenden Arten aufgeführt. Es wird ersichtlich, dass Silbergraspionierfluren und Sandtrockenrasen i.e.S. über die Zeit relativ stabil blieben und nur leicht progressive (COR, CORM) oder regressive (HELI) Entwicklungen aufweisen. Die Sukzession verläuft auf diesem Extremstandort außerordentlich langsam. Gleichfalls blieben TRIF-Bestände in ihrer Artenzusammensetzung stabil, zeigen aber aufgrund der vielen einjährigen Arten deutliche Fluktuationen im Deckungsgrad einzelner Pflanzen. Demgegenüber sind ART- und CAL-Bestände durch eher gerichtete Entwicklungen gekennzeichnet, die aber nicht linear verlaufen.

C) Organisationsebene Sigmet

Sigmeten sind Vegetationskomplexe, die sich aus Vegetationstypen zusammensetzen (siehe dazu auch Tab. 82). Bei einer sigmasoziologischen Kartierung werden die Vegetationstypen nicht kartographisch dargestellt, sondern als Fläche mengenmäßig geschätzt (vgl. TRAXLER 1997 und Abb. 132). Diese Methode ist wesentlich weniger zeitaufwändig als die Durchführung von Zählungen oder Vegetationsaufnahmen, wodurch die Bearbeitung größerer Stichprobenzahlen oder wie in diesem Fall eine rasterbasierte Vollerhebung möglich wird. Ausgewertet wurde eine Rasterfläche von insgesamt 480 x 100 m^2-Flächen.

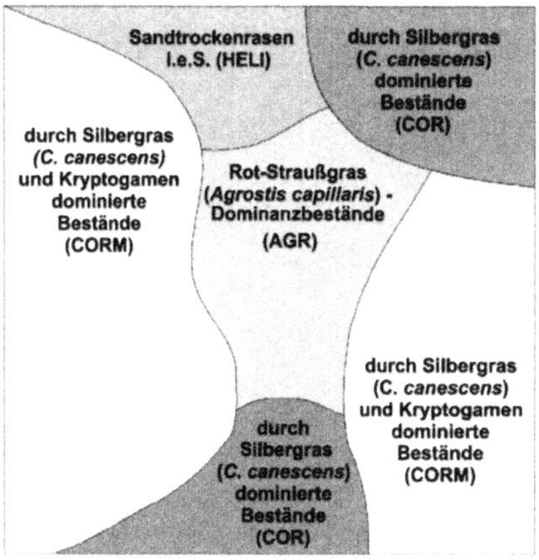

Abb. 132: Beispiel: Sigmet „Silbergraspionierfluren“: Charakteristische Vegetationseinheiten sind Silbergraspionierfluren und kryptogamenreiche Silbergraspionierfluren, subdominant liegen in diesem Beispiel Sandtrockenrasen i.e.S. und Rot-Straußgras-Dominanzbestände vor.

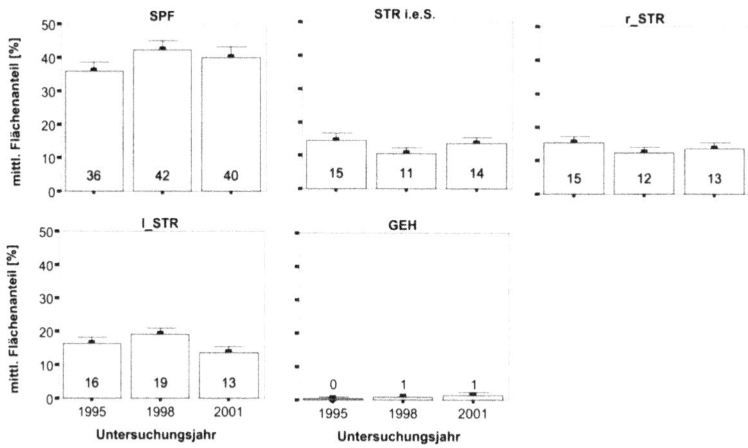

Abb. 133: Mittlere prozentuale Flächenanteile der Vegetationskomplexe (Sigmeten) der Silbergraspionierfluren (SPF), der Sandtrockenrasen i.e.S. (STR i.e.S), der ruderalisierten Sandtrockenrasen (r_STR), der landreitgrasreichen Sandtrockenrasen (l_STR) sowie der Gehölz-Sigmeten (GEH) in den Jahren 1995, 1998 und 2001 (n = 480, Flächengröße 100 m², Fehlerbalken geben 95 % Konfidenzintervalle an)

Abb. 133 gibt einen Überblick über die mittleren Flächenanteile der Sigmeten in den Jahren 1995, 1998 und 2001. Es wird ersichtlich, dass weite Bereiche des Rasters durch Silbergraspionierfluren (mehrheitlich CORM) bedeckt werden. Mit einem Vorkommen auf über 80 % der Rasterflächen und einem mittleren Flächenanteil von etwa 40 % stellen Silbergraspionierfluren mit Abstand den häufigsten und flächenmäßig größten Vegetationskomplex dar. Daneben sind landreitgrasreiche Sandtrockenrasen weit verbreitet, gelangen jedoch nur auf einem geringen Teil der Flächen zur Dominanz. Sandtrockenrasen i.e.S. und ruderalisierte Sandtrockenrasen dominieren auf 10 bis 15 % der Flächen. Anhand der mittleren Flächenanteile in den drei Untersuchungsjahren, kann, mit Ausnahme der Gehölze, für keinen der Sigmeten ein eindeutiger Entwicklungstrend festgestellt werden. Auch auf dieser Ebene sind somit vorrangig Fluktuationen zu erkennen, die aufgrund des höheren Aggregierungsgrades aber wesentlich schwächer ausfallen als auf den Ebenen der Population und Zönose. Der insgesamt sehr schwach progressive Entwicklungstrend des Systems wird durch die Zunahme der Gehölzsigmeten erkennbar, deren mittlerer Flächenanteil sich innerhalb der sechsjährigen Untersuchungszeit um etwa 1 % erhöhte. Während 1998 nur auf 59 Flächen Gehölze festgestellt wurden, stieg die Anzahl bis 2001 bereits auf 100 Flächen an. Aufgrund der extremen Standortverhältnisse konnten die Gehölze auf der überwiegenden Anzahl der Flächen bislang nicht zur Dominanz gelangen.

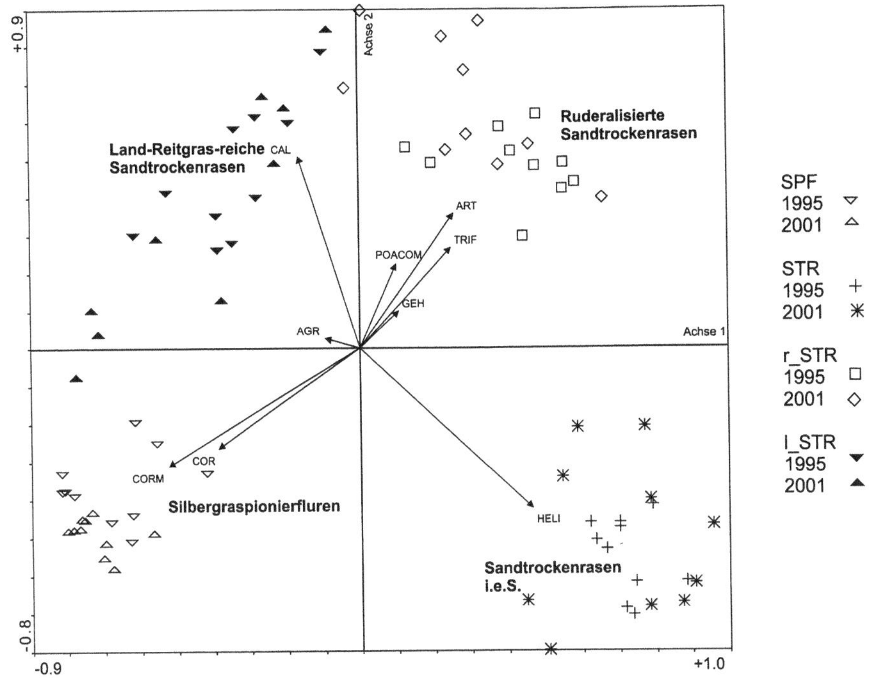

Axes	1	2	3	4	Total variance
Eigenvalues	0.344	0.266	0.139	0.099	1.000
Cumulative percentage variance of species data	34.4	61.0	74.9	84.7	
Sum of all unconstrained eigenvalues					1.000

Abb. 134: Trends auf der Ebene von Sigmeten: Hauptkomponentenanalyse (PCA) der sigmasoziologischen Aufnahmen in den Jahren 1995 und 2001 auf dem Sandtrockenrasen bei Petersroda (n = 10 je Sigmet, Flächengröße 100 m²), intersamples distances, Daten wurzeltransformiert)

Diese Trends werden mit einer Hauptkomponentenanalyse (PCA) sichtbar (Abb. 134). Dazu wurden je 10 zufällig ausgewählte Flächen pro Vegetationskomplex der Zeitschnitte 1995 bis 2001 in die Auswertungen integriert. Die Einbeziehung der Daten aus dem Jahr 1998 verändert die Auswertungen nicht, würde aber eine übersichtliche Darstellung erschweren. Während die Silbergraspionierfluren und Sandtrockenrasen i.e.S. in dem Zeitraum 1995 bis 2001 kaum einer Veränderung in der Zusammensetzung und den Dominanzanteilen der einzelnen Vegetationseinheiten unterlagen, entwickelten sich einige der ruderalisierten Sandtrockenrasen in Richtung der landreitgrasreichen Sandtrockenrasen und umgekehrt. Bemerkenswert ist hier, dass sich einige der reitgrasreichen Sandtrockenrasen bis 2001 deutlich in Richtung der Silbergras-Pionierfluren bewegten. Auf dieser Ebene kann für Land-Reitgras-Bestände innerhalb des Untersuchungszeitraumes eine deutliche Verschiebung im Dispersions- bzw. Dominanzmuster innerhalb des Rasters festgestellt werden (vgl. Kapitel 5, Abb. 46). Die Bestände zeigen unter diesen extremen Standortbedingungen keine räumliche Stabilität, sondern „durchwandern" die Trockenrasen, was auch die konträren Entwicklungstrends von Land-Reitgras auf den niederen Organisationsebenen erklärt. Hier wird deutlich, dass, im Gegensatz zum Eingangsbeispiel „Silbergras", erst die großräumige, rasterbasierte Gesamtbetrachtung die Charakterisierung der Entwicklung des Negativindikators Land-Reitgras ermöglichte. Für das vorrangig klonal wachsende und heterogen verteilte Land-Reitgras kann somit insbesondere zur Trenderklärung und Ursachenanalyse ein anderes Monitoring-Design notwendig werden als für das homogener verteilte Silbergras mit ausgeprägter generativer Reproduktions- und Ausbreitungsstrategie. Bei einem naturschutzfachlichen Monitoring müssen deshalb die Methoden auf die räumlich-zeitliche Variabilität der zu erfassenden Arten abgestimmt werden.

D) Organisationsebene Landschaftselement (Sandtrockenrasen-Komplex)

Prinzipiell können technologisch fortschrittliche Fernerkundungsmethoden aufgrund der Größe des Untersuchungsgebietes sowie der hohen Dynamik und zeitlichen Dimension der ablaufenden Prozesse einen wirksamen Beitrag zur Analyse und Bewertung der eintretenden Veränderungen in Bergbaufolgelandschaften leisten (vgl. BIRGER et al. 1998, BELOCKY & GRÖSEL 2001). Angesichts der angestrebten Tiefe hinsichtlich der Erfassung von Vegetationskomplexen im Untersuchungsgebiet eignen sich kostengünstige Satellitendaten infolge der Kleinmaßstäbigkeit (Landsat, ASTER) oder ungenügender spektraler Auflösung (SPOT) jedoch nur bedingt. Demnach wäre eine Überwachung des Gebietes anhand von Flugzeugscannerdaten (CASI) mit hohem spektralen Informationsgehalt notwendig. Probleme bestehen jedoch bei der Gewährleistung termingerechter Überfliegungen, da einerseits eine hohe Nachfrage besteht und andererseits eine Befliegung nur unter optimalen Witterungsbedingungen zielführend ist. Der Arbeitsaufwand zur Einrichtung der notwendigen terrestrischen Eichflächen und die Klassifikation der Daten ist erheblich. Weiterhin treten nach BIRGER (2002) gegenwärtig noch Abgrenzungsprobleme von ruderalisierten Sandtrockenrasen sowie Sandtrockenrasen i.e.S. zu den landreitgrasreichen Sandtrockenrasen auf. Infolge dieser Unsicherheiten und aufgrund des relativ hohen Arbeitsaufwandes ist die Fernerkundung gegenwärtig noch nicht in der Lage, die Anforderungen, die ein regelmäßiges und systematisches Vegetationsmonitoring erfordert, zu leisten.

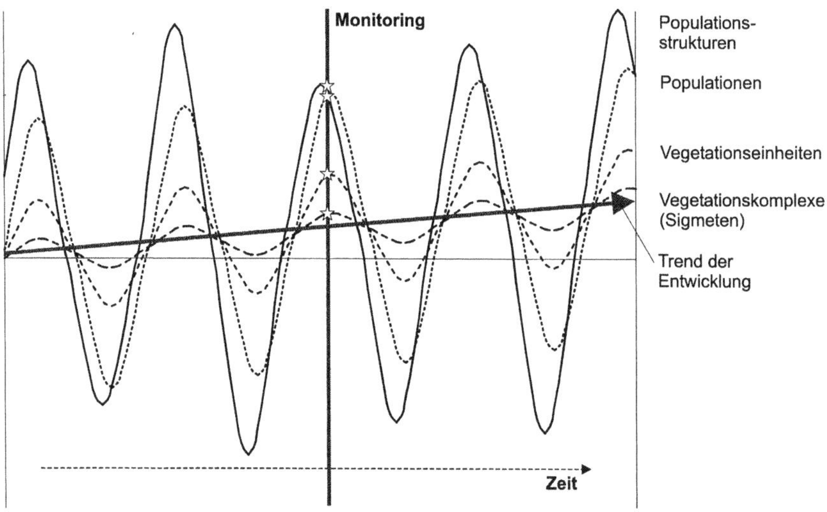

Abb. 135: Entwicklungstrends auf unterschiedlichen Organisationsebenen auf Extremstandorten (schematisiert)

Zusammenfassend kann festgestellt werden, dass auf den untersuchten Extremstandorten, insbesondere auf den unteren Ebenen der Populationsstruktur – Population und Vegetationseinheit – witterungsbedingte Fluktuationen der Arten bezüglich des Keim- und Etablierungsverhaltens sowie der Ausprägung des Deckungsgrades den allgemeinen Entwicklungstrend stark überlagern können (Abb. 135). Zu diesem Ergebnis gelangt auch RABOTNOV (1995) nach Analysen von Wiesengesellschaften in der Flussaue der Wolga und warnt vor der Gefahr der Fehlinterpretation von Veränderungen in Pflanzengesellschaften. Diese unterliegen einerseits witterungsbedingt einer höheren Dynamik, andererseits können ungerichtete zyklische Veränderungen von Phytozönosen auch auf einen Massenbefall durch pathogene Organismen oder durch Predation zurückzuführen sein. In vorliegenden Untersuchungen wird dies jedoch nicht als Hauptursache angesehen. BORNKAMM (1985b) gelangt nach Auswertungen von langjährigen Dauerbeobachtungen verschiedener Pflanzengesellschaften ebenfalls zu der Erkenntnis, dass sich auf der Ebene der Arten eine wesentlich höhere Dynamik vollzieht, als auf der Ebene soziologischer Artengruppen.

Da ein naturschutzfachliches Monitoring lediglich einen Zeitabschnitt in einem größeren Intervall erfassen kann, besteht insbesondere auf den Ebenen der Populationsstruktur und der Population die Gefahr, dass in Bezug auf allgemeine Entwicklungsprozesse die oben diskutierten Fehlinterpretationen vorgenommen werden. Wesentlich weniger sensibel auf den Witterungsverlauf reagieren die Sigmeten. Die Fluktuationen der Einzelarten werden geglättet, da sie schon im Stadium der Erfassung zu ökologisch-soziologischen Gruppen zusammengefasst werden. Durch dieses Verfahren ist die Geländearbeit weniger aufwändig. Für die Absicherung eines Trends sind insbesondere für repräsentative und homogen verteilte Vegetationstypen, wie Silbergrasfluren, nur wenige Stichproben notwendig (vgl. Kapitel 10.5.2). Für ein naturschutzfachliches Monitoring von Offenlandstandorten mit einer sehr langsamen Progression wird unter der eingangs erwähnten Zielstellung die Erfassung von Sigmeten vorgeschlagen. Dabei werden je Sigmet 10 Probeflächen als ausreichend erachtet. Bei einer Detektion von Negativ-Veränderungen wird dagegen ein erhöhter Arbeitsaufwand hinsichtlich einer Ursachenanalyse, beispielsweise zur detaillierten Erfassung der Populationsstruktur (Beispiel Silbergras) oder durch Erhöhung der Stichprobenzahl bei heterogen verteilten Sigmeten (Beispiel Land-Reitgras) unvermeidlich sein (vgl. Abb. 136). Solche Untersuchungen können jedoch lediglich in einem wissenschaftlichen Monitoring geleistet werden. Bei einer grundlegenden Veränderung des Systems, zum Beispiel durch Grundwasseranstieg, muss überprüft werden, inwieweit dieses Verfahren sinnvoll modifiziert werden kann. Grundsätzlich wären weitere Studien in einer größeren Vielfalt von Ökosystemen zur Absicherung von Trends und der Eignung unterschiedlicher Erfassungsmethoden und Organisationsebenen im Rahmen von Monitoringaufgaben wünschenswert.

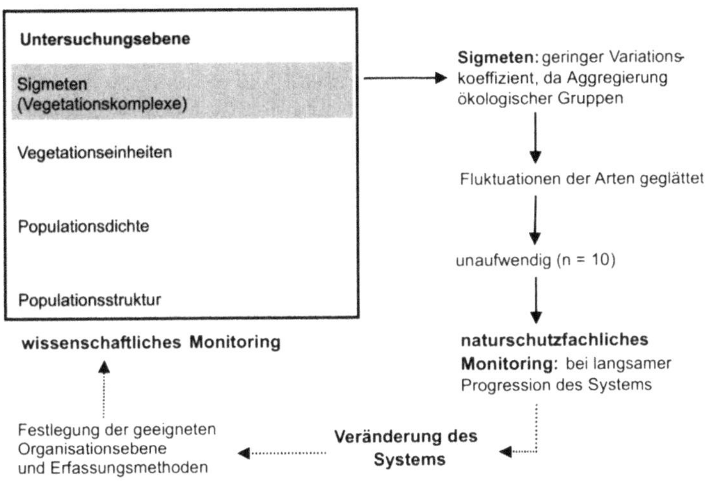

Abb. 136: Wissenschaftliches Monitoring als Grundlage für ein naturschutzfachliches Monitoring: Ableitung von zielorientierten und praktikablen Erfassungsmethoden auf geeigneten Organisationsebenen (Fallbeispiel Sandtrockenrasen bei Petersroda)

10.5.2 Bestimmung des Stichprobenumfangs zum Nachweis von Entwicklungstrends und zur Erfassung der Artendiversität

Sabine Tischew, Annett Baasch & Sandra Mann

In Monitoringvorhaben sind zumeist finanzielle Grenzen für den Erhebungsaufwand gesetzt. Um für Entscheidungsprozesse dennoch verlässliche Aussagen liefern zu können, ist es notwendig, den Stichprobenumfang so zu optimieren, dass bei vertretbarem Aufwand eine statistische Absicherung der Trends gewährleistet ist (STAB 2002). Für den Nachweis von Trends ist zuerst die Festlegung der notwendigen Nachweisgrenze der Veränderung von Bedeutung. Für sehr große Populationen mit geringem Einfluss stochastischer Ereignisse auf die Populationsgröße ist zum Beispiel eine Nachweisgrenze von 30 - 40 % in der Veränderung der Individuenzahl durchaus annehmbar. Sinkt die Populationsgröße aber auf einen kritischen Bereich, ist durch eine höhere Stichprobenzahl die Nachweisgrenze auf 10 % zu verbessern. Gegebenenfalls ist in diesem Fall eine Vollerhebung der Population ohnehin die sinnvollste Methode.

Für die Bestimmung des Stichprobenumfangs zum Nachweis von Trends wurde in den folgenden Fallbeispielen die Methode nach KREBS (1999) von PERNER (2003) so modifiziert, dass über die variable Festlegung des „level of precision – LOP" (Nachweisgrenze für Veränderungen der getesteten Parameter) die jeweilig notwendige Stichprobenzahl ermittelt werden kann. Der Variationskoeffizient der Stichproben bestimmt dabei wesentlich die notwendige Stichprobenzahl.

Formel für die Bestimmung des Stichprobenumfangs zum Nachweis von Trends nach KREBS (1999), modifiziert von PERNER (2003):

$$n \approx \left(\frac{200\,CV}{r}\right)^2$$

r: level of precision (prozentuale Veränderung eines Parameters, die nachgewiesen werden soll)
CV: Variationskooffizient $(s / \bar{x})$
S: Standartabweichung
$\bar{x}$: Mittelwert

Exemplarisch werden einige Ergebnisse für die Anwendung dieser Methode präsentiert. Der Sumpf-Sitter (*Epipactis palustris*) ist eine typische Art feuchter, nasser und wechselfeuchter Standorte der BFL (siehe Kapitel 4.2), die auf geeigneten Standorten durch klonales Wachstum zur Bildung sehr großer Populationen neigt. Tab. 84 zeigt für vier Tagebaue mit zum Teil sehr großen Beständen von *Epipactis palustris* die notwendigen Stichprobenzahlen für LOPs von 10 % bis 40 %. Die kleineren Probeflächen in Domsen, Pirkau und Roßbach erreichen im Gegensatz zu den inhomogeneren und größeren Probeflächen in Kayna-Süd mit weniger Stichproben einen besseren LOP-Wert. Aufgrund der Populationsgrößen ist auf den Standorten der vier Tagebaue für diese Art eine Stichprobenanzahl von 4 - 8 und ein LOP von 30 % durchaus ausreichend.

Tab. 84: Notwendiger Stichprobenumfang für einen Veränderungsnachweis in Sumpf-Sitter-Populationen (*Epipactis palustris*)

Populationen von Sumpf-Sitter (*Epipactis palustris*)	r = 10 %	r = 20 %	r = 30 %	r = 40 %	Gesamtpopulationsgröße (Schätzzählung)
Kayna-Süd (je 25 m²)	73	18	8	5	5000 - 7000
Domsen (je 2 m²)	39	10	4	2*	10.000 - 12.000
Pirkau (je 2 m²)	50	13	6	1*	> 1 Millionen
Roßbach (je 2 m²)	51	13	6	1*	5000 - 6000

r = level of precision (LOP), * trotz des errechneten Wertes sind im Rahmen von Dauerbeobachtungen aufgrund der Gefahr stochastischer Ereignisse mindestens drei Stichproben sinnvoll

In einem weiteren Beispiel wird der notwendige Stichprobenumfang für den Veränderungsnachweis auf der Ebene von Arten mit denen auf der zönotischen Ebene verglichen. Dazu wurden die in Kapitel 10.5.1 abgeleitete Indikatorart Silbergras (*Corynephorus canescens*), der Negativ-Indikator Land-Reitgras (*Calamagrostis epigejos*) und die Zielart Sand-Strohblume (*Helichrysum arenarium*) in die Berechnungen integriert. Auf der zönotischen Ebene wurden Sigmeten des Sandtrockenrasen-Komplexes (vgl. Kapitel 10.5.1) ausgewertet. Das Ergebnis (Tab. 85) zeigt auf dieser Ebene eindeutig bessere LOPs bei einer zum Teil extrem niedrigen Anzahl an notwendigen Stichproben. Die Aggregierung der Arten zu ökologisch-soziologischen Gruppen, das heißt gemeinsame Schätzung aller Arten beispielsweise der Silbergras-Pionierfluren oder der Sandtrockenrasen i.e.S., gleicht die zum Teil starken Populationsschwankungen der einzelnen Arten auf diesen extrem trockenen und sauren Standorten aus (vgl. Kapitel 10.5.1). Auch PERNER (2003) weist darauf hin, dass zönotische Parameter oft besser als Artparameter geeignet sind, um Änderungen in Systemen zu identifizieren.

Tab. 85: Notwendiger Stichprobenumfang für den Veränderungsnachweis auf der Ebene von Populationen und auf der zönotischen Ebene am Beispiel des Sandtrockenrasens bei Petersroda im Tagebaugebiet Goitzsche

	r = 10 %	r = 20 %	r = 30 %
Populationsebene (Flächengröße 1 m²)			
Indikatorart Silbergras (*Corynephorus canescens*)	76	19	8
Zielart Sand-Strohblume (*Helichrysum arenarium*)	109	49	12
Negativ-Indikator Land-Reitgras (*Calamagrostis epigejos*)	131	40	18
Zönotische Ebene – Sigmeten (Flächengröße 100 m²)			
Silbergras-Pionierfluren	4	1*	1*
Sandtrockenrasen i.e.S.	24	6	3
landreitgrasreiche Sandtrockenrasen	26	7	3
ruderalisierte Sandtrockenrasen	109	27	12

r = level of precision (LOP), * trotz des errechneten Wertes sind im Rahmen von Dauerbeobachtungen aufgrund der Gefahr stochastischer Ereignisse mindestens drei Stichproben sinnvoll

Im Hinblick auf eine Bewertung der Artenvielfalt bzw. der Vielfalt an gefährdeten und geschützten Pflanzenarten in den naturschutzfachlich wertvollen Bereichen der BFL wurden Analysen zur notwendigen Anzahl an Stichproben durchgeführt, um einen möglichst hohen Anteil des Gesamtartenspektrums zu erfassen. Der Zusammenhang zwischen einer untersuchten Flächengröße eines Teilgebietes und der dabei erfassten Artenzahl im Verhältnis zur Artenzahl des gesamten Untersuchungsgebietes lässt sich über die Berechnung von Arten-Areal-Kurven ermitteln. Je nach Artenreichtum und Verteilung der Arten im gesamten Untersuchungsgbiet fällt der Kurvenverlauf unterschiedlich aus. Bei sehr steil verlaufenden Kurven wird durch die Bearbeitung weniger Teilflächen nur ein Teil der Gesamtartenzahl erfasst. Hier muss folgerichtig ein hoher Anteil der Gesamtfläche kartiert werden, um einen repräsentativen Überblick zur Gesamtartenzahl zu erhalten.

Tab. 86: Artenzahlen der Tagebaue Kayna-Süd und Mücheln-Innenkippe

Tagebau Kayna-Süd (256 ha)		Tagebau Mücheln-Innenkippe (ca. 260 ha)	
Gesamtartenzahl	309 (100 %)	Gesamtartenzahl	291 (100 %)
Artenzahl (43 ha)	286 (93 %)	Artenzahl (42 ha)	276 (95 %)
Artenzahl (20 ha)	ca. 230 (74 %)	Artenzahl (20 ha)	ca. 207 (71 %)
geschützte und gefährdete Arten	31 (100 %)	geschützte und gefährdete Arten	23 (100 %)
Artenzahl 43 ha	28 (90 %)	Artenzahl 43 ha	13 (57 %)
Artenzahl 20 ha	22 (71 %)	Artenzahl 20 ha	ca. 10 (42 %)

Am Beispiel von Sukzessionsflächen in Kayna-Süd und Mücheln-Innenkippe wurden exemplarisch Arten-Areal-Kurven berechnet. Aufgrund intensiver Untersuchungen auf 100 m x 100 m großen Rasterflächen und Kartierungen auf der gesamten Fläche stehen hierfür geeignete Daten zur Verfügung. Für Kayna-Süd wurden 43 ausgeloste Rasterflächen in die Auswertungen einbezogen. Während auf einer Gesamtfläche von 256 ha insgesamt 309 Arten erfasst wurden, betrug die Artenzahl für die 43 ausgelosten Rasterflächen (= 43 ha) 286 Arten (vgl. Abb. 137, Tab. 86). Das entspricht einem prozentualen Anteil von etwa 93 %. Bei einer Erfassung von 20 Rasterflächen würden immerhin noch ca. 74 % der Arten des Gesamtgebietes erfasst werden. Das Maß für die „Verschiedenheit" der Flächen wäre bei dieser Stichprobenzahl mit einem Wert von 0,8 relativ niedrig. Das bedeutet, dass die Arten relativ regelmäßig in den Rasterflächen vorkommen.

Auch die Arten-Areal-Kurve für die geschützten und gefährdeten Arten im gleichen Tagebaugebiet erreicht relativ schnell ihren Sättigungsbereich. Mit nur 20 Rasterflächen würden bereits rund 71 %

der insgesamt 31 Arten erfasst werden. Das spricht auch hier für ein relativ regelmäßiges Vorkommen dieser Arten in den Rasterflächen. Daraus schlussfolgernd wird letztlich für das reich strukturierte Gebiet mittleren Altersstadiums in Kayna-Süd die Bearbeitung von 20 Rasterflächen empfohlen.

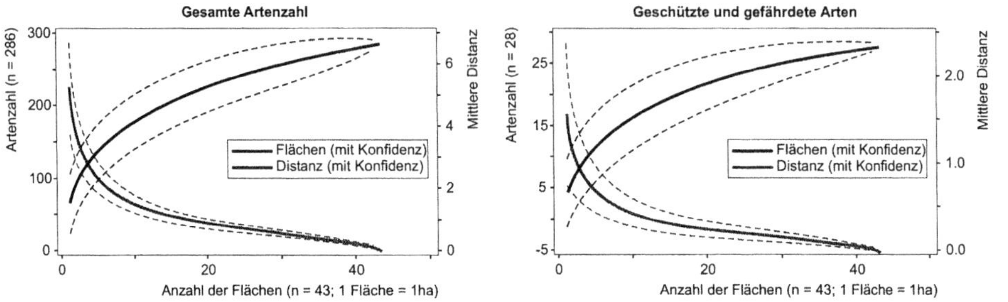

Abb. 137: Arten-Areal-Kurven zur Analyse des Zusammenhangs zwischen Flächengröße und erfasster Artenzahl (links) sowie der Zahl gefährdeter und geschützter Arten (rechts) am Beispiel einer Rasterflächen-Untersuchung im Tagebau Kayna-Süd (Distanz-Maß: Euclidische Distanz)

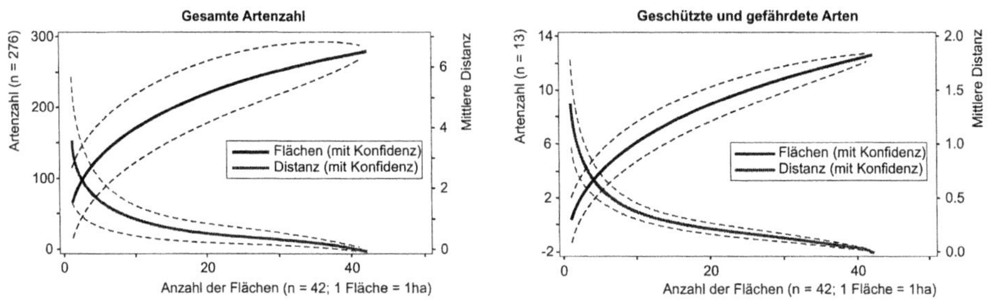

Abb. 138: Arten-Areal-Kurven zur Analyse des Zusammenhangs zwischen Flächengröße und erfasster Artenzahl (links) sowie der Zahl gefährdeter und geschützter Arten (rechts) am Beispiel einer Rasterflächen-Untersuchung im Tagebau Mücheln-Innenkippe (Distanz-Maß: Euclidische Distanz)

Im Tagebau Mücheln, der im Vergleich zu Kayna-Süd einen höheren Anteil an sehr jungen Flächen aufweist, wurden auf 42 ausgelosten Rasterflächen 276 der 291 (95 %) im gesamten Gebiet von ca. 260 ha vorkommenden Arten erfasst. Würde die Anzahl der ausgewählten Flächen auf 20 reduziert, könnten noch ca. 71 % der Arten erhoben werden (Abb. 138). Das spricht ebenfalls für ein relativ gleichmäßiges Vorkommen der Arten in den Rasterflächen.

Von den im Gesamtgebiet vorkommenden 23 geschützten und gefährdeten Arten würden dagegen bei einer Untersuchung von 20 Rasterflächen lediglich rund 42 % des Gesamtartenbestandes erfasst werden. 57 % der Arten könnten erst ab einer Rasteranzahl von über 40 erhoben werden. Seltenere Arten kommen demnach zwar bereits im jüngeren Untersuchungsgebiet Mücheln-Innenkippe vor, sind aber sehr inhomogen verteilt, da eine Ausbreitung der seltenen Arten im Verlauf der Sukzession erst noch stattfindet. Bei Untersuchung mit einer geringen Stichprobenzahl würde in diesem Falle folglich die Gefahr bestehen, nur einen sehr geringen prozentualen Anteil der im Gebiet vorkommenden naturschutzfachlich wertvollen Pflanzenarten zu erfassen, da diese noch sehr ungleichmäßig verteilt sind.

Der Zusammenhang zwischen der Größe und Zahl der Stichproben im Verhältnis zur Gesamtfläche und dem zu erfassenden prozentualen Anteil an der Gesamtartenzahl sollte bei der Interpretation von Ergebnissen eines naturschutzfachlichen Monitorings vor allem auf jüngeren Flächen beachtet werden. Da in erster Linie langfristige Entwicklungsprozesse verfolgt werden sollen, ist der Probeflächenaufwand vorrangig an den Arten-Areal-Kurven der älteren Gebiete zu orientieren. Für Aussagen zur Artendiversität und zur Vielfalt der geschützten und gefährdeten Arten wird deshalb auch für das Untersuchungsgebiet Mücheln-Innenkippe eine Anzahl von 20 Stichproben (Raster) mit einer

Flächengröße von je 1 ha vorgeschlagen. Damit wird für die beiden untersuchten Fallbeispiele ein Flächenanteil von ca. 10 % des Gesamtgebietes als ausrcichend angesehen, um die Entwicklung der Artendiversität zu überwachen. Dieser Wert kann bei vergleichbaren Rahmenbedingungen auf andere Berbaufolgeflächen übertragen werden.

10.6 Intervalle eines naturschutzfachlichen Monitorings und Probeflächenauswahl am Beispiel Sachsen-Anhalts

Hans-Markus Oelerich, Michael Reuter, Jörg Huth & Sabine Tischew

10.6.1 Intervalle der Untersuchung von Monitoringobjekten und -prozessen

Für eine mittelfristige Überwachung der Entwicklungsprozesse im Zeitraum von 2005 - 2020 wird für ehemalige Tagebaugebiete, in denen noch Sanierungsarbeiten durchgeführt werden oder in den letzten Jahren beendet wurden, ein 5-Jahres-Intervall vorgeschlagen. In diesem Zeitraum sind sehr dynamische Prozesse der Biotopdifferenzierung durch Flutung und Grundwasseranstieg in den Tagebaurestlöchern zu erwarten. Es werden daher Erfolgskontrollen der Maßnahmen zur Ufer- und Böschungssicherung notwendig. Außerdem wird in allen Tagebaubereichen der Beginn einer differenzierten Tourismusentwicklung erwartet. Für eine langfristige Überwachung der Entwicklungsprozesse ab 2020 ist eine weniger stark dynamische Veränderung der Biotope und Zönosen zu prognostizieren, da sich ein relativ stabiler Wasserhaushalt einstellen wird und vorrangig durch Sukzessionsprozesse bedingte Veränderungen der BFL ablaufen werden. Deshalb erscheint nach 2020 ein 10-Jahres-Intervall ausreichend.

Ein Monitoring auf der Ebene von Zönosen, Biotopen sowie Landschaftselementen wird für die BFL Sachsen-Anhalts aufgrund der Komplexität nur für die bereits im FLB-Projekt (2003) ausgewählten repräsentativen Bereiche vorgeschlagen. Dazu zählen die Tagebaugebiete in Kayna-Süd, Mücheln-Innenkippe, Golpa-Nord, Sandtrockenrasen bei Petersroda und Holzweißig-West sowie die Halden in der Goitzsche. Für diese Gebiete liegt durch die Projektbearbeitung bereits eine umfassende Ersterfassung der Monitoringobjekte und -prozesse vor. Das Monitoring von Zielarten wird dagegen zunächst für insgesamt 13 naturschutzfachlich wertvolle Bereiche in der BFL vorgeschlagen. Eine beispielhafte gebietsspezifische Konkretisierung der Monitoringobjekte und Methoden wird im folgenden Kapitel vorgenommen.

10.6.2 Gebietsspezifische Konkretisierung von Leitbildern, Ableitung von Zielartengruppen sowie Methoden des Monitorings für naturschutzfachlich besonders wertvolle Gebiete

Anhand eines Leitbildes, das je nach Gebietsspezifik in ein Leitbild früher und später Sukzessionsstadien gegliedert ist, werden am Beispiel zweier naturschutzfachlich wertvoller Gebiete gebietsspezifische Zielarten sowie mögliche Erfassungsmethoden vorgestellt (Tab. 87, Tab. 88). Die Erfassungsergebnisse sollen eine Bewertung des Ist-Zustandes und bei Abweichungen vom stadienspezifischen Entwicklungsziel die Ableitung von Maßnahmen ermöglichen (vgl. Kapitel 10.2).

Mücheln-Innenkippe (Geiseltal)

Aufgrund des geplanten großflächigen Prozessschutzgebietes in zukünftiger Insellage besitzt das Gebiet Mücheln-Innenkippe neben dem arten- und teilweise individuenreichen Vorkommen einer Reihe stark gefährdeter Arten (OEKOKART 2002) eine große überregionale naturschutzfachliche und wissenschaftliche Bedeutung. Der Abschluss der Flutung wird etwa im Jahr 2010 erwartet.

Das **Leitbild früher Sukzessionsstadien** orientiert auf ausgedehnte Rohbodenflächen, Pionierfluren und Offenlandbereiche mit zum Teil großflächigen Röhrichten sowie ausgedehnten Gras-Kraut-Fluren mit Einzelgehölzen und jungen Pionierwäldern. In Teilbereichen sollte sich ein hoher Strukturreichtum durch eine mosaikartige Verzahnung unterschiedlicher Biotoptypen entwickeln.

Im **Leitbild der späteren Sukzessionsstadien** sollen dagegen die zukünftig vorliegenden Insel- und Halbinselbereiche mit strukturreichen, jüngeren und älteren Pionierwäldern, naturnahen Laubholzforsten, Halboffenland-Biotopmosaiken sowie Sümpfen und ausgedehnten Uferröhrichten bestanden sein. Prozessdynamik besteht vor allem an Böschungen im Uferbereich. An Abbrüchen, Erosionsrinnen und Steilwänden sind daher auch künftig noch vegetationsarme Bereiche vorzufinden. Das Gebiet wird großflächig als Totalreservat bzw. Prozessschutzgebiet geschützt und unterliegt nur geringen anthropogenen Beeinträchtigungen.

Als **Handlungsoptionen** werden die endgültige Ausweisung des einstweilig gesicherten NSG, einschließlich der Ausweisung des Prozessschutzgebietes, und eine zielorientierte Besucherlenkung durch geeignete Wegeführung sowie eine sachkundige Öffentlichkeitsarbeit im zugänglichen Teil des NSG aufgezeigt. Es muss in diesem Zusammenhang eine Kontrolle der Einhaltung von Verboten im NSG erfolgen, beispielsweise bezüglich des Verlassens von Wegen, Anlanden, Angeln, Baden, Zelten, Betretungsverbot im Prozessschutzgebiet. Auf weitere Aufforstungen und Einsaaten sollte unbedingt verzichtet werden. Die Einrichtung und die Unterhaltung von Brutvogel-Nistflößen sowie Fischadler-Nisthilfen als spezielle Artenschutzmaßnahmen für gefährdete Vogelarten wird als sinnvoll erachtet.

Tab. 87: Zielartengruppen und Methoden des Monitorings für naturschutzfachlich wertvolle Bereiche auf der Innenkippe Mücheln (Geiseltal)

	aktuelle Zielartengruppen	perspektivische Zielartengruppen	Methoden des Monitorings
Pflanzen	*Botrychium lunaria* *Thymelaea passerina* *Linum austriacum* *Hieracium piloselloides* *Centaurea diffusa* *Filago arvensis* *Helichrysum arenarium* *Pyrola rotundifolia* *Listera ovata* *Centaurium pulchellum* *Centaurium erythraea* *Epipactis palustris* *Dactylorhiza incarnata* *Dactylorhiza maculata* *Tetragonolobus maritimus* *Ophioglossum vulgatum*	*Botrychium lunaria* *Epipactis helleborine* *Pyrola rotundifolia* *Gynmnadenia conopsea* *Orchis militaris* *Listera ovata* *Centaurium pulchellum* *Epipactis palustris* *Eriophorum angustifolium* *Dactylorhiza incarnata* *Dactylorhiza maculata* *Tetragonolobus maritimus* *Ophioglossum vulgatum* *Salix repens*	Individuenzählungen bzw. halbquantitative Verfahren zur Bestimmung der Populationsgröße Individuenzählungen der Populationen von *Epipactis palustris*, *Dactylorhiza incarnata*, *Ophioglossum vulgatum* und *Botrychium lunaria* auf je 5 - 10 Dauerbeobachtungsflächen (2 m x 2 m)
Vögel	*Bartmeise* *Bienenfresser* *Blaukehlchen* *Brachpieper* *Braunkehlchen* *Drosselrohrsänger* *Grauammer* *Raubwürger* *Rohrdommel* *Schilfrohrsänger* *Steinschmätzer* *Sperbergrasmücke* *Uhu* *Wendehals*	*Bartmeise* *Bienenfresser* *Blaukehlchen* *Braunkehlchen* *Drosselrohrsänger* *Fischadler* *Flussseeschwalbe* *(Raubwürger)* *Rohrdommel* *(Schilfrohrsänger)* *Sperbergrasmücke* *(Uhu)* *Wendehals*	Brutvogelrasterkartierung (100 m-Raster, alle Arten) sowie Punktkartierung der Zielarten (Ersterfassung: 2000)

	aktuelle Zielartengruppen	perspektivische Zielartengruppen	Methoden des Monitorings
Amphibien	Knoblauchkröte Wechselkröte Seefrosch	Knoblauchkröte Seefrosch	halbquantitative Erfassung der Zielarten (Ersterfassung: 2001)
Heuschrecken, Ohrwürmer	*Lapidura riparia* *Oedipoda caerulescens* *Sphingonotus caerulans*	*Conocephalus dorsalis* *(Lapidura riparia)* *(Oedipoda caerulescens)* *(Sphingonotus caerulans)* *(Stethophyma grossum)*	halbquantitative Kartierung der Heuschreckenarten auf 20 der insgesamt 100 FLB-Untersuchungsflächen (FLB 2003) (Ersterfassung: 2001)
Libellen	*Lestes virens* *Erythromma viridulum* *Aeshna isosceles* *Anax parthenope*	*(Lestes virens)* *Erythromma viridulum* *Aeshna isosceles* *Anax parthenope*	halbquantitative Erfassung aller Libellenarten vorerst in den Untersuchungsgebieten der Forschungsprojekte FBM (1999) und FLB (2003), nach Abschluss der Flutung an ausgewählten Uferbereichen des zukünftigen Restsees auf 10 Probeflächen (Ersterfassung: 1996, erste Wiederholung: 2001)
Wildbienen	alle gefährdeten Arten (vgl. OEKOKART 2002, RANA 2002)	alle gefährdeten Arten (vgl. OEKOKART 2002, RANA 2002)	Untersuchung des Gesamtartenspektrums an geeigneten Habitaten wie Steilwänden, südexponierten vegetationsarmen Bereichen (Ersterfassung: 2001, RANA 2002)

* aktuelle Zielarten ohne bisher nachgewiesene Reproduktionsvorkommen; perspektivische Zielarten = zukünftige Zielarten in 30 - 50 Jahren; perspektivische Zielarten in Klammern = Auftreten der Arten nur bei entsprechender Habitatentwicklung

Naturschutzgebiet „Schlauch Burgkemnitz“ und angrenzende Innenkippenbereiche im ehemaligen Tagebau Muldenstein

Das Gebiet besitzt insbesondere für Libellen- und Vogelarten eine herausragende naturschutzfachliche Bedeutung. Dabei handelt es sich um das artenreichste und bedeutendste Libellen-Reproduktionsgebiet in der BFL Sachsen-Anhalts mit individuenreichen Vorkommen zahlreicher gefährdeter Arten. Darunter sind einige Arten, die sich nur in diesen Bergbaugebieten reproduzieren. Kranich und Bekassine wurden als wertgebende Vogelarten der großflächigen Sümpfe und Verlandungszonen innerhalb der Tagebaufolgelandschaft des Landes bisher nur hier nachgewiesen.

Im **Leitbild** für dieses Gebiet wird auf strukturreiche Feuchtgebietskomplexe aus verschiedenen Gewässer- und Röhrichttypen, Seggenriedern, Niedermoorinitialen, Feuchtgebüschen und Vorwäldern feuchter Standorte im Anschluss an struktur- und gebüschreiche Halboffenlandbereiche sowie Pionierwälder trockener und frischer Standorte orientiert. Da das Gebiet schon ein fortgeschrittenes Entwicklungsstadium erreicht hat, muss nicht in Leitbilder der frühen und späteren Entwicklungsstadien differenziert werden.

Aktuelle und potenziell notwendige Handlungsoptionen betreffen die Erweiterung des Naturschutzgebietes um die Innenkippenbereiche östlich des Bibergrabens (Ableiter Blauer See). Da die Strategie des Naturschutzes auf den Prozessschutz orientiert, sind keine Pflegemaßnahmen vorgesehen. Lediglich bei Funktionsverlust der Biberdämme, zum Beispiel bei Abwanderung der Biber, kann gegebenenfalls kleinflächig eine künstliche Wasserhaltung im Bereich des Bibergrabens notwendig werden. Es sollte keinesfalls eine Entwässerung ehemaliger Aufforstungen im Bereich der vorgeschlagenen Erweiterungsflächen des Naturschutzgebietes vorgenommen und weitere Aufforstungen verhindert werden. Weiterhin wird auf einen unbedingten Verzicht auf weitere Sanierungen von nicht standsicheren Böschungsbereichen südlich des Blauen Sees hingewiesen (Prozessschutz!). Eine Besucherlenkung sollte die störungsempfindlichen Bereiche, insbesondere die Brutplätze, zielgerichteter schützen und eine Betreten der nicht standsicheren Böschungen ausschließen.

Tab. 88: Zielartengruppen und Methoden des Monitorings für naturschutzfachlich wertvolle Bereiche im Naturschutzgebiet „Schlauch Burgkemnitz“ und angrenzende Innenkippenbereiche des ehemaligen Tagebaus Muldenstein

	Zielartengruppen	Methoden des Monitorings
Pflanzen	*Filago arvensis* *Helichrysum arenarium* *Hieracium piloselloides* *Botrychium lunaria* *Epipactis palustris* *Dactylorhiza* fuchsii *Eriophorum angustifolium* *Carex vulpina* *Centaurium pulchellum* *Eleocharis acicularis* *Potamogeton acutifolius* *Potamogeton berchtoldii* *Utricularia australis* *Chara spec.*	Individuenzählungen bzw. halbquantitative Verfahren zur Bestimmung der Populationsgröße Individuenzählungen der Populationen von *Epipactis palustris* und *Botrychium lunaria* mit je 10 Dauerbeobachtungsflächen (2 m x 2 m)
Vögel	Bartmeise* Bekassine Braunkehlchen Drosselrohrsänger Kranich Rohrdommel Tüpfelralle* Sperbergrasmücke	quantitative, lagegenaue Erfassung (Siedlungsdichte) aller Wasservogelarten sowie der gefährdeten Brutvogelarten (Ersterfassung: 2000/2001)
Amphibien	Knoblauchkröte Laubfrosch* Moorfrosch Seefrosch	halbquantitative Erfassung der Zielarten (Ersterfassungen: 1997, erste Wiederholung 2001)
Heuschrecken	*Conocephalus dorsalis* *Stethophyma grossum*	halbquantitative Erfassung des Bestandes von *Stethophyma grossum* (Ersterfassung: 2000)
Libellen	*Aeshna juncea* *Coenagrion hastulatum* *Lestes dryas* *Lestes virens* *Leucorrhinia dubia* *Leucorrhinia pectoralis* *Leucorrhinia rubicunda* *Orthetrum coerulescens* *Somatochlora flavomaculata* *Sympetrum depressiusculum*	halbquantitative Erfassung der Zielarten und aller weiteren gefährdeten Libellenarten im Bereich der Probeflächen der Forschungsprojekte FBM (1999) und FLB (2003) (Erfassung: 1997, Wiederholungen: 2000 und 2001), ggf. Verschiebung der Probeflächen in Anpassung an die Wasserstandsentwicklung

* aktuelle Zielarten ohne bisher nachgewiesene Reproduktionsvorkommen

10.7 Ausblick

Auf der Abschlusstagung des BMBF-Schwerpunktprogrammes „Sanierung und ökologische Gestaltung der Landschaften des Braunkohlenbergbaus in den neuen Bundesländern" im September 2003 wurde von verschiedenen Institutionen der Länder und des Bundes wiederholt auf die Notwendigkeit der Überwachung und Bewertung einer weiteren nachhaltigen Entwicklung der Bergbaufolgelandschaft hingewiesen. Nachdem mit hohem finanziellen und personellen Aufwand sowohl im Forschungssektor als auch bei der Umsetzung der Ergebnisse die Entwicklung von naturschutzfachlich wertvollen Bereichen unterstützt wurde, ist es eine konsequente Forderung, deren weitere zielgerichtete Entwicklung zu überwachen. Nur so ist es möglich, Fehlentwicklungen zu erkennen und rechtzeitig Maßnahmen zur Gegensteuerung zu ergreifen.

Die Grundgedanken für ein naturschutzfachliches Monitoring in der Bergbaufolgelandschaft sind von den Vertretern der Naturschutzbehörden und -verbände sowie den aktuellen und zukünftigen Flächeneignern der naturschutzfachlich wertvollen Gebiete mit großem Interesse angenommen worden. Die Ergebnisse einer Umfrage, bei der diese Institutionen und Flächeneigner einbezogen wurden, weisen folgende Anforderungen an ein Monitoring aus (vgl. FLB 2003, Erfolgskontrollbericht): Es sollen sowohl die Sicherung der übergeordneten Ziele des Naturschutzes in der Bergbaufolgelandschaft kontrolliert (z.B. Schutz von Prozessen, Biotopverbund) als auch eine flächenkonkrete Erfolgskontrolle der Maßnahmen des Naturschutzes vorgenommen werden, zum Beispiel die Erfolgskontrolle der Pflege- und Entwicklungspläne für naturschutzfachlich besonders wertvolle Gebiete.

Vor allem vor dem Hintergrund der sich sehr dynamisch verändernden Rahmenbedingungen, beispielsweise infolge von Sukzessionsprozessen, Flutung bzw. Grundwasserwiederanstieg sowie einer zunehmenden touristischen Nutzung der Gebiete, muss mit einem naturschutzfachlichen Monitoring ein gemeinsamer Überwachungs-, Bewertungs- und Handlungsrahmen für alle ostdeutschen Bergbaufolgeflächen entwickelt und in die Praxis umgesetzt werden. Der Erfolg eines solchen Vorhabens wird besonders unter der Prämisse eines länderübergreifenden Konzeptes, der Ausarbeitung und Abstimmung umsetzbarer und langfristig tragbarer Überwachungsmethoden und einer integrativen Bewertung stehen. Mit den hier vorgestellten konzeptionellen Vorarbeiten des Forschungsverbundes Landschaftsentwicklung Mitteldeutsches Braunkohlenrevier wurde eine Grundlage für ein naturschutzfachliches Monitoring und dessen Umsetzung in der gesamten ostdeutschen Bergbaufolgelandschaft erarbeitet.

11 InformationsSystem zur Analyse, Bewertung und Prognose der Entwicklung von BergbaufolgeLandschaften – ISABEL

Gerd Jünger

Grundlagen

Im Rahmen des Forschungsverbundes FLB (2003) wurde das „**I**nformations**S**ystem zur **A**nalyse, **B**ewertung und Prognose der **E**ntwicklung von Bergbaufolge**L**andschaften“ (**ISABEL** siehe CD) entwickelt. Das WEB-basierte Informationssystem ist diesem Buch in Form einer CD beigelegt und ermöglicht einem großen Interessentenkreis einen technisch einfachen Zugriff auf die übersichtlich und klar strukturierten Projektergebnisse.

Das ISABEL enthält umfangreiche Informationen und Bildmaterial über den Lebensraum Braunkohlen-Bergbaufolgelandschaft sowie über den derzeitigen und zukünftigen naturschutzfachlichen Wert ausgewählter Bereiche. Es ermöglicht außerdem den Zugriff auf Prognosen zur räumlichen und zeitlichen Entwicklung der Tagebaufolgelandschaften auf der Ebene ausgewählter Arten (Populationen) bzw. Artengruppen, Biotopen und Biotopkomplexen. Mögliche Handlungsoptionen durch Einflussnahme auf die Sanierung und das Management der Gebiete vervollständigen das ISABEL.

Einen weiteren zentralen Teil des Systems stellen abiotische und biotische Parameter dar, die für die Entwicklung der Tagebaue Indikatorfunktion besitzen. Als Indikator wird dabei ein (messbarer) Stellvertreterparameter verstanden, der im Hinblick auf ein ausgewähltes Phänomen (Indikandum) Aussagekraft besitzt. Indikatoren sind demnach vergleichsweise leicht erfassbare, aussagekräftige Leitgrößen für sonst schwer zu charakterisierende Gesamtsysteme, zum Beispiel Ökosysteme oder Landschaften (vgl. BASTIAN & SCHREIBER 1999).

Um über die im Verbundprojekt vertiefend behandelten Fragestellungen hinaus eine Analyse und Bewertung möglichst vieler Lebensräume und ihrer biotischen Komponenten vornehmen zu können, wurden neben ableitbaren Indikatoren auch Zustandsbeschreibungen in das System integriert. Das Entwicklungspotenzial ausgewählter Tagebaubereiche ist von einer Vielzahl biotischer und abiotischer, oftmals kleinräumiger Standortverhältnisse abhängig und wird stark durch das angrenzende Umland der Tagebaue als wichtige Wiederbesiedlungsquelle geprägt. Infolgedessen sind für bestimmte Entwicklungsprognosen keine (leicht ermittelbaren) Indikatoren ableitbar. Ergänzend werden deshalb Entwicklungstrends auf Grundlage jahrelanger Forschungstätigkeit (Expertenwissen) mit einbezogen.

Die Grundidee des Aufbaus des ISABEL entstand in Anlehnung an den **pressure-state-response-Ansatz** der OECD (Organisation for Economic Cooperation and Development). Dieser Ansatz geht von einer Dreiteilung der Indikatoren aus und unterscheidet zwischen Belastungsindikatoren (pressure), Zustandsindikatoren (state) und Maßnahmenindikatoren (response).

Um diesen Ansatz an die Aufgabenstellungen des Forschungsverbundes anzupassen, wurden folgende Modifikationen vorgenommen:

- **Aktueller Zustand** (state): Indikatoren für den derzeitigen Entwicklungszustand und naturschutzfachlichen Wert ausgewählter Tagebaubereiche; Analyse und Bewertung des aktuellen Zustandes, z.B. Zielarten des Naturschutzes, Indikatorarten für Entwicklungsstadien
- **Wirkfaktoren** (pressure): Indikatoren, die eine Veränderung ausgewählter Tagebaubereiche anzeigen, wie z.B. Sukzession, Wasseranstieg, touristische Nutzung
- **Reaktionen – Maßnahmen** (response): Maßnahmen, die im Hinblick auf die Entwicklung und den Erhalt des naturschutzfachlichen Wertes der Bergbaufolgelandschaft durchgeführt werden

können, zum Beispiel Initialensetzung bei Erosionsgefahr, Unterschutzstellung, Lenkung oder Einschränkung von Nutzung.

Technische Umsetzung und Struktur

Das ISABEL wurde im Internetformat (html) erstellt. Auf Internetseiten können an beliebigen Stellen im laufenden Text, in Tabellen oder in Grafiken Verknüpfungen zu weiterführenden Informationen (Links) eingefügt werden. Auf diese Weise ist es möglich, die komplexen Zusammenhänge in der Bergbaufolgelandschaft in einem Informationssystem darzustellen.

Technisch bietet dieses System den Vorteil, dass es an jedem PC sowohl online als auch offline lauffähig ist, da es lediglich einen beliebigen, auch kostenlos verfügbaren Internetbrowser zum Betrachten benötigt. Da inzwischen fast jeder potenzielle Nutzer Erfahrungen mit dem Internet besitzt, ist dieses System ohne vorherige Anleitung technisch leicht zu bedienen. Das Internet ermöglicht darüber hinaus, das System zentral zu pflegen und an jedem internetfähigen Rechner jederzeit den aktuellen Stand abzurufen.

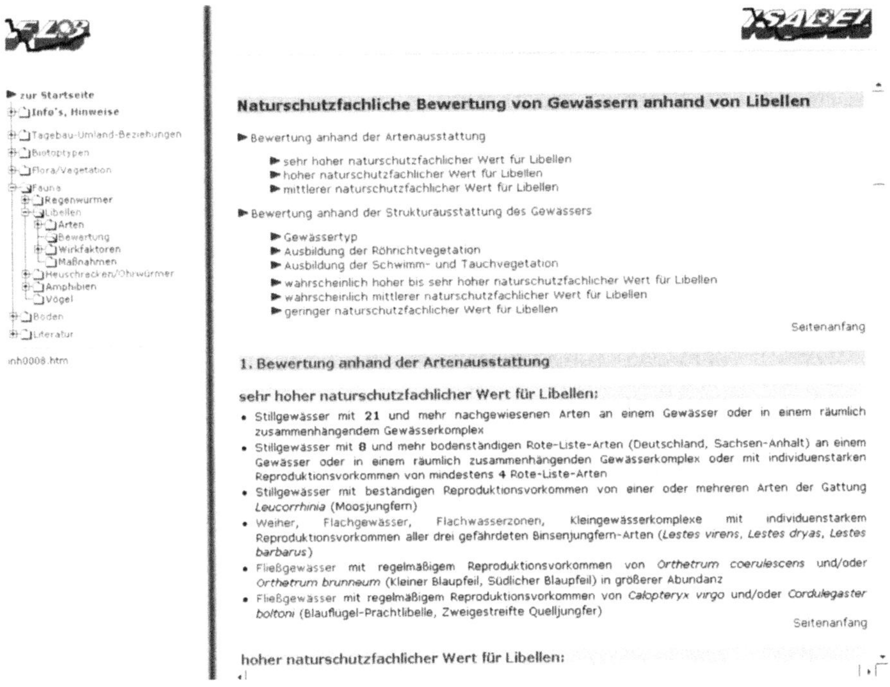

Abb. 139: Ausschnitt (Ansichtsfenster) des ISABEL – „**I**nformations**S**ystem zur **A**nalyse, **B**ewertung und Prognose der **E**ntwicklung von Bergbaufolge**L**andschaften“

Das ISABEL ist hierarchisch aufgebaut. Über den Verzeichnisbaum im linken Teil des Fensters (Abb. 139) besteht die Möglichkeit, gezielt Themen auszuwählen. Dem Hauptfenster können zu den ausgewählten Themen Informationen in Form von Texten, Bildern und Grafiken entnommen werden. Begriffe oder Textteile, zu denen mit anderen Bereichen des ISABEL oder auch externen Internetseiten Verknüpfungen bestehen, sind hervorgehoben. Durch „Klick“ auf diesen Bereich „springt“ der Rechner sofort an die entsprechende Stelle im Informationssystem. Der Verzeichnisbaum im linken Fensterteil aktualisiert sich bei jeder neuen Auswahl, so dass der Nutzer jederzeit erkennt, an welcher Stelle des Systems er sich gerade befindet. Weitere Einzelheiten und technische Hinweise können der entsprechenden Seite im ISABEL entnommen werden. Wir wünschen viel Spaß bei der Anwendung des ISABEL!

12 Literaturverzeichnis

ABRESCH, J.-P.; GASSNER, E.; VON KORFF, J. (2000): Naturschutz und Braunkohlensanierung. Angew. Landschaftsökol. 27. 427 S.

AG BODEN (1994): Bodenkundliche Kartieranleitung. Ad-hoc-Arbeitsgruppe Boden der Geologischen Landesämter und der Bundesanstalt für Geowissenschaften und Rohstoffe der Bundesrepublik Deutschland. 4. Auflage. Stuttgart: E. Schweizerbart´sche Verlagsbuchhandlung. 392 S.

AL HUSSEIN, I. A.; BERGMANN, S.; FUNKE, T.; HUTH, J.; OELERICH, H.-M.; REUTER, M.; TIETZE, F.; WITSACK, W. (1999): Die Tierwelt der Bergbaufolgelandschaften. In: KÖCK, U.-V.; OELERICH, H.-M. (Hrsg.): Braunkohlenbergbau-Folgelandschaften in Sachsen-Anhalt. Naturschutz im Land Sachsen-Anhalt, Sonderheft Braunkohlenbergbau-Folgelandschaften: 23 - 40.

ALTERMANN, M.; VOGLER, E.; WÜNSCHE, M. (1998): Eigenschaften, Entwicklung und Funktion von landwirtschaftlich genutzten Kippenböden im Westelbischen Braunkohlenfördergebiet und Möglichkeiten zur Optimierung von Rekultivierung, Nutzung und Bewirtschaftung. Zwischenbericht 1. Halbjahr 1998 gem. BEFT-ZE/AN 092. Halle (Auftraggeber: Univ. Trier, Institut für Bodenkunde).

ALTMOOS, M.; DURKA, W. (1998): Prozessschutz in Bergbaufolgelandschaften. Naturschutz und Landschaftsplanung 30: 291 - 297.

ALTMOSS, M. (1999): Systeme von Vorranggebieten für den Tierarten-, Biotop- und Prozessschutz: Auswahlmethoden unter Einbeziehung von Habitatmodellen für Zielarten am Beispiel der Bergbaufolgelandschaft im Südraum Leipzig. Diss. UFZ-Bericht 18/1999. 252 S.

AMLER, K.; BAHL, A.; HENLE, K.; KAULE, G.; POSCHLOD, P.; SETTELE, J. (1999): Populationsbiologie in der Naturschutzpraxis: Isolation, Flächenbedarf und Biotopansprüche von Pflanzen und Tieren. Stuttgart: Eugen Ulmer Verlag. 336 S.

AMMER, C.; MOSANDL, R.; EL KATEB, H. (2002): Direct seeding of beech (*Fagus sylvatica* L.) in Norway spruce (*Picea abies* [L.] Karst.) stands – effects of canopy density and fine root biomass on seed germination. Forest Ecology and Management 159: 59 - 72.

AMMER, C.; MOSANDL, R.; EL KATEB, H.; STÖLTING, R. (2001): Die Entwicklung von Buchensaaten im Vergleich zu Pflanzungen. AFZ/Der Wald 56: 1208 - 1210.

AMMER, U. (1991): Konsequenzen aus den Ergebnissen der Totholzforschung für die Praxis. Forstwiss. Cbl. 110: 149 - 157.

ANGELL, J. (1988): Variations and trends in tropospheric and stratospheric global temperatures 1958 - 1987. J. Clim. I: 1296 - 1313.

ARNDT, A. (1960): Selbstbegrünung einer Halde in der Niederlausitz. Mitt. Florist.-Soziol. Arbeitsgem. N. F. 8: 347 - 349.

ARNOLD, K.; KAISER, H. (1977): Abbau- und Rekultivierungsplanung für einen geplanten Muschelkalksteinbruch. Natur und Landschaft 5: 129 - 133.

BAASCH, A. (2003): Rolle von *Calamagrostis epigejos* (L.) ROTH im Sukzessionsverlauf auf Folgeflächen des Braunkohlentagebaus im Mitteldeutschen Raum: Standortansprüche, Monitoring und Management. Dipl.-Arb. Hochschule Anhalt (FH), Bernburg.

BAIRLEIN, F. (1998): Die Vogelwelt rekultivierter Standorte. In: PFLUG, W. (Hrsg.): Braunkohlentagebau und Rekultivierung – Landschaftsökologie, Folgenutzung, Naturschutz. Berlin, Heidelberg, New York: Springer Verlag: 318 - 324.

BAIRLEIN, F.; FOLLMANN, G.; MÖHLENBRUCH, N.; WOLF, G. (1989): Aufgaben und Ziele der heutigen forstlichen Rekultivierung von Tagebauflächen. Natur und Landschaft 10: 462 - 464.

BAKKER, J. P.; POSCHLOD, P.; STRYKSTRA, R. J.; BEKKER, R. M.; THOMPSON, K. (1996): Seed banks and seed dispersal: Important topics in restoration ecology. Acta Botanica Neerlandica 45 (4): 461 - 490.

BANK, P.; BEMMERLEIN-LUX, F.; BÖHMER, H. J. (2002): Übertragung von Sandmagerrasen durch Soden, Diasporen oder Heuauftrag? Ergebnisse aus neun Jahren Dauerbeobachtung. Naturschutz und Landschaftsplanung 2 - 3: 60 - 66.

BARNDT, D.; BRASE, S.; GLAUCHE, M.; GRUTTKE, H.; KEGEL, B.; PLATEN, R.; WINKELMANN, H. (1991): Die Laufkäferfauna von Berlin (West) mit Kennzeichnung und Auswertung der verschollenen und gefährdeten Arten (Rote Liste, 3. Fassung). In: AUHAGEN, A.; PLATEN, R.; SUKOPP, H. (Hrsg.): Rote Listen der gefährdeten Pflanzen und Tiere in Berlin: Landesentwicklung und Umweltforschung, Sonderheft 6: 243 - 275.

BÄRTELS, A. (1996): Gehölzvermehrung. 4. völlig überarb. und erw. Aufl. Stuttgart: Verlag Eugen Ulmer. 503 S.

BArtSchV (Bundesartenschutzverordnung) (1999): Verordnung zum Schutz wildlebender Tier- und Pflanzenarten vom 14. Oktober 1999 (BGBl. I S. 1955) zuletzt geändert durch Verordnung vom 21.12.1999 (BGBl. I S. 2843).

BASTIAN, O.; SCHREIBER, K.-F. (1999): Analyse und ökologische Bewertung der Landschaft. Heidelberg, Berlin: Spektrum, Akad. Verlag. 564 S.

BAUER, H. J. (1998): Naturschutz und Landschaftspflege. In: PFLUG, W. (Hrsg.): Braunkohlentagebau und Rekultivierung – Landschaftsökologie, Folgenutzung, Naturschutz. Berlin, Heidelberg, New York: Springer Verlag: 171 - 178.

BAUER, N. (2003): Befürwortung oder Ablehnung von Wildnis: Einstellung zu „Wildnisgebieten“ im periurbanen Raum. In: Vorträge zur internationalen Fachtagung „Urwald in der Stadt“ – Postindustrielle Stadtlandschaften von morgen“. Institut für Ökologie der TU Berlin & Projekt Industriewald Ruhrgebiet, Dortmund. S. 32.

BAURIEGEL, E.; KRAUSE, M.; WIEGLEB, G. (2000): Experimentelle Untersuchungen zur Initialensetzung von Trockenrasen in der Niederlausitzer Bergbaufolgelandschaft. In: WIEGLEB, G.; BRÖRING, U.; MRZLJAK, J.; SCHULZ, F. (Hrsg.): Naturschutz in Bergbaufolgelandschaften. Landschaftsanalyse und Leitbildentwicklung. Heidelberg: Physica Verlag: 177 - 201.

BAURIEGEL, E.; MAHN, E.-G.; TISCHEW, S. (1996): Initiierte Entwicklung von Sandtrockenrasen im Tagebaugebiet “Goitsche” bei Delitzsch. Hercynia N. F. 30: 13 - 32.

BEAMAN, M.; MADGE, S. (1998): Handbuch der Vogelbestimmung. Europa und Westpaläarktis. Stuttgart: Verlag Eugen Ulmer. 868 S.

BEER, W.-D. (1955/56): Beiträge zur Kenntnis der pflanzlichen Wiederbesiedlung von Halden des Braunkohlenbergbaus im nordwestsächsischen Raum. Wiss. Zeitschrift der Karl-Marx Univ., Mathematisch-naturwissenschaftliche Reihe 1/2: 207 - 211.

BELOCKY, R.; GRÖSEL, K. (2001): Spektral hochauflösende Fernerkundung zur Beurteilung und Überwachung der Umweltauswirkungen von Bergbautätigkeit – Erste Ergebnisse des Projekts MINEO. Öster. Zeitschr. für Vermessung & Geoinformation, Heft 3. www.brgm.fv/mineo/publications.

BENKER, J.; LORENZ, A. (2004): Untersuchungen zur natürlichen Waldentwicklung auf Bergbaufolgeflächen: Totholz. In: TISCHEW, S.; LORENZ, A.; STRIESE, G.; BENKER, J. (2004): Analyse, Prognose und Lenkung der Waldentwicklung auf Sukzessionsflächen der Mitteldeutschen und Lausitzer Braunkohlereviere. unveröff. Abschlussbericht des Forschungsvorhabens (im Auftrag des BMBF und der LMBV mbH, FKZ 0339770).

BENKERT, D. (1982): Verbreitungskarten brandenburgischer Pflanzenarten. *Ophioglossaceae* und *Pyrolaceae*. Gleditschia 9: 77 - 107.

BENKWITZ, S. (2001): Struktur und Artenzusammensetzung von Pionier- und Altwaldbeständen im Braunkohlentagebau Goitsche am Beispiel der zukünftigen „Goitsche-Inseln“. Dipl-Arb. Hochschule Anhalt (FH), Bernburg.

BENKWITZ, S.; TISCHEW, S.; LEBENDER, A. (2002): "Arche Noah“ für Pflanzen? Zur Bedeutung von Altwaldresten für Wiederbesiedlungsprozesse im Tagebaugebiet Goitsche. Hercynia 2: 181 - 214.

BENNERT, H. W. (1976): Gefährdung und Verbreitung mitteleuropäischer Farnpflanzen unter Berücksichtigung genetischer Gesichtspunkte. Schriftenr. f. Vegetationsk. 10: 155 - 161.

BENNERT, W. H. (1999): Die seltenen und gefährdeten Farnpflanzen Deutschlands – Biologie, Verbreitung, Schutz. Bonn: Bundesamt für Naturschutz (Hrsg.). 382 S.

BERGER-LANDEFELDT, U.; SUKOPP, H. (1965): Zur Synökologie der Sandtrockenrasen, insbesondere der Silbergrasfluren. Verh. Bot. Ver. Prov. Brandenburg 102: 41 - 98.

BERGMANN, J.-H. (1993): Das Sandrohr (*Calamagrostis epigejos* (L.) ROTH): Biologie, pflanzengeographisches und pflanzensoziologisches Verhalten, Biomasseleistung, Konkurrenzstärke gegenüber anderen Arten und Bekämpfungsmöglichkeiten. Forschungsbericht (im Auftrag der Landesforstverwaltung Brandenburg). Forstliche Forschungsanstalt Eberswalde e.V., Abteilung Waldbau. 58 S.

BERGMANN, J.-H. (2000): Die Sandbirke – Ihre Stellung in der Sukzession im Gebiet des Nordostdeutschen Pleistozäns und die sich daraus ableitende waldbauliche Behandlung. In: LOCKOW, K.-W (Hrsg): Die Birke im nordostdeutschen Tiefland. Eberswalder Forschungsergebnisse zum Baum des Jahres 2000. Ebersw. Forstl. Schriftenr. 9. 92 S.

BERGMANN, S.; WITSACK, W. (2002): Zur Arthropodenfauna von Tagebaufolgelandschaften Sachsen-Anhalts. I. Landasseln (Oniscoidea, Isopoda, Crustacea). Hercynia N. F. 34: 261 - 283.

BERKNER, A. (1998): Naturraum und ausgewählte Geofaktoren im Mitteldeutschen Förderraum – Ausgangszustand, bergbaubedingte Veränderungen, Zielvorstellungen. In: PFLUG, W. (Hrsg.): Braunkohlentagebau und Rekultivierung – Landschaftsökologie, Folgenutzung, Naturschutz. Berlin, Heidelberg, New York: Springer Verlag: 767 - 779.

BESCH-FROTSCHER, W.; FELINKS, B.; FRANZKE, F.; MACHULLA, G.; MICHAEL, A.; ABO-RADY, M. (2002): Erfassung und Bewertung der zukünftigen Landflächen in der Bergbaufolgelandschaft hinsichtlich ihrer Standortfunktion für natürliche Vegetation. unveröff. Abschlussbericht eines F+E-Vorhabens des LFUG (Az 13-8802.3524/30). 149 S.

BESTMANN, L. (1984): Praktische Verwendung lebender Baustoffe und technische Möglichkeiten. Wasser und Boden 1: 20 - 23.

BEUTLER, D.; BEUTLER, H. (1981): Notizen zur Libellenfauna einiger Tagebaugewässer in der Niederlausitz (Insecta, Odonata). Naturschutzarbeit in Berlin und Brandenburg 17 (2): 38 - 42.

BEUTLER, H. (1989): Libellen (Odonata) an Tagebaugewässern der Niederlausitz. In: Verhandlungen des IX. internationalen Symposiums für die Entomofaunistik Mitteleuropas (SIEEC) vom 19.-23. Mai 1986 in Gotha. Dresden: 353 - 356.

BIEWER, H.; POSCHLOD, P. (1995): Wiedervernässung und Wiederherstellung artenreicher Feuchtwiesen im Naturschutzgebiet „Südliches Federseeried“ (vegetationskundlicher Teil) – Standortbeschreibung und Maßnahmen zur Ansiedlung von Arten. Veröff. PAÖ 12: 251 - 269.

BIRGER, J. (2002): Multisensorale und multitemporale Fernerkundungsdaten zur Erfassung, Differenzierung und Veränderungsanalyse ausgewählter Vegetationsstrukturen der Bergbaufolgelandschaft Mitteldeutschlands. Diss. Martin-Luther-Univ. Halle-Wittenberg. 180 S.

BIRGER, J.; GLAESSER, C.; HERRMANN, B.; TISCHEW, S. (1998): Multisensoral and multitemporal remote sensing of ecological damage caused by opencast lignite mining in Central Germany. International Archives of Photogrammetry and Remote Sensing. Vol. XXXII, Part 7: 70 - 74.

BISCHOFF, A. (2002): Dispersal and establishment of floodplain grassland species as limiting factors in restoration. Biological Conservation 104 (1): 25 - 33.

BITTERFELDER BERGLEUTE e.V. (Hrsg.) (1998): Chronik des Braunkohlenbergbaus im Revier Bitterfeld. Technik und Kulturgeschichte in zwei Jahrhunderten.

BITTMANN, E. (1953): Das Schilf und seine Verwendung im Wasserbau. In: TÜXEN, R. (Hrsg.): Angewandte Pflanzensoziologie, Stolzau/Weser7: 5 - 44.

BLAB, J.; BRÜGEMANN, P.; SAUER, H. (1991): Tierwelt in der Zivilisationslandschaft. Teil II: Raumeinbindung und Biotopnutzung bei Reptilien und Amphibien im Drachenfelser Ländchen. Schriftenr. f. Landschaftspflege u. Naturschutz 34: 1 - 94.

BLASCHKE, W.; WIEDEMANN, D. (1996): Wiederbesiedlung der Tagebaugebiete durch Amphibien, Reptilien und Vögel. In: FIB (Forschungsinstitut für Bergbaufolgelandschaften e.V., Finsterwalde): BMBF – Förderprojekt „Schaffung ökologischer Vorrangflächen bei der Gestaltung der Bergbaufolgelandschaft". Tagungsband Ergebnispräsentation: 128 - 144.

BLOCK, W. M.; FRANKLIN, A. B.; WARD, J. P.; GANEY, J. L.; WHITE, G. C. (2001): Design and Implementation of Monitoring Studies to Evaluate the Success of Ecological Restoration on Wildlife. Restoration Ecology Vol. 9, No. 3: 293 - 303.

BLUMRICH, H.; WIEGLEB, G. (1998): Initiierung von Zwergstrauchheiden in der Niederlausitzer Bergbaufolgelandschaft. Verhandl. Ges. Ökol. 28: 291 - 300.

BMVEL (Bundesministerium für Verbraucherschutz, Ernährung und Landwirtschaft) (2003): Nationales Waldprogramm Deutschland. Ein gesellschaftspolitischer Dialog zur Förderung nachhaltiger Waldbewirtschaftung im Rahmen einer nachhaltigen Entwicklung. http://www.nwp.de.

BNatSchG (Bundesnaturschutzgesetz) (2002): Gesetz über Naturschutz und Landschaftspflege vom 25.03.2002. BGBl. I Nr. 22 vom 03.04.2002, S. 1193.

BONN, S. (1998): Dendroökologische Untersuchungen der Konkurrenzdynamik in Buchen-Eichen-Mischbeständen und zu erwartende Modifikation durch Klimaveränderungen. Forstwiss. Beitr. Tharandt 3: 1 - 180.

BONN, S.; POSCHLOD, P. (1998): Ausbreitungsbiologie der Pflanzen Mitteleuropas: Grundlagen und kulturhistorische Aspekte. Wiesbaden: Quelle und Meyer Verlag. 404 S.

BONN, S.; POSCHLOD, P.; TACKENBERG, O. (2000): Diasporus – A database for diaspore dispersal: concept and applications in case studies for risk assessment. Ökologie und Naturschutz 9: 85 - 97.

BORCHERT, J.; FINK, H. G.; KORNECK, D.; PRETSCHER, P. (1984): Militärische Flächennutzung und Naturschutz. Natur und Landschaft 5: 322 - 330.

BORNKAMM, R. (1985a): Veränderungen der Phytomasse und Vegetationsentwicklung. In: Bundesforschungsanstalt für Naturschutz und Landschaftsökologie (Hrsg.), WOLF, G. (Redaktion): Primäre Sukzession auf kiesig-sandigen Rohböden im Rheinischen Braunkohlenrevier. Schriftenr. f. Vegetationsk. 16: 111 - 151.

BORNKAMM, R. (1985b): Vegetation changes in herbaceous communities. In: WHITE, J. (Hrsg.): The population structure of vegetation. Dordrecht: Junk Publisher: 89 - 109.

BORYS, A. (1998): Versuche zur ökologischen Waldumwandlung von Kiefernforstgesellschaften durch unterstützte Eichelhähersaat. Dipl.-Arb. Fachh. Eberswalde.

BOSSEMA, I. (1979): Jays and oaks: an eco-ethological study of a symbiosis. Behaviour 70: 1 - 117.

BOSSHARD, A. (1999): Renaturierung artenreicher Wiesen auf nährstoffreichen Böden. Ein Beitrag zur Optimierung der ökologischen Aufwertung der Kulturlandschaft und zum Verständnis mesischer Wiesen-Ökosysteme. Diss. Botanicae 303. 194 S.

BOSSHARD, A. (2000): Blumenreiche Heuwiesen aus Ackerland und Intensivweiden. Naturschutz und Landschaftsplanung 32: 161 - 171.

BRADSCHAW, A. D.; HANDLEY, J. F. (1982): An ecological approach to landscape design: Principles and problems. Landscape Design 138: 30 - 34.

BRADSHAW, A. D.; CHADWICK, M. J. (1980): The Restoration of Land. Studies of ecology, Vol. 6. Oxford, London, Edinburgh, Boston, Melbourne: Blackwell Scientific Publications. 317 S.

BRÄNDLE, R. (1990): Überlebensstrategien der Rhizome von Sumpf- und Röhrichtpflanzen. Landschaftsentwicklung und Umweltforschung 71: 103 - 120.

BREMER, P. (1988): *Ophioglossum vulgatum* L. in de bossen van de Ijsselmeerpolders. Gorteria 14: 131 - 137.

BROZIO, F. (1998): Naturschutzarbeit in der Bergbauregion Weißwasser. In: PFLUG, W. (Hrsg.): Braunkohlentagebau und Rekultivierung – Landschaftsökologie, Folgenutzung, Naturschutz. Berlin, Heidelberg, New York: Springer Verlag: 687 - 696.

BRUELHEIDE, H.; FLINTROP, T. (1999): Die Verpflanzung von Bergwiesen im Harz. Eine Erfolgskontrolle über fünf Jahre. Naturschutz und Landschaftsplanung 31: 5 - 12.

BRÜNN, S.; GRIES, D.; SCHMIDT, W. (1996): Reaktion von *Calamagrostis epigejos* (L.) ROTH auf Unterschiede im Licht- und Stickstoffangebot. Verhandl. Ges. Ökol. 26: 775 - 780.

BÜHLER, A. (1922): Der Waldbau nach wissenschaftlicher Forschung und praktischer Erfahrung, Bd. II. Stuttgart: Eugen Ulmer Verlag: 382 - 384.

BULLOCK, J. M.; CLARKE, R. T. (2000): Long distance seed dispersal by wind: measuring and modelling the tail of the curve. Oecologica 124: 506 - 521.

BUND (Bund für Umwelt und Naturschutz Deutschland) (2003): Bergbaufolgelandschaften – Chancen zur Integration von Wildnisgebieten in die Kulturlandschaft am Beispiel der Goitsche. Zwischenbericht 2003. Landesverband Sachsen-Anhalt.

BURIAN, K.-P. (1981): Saat oder Pflanzung bei der Begründung von Eichenkulturen auf Beispielsflächen im Staatlichen Forstamt Syke. Ing.-Arb. Fachh. Holzminden/Hildesheim. 76 S.

BURROWS, F. M. (1975): Wind-borne seed and fruit movement. New Phytol. 75: 647 - 664.

BURSCHEL, P.; HUSS, J. (1997): Grundriss des Waldbaus. Pareys Studientexte 49. 487 S.

BURSCHEL, P.; HUSS, J.; KALBHENN, R. (1964): Die natürliche Verjüngung der Buche. Schriftenr. Forstl. Fakult. Univ. Göttingen und Mitteil. d. Nieders. Forstl. Versuchsanstalt, Band 34. Frankfurt am Main: J. D. Sauerländer's Verlag. 186 S.

BYRNE, S. (1990): Habitat transplantation in England. A review of the extent and nature of the practice and the techniques employed. EFU Report. Project No. 104. EHQ File No. ES06/03/104. 96 S.

CEBULLA, U. (1984): Waldbauliche und betriebswirtschaftliche Beurteilung einer Eichensaat unter Buchenaltholzschirm im Forstamt Reinhausen. Dipl.-Arb. Fachh. Hildesheim/Holzminden.

CLARK, J. (1998): Why trees migrate so fast: confronting theory with dispersal biology and the paleorecord. Amer. Nat. 152: 204 - 224.

CLEVELAND, W. S. (1979): Robust locally weighted regression and smoothing scatterplots. J. Am. Stat. Assoc. 74: 829 - 836.

CLEVERING, O. A. (1998): Effects of litter accumulation and water table on morphology and productivity of *Phragmites australis*. Wetlands Ecology and Management 5: 275 - 287.

CONNEL, J. H.; SLATYER, R. O. (1977): Mechanisms of succession in natural communities and their role in community stability and organization. Am. Nat. 111: 1119 - 1144.

COOPS, H.; GEILEN, N.; VAN DER VELDE, G. (1994): Distribution and growth of the helophyte species *Phragmites australis* and *Scirpus lacustris* in water depth gradients in relation to wave exposure. Aquat. Bot. 48: 273 - 284.

COULSON, S. J.; BULLOCK, J. M.; STEVENSON, M. J.; PYWELL, R. F. (2001): Colonization of grassland by sown species: dispersal versus microsite limitation in responses to management. J. Appl. Ecol. 38: 204 - 216.

CUI (Consultinggesellschaft für Umwelt und Infrastruktur mbH) (2002): FuE-Vorhaben „Erfassung und Bewertung der zukünftigen Landflächen in der Bergbaufolgelandschaft hinsichtlich ihrer Standortfunktionen für natürliche Vegetation". unveröff. Abschlussbericht (im Auftrag und gefördert durch das LfUG, Az: 13-8802.3524/30).

CULLEN, W. R.; WHEATER, C. P. (1993): The flora and invertebrate fauna of a relocated grassland at Thrislington Plantation, county Durham, England. Restoration Ecology 1: 130 - 137.

DAHLKE, E.; ILLIG, H.; JENTSCH, H. (1978): Orchideenfunde auf Bergbaugelände. Mitt. AK Heim. Orchideen 8: 37 - 39.

DENGLER, A. (1935): Waldbau auf ökologischer Grundlage. 2. Aufl. Berlin: Springer Verlag: 380 - 385.

DETTMAR, J. (1995): Pflanzen- und Tierarteninventar der Industrielandschaft – Beispiel Ruhrgebiet. Natur und Landschaft 70: 474 - 479.

DETZEL, P. (1998): Die Heuschrecken Baden-Württembergs. Stuttgart: Verlag Eugen Ulmer. 580 S.

DONATH, H. (1987): Vorschlag für ein Libellen-Indikatorsystem auf ökologischer Grundlage am Beispiel der Odonatenfauna der Niederlausitz. Ent. Nachr. Ber. 31 (5): 213 - 217.

DORMANN, C. F. (1997) Sandrohr (*Calamagrostis epigejos* [L.] ROTH) in Trockenrasen des Biosphärenreservates Schorfheide-Chorin: Bestandsstruktur, ökologische Auswirkungen und Pflegemaßnahmen. Zeitschr. f. Ökologie u. Naturschutz 6: 207 - 217.

DORSCH, H.; DORSCH, I. (1979): Die Vogelwelt natürlich bewachsener Braunkohlentagebaue. Beitr. Vogelkde. 25: 257 - 329.

DORSCH, H.; DORSCH, I. (1988): Analyse der Entwicklung von Vegetation und Avifauna in Tagebaugebieten bei Leipzig. Diss. Akademie d. Landwirtschaftswiss. d. DDR. 230 S.

DREẞEL, R. (1998): Untersuchungen zur Biologie der Roteiche (*Quercus rubra* L.) und zu ihrer Rolle bei der Waldentwicklung in der Hinteren Sächsischen Schweiz (Südost Sachsen). Dipl.-Arb. Martin-Luther-Univ. Halle-Wittenberg.

DRÖSCHMEISTER, R. (1998): Aufbau von bundesweiten Monitoringprogrammen für Naturschutz – Welche Basis bietet die Langzeitforschung? Schriftenr. f. Landschaftspflege u. Naturschutz 58: 319 - 337.

DUBBEL, V. (1989): Die Bedeutung des Bodenkontaktes für die Qualität des Buchensaatgutes. Forst und Holz 19: 512 - 516.

DUFRENE, M.; LEGENDRE, P. (1997): Species assemblages and indicator species: the need for a flexible asymmetrical approach. Ecol. Monogr. 67: 345 - 366.

DUNGER, W. (1978): Bodenzoologische Untersuchungen an rekultivierten Kipprohböden der Niederlausitz. Abh. Ber. Naturkundemus. Görlitz 52, Nr. 11: 1 - 19.

DUNGER, W. (1983): Tiere im Boden. Die Neue Brehm Bücherei 327. Wittenberg: Ziemsen Verlag. 280 S.

DUNGER, W. (1991): Zur Primärsukzession humiphager Tiergruppen auf Bergbauflächen. Zool. Jahrbuch. 118: 423 - 447.

DUNGER, W. (1998a): Ergebnisse langjähriger Untersuchungen zur faunistischen Besiedlung von Kippenböden. In: PFLUG, W. (Hrsg.): Braunkohlenbergbau und Rekultivierung – Landschaftsökologie, Folgenutzung, Naturschutz. Berlin, Heidelberg, New York: Springer Verlag: 625 - 634.

DUNGER, W. (1998b): Immigration, Ansiedlung und Primärsukzession der Bodenfauna auf jungen Kippböden. In: PFLUG, W. (Hrsg.): Braunkohlenbergbau und Rekultivierung – Landschaftsökologie, Folgenutzung, Naturschutz. Berlin, Heidelberg, New York: Springer Verlag: 635 - 644.

DUNGER, W. (1999): Immigration und Sukzession ausgewählter Gruppen der Bodenfauna in terrestrischen Kippökosystemen und Bergbaurandflächen. BMBF - Fördermaßnahme Nr.: 0339668. Staatliches Museum für Naturkunde Görlitz.

DUNGER, W. (2001): Development of soil fauna at mine sites during 46 years after afforestation. Pedobiologia 45: 243 - 271.

DUNGER, W.; WANNER, M. (1999): Ansiedlung und Primärsukzession der Bodenfauna auf Tagebaukippen – Ergebnisse und theoretische Ansätze. Verhandl. Ges. Ökol. 29: 201 - 211.

DUPOUEY, LEBOULER (1989): so zitiert in: DREßEL, R. (1998): Untersuchungen zur Biologie der Roteiche (Quercus rubra L.) und ihrer Rolle bei der Waldentwicklung in der Hinteren Sächsischen Schweiz (Südost-Sachsen). Dipl.-Arb. Univ. Halle-Wittenberg.

DURKA, W.; ALTMOOS, M.; HENLE, K. (1997): Naturschutz in Bergbaufolgelandschaften des Südraumes Leipzig unter besonderer Berücksichtigung spontaner Sukzession. UFZ-Bericht, Nr. 22. 209 S.

DURKA, W.; ALTMOOS, M.; HENLE, K. (1999a): Naturschutz und Landschaftspflege in Bergbaufolgelandschaften. Konzepte zur Optimierung eines Netzes von Vorrangflächen. Schriftenr. des Deutschen Rates für Landespflege 70: 81 - 92.

DURKA, W.; ALTMOOS, M.; HENLE, K. (1999b): Entwicklung eines Netzes von Vorranggebieten für Artenschutz in der Bergbaufolgelandschaft mit iterativen Auswahlalgorithmen. In: WIEGLEB, G.; SCHULZ, F.; BRÖRING, U. (Hrsg.): Naturschutzfachliche Bewertung im Rahmen der Leitbildmethode. Berlin: Physica Verlag: 165 - 178.

DVWK-Schriften (1996): Klassifikation überwiegend grundwasserbeeinflusster Vegetationstypen. Bonn. Heft 112: 393 - 401.

DZWONKO, Z. (1993): Relations between the floristic composition of isolated young woods and their proximity to ancient woodland. J. Veget. Sci 4/5: 693 - 698.

EBERHARDT, E. (1995): Exzessive Vergrasung in den Kiefernwäldern im Tiefland Sachsen-Anhalts. Ursachen, Wirkungen, mögliche Konsequenzen. Der Wald 45/7: 226 - 230.

EHRMANN, O. (1996): Regenwürmer in einigen südwestdeutschen Agrarlandschaften. Hohenheimer Bodenkundliche Hefte 35: 89 - 92.

EISENHAUER, D.-R. (1994): Eichennaturverjüngung unter Kiefer. Beitr. für Forstwirtschaft und Landschaftsökologie 2 (28): 53 - 61.

EISENHUT, G. (1958): Keimung der Lindenfrüchte. Forstwiss. Cbl. 77: 48 - 356.

EISSING, H.; v. OSTEN, W. (2003): Ungepflegte Sehnsüchte. Von Zaubereicheln und Drecksecken. In: Vorträge zur internationalen Fachtagung „Urwald in der Stadt" – Postindustrielle Stadtlandschaften von morgen". Institut für Ökologie der TU Berlin & Projekt Industriewald Ruhrgebiet, Dortmund. S. 30.

EISSMANN, L.; LITT, T. (1994): Das Quartär Mitteldeutschlands. Ein Leitfaden und Exkursionsführer. Mit einer Übersicht über das Präquartär des Elbe-Saale-Gebietes. Altenburger Naturwiss. Forschungen 7, Sonderbeilage: 1 - 458.

ELLENBERG, H. (1996): Vegetation Mitteleuropas mit den Alpen in ökologischer, dynamischer und historischer Sicht. Stuttgart: Eugen Ulmer Verlag. 1095 S.

ELLENBERG, H. jr. (1989): Eutrophierungsveränderungen der Waldvegetation und Rückwirkungen durch Rehwildverbiss. Verh. Ges. Ökol. 17: 425 - 435.

ELLENBERG, H.; WEBER, H. E.; DÜLL, R.; WIRTH, V.; WERNER, W.; PAULIßEN, D. (1992): Zeigerwerte von Pflanzen in Mitteleuropa. Scripta Geobotanica XVIII. Göttingen: 1 - 258.

EMMERLING, C. (2001): Improvement of earthworm (Lumbricidae) community and activity in mine soil from mining by the application of different organic waste materials. Pedobiologia 45: 396 - 407.

ENDTMANN, J. (2000): Beiträge zur Biodiversität der Sandbirke (*Betula pendula* ROTH) und verwandter Sippen. In: LOCKOW, K.-W. (Hrsg): Die Birke im nordostdeutschen Tiefland. Eberswalder Forschungsergebnisse zum Baum des Jahres 2000. Ebersw. Forstl. Schriftenr. 9: 8 - 25.

ENGELHARDT, J. (2000): Das Heudrusch - Verfahren im ingenieurbiologischen Sicherungsbau. Jahrb. d. Ges. f. Ingenieurbiol. e.V. 9: 165 - 174.

EPPERT, F. (1985): Die Entwicklung des Muldestausees bei Bitterfeld zu einem bedeutenden Rast- und Überwinterungsgebiet für Wasservögel, dargestellt am Beispiel der Ordnungen Gaviiformes, Podicipediformes und Anseriformes. Hercynia 22 (4): 374 - 389.

EPPERT, F. (1989): Zur Habitatnutzung von Rekultivierungsflächen des Bitterfelder Braunkohlenreviers durch Laufkäfer- (Carabidae) und Brutvogelgemeinschaften (Aves). Diss. Pädagogische Hochschule Halle-Köthen.

EPPERT, F.; HAHNEL, K.; HERBST, F.; MÜLLER, E.; PRAUTSCH, I. (2000): Entwicklung und Erprobung von Methoden und Gestaltungskonzepten zur ökologisch verträglichen Sanierung von Bergbaufolgelandschaften in ausgewählten litoralen und terrestrischen Bereichen des Tagebaus Goitsche im Landkreis Bitterfeld. BMBF-FKZ: 0339643/7. Abschlussbericht.

EPPINGER, R.; KRUMSCHEID-PLANKERT, P. (1991): Uferrenaturierungen am Bodensee-Obersee: Erfahrungen mit verschiedenen Pflanzmethoden: Neue Landschaft 4: 253 - 258.

ERBE, W. (1955): Die Stratifizierung von Forstsaatgut im Keller in Abhängigkeit vom Erntetermin, Behandlungsdauer und Aussaattermin. Dipl.-Arb. TU Dresden.

FABIAN, P. (1991): Klima und Wald – Perspektiven für die Zukunft. Forstwiss. Cbl. 110: 286 - 304.

FALIŃSKA, K. (1979): Modifications of plant populations in forest ecosystems and their ecotones. Polish Ecol. Studies 5: 89 - 150.

FALIŃSKI, J. B. (1986): Vegetation dynamics in temperate lowland primeval forests. Ecological studies in Białowieza Forest. Geobotany 8: 1 - 537.

FBM (Forschungsverbund Braunkohlenfolgelandschaften Mitteldeutschlands) (1999): Konzepte für die Erhaltung, Gestaltung und Vernetzung wertvoller Biotope und Sukzessionsflächen in ausgewählten Tagebausystemen. unveröff. Abschlussbericht. Auftraggeber: BMBF, LMBV, Land Sachsen Anhalt; Projektlaufzeit: 1995 - 1998.

FELINKS, B. (2000): Primärsukzession von Phytozönosen in der Bergbaufolgelandschaft. Dissertation. TU Cottbus. 196 S.

FIB (Forschungsinstitut für Bergbaufolgelandschaften e.V.) (1999): Kennzeichnung der Kartierungseinheit Tagebau Mücheln, BF Neumark - Sukzession. Bodenkundliches Gutachten des Forschungsinstitutes für Bergbaufolgelandschaften Finsterwalde e.V.

FIEDLER, F. (1962): Die Entwicklung des Vorwaldgedankens unter besonderer Berücksichtigung der Birke. Archiv f. Forstwesen 11 (2): 174 - 190.

FISCHER, A. (1986): Feinanalytische Sukzessionsuntersuchungen in Grünlandbrachen – Vegetationsentwicklung ungelenkt und nach Begrünung. Veröff. Naturschutz u. Landschaftspflege Bad.-Württ. 61: 349 - 390.

FISCHER, A. (1987): Untersuchungen zur Populationsdynamik am Beginn von Sekundärsukzession. Die Bedeutung von Samenbank und Samemniederschlag für die Wiederbesiedlung vegetationsfreier Flächen in Wald- und Grünlandgesellschaften. Diss. Botanicae 110. 234 S.

FLADE, M. (1994): Die Brutvogelgemeinschaften Mittel- und Norddeutschlands: Grundlagen für den Gebrauch vogelkundlicher Daten in der Landschaftsplanung. Eching: IHW-Verlag. 879 S.

FLATHER, C. H.; WILSON, K. R.; DAN, D. J.; MC COMB, W. C. (1997): Identifying gaps in conservation networks of indicators and uncertainty in geographic-based analysis. Ecol. Appl. 7: 531 - 542.

FLB (Forschungsverbund Landschaftsentwicklung Mitteldeutsches Braunkohlenrevier) (2003): Analyse, Bewertung und Prognose der Landschaftsentwicklung in Tagebauregionen des Mitteldeutschen Braunkohlenreviers. BMBF-FKZ: 0339747. Abschlussbericht. 497 S.

FLEISHMANN, E.; MURPHY, D. D.; BRUSSARD, P. F. (2000): A new method for selection of umbrella species for conservation planning. Ecol. Appl. 10: 569 - 579.

FORT, K. P.; RICHARDS, J. H. (1998): Does seed dispersal limit initiation of primary succession in desert playas? American J. of Botany 85 (12): 1722 - 1731.

FRANK, D.; HERDAM, H.; JAGE, H.; KLOTZ, S.; RATTEY, S.; WEGENER, U.; WEINERT, U.; WESTHUS, W. (1992): Rote Liste der Farn- und Blütenpflanzen des Landes Sachsen-Anhalt. Unter Mitwirkung von T. Benkert, S. Bräutigam, H. Kahlmeyer, H.-U. Kisson, J. Peterson, J. Pusch, G. Stohr. Berichte d. Landesamtes f. Umweltsch. Sachsen-Anhalt 1: 44 - 63.

FRANK, D.; KLOTZ, D.; WESTHUS, W. (1990): Biologisch-ökologische Daten zur Flora der DDR. Univ. Halle-Wittenberg. Wiss. Beitr. 32. Reihe P, Bd. 41. 165 S.

FREY, W.; LÖSCH, R. (1998): Lehrbuch der Geobotanik – Pflanze und Vegetation in Raum und Zeit. Ulm: Gustav Fischer Verlag. 436 S.

FRICKE, O. (1991): Welche Erwartungen knüpft ein Forstpraktiker an die Naturwaldforschung? Naturwälder in Niedersachsen – Bedeutung, Behandlung, Erforschung. NNA-Ber. 4 (2): S. 116.

FROMM, A.; JAKOB, S.; TISCHEW, S. (2002): Sandtrockenrasen in der Bergbaufolgelandschaft – Syntaxonomische und experimentelle Ansätze: Naturschutz und Landschaftsplanung 2 - 3: 45 - 51.

FROMM, A.; MAHN, E.-G.; TISCHEW, S. (1998): Zwergbinsen-Gesellschaften in ehemaligen Braunkohlentagebauen der Goitsche. Naturschutz und Landschaftsplanung 30: 393 - 399.

FROMM, A.; TISCHEW, S. (1999): Untersuchungen zum Verlauf spontaner Sukzessionen. In: FBM (Forschungsverbund Braunkohlenfolgelandschaften Mitteldeutschlands): Konzepte für die Erhaltung, Gestaltung und Vernetzung wertvoller Biotope und Sukzessionsflächen in ausgewählten Tagebausystemen. BMBF-FKZ: 0339647. Abschlussbericht: 1 - 38.

FROTSCHER, W. (1999): Großmaßstäbige Landschaftsgliederung von Braunkohlentagebauen für geoökologische und naturschutzfachliche Untersuchungen in Mitteldeutschland – Methodik und Anwendungsbeispiele. Hallesches Jahrb. Geowiss., R. A, Bd. 21: 115 - 131.

FUKAREK, F. (1961): Die Vegetation des Darß und ihre Geschichte. Jena: Gustav Fischer Verlag. 321 S.

FÜLLER, F. (1974): *Epipactis* und *Cephalanthera*. Die Orchideen Mitteleuropas, 5. Teil. Neue Brehm-Bücherei, A. Ziemsen Verlag. 92 S.

FUNKE, T.; WITSACK, W. (2002): Zur Arthropodenfauna von Tagebaufolgelandschaften Sachsen-Anhalts. II. Zikaden (Auchenorrhyncha, Hemiptera, Insecta) von Offenlandhabitaten. Hercynia N. F. 35: 91 - 122.

GERKE, M. (1997): Schlussfolgerungen aus den forstlichen Rekultivierungsmaßnahmen Rudolf Heusohn's für die Aufforstung von Kippenstandorten in der Niederlausitz. Dipl.-Arb. TU-Dresden.

GILCHER, S.; BRUNS, D. (1999): Renaturierung von Abbaustellen. Reihe Praktischer Naturschutz. Stuttgart: Eugen Ulmer Verlag. 346 S.

GIMINGHAM, C. H. (1984): Ecological aspects of birch. Proseedings of the Royal Society of Edinburgh 85B: 65 - 72.

GLÄßER, C.; NOCKER, U.; BIRGER, J. (2002): Langfristige und großräumige Analyse und Prognose der Mitteldeutschen Bergbaufolgelandschaften mittels hochauflösender Fernerkundungsdaten. 2. unveröff. Zwischenbericht. Univ. Halle, Insitut für Geographie.

GLIEMEROTH, A. K. (1995): Paläoökologische Untersuchungen über die letzten 20.000 Jahre in Europa. Vegetation, Biomasse und Einwanderungsgeschichte der wichtigsten Waldbäume. Paläoklimaforschung 18, I - XII. 252 S.

GLUTZ VON BLOTZHEIM, U. N.; BAUER, K. M. (1993): Handbuch der Vögel Mitteleuropas. Band 13/III. Wiesbaden: AULA-Verlag: 1371 - 2178.

GOCKEL, S. (2000): Über das Auflaufen und die Entwicklung von Bucheckern-Voraussaaten aus Plätzesaat unter Fichtenschirm. Dipl.-Arb. TU Dresden.

GOMMEL, H.-J. (1994): Umbau von Fichten-Beständen durch Buchensaat. AFZ/Der Wald 51: 516 - 518.

GOOD, J. E. G.; WALLACE, H. L.; STEVENS, P. A.; RADFORD, G. L. (1999): Translocation of herb-rich grassland from a site in Wales prior to opencast coal extraction. Restoration Ecology 7: 336 - 347.

GRAHAM, D. J.; HUTCHINGS, M. J. (1988): Estimation of the seed bank of a chalk grassland ley established on former arable land. J. Appl. Ecol. 25: 253 - 263.

GRIESE, F. (1989): Naturwaldparzellen: Gedanken, Bedeutung und Ergebnisse. NNA-Ber. 2 (3) Naturgemäße Waldwirtschaft und Naturschutz: 173 - 176.

GRÜNER, G. (1950): Die allgemeinen Grundlagen des Vorwaldgedankens, aufbauend auf den Verhältnissen des Tharandter Reviers. Dipl.-Arb. TU Dresden, Inst. f. Waldbau.

GRÜTTNER, A. (1996): Zur Keimung und Jugendentwicklung von *Calamagrostis epigejos* (L.) ROTH. Verhandl. Ges. Ökol. 26: 765 - 773.

GRÜTTNER, A. (2002): Oberflächenwassermonitoring der Uferzone im Restloch Großkayna in der Jahresscheibe 2002. Abschlussbericht. Halle.

GRÜTTNER, A. (Mskr.): Population biological observation on early succession in pioneer reed habitats with special reference to *Phragmites australis* (Cav.) Trin. ex Steud.

GRÜTTNER, A.; HEINZE, U. (2003a): Welche Bedeutung hat die sexuelle Reproduktion für den Erfolg der Art *Calamagrostis* epigejos (L.) ROTH. Feddes Repertorium 114/3 - 4: 240 - 256.

GRÜTTNER, A.; HEINZE, U. (2003b): *Calamagrostis epigejos* (L.) ROTH: Bestandesstruktur, Gesamtbiomasse und Biomasseverteilung an unterschiedlichen Standorten. Hercynia N. F. 36: 235 - 259.

GÜNTHER, H.; MORGENEYER, W. (1956): Ein Weidenversuch auf einer nährstoffarmen Braunkohlenkippe der Lausitz. Arch. für Forstwesen: 769 - 800.

GÜNTHER, R. (1996): Seefrosch - *Rana ridibunda*. In: GÜNTHER, R. (Hrsg.): Die Amphibien und Reptilien Deutschlands. Jena: Gustav Fischer Verlag: 490 - 508.

GÜNTHER, R.; PODLOUCKY; R. (1996): Wechselkröte - *Bufo viridis*. In: GÜNTHER, R. (Hrsg.): Die Amphibien und Reptilien Deutschlands. Jena: Gustav Fischer Verlag: 322 - 343.

GÜRGENS, K. (1966/67): Zur Verbreitung, Ökologie und Vergesellschaftung der *Botrychium*-Arten im Vogtland. Berichte der Arbeitsgemeinschaft sächsischer Botaniker 8: 159 - 167.

GUTHKE, J. (1992): Langzeitlagerung von Eichensaatgut. Diss. Univ. Hannover.

GUTTE, P.; HILBIG, W. (1975): Übersicht über die Pflanzengesellschaften des südlichen Teiles der DDR. Hercynia 12 (1): 1 - 39.

HADACOVA, D.; PRACH, K. (2003): Spoil heaps from brown coal mining: Technical reclamation versus spontaneous revegetation. Restoration Ecology 11, 3: 385 - 391.

HAKES, W. (1996): Multivariate Ordinationsmethoden zur Analyse von Veränderungen in der Vegetationsstruktur. Grundlagen und Beispiele aus Sukzessionsforschung und Monitoring. Natursch. u. Landschaftspl. 28 (1): 12 - 19.

HAMEL, G. (1981): Ansaat und Umsetzung als Methode der Orchideenerhaltung. Mitt. d. Arbeitskreises „Heimische Orchideen" 10.

HAMPICKE, U. (1992): Ist Naturschutz möglich? – Ziele, Konzepte, Kosten. NNA-Bericht 5 (1): 9 - 17.

HARKE, H. (1996): Struktur und Dynamik der Birkenvorwälder im ehemaligen Tagebau Goitzsche bei Delitzsch. Dipl.-Arb. Univ. Halle-Wittenberg.

HARPER, J. L.; WILLIAMS, J. T.; SAGAR, G. R. (1965): The behaviour of seeds in soil. Part I. The heterogeneity of soil surfaces and its role in determining the establishment of plants from seed. J. Ecol. 53: 273 - 286.

HASLAM, S. M. (1970): The performance of *Phragmites communis* Trin. in relation to water supply. Ann. Bot. Lond. N. S. 34: 867 - 877.

HASLAM, S. M. (1972): Biological Flora of the British Isles. *Phragmites communis* Trin. Journal of Ecology 60: 585 - 610.

HAUBOLD-ROSAR, M. (1998): Das Niederlausitzer Braunkohlenrevier: Bodensubstrate, landwirtschaftliche und forstwirtschaftliche Rekultivierung – Bodenentwicklung. In: PFLUG, W. (Hrsg.): Braunkohlenbergbau und Rekultivierung – Landschaftsökologie, Folgenutzung, Naturschutz. Berlin, Heidelberg, New York: Springer Verlag: 573 - 588.

HEGI, G. (1981): Illustrierte Flora von Mitteleuropa. Band 1/2, 3. Aufl. Berlin, Hamburg: Paul Parey Verlag. 269 S.

HEINKEN, T. (1995): Naturnahe Laub- und Nadelwälder grundwasserferner Standorte im niedersächsischen Tiefland – Gliederung, Standorte, Dynamik. Diss. Univ. Göttingen. 311 S.

HEINSDORF, D. (1984): Wirkung von Mineraldüngung auf Ernährung und Wachstum von Winterlinden (*Tilia cordata* MILL.) auf Kippenbodenformen der Niederlausitz. Beitr. f. d. Forstwirtschaft 18: 28 - 36.

HELLINGS, S. E.; GALLAGHER, J. (1992): The effects of salinity and flooding on *Phragmites australis*. J. Appl. Ecol. 29: 41 - 49.

HELLIWELL, D. R.; HARRISON A. F. (1978): Variations in the growth of different seeds of *Acer pseudoplatanus* and *Betula verrucosa* grown on different soils. Forestry 51 (1): 37 - 46.

HENLE, K.; ALTMOOS, M.; DZIOCK, F.; FELINKS, B. (2001): Vorrangflächen für Naturschutz in der Bergbaufolgelandschaft Westsachsens und Nordthüringens. Abschlussbericht. Umweltforschungszentrum Leipzig-Halle GmbH. 184 S.

HENNEK, F.; UNSELT, C. (2002): Sicherung von Naturschutzflächen in Bergbaufolgelandschaften. Handbuch zum Flächenerwerb und -management im Lausitzer und Mitteldeutschen Braunkohlenrevier. Bonn-Bad Godesberg: Bundesamt für Naturschutz. 294 S.

HERBST, F.; MAHN, E.-G. (1998): Modelluntersuchungen zur Gestaltung von Bergbaufolgelandschaften auf der Basis spontaner und gelenkter Sukzessionen unter Berücksichtigung von Aspekten des Naturschutzes am Beispiel des Braunkohlentagebaus Goitzsche. unveröff. Abschlussbericht. Osnabrück: Deutsche Bundesstiftung Umwelt.

HEUSON, R. (1935): Praktische Kulturvorschläge für Kippen, Bruchfelder, Dünen und Ödländerein. Neudamm, Berlin: J. Neumann.

HEUSON, R. (1947): Die Kultivierung roher Mineralböden. Berlin, Charlottenburg: Siebenreicher Verlag.

HEYDE, K. (1996): Populations- und standortökologische Untersuchungen an *Epipactis palustris* (L.) CRANTZ und *Dactylorhiza incarnata* (L.) SOÓ auf Folgeflächen des Braunkohlentagebaues südlich von Leipzig. Dipl.-Arb. Martin-Luther-Univ. Halle-Wittenberg, Institut für Geobotanik.

HEYDE, K.; JAKOB, S.; KÖCK, U.-V.; OELERICH, H.-M. (1998): Biotoptypen der Braunkohlen-Bergbaufolgelandschaften Mitteldeutschlands. Forschungsverbund Braunkohlentagebaulandschaften Mitteldeutschlands (FBM).

HEYDE, K.; Krug, H. (2000): Orchideen in der Braunkohlen-Bergbaufolgelandschaft. LMBV - Lausitzer und Mitteldeutsche Bergbau-Verwaltungsgesellschaft mbH (Hrsg.). 29 S.

HEYDEMANN, B. (1982): Der Einfluss der Waldwirtschaft auf Waldökosysteme aus zoologischer Sicht. Schriftr. Dt. Rat f. Landespflege 40: 926 - 944.

HEYDER, R. (1952): Die Vögel des Landes Sachsen. Leipzig: Akad. Verlagsgesellschaft.

HEYM, W. D.; HIEKEL, I. (1988): Entwicklung, Vegetation und Libellenfauna älterer Restgewässer im westlichen Muskauer Faltenbogen. Natur und Landschaft 10: 36 - 58.

HIBBS, B. E. (1982): Gap dynamics in a hemlock-hardwood forest. Can. J. For. Res. 12: 522 - 527.

HILDMANN, E. (1998): Das Mitteldeutsche Braunkohlenrevier – Technische und historische Aspekte der Wiedernutzbarmachung. In: PFLUG, W. (Hrsg.): Braunkohlenbergbau und Rekultivierung – Landschaftsökologie, Folgenutzung, Naturschutz. Berlin, Heidelberg, New York: Springer Verlag: 797 - 808.

HILDMANN, E.; OESTREICHER, R. (1998): Braunkohlenbergbau und Klima. Braunkohle 50: 357 - 368.

HILF, H.; SEEGERTS, E. (1928): Die Ausbreitung der „Segge" (*Calamagrostis epigejos*). Forstarchiv 7: 117 - 121.

HODKINSON, D. J.; THOMPSON, K. (1997): Plant dispersal: The role of man. J. Appl. Ecol. 34: 1484 - 1496.

HOFMEISTER, H. (1990): Lebensraum Wald: Ein Weg zum Kennenlernen von Pflanzengesellschaften und ihrer Ökologie. Hamburg: Paul Parey Verlag. 275 S.

HÖRANDL, E.; FLORINETH, F.; HADACEK, F. (2002): Weiden in Österreich und angrenzenden Gebieten. Wien: Eigenverlag des Arbeitsbereiches Ingenieur und Landschaftsbau. 164 S.

HORN, K.; SCHMID, M. (1999): Ein Neufund der Ästigen Mondraute (*Botrychum matricaiifolium*) im ehemaligen Braunkohletagebaugebiet Spreetal bei Hoyerswerda. Sächs. Florist. Mitt. 5: 3 - 7.

HOUGHTON, J. (1997): Why should we be concerned? In: Globale Warming: The Complete Briefing. Cambridge: Cambridge University Press: 141 - 155.

HOULE, G. (1996): Environmental filters and seedling recruitment on a coastal dune in subarctic Quebec (Canada). Can. J. Bot. 74: 1507 - 1513.

HOVESTADT, T.; RÖSER, J.; MÜHLENBERG, M. (1991): Flächenbedarf von Tierpopulationen. Forschungszentrum Jülich. Ber. aus d. ökolog. Forschung 1: 1 - 277.

HUCK, S. (1999): Die Ästige Mondraute *Botrychium matricariifolium* im hessischen Buntsandsteinspessart. Natur u. Mus. 129: 107 - 118.

HUMPHRIES, R. N. (1979): Some alternative approaches to the establishment of vegetation on mined land and on chemical waste materials. In: WALI, M. K. (Hrsg.): Ecology and coal resource development. New York: Pergamon Press: 461 - 475.

HUMPHRIES, R. N.; JORDAN, M. A.; GUARINO, L. (1982): The effect of water stress of *Betula pendula* ROTH and *Buddleia davidii* FRANCH seedlings. Plant and Soil 64: 273 - 276.

HÜRLIMANN, H. (1951): Zur Lebensgeschichte des Schilfs an den Ufern der Schweizer Seen. Beitr. Geobot. Landesaufn. Schweiz 30. 232 S.

HUSS, J. (1993): Gelenkte Sukzessionen mit Hilfe von Pioniergehölzen als Alternativen zu Kahlflächenaufforstungen. Veröff. PAÖ 7: 389 - 395.

HUSS, J. (2003): Waldvermehrung als waldbauliches Aufgabenfeld. http://www.wald-in-not.de

HUSS, J.; SCHMIDT-SCHÜTZ, A.; SCHÖLZKE, D. (1995): Gelenkte Sukzessionen mit Hilfe von Pioniergehölzen als Alternativen zu Kahlflächenaufforstungen. Veröff. PAÖ 12: 77 - 92.

HUTCHINSON, G. E. (1975): A Treatise on Limnology. Vol. III. – Limnological Botany. New York, London, Sydney: Wiley. 660 S.

HUTH, J. (2000): Libellen (*Odonata*) der Braunkohlen-Bergbaufolgelandschaft Sachsen-Anhalts. Abh. u. Ber. f. Naturk. Magdeburg 23: 3 - 27.

IHU (Gesellschaft für Ingenieur-, Hydro- und Umweltgeologie mbH) (2002): Hydrologische Berechnungen für das geplante Oberflächengewässer Salziger See. 2D-Oberflächengewässermodell „Salziger See" (Auftraggeber: ESM Entwicklungsgesellschaft Seengebiet Mansfelder Land mbH).

INGHE, O.; TAMM, C. O. (1985): Survival and flowering of perennial herbs. IV. The behavior of *Hepatica nobilis* and *Sanicula europaea* on permanent plots during 1943 - 1981. Oikos 45: 400 - 420.

JACQUEMYN, H.; BUTAYE, J.; HERMY, M. (2001): Forest plant species richness in small, fragmented mixed deciduous forest patches: The role of area, time and dispersal limitation. J. Biogeography 28: 801 - 812.

JÄGER, E.-G. (1964): Zur Deutung des Arealbildes von *Wolffia arrhiza* (L.) WIMM. und einiger anderer ornithochorer Wasserpflanzen. Ber. Dtsch. Bot. Ges. 77: 101 - 111.

JAHNEL, H. (1957): Beitrage zum Stratifizieren von Forstsaatgut. III. Angew. Bot. 31: 159 - 165.

JAKOB, S.; KIRMER, A.; TISCHEW, S. (2003): Sind Standortfaktoren ein „Filter" für die Biodiversität? – Eine Studie am Beispiel der Bergbaufolgelandschaft. Nova Acta Leopoldina N.F. 87 (328): 351 - 359.

JAKOB, S.; TISCHEW, S.; MAHN, E.-G. (1996): Zur Rolle von *Calamagrostis epigejos* (L.) ROTH in den Sandtrockenrasen des Braunkohlentagebaues Goitsche (bei Delitzsch). Verhandl. Ges. Ökol. 26: 797 - 805.

JAX, K. (1999): Natürliche Störungen: Ein wichtiges Konzept für Ökologie und Naturschutz? Zeitschr. Ökologie u. Naturschutz 7/4: 241 - 253.

JENTSCH, H. (1975): Zur Pflanzenbesiedlung von Kippenflächen in Niederlausitzer Braunkohlengebieten. Naturschutzarbeit Berlin Brandenburg 11: 35 - 40.

JOCHIMSEN, M. E. (2001): Vegetation development and species assemblages in a long-term reclamation project on mine spoil. Ecological Engeneering 17: 187 - 198.

JOHANNSEN, R.; LANDEFELD, M. (2002): Begrünungsversuch mit Heumulchandeckung. Mitt. d. Ges. f. Ingenieurbiologie 19: 12 - 22.

Jones, P. D.; Wigley, T. M. C. (1990): DIE ERWÄRMUNG DER ERDE SEIT 1850. SPEKTRUM DER WISSENSCHAFT: 108 - 116.

JORDANO, P. (1982): Migrant birds are the main seed dispersers of blackberries in southern spain. Oikos 38: 183 - 193.

JUDAS, M. (1992): Gut content analysis of earthwoms (Lumbricidae) in a beechwood. In: KRETZSCHMAR, A. (Hrsg.): International Symposium on Earthworm Ecology. Soil Biol. Biochem. 24: 1413 - 1417.

JÜNGER, G. (1999): Erfolgs- und Methodenkontrolle von initiierter Vegetationsentwicklung auf größeren Böschungsabschnitten. Dipl.-Arb. Hochschule Anhalt (FH), Bernburg.

KADEREIT, J. W.; LEINS, P. (1988): A wind tunnel experiment on seed dispersal in *Papaver* L. sects., *Argemonidium* SPACH and *Rhoedium* SPACH (*Papaveraceae*). Flora 181: 189 - 203.

KASE, D. (2003): Analyse primärer Gehölzsukzession in Braunkohlen-Tagebaufolgelandschaften des Mitteldeutschen Raumes unter Anwendung dendrochronologischer Methoden. Dipl.-Arb. Hochschule Anh. (FH), Bernburg.

KAULE, G. (1991): Arten- und Biotopschutz. 2. Aufl. Stuttgart: Ulmer Verlag. 519 S.

KEIL, A. (2003): Industriebrachen – Innerstädtische Nutzungs-, Wahrnehmungs- und Erholungsräume. In: Vorträge zur internationalen Fachtagung „Urwald in der Stadt" – Postindustrielle Stadtlandschaften von morgen". Institut für Ökologie der TU Berlin & Projekt Industriewald Ruhrgebiet, Dortmund. S. 21.

KELLER, M.; KOLLMANN, J. (1998): Bedeutung der Herkunft von Saatgut. Untersuchungen an Buntbrachen und anderen ökologischen Ausgleichsflächen. Naturschutz und Landschaftsplanung 30 (4): 101 - 106.

KINNAIRD, J. W. (1968): Ecology of birch woods. Proceedings of Botanical Society of the British Isles 7: 181 - 182.

KINNAIRD, J. W. (1974): Effect of site conditions on the regeneration of birch (*Betula pendula* ROTH and *Betula pubescens* EHRH.). J. Ecol. 62: 467 - 472.

KIRMER, A. (2003): Mähgutauftrag und Mulchdecksaat als alternative Methoden zur Einleitung einer Vegetationsentwicklung im Tagebau Roßbach – Erste Ergebnisse. In: Akademie der Sächsischen Landesstiftung Natur und Umwelt (Hrsg.): Naturschutz in Bergbauregionen: Braunkohlenbergbau – eine Chance für den Naturschutz. Tagungsband. Sächsische Landesstiftung Natur und Umwelt: 150 - 156.

KIRMER, A. (2004): Methodische Grundlagen und Ergebnisse initiierter Vegetationsentwicklung auf xerothermen Extremstandorten des ehemaligen Braunkohlentagebaus in Sachsen-Anhalt. Diss. Botanicae. 167 S.

KIRMER, A.; JÜNGER, G.; TISCHEW, S. (2002): Initiierung von Sandtrockenrasen auf Böschungsstandorten im Braunkohlentagebau Goitsche. Naturschutz und Landschaftsplanung 2-3: 52 - 59.

KIRMER, A.; MAHN, E.-G. (1996): Verschiedene Methoden zur Initiierung von naturnaher Vegetationsentwicklung auf unterschiedlichen Böschungsstandorten in einem Braunkohlentagebau – Erste Ergebnisse. Verhandl. Ges. Ökol. 26: 377 - 385.

KIRMER, A.; MAHN, E.-G. (2001): Spontaneous and initiated succession on unvegetated slopes in the abandoned lignite strip mining area of Goitsche, Germany. J. Appl. Veg. Sci. 4: 19 - 27.

KIRMER, A.; OELERICH, H.-M.; STOLLE, M.; TISCHEW, S. (2001): Analyse, Bewertung und Prognose der Landschaftsentwicklung in Tagebauregionen des Mitteldeutschen Braunkohlenreviers – Projektvorstellung und ausgewählte Ergebnisse. Allg. Reihe der BTU Cottbus 7: 45 - 70.

KLAPPER, H.; SCHULTZE, M. (1998): Limnologie und Nachnutzung von Tagebauseen. In: PFLUG, W. (Hrsg.): Braunkohlentagebau und Rekultivierung – Landschaftsökologie, Folgenutzung, Naturschutz. Berlin; Heidelberg, New York: Springer Verlag: 926 - 938.

KLEINKNECHT, U. (2001): Primäre Gehölzsukzession in der Bergbaufolgelandschaft des Leipziger Südraums. Diss. Univ. Leipzig. 187 S.

KLEMM, G. (1966): Zur pflanzlichen Besiedlung von Abraumkippen und -halden des Braunkohlenbergbaus. Hercynia N. F. 3: 31 - 51.

KLIMES, L.; KLIMESOVA, J. (2002): The effects of mowing and fertilization on carbohydrate reserves and regrowth of grasses: Do they promote plant coexistence in species-rich meadows? Evolutionary Ecology 15: 363 - 382.

KLOTZ, S.; DURKA, W.; SCHMIDT, T. (2000): Vegetationsstruktur und -dynamik auf ehemaligen Bergbaustandorten in Mitteldeutschland und ihre Bedeutung für die Renaturierung. Rundgespräche der Kommission für Ökologie 20: 43 - 51.

KLÖTZLI, F. (1965): Qualität und Quantität der Beäsung in Wald- und Grünlandschaften des Schweizer Mittellandes. Veröff. Geobot. Inst. ETH Zürich, Stiftg. Rübel 38: 128 S.

KLÖTZLI, F. (1980): Zur Verpflanzung von Streu- und Moorwiesen. Tagungsberichte ANL 5: 41 - 45.

KNAPP, R. (1974): Artenreiche Waldentwicklungsstadien ehemaliger Bergbaugebiete im mittleren Hessen. Oberhessische Naturwiss. Zeitschr. 41: 81 - 84.

KNOCHENHAUER, G. (1996): Der Braunkohlenbergbau im Geiseltal. In: Dachverband Bergbaufolgelandschaft e.V.; Vereine und Initiativen in bergbaubetroffenen Regionen; Stiftung Bauhaus: Jahrbuch Bergbaufolgelandschaft, Wittenberg: 36 - 43.

KÖCK, U.-V. (1991): Populationsbiologische und -ökologische Untersuchungen als Grundlage für einen wissenschaftlich fundierten Artenschutz – Erste Ergebnisse einer Modelluntersuchung an *Orchis morio*. Verhandl. Ges. Ökol. 20: 935 - 944.

KÖCK, U.-V. (1999): Naturschutzaspekte im Rahmen der Bergbauverbundforschung des BMBF. Schriftenr. d. Dt. Rates f. Landespflege 70: 41 - 45.

KÖCK, U.-V. (2001): Naturschutz. Wissenschaftliche Begleitung der ostdeutschen Braunkohlensanierung. LMBV mbH, Berlin: 155 - 192.

KOLLMANN, J. (1992): Das Eindringen von Gehölzen in Brachflächen – Grundlagen und eine Fallstudie im Trespenrasen des Kaiserstuhls. Laufener Seminarbeiträge 2: 58 - 70.

KÖNIG, H. (1989): Untersuchungen an Knoblauchkröten (*Pelobates fuscus*) während der Frühjahrswanderung. Fauna Flora Rheinland-Pfalz 5: 621 - 636.

KOOP, H. (1982): Waldverjüngung, Sukzessionsmosaik und kleinstandörtliche Differenzierung infolge spontaner Waldentwicklung. In: DIERSCHKE, H. (Hrsg.): Struktur und Dynamik von Wäldern. Ber. Int. Symp. d. Int. Vereinigung f. Vegetationsk., Rinteln 1981: 235 - 267.

KOPP, E. (1960): Der Einfluss der organischen kohleartigen Beimengungen auf den Kulturwert der pleistozänen und miozänen Deckgebirgsmassen der Niederlausitzer Tagebaue. Diss. Humboldt-Univ., landwirtsch.-gärtner. Fakult.

KÖPPEL, J.; BAUER, H. J.; BUCK, W. (1994): Die Auswahl UVP-relevanter Indikatoren bei Maßnahmen an Fließgewässern. In: GRÜNEWALD, U. (Hrsg.): Wasserwirtschaft und Ökologie, Taunusstein: 109 - 117.

KORNECK, D.; PRETSCHER, P. (1984): Pflanzengesellschaften des Naturschutzgebietes „Mainzer Sand" und Probleme ihrer Erhaltung. Natur und Landschaft 59 (7/8): 307 - 315.

KORNECK, D.; SCHNITTLER, M.; VOLLMER, I. (1996): Rote Liste der Farn- und Blütenpflanzen (Pteridophyta et Spermatophyta) Deutschlands. Schriftenr. f. Vegetationsk. 29: 21 - 187.

KORPEL, S. (1995): Die Urwälder der Westkarpaten. Stuttgart, Jena, New York: Gustav Fischer Verlag. 310 S.

KORREL, U. (1966): Der Vorwald, seine Bedeutung und seine waldbauliche Behandlung. In: Waldbau- und Holzartenrichtlinien. 2. Aufl. Berlin: VEB Deutscher Landwirtschaftsverlag: 193 - 205.

KOWARIK, I. (1988): Zum menschlichen Einfluss auf Flora und Vegetation. Schriftenr. des Fachbereichs Landschaftsentwicklung der TU Berlin 56. 280 S.

KOWARIK, I. (1992): Das Besondere der städtischen Flora und Vegetation. Schriftenr. des Dt. Rates f. Landespflege 61: 33 - 47.

KOWARIK, I. (1995): On the role of alien species in urban flora and vegetation. In: PYSEK, P.; PRACH, K.; REJMANEK, M.; WADE, M. (Hrsg.): Plant invasions. General aspects and special problems. Amsterdam: SPB Academic Publ.: 85 - 103.

KOWARIK, I. (2002): Biologische Invasionen in Deutschland: Zur Rolle nichteinheimischer Pflanzen. In: KOWARIK, I.; STARFINGER, U. (Hrsg.): Biologische Invasionen: Herausforderung zum Handeln? Neobiota 1: 5 - 24.

KOWARIK, I.; SEITZ, B. (2001): Preventing biological invasions by using certified provenances of native woody species. In: KOWARIK, I.; STARFINGER, U. (Hrsg.): Biological Invasions in Germany. A Challenge to Act? BfN Scripten 32: 83 - 84.

KOWARIK, I.; SEITZ, B. (2003): Perspektiven für die Verwendung gebietseigener („autochtoner") Gehölze. In: SEITZ, B.;. KOWARIK, I. (Hrsg): Perspektiven für die Verwendung gebietseigener Gehölze. Neobiota 2: 3 - 26.

KRAHL-URBAN, J. (1959): Die Eichen. Forstliche Monographie der Traubeneiche und der Stieleiche. Hamburg, Berlin: Paul Parey Verlag. 276 S.

KRATOCHWIL, A. (1989): Grundsätzliche Überlegungen zu einer Roten Liste von Biotopen. In : BLAB, J.; NOWAK, E. (Hrsg.): Zehn Jahre Rote Liste gefährdeter Tierarten in der Bundesrepublik Deutschland. Schriftenr. f. Landschaftspflege und Naturschutz 29: 136 - 150.

KRAUSE, A. (1996): Über Florenverfälschung beim Landschaftsbau – Ingenieurbiologie im Spannungsfeld zwischen Naturschutz und Ingenieurbautechnik. Jahrbuch der Ges. f. Ingenieurbiologie e.V. 6: 51 - 58.

KREBS, C. J. (1999): Ecological Methodology. Menlo Park: Addison-Wesley Educational Publishers. 581 S.

KRUMMSDORF, A. (1998): Ökologische Standortverbesserung und Gestaltung einer Hochkippenfläche im Tagebau Nochten. In: PFLUG, W. (Hrsg.): Braunkohlentagebau und Rekultivierung – Landschaftsökologie, Folgenutzung, Naturschutz. Berlin, Heidelberg, New York: Springer Verlag: 656 - 662.

KRUMSCHEID, P. (1987): Dokumentation der Bestandesentwicklung der schützenswerten Uferschilfbestände im Bereich des Bodenseekreises. Ber. für das Landratsamt Bodenseekreis, Umweltschutzamt, unveröff. 57 S.

KRÜSSMANN, G. (1997): Die Baumschule – Ein praktisches Handbuch für Anzucht, Vermehrung, Kultur und Absatz der Baumschulpflanzen. 6. völlig neu bearb. Aufl. Berlin: Paul Parey Verlag. 982 S.

KÜHN, N. (1997): Renaturierung artenarmer Glatthaferwiesen im Tertiärhügelland. München: AWI-Dissertationsdruck. 189 S.

KULAGIN, YU. Z.; MUSHINSKAYA, N. I. (1982): Critical periods in the reproduction of *Tilia cordata* by seed. Lesovedenie 4: 56 - 61.

KÜMMERLIN, R. (1993): Schilf- und Rohrkolbenversuche am Bodensee-Untersee. In: OSTENDORP, W.; KRUMSCHEID-PLANKERT, P. (Hrsg.): Limnologie aktuell, Band 5: Seeuferzerstörung und Seeuferrenaturierung in Mitteleuropa: 218 - 227.

KÜßNER, R.; WICKEL, A. (1998): Entwicklung einer Buchensaat (*Fagus sylvatica* L.) unter Fichte (*Picea abies* [L.] KARST.) im Osterzgebirge. Forstarchiv 69: 191 - 198.

LANDECK, I. (1996): Diasporenangebot im Umland der Tagebaue des Untersuchungsgebietes und die Wiederbesiedlung der Kippen und Halden durch Flora und Wirbellose (Käfer, Ameisen, Spinnen, Libellen, Heuschrecken). – Tagungsband (Ergebnispräsentation) des BMBF-Förderprojektes „Schaffung ökologischer Vorrangflächen bei der Gestaltung der Bergbaufolgelandschaft". Forschungsinstitut für Bergbaufolgelandschaften e.V. Finsterwalde: 93 - 127.

LANDECK, I.; WIEDEMANN, D. (1998): Die Geradflüglerfauna (Dermaptera, Orthoptera) der Niederlausitzer Bergbaufolgelandschaft. Ein Beitrag zur Ökologie und Verbreitung der Arten. Articulata 13: 81 - 100.

LANDRES, P. B.; VERNER, J.; THOMAS, J. W. (1988): Ecological uses of vertebrate indicator species: a critique. Cons. Biol.2: 316 - 327.

LANGER, A. (2003): Natur-Park Südgelände. Naturschutz und Erholung auf einer Berliner Bahnbrache. In: Vorträge zur internationalen Fachtagung „Urwald in der Stadt" – Postindustrielle Stadtlandschaften von morgen". Institut für Ökologie der TU Berlin & Projekt Industriewald Ruhrgebiet, Dortmund. S. 28.

LARCHER, W. (1984): Ökologie der Pflanzen. Stuttgart: Eugen Ulmer Verlag. 403 S.

LATTERMANN, S. (1994): Strukturelle und physiologische Anpassungen von *Alnus glutinosa* (L.) GAERTN. an Flutung und Bodenanaerobiose. Inaugural-Diss.

LAVES, D.; THUM, J.; WÜNSCHE, M. (1998): Wirkung organischer Substanzen auf wesentliche Bodenfruchtbarkeitsmerkmale in Kippsubstraten. In: PFLUG, W. (Hrsg.): Braunkohlentagebau und Rekultivierung – Landschaftsökologie, Folgenutzung, Naturschutz. Berlin, Heidelberg, New York: Springer Verlag: 809 - 821.

LEBENDER, A.; TISCHEW, S.; HEYDE, K. (1999): Populations- und standortökologische Untersuchungen an *Ophioglossaceen* in der Mitteldeutschen Tagebaufolgelandschaft. Natur und Landschaft 12: 523 - 529.

LEDER, B.; WAGNER, S.; WOLLMERSTÄDT, J.; AMMER, C. (2003): Bucheckern-Voraussaat unter Fichtenschirm – Ergebnisse eines Versuches des Deutschen Verbandes Forstlicher Forschungsanstalten/Sektion Waldbau. Forstwiss. Cbl. 122: 160 - 174.

LEGENDRE, P.; LEGENDRE, L. (1998): Numerical Ecology. Amsterdam, Lausanne, New York: Elsevier Science BV. 853 S.

LEHMANN, C.; REBELE, F. (1994): Zum Potenzial sexueller Fortpflanzung bei *Calamagrostis epigejos* (L.) ROTH. Verhandl. Ges. Ökol. 23: 445 - 450.

LEHMANN, C.; REBELE, F. (2002): Succesfull Management of *Calamagrostis epigejos* (L.) ROTH on a Sandy Landfill Site. Journal of Applied Botany 76: 77 - 81.

Leitlinie Wald (1997): Leitlinie zur Erhaltung und nachhaltigen Entwicklung des Waldes im Land Sachsen-Anhalt. RdErl. des Ministeriums für Raumordnung, Landwirtschaft und Umwelt vom 01.09.1997, MBl. des Landes Sachsen-Anhalt Nr. 51/1997 vom 17. 11. 1997.

LENAB (Forschungsverbund Leitbilder für naturnahe Bereiche) (1998): Erfassung und Bewertung des Entwicklungspotenzials naturnaher terrestrischer, semiaquatischer und aquatischer Bereiche der Niederlausitz und Erarbeitung von Leitbildern und Handlungskonzepten für die verantwortliche Gestaltung und nachhaltige Entwicklung. Abschlussbericht 1998 (im Auftrag des Bundesministeriums für Bildung und Forschung).

LEPPER, P.; DEBUS, R.; HEYDER, J.; SCHMITT, H. P. (1994): Einfluss ausgewählter Lagerbedingungen auf Keimkraft und Stoffwechsel von Bucheckern. Forstw. Cbl. 113: 302 - 318.

LINDNER, M. (1998): Wirkung von Klimaveränderungen in mitteleuropäischen Wirtschaftswäldern. PIK (Potsdamer Institut für Klimafolgenforschung)-Report 46. 111 S.

LMBV (Lausitzer und Mitteldeutsche Bergbau-Verwaltungsgesellschaft mbH) (Hrsg.) (1999): Schaffung von Tagebauseen im Mitteldeutschen Bergbaurevier. Die Wiederherstellung eines sich selbst regulierenden Wasserhaushaltes in den Braunkohleabbaugebieten des Freistsaates Sachsen (Nordwestsachsen), des Landes Sachsen-Anhalt und des Freistaates Thüringen. Berlin.

LMBV (Lausitzer und Mitteldeutsche Bergbau-Verwaltungsgesellschaft mbH) (Hrsg.) (2000): Begrünung aus naturschutzfachlicher Sicht. Naturschutzfachliche Begleitung, Bitterfeld. 26 S.

LMBV (Lausitzer und Mitteldeutsche Bergbau-Verwaltungsgesellschaft mbH) (Hrsg.) (2002): Wasserwirtschaftliches Planungskonzept der Länderbereiche Sachsen-Anhalt und Westsachsen/Thüringen.

LOCKOW, K.-W. (2000): Ertragsleistung, Bestandesbehandlung und Eignung der Sandbirke für den Waldumbau. In: LOCKOW, K.-W. (Hrsg): Die Birke im nordostdeutschen Tiefland. Eberswalder Forschungsergebnisse zum Baum des Jahres 2000. Ebersw. Forstl. Schriftenr. 9. 92 S.

LORENZ, A. (2004): Untersuchungen zur natürlichen Waldentwicklung auf Bergbaufolgeflächen: Differenzierungsprozesse in der Krautschicht am Beispiel der Waldarten. In: TISCHEW, S.; LORENZ, A.; STRIESE, G.; BENKER, J. (2004): Analyse, Prognose und Lenkung der Waldentwicklung auf Sukzessionsflächen der Mitteldeutschen und Lausitzer Braunkohlereviere. unveröff. Abschlussbericht des Forschungsvorhabens (im Auftrag des BMBF und der LMBV mbH, FKZ 0339770).

LORENZ, A.; BENKER, J. (2004): Verlauf und Geschwindigkeit der Waldentwicklung in der Bergbaufolgelandschaft. In: TISCHEW, S.; LORENZ, A.; STRIESE, G.; BENKER, J. (2004): Analyse, Prognose und Lenkung der Waldentwicklung auf Sukzessionsflächen der Mitteldeutschen und Lausitzer Braunkohlereviere. unveröff. Abschlussbericht des Forschungsvorhabens (im Auftrag des BMBF und der LMBV mbH, FKZ 0339770).

LORIUS, C.; JOUZEL, J.; RAYNAUD, D.; HANSEN, J.; LETREUT, H. (1990): The ices-core record: climate sensitivity and future greenhouse warming. Nature 347: 139 - 145.

LUA (Landesumweltamt Brandenburg) (Hrsg.) (2001): Tagebauseen: Wasserbeschaffenheit und wassergütewirtschaftliche Sanierung – Konzeptionelle Vorstellungen und erste Erfahrungen. Studien und Tagungsberichte. Schriftenr. d. Landesumweltamtes Brandenburg, Potsdam. Band 35.

LUFTENSTEINER, H. W. (1982): Untersuchungen zur Verbreitungsbiologie von Pflanzengemeinschaften an vier Standorten in Niederösterreich. Bibliotheca Botanica 135: 2 - 68.

MAAS, S.; DETZEL, P.; STAUDT, A. (2002): Gefährdungsanalyse der Heuschrecken Deutschlands: Verbreitungsatlas, Gefährdungseinstufung und Schutzkonzepte. Bundesamt für Naturschutz (Hrsg.). Münster: Landwirtschaftsverlag. 401 S.

MACARTHUR, R. H.; WILSON, E. O. (1967): The theory of island biography. New Jersey: Princeton university press. 203 S.

MAGHERINI, R.; NIN, S.; PALEVITCH, D.; SIMON, J. E.; MATHE, A. (1993): Experiments on seed germination of some *Tilia* spp. First World Congress on Medicinal and Aromatic Plants for Human Welfare, WOCMAP: raw material production; product introduction. Acta Horticulturae 331: 251 - 263.

MAHN, E.-G.; SCHMIEDEKNECHT, A.; TISCHEW, S. (1995): Modelluntersuchungen zur Renaturierung von Bergbaufolgelandschaften auf der Basis spontaner und gelenkter Sukzessionen am Beispiel des Braunkohlentagebaus Goitsche, Abschlussbericht Kultusministerium Sachsen-Anhalt. 79 S.

MAHN, E.-G.; TISCHEW, S. (1995): Spontane und gelenkte Sukzession in Braunkohlentagebauen – Eine Alternative zu traditionellen Rekultivierungsmaßnahmen? Verhandl. Ges. Ökol. 24: 585 - 592.

MARZINI, K. (2000): Neuanlage von Trockenlebensräumen an Verkehrswegen. Bayer. Landesanstalt für Weinbau und Gartenbau Würzburg/Veitshöchheim, Abt. Landespflege. 7 S.

MAYER, H. (1978): Über die Bedeutung der Urwaldforschung für den Gebirgswaldbau. AFZ 33. Jg. 24: 691 - 693.

MCCUNE B.; MEFFORD M. J. (1999): PC-ORD – Multivariate Analysis of Ecological Data. Version 4.0. MjM Software Design, Gleneden Beach, Oregon. 237 S.

MCVEAN, D. N. (1956): Ecology of *Alnus glutinosa* (L.). GAERTN. IV. Root system. Journal of Ecology: 219 - 225.

METTE, U.; HÄFKER, U.; BERGE, R. (2003): Waldmehrung im Regierungsbezirk Halle 1991 - 2001. Wald in Sachsen-Anhalt 13. 74 S.

MEUSEL, H. (1955): Entwurf zur Gliederung Mitteldeutschlands und seiner Umgebung in pflanzengeographische Bezirke. Wiss. Zeitschr. Univ. Halle, Math.-Nat. 4 (3): 637 - 642.

MEYER, F.; BUSCHENDORF, J.; ZUPPKE, U.; BRAUMANN, F.; SCHÄDLER, M.; GROSSE, W.-R. (2004): Die Lurche und Kriechtiere Sachsen-Anhalts – Verbreitung, Ökologie, Gefährdung und Schutz. Supplement der Zeitschrift für Feldherpetologie 3. Bielefeld: Laurenti-Verlag. 240 S.

MEYER, P.; ACKERMANN, J.; BALCAR, P.; BODDENBERG, J.; DETSCH, R.; FÖRSTER, B.; FUCHS, H.; HOFFMANN, B.; KEITEL, W.; KÖLBEL, M.; KÖTHKE, C.; KOSS, H.; UNKRIG, W.; WEBER, J.; WILLIG, J. (2001): Untersuchung der Waldstruktur und ihrer Dynamik in Naturwaldreservaten: Methodische Empfehlungen. erarb. im Auftr. des Arbeitskreises Naturwälder in der Bund-Länderarbeitsgemeinschaft Forsteinrichtung. Eching: IHW-Verlag. 107 S.

MILLER, U. J.; PFADENHAUER, J. (1997): Renaturierung von Kalkmagerrasen. Zur Vorhersage der gelenkten Sukzession durch Ausbringung von diasporenhaltigem Mähgut. Verhandl. d. Ges. f. Ökol. 27: 155 - 163.

MÖCKEL, R. (1998): Naturschutz auf Kippen des Braunkohlenbergbaues in der Niederlausitz. In: PFLUG, W. (Hrsg.): Braunkohlentagebau und Rekultivierung – Landschaftsökologie, Folgenutzung, Naturschutz. Berlin, Heidelberg, New York: Springer Verlag: 706 - 720.

MOLDER, F. (1990): Ökotypenanalyse an Wildkräutern in Hinsicht auf extensive Gras-Kräuter-Ansaaten. Zeitschr. f. Vegetationstechnik 13: 68 - 74.

MOLDER, F. (1995): Vergleichende Untersuchungen mit Verfahren der oberbodenlosen Begrünung unter besonderer Berücksichtigung areal- und standortbezogener Ökotypen. Diss. Boden und Landschaft 5. 242 S.

MOLDER, F.; SKIRDE, W. (1993): Entwicklung und Bestandesdynamik artenreicher Ansaaten. Natur und Landschaft 68 (4): 173 - 180.

MOTYKA, J.; DOBZANSKI, B.; ZAWADZKI, S. (1950): Preliminary studies on meadows in the southeast of the province Lublin. Ann. Univ. Mariae Curie-Sklodowska 13: 367 - 447.

MÜLLER, G. (1980): Bodenkunde. Berlin: VEB Deutscher Landwirtschaftsverlag.

MÜLLER, J. (1993): Rote Liste der Libellen des Landes Sachsen-Anhalt. Berichte d. Landesamtes f. Umweltsch. Sachsen-Anhalt 9: 13 - 15.

MÜLLER, J. (1996): Fortschreibung der Roten Listen, dargestellt am Beispiel der Kenntnis- und Bestandsentwicklung der Libellenfauna Sachsen-Anhalts Berichte d. Landesamtes f. Umweltsch. Sachsen-Anhalt 21: 66 - 70.

MÜLLER, K. H.; WAGNER, S. (2001): Integration von Lückendynamiken in den Waldumbau von Fichtenreinbeständen des Erzgebirges. BMBF-Verbundprojekt „Zukunftsorientierte Waldwirtschaft“. Tagungsbericht zur Tagung der Sektion Waldbau im Deutschen Verband forstlicher Forschungsanstalten vom 12.09.-14.09. 2001 in Ludwigslust: 66 - 75.

MÜLLER, N. (1990): Die Entwicklung eines verpflanzten Kalkmagerrasens – Erste Ergebnisse von Dauerbeobachtungsflächen in einer Lechfeldhaide. Natur und Landschaft 1: 21 - 27.

MÜLLER-SCHNEIDER, P. (1986): Verbreitungsbiologie der Blütenpflanzen Graubündens. Veröff. Geobot. Inst. ETH., Stiftung Rübel 85: 5 - 263.

MÜLLER-USING, B. (1991): Über den Wert von Naturwaldreservaten für die waldbauliche Forschung. Naturwälder in Niedersachsen – Bedeutung, Behandlung, Erforschung. NNA-Ber. 4 (2): 105 - 112.

MULROY, T. W. (1989): Facilitating the use of indigenous genotypes in natural area revegetation projects. In: HUGES, H. G.; BONNICKSEN, T. M. (Hrsg.): Restoration 89: The New Management Challenge. Madison: Society for Ecological Restoration: 205 - 214.

NEILSON, R. (2002): Feeding preferences of some earthworm species common to upland pastures in Scotland. Pedobiologiga 47 (1): 1 - 8.

NEISS, T. (2003): Industriewald Ruhrgebiet: Auferstanden aus Ruinen? Konzepte zu einer neuen Stadt-Natur. Vorträge zur internationalen Fachtagung „Urwald in der Stadt“ – Postindustrielle Stadtlandschaften von morgen“. Institut für Ökologie der TU Berlin & Projekt Industriewald Ruhrgebiet, Dortmund. S. 15.

NIEMANN, E. (1968): Gedanken zur Problematik von Totalreservaten in Wäldern. Archiv für Naturschutz und Landschaftsforschung, Berlin. 8 (4): 373 - 390.

NÖRR, R. (2003): Pflanzung – ein Risiko für die Bestandesstabilität? Grundsätze einer wurzelgerechten Pflanzung. AFZ/Der Wald 6: 314 - 316.

NÖRR, R.; MÖßMER, R. (2003): Pflanzung – ein Risiko für die Bestandesstabilität? 12 Jahre Wurzelforschung der LWF. AFZ/Der Wald 5: 252 - 254.

NÜßLEIN, S. (1999): Birken wirken wuchsfördernd! AFZ/Der Wald 12: S. 615.

NÜßLEIN, S. (2001): Vom Pionier zum Furnier – Waldbauliche Behandlung der Sandbirke. In: LWF-Bericht Nr. 28. Bayer. Landesanstalt für Wald u. Forstw. und Univ. München. http://www.lwf.uni-muenchen.de

OEKOKART (1997a): Pflege- und Entwicklungsplan für die Naturschutzgebiete „Schlauch Burgkemmnitz"/„Tiefkippe Schlaitz" und Erweiterungsflächen. unveröff. Gutachten im Auftrag des Regierungspräsidium Dessau.

OEKOKART (1997b): Umweltverträglichkeitsuntersuchung zum Planfeststellungsabschnitt „Geiseltalsee" – Schutzgüter Biotope, Flora, Fauna. unveröff. Gutachten im Auftrag der LMBV mbH, Bitterfeld.

OEKOKART (1999): Vegetationskundliches Gutachten für die UVS zu dem Planfeststellungsverfahren Flutung Tagebaurestlöcher Golpa-Nord und Gröbern. unveröff. Gutachten im Auftrag der LMBV mbH Länderbereich Sachsen-Anhalt, Bitterfeld.

OEKOKART (2002): Ergänzendes Schutzwürdigkeitsgutachten für das Naturschutzgebiet „Innenkippen und Halden der Bergbaufolgelandschaft Geiseltal". unveröff. Gutachten im Auftrag des Regierungspräsidium Halle.

OELERICH, H.-M. (2000): Zur Geradflüglerfauna der Braunkohlen-Bergbaufolgelandschaften Sachsen-Anhalts (Dermaptera, Blattoptera, Ensifera, Caelifera). Hercynia N. F. 33: 117 - 154.

OELKE, E. (2002): Die Anfänge der Braunkohlengewinnung in Mitteldeutschland. Hallesches Jahrb. Geowiss., R. B 24: 83 - 103.

OSTENDORP, W. (1989): Der Einfluss von Winterschnitt und -brand auf die Bestandesstruktur von Seeufer-Schilfröhrichten am Bodensee-Untersee. Diss. Univ. Freiburg, Limnol. Inst. Univ. Konstanz. 208 S.

OTT, J.; PIPER, W. (1998): Rote Liste der Libellen. Rote Liste gefährdeter Tiere Deuschlands. Bundesamt f. Naturschutz 55: 260 - 263.

PAINE, R. T. (1980): Food-webs: linkage, interaction strength and community infrastructure. J. Anim. Ecol. 49: 667 - 685.

PARK, D. G. (1989): Relocating magnesian limestone grassland. In: BUCKLEY, G. B. (Hrsg.): Biological Habitat Reconstruction. Belhaven, London: 264 - 279.

PASSARGE, H. (1957): Zur soziologischen Gliederung binnenländischer *Corynephorus*-Rasen im norddeutschen Flachland. Verh. Bot. Ver. Prov. Brandenburg 83-97: 1 - 64.

PATZELT, A. (1998): Vegetationsökologische und populationsbiologische Grundlagen für die Etablierung von Magerwiesen in Niedermooren. Diss. Botanicae 297. 215 S.

PERALA, D. A.; ALM, A. A. (1990): Reproductive ecology of Birch. A review. Forest Ecology and Management 32: 1 - 38.

PERNER, J. (2003): Sample size and quality of indication: A case study using ground-dwelling arthropods in agricultural ecosystems. Agriculture, Ecosystems and Environment 98: 125 - 132.

PETERKEN, G. F. (1993): Long-term floristic development of woodland on former agricultural land in Lincolnshire, England. In: WATKINS, Ch. (ed.): Ecological effects of afforestation. Studies in the history and ecology of afforestation in Western Europe. Bristol: Leaper & Gard Ltd: 31 - 43.

PETERKEN, G. F. (1994): The definition, evaluation and management of ancient woodlands in Great Britain. NNA-Ber. 3/94: 102 - 114.

PFLUG, W. (1998): Braunkohlenbergbau und Rekultivierung – Landschaftsökologie, Folgenutzung, Naturschutz. Berlin, Heidelberg, New York: Springer Verlag. 1068 S.

PICKETT, S. T. A. (1989): Space for time substitution as an alternative to long term studies. In: LIKENS, G. E. (Hrsg.): Long-term studies in Ecology. Berlin, Heidelberg, New York: Springer Verlag: 110 - 135.

PICKETT, S. T. A.; COLLINS, S. L.; ARMEST, J. J. (1987): Models, mechanisms and pathways of succession. Botanical Review 53: 335 - 371.

PIETSCH, W. (1965): Die Erstbesiedlungsvegetation eines Tagebausees. Synökologische Untersuchungen im Lausitzer Braunkohlenrevier. Limnologica 3: 177 - 222.

PIETSCH, W. (1973): Vegetationsentwicklung und Gewässergenese in den Tagebauseen des Lausitzer Braunkohlenreviers. Arch. Natursch. u. Landschaftsforsch. 13: 187 - 217.

PIETSCH, W. (1979): Zur Vegetationsentwicklung in den Tagebaugewässern des Lausitzer Braunkohlenreviers. Natur und Landschaft Bezirk Cottbus 2: 71 - 83.

PIETSCH, W. (1998): Naturschutzgebiete zum Studium der Sukzession der Vegetation in der Bergbaufolgelandschaft. In: PFLUG, W. (Hrsg.): Braunkohlentagebau und Rekultivierung – Landschaftsökologie, Folgenutzung, Naturschutz. Berlin, Heidelberg, New York: Springer Verlag: 677 - 686.

PIETSCH, W.; SCHÖTZ, A. (1999): Vegetationsentwicklung auf Kipprohböden der Offenlandschaft – Rolle für die Bioindikation. In: HÜTTL, R. F.; KLEM, D.; WEBER, E. (Hrsg.): Rekultivierung von Bergbaufolgelandschaften. Das Beispiel des Lausitzer Braunkohlerevieres. Berlin, New York: Walter de Gruyter Verlag: 101 - 117.

PIK (Potsdamer Institut für Klimafolgenforschung) (2003): Studie zur klimatischen Entwicklung im Land Brandenburg bis 2055 und deren Auswirkungen auf den Wasserhaushalt, die Forst- und Landwirtschaft sowie die Ableitung erster Perspektiven. PIK-Report 83: 77 S.

PIZL, V. (1999): Institute of Soil Biology, Czechoslovak Academy of Sciences, Na sádkách 7, CS-37005 Zeské, Budjovice, Czechoslovakia. Available online 10 December 2002.

PORTNOY, S.; WILLSON, M. F. (1993): Seed dispersal curves: Behaviour of the tail of the distribution. Evolutionary Ecology 7: 25 - 44.

POSCHLOD, P. (1993): Underground floristics – Keimfähige Diasporen im Boden als Beitrag zum floristischen Inventar einer Landschaft am Beispiel der Teichbodenflora. Natur und Landschaft 68: 155 - 159.

PRACH, K. (1984): Selected results of the study of succession on dumps from brown coal mining (Most region, NW Bohemia). Acta Bot. Slov. Acad. Sci. Slov. Ser. A Suppl. 1: 257 - 261.

PRACH, K. (1987): Succession of vegetation on dumps from strip coal mining. Folia Geobotanica and Phytotaxonomia 22: 339 - 354.

PRAXL, V. (1954): Verbauung und Begrünung von Moränenabbrüchen in Vorarlberg. Wildbachverbauung 5: 1 - 9.

PRENDERGAST, J. R.; QUINN, R. M.; LAWTON, J. H.; EVERSHAM, B. C.; GIBBONS, D. W. (1993): Rare species, the coincidense of diversity hotspots and conservation strategies. Nature 365: 335 - 337.

PRESSER, H. (2000): Die Orchideen Mitteleuropas und der Alpen: Variabilität, Biotope, Gefährdung. Ecomed Verlag. 375 S.

PREUßNER, K. (1998): Wälder und Forste auf Kippenstandorten. In: PFLUG, W. (Hrsg.): Braunkohlentagebau und Rekultivierung – Landschaftsökologie, Folgenutzung, Naturschutz. Berlin, Heidelberg, New York: Springer Verlag: 600 - 609.

PRIMACK, R. B.; MIAO, S. L. (1992): Dispersal can limit local plant distribution. Conservation Biology 6 (4): 513 - 519.

PYWELL, R. R.; WEBB, N. R.; PUTTWAIN, P. D. (1995): A comparison of techniques for restoring heathland on abandoned farmland. J. Appl. Ecol. 32: 400 - 411.

QUINN, G. P.; KEOUGH, M. J. (2002): Experimental Design and Data Analysis for Biologists. Cambridge: Cambridge University Press. 556 S.

RABOTNOV, T. A. (1995): Phytozönologie. Struktur und Dynamik natürlicher Ökosysteme. Stuttgart: Eugen Ulmer Verlag. 243 S.

RANA (2002): „Nördliches Geiseltal“ – Teilbereiche des NSG "Halden der Bergbaufolgelandschaft Geiseltal" (nsg0087H) (Landkreis Merseburg-Querfurt) – Dokumentation Biotope, Flora und Fauna. Grundlagen zu einem Pflege- und Entwicklungsplan für das "Nördliche Geiseltal". Auftraggeber: LMBV mbH.

RdErl. des MRLU (2002): Konzept zum Umgang mit den Braunkohlenbergbau-Folgelandschaften (BFL) in Sachsen-Anhalt. unveröff., im MBl. LSA Nr. 35a/2002 vom 10.7.2002 Spaltennr. 79162.g vom 8.2.2002.

REBELE, F. (1995): Primäre Vegetationssukzessionen auf Abgrabungen und Aufschüttungen. Schriftenr. f. Vegetationsk. 27: 183 - 192.

REBELE, F. (1996a): *Calamagrostis epigejos* (L.) ROTH auf anthropogenen Standorten – ein Überblick. Verhandl. Ges. Ökol. 26: 753 - 763.

REBELE, F. (1996b): Konkurrenz und Koexistenz bei ausdauernden Ruderalpflanzen. Hamburg: Verlag Dr. Kovac. 191 S.

REBELE, F.; LEHMANN, C. (1994): Zum Potenzial sexueller Fortpflanzung bei *Calamagrostis epigejos* (L.) ROTH. Verhandl. Ges. Ökol. 23: 445 - 450.

REBELE, F; LEHMANN, C. (2001): Biological Flora of Central Europe: *Calamagrostis epigejos* (L.) ROTH. Flora 196: 325 - 344.

REH, W.; SEITZ, A. (1993): Populationsstudien beim Grasfrosch – Ein Beitrag der Populationsbiologie zu Landschaftsplanung und Biotopverbund. Naturschutz und Landschaftsplanung 1: 10 - 16.

REICH, M. (1994): Dauerbeobachtung, Leitbilder und Zielarten – Instrumente für Effizienzkontrollen des Naturschutzes? Schriftenr. f. Landschaftspfl. u. Naturschutz 4: 103 - 111.

REINECKE, G. (1983): Rückbesinnung auf die Eichensaat. AFZ/Der Wald 2: 230 - 231.

RIECKEN, U.; RIES, U.; SYMANK, A. (1995): Rote Liste der gefährdeten Biotoptypen der BRD. Schriftenr. f. Landschaftspfl. und Naturschutz 41: 184 S.

ROHMEDER, E. (1950): Samenmenge und Saatzeit bei Gründung eines Birkenvorwaldes. AFZ 8/9: 91 - 96.

ROHMEDER, E. (1972): Das Saatgut in der Forstwirtschaft. Hamburg, Berlin: Paul Parey Verlag. 273 S.

RÖHRIG, E. (1976): Einfluss unterschiedlicher Saattiefe auf die Entwicklung von einjährigen Eichen-Sämlingen. Forst- u. Holzwirt 7: 119 - 121.

RÖHRIG, E. (1991): Vegetation structure and forest succession. In: RÖHRIG, E.; ULRICH, B. (Hrsg.): Temperate deciduous forests. Ecosystems of the world 7. Amsterdam: Elsevier. 635 S.

ROTHMALER, W. (2002): Exkursionsflora von Deutschland, Bd.4, Gefäßpflanzen. 9. Aufl., begründet von W. ROTHMALER †, hrsg. von E. J. JÄGER und K. WERNER in Zusammenarbeit mit zahlreichen Fachleuten. Heidelberg, Berlin: Spektrum, Akad. Verlag 948 S.

RÜMLER, R. (1977): Zur Entwicklung von Rasensaaten und ihre Bedeutung für die ingenieurbiologische Sicherung von Straßenböschungen. Rasenflächen und ihre Entwicklung in Abhängigkeit von verschiedenen Standortfaktoren. Rasen-Turf-Gazon 8: 117 - 126.

SALISBURY, E. (1970): The pioneer vegetation of exposed muds and its biological features. Phil. Transact. Roy. Soc. London, Ser. B. 259: 207 - 255.

SALKOVSKI, H.-E. (2000): Die Mykorrhiza – eine Rekapitulation. Berichte des Arbeitskreises Heimische Orchideen 17: 54 - 58.

SCHEIBLER, I. (2003): Einfluss der Lieferbiotope des Umlandes auf die Besiedlung von Bergbaufolgelandschaften am Beispiel des Tagebaus Kayna-Süd. Dipl.-Arb. Hochschule Anhalt (FH), Bernburg.

SCHIECHTL, H. M. (1958): Grundlagen der Grünverbauung. Mitt. der Forstl. Bundesversuchsanstalt Mariabrunn, Wien. Heft 55.

SCHIECHTL, H. M. (1973): Sicherungsarbeiten im Landschaftsbau – Grundlagen, lebende Baustoffe, Methoden. München: Verlag Georg D. W. Callwey. 244 S.

SCHIECHTL, H. M. (1992): Weiden in der Praxis: Die Weiden Mitteleuropas, ihre Verwendung und ihre Bestimmung. Berlin: Patzer Verlag. 130 S.

SCHIRMER, R. (2000): Birke – Vermehrungskünstler und Überlebensstratege. LWF-Bericht Nr. 28. Bayer. Landesanstalt für Wald u. Forstw. und Univ. München. http://www.lwf.uni-muenchen.de

SCHLÜTER, U. (1996): Die Pflanze als Baustoff: Ingenieurbiologie in Praxis und Umwelt. Berlin: Patzer Verlag. 319 S.

SCHMIDT, P. A.; KRAUSE, A. (1997): Zur Abgrenzung von Herkunftsgebieten bei Baumschulgehölzen für die freie Landschaft. Natur und Landschaft 2: 92 - 95.

SCHMIDTKE, H. (1993): Wuchsentwicklung einer Stieleichenhähersaat unter aufgelockertem Kiefernschirm im pleistozänen Flachland. Dipl.-Arb. Georg-August-Univ. Göttingen.

SCHMIDT-SCHÜTZ, A.; HUSS, J. (1996): Gelenkte Sukzession mit Hilfe von Pioniergehölzen als Alternativen zu Kahlflächenaufforstungen. Veröff. PAÖ 16: 307 - 324.

SCHMIDT-SCHÜTZ, A.; HUSS, J. (1997): Wiederbewaldung von Sturmschadensflächen mit Hilfe von Pioniergehölzen. Veröff. PAÖ 22: 137 - 152.

SCHÖPKE, K. (1999): Humusformen und Regenwurmfauna auf ausgewählten Waldböden Bayerns. http://www.lwf.uni-muenchen.de

SCHOPP-GUTH, A. (1997): Diasporenpotenzial intensiv genutzter Niedermoorböden Nordostdeutschlands – Chancen für den Naturschutz? Zeitschr. Ökol. u. Naturschutz 6: 97 - 109.

SCHRÖDER, D.; ALTERMANN, M.; VOGLER, E.; WÜNSCHE, M.; SCHNEIDER, R.; DUNGER, W.; BARTEL, W.; HÜBL, M. (1999): Eigenschaften, Funktionen und Entwicklung von Kippenböden und Möglichkeiten zur Optimierung von Rekultivierung, Melioration, Nutzung und Bewirtschaftung. – Abschlussbericht, BMBF-Förderkennzeichen: 0339669.

SCHUBERT, R. (1960): Die zwergstrauchreichen azidophilen Pflanzengesellschaften Mitteldeutschlands. Pflanzensoziologie 11. Jena: Gustav Fischer Verlag. 235 S.

SCHUBERT, R. (1972): Übersicht über die Pflanzengesellschaften des südlichen Teils der DDR. III. Wälder, Teil 2. Hercynia 9: 106 - 136.

SCHUBERT, R.; HILBIG, W.; KLOTZ, S. (2001): Bestimmungsbuch der Pflanzengesellschaften Deutschlands. Heidelberg, Berlin: Spektrum, Akad. Verlag. 472 S.

SCHULZ, D. (1999): Rote Liste der Farn- und Samenpflanzen. Material zu Naturschutz und Landschaftspflege. Sächsisches Landesamt für Umwelt und Geologie (Hrsg.). 35 S.

SCHULZE, M. (1997): Ornithozönosen einer Bergbaufolgelandschaft – Strukturanalyse und Naturschutzpotenzial. Dipl.-Arb. Martin-Luther-Univ. Halle-Wittenberg.

SCHULZE, M. (1998): Vogelparadies Braunkohlentagebau? Ornithologische Untersuchungen im Geiseltal. Calendula (3): 13 - 17.

SCHUPPERT, O. (1999): Auswertung ankommender Eichennaturverjüngung in Kiefernstangenhölzern mit unterschiedlichen Durchforstungseingriffen. Dipl.-Arb. Fachh.-Eberswalde.

SCULLION, J. (2000): Earthworm activity affecting organic matter, aggregation and microbial activity in soils restored after open cast mining for coal. Soil Biology and Biochemistry 32 (1): 119 - 126.

SEIDLING, W. (1996): Zur Wachstumsbegrenzung von *Calamagrostis epigejos*-Beständen auf forstlichen Kulturflächen und in Kiefernforsten. Verhandl. d. Ges. f. Ökol. 26.

SEIDLING, W. (1998): Über Vorkommen und Umweltbezüge des Land-Reitgrases in den Berliner Forsten. Forstarchiv 69: 19 - 27.

SEITZ, H. (2002): Die symbiontische Keimung bei Orchideen. Jahresber. des Naturwiss. Vereins in Wuppertal 55: 252 - 261.

SELENT, H.; THOMASIUS, H.; WÜNSCHE, M.; BRÄUNIG, A. (1999): Wald- und Forstökosysteme auf Kippen des Braunkohlenbergbaus in Mitteldeutschland – ihre Entstehung, Dynamik, Produktivität und Bewirtschaftung. Forst und Holz 54 (8): 231 - 236.

SILVERTOWN, J. W.; LOVETT DOUST, J. (1993): Introduction to plant population biology. Oxford: Blackwell Scientific Publications. 210 S.

SMECRIN, E. A.; CURRAH, R. S. (1989): Symbiotic germination of seeds of terrestrial orchids of North America and Europe. Lindleyana (1): 6 - 15.

SOLBRECK, C.; ANDERSSON, D. (1987): Vertical distribution of fireweed, *Epilobium angustifolium* seeds in the air. Can. J. Bot. 65: 2177 - 2178.

SPINN, H. (2004): Untersuchungen zur Ausbreitung und Etablierung von *Quercus robur* durch natürliche und geförderte Eichelhähersaaten in der Bergbaufolgelandschaft – dargestellt am Beispiel eines Birken-Pionierwaldes auf der Hochhalde Trages (Südraum Leipzig). Dipl.-Arb. Hochschule Anhalt (FH), Bernburg.

STAB, S. (2002): Auswahl und Anwendung statistischer Verfahren für die Auswertung von Monitoringdaten. Manuskript zum Workshop der Internationalen Naturschutzakademie Insel Vilm des Bundesamtes für Naturschutz, im März 2002.

STERNBERG, K.; BUCHWALD, R. (2000): Die Libellen Baden-Württembergs. Band 2: Großlibellen (Anisoptera), Literatur. Stuttgart: Verlag Eugen Ulmer. 712 S.

STOLLE, M. (1995): Mulchdecksaaten – Eine Möglichkeit der Böschungssicherung in Bergbaufolgelandschaften. Mitteilungen der Ges. für Ingenieurbiol. e.V. 6: 8 - 18.

STOLLE, M. (1997): Entwicklung der Arten- und Bestandesstruktur. In: FBM (Forschungsverbund Braunkohlenfolgelandschaften Mitteldeutschlands) (Hrsg.): 4. unveröff. Zwischenbericht: 114 - 121.

STOLLE, M. (1998a): Böschungssicherung, Erosions- und Deflationsschutz in Bergbaufolgelandschaften – Zur Anwendung von Mulchdecksaaten. In: PFLUG, W. (Hrsg.): Braunkohlenbergbau und Rekultivierung – Landschaftsökologie, Folgenutzung, Naturschutz. Berlin, Heidelberg, New York: Springer Verlag: 873 - 881.

STOLLE, M. (1998b): Untersuchungen zu Verfahren der Reintegration von Kipprohböden in den Naturhaushalt. In: Konzepte für die Vernetzung wertvoller Biotope in der Bergbaufolgelandschaft, Workshop zum Forschungsverbund Braunkohlentagebaufolgelandschaften Mitteldeutschlands (FBM). Berichte d. Landesamtes f. Umweltsch. Sachsen-Anhalt, Sonderheft 1/98: 64 - 81.

STRIESE, G. (2004): Experimentell-ökologische Untersuchungen zur Initiierung, Beschleunigung und Lenkung einer naturnahen Waldentwicklung auf Bergbaufolgeflächen: Saat mit Intermediär- und Klimaxgehölzen. In: TISCHEW, S.; LORENZ, A.; STRIESE, G.; BENKER, J. (2004): Analyse, Prognose und Lenkung der Waldentwicklung auf Sukzessionsflächen der Mitteldeutschen und Lausitzer Braunkohlereviere. unveröff. Abschlussbericht des Forschungsvorhabens (im Auftrag des BMBF und der LMBV mbH, FKZ 0339770).

STRING, P.; WELLER, M.; HARTMANN, K.-J.; KNAUF, C.; KAINZ, W.; MÖBES, A.; FELDHAUS, D. (1999): Bodenatlas von Sachsen-Anhalt, Geologisches Landesamt Sachsen-Anhalt.

STRUMPF, K.; SYKORA, W. (1995): Orchideen im Bergbaugelände. Mitteldeutsche Braunkohlengesellschaft mbH, Theißen (Hrsg).

SUTER, W.; BÜRGI, M.; EWALD, K. C.; BAUR, B.; DUELLI; EDWARDS, P. J.; LACHAVANNE, J.-B.; NIEVERGELT, B.; SCHMID, B.; WILDI, O. (1998): Ein Planungsauftrag des Übereinkommens von Rio ´92: Die Biodiversitätsstrategie als Naturschutzkonzept auf nationaler Ebene. GAIA 7: 174 - 183.

SUTHERLAND, W. J.; STILMANN, R. (1988): The foraging tactics of plants. Oikos 52: 230 - 244.

SYKORA, W. (1985): Bergbau und Naturschutz bei Altenburg. Abh. u. Ber. naturkundl. Mus. „Mauritanium" Altenburg 11: 265 - 282.

SYMONIDES, E. (1985): Population structure of psammophyte vegetation. In: WHITE, J. (Hrsg.): The population structure of vegetation. Dortrecht: Junk Publ.: 265 - 291.

TACKENBERG, O. (2001): Methoden zur Bewertung gradueller Unterschiede des Ausbreitungspotenzials von Pflanzenarten. Diss. Botanicae 347: 1 - 138.

TÄUBER, T. (1994): Vegetationsuntersuchungen auf einem Panzerübungsgelände im Naturschutzgebiet Lüneburger Heide. Tuexenia 14: 197 - 228.

TER BRAAK, C. J. F.; ŠMILAUER, P. (1998): CANOCO reference manual and user's guide to Canoco for Windows. Software for Canonical Community Ordination (version 4). Wageningen: Centre for Biometry Wageningen.

TER BRAAK, C. J. F.; ŠMILAUER, P. (2002): CANOCO Reference manual and CanoDraw for Windows User's guide: Software for Canonical Community Ordination version 4.5, Microcomputer Power, Ithaca.

THOMASIUS, H. (1996): Geschichte, Theorie und Praxis des Dauerwaldes. Landesforstverein Sachsen-Anhalt e.V. 64 S.

THOMASIUS, H. (2000): Anliegen und Standpunkte der ANW: Vortrag (1. Teil) anlässlich der Jubiläumstagung der ANW in Wernesgrün (Erzgebirge) im Oktober 2000. Dauerwald: Zeitschr. für naturgem. Waldwirtsch. 23: 6 - 28.

THOMASIUS, H.; SCHMIDT, P. A. (2003): Waldbau und Naturschutz. In: KONOLD, W.; BÖCKER, R.; HAMPICKE, R.: Handbuch Naturschutz und Landschaftspflege – Kompendium zu Schutz und Entwicklung von Lebensräumen und Landschaften. 10. Erg.-Lfg. 8/03: 1 - 44.

THOMASIUS, H., WÜNSCHE, M., BRÄUNIG, A., SELENT, H. (1997): Zustand, Entwicklung und multifunktionale Wirkung von Wald- und Forstökosystemen auf Kippen und Halden des Mitteldeutschen Braunkohlenbergbaus in Abhängigkeit vom Geotop, von der Rekultivierungsart und der waldbaulichen Behandlung. Deutsche Bundesstiftung Umwelt, Osnabrück. unveröff. Abschlussbericht zum Forschungsprojekt (Az: 05168). 309 S.

THOMASIUS, H.; WÜNSCHE, M.; SELENT, H.; BRÄUNIG, A. (1999): Wald- und Forstökosysteme auf Kippen des Braunkohlenbergbaus in Sachsen – ihre Entstehung, Dynamik und Bewirtschaftung. Schriftenr. der Sächsischen Landesanstalt Forsten 17/99. Graupa. 71 S.

THUM, J. (1975): Boden-Pflanze-Beziehung auf forstlich genutzten Kippen des Braunkohlenreviers südlich von Leipzig. Diss. Berlin: Akad. D. Landwirtschaftswiss.

TIEDE, T.; AUSTERMÜHLE, S.; HERZOG, S. (2002): Auswahl- und Fraßverhalten des Eichelhähers – Ökologische Konsequenzen für die Verbreitung von Laubbaumarten. Verhandl. Ges. Ökol. 32: S. 215.

TIETZE, F. (1973): Zur Ökologie, Soziologie und Phänologie der Laufkäfer (Coleoptera-Carabidae) des Grünlandes im Süden der DDR. 1. - 4.Teil. Hercynia N. F., 10/1 (1973): 3 - 76; 10/2 (1973):111 - 126; 10/3 (1973): 243 - 263; 10/4 (1973): 337 - 365.

TIETZE, F. (1974): Zur Ökologie, Soziologie und Phänologie der Laufkäfer (Coleoptera-Carabidae) des Grünlandes im Süden der DDR. 5.Teil. Hercynia N. F. 11/1: 47 - 68.

TISCHER, S.; TANNEBERG, H. (2003): Artendiversität und Schwermetallgehalte von Lumbriciden auf Bodendauerbeobachtungsflächen unterschiedlicher Nutzung in Sachsen-Anhalt. Mitt. DBG 102: 327 - 328.

TISCHEW, S.; MAHN, E.-G. (1998): Ursachen räumlicher und zeitlicher Differenzierungsprozesse von Silbergrasfluren und Sandtrockenrasen auf Flächen des Mitteldeutschen Braunkohlentagebaus – Grundlagen für Renaturierungskonzepte. Verhandl. Ges. Ökol. 28: 307 - 317.

TISCHEW, S. (1994): Zur Rolle des Diasporenfalls und der Diasporenbank für den Verlauf von Sekundärsukzessionen am Beispiel von Acker- und Grünlandbrachen des Mitteldeutschen Trockengebietes. Diss. Martin-Luther-Univ. Halle-Wittenberg. 181 S.

TISCHEW, S. (1996): Analyse von Mechanismen der Gehölzsukzession auf Braunkohlentagebaukippen. Verhandl. Ges. Ökol. 26: 407 - 417.

TISCHEW, S. (1998): Sukzession als mögliche Folgenutzung in sanierten Braunkohlentagebauen. Berichte d. Landesamtes f. Umweltsch. Sachsen-Anhalt 1: 42 - 54.

TISCHEW, S.; KIRMER, A. (2003): Entwicklung der Biodiversität in Tagebaufolgelandschaften: Spontane und initiierte Besiedlungsprozesse. Nova Acta Leopoldina N. F. 87, Nr. 328: 249 - 286.

TISCHEW, S.; KIRMER, A. (in Vorb.): The role of extraordinary events in colonisation processes in primary succession. A case study in lignite mining areas.

TISCHEW, S.; LORENZ, A. (im Druck): Spontaneous Development of Peri-Urban Woodlands in Lignite Mining Areas of Eastern Germany. In: Kowarik, I.; Körner, S. (Hrsg.): Urban Wild Woodlands. Berlin, Heidelberg, New York: Springer Verlag.

TISCHEW, S.; KLOTZ, S. (1991): Die Pflanzengesellschaften der Äcker auf rekultivierten Kippen des Tagebaugebietes südlich von Leipzig. Wiss. Zeitschr. Univ. Halle 40 (3): 3 - 24.

TISCHEW, S.; LEBENDER, A. (2003): Verbreitung, standortökologische Bindung und Populationsentwicklung der Natternzungengewächse (*Ophioglossaceae*) in ehemaligen Braunkohleabbaugebieten Sachsen-Anhalts. Mitt. Florist. Kart. Sachsen-Anhalt, Halle 8: 3 - 18.

TISCHEW, S.; LORENZ, A.; STRIESE, G.; BENKER, J. (2004): Analyse, Prognose und Lenkung der Waldentwicklung auf Sukzessionsflächen der Mitteldeutschen und Lausitzer Braunkohlereviere. unveröff. Abschlussbericht des Forschungsvorhabens (im Auftrag des BMBF und der LMBV mbH, FKZ 0339770).

TISCHEW, S.; REUTER, M. (2003): Prinzipielle Strategien für die Entwicklung wertvoller Sekundärbiotope in Abbaugebieten. In: FLB (Forschungsverbund Landschaftsentwicklung Mitteldeutsches Braunkohlenrevier): Analyse, Bewertung und Prognose der Landschaftsentwicklung in Tagebauregionen des Mitteldeutschen Braunkohlenreviers. BMBF-FKZ: 0339747. Schlussbericht 2003: 446 - 449.

TOPP, W.; SIMON, M.; KAUTZ, G.; DWORSCHAK, U.; NICOLINI, F.; PRUCKNER, S. (2001): Soil fauna of a reclaimed lignite open cast mine or the Rhineland improvement of soil quality by surface pattern. Ecological Engineering, Jul 2001.

TRÄNKLE, U. (1997): Vergleichende Untersuchungen zur Sukzession von Steinbrüchen in Südwestdeutschland und neue Ansätze für eine standort- und naturschutzgerechte Renaturierung. In: POSCHLOD, P.; TRÄNKLE, U.; BÖHMER, J.; RAHMANN, H. (Hrsg): Steinbrüche und Naturschutz. Sukzession und Renaturierung. Ecomed, Landsberg: 1 - 327.

TRÄNKLE, U. (2000): Sieben Jahre Mähgutflächen. Themenheft der Umweltberatung im ISTE Baden-Würtemberg e.V. Heft 1. 56 S.

TRÄNKLE, U.; BEIßWENGER, T. (1999): Naturschutz in Steinbrüchen. Schriftenr. d. Umweltberatung im ISTE Baden-Würtemberg 1. 83 S.

TRAXLER, A. (1997): Handbuch des vegetationsökologischen Monitorings. Teil A: Methoden. Bundesministerium für Umwelt, Jugend und Familie. Wien. 397 S.

TÜXEN, R. (1975): Dauer-Pioniergesellschaften als Grenzfall der Initialgesellschaften. In: SCHMIDT, W. (Hrsg.): Sukzessionsforschung. Ber. Internat. Sympos. Internat. Verein. Vegetationsk., Vaduz: Cramer: 13 - 30.

UDRA, I. F. (1988): Rasselenie rastenij i voprosy paleo- i biografii. Kiew: Nauk. Dumka.

UFZ (Umweltforschungszentrum Leipzig-Halle GmbH) (1996): Limnologische Einschätzung für den Tagebau Mücheln/Geiseltalsee (Landkreis Merseburg-Querfurt), Magdeburg.

URBANSKA, K. M. (1992): Populationsbiologie der Pflanzen: Grundlagen, Probleme, Perspektiven. Stuttgart, Jena: Gustav Fischer Verlag. 374 S.

URBANSKA, K. M. (1997): Safe sites – interface of plant population ecology and restoration ecology. In: URBANSKA, K. M.; WEBB, N. R.; EDWARDS, P. J. (eds): Restoration ecology and sustainable development. Cambridge: Cambridge Univ. Press: 80 - 110.

VAN HESSBERG, A. (2001): Anstieg der Biodiversität im Bereich eines redynamisierten Fließgewässers (Obermain). Verhandl. Ges. Ökol. 31.

VDLUFA (1991): VDLUFA-Methodenbuch. Band I: Die Untersuchung von Böden. Darmstadt: VDLUFA-Verlag.

VERHAGEN, R.; KLOOKER, J.; BAKKER, J. P.; VAN DIGGELEN, R. (2001): Restoration success of low-production plant communities on former agricultural soils after top-soil removal. J. Appl. Veg. Sci. 4: 75 - 82.

VERHEYEN, K.; BOSSUYT, O.; HERMY, M. (2003): Herbaceous plant community structure of ancient and recent forests in two contrasting forest types. Basic Appl. Ecol. 4: 537 - 546.

VOIGT, O. (1993): Flora von Dessau und Umgebung. Naturwiss. Beitr. Mus. Dessau. Sonderheft. 160 S.

VON LAMPE, M. (1996): Wuchsform, Wuchsrhythmus und Verbreitung der Arten der Zwergbinsengesellschaften. Diss. Botanicae 266. 357 S.

VULLMER, H.; HANSTEIN, U. (1995): Der Beitrag des Eichelhähers zur Eichenverjüngung in einem naturnah bewirtschafteten Wald in der Lüneburger Heide. Forst und Holz 50 (20): 643 - 646.

WALLASCHEK, M. (im Druck): Rote Liste der Heuschrecken des Landes Sachsen-Anhalt Ber. d. Landesamtes f. Umweltsch. Sachsen-Anhalt.

WARD, L. K. (1995): M3 Bar End to Compton. Botanical monitoring: Flood meadow restoration. NERC/Mott McDonald Civil Ltd.: 34 S.

WATHERN, P.; GILBERT, O. L. (1978): Artificial diversification of grassland with native herbs. J. Environmental Management 7: 29 - 42.

WEBER, E.; SCHMINCKE, B.; FRENS, B.; HÜTTL, R. F. (1995): Mykorrhiza in der Krautschicht von Kippenforsten in der Niederlausitz – Methodische Voruntersuchungen und erste Ergebnisse. In: MEHRBACH, W. (Hrsg.): Pflanzliche Stoffaufnahme und mikrobielle Wechselwirkung in der Rhizosphäre. Stuttgart: Teubner Verlag: 55 - 70.

WEISNER, S. E. B.; EKSTAM, B. (1997): Influence of germination time on juvenile performance of *Phragmites australis* on temporarily exposed bottums – implications for the colonization of lake beds. Aquat. Bot. 45: 107 - 118.

WESTHUS, W. (1981): Die Vegetation des Naturschutzgebietes „Nordfeld Jaucha" – eines älteren Tagebaurestloches. Hercynia N. F. 18: 424 - 433.

WICKEL, A.; BENABDELLAH, B.; KÜSSNER, R.; RAJANOW, S. (1998): Waldumbau und Wiederbewaldung im Osterzgebirge. AFZ/Der Wald: 949 - 952.

WIEDEMANN, D.; HAUBOLD-ROSAR, M.; KATZUR, J.; KLEINSCHMIDT, L.; LANDECK, I.; MÜLLER, L.; ZIEGLER, H.-D. (1995): Schaffung ökologischer Vorrangflächen bei der Gestaltung der Bergbaufolgelandschaft. Forschungsinstitut für Bergbaufolgelandschaften in Finsterwalde e.V., Abschlussbericht des BMBF-Förderprojektes. (FKZ: 0339393).

WIEDEMANN, D. (1998): Gestaltung eines Kippenstandortes für den Naturschutz. In: PFLUG, W. (Hrsg.): Braunkohlentagebau und Rekultivierung – Landschaftsökologie, Folgenutzung, Naturschutz.. Berlin, Heidelberg, New York: Springer Verlag: 697 - 705.

WIEDEMANN, D.; BRIER, E. (1983): Naturschutz und Bergbaufolgelandschaft im Bezirk Cottbus. Natur u. Landschaft 5: 27 - 35.

WIEGLEB, D.; BRÖRING, U.; MRZLJAK, J; SCHULZ, F. (2000): Naturschutz in Bergbaufolgelandschaften – Landschaftsanalyse und Leitbildentwicklung. Heidelberg: Physica Verlag. 381 S.

WIEGLEB, G.; FELINKS, B. (2001a): Predictability of early stages of primary succession in post-mining landscapes of Lower Lusatia, Germany. Appl. Veget. Sci. 4: 5 - 18.

WIEGLEB, G.; FELINKS, B. (2001b): Primary succession in post-mining landscapes of Lower Lusatia – chance or necessity. Ecol. Engineering 17: 199 - 217.

WILKINSON, D. M. (1997): Plant colonization: Are wind dispersed seeds really dispersed by birds at larger spatial and temporal scales? J. of Biogeography 24: 61 - 65.

WILLIAMS, P.; GIBBONS, D.; MARGULES, C.; REBELO, A.; HUMPHRIES, C.; PRESSEY, R. (1996): A comparison of richness hotspots, rarity hotspots and complementary areas for conserving diversity of british birds. Conserv. Biol. 10: 155 - 171.

WILLOUGHBY, I.; KERR, G.; JINKS, R.; GOSLING, P. (1996): Establishing new woodlands by direkt sowing. Research Information Note 285.

WILLSON, M. F. (1992): The ecology of seed dispersal. In: FENNER, M. (Hrsg.): Seeds – The Ecology of Regeneration in Plant Communitys. Vol. 3. C. A. B. International: 61 - 85.

WINKEL, G.; VOLZ, K.-R. (2003): Naturschutz und Forstwirtschaft: Kriterienkatalog zur „guten fachlichen Praxis". Angew. Landschaftsökologie 52. 167 S.

WINKELBRANDT, A. (1990): Anforderungen an Bioindikatoren (Tierarten und -gruppen) aus der Sicht von Landschaftsplanung und Fachplanungsbeiträgen von Naturschutz und Landschaftspflege. Schriftenr. f. Landschaftsplanung u. Naturschutz 32: 75 - 83.

WISSKIRCHEN, R.; HAEUPLER, H. (1998): Standardliste der Farn- und Blütenpflanzen Deutschlands. Stuttgart: Eugen Ulmer Verlag. 765 S.

WITTIG, C. (2003): Auswirkungen des Grundwasseranstiegs auf die Vegetationsentwicklung in der Bergbaufolgelandschaft in Sachsen-Anhalt. Dipl.-Arb. Hochschule Anhalt (FH), Bernburg.

WOLF, G. (1982): Beobachtungen zur Entwicklung von Baumsämlingen im Eichen-Hainbuchen- und Eichen-Buchenwald. Struktur und Dynamik von Wäldern. Bericht des 25. Internationalen Symposiums der Internationalen Vereinigung für Vegetationskunde, Rinteln 13.-16.04.1981: 475 - 494.

WOLF, G. (1985): Primäre Sukzession auf kiesig-sandigen Rohböden im Rheinischen Braunkohlenrevier. Schriftenr. f. Vegetationsk. 16: 46 - 81.

WOLF, G. (1991): Vegetationskundliche Dauerbeobachtung auf Probestreifen am Beispiel der Naturwaldzelle „Oberm Jägerkreuz". In: Naturwaldreservate. Schriftenr. f. Vegetationsk. 21: 185 - 208.

WOLF, G. (1998): Freie Sukzession und forstliche Rekultivierung. In: PFLUG, W. (Hrsg.): Braunkohlentagebau und Rekultivierung – Landschaftsökologie, Folgenutzung, Naturschutz.. Berlin, Heidelberg, New York: Springer Verlag: 289 - 301.

WOLF, G. (2000): Der Einfluss des Diasporengehaltes im Boden auf die Vegetationsentwicklung forstlicher Rekultivierungsflächen. Culterra 26: 77 - 92.

WOLFF, P. (1969): *Ophioglossaceen* im Saarland. Faunistisch-floristische Notizen aus dem Saarland 2: 27 - 42.

WOLFF, P. (1987): Die Mondrauten *Botrychium matricariifolium* und *Botrychium lunaria* in der Westpfalz und im Ostsaarland. Mitt. d. Pollichia 74: 205 - 220.

WOOD, D. M.; DEL MORAL, R. (2000): Seed rain during early primary succession on Mount St. Helens, Washington. Madrono 47 (1): 1 - 9.

WORTHINGTON, T. R.; HELLIWELL, D. R. (1987): Transference of semi-natural grassland and marshland onto newly created landfill. Biol. Conserv. 41: 301 - 311.

WÖTZEL, J. (1997): Anpassung der Schwarzerle (*Alnus glutinosa*) an ein Wachstum unter anaeroben Bodenbedingungen. Ausmaß und Wirkung der O_2-Abgabe in die Rhizosphäre.

WULF, M. (1995): Historisch alte Wälder als Orientierungshilfe zur Waldvermehrung. LÖBF-Mittlg. 4: 62 - 70.

WULF, M. (2003): Preference of plant species for woodlands with differing habitat continuities. Flora 198: 444 - 460.

WULF, M.; KELM, H.-J. (1994): Zur Bedeutung „historisch alter Wälder" für den Naturschutz – Untersuchungen naturnaher Wälder im Elbe-Weser-Dreieck. NNA-Bericht 7 (3) Bedeutung historisch alter Wälder für den Naturschutz: 15 - 49.

WÜNSCHE, M.; THUM, J. (1990): Bodensubstrate und Bodenentwicklung der landwirtschaftlich genutzten Flurkippe Espenhain. Arch. Naturschutz und Landschaftsforschung 30: 217 - 228.

WÜNSCHE, M.; VOGLER, E.; KNAUF, C. (1998): Bodenkundliche Kennzeichnung der Abraumsubstrate und Bewertung der Kippenböden für die Rekultivierung im Mitteldeutschen Braunkohlenrevier. In: PFLUG, W. (Hrsg.): Braunkohlentagebau und Rekultivierung – Landschaftsökologie, Folgenutzung, Naturschutz. Berlin, Heidelberg, New York: Springer Verlag: 780 - 796.

XYLANDER, W. E. R.; STEPHAN, R. (1998): Die Libellen des Braunkohletagebaugebietes Berzdorf. Abh. Ber. Naturkundemus. Görlitz 70 (2): 65 - 80.

XYLANDER, W. E. R.; STEPHAN, R. (1999): Habitatwahl und ökologische Ansprüche ausgewählter Libellenarten im Braunkohletagebaugebiet Berzdorf. Ber. Naturforsch. Ges. Oberlausitz 7/8: 95 - 100.

ZOBEL, M.; VAN DER MAARELL, E.; DUPRE, C. (1998): Species pool: the concept, its determination and significance for community research. J. Appl. Veg. Sci. 1: 55 - 56.

ZÖPHEL, U.; STEFFENS, R. (2002): Atlas der Amphibien Sachsens. Materialien zu Naturschutz und Landschaftspflege. Sächsisches Landesamt für Umwelt und Geologie (Hrsg.). 135 S.

Farbtafel A1: Tagebaugebiet Goitzsche, bei Bitterfeld (A)

Halbinseln und Flachwasserbereich mit spontaner Besiedlung
Foto: A. Lorenz 2002

Zukünftige Insel im Goitzsche-See (Halde 10/35)
Foto: A. Lorenz 2002

Farbtafel A2: Tagebaugebiet Goitzsche, bei Bitterfeld (B)

Bärlauch-Aspekt (*Allium ursinum*) im Altwaldrest Tagesanlagen
Foto: A. Lorenz 2001

Pionierwald auf der Halde 10/35
Foto: A. Lorenz 2001

Altwaldrest Bärenhof
Foto: S. Benkwitz 2001

Bärenhofinsel vor der Flutung (Waldbestand im Hintergrund)
Foto: S. Benkwitz 2000

Farbtafel A3: Tagebaugebiet Goitzsche, bei Bitterfeld (C)

Sandtrockenrasen bei Petersroda – Überblick 1994
Foto: S. Tischew 1994

Sandtrockenrasen bei Petersroda – Rohbodenbereiche und Kryptogamenfluren
Foto: S. Tischew 2004

Sandtrockenrasen bei Petersroda - Gehölzinseln
Foto: D. Kase 2001

Sandtrockenrasen im Restloch Paupitzscher See vor dem Grundwasseranstieg
Foto: S. Tischew 1994

Farbtafel A4: Tagebaugebiet Goitzsche, bei Bitterfeld (D)

NSG "Paupitzscher See" nach dem Grundwasseranstieg
Foto: A. Kirmer 2001

Grundwasseranstieg im Restloch Holzweißig-West
Foto: A. Kirmer 2000

NSG Paupitzscher See vor dem Grundwasseranstieg
Foto: S. Tischew 1994

Transektflächen - Grundwasseranstieg im NSG Paupitzscher See
Foto: A. Kirmer 2001

Farbtafel A5: Tagebau Muldenstein, bei Bitterfeld

Bibergraben
Foto: A. Kirmer 1999

Röhrichte und Flachwasserzonen
Foto: A. Kirmer 1999

Farbtafel A6: Tagebaugebiet Mücheln (Innenkippe), Geiseltal (A)

Unsanierter Innenkippenbereich
Foto: W. Besch-Frotscher 2000

Überblick Innenkippenbereich
Foto: A. Kirmer 2002

Farbtafel A7: Tagebaugebiet Mücheln (Innenkippe), Geiseltal (B)

Kleingewässer und Röhrichte im Innenkippenbereich
Foto: A. Kirmer 2002

Kleingewässer und Rohbodenbereiche im Innenkippenbereich
Foto: A. Kirmer 2002

Farbtafel A8: Tagebaugebiet Mücheln (Innenkippe), Geiseltal (C)

Blick auf Aschespülfläche
Foto: A. Kirmer 2002

Sanierungsarbeiten
Foto: A. Kirmer 2002

Farbtafel A9: Tagebau Kayna-Süd, Geiseltal (A)

Ostböschung
Foto: A. Kirmer 2002

Offenlandbereiche mit Röhrichten
Foto: A. Kirmer 1999

Farbtafel A10: Tagebau Kayna-Süd, Geiseltal (B)

Diasporenfallen im Rohbodenbereich
Foto: S. Mann 2001

Südböschung
Foto: A. Kirmer 2002

Farbtafel A11: Tagebau Roßbach, Geiseltal

Überblick
Foto: A. Kirmer 1999

Überblick
Foto: A. Lorenz 2001

Farbtafel A12: Halden im Geiseltal

Sanierungsarbeiten an der Halde Klobikau mit Erhalt ökologischer Fenster
Foto: A. Kirmer 1996

Halde Blösien (Hintergrund)
Foto: A. Kirmer 2002

Farbtafel A13: Tagebau Golpa-Nord, bei Gräfenhainichen

„Bauchaue" am Radis-Gremminer Graben, Weiher
Foto: M. Burkart 2002

„Bauchaue" am Radis-Gremminer Graben, spontane Röhrichtentwicklung
Foto: A. Kirmer 2000

„Bauchaue" am Radis-Gremminer Graben, gekippter unsanierter Erdmassenblock
Foto: K. Kuka 1998

Ansaat mit Schwingelarten
Foto: A. Kirmer 2000

Farbtafel B1: Tierarten der Gewässer und Feuchtgebiete

Kleiner Blaupfeil (*Orthetrum coerulescens*)
Foto: J. Huth 2002

Große Moosjungfer (*Leucorrhinia pectoralis*)
Foto: J. Huth 2002

Keilflecklibelle (*Aeshna isoceles*)
Foto: J. Huth 2002

Wechselkröte (*Bufo viridis*)
Foto: A. Kirmer 2001

Farbtafel B2: Tierarten der Rohbodenbiotope

Blauflügelige Sandschrecke (*Sphingonotus caerulans*)
Foto: D. Klaus 1996

Dünen-Sandlaufkäfer (*Cicindela hybrida*)
Foto: G. Jünger 2001

Sandohrwurm (*Lapidura riparia*)
Foto: D. Klaus 1996

Kopfläufer (Laufkäfer, *Broscus cephalotes*)
Foto: D. Klaus 1996

Farbtafel B3: Tierarten der Offenlandbiotope

Schlingnatter (*Coronella austriaca*)
Foto: J. Huth 2001

Knoblauchkröte (*Pelobates fuscus*)
Foto: H.-M. Oelerich 2001

Raupe des Schwalbenschwanzes (*Papilio machaon*)
Foto: J. Huth 2001

Farbtafel B4: Pflanzenarten der Offenland- und Waldbiotope

Echtes Tausendgüldenkraut (*Centaurium erythraea*)
Foto: A. Kirmer 2001

Berg-Sandköpfchen (*Jasione montana*)
Foto: A. Kirmer 2001

Braunrote Sitter (*Epipactis atrorubens*)
Foto: A. Lorenz 2001

Moosauge (*Moneses uniflora*)
Foto: A. Lorenz 2002

Farbtafel B5: Pflanzenarten der Gewässer und Feuchtbiotope

Schlammling (*Limosella aquatica*)
Foto: A. Schmiedeknecht 1994

Gemeine Sumpfsimse (*Eleocharis palustris*)
Foto: A. Kirmer 1995

Breitblättriger Rohrkolben (*Typha latifolia*)
Foto: K. Heyde 1993

Südlicher Wasserschlauch (*Utricularia australis*)
Foto: J. Huth 2001

Farbtafel B6: Pflanzenarten der BFL mit großen Einwanderungsdistanzen

Ästiger Rautenfarn (*Botrychium matricariifolium*)
Foto: G. Jünger 2002

Geflecktes Knabenkraut (*Dactylorhiza maculata*)
Foto: A. Kirmer 1996

Stumpfkantige Hundsrauke (*Erucastrum nasturtiifolium*)
Foto: G. Jünger 2001

Bienen-Ragwurz (*Ophrys apifera*)
Foto: S. Mann 2002

Farbtafel B7: Sumpfgebiete

Sumpfgebiet mit Gelber Spargelerbse (*Tetragonolobus maritimus*) und Steifblättrigem Knabenkraut (*Dactylorhiza incarnata*) (Restschlauch Pirkau, bei Zeitz)
Foto: A. Schmiedeknecht 1996

Sumpfgebiet mit Sumpf-Sitter (*Epipactis palustris*) (Restschlauch Pirkau, bei Zeitz)
Foto: T. Kompa 1998

Farbtafel B8: Niedermoorinitiale

Niedermoorinitial mit Sumpf-Sitter (*Epipactis palustris*) und Steifblättrigem Knabenkraut (*Dactylorhiza incarnata*)
(Nordfeld Jaucha, bei Hohenmölsen)
Foto: S. Tischew 1996

Niedermoorinitial mit Schmalblättrigem Wollgras (*Eriophorum angustifolium*)
(Bruchwald Borna)
Foto: S. Tischew 1996

Farbtafel B9: Frühe Sukzessionsstadien in der Waldentwicklung (A)

Innenkippe Mücheln (Geiseltal)
Foto: A. Kirmer 2000

Lauchhammer-Ost
Foto: A. Lorenz 2002

Farbtafel B10: Frühe Sukzessionsstadien in der Waldentwicklung (B)

Revierpark Profen (bei Hohenmölsen)
Foto: A. Lorenz 2002

Tagebau Klettwitz (bei Lauchhammer)
Foto: A. Lorenz 2001

Farbtafel B11: Mittlere und späte Sukzessionsstadien der Waldentwicklung

Nordfeld Jaucha (bei Hohenmölsen)
Foto: A. Lorenz 2001

Am Kulkwitzer See (bei Markranstädt)
Foto: A. Lorenz 2001

Tagebau Whyra (bei Borna)
Foto: A. Lorenz 2001

Grube Milly (bei Lauchhammer)
Foto: A. Lorenz 2002

Farbtafel C1: Sukzessionsserien Sandtrockenrasen

(zu Kap. 6.7.5, Fotos: A. Kirmer 1995 - 2001)

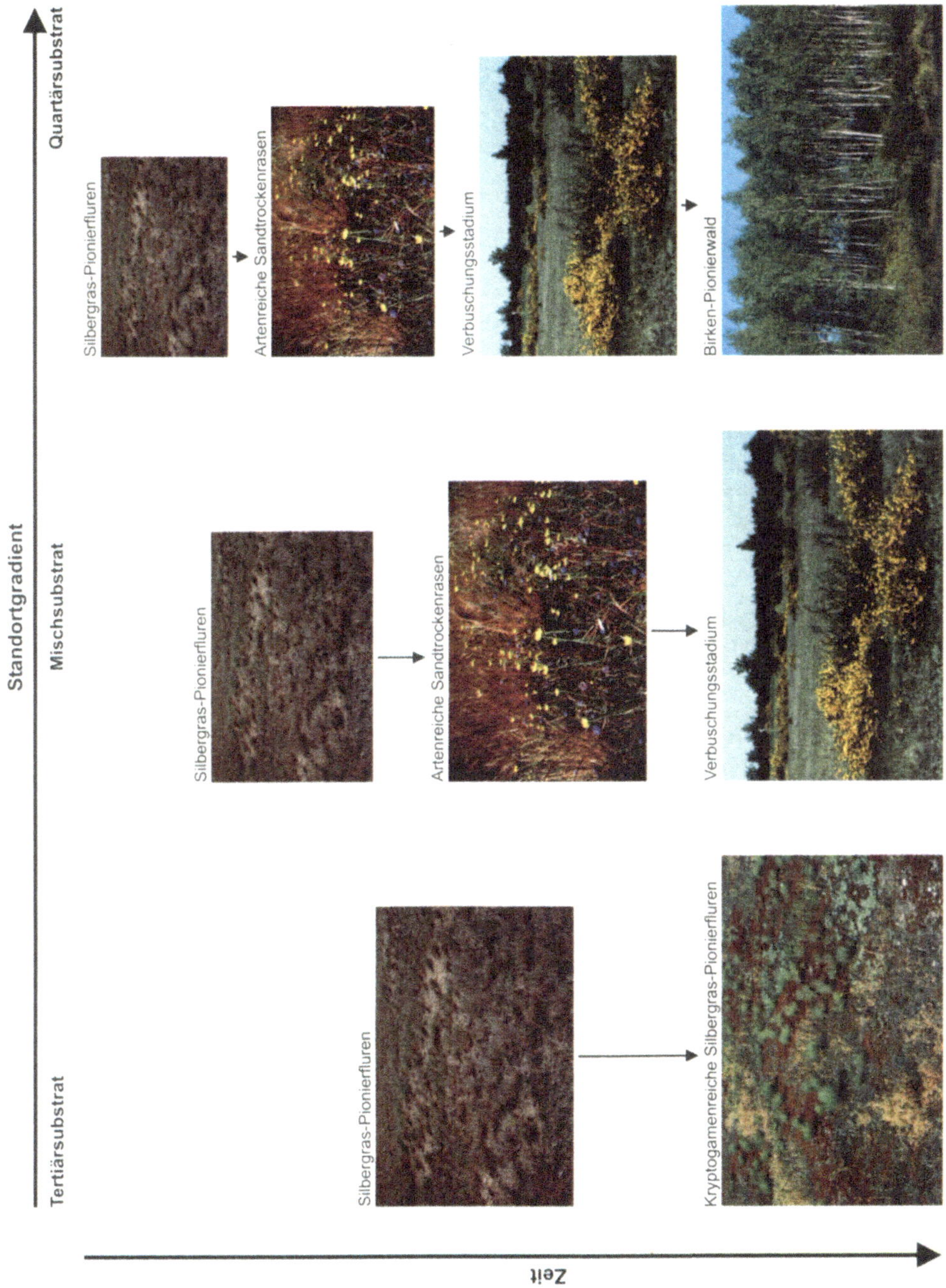

Farbtafel C2: Sukzessionsserien Pionierwälder
(zu Kap. 6.9, Fotos: A. Lorenz 2001 - 2002)

Sukzessions-serien	Serie A Extremstandorte	Serie B Mesophile Standorte	Serie C Mesophile bis reiche Standorte
Standort-eigenschaften	- tertiäre Sande oder Schluffe mit extrem sauren pH-Werten - hohe bis sehr hohe Kohlegehalte, sehr niedrige Nährstoffverfügbarkeit	- Mischsubstrate aus tertiären und quartären Materialien - niedrige (bis mittlere) pH-Werte, niedrige (bis mittlere) Nährstoffverfügbarkeit	- quartäre Substrate oder Mischsubstrate - mittlere (bis hohe) pH-Werte, mittlere (bis hohe) Nährstoffverfügbarkeit
10 - 30 Jahre	A-1: Initiale Offenland-Gebüsch-Stadien mit Birke und/oder Kiefer 	B-1: Initiale Birken-Pionierwälder, Überspringen oder schnelles Durchlaufen des Gras-Kraut-Stadiums 	C-1: Initiale Birken-Pionierwälder mit paralleler Entwicklung der Krautschicht 
30 - 60 Jahre	A-2: Sehr lückige Pionierwälder mit Birke und/oder Kiefer 	B-2: Birken-Pionierwälder ohne Akkumulation von Intermediär-/Klimaxbaumarten 	C-2: Birken-Pionierwälder mit initialer Akkumulation von Waldbodenarten und Intermediär-/Klimaxbaumarten in der Strauchschicht 
60 - 100 Jahre	A-3: Langfristig lückige Pionierwälder mit Birke und/oder Kiefer 	B-3: Birken-Pionierwälder mit einigen Waldbodenarten und initialer Akkumulation von Intermediär-/Klimax-Baumarten in der Strauch- und Baumschicht 	C-3: Birken-Pionierwälder mit Akkumulation von Waldbodenarten und Intermediär-/Klimaxbaumarten in der Strauch- und Baumschicht 

Farbtafel C3: Entwicklung von Birken-Pionierwäldern im Tagebau Cospuden, bei Leipzig

Böschungsgestaltung
Foto: K. Heyde 1993

Initiale Besiedlung mit Hänge-Birke (*Betula pendula*)
Foto: K. Heyde 1994

Entwicklung Birken-Pionierwald
Foto: S. Tischew 1996

Farbtafel C4: Entwicklung von Weidenbeständen im Tagebau Holzweißig-West (Goitzsche, bei Bitterfeld)

Entwicklung von Feuchtvegetation und ersten Weiden
Foto: A. Kirmer 1995

Entwicklung dichter Weidengebüsche
Foto: A. Kirmer 2001

Böschungsgestaltung
Foto: A. Kirmer 1994

Entwicklung initialer Weidenbestände
Foto: A. Kirmer 1998

Farbtafel C5: Entwicklung von Röhrichten im Tagebau Cospuden bei Leipzig

Initialbesiedlung
Foto: A. Grüttner 1994

Lockere Röhrichte
Foto: A. Grüttner 1995

Dichte Röhrichte 1996
Foto: A. Grüttner 1996

Farbtafel C6: Ökogramm der initialen Vegetationsdifferenzierung auf Kippen im Mitteldeutschen Braunkohlenrevier
(zu Kap. 6.7.5, aus TISCHEW & FROMM in FBM 1999, verändert)

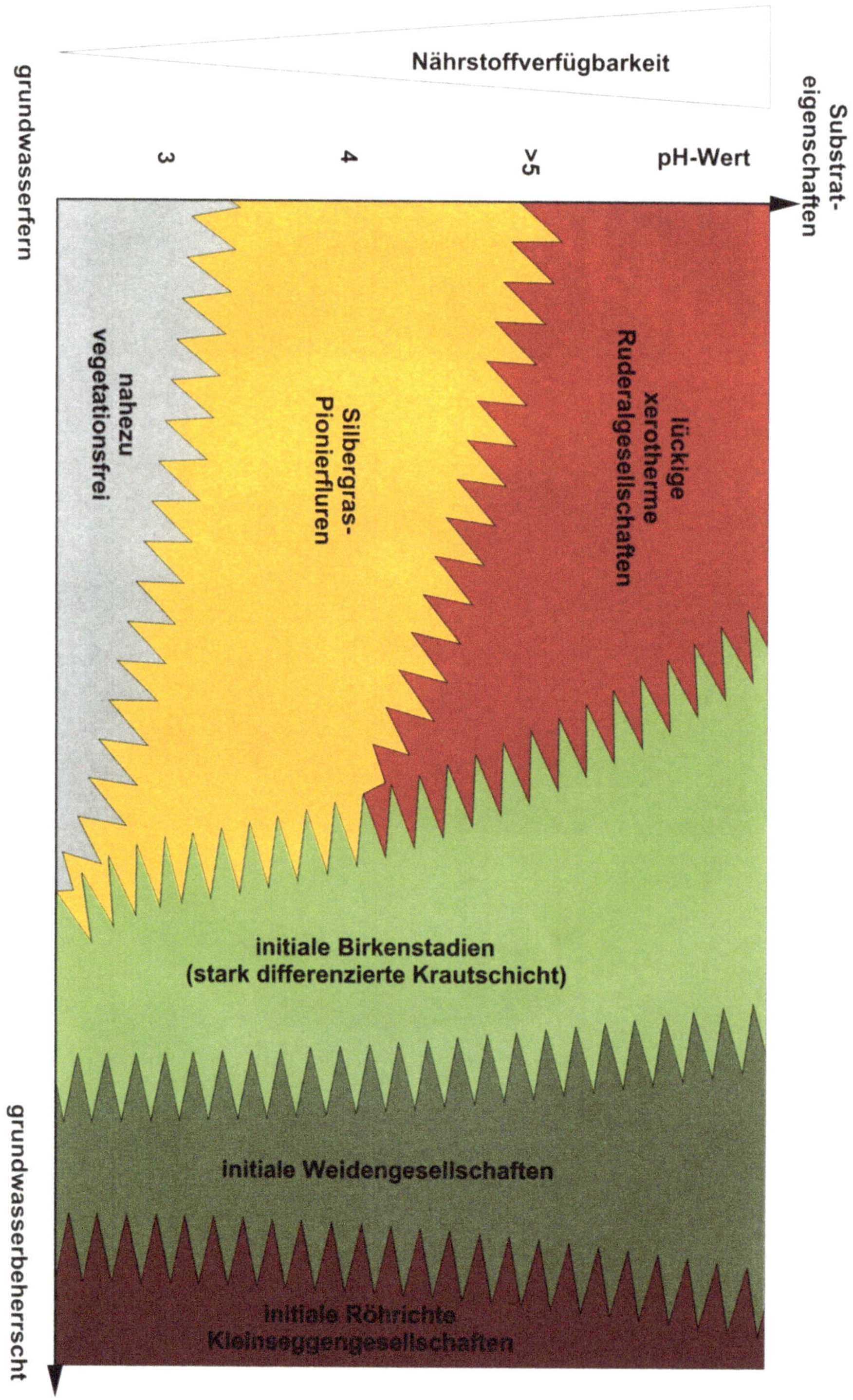

Farbtafel C7: Ökogramm der Vegetationsdifferenzierung mittlerer Sukzessionsstadien auf Kippen im Mitteldeutschen Braunkohlenrevier
(zu Kap. 6.8, aus TISCHEW & FROMM in FBM 1999, verändert)

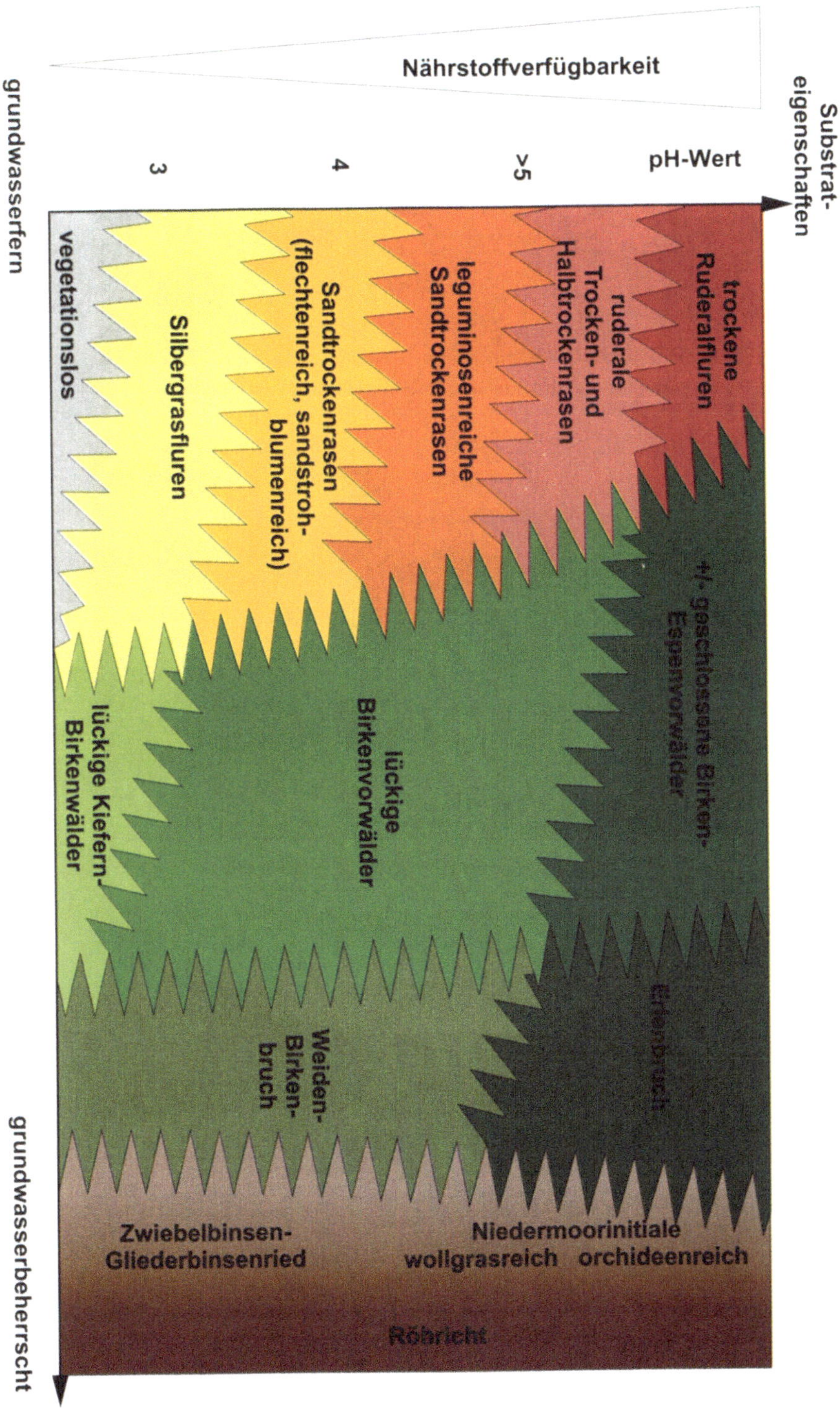

Farbtafel C8: Tagebaue während der Sanierungsphase

Tagebau Holzweißig-West (Goitzsche, bei Bitterfeld) vor der bergtechnischen Sicherung
Foto: A. Kirmer 1993

Tagebau Holzweißig-West (Goitzsche, bei Bitterfeld) während der bergtechnischen Sicherung
Foto: A. Kirmer 1994

Tagebau Holzweißig-West (Goitzsche, bei Bitterfeld) nach der bergtechnischen Sicherung
Foto: A. Kirmer 1994

Farbtafel C9: Entwicklung von Mahdgutauflagen im Tagebau Holzweißig-West (Goitzsche, bei Bitterfeld)

Anlage des Versuches
Foto: A. Kirmer 1994

Entwicklung initialer Sand-Trockenrasen
Foto: A. Kirmer 1995

Aspekt mit Berg-Jasione (*Jasione montana*) im fünften Versuchsjahr
Foto: A. Kirmer 1999

Artenreicher Sand-Trockenrasen
Foto: A. Kirmer 2002

Farbtafel C10: Bodenkarte Kayna-Süd (Geiseltal) (A)
(zu Kap. 6.2, ROSCHE & ALTERMANN in FLB 2004)

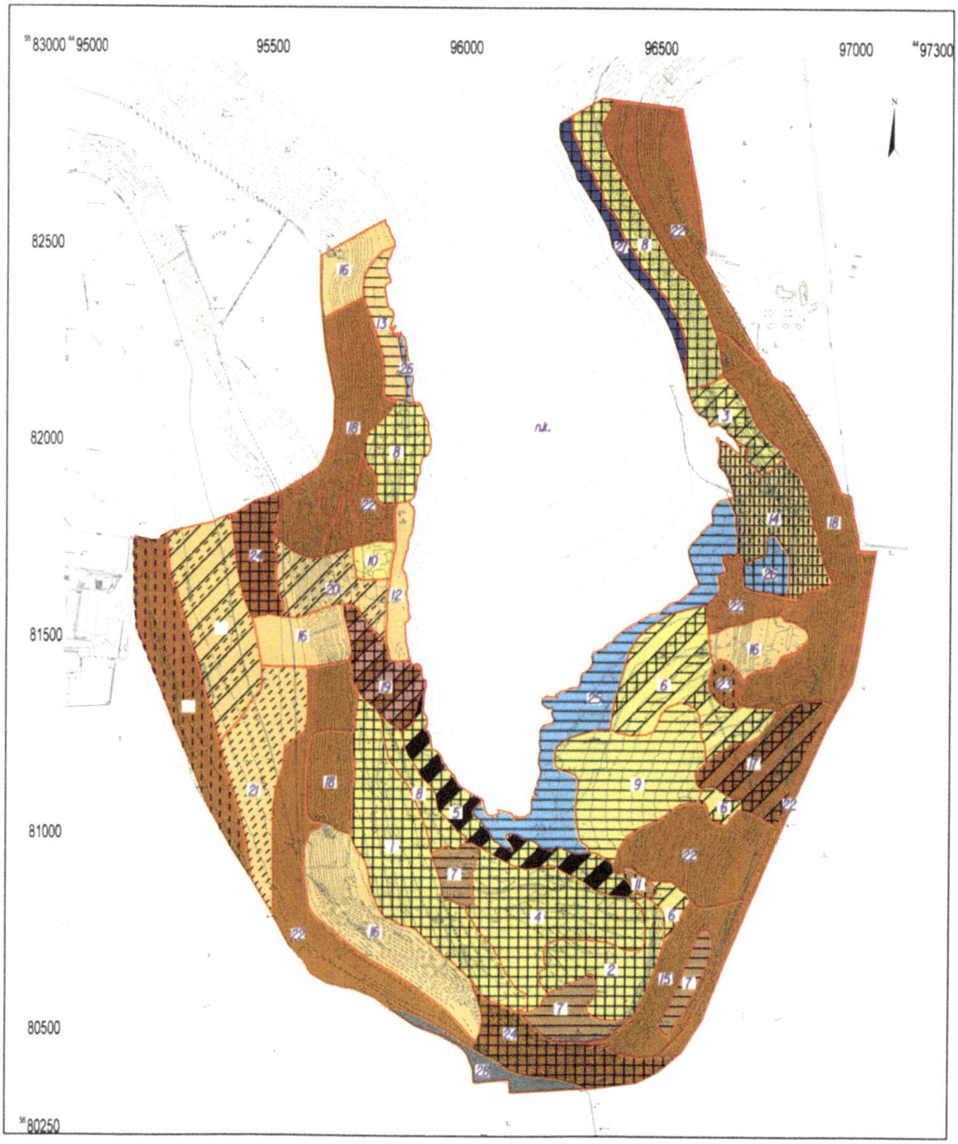

Farbtafel C10: Bodenkarte Kayna-Süd (Geiseltal) (B)

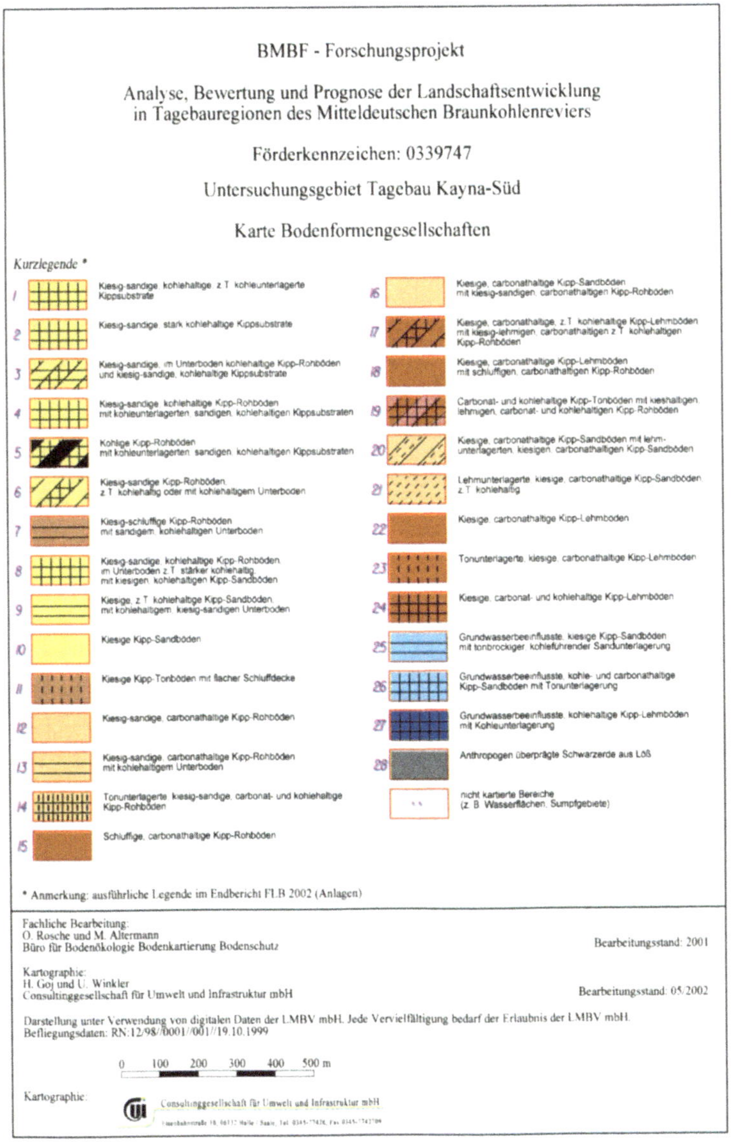

Farbtafel C11: Braunkohlentagebaue in Vergangenheit und Zukunft

Tagebau während derAbbauphase (Tagebau Rösa, Goitzsche, bei Bitterfeld)
Foto: A. Schmiedeknecht 1994

NSG „Nordfeld Jaucha“ bei Hohenmölsen – Entwicklung von Biotopmosaiken 30 Jahre nach Abbauende
Foto: S. Tischew 1994

GPSR Compliance

The European Union's (EU) General Product Safety Regulation (GPSR) is a set of rules that requires consumer products to be safe and our obligations to ensure this.

If you have any concerns about our products, you can contact us on ProductSafety@springernature.com

In case Publisher is established outside the EU, the EU authorized representative is:

Springer Nature Customer Service Center GmbH
Europaplatz 3
69115 Heidelberg, Germany

Batch number: 08567204

Printed by Printforce, the Netherlands